ANÁLISE DE SISTEMAS DE TRANSMISSÃO DE ENERGIA ELÉTRICA

Blucher

Ernesto João Robba
Professor Emérito da Escola Politécnica da USP

Hernán Prieto Schmidt
Professor Associado da Escola Politécnica da USP

José Antonio Jardini
Professor Titular da Escola Politécnica da USP

Carlos Marcio Vieira Tahan
Professor Doutor da Escola Politécnica da USP

ANÁLISE DE SISTEMAS DE TRANSMISSÃO DE ENERGIA ELÉTRICA

Análise de sistemas de transmissão de energia elétrica

© 2020 Ernesto João Robba, Hernán Prieto Schmidt, José Antonio Jardini, Carlos Marcio Vieira Tahan

Editora Edgard Blücher Ltda.

Imagem da capa: iStockphoto

Blucher

Rua Pedroso Alvarenga, 1245, 4° andar
04531-934 – São Paulo – SP – Brasil
Tel.: 55 11 3078-5366
contato@blucher.com.br
www.blucher.com.br

Segundo Novo Acordo Ortográfico, conforme
5. ed. do *Vocabulário Ortográfico da Língua
Portuguesa*, Academia Brasileira de Letras,
março de 2009.

É proibida a reprodução total ou parcial por
quaisquer meios sem autorização escrita da
editora.

Todos os direitos reservados pela Editora
Edgard Blücher Ltda.

Dados Internacionais de Catalogação na Publicação (CIP)
Angélica Ilacqua CRB-8/7057

Robba, Ernesto João
   Análise de sistemas de transmissão de energia elétrica
/ Ernesto João Robba ; Hernán Prieto Schmidt ; José
Antonio Jardini ; Carlos Marcio Vieira Tahan. – São
Paulo : Blucher, 2020.
   522 p. il.

Bibliografia
ISBN 978-65-5506-007-2 (impresso)
ISBN 978-65-5506-009-6 (eletrônico)

1. Engenharia elétrica – Brasil. I. Título. II. Schmidt,
Hernán Prieto. III. Jardini, José Antonio. IV. Tahan,
Carlos Marcio Vieira.

20-0372   CDD 621.3

Índices para catálogo sistemático:
   1. Brasil : Engenharia elétrica

APRESENTAÇÃO

Este livro foi concluído em março de 2017. Ele foi concebido integralmente pelo Prof. Ernesto João Robba, que também foi responsável pela maior parte de sua redação. Lamentavelmente, o Prof. Robba veio a falecer no início de 2018, após o surgimento de uma doença de rápida evolução. A partir daí, os outros autores realizaram uma revisão adicional no texto e nas figuras até chegar à versão final deste livro, mas mantendo intactos o conteúdo e os objetivos inicialmente estabelecidos pelo saudoso Prof. Robba.

PREFÁCIO

Nós, autores deste livro, a par de nossas atividades de ensino e pesquisa na área de sistemas elétricos de potência na Escola Politécnica da Universidade de São Paulo, militamos de longa data no setor e participamos ativamente, desde os primórdios, dos grandes estudos de planejamento do sistema de transmissão brasileiro.

Pensamos num livro de caráter didático, cujo escopo é familiarizar e habilitar o leitor para as técnicas modernas de estudo de redes de transmissão operando em regime permanente e na presença de defeitos. Assim, após capítulos introdutórios, necessários para dotar o leitor dos conhecimentos básicos das técnicas de análise matricial de redes, passamos ao estudo de fluxo de carga, no qual demos especial enfoque às aplicações a seguir:

- *planejamento da rede*, quando o técnico irá definir como a rede em estudo deverá evoluir para atender, respeitando os critérios técnicos preestabelecidos, a evolução prevista da carga;
- *operação da rede*, quando o técnico deve otimizar a configuração da rede disponível diante das condições operativas de cada instante do dia.

Ao estudo de fluxo de carga seguiu-se aquele referente a defeitos, simétricos e assimétricos, no qual tivemos especial cuidado em analisar a corrente de defeito na rede e as sobretensões que são causadas pelos defeitos. As primeiras dizem respeito ao sistema de proteção e as segundas referem-se ao dimensionamento dos para-raios.

Organizamos o livro nos capítulos a seguir:

Capítulo 1 – Introdução aos sistemas elétricos de potência. Neste capítulo, nos ocupamos em apresentar uma visão geral dos sistemas elétricos de potência considerando:

- sua constituição, com descrição sucinta de seus principais componentes e de seus princípios de funcionamento;
- a evolução histórica do sistema elétrico brasileiro, desde a instalação da primeira usina hidroelétrica no Brasil até o sistema integrado atual, com especial destaque para a regulamentação que rege a área;
- análise da evolução do ferramental disponível para o cálculo de redes e, em particular, do grande impacto produzido na rede pela evolução da eletrônica de potência e dos computadores digitais.

Capítulo 2 – Representação de redes. Neste capítulo, apresentaremos uma revisão da conceituação de impedâncias mútuas entre circuitos, da análise de redes a quatro fios, três fases e neutro, com mútuas e eliminação do cabo neutro, da transformação das componentes de fase em componentes simétricas e seu campo de aplicação. Essa apresentação permitirá a definição da modelagem das redes por *redes monofásicas* e por *redes trifásicas*, e procederemos à análise de sensibilidade quanto aos erros que decorrem da representação simplificada das redes por redes monofásicas.

Capítulo 3 – Matrizes de redes de transmissão da energia. As redes a serem analisadas contam com um número muito grande de barras, impondo que os estudos sejam realizados por computadores digitais, os quais, por sua vez, exigem uma sistematização na formulação dos sistemas de equações que somente é alcançada por meio de tratamento matricial. Assim, dedicamos este capítulo à análise dos elementos primordiais das redes, quais sejam:

- matrizes de impedância e admitância dos elementos das redes primitivas que irão representar os componentes do sistema: linhas de transmissão, transformadores etc.
- matrizes de admitância e impedância nodal que permitirão o equacionamento das redes. Analisaremos também as técnicas referentes às operações a serem realizadas nas redes.

Capítulo 4 – Fluxo de potência. Dedicamos este capítulo ao estudo de fluxo de potência em redes monofásicas e trifásicas. Assim, analisamos os métodos de solução de sistemas de equações não lineares que se aplicam aos estudos de fluxo de potência e, após o equacionamento completo da rede, com a simulação de todos seus componentes, passamos a analisar recursos computacionais adicionais, como:

- o ajuste automático da derivação de transformadores;
- a transferência de carga em condições de primeira contingência;
- a análise de sensibilidade e o intercâmbio entre áreas;
- elos em corrente contínua;
- estimação de estado.

Finalizamos o capítulo com um estudo detalhado de fluxo de potência de uma rede didática, com número de barras reduzido. Especial cuidado foi dedicado à análise do fluxo de reativos em função de ajuste de taps de transformadores e fixação de tensão nas barras de geração.

Capítulo 5 – Estudos de curto-circuito. Neste capítulo, enfocamos os tópicos que se seguem:

- análise da natureza da corrente de curto-circuito, com especial enfoque na componente transitória e na de regime permanente;
- estudo de redes com modelagem monofásica, quando serão desenvolvidos modelos que permitem a simulação por meio de componentes simétricas de redes trifásicas, simétricas e equilibradas, na presença de um desequilíbrio ou assimetria;
- estudo de redes com modelagem trifásica, quando podem ser tratadas redes com vários graus de desequilíbrio ou de assimetria.

Os autores

São Paulo, março de 2017

CONTEÚDO

CAPÍTULO 1 – INTRODUÇÃO AOS SISTEMAS ELÉTRICOS DE POTÊNCIA... 19

1.1   Introdução 19

1.2   A constituição de um sistema elétrico 19

    1.2.1   Introdução 19

    1.2.2   Geração 21

    1.2.3   Sistema de transmissão da energia 34

1.3   Evolução do sistema elétrico brasileiro 39

    1.3.1   Introdução 39

    1.3.2   Primeiro período: Brasil Império (1822 a 1889) 39

    1.3.3   Segundo período: Proclamação da República (1889 a 1930) 40

    1.3.4   Terceiro período: governo Getúlio Vargas (1930 a 1954) 43

    1.3.5   Quarto período: governo militar (1964 a 1985) 53

    1.3.6   Quinto período: contemporâneo (a partir de 1985) 57

1.4   Estudos em sistemas de potência e evolução dos recursos computacionais 67

    1.4.1   Introdução 67

    1.4.2   Estudos desenvolvidos em sistemas de potência 68

1.4.3	Desenvolvimento dos sistemas computacionais	69
1.4.4	Fase anterior ao advento dos computadores digitais	71
1.4.5	Advento dos primeiros computadores digitais	72

Referências 74

CAPÍTULO 2 – REPRESENTAÇÃO DE REDES 77

2.1	Introdução	77
2.2	Indutância mútua	78
2.3	Representação do sistema por redes monofásicas e redes trifásicas	82
	2.3.1 Introdução	82
	2.3.2 Redes simétricas	84
	2.3.3 Redes simétricas com carga equilibrada	85
	2.3.4 Revisão da transformação em componentes simétricas	85
2.4	Representação dos componentes das redes	98
	2.4.1 Introdução	98
	2.4.2 Representação da carga	98
	2.4.3 Representação da geração	100
	2.4.4 Linhas de transmissão	101
	2.4.5 Representação de transformadores	119
	2.4.6 Suporte reativo	145
	2.4.7 Elos em corrente contínua	156

Referências 163

CAPÍTULO 3 – MATRIZES DE REDES DE TRANSMISSÃO DE ENERGIA ..165

3.1	Introdução	165
3.2	Redes primitivas	166
	3.2.1 Redes primitivas sem mútuas	166
	3.2.2 Redes primitivas com indutâncias mútuas	169

3.3 Matriz de admitâncias de redes com representação monofásica 170

    3.3.1 Introdução: convenções 170

    3.3.2 Definição da matriz de admitâncias nodais 171

    3.3.3 Algoritmos para montagem da matriz de admitâncias nodais 174

    3.3.4 Montagem da matriz de admitâncias de redes e seu armazenamento 185

    3.3.5 Eliminação de barras 187

3.4 Matriz de impedâncias de redes com representação monofásica 192

    3.4.1 Introdução: convenções 192

    3.4.2 Definição da matriz de impedâncias 192

    3.4.3 Montagem da matriz de impedâncias nodais 195

3.5 Matrizes híbridas 231

    3.5.1 Introdução 231

    3.5.2 Obtenção da matriz híbrida 232

3.6 Redução de redes: redes equivalentes 233

    3.6.1 Introdução 233

    3.6.2 Obtenção de redes equivalentes 233

    3.6.3 Comentários finais 243

Referências 244

CAPÍTULO 4 – FLUXO DE POTÊNCIA 245

4.1 Introdução 245

4.2 Equações gerais da rede 247

    4.2.1 Introdução 247

    4.2.2 Equacionamento da rede 250

4.3 Métodos de solução de sistemas de equações não lineares 253

    4.3.1 Introdução 253

    4.3.2 Método de Gauss Seidel 254

4.3.3	Método de Newton-Raphson	258
4.3.4	Método de relaxação	264
4.4	Representação da rede	265
4.4.1	Introdução	265
4.4.2	Representação da geração	265
4.4.3	Representação da carga	266
4.5	Fluxo de potência em corrente contínua	272
4.5.1	Introdução	272
4.5.2	Hipóteses simplificativas	273
4.5.3	Determinação do ângulo das tensões	274
4.5.4	Determinação do fluxo de potência nas ligações	275
4.5.5	Coeficientes de influência	276
4.5.6	Modificações na rede: método da compensação	279
4.6	Aplicação do método de Gauss Seidel ao estudo de fluxo de potência	284
4.6.1	Introdução	284
4.6.2	Representação da rede pela matriz de admitâncias nodais	284
4.6.3	Representação da rede pela matriz de impedâncias nodais	286
4.6.4	Conclusões	287
4.7	Aplicação do método de Newton Raphson ao estudo de fluxo de potência	288
4.7.1	Introdução	288
4.7.2	Formulação baseada em injeções de potência e coordenadas polares	289
4.7.3	Formulação baseada em injeções de corrente e coordenadas retangulares	301
4.7.4	Método de Newton Raphson desacoplado rápido	319
4.7.5	Intercâmbio entre áreas e elos em corrente contínua	322
4.8	Análise de sensibilidade	327
4.8.1	Introdução	327
4.8.2	Conceituação de variáveis de estado	327

4.8.3	Equação geral da análise de sensibilidade	331
4.8.4	Suporte reativo	343

4.9 Estimação de estado 345

4.9.1	Introdução	345
4.9.2	Formulação do problema	346
4.9.3	Grandezas medidas e variáveis de estado	348
4.9.4	Cálculo dos valores estimados	350
4.9.5	Montagem da matriz [H]: cálculo das derivadas	353
4.9.6	Fixação do desvio padrão das medições	356

4.10 Fluxo de potência com representação trifásica da rede............ 362

4.10.1	Introdução	362
4.10.2	Representação dos componentes da rede	363
4.10.3	Adaptação do método de Newton Raphson em coordenadas retangulares para redes desequilibradas	373

4.11 Procedimentos para a realização de estudos de fluxo de potência 377

4.11.1	Introdução	377
4.11.2	Dados necessários para estudos de planejamento	378
4.11.3	Resultados do estudo	379
4.11.4	Análise de caso	382

Referências... 408

CAPÍTULO 5 – ESTUDO DE CURTO-CIRCUITO **411**

5.1 Introdução... 411

5.2 A natureza da corrente de curto-circuito 413

5.2.1	Introdução	413
5.2.2	Defeito em rede monofásica suprida por fonte ideal de tensão constante	413
5.2.3	Conclusão	418

5.3	Componentes que contribuem para a corrente de curto-circuito	419
	5.3.1 Introdução	419
	5.3.2 Geradores síncronos	419
	5.3.3 Motores síncronos	421
	5.3.4 Compensadores síncronos	422
	5.3.5 Motores assíncronos	422
	5.3.6 Capacitores	423
	5.3.7 Compensadores estáticos controlados	424
5.4	Representação dos componentes da rede	424
	5.4.1 Introdução	424
	5.4.2 Linhas de transmissão	425
	5.4.3 Transformadores	429
5.5	Estudo de redes trifásicas em presença de curtos-circuitos	432
	5.5.1 Introdução	432
	5.5.2 Cálculo de defeitos trifásicos	434
	5.5.3 Defeitos fase a terra	438
	5.5.4 Defeitos dupla fase e dupla fase a terra	451
5.6	Potência de curto-circuito em redes trifásicas	463
	5.6.1 Introdução	463
	5.6.2 A potência trifásica de curto-circuito: barramento infinito	464
5.7	Sistemas aterrados e isolados	471
5.8	Defeitos de alta impedância	472
	5.8.1 Introdução	472
	5.8.2 Características das correntes de defeitos de alta impedância	474
	5.8.3 Detecção de defeitos de alta impedância em redes de distribuição	475
5.9	Estudo de defeitos com representação trifásica da rede	476
	Referências	477

ANEXO – PARÂMETROS ELÉTRICOS DE REDES AÉREAS 479

A.1   Introdução.. 479

A.2   Indutância de redes.. 480

      A.2.1   Indutância própria e mútua 480

      A.2.2   Indutância interna de um condutor sólido 481

      A.2.3   Indutância de um circuito monofásico com condutores sólidos...... 482

      A.2.4   Indutância de um circuito monofásico com condutores encordoados.....484

      A.2.5   Impedância série de linhas de transmissão 486

      A.2.6   Matriz de impedâncias em termos de componentes simétricas 498

A.3   Capacitância de redes 498

      A.3.1   Capacitância própria e mútua.. 498

      A.3.2   Matriz dos coeficientes de potencial de Maxwell........................... 499

      A.3.3   Redes com transposição 500

      A.3.4   Matriz das capacitâncias 501

      A.3.5   Eliminação dos cabos guarda... 501

      A.3.6   Matriz de capacitâncias em termos de componentes simétricas 503

Referências 522

CAPÍTULO 1
INTRODUÇÃO AOS SISTEMAS ELÉTRICOS DE POTÊNCIA

1.1 INTRODUÇÃO

O escopo deste capítulo é apresentar uma visão geral dos sistemas elétricos de potência considerando os pontos a seguir.

- A constituição de sistemas elétricos de potência com descrição sucinta de seus blocos principais.

- A evolução histórica do sistema elétrico brasileiro, desde a instalação da primeira usina hidrelétrica no Brasil até o sistema integrado hodierno. Em paralelo ao desenvolvimento da rede, será apresentada a evolução da regulamentação que rege a área.

- Análise da evolução do ferramental disponível para o cálculo de redes e, em particular, do grande impacto produzido na rede pela evolução da eletrônica de potência e dos computadores digitais.

1.2 A CONSTITUIÇÃO DE UM SISTEMA ELÉTRICO

1.2.1 INTRODUÇÃO

Um sistema elétrico de potência tem a função precípua de suprir os consumidores, grandes ou pequenos, fornecendo-lhes, no instante desejado, a energia elétrica na quantidade demandada com a qualidade adequada. Assim, para perfazer essa função, destacam-se os blocos a seguir.

- *Produção*: quando se converte energia de alguma espécie, por exemplo: hidráulica, térmica, eólica, solar, em energia elétrica. Esta função é designada, impropriamente, por *geração*. Aqui no Brasil, com o grande potencial hídrico disponível, a *geração hidráulica* representa a maior porcentagem da energia produzida. Usualmente, a tensão de geração é 13,8 kV.

- *Transporte de grandes montantes de energia*: na grande maioria dos casos, os centros de geração estão situados afastados dos centros de consumo, logo, deve-se contar com elementos, *linhas de transmissão*, que tenham capacidade para transportar grandes blocos de energia desde os centros de produção aos grandes centros de consumo. Considerando-se a distância a ser percorrida e a potência a ser transmitida, classifica-se o *Sistema de Transmissão da Energia* como um sistema constituído por linhas de transmissão que operam em corrente alternada com tensões entre 230 e 750 kV e por elos em corrente contínua que operam com tensão superior a 500 kV DC. Esse conjunto é alimentado a partir das usinas através de subestações elevadoras da tensão – Subestação Elevadora de Transmissão.

- *Suprimento de grandes consumidores*: dos pontos de recebimento dos grandes blocos de energia, é necessário suprir os grandes consumidores e os centros de carga de consumidores médios. Essa função é desempenhada pelo *Sistema de Subtransmissão*, que é constituído por linhas que operam com tensão na faixa de 34,5 a 138 kV e que se desenvolvem nos centros habitados em geral em áreas de baixa densidade populacional ou valendo-se de cabos subterrâneos. Esse sistema é alimentado pelo Sistema de Transmissão através de subestações abaixadoras – Subestação Abaixadora de Transmissão.

- *Suprimento de consumidores médios*: do sistema de subtransmissão, deriva-se o *Sistema de Distribuição Primária*, que se caracteriza por operar com tensões na faixa de 13,8 a 34,5 kV. Esse sistema irá alimentar indústrias e instalações comerciais de médio porte e irá suprir os transformadores que irão alimentar os consumidores de baixa tensão. É alimentado pelo sistema de subtransmissão através de subestações abaixadoras – Subestação de Subtransmissão.

- *Suprimento de pequenos consumidores*: este conjunto deriva-se da rede de distribuição primária e supre os consumidores residenciais, pequenos estabelecimentos comerciais e industriais em baixa tensão, na faixa de

Introdução aos sistemas elétricos de potência

127 a 440 V. Trata-se do *Sistema de Distribuição Secundária*, que é alimentado através dos transformadores de distribuição.

Aos três últimos blocos dá-se o nome genérico de sistema de distribuição.

1.2.2 GERAÇÃO

1.2.2.1 Introdução

A produção de energia elétrica pode ser realizada pela conversão de energia de alguma forma em elétrica, assim, destacam-se os tipos de usinas a seguir:

- *Usina hidráulica*: quando a energia cinética da água é fonte de energia mecânica para uma turbina hidráulica que aciona um alternador.

- *Usina térmica a vapor*: estas usinas caracterizam-se pelo acionamento de um alternador por uma turbina a vapor que converte a energia potencial contida no vapor de água em energia mecânica. Usualmente utiliza-se vapor superaquecido. O calor necessário para a vaporização é produzido pelas mais diversas fontes, como combustão de madeira ou carvão, petróleo, gás natural e reação de fissão nuclear do urânio enriquecido. Estas últimas fontes, por suas características especiais da reação atômica, são designadas por *centrais nucleares*.

- *Usina a gás*: estas usinas caracterizam-se pelo acionamento do alternador por meio de uma turbina a gás.

- *Usina eólica*: nestas usinas, a fonte de energia é o vento, isto é, a energia cinética contida no vento é convertida em energia mecânica pelo acionamento das pás de uma hélice, que, por sua vez, acionam um gerador.

- *Usina fotovoltaica*: caracteriza-se pela conversão da energia radiante da luz solar em energia elétrica.

Essas usinas serão detalhadas a seguir.

1.2.2.2 Usinas hidráulicas

O aproveitamento da energia hidráulica para geração de energia elétrica é feito por meio do uso de turbinas hidráulicas, cujo rendimento está na faixa de 90%, acopladas a um alternador. Os tipos usuais de turbina são:

- *Turbina tipo Pelton*: trata-se de uma roda de água à qual se colocaram pás que recebem a água através de um injetor, a pressão altíssima (Figura 1.1). Pelo fato de utilizarem um jato de água a altíssima pressão, são utilizadas em quedas entre 200 e 1.500 m, existindo na Europa usinas com queda de 1.800 m. Seu rendimento é da ordem de 90%. Aumenta-se a potência elevando-se o número de injetores. Contam com um defletor de jato que permite, em caso de necessidade, a parada rápida da turbina.

Figura 1.1 – Turbina Pelton

- *Turbina Francis*: dispõe de um rotor que conta com pás que transferem a energia do fluxo de água em movimento do rotor (Figura 1.2). Estas turbinas são as mais versáteis quanto à altura da queda, podendo ser utilizadas na faixa de 50 a 500 m. Trabalham com velocidades de rotação entre 600 e 900 rpm, que correspondem a alternadores com 12 e 8 polos, em 60 Hz. Este tipo de usina, que é o predominante nas hidrelétricas brasileiras, tem rendimento na faixa de 92%.

Figura 1.2 – Rotor de turbina Francis

- *Turbina Kaplan*: dispõe de rotor em forma de hélice, com as pás de passo variável, encerrado numa câmara cilíndrica na qual a água entra pela parte superior (Figura 1.3). Estas turbinas são utilizáveis em quedas com altura na faixa de 10 a 70 m. Exigem grande volume de água. Têm rendimento na faixa de 93% a 95%.

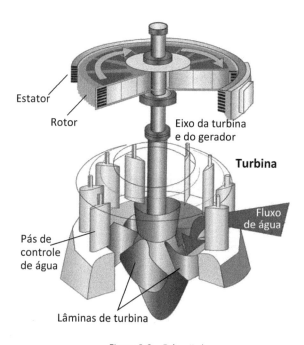

Figura 1.3 – Turbina Kaplan

As turbinas hidráulicas classificam-se como de ação ou de reação conforme o modo de atuar do fluxo de água que as atravessa.

- Turbinas de ação: os canais existentes no rotor têm tão somente a finalidade de direcionar o fluxo, não havendo alteração em sua pressão. A turbina Pelton é deste tipo.

- Turbinas de reação: contam com canais constituídos pelas pás móveis do rotor que ocasionam a redução da pressão do fluxo quando passa pelo rotor. As turbinas Francis e Kaplan são deste tipo.

A altura de queda pode ser definida como:

- baixa queda: quedas com até 15 m;

- média queda: quedas com altura compreendida entre 15 e 150 m;
- alta queda: alturas de queda maiores que 150 m.

Destaca-se que a altura para a definição de baixa, média ou alta queda é bastante controvertida. Os valores usados são os definidos pelo Centro Nacional de Referência em Pequenas Centrais Hidrelétricas (CERPCH) da Universidade Federal de Itajubá (Unifei).

Nas instalações de média queda, que são a maioria dos projetos hidrelétricos brasileiros, utilizam-se turbinas Francis, e as principais obras da construção civil são (Figura 1.4):

- a barragem para a formação do reservatório;
- a tomada de água;
- as obras de proteção contra enchentes;
- o conduto hidráulico;
- o vertedouro.

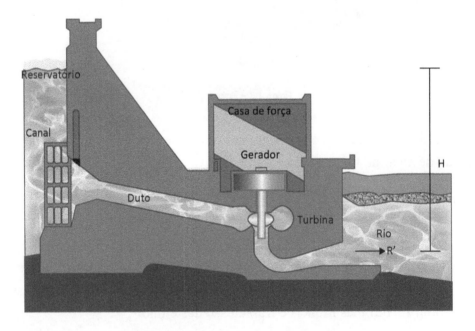

Figura 1.4 – Central hidrelétrica de média queda com turbina Francis

Exemplo de central hidrelétrica de média queda é o da Usina Hidrelétrica de Itaipu, do consórcio binacional Brasil-Paraguai. Trata-se da maior hidrelétrica em operação no mundo, com uma potência instalada de 14.000 MW e 20 unidades geradoras de 700 MW, dos quais 7.000 MW são gerados na frequência de 60 Hz e os outros em 50 Hz. As obras civis tiveram início em janeiro de 1975, e a usina entrou em operação comercial em maio de 1984. Sua queda nominal é de 118,4 m, que, em função do nível do reservatório, varia de um mínimo de 84 m a um máximo de 128 m. Seu vertedouro tem capacidade de descarga máxima de 62.200 m^3/s.

Nas instalações de grande queda, utilizam-se turbinas Pelton (Figura 1.5), e as principais obras da construção civil são:

• barragem para a construção do reservatório;

• conduto forçado de água.

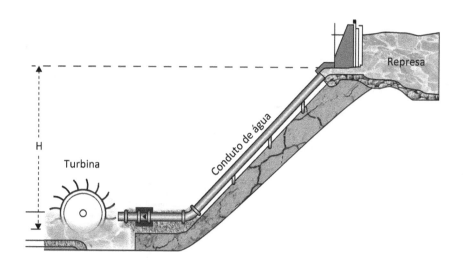

Figura 1.5 – Usina hidrelétrica de alta queda com turbina Pelton

Como exemplo de usinas de alta queda que utilizam turbinas Pelton, tem-se a Usina Henry Borden, em Cubatão, que opera com queda de 720 m e conta com uma usina a céu aberto e uma subterrânea. Sua potência instalada total é de 889 MW.

Em instalações de baixa queda, a casa de força é integrada às obras de tomada d'água ou localizada a uma pequena distância (Figura 1.6). As turbinas são do tipo Kaplan, com baixa velocidade, entre 60 e 360 rpm, correspondendo a 120 e 20 polos em 60 Hz, respectivamente. As obras civis podem ser reduzidas pelo uso de grupos axiais do tipo bulbo, e o custo dos geradores também pode ser reduzido com o uso de multiplicadores de velocidade, que reduzem o número de pares de polos.

No Brasil, um exemplo típico de aproveitamento hidrelétrico de baixa queda é o da Usina Hidrelétrica Engenheiro Souza Dias (Jupiá), localizada no Rio Paraná, município de Três Lagoas (SP). Foi construída com tecnologia completamente nacional. Sua barragem tem 5.495 m de comprimento e seu reservatório tem 330 km². O desnível é de 21,30 m e a vazão de água pelas turbinas é de 727 m³/s. A usina possui catorze turbinas Kaplan, totalizando uma potência instalada de 1.551 MW. A usina dispõe de eclusa, que possibilita a navegação no Rio Paraná e a integração hidroviária com o Rio Tietê.

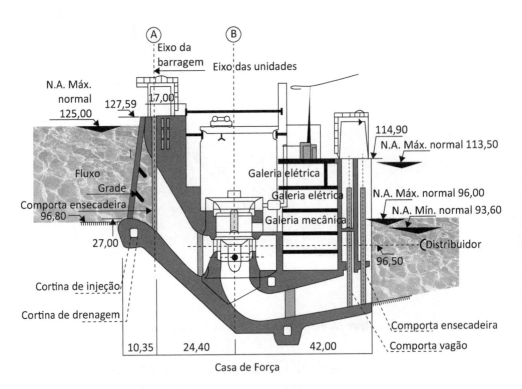

Figura 1.6 – Usina hidrelétrica de baixa queda com turbina Kaplan

1.2.2.3 Usinas térmicas a vapor de água

Estas usinas contam com uma turbina a vapor que converte a energia potencial do vapor de água, geralmente superaquecido, em energia cinética, e esta em trabalho mecânico que irá acionar um alternador. Assim, contam com (Figura 1.7):

- caldeira, na qual, pela queima de um combustível, é gerado o vapor que a seguir passa por um superaquecedor;
- turbina, que transforma a energia térmica do vapor na energia mecânica que irá acionar o gerador;
- descarga do vapor, agora a baixa temperatura, que é liquefeito num condensador e bombeado de volta à caldeira.

Evidentemente, o combustível não tem contato algum com o vapor, logo, pode ser de várias naturezas, como a biomassa, na qual se destacam bagaço de cana, resíduos de madeira, biogás, casca de arroz, lixo urbano; ou os combustíveis fósseis como óleo diesel, gás natural, gás combustível, carvão natural, gás de refinaria e óleo ultraviscoso. Salienta-se que, em se utilizando a biomassa como combustível, pode-se considerar que a energia é produzida por fonte renovável, visto que o processo de formação da biomassa é de curta duração. Já com os combustíveis fósseis, para cuja transformação são necessários milênios, não se pode considerar que a energia é produzida por fonte renovável. Na Tabela 1.1, apresenta-se a distribuição das usinas, em número e potência, em atividade no Brasil por tipo de combustível utilizado.

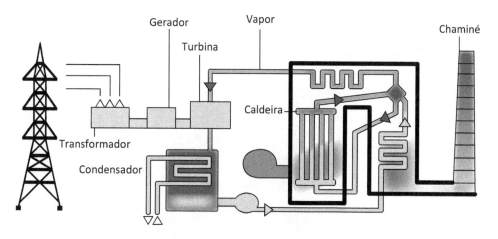

Figura 1.7 – Esquema de usina termelétrica

Tabela 1.1 – Usinas termelétricas no Brasil

Tipo de combustível	Número de usinas	Potência (MW)	Porcentagem (em potência)
Biomassa	517	13,939	44,2
Gás natural	145	12,388	39,3
Carvão	10	3,200	10,2
Nuclear	2	1,990	6,3
Total	674	31,517	100,0

(Fonte: Tolmasquim, 2016)

Os fenômenos envolvidos na conversão de energia térmica em mecânica obedecem às Leis da Termodinâmica, entretanto, dado o caráter deste livro, serão abordados somente aspectos práticos do funcionamento das turbinas a vapor. Destaca-se que há dois tipos fundamentais de turbina a vapor: a de ação (impulso) e a de reação.

- *Turbinas de ação*: as turbinas de ação (Figura 1.8) funcionam devido à queda de pressão do vapor nos bocais. Essa queda de pressão resulta em queda de entalpia e temperatura, enquanto se aumenta o volume específico e, consequentemente, a velocidade do vapor. O bocal, que é o responsável pela expansão do vapor, é projetado de forma a permitir a completa expansão do vapor e, assim, a energia potencial é convertida em energia cinética. Um jato de vapor com alta velocidade atinge então as palhetas móveis, que, por sua vez, convertem a energia cinética do vapor em energia mecânica de rotação do eixo. É importante ressaltar que o vapor atravessa a roda móvel a pressão constante, agindo sobre as palhetas unicamente em virtude da velocidade. Devido a essa característica de projeto, os espaços internos entre as partes fixas e as partes móveis podem ser maiores, e também não há a necessidade de se utilizar pistão de balanceamento. Isso faz com que as turbinas de ação sejam mais robustas e duráveis.

Figura 1.8 – Rotor de turbina de ação

- *Turbinas de reação*: as turbinas de reação (Figura 1.9) se valem, ao mesmo tempo, da pressão do vapor e de sua expansão nas rodas móveis. O vapor não se expande completamente nos bocais, mas continua a sofrer, na roda móvel, uma redução de pressão, à medida que sua velocidade também diminui, devido à alta velocidade com que as palhetas móveis estão se movimentando. A queda de pressão através das palhetas móveis produz força de reação que complementa a força do jato de vapor das palhetas fixas. As duas forças combinadas causam a rotação do eixo. Dessa forma, o bocal, que tem a função de distribuidor do vapor, converte apenas parte da energia potencial em energia cinética, ficando a outra parte para ser transformada na própria roda móvel. Essas turbinas são caracterizadas pelo fato de que a roda móvel não trabalha com vapor a pressão constante, mas gradativamente variável, diminuindo de montante para jusante em relação ao percurso nas palhetas. Devem ser projetadas de forma que seja minimizado o vazamento de vapor ao redor das palhetas móveis. Esse objetivo é atingido fazendo com que as folgas internas sejam relativamente pequenas. As turbinas de reação precisam de pistão de balanceamento para compensar as grandes cargas de empuxo axial gerado no eixo.

Figura 1.9 – Rotor de turbina de reação

1.2.2.4 Usinas nucleares

As usinas nucleares são usinas térmicas a vapor nas quais a fonte de calor para a transformação da água em vapor se origina de uma reação nuclear. Tiveram grande expansão no século XX, quando pareciam ser a fonte ideal para o suprimento de energia elétrica, entretanto, a essas usinas associam-se altos riscos de acidentes nucleares. Assim, o alarme provocado no mundo pela explosão de um reator da usina de Tchernóbil, na Rússia, ocorrida em 26 de abril de 1986, classificado como um evento de classificação máxima (nível 7), e os problemas ocorridos com a grande quantidade de partículas radioativas lançadas na atmosfera, que se espalharam em boa parte da antiga União Soviética e da Europa Ocidental, resultando numa verdadeira batalha para conter seus efeitos nocivos, fizeram com que muitos países da Europa abandonassem seus programas de usinas nucleares. A França é exceção, já que a maior parte de sua energia elétrica é produzida por centrais nucleares. A esse desastre seguiu-se o causado por um tsunami que atingiu a Central Nuclear de Fukushima, no Japão, em 2011.

O Brasil conta com a Central Nuclear Almirante Álvaro Alberto (CNAAA), que dispõe de duas unidades em operação. A primeira é Angra 1, que entrou em operação comercial em 1985 e tem potência de 640 MW. A outra é Angra 2, que começou a operar em 2001 e cuja potência é de 1.350 MW. Para os próximos anos, está prevista a entrada em operação de Angra 3, de 1.405 MW.

1.2.2.5 Usinas eólicas

A energia eólica é gerada pela energia cinética disponível nas massas de ar em movimento, ou seja, no vento. Nesse processo, aerogeradores são responsáveis por converter essa energia cinética de translação na chamada energia cinética de rotação. Atualmente, no Brasil, as áreas com maior potencial eólico encontram-se nas regiões Nordeste, Sul e Sudeste. Considerando a dimensão da costa brasileira, porém, esse potencial ainda é pouco explorado.

Em 2012, segundo dados da Aneel, a capacidade instalada no país era de aproximadamente 1.934 MW, representando apenas 1,35% do nosso potencial estimado de 143.000 MW, de acordo com as estimativas do *Atlas do potencial eólico brasileiro* (CRESESB, 2013). Outros países com potencial geográfico similar ou inferior ao brasileiro, como Alemanha, Dinamarca, Espanha e Estados Unidos, lideram a geração de energia eólica no mundo.

A evolução da energia eólica em todo o mundo tornou-se viável pelo desenvolvimento da tecnologia construtiva de geradores eólicos que resultou na ampliação da capacidade das turbinas existentes na década de 1980, de 50 kW, para as atuais com potência da ordem de grandeza de 10 MW. Essa ampliação na potência originou-se de melhorias quer nas pás das hélices, quer no gerador.

As pequenas centrais eólicas podem suprir localidades menores e distantes da rede, contribuindo para o processo de universalização do atendimento, entretanto, dado o caráter variável da intensidade do vento, necessitam de

Introdução aos sistemas elétricos de potência

baterias em corrente contínua, que garantem o suprimento quando de calmaria no vento – evidentemente, a energia é suprida aos consumidores por meio de um inversor. As centrais de grande porte têm potencial para atender uma significativa parcela dos sistemas nacionais com importantes ganhos, como reduzir as emissões pelas usinas térmicas e os poluentes atmosféricos, diminuir a necessidade de construção de grandes reservatórios e minimizar o risco gerado pela sazonalidade hidrológica.

Existem dois tipos básicos de rotores eólicos: os de *eixo vertical* e os de *eixo horizontal*, sendo este último tipo o mais eficiente e praticamente o único utilizado como fonte de geração eólica. Nessa categoria, encontram-se os rotores multipás e os de duas ou três pás, sendo estes os mais difundidos por apresentarem também maior eficácia pela sua menor resistência ao ar. A gama de potências dos aerogeradores estende-se desde 100 W (comprimento das pás da ordem de 1 metro) até cerca de 8 MW (comprimento das pás que supera os 80 metros).

Os principais componentes constituintes de um aerogerador de eixo horizontal são descritos a seguir e estão ilustrados na Figura 1.10.

- *Pás*: captam o vento, convertendo sua potência ao centro do rotor. São construídas em processo praticamente artesanal a partir de materiais como o plástico e a fibra de vidro. Contam com dispositivo que permite variar sua inclinação desde a posição de maior conversão de energia até aquela, conhecida em aeronáutica por "passo-bandeira", em que a inclinação das pás é tal que não absorvam energia alguma do vento. O desenho das pás emprega as mesmas soluções técnicas usadas pela aeronáutica.

- *Rotor*: elemento de fixação das pás que transmite o movimento de rotação para o eixo de movimento lento. Um de seus principais componentes é o sistema hidráulico que permite o movimento das pás em distintas posições para otimizar a força do vento ou parar a turbina por completo.

- *Torre*: elemento que sustenta o rotor e a nacele na altura apropriada ao seu funcionamento. Embora a maioria das torres seja de aço, como foram originalmente construídas, hoje já existem outros modelos com diferentes tipos de material.

- *Nacele*: compartimento instalado no alto da torre composto por caixa multiplicadora de velocidade, chassis, sistema de controle eletrônico e sistema hidráulico. É o componente com maior peso do sistema. Dependendo do fabricante do aerogerador, pode ultrapassar as 72 toneladas.

- *Caixa multiplicadora de velocidade*: tem a função de transformar as rotações que as pás transmitem ao eixo de baixa velocidade, da ordem de 19 a 30 rpm, para a velocidade de rotação do gerador, da ordem de grandeza de 1.500 rpm.

- *Gerador*: converte a energia mecânica do eixo em energia elétrica. Inicialmente se tratava de alternador com o sistema de excitação constituído por imãs permanentes. Atualmente se utilizam máquinas assíncronas.

- *Anemômetro*: mede a velocidade do vento. Esses dados são transmitidos ao sistema de controle, que ajusta a inclinação das pás de modo a garantir a máxima eficiência.

- *Catavento*: mede a direção do vento e a transmite ao sistema de controle de modo que o aerogerador se mantenha orientado ao vento, otimizando a energia cinética do vento e aumentando a potência produzida.

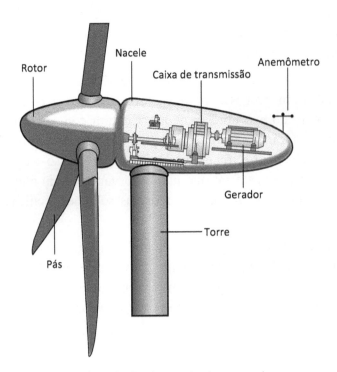

Figura 1.10 – Desenho esquemático de um aerogerador

1.2.2.6 Usinas fotovoltaicas

As usinas fotovoltaicas, que representam uma das mais prováveis soluções em geração de energia limpa, transformam a radiação liberada pelo Sol em energia elétrica. Utilizam-se de placas, chamadas fotovoltaicas, que transformam a radiação solar em energia elétrica na forma de corrente contínua. As células fotovoltaicas são constituídas por semicondutores que apresentam junções "p" e "n" e, quando da incidência de um fóton, pode ocorrer a excitação de um elétron, que se torna livre e migra da banda de valência para a de condução. Destaca-se que o detalhamento do princípio de funcionamento da conversão da energia solar em energia elétrica, que se relaciona com conceitos da física quântica, foge ao escopo deste livro. As regiões "p" e "n" podem ser constituídas pelo mesmo material, por exemplo o silício, quando são designadas por *homojunções*, ou por materiais diferentes, quando são designadas por *heterojunções*, das quais uma junção das mais promissoras é a que utiliza sulfeto de cádmio (CdS) para o estrato "n" e o seleneto de cobre e índio ($CuInSe_2$) para o "p".

Evidentemente, esse tipo de usina só gera energia quando existe incidência da luz solar. Assim, durante a noite, não existe a produção de energia e, em dias nublados, o montante de energia produzida é muito pequeno, logo, quando alimentam sistemas isolados, necessitam do armazenamento em baterias da energia produzida e, ainda, de um inversor para converter a energia de corrente contínua em alternada. Destaca-se que, a par das grandes instalações de geração, as placas solares estão encontrando cada vez maior aplicação em instalações comerciais e residenciais, onde atuam como coprodutoras de energia. Na Figura 1.11, apresentam-se as fotocélulas instaladas no Mineirão, oficialmente chamado Estádio Governador Magalhães Pinto, que é um estádio de futebol localizado em Belo Horizonte, no estado de Minas Gerais, com capacidade para 62 mil pessoas. Trata-se de um projeto de usina solar fotovoltaica que tem capacidade de gerar 1.600 MWh/ano. O sistema é composto por 6 mil células de silício cristalino instaladas em 9.500 m² de área na cobertura do estádio. O projeto foi desenvolvido em parceria com a Companhia Energética de Minas Gerais (Cemig).

Uma das restrições técnicas à difusão de projetos de aproveitamento de energia solar seria a baixa eficiência dos sistemas de conversão de energia, o que torna necessário o uso de grandes áreas para a captação de energia em quantidade suficiente para que o empreendimento se torne economicamente viável. Assim, a área A necessária para produzir anualmente uma energia ε, assumindo-se índice médio global de radiação solar dado por $I_{Médio}$, com rendimento η na conversão, é dada por:

$$A = \frac{\varepsilon}{I_{Médio} \cdot \eta}$$

Assumindo-se, para o Brasil, $I = 1.800$ kWh/m² $= 1,8$ TWh/km² ao ano e $\eta = 12\%$ e lembrando que a energia consumida em todo o Brasil no ano de 2016 foi de 460 TWh, resulta que a área necessária para o suprimento dessa energia seria:

$$A = \frac{\varepsilon}{I \cdot \eta} = \frac{460}{1,8 \cdot 0,12} = 2.130 \text{ km}^2$$

Destaca-se que a área ocupada pelas placas coletoras seria equivalente a 7,60% da área ocupada pelas hidrelétricas e representaria 0,024% da área total do Brasil. Em conclusão, observa-se que a área necessária para as placas solares não representa uma restrição muito grande a essa forma de aproveitamento.

Figura 1.11 – Placas solares na cobertura do Mineirão

1.2.3 SISTEMA DE TRANSMISSÃO DA ENERGIA

1.2.3.1 Introdução

O sistema de transmissão tem por escopo transportar a energia dos centros produtores aos grandes centros de consumo – lembrando que, para transportar grandes blocos de energia a distâncias consideráveis, é indispensável que a tensão de transmissão tenha valor elevado. Assim, do bloco da geração, em que usualmente a tensão é de 13,8 kV, alcança-se o de transmissão através de uma elevação de tensão que é feita por "subestações transformadoras da

Introdução aos sistemas elétricos de potência

transmissão". Além disso, ao se chegar com a energia nos centros habitados, é imprescindível uma redução no nível da tensão. Em resumo, esse sistema conta com:

- subestações elevadoras, que transformam a tensão de geração na de transmissão. Destaca-se que, em se tratando de elos de corrente contínua, as estações elevadoras são substituídas por estações conversoras de retificação da corrente;

- linhas de transmissão, que podem ser em corrente alternada ou contínua;

- subestações abaixadoras, que transformam a tensão de transmissão na adequada ao sistema de distribuição. Destaca-se que, em se tratando de elos de corrente contínua, as estações abaixadoras são substituídas por estações conversoras de inversão da corrente.

1.2.3.2 Subestações

As subestações transformadoras (SEs), elevadoras ou abaixadoras de tensão, têm a finalidade, conforme já visto, de elevar ou de abaixar a tensão. Nos níveis habituais de tensão de transmissão, elas são construídas ao tempo. Entre seus equipamentos, destacam-se os apresentados abaixo.

- Transformadores: são máquinas elétricas estáticas que contam com enrolamentos que se destinam a transformar o valor da tensão de entrada para o de saída.

- Malha de terra: toda a SE conta com uma malha de terra que permite garantir no solo o potencial adequado. Em seu dimensionamento, limitam-se os potenciais de passo e de toque a valor seguro mesmo em condições de defeitos na rede. Destaca-se que esses potenciais se referem, respectivamente, ao potencial a que está submetido um homem ao andar pela SE e ao potencial que há entre as estruturas e o solo.

- Barramentos: são condutores isolados, suportados por torres, que permitem a conexão dos equipamentos.

- Disjuntores: são chaves automáticas que permitem a ligação ou o desligamento dos transformadores ou das linhas com carga. A par da função de comando, desempenham a função de proteção, isolando eventual defeito. O defeito é identificado pelos dispositivos de proteção que comandam a atuação do disjuntor.

- Para-raios: destinam-se a proteger a instalação das sobretensões oriundas de descargas atmosféricas.

- Chaves seccionadoras: permitem isolar parte da instalação. Usualmente, trata-se de chaves que somente podem ser operadas em vazio.

- Chaves de manobra: são chaves que permitem a transferência de blocos de equipamentos entre setores da SE.

- Transformadores de potencial e de corrente: destinam-se a transformar os potenciais e as correntes nos elementos da SE a valores compatíveis com os equipamentos de medição e de proteção.

- Serviços auxiliares: trata-se de painéis de controle e do sistema de suprimento de energia autônomo da SE.

Na Figura 1.12, apresenta-se vista da SE da usina de Ilha Solteira, onde a alimentação do primário dos transformadores é subterrânea.

Figura 1.12 – SE elevadora da usina de Ilha Solteira

1.2.3.3 Linhas de transmissão

As linhas de transmissão são constituídas pelos cabos de fase que são suportados em estruturas metálicas, designadas por torres, as quais contam, em sua parte mais alta, com cabos (*cabos-guarda*) que se destinam à proteção dos cabos de fase quando da ocorrência de descargas atmosféricas.

Os cabos de fase são de alumínio com alma de aço (*aluminium conductor steel reinforced* – ACSR). Atualmente, estão disponíveis no mercado desde cabos de alumínio com reforço em liga de alumínio, que apresentam resistência mecânica equivalente, até cabos com alma de aço, com sensível redução de peso. Tendo em vista diminuir a resistência elétrica da linha e reduzir o efeito Corona, é prática corrente, nas linhas com tensão superior a 230 kV, utilizar-se em cada fase condutores em paralelo (*bundle*). Os números de cabos em paralelo, por fase, usualmente encontrados são: 2, 3, 4 e 6. Os cabos-guarda em geral são de aço.

As torres usualmente são estruturas metálicas construídas com aço galvanizado montado na forma de treliça, que permite, em um espaço limitado, obter uma estrutura alta, esbelta, mais leve e versátil. O projeto da torre deve obrigatoriamente considerar, além das diversas hipóteses de carregamento, as muitas hipóteses de composição da torre, com diferentes alturas associadas a diversas extensões das pernas, que podem estar niveladas ou com desníveis. As torres podem ser classificadas sob os vários aspectos a seguir.

- *Número de circuitos*: as torres podem suportar um único circuito, "torre de circuito simples" ou dois circuitos, "torres de circuito duplo".
- *Modo de sustentação*: as torres, conforme o modo de resistir aos esforços a que estão sujeitas, podem ser portantes ou estaiadas (Figura 1.13).

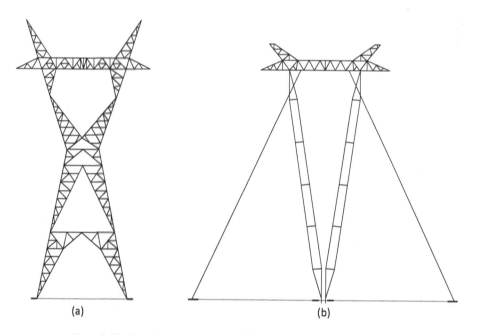

Figura 1.13 – Tipos de torres quanto à suportabilidade: a) torre autoportante; b) torre estaiada

- *Função estrutural*: quanto à função estrutural, destacam-se *torres de suspensão*, nas quais os cabos são mantidos em suspensão, *torres de ancoragem*, para o fim da linha ou para mudança de direção do traçado da linha, e *torres de transposição*, destinadas à transposição dos cabos de fase.

A estrutura da torre deve ser aterrada e, quando as características do solo são tais que não garantam uma baixa resistência de aterramento, utilizam-se os *contrapeso*s, que são condutores enterrados ao logo do percurso da linha, partindo da base das torres, com o intuito de garantir um aterramento de baixa resistência.

Os cabos de fase da linha, quando energizados, provocam, no meio em que se encontram, efeitos eletromagnéticos, dos quais, dentre outros, destacam-se: os campos elétrico e magnético, a rádio interferência, o ruído audível, entre outros. Sendo assim, a fim de se evitar riscos à segurança da linha, de eventuais obstáculos existentes ao longo do seu caminhamento ou até mesmo a exposição humana a esses efeitos, é necessário que essas linhas sejam instaladas dentro de uma área de terra, com uma largura definida, denominada *faixa de segurança*, que também é conhecida por faixa de passagem e pode ser de domínio ou de servidão. A faixa de domínio é a área da faixa de terra sob a linha que seu proprietário adquire, e a faixa de servidão caracteriza-se pela não aquisição da área de terra, isto é, o proprietário do terreno continua dono da área da terra, mas tem restrições de uso.

As normas definem para fins de uso e ocupação da faixa de passagem das linhas as áreas a seguir (Figura 1.14).

- **Área "A"** – Localiza-se no entorno das estruturas da linha de transmissão destinando-se a permitir o acesso das equipes de manutenção com seus veículos e equipamentos;
- **Área "B"** – trata-se de corredor situado bem abaixo dos condutores externos, ao longo da linha. Nesta área, são permitidas algumas benfeitorias, como: plantações rasteiras, culturas de pequeno e médio porte e movimentação de veículos;
- **Área "C"** – faixa de terra que complementa a largura total da faixa de servidão. Nesta área, são permitidas as mesmas benfeitorias da área B, tolerando-se, ainda, a existência de depósitos de materiais inflamáveis.

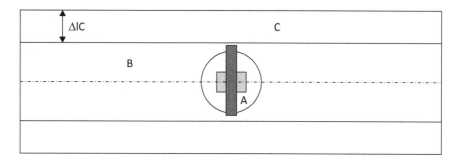

Figura 1.14 – Áreas na faixa de servidão

A largura total da faixa varia com a tensão, e como ordem de grandeza pode-se considerar larguras de 50 m para linhas com tensão de 230 kV e de 65 m para aquelas na tensão de 500 kV. Evidentemente a largura da faixa B está intimamente ligada à largura da torre e a da C tem um acréscimo, Δl_C, que varia com a tensão da linha.

1.3 EVOLUÇÃO DO SISTEMA ELÉTRICO BRASILEIRO

1.3.1 Introdução

A aplicação de energia elétrica no Brasil pode ser agrupada em cinco grandes períodos e está intimamente ligada ao seu desenvolvimento industrial e a políticas governamentais. Os grandes períodos podem ser definidos como a seguir:

- do Brasil Império até a República, período que se estende até 15 de novembro de 1889;
- da proclamação da República até o governo de Getúlio Vargas (1930);
- do governo Getúlio Vargas até Juscelino Kubistchek;
- do governo Juscelino Kubistchek à Ditadura Militar;
- da Ditadura Militar ao governo Fernando Henrique.

Esses períodos serão detalhados a seguir.

1.3.2 PRIMEIRO PERÍODO: BRASIL IMPÉRIO (1822 A 1889)

Na época da monarquia, a atividade econômica do Brasil era toda agrária, e a indústria, em geral, era incipiente, até mesmo inexistente. Assim, o uso da eletricidade, motivado pela descoberta da lâmpada incandescente por Thomas

Alva Edison, voltou-se à iluminação pública. Em 1879, o imperador D. Pedro II concedeu a Edison o privilégio de introduzir no país aparelhos e processos, de sua invenção, destinados à implantação de sistemas de iluminação pública. Dessa autorização resultou nesse mesmo ano a inauguração, na Estação Central da Estrada de Ferro Dom Pedro II, atual Central do Brasil, da primeira instalação de iluminação pública utilizando lâmpadas incandescentes. Nesse período, foi instalada ainda, pela Diretoria Geral de Telégrafos, a iluminação pública em trecho da atual Praça da República.

É nesse período que surgiu a primeira hidrelétrica brasileira, localizada no Ribeirão do Inferno, afluente do rio Jequitinhonha, na cidade de Diamantina, em 1883. Junto com a usina, foi criada a primeira linha, com 2 km de comprimento, para o transporte da energia gerada ao centro de consumo. Já em 1889, o industrial Bernardo Mascarenhas inaugurou, em Juiz de Fora, a hidrelétrica Marmelos Zero, da Companhia Mineira de Eletricidade, que se destinava ao suprimento de energia da indústria metalúrgica de sua propriedade.

Nesse período, que se caracterizou pela não interveniência do governo no setor elétrico, há a implantação de pequenas usinas e a rede de transmissão era inexistente, pois as usinas estavam situadas próximas aos centros de consumo. Em conclusão, nesse período o sistema elétrico é gerenciado pela livre iniciativa de produtores independentes que não tinham restrições quanto à exploração e comercialização da energia elétrica.

1.3.3 SEGUNDO PERÍODO: PROCLAMAÇÃO DA REPÚBLICA (1889 A 1930)

Ao fim da monarquia, em 1889, iniciou-se a República, sob o governo do marechal Deodoro da Fonseca, que, em seu curto mandato, estabeleceu o primeiro marco da regulamentação do sistema de energia elétrica, destacando-se uma diretriz na Constituição de 1891 segundo a qual as concessões de serviço de eletricidade seriam outorgadas pelas prefeituras e os aproveitamentos hídricos seriam concedidos pelos governos estaduais.

Nessa década, independentemente do agravamento da crise monetária resultante da mudança do império para a república, a expansão do sistema elétrico aumentava. No estado de São Paulo, destacam-se, dentre os empreendimentos destinados ao atendimento de serviços públicos, as hidrelétricas de Monjolinho, em São Carlos, e a Piracicaba, na cidade de mesmo nome.

Já no governo de Campos Salles, foi criada, em 1899, a São Paulo Railway Light and Power Company Ltda., com sede no Canadá, que tinha por escopo o atendimento do município de São Paulo prestando serviços de iluminação e transporte público, este feito por bondes elétricos. Em 1901, entrou em operação a Usina Hidrelétrica Parnaíba, atual Edgard de Souza, que utilizou para o reservatório uma barragem de mais de 15 m de altura. Operava com frequência de 60 Hz.

Nesse período, graças ao capital estrangeiro, há um grande incremento no sistema elétrico, que, conforme dados do Censo de 1920, passou de 91 kW em 1883 para 10,85 MW em 1900, sendo que cerca de 50% da potência instalada era de usinas hidráulicas.

Em 1903, o Congresso Nacional aprovou o primeiro texto regulamentando a exploração e utilização da energia.

Ainda em 1904, foi criada a Rio de Janeiro Tramway, Light and Power Company Ltda., que, analogamente à anterior, atendia o Rio de Janeiro prestando serviços de iluminação e transporte público, este feito por bondes elétricos. Contrariamente a São Paulo, essa companhia operava com frequência de 50 Hz, fato que no futuro imporia para a interligação entre as duas áreas a instalação de estação conversora de frequência. Iniciou sua operação explorando o potencial hídrico do Ribeirão das Lajes e das bacias dos rios Pirai e Paraíba do Sul. Esses aproveitamentos, conjugados com o da usina Fonte Velha, permitiu alcançar, dois anos mais tarde, uma potência de 24 MW, que representava cerca de 20% da potência total instalada.

No início do século XX, o sistema era gerido por concessionários ou autoprodutores independentes, sem que houvesse qualquer regulamentação federal. Essa situação perdurou até 31 de dezembro de 1903, quando foi promulgada a Lei n. 1.345, que em seu artigo 23 estabelecia:

> Art. 23. O Governo promoverá o aproveitamento da força hydraulica para transformação em energia eléctrica aplicada a serviços federaes, podendo autorizar o emprego do excesso da força no desenvolvimento da lavoura, das industrias e outros quaesquer fins, e conceder favores ás emprezas que se propuzerem a fazer esse serviço. Essas concessões serão livres, como determina a Constituição, de quaesquer onus estadoaes ou municipaes (BRASIL, 1912).

Essa lei foi regulamentada no ano seguinte pelo Decreto n. 5.407, que fixava a concessão sem exclusividade, restringia duração da concessão a noventa anos, revisão a cada cinco anos das tarifas praticadas e redução nas tarifas quando os lucros anuais excedessem 12%. Os efeitos dessa lei permitiam ao governo federal o aproveitamento da energia dos rios para fins públicos, mas as concessões para geração de distribuição de energia elétrica eram ainda atribuições dos municípios e dos estados. Em que pese esse inconveniente, essa lei foi o marco inicial da regulamentação federal da indústria de energia elétrica.

No governo de Afonso Pena (iniciado em 1906), o grande crescimento da indústria elétrica gerou preocupações quanto ao gerenciamento dessa atividade. Tal preocupação levou a presidência da República a orientar o início dos estudos para as diretrizes que norteariam o Código de Águas, que foi concluído em 1907. Essas diretrizes deram lugar a discussões e debates que provocaram o adiamento de sua conclusão.

Em 1909, Nilo Peçanha criou, com sede no Rio de Janeiro, o Comité Eletrotécnico Brasileiro, que reuniu os profissionais da área.

A Primeira Guerra Mundial (1914 a 1918) ocasionou dificuldades na importação de bens de consumo, e isso ocasionou o início da implantação de indústrias, as quais, por sua vez, demandavam energia elétrica, com a consequente instalação de pequenas usinas próximas aos centros de consumo.

Em 1920, apesar da grande crise mundial, os reflexos da guerra impulsionaram a evolução da indústria e das cidades, que deu lugar a uma maior demanda da energia elétrica, quer para o transporte urbano (por bondes), quer para o aumento populacional. Fruto desse aumento de demanda foi a criação de uma política regulamentadora do setor energético, e foi criada a Comissão Federal de Forças Hídricas.

Nessa época, a crescente demanda de energia em São Paulo devido ao seu grande desenvolvimento industrial, à Revolução de 1924 e à prolongada seca ocasionou à Light sérios problemas de suprimento, que deu origem ao Projeto Serra, que tratava da construção de uma usina em Cubatão. O projeto da usina foi elaborado pelo engenheiro norte-americano Asa White Kenney Billings, que apresentou a proposta inovadora de inverter o curso de rios. A ideia foi recolher águas da bacia do Alto Tietê, planalto de São Paulo, que corriam para o interior, e conduzi-las para o sopé da serra aproveitando um desnível de 750 m. Assim, através do canal do Rio Pinheiros, as águas foram bombeadas para a represa Billings, de onde, através de oito condutos forçados externos, foram acionar turbinas do tipo Pelton em Cubatão. A primeira unidade foi acionada em 1926, e o conjunto total com oito geradores foi concluído em 1950, com potência instalada de 469 MW. A energia produzida era conduzida a São Paulo por duas linhas de 88 kV. Em 1956, entrou em operação a primeira das seis unidades da usina subterrânea que tem potência instalada de 420 MW.

Introdução aos sistemas elétricos de potência

Em 1927, foi criada nos Estados Unidos a American and Foreign Power (Amforp), que tinha como principal objetivo agilizar os negócios no exterior da empresa norte-americana Electric Bond & Share Corporation, reunindo os seus ativos que se encontravam fora dos Estados Unidos. Criou, no Brasil, duas empresas: a Empresas Elétricas Brasileiras, futura Companhia Auxiliar de Empresas Elétricas Brasileiras (Caeeb), e a Companhia Brasileira de Força Elétrica.

Diante do monopólio da Light nas duas principais cidades brasileiras, Rio de Janeiro e São Paulo, a Amforp concentrou a sua estratégia na ocupação do interior de São Paulo e das capitais dos estados, do Nordeste até o Sul do país, mediante a incorporação de diversas concessionárias já existentes. Após essa incorporação, a tarefa principal da Amforp foi a organização e modernização do vasto conjunto de ativos adquiridos, caracterizado pela grande heterogeneidade técnica e financeira.

O Brasil chegou à década de 1930 com uma capacidade instalada de 779.000 kW, distribuídos entre 1.009 empresas. Os serviços se concentravam em uma área territorial mínima, que englobava as duas cidades mais populosas do país: Rio de Janeiro e São Paulo. Em função disso, a Região Sudeste detinha 80% da capacidade instalada; enquanto a Região Nordeste ficava com 10%, a Região Sul com 8% e a Região Norte com 2%. A Light detinha 40% da capacidade instalada do país, com as demais empresas dividindo o resto. Entre essas empresas destacava-se a Amforp, que controlava o interior de São Paulo e as cidades de Recife, Salvador, Natal, Maceió, Vitória, Niterói-Petrópolis, Belo Horizonte, Curitiba e Porto Alegre-Pelotas e detinha 15% da capacidade instalada.

Desse modo, até 1930, a indústria elétrica brasileira desenvolveu-se sob a forma de sistemas independentes e isolados, abrangendo, essencialmente, as concentrações urbanas, por intermédio de concessionárias privadas – dentre as quais se destacavam as estrangeiras, Light e Amforp, que eram reguladas por contratos específicos a cada concessão e controlavam os mercados mais importantes.

Destaca-se que nesse período a legislação que regulamentava a produção e exploração da energia elétrica era incipiente, o que permitia que as companhias estrangeiras estabelecessem preços e condições de venda a seu bel-prazer.

1.3.4 TERCEIRO PERÍODO: GOVERNO GETÚLIO VARGAS (1930 A 1954)

Em 1930, Getúlio Vargas, que comandou a revolução que derrubou o governo de Washington Luís, assumiu o poder, e nos quinze anos de governo militar imperou no país o espírito de nacionalismo exacerbado. Ao término da ditatura, foi eleito presidente o general Eurico Gaspar Dutra (1946 a 1951), e, em 1952, Getúlio Vargas voltou a governar, agora eleito pelo voto popular; seu mandato encerrou-se com sua morte em 1954.

Assim, foi retomada a discussão do Código de Águas, agora com enfoque nacionalista, resultando no Decreto n. 20.395, de 15 de setembro de 1931, transcrito a seguir.

Decreto n° 20.395, de 15 de Setembro de 1931

Suspende, até ulterior deliberação, todos os atos de alienação, oneração, promessa ou começo de alienação ou transferencia de qualquer curso perene ou quéda dagua, e dá outras providencias

O Chefe do Governo Provisorio da Republica dos Estados Unidos do Brasil:

Considerando que o problema do aproveitamento e propriedade das quedas dagua esteve sempre, no Brasil, envolvido em dificuldades várias, oriundas, principalmente, de uma legislação obsoleta e deficiente que, tolhendo a exploração eficente das nossas forças hidraulicas, se opunha ao interesse da coletividade;

Considerando que, só pela reforma constitucional a realizar-se e pelo "Codigo das Aguas", já em estudo, será possivel dar ao problema a solução reclamada pelos altos interesses nacionais;

Considerando que, na fase atual, na iminencia dessas reformas, podem ocorrer operações, reais ou propositadamente simuladas, que dificultem, oportunamente, a aplicação das novas leis ou frustrem a salvaguarda do interesse do país;

Considerando que o Governo Provisorio, inspirado em razões similares, já suspendeu, por decreto sob o n° 20.223, de 17 de julho ultimo, os atos de alienação e outros, relativos a jazidas minerais;

DECRETA:

Art. 1° Os atos de alienação, de oneração, de promessa ou começo de alienação ou transferência, inclusive para formar capital de sociedade comercial, de curso perene ou queda dagua, da respectiva energia hidraulica, ou de terra circunjacente, praticados da data da publicação deste decreto em diante, nenhum efeito produzirão quanto ao aproveitamento ou utilização da referida energia, que ficará sempre reservado, nas condições juridicas atuais, exclusivamente aos atuais proprietarios, ou usufrutuarios e seus herdeiros, cabendo a estes toda a responsabilidade pela observancia das normas legais que vierem a ser dotadas sobre a materia.

Parágrafo único. Mediante prévia e expressa autorização do Governo Provisorio, o ato poderá ser praticado sem as restrições estabelecidas no dispositivo supra.

Art. 2° Revogam-se as disposições em contrario.

Introdução aos sistemas elétricos de potência

Rio de Janeiro, 15 de setembro de 1931, 110º da Independencia e 43º da Republica.

GETÚLIO VARGAS.

Oswaldo Aranha.

J. F. de Assis Brasil (BRASIL, 1931).

Esse decreto tinha por objetivo bloquear a expansão do monopólio da Amforp enquanto evoluíam as discussões referentes ao Código de Águas que iria disciplinar a indústria da eletricidade. Em 1933, por meio do Decreto n. 23.501, foi revogada a "clausula ouro", que permitia a revisão das tarifas de energia elétrica em função da variação cambial. Essa medida trouxe grande impacto negativo nos negócios dos grupos Light e Amforp.

A 10 de Julho de 1934, após mais de 20 anos de elaboração, foi publicado o Decreto n. 24.643, que ficou conhecido como Código de Águas, que passava ao Estado a concessão de autorizações e a regulamentação para a instalação e operação de usinas hidrelétricas. O Código de Águas é composto de vários "livros", sendo que cada um trata de uma utilização da água. Assim, o objeto de cada um dos livros é:

- Livro I: Águas em geral e sua propriedade;

- Livro II: Aproveitamento das águas;

- Livro III: Regulamentação da indústria hidrelétrica.

Por sua importância para a evolução da política que rege o setor hidrelétrico, transcreve-se, a seguir, o texto do Livro III:

LIVRO III

Forças hydraulicas – Regulamentação da indústria hydro-electrica

TITULO I

CAPITULO I

ENERGIA HYDRAULICA E SEU APROVEITAMENTO

Art. 139. O aproveitamento industrial das quedas de agua e outras fontes de energia hydraulica, quer do dominio publico, quer do dominio particular, far-se--ha pelo regime de autorizações e concessões instituído neste Codigo.

§ 1º Independe de concessão ou autorização o aproveitamento das quedas dagua já utilizadas industrialmente na data da publicação deste Codigo, desde que sejam manifestadas na fórma e prazos prescritos no art. 149 e emquanto não cesse a exploração; cessada esta cairão no regimen deste Codigo.

§ 2º Também ficam exceptuados os aproveitamentos de quedas dagua de potencia inferior a 50 kws para uso exclusivo do respectivo proprietario.

§ 3º Dos aproveitamentos de energia hydraulica que, nos termos do paragrapho anterior não dependem de autorização, deve ser todavia notificado o Serviço de Aguas do Departamento Nacional de Producção Mineral do Ministerio da Agricultura para effeitos estatisticos.

§ 4º As autorizações e concessões serão conferidas na fórma prevista no art. 195 e seus paragraphos.

§ 5º Ao proprietario da queda dagua são assegurados os direitos estipulados no art. 148.

Art. 140. São considerados de utilidade publica e dependem de concessão:

a) os aproveitamentos de quédas dagua e outras fontes de energia hydraulica de potencia superior a 150 kws seja qual fôr a sua applicação.

b) os aproveitamentos que se destinam a serviços de utilidade publica federal, estadual ou municipal ou ao commercio de energia seja qual fôr a potencia.

Art. 141. Dependem de simples autorização, salvo o caso do § 2º, do art. 139, os aproveitamentos de quédas de agua e outras fontes de energia de potencia até o máximo de 150 kws. quando os permissionarios fôrem titulares de direitos de ribeirinidades com relação á totalidade ou ao menos á maior parte da secção do curso dagua a ser aproveitada e destinem a energia ao seu uso exclusivo.

Art. 142. Entendem-se por potencia para os effeitos deste Codigo a que é dada pelo producto da altura da quéda pela descarga máxima de derivação concedida ou autorizada.

Art. 143. Em todos os aproveitamentos de energia hydraulica serão satisfeitas exigencias acauteladoras dos interesses geraes:

a) da alimentação e das necessidades das populações ribeirinhas;

b) da salubridade publica;

c) da navegação;

d) da irrigação;

e) da protecção contra as innundações;

f) da conservação e livre circulação do peixe;

g) do escoamento e rejeição das aguas.

Introdução aos sistemas elétricos de potência

Art. 144. O Serviço de Aguas do Departamento Nacional de Producção Mineral do Ministerio da Agricultura, é o orgão competente do Governo Federal para:

a) proceder ao estudo e avaliação de energia hydraulica do territorio nacional;

b) examinar e instruir technica e administrativamente os pedidos de concessão ou autorização para a utilização da energia hydraulica e para producção, transmissão, transformação e distribuição da energia hydro-electrica;

c) regulamentar e fiscalizar de modo especial e permanente o serviço de producção, transmissão, transformação de energia hydro-electrica;

d) exercer todas as atribuições que lhe forem conferidas por este Codigo e seu regulamento (BRASIL, 1934).

Com esse decreto de caráter nacionalista, a gestão de aproveitamentos hidráulicos ficou restrita a empresas nacionais sob o controle do governo federal. Ficou estabelecido que as tarifas seriam determinadas em função do investimento. Essa prática foi difícil de aplicar às concessões anteriores a 1934.

Em 1938, o Decreto-Lei n. 852 estabeleceu que a construção de linhas de transmissão e redes de distribuição dependia de autorização ou concessão do governo federal.

A seguir, foi estruturado o Conselho Federal e Forças Hidráulicas e Energia Elétrica como órgão consultivo do Ministério da Agricultura nos estudos pertinentes à regulamentação do setor. Já em maio de 1939, considerando a falta de energia em importantes setores do Sudoeste e do Rio Grande do Sul, o governo criou uma nova agência, o Conselho Nacional de Água e Energia (CNAE), que tinha por missão regulamentar o funcionamento e as tarifas a serem praticadas pela indústria de produção de energia elétrica. Poucos meses depois, esse órgão foi convertido no Conselho Nacional de Águas e Energia Elétrica (CNAEE).

Como consequência dessa regulamentação, as companhias estrangeiras deixaram de fazer investimentos, e, somado a isso, havia grande dificuldade de importação de maquinaria devido à Segunda Guerra Mundial. Essas restrições levaram a um congelamento dos investimentos em instalações que ocasionou graves problemas de abastecimento e atendimento a novos consumidores. Em 1942, entrou em vigor o Decreto n. 4.295, de 13 de maio de 1942, cuja ementa é: "Estabelece medidas de emergência, transitórias, relativas à indústria da energia elétrica", e no Artigo 1º estabelece:

Afim de melhor aproveitar e de aumentar as disponibilidades de energia elétrica no pais, caberá ao Conselho Nacional de Águas e Energia Elétrica (C.N.A.E.E.) determinar ou propor medidas pertinentes:

I – À utilização mais racional e econômica das correspondentes instaladas, tendo em vista particularmente:

a) o melhor aproveitamento da energia produzida, mediante mudança de horário de consumidores ou por seu agrupamento em condições mais favoráveis, bem como o fornecimento a novos consumidores cujas necessidades sejam complementares das dos existentes, e quaisquer outras providências análogas;

b) a redução de consumo, seja pela eliminação das utilizações prescindíveis, seja pela adoção de hora especial nas regiões e nas épocas do ano em que se fizer conveniente (BRASIL, 1942).

Assim, entre as medidas emergenciais, incluía-se o racionamento de energia.

Nessa época, houve a criação de duas importantes empresas estatais do setor: em 1943, pelo Decreto-Lei estadual n. 628 foi criada a Comissão Estadual de Energia Elétrica (CEEE), com o objetivo de estabelecer o planejamento e um plano geral para o aproveitamento da energia no Rio Grande do Sul. Posteriormente essa comissão transformou-se na Companhia Estadual de Energia Elétrica. De maior importância foi a criação, em 3 de outubro de 1945, pelo Decreto-Lei federal nº 8.031, da Companhia Hidroelétrica do São Francisco (Chesf), com a responsabilidade pela exploração do rio São Francisco e pelo suprimento do Nordeste. Tratou-se da primeira concessionária federal.

Em 1945, encerrou-se a ditatura e foi eleito, em eleições populares, o general Eurico Gaspar Dutra, que se preocupou com o combate à inflação. À par do gargalo na energia elétrica havia os correspondentes à saúde, alimentação e transportes. Assim, o governo lançou o Plano Salte (Saúde, Alimentação, Transportes e Energia). Cerca de 16% dos recursos desse plano destinavam-se à energia e, desses recursos, 52% destinavam-se à energia elétrica, 47% ao petróleo e 1% à indústria carbonífera. Esse plano previa expandir, em seis anos, a geração dos 1.500 MW existentes para 2.800 MW. O desenvolvimento do plano ficou a cargo do Departamento Administrativo do Serviço Público, que o submeteu ao Congresso Nacional em 1948. Foi parcialmente executado e em 1952 foi abandonado.

Em 1950, Getúlio Vargas lançou-se candidato à presidência e em 3 de outubro de 1950 venceu as eleições com uma proposta desenvolvimentista de governo. Foi empossado em 1951.

Introdução aos sistemas elétricos de potência

Em 1950, antes da posse de Getúlio D. Vargas, foi constituída a Comissão Mista Brasil-Estados Unidos (CMBEU), composta por empresários brasileiros e norte-americanos com o escopo de analisar e definir projetos concretos que seriam desenvolvidos com financiamento de diversas instituições financeiras, notadamente o Banco de Exportação e Importação (Eximbank) e o Banco Mundial, por meio do Banco Internacional de Reconstrução e Desenvolvimento (Bird). A contrapartida seria feita pelo Programa de Reaparelhamento Econômico, criado pela Lei n. 1.474/1951, que contaria com recursos de empréstimos compulsórios dos contribuintes do Imposto de Renda e de empréstimos no exterior. O projeto seria desenvolvido em duas etapas, a primeira de diagnóstico e a segunda de implantação de obras.

No que tange ao setor elétrico, o CMBEU apontou, para o desequilíbrio entre demanda e produção, as quatro causas a seguir:

- urbanização acelerada devido ao grande crescimento populacional;
- forte crescimento industrial no período da Segunda Guerra Mundial;
- rigoroso controle tarifário que desestimulava o investimento no setor;
- mudança na matriz energética, com a substituição da lenha e carvão por eletricidade e petróleo.

No tocante à segunda parte do desenvolvimento, a par da criação da Companhia Energética de Minas Gerais (Cemig), destacam-se as ações:

- reexame das relações Estado-concessionárias;
- implantação dos dispositivos do Código de Águas;
- definição de políticas para atração de capitais e da técnica necessária à expansão do setor;
- recuperação das condições de rentabilidade do setor.

A Assessoria Econômica do Gabinete Civil da Presidência, em estudos em paralelo, encaminhou ao Congresso Nacional projetos de lei destinados a:

- instituir o Imposto Único Sobre Energia Elétrica (IUEE);
- criação do Fundo Federal de Eletrificação (FFE);
- regulação da distribuição;

- instituição do Plano Nacional de Eletrificação (PNE);

- constituição da Empresa Mista Centrais Elétricas Brasileiras S.A. (Eletrobrás).

Ainda em 1950, no estado de São Paulo, durante o governo do professor Lucas Nogueira Garcez, de 1950 a 1954, o Departamento de Águas e Energia Elétrica do Estado de São Paulo promoveu o estudo completo de desenvolvimento hidrelétrico do estado e elaborou os projetos das usinas Rio Pardo e Paranapanema. Foi iniciada também a construção da usina de Salto Grande, no Paranapanema. Para essas implantações foram criadas as companhias: Usina Elétrica do Paranapanema S.A. (Uselpa) e, em 1958, a Companhia Hidroelétrica do Rio Pardo (Cherp).

Pouco após a morte de Getúlio Vargas, o Congresso promulgou a lei que instituiu o Fundo Federal de Eletrificação (FFE) e o Imposto Único de Energia Elétrica (IUEE). O PNE não foi aprovado.

Internamente no país, o desempenho do CMBEU foi satisfatório, ao passo que, nos Estados Unidos, no final de 1952, após a eleição do general Dwight Eisenhower, cuja prioridade foi o combate ao comunismo, o plano fracassou e foi abandonado, com a consequente extinção da comissão.

O presidente Café Filho, após cerca de dois anos, por motivos de saúde, retirou-se da presidência, sendo substituído por presidentes interinos.

Juscelino Kubitschek assumiu a presidência em 31 de janeiro de 1956 com um programa desenvolvimentista que, sob o lema de desenvolvimento de cinquenta anos em cinco, previa a substituição da economia agrária pela industrial, e, para tanto, necessitava do setor elétrico. Sob seu governo foi criada a maioria das empresas estatais de energia elétrica. Em 1957, foi criada a mais importante de todas, as Centrais Elétricas de Furnas, gerenciadas pelo governo federal e o de Minas Gerais, cujo escopo foi o do aproveitamento hídrico do Rio Grande. Por sua importância no contexto nacional, faz-se mister detalhá--la. Assim, o projeto definitivo de Furnas previu a instalação de 1.200 MW em duas etapas. A primeira compreendia todas as obras civis e hidráulicas da usina, a montagem de seis unidades geradoras com capacidade total de 900 MW e a implantação de linhas de transmissão até São Paulo e Belo Horizonte, na tensão de 345 kV, além de uma linha de menor tensão para alimentar o canteiro de obras com energia da usina de Peixoto. A ligação com o Rio de Janeiro foi deixada para a segunda etapa, em virtude da dualidade de frequências na

Região Sudeste. A chegada da energia de Furnas aos consumidores cariocas estava condicionada à conversão do sistema Rio Light para a frequência de 60 Hz.

Os trabalhos de construção da usina foram iniciados em junho de 1958 com recursos do Fundo Federal de Eletrificação e do BNDE, suplementados por empréstimo de 73 milhões de dólares do Banco Mundial para as despesas em moeda estrangeira com a importação de máquinas e equipamentos. O projeto da barragem e da casa de força foi elaborado por uma firma norte-americana; as obras civis ficaram a cargo de um consórcio liderado por uma empresa inglesa, destacando-se no final a participação da empreiteira nacional Mendes Júnior.

Em março de 1960, o Rio Grande foi desviado de seu leito natural para a construção da barragem de Furnas. A linha para Belo Horizonte entrou em operação no mesmo ano, transmitindo energia de Peixoto à capital mineira num momento crítico do abastecimento a toda a zona central do estado. Em seguida, o cronograma de obras sofreu atraso devido a problemas financeiros. A barragem obrigou o deslocamento de cerca de 40 mil pessoas, sendo concluída em janeiro de 1963, no governo de João Goulart. A formação do reservatório com 1.250 km^2 de área permitiu a regularização do regime fluvial do Rio Grande, garantindo a instalação de uma sequência de usinas a jusante.

O Ministério de Minas e Energia (MME) foi criado em 1960, pela Lei n. 3.782, de 22 de julho de 1960. Anteriormente, conforme já apresentado, os assuntos de minas e energia eram de competência do Ministério da Agricultura.

O gráfico apresentado na Figura 1.15 ilustra a evolução da produção de energia elétrica desde o ano de 1950 até o de 1962, distribuída entre o poder público, companhias privadas e autoprodutores. No ano de 1964, com o comissionamento da Usina Hidrelétrica de Furnas, a maior em operação nessa data, a potência instalada de usinas do poder público supera a das empresas privadas. Destaca-se que os autoprodutores representam uma parcela muito pequena do total. Observa-se ainda que de 1950 a 1962 a potência total instalada passou de 3.599 MW para 5.728 MW, com um aumento de cerca de 60%, ou seja, a meta proposta no início do governo foi alcançada.

Em 1961, com a união de onze empresas de energia elétrica, entre elas as Centrais Elétricas de Urubupungá S.A. (Celusa), teve origem a empresa Centrais Hidrelétricas de São Paulo, sendo atualmente conhecida como Companhia Energética de São Paulo (Cesp). Após essa união, as obras que estavam sendo realizadas no Complexo de Urubupungá tiveram continuidade, assim as obras da Usina de Jupiá tiveram início em 1969, e suas obras restantes foram concluídas no ano de 1974. A segunda etapa do desenvolvimento do Complexo

Urubupungá foi a construção da Usina Hidrelétrica de Ilha Solteira, que teve início em 1966. Para a construção das hidrelétricas, a Celusa recebeu uma injeção financeira dos governos estaduais e foi decidido que as obras civis teriam a concorrência de empreiteiros nacionais; por outro lado, os equipamentos seriam obtidos de empresas do Mercado Comum Europeu, além de empresas do Japão, Canadá e Estados Unidos. Desses países, vieram também os empréstimos, na ordem de US$ 60 milhões, para a compra dos equipamentos. Em 1966, foi anunciado que, com o fim das obras das duas primeiras usinas hidrelétricas, o Complexo Urubupungá teria um dos maiores aproveitamentos hidráulicos do mundo, sendo superado apenas pelas usinas soviéticas de Krasnoyarsk (6.000 MW, em construção na época) e de Bratsk (5.000 MW). Até então, as usinas hidrelétricas construídas no país e mesmo no estado de São Paulo eram de capacidade geradora muito inferior às de Jupiá, com potência instalada de 1.400 MW, e a de Ilha Solteira com 3.200 MW. A energia produzida era transportada para São Paulo através de linhas operando na tensão de 460 kV, a maior do Brasil naquele tempo.

Em 1961, o presidente Jânio Quadros criou o Ministério de Minas e Energia (MME).

Em 1961, com a renúncia do presidente Jânio Quadros, João Goulart assumiu o governo com a passagem do regime de governo vigente, o presidencialismo, para o regime parlamentarista. Goulart ficou no governo até 1964, quando a revolução militarista tomou o poder e o deportou. Nessa época, o grande esforço desenvolvido no setor hidrelétrico levou o país a contar com uma potência instalada total de 6.480 MW.

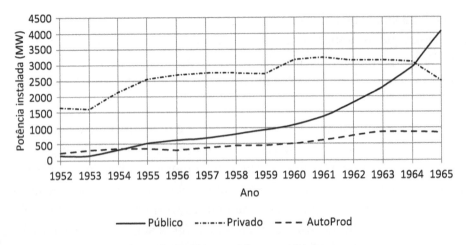

Figura 1.15 – Potência instalada em centrais hidrelétricas

Introdução aos sistemas elétricos de potência

1.3.5 QUARTO PERÍODO: GOVERNO MILITAR (1964 A 1985)

O governo militar, que se estendeu por um período de 21 anos, teve como presidentes, na ordem, os generais: Humberto Castelo Branco, Artur da Costa e Silva, Emílio Garrastazu Médici, Ernesto Geisel e João Figueiredo. Esse governo é caracterizado por períodos típicos quanto à economia e, em consequência, ao setor elétrico. Assim:

- 1964 a 1967 é um período caracterizado pela busca do saneamento das finanças, com a consequente estabilização econômica;

- 1968 a 1973 é o período do "milagre econômico", em que as taxas de evolução do PIB alcançaram os valores mais altos, sempre superiores à dezena. Nesse período foi implantado o II Plano Nacional de Desenvolvimento (II PND), que produziu uma expansão muito grande do setor elétrico;

- 1974 a 1985 é o período do fim do milagre econômico, com endividamento externo crescente que chega a atingir níveis inaceitáveis. O setor elétrico foi muito prejudicado pelo endividamento externo e a inflação crescente, que ocasionava a perda de remuneração.

Para o setor elétrico, destaca-se no ano de 1965 a transformação, pela Lei n. 4.904/65, da Divisão de Águas do Departamento Nacional de Produção Mineral em Departamento Nacional de Águas e Energia (DNAE), vinculado ao MME. Posteriormente, em 1969, o MME foi reestruturado e o DNAE passou a ser o Departamento Nacional de Águas e Energia Elétrica (DNAEE), que responderia pelos atos normativos referentes ao setor. Devido ao esgotamento da capacidade de endividamento do setor, foi lançada a Lei n. 4.357/64, que autorizava a emissão de obrigações do Tesouro Nacional e permitia a correção monetária. Ainda em 1964, foi emitida a Lei n. 54.936/64, que permitia a correção monetária dos ativos imobilizados, o que se traduziu em um aumento nas tarifas. Como consequência do aumento das tarifas há os aumentos do imposto único (IUEE) e do empréstimo compulsório (EC). Esses aumentos, aliados ao aumento de investimentos estrangeiros, permitiram que a potência instalada passasse de 6.355 MW em 1963 para 17.526 em 1974.

Em 1965, por recomendação do CNAEE, foi feita a unificação das frequências, passando a frequência do Rio de Janeiro de 50 Hz para 60 Hz. Essa conversão facilitou a interligação entre esses dois centros e eliminou a conversão de frequência que havia em Aparecida do Norte.

No período do milagre econômico, em 1971, ocorreram alterações na legislação tarifária, tendo havido:

- a elevação da taxa máxima de remuneração de 10% para 12%;

- a redução da alíquota do imposto de renda, que passou de 17% para 6%;

- a criação da Reserva Global de Regressão, que criou um fundo a ser recolhido pela Eletrobrás, com sua aplicação para o financiamento do setor, aplicando onde fosse necessário, independentemente da fonte geradora (essa mudança transferiu o poder econômico dos estados para a federação, por meio da Eletrobrás).

Em 1973, a Organização dos Países Produtores de Petróleo (Opep) promoveu o primeiro choque do petróleo, e o valor do barril passou de US$ 2,48 em 1972 para US$ 11,58 em 1974. Tal choque comprometeu severamente a capacidade de importação do Brasil, fato esse que levou o presidente Ernesto Geisel a anunciar o II PND, que consistia em um ousado conjunto de projetos de investimento, público e privado, a serem postos em prática no quinquênio 1974-1979. Os projetos, que diziam respeito ao desenvolvimento da infraestrutura, bens de produção e indústria de base, exigiam expansão do setor hidrelétrico.

Foi criado um plano sobremodo ambicioso, designado por Plano 90, que estimava para o período de 1975 a 1980 um crescimento de consumo de energia elétrica superior a 12% ao ano. Assim, fazia-se mister expandir a capacidade de geração, que em 1974 era de 17.500 MW, para 30.000 MW em 1980. Tal crescimento seria alcançado com o comissionamento de usinas de grande porte, destacando-se: Tucuruí, que entrou em operação em 1984 (potência final de 4.245 MW), e Itaparica e Sobradinho, que entrou em operação em 1979 (potência final de 1.050 MW), no Nordeste, e Porto Primavera no Sudeste. Ainda no âmbito desse plano, há o Tratado de Itaipu, assinado em 26 de abril de 1973, que diz respeito à criação de uma empresa binacional constituída em partes iguais pela Eletrobrás e pela Administración Nacional de Electricidad (Ande), do Paraguai. Essa empresa foi a responsável pela construção da Usina de Itaipu, de 12.600 MW.

Em 1975, foram criados o Comitê de Distribuição da Região Sul-Sudeste (Codi) e o Comitê Coordenador de Operação Norte-Nordeste (CCON), que seriam os gestores da distribuição da energia.

A The São Paulo Railway, Light Power Company Limited (de 1889), que, em 1923, passou a ser controlada pela Brazilian Traction Light and Power Co. Ltd. e, em 1956, foi reestruturada, mudando de nome para Brascan Limited, sendo posteriormente restruturada para Light – Serviços de Eletricidade S.A, em 1979, teve seu controle acionário adquirido pela federação. Em 1981, foi transferida para o governo do estado de São Paulo, que alterou o nome para Eletropaulo – Eletricidade de São Paulo S.A.

Ainda em 1979, o DNAEE autorizou a instalação do Sistema Nacional de Supervisão e Coordenação da Operação (Sinsc), que passou a gerenciar o despacho da operação de todo o Brasil. Sua constituição se fez necessária visto que já existia uma certa interligação entre os sistemas.

Em 1984, foi inaugurada pelo general João Figueiredo a Usina Hidrelétrica Tucuruí da Eletronorte, situada no Rio Tocantins. Ao término de sua instalação, passou a contar com uma potência instalada de 4.245 MW. Trata-se da primeira usina de grande porte que foi instalada na Amazônia totalmente com tecnologia nacional.

A energia firme e renovável de Tucuruí é escoada por linhas de transmissão de 230 kV para atender os mercados do Pará, Maranhão e Tocantins e de 500 kV para atender os sistemas do Nordeste, através da interligação Norte-Nordeste.

Em 5 de maio de 1984, entrou em operação a primeira unidade geradora de Itaipu. As vinte unidades geradoras foram sendo instaladas ao ritmo de duas a três por ano, e as duas últimas entraram em operação entre setembro de 2006 e março de 2007, elevando a capacidade instalada de Itaipu para 14.000 MW, concluindo a execução da obra. Esse aumento da capacidade permite que dezoito unidades geradoras permaneçam gerando energia o tempo todo, enquanto duas permanecem em manutenção. A potência nominal de cada unidade geradora é de 700 MW. No entanto, devido ao fato de a queda bruta real ser um pouco maior do que a queda bruta projetada, a potência disponível em cada unidade geradora é de aproximadamente 750 MW na maior parte do tempo, aumentando a capacidade de geração de energia da usina.

A usina conta com o arranjo elétrico descrito a seguir.

- Da Subestação de Itaipu 60 Hz (SE-ITAIPU 60 Hz), derivam-se quatro linhas de transmissão em 500 kV, com cerca de 10 km de extensão, que transmitem toda a energia do setor de 60 Hz até a Subestação de Foz do Iguaçu 60 Hz (SE-Foz do Iguaçu 60 Hz), que eleva a tensão para 765 kV.

- Da Subestação de Itaipu 50 Hz (SE-ITAIPU 50 Hz), derivam-se quatro linhas de transmissão em 500 kV, com cerca de 2 km de extensão, até a Subestação da Margem Direita 500 kV (SE-MD 500 kV).

- Da Subestação da Margem Direita (SE-MD), derivam-se quatro linhas de transmissão em 500 kV, com cerca de 9 km de extensão, que transmitem a energia revendida pelo Paraguai para o Brasil até a Subestação de Foz do Iguaçu 50 Hz (SE-Foz do Iguaçu 50 Hz). Para o sistema paraguaio, saem duas linhas de transmissão de 220 kV até a Subestação de Acaray (ES-ACARAY), duas linhas de transmissão de 220 kV até a Subestação de Carayao (ES-CYO) e mais uma linha de transmissão de 500 kV (com cerca de 300 km) até a Subestação de Villa Hayes (ES-Villa Hayes), em Assunção, capital do país.

O escoamento da energia de Itaipu para o sistema interligado brasileiro, a partir da subestação de Foz do Iguaçu, no Paraná, é realizado por Furnas e Copel. A energia em 50 Hz utiliza o sistema de corrente contínua de Furnas, link DC, e a energia em 60 Hz utiliza o sistema de 765 kV de Furnas e o sistema de 525 kV da Copel. O Operador Nacional do Sistema (ONS) é o responsável pela coordenação e pelo controle da operação da transmissão:

- Na SE-Foz do Iguaçu 50 Hz, onde há o pátio de corrente contínua que recebe a energia em 50 Hz. Devido à incompatibilidade entre as frequências e as vantagens da transmissão em grandes distâncias, a energia é convertida por meio de circuitos retificadores para ±600 kV, sendo, a seguir, transmitida por duas linhas até a SE Tijuco Preto em Ibiuna, São Paulo, onde é convertida para 60 Hz, interligando-se ao sistema Sudeste.

- Na SE-Foz do Iguaçu 60Hz, que recebe a energia em 60 Hz e eleva para 765 kV, transmitindo-a através de três linhas de transmissão. Trata-se do nível de tensão mais elevado existente no Brasil. As linhas seguem para as subestações de Ivaiporã, Paraná, e Itaberá, São Paulo, até chegarem ao distrito de Quatinga em Mogi das Cruzes, São Paulo.

Em 1985, o governo federal criou o Programa Nacional de Conservação de Energia Elétrica (Procel), executado pela Eletrobrás, com recursos da empresa, da Reserva Global de Reversão (RGR) e de entidades internacionais. O programa tem por escopo promover o uso eficiente da energia elétrica, combatendo o desperdício e reduzindo os custos e os investimentos setoriais.

Introdução aos sistemas elétricos de potência

Esse período, em que pese o grande desenvolvimento da potência instalada em geração, foi encerrado com o setor elétrico em grande dificuldade financeira, ocasionada pelas sérias restrições financeiras impostas pelo governo federal e pela situação inflacionária.

1.3.6 QUINTO PERÍODO: CONTEMPORÂNEO (A PARTIR DE 1985)

Este período foi marcado pelo término do governo militar e o retorno ao sistema democrático com eleições diretas. No período de 1985 a 1990, o presidente foi José Sarney. Esse quinquênio foi marcado por um aumento muito grande da inflação e pelo insucesso dos planos editados para contê-la. Entre eles, destacam-se: o Plano Cruzado, lançado em 1986; o Plano Cruzado II, que veio na sequência, lançado no final de 1986; e os planos que vieram em seguida, Bresser e Verão. Todos esses planos fracassaram e resultaram em aumentos sempre crescentes da inflação que agravavam ainda mais a situação financeira das empresas do setor. Além disso, a Constituição Federal de 1988 tornou a situação ainda mais crítica, pois eliminou o IUEE, cujos recursos eram destinados ao setor, substituindo-o pelo ICMS, cujas alíquotas eram definidas pelos estados da federação sem que houvesse qualquer comprometimento desse imposto com o setor.

Sob o aspecto de desenvolvimento do sistema, destaca-se a entrada em operação do sistema de transmissão Sul-Sudeste, que tinha a finalidade de transportar a energia produzida em Itaipu para a Região Sudeste.

Ainda nesse governo, houve duas tentativas para sanear o setor: o Plano de Recuperação Setorial (PRS), de 1985, e a Revisão Institucional do Setor Elétrico (Revise), de 1987. Ambos não surtiram efeitos, mas o Revise representou o embrião das modificações de monta que iriam ocorrer no setor na década de 1990.

Seguiu-se a esse governo o de Fernando Collor de Mello, que iniciou em 1990 e encerrou-se em 29 de dezembro de 1992 devido ao seu impedimento, quando foi substituído por seu vice, Itamar Franco, que completou o mandato até 1 de janeiro de 1995. Durante sua curta gestão, preocupado com a situação do setor, antevendo que a privatização seria a solução para a crise, sancionou em 12 de abril de 1990 a Lei n. 8.031, que criava o Programa Nacional de Desestatização (PND), que vigorou até 1997, quando foi substituída pela Lei n. 9.941. O PND orientava a privatização das empresas controladas pela Eletrobrás. Nessa época foram criados ainda: o Grupo Tecnológico Operacional da Região Norte (GTON), que respondeu pelo apoio às atividades dos Sistemas

Isolados da Região Norte, e o Sistema Nacional de Transmissão da Energia Elétrica (Sintrel), destinado a viabilizar a competição na geração, distribuição e comercialização da energia elétrica.

No período de Itamar Franco e no subsequente de Fernando Henrique Cardoso, de 1995 a 2003, ocorreu a estabilização da moeda com a redução da inflação, que passou a ficar na faixa de 5% ao ano. Essa estabilização monetária iria permitir a mudança total da estrutura do setor da energia elétrica: as companhias estatais, vinculadas aos estados, contavam com estrutura verticalizada, isto é, cada companhia era responsável pela geração, transmissão e distribuição da energia elétrica. Dessa situação, resultavam companhias com baixa eficiência, em grande parte devido à impossibilidade de o Estado investir.

Em relação à reestruturação do sistema, há três ocorrências que marcam seu início:

- A primeira, no governo Itamar Franco, é a Lei n. 8.631, de 4 de março de 1993, que estabelecia tarifas diferenciadas para geração, transmissão e distribuição, ou, como é citado na ementa: "Dispõe sobre a fixação dos níveis das tarifas para o serviço público de energia elétrica, extingue o regime de remuneração garantida e dá outras providências" (BRASIL, 1993).

- A Lei n. 8.987, de 13 de fevereiro de 1995, também conhecida como lei das concessões, passa a permitir a existência de concessionários nos três níveis: geração, transmissão e distribuição da energia elétrica. Em outras palavras, a União, o Estado, o Distrito Federal ou o município passam a ser os poderes concedentes das concessões.

- A Lei n. 9.074, de 7 de julho de 1995, que complementa a anterior e define as normas a serem seguidas na outorga de concessões, criou a figura do produtor independente e estabeleceu o livre acesso aos sistemas de transmissão e distribuição, permitindo que grandes consumidores adquiram energia de onde lhes for mais conveniente, independentemente da região em que estão.

Essas medidas permitiram o início das privatizações.

- Em 11 de julho de 1995, ocorreu, em leilão público, a privatização da Espírito Santo Centrais Elétricas S.A. (Escelsa), que teve seu controle acionário transferido ao consórcio Parcel, formado pelas empresas Iven S. A. e GTD Participações.

- Em 21 de maio de 1995, a Light Serviços de Eletricidade S.A. foi vendida em leilão realizado na Bolsa de Valores do Rio de Janeiro por US$ 2,26 bilhões ao consórcio constituído por: Electricité de France (EDF), estatal francesa, Houston Industries Energy e AES Corporation. Destaca-se que a Light Eletricidade de São Paulo (Eletropaulo), que pertencia à Light, foi desmembrada do grupo.

- Em 20 de novembro de 1996, foi privatizada a Companhia de Eletricidade do Estado do Rio de Janeiro (Cerj), que operava em 59 municípios.

Para ajustar o processo de privatização, o governo promulgou a Lei n. 9.427, de 26 de dezembro de 1996, criando a Agência Nacional de Energia Elétrica (Aneel), que, conforme o Artigo 2° do Capítulo I, "tem por finalidade regular e fiscalizar a produção, transmissão, distribuição e comercialização de energia elétrica, em conformidade com as políticas e diretrizes do governo federal" (BRASIL, 1996). Entretanto a Aneel foi efetivamente constituída no ano seguinte, após a promulgação do Decreto n. 2.335, de 6 de outubro de 1997, que tem por ementa: "Constitui a Agência Nacional de Energia Elétrica, ANEEL, autarquia sob regime especial, aprova sua Estrutura Regimental e o Quadro Demonstrativo dos Cargos em Comissão e Funções de Confiança e dá outras providências" (BRASIL, 1997).

No biênio 1997-1998, ocorreu a implantação da nova estrutura do sistema elétrico, que se baseou também nos resultados do estudo de consultoria realizado pela Coopers & Lybrand e que criou por leis e consolidou por decretos as entidades a seguir:

- Política Nacional de Recursos Hídricos, criada pela Lei n. 9.433, de 8 de janeiro de 1997, que tem por ementa: "Institui a Política Nacional de Recursos Hídricos, cria o Sistema Nacional de Gerenciamento de Recursos Hídricos, regulamenta o inciso XIX art. 21 da Constituição Federal e altera o art. 1° da Lei n. 8.001 de 13 de março de 1990, que modificou a Lei n. 7.990 de 28 de dezembro de 1989".

- Mercado Atacadista de Energia (MAE) e Operador Nacional do Sistema (ONS), criados pela Lei n. 9.648, de 27 de maio de 1998, e regulamentados pelo Decreto n. 2.655, de 2 de junho de 1998, que tem por ementa: "Regulamenta o Mercado Atacadista de Energia Elétrica, define as regras de organização do Operador Nacional de Sistema Elétrico de que trata a Lei n. 9.648 de 27 de maio de 1998 e dá outras providências" (BRASIL, 1998).

- Condições Gerais de Fornecimento de Energia Elétrica, Portaria DNAE 466, que foi revogada por Resolução ANEEL n. 456, de 29 de novembro de 2000. Por essa resolução, conforme será detalhado oportunamente, foram definidas duas classes de consumidores: aqueles que devem obrigatoriamente comprar a energia das concessionárias às quais estão conectados (consumidores classe B ou *consumidores cativos*) e consumidores que compram a energia diretamente dos geradores ou dos comercializadores por contratos bilaterais (consumidores classe A ou *consumidores livres*).

A privatização das empresas, que foi iniciada em 1995 com a Escelsa, estendeu-se por um prazo bastante longo, tendo sido encerrada em 30 de novembro de 2000, com a privatização da Saelpa, da Paraíba.

Com a nova política, a estrutura geral pode ser resumida em quanto se segue.

- Mercado de energia, o qual, no Brasil, foi dividido em Ambiente de Contratação Regulada (ACR), no qual estão os consumidores cativos, e Ambiente de Contratação Livre (ACL), formado pelos consumidores livres. Os consumidores cativos são aqueles que compram a energia das concessionárias de distribuição às quais estão ligados. Cada unidade consumidora paga apenas uma fatura de energia por mês, incluindo o serviço de distribuição e a geração da energia, e as tarifas são reguladas pelo governo. Os consumidores livres compram energia diretamente dos geradores ou comercializadores por meio de contratos bilaterais com condições livremente negociadas, como preço, prazo, volume etc. Cada unidade consumidora paga uma fatura referente ao serviço de distribuição para a concessionária local, tarifa regulada, e uma ou mais faturas referentes à compra da energia, preço negociado de contrato. Destaca-se a existência de fontes de energia incentivada e fontes convencionais. As primeiras referem-se a pequenas centrais e produtores independentes aos quais é importante incentivar o consumo, e as segundas referem-se à totalidade das usinas.

- Consumidores do mercado livre de energia: são divididos em duas categorias, consumidores especiais e consumidores livres. No caso dos primeiros, que somente podem adquirir energia incentivada, trata-se de uma ou mais unidades consumidoras localizadas em área contígua que apresentem carga superior a 500 kW e tensão não menor que 2,3 kV. Os da segunda categoria, que podem adquirir energia incentivada ou convencional, devem ter demanda contratada não menor que 3 MW e serem supridos por tensão não menor que 69 kV.

- Câmara de Comercialização da Energia Elétrica (CCEE): é uma instituição pública de direito privado e sem fins lucrativos, regulada pela Aneel, responsável pelo registro, monitoramento e liquidação de todos os contratos e pela medição de toda energia gerada e consumida no Sistema Interligado Nacional. Foi criada em 2004 e sucedeu a Administradora de Serviços do Mercado Atacadista de Energia Elétrica (Asmae), de 1999, e o Mercado Atacadista de Energia Elétrica (MAE), de 2000. Seus membros são empresas que atuam no setor de energia elétrica e dividem-se nas categorias de geração, distribuição, comercialização, consumidores livres e especiais, conforme definido na Convenção de Comercialização. Os associados podem ter participação obrigatória ou facultativa.

- Situação atual: o mercado livre de energia representa 25% de toda a carga do SIN e o submercado Sudeste/Centro-Oeste responde por 64% do mercado livre nacional, enquanto os submercados Sul e Nordeste representam 13% cada um, e o Norte, 10%.

- Mercado livre de energia elétrica no mundo: desde 2007, o mercado da União Europeia está totalmente aberto – até mesmo os consumidores residenciais (450 milhões de habitantes) podem escolher seu supridor. O mercado livre amplo não é privilégio de países com economias desenvolvidas. Há países na América Latina com critério de elegibilidade mais abrangentes que o Brasil.

No tocante ao desenvolvimento da rede, destaca-se em 1999 a entrada em operação da primeira etapa do sistema de transmissão da interligação Norte--Sul, a qual interligaria todo o país.

Os anos de 2000 e 2001 foram dois anos sobremodo secos, caracterizando--se por condições hidrológicas extremamente severas nas Regiões Sudeste e Nordeste que deram lugar a uma crise energética bastante grave que levou o governo a criar a Câmara de Gestão da Crise de Energia Elétrica (GCE), visando a proposição de medidas emergenciais no sentido de contornar a crise. A orientação foi a instalação em ritmo acelerado de usinas térmicas, entre elas as usinas diesel elétricas, pela rapidez com que podem entrar em operação, num total de 2.155 MW.

Em que pesem as medidas tomadas, a situação agravou-se e, em junho de 2001, foi implantado o racionamento nas Regiões Sudeste, Centro-Oeste e Nordeste. Em agosto desse mesmo ano, o racionamento foi estendido a parte da Região Norte. Com o racionamento houve redução sensível no consumo de energia elétrica e, em consequência, redução das receitas, e as empresas começaram a enfrentar uma situação crítica. O governo, por meio do Acordo Geral do Setor Elétrico, reajustou as tarifas, restabelecendo a situação econômica.

Em janeiro de 2003, Luiz Inácio Lula da Silva assumiu o governo num ambiente de euforia, e, já em 2004, foram introduzidas mudanças na legislação vigente pertinente ao setor elétrico. Assim, em 15 de março de 2004, a Lei n. 10.848 modificou as normas para a comercialização da energia. Em sua ementa, tem-se:

> Dispõe sobre a comercialização de energia elétrica, altera as Leis nos 5.655, de 20 de maio de 1971, 8.631, de 4 de março de 1993, 9.074, de 7 de julho de 1995, 9.427, de 26 de dezembro de 1996, 9.478, de 6 de agosto de 1997, 9.648, de 27 de maio de 1998, 9.991, de 24 de julho de 2000, 10.438, de 26 de abril de 2002, e dá outras providências (BRASIL, 2004).

A implantação dessa lei permitiu a expansão do parque gerador e incentivou a participação de investidores nacionais e estrangeiros. Entre 2005 e 2010, foram realizados 37 leilões, nos quais foi negociada uma energia de 6.237 TWh, com movimento financeiro de R$ 730 bilhões. Entre esses leilões, dezenove foram pertinentes a novas gerações que permitiram o aumento na potência instalada no Brasil em cerca de 59 GW, que passou, em 2010, para 113,3 GW.

A reforma, que se baseia na competição de mercado, sem perder o foco na inovação tecnológica e gerencial, permitiu corrigir vícios da estrutura precedente e permitiu o aperfeiçoamento do planejamento energético, garantindo a concatenação da política desse setor com a dos demais setores, como: indústria, habitação e meio ambiente.

Em março de 2006, a Empresa de Pesquisa Energética (EPE) concluiu o Plano Decenal de Expansão da Energia Elétrica (PDEE) 2006/2015, que estabeleceu as diretrizes e metas para o sistema de geração e transmissão, restabelecendo, assim, a prática das décadas de 1980-1990 pelo extinto Grupo Coordenador do Planejamento dos Sistemas Elétricos (GCPS).

Em 2008, foi sancionada pelo presidente da República a Lei n. 11.651, de 8 de abril de 2008, que ampliou os poderes da Eletrobrás, permitindo que viesse a ter participação majoritária em empreendimentos e a flexibilização de sua atuação e participação em negócios no exterior.

Em conclusão, na atualidade, o sistema elétrico brasileiro é regido pelos orgãos:

- *Câmara de Comercialização da Energia Elétrica (CCEE)*: criada pela Lei n. 10.848, de 15 de março de 2004, e regulamentada pelo Decreto n. 5.177, de 12 de agosto de 2004, é uma entidade sem fins lucrativos, responsável por viabilizar e gerenciar a comercialização de energia elétrica no país. Faz a compensação entre o que estava programado e o que foi feito. Assim, uma distribuidora, que utiliza energia do sistema integrado e não sabe quem está lhe fornecendo energia, elabora sua planilha de custos, na maior parte dos casos com base no preço médio do ano anterior, usualmente produzido por hidrelétricas. Em momentos de seca, como ocorreu no biênio 2015-2016, aumenta a participação das termelétricas no sistema, que geram energia mais cara. Assim, a CCEE faz a contabilidade dessas operações de compra e venda de energia, apurando mensalmente as diferenças entre os montantes contratados e os montantes efetivamente gerados ou consumidos pelos agentes de mercado. A CCEE também determina os débitos e créditos desses agentes com base nas diferenças apuradas, realizando a liquidação financeira das operações. Tais diferenças são estabelecidas por meio do cálculo do preço de liquidação das diferenças (PLD). A CCEE é responsável por promover os leilões de compra e venda de energia no mercado regulado, assim como gerenciar os contratos firmados nesses leilões.

- *Agência Nacional de Energia Elétrica (Aneel)*: autarquia em regime especial vinculada ao Ministério de Minas e Energia, foi criada para regular o setor elétrico brasileiro, por meio da Lei n. 9.427/1996, regulamentada pelo Decreto n. 2.335/1997. Iniciou suas atividades em dezembro de 1997, tendo como principais atribuições: regular a geração, transmissão, distribuição e comercialização de energia elétrica; fiscalizar, diretamente ou mediante convênios com órgãos estaduais, as concessões, as permissões e os serviços de energia elétrica; implementar as políticas e diretrizes do governo federal relativas à exploração da energia elétrica e ao aproveitamento dos potenciais hidráulicos; estabelecer as tarifas de energia elétrica; dirimir divergências, na esfera administrativa, entre os agentes e entre esses agentes e os consumidores; e promover as atividades de outorgas de concessões, permissão e autorização de empreendimentos e serviços de energia elétrica, por delegação do governo federal.

- *Operador Nacional do Sistema Elétrico (ONS)*: criado em 26 de agosto de 1998 pela Lei n. 9.648, com as alterações introduzidas pela Lei n. 10.848/2004 e regulamentado pelo Decreto n. 5.081/2004, constitui-se numa pessoa jurídica de direito privado, sob a forma de associação civil sem fins lucrativos. É o órgão responsável pela coordenação e controle da operação das instalações de geração e transmissão de energia elétrica no Sistema Interligado Nacional e pelo planejamento da operação dos sistemas isolados do país, sob a fiscalização e regulação da Agência Nacional de Energia Elétrica (Aneel). O ONS é composto por membros associados e membros participantes, que são as empresas de geração, transmissão, distribuição, consumidores livres, importadores e exportadores de energia. Também participam o Ministério de Minas e Energia (MME) e representantes dos Conselhos de Consumidores.

- *Sistema Interligado Nacional (SIN)*: o sistema de produção e transmissão de energia elétrica do Brasil é um sistema que conta com geração hidrelétrica, termoelétrica e eólica de grande porte, com predominância de usinas hidrelétricas e com múltiplos proprietários. O Sistema Interligado Nacional é constituído por quatro subsistemas: Sul, Sudeste/Centro-Oeste, Nordeste e a maior parte da Região Norte. A interconexão dos sistemas elétricos, feita por malha de redes de transmissão, propicia a transferência de energia entre subsistemas, permitindo explorar a diversidade entre os regimes hidrológicos das bacias, garantindo o atendimento do mercado com segurança e economicidade. A capacidade instalada de geração do SIN é composta, principalmente, por usinas hidrelétricas distribuídas em dezesseis bacias hidrográficas nas diferentes regiões do país. Nos últimos anos, a instalação de usinas eólicas, principalmente nas Regiões Nordeste e Sul, apresentou um forte crescimento, aumentando a importância dessa geração para o atendimento do mercado. As usinas térmicas, em geral localizadas nas proximidades dos principais centros de carga, desempenham papel estratégico relevante, pois contribuem para a segurança do SIN. Essas usinas são despachadas em função das condições hidrológicas vigentes, permitindo a gestão dos estoques de água armazenada nos reservatórios das usinas hidrelétricas, para assegurar o atendimento futuro. Os sistemas de transmissão integram as

Introdução aos sistemas elétricos de potência

diferentes fontes de produção de energia e possibilitam o suprimento do mercado consumidor.

Conforme o *Anuário estatístico de energia elétrica 2015 – Ano base 2014* (EPE, 2015), no que tange à potência instalada e à produção de energia, por tipo de fonte, e às linhas de transmissão existentes (Tabelas 1.2 a 1.4), destacam-se:

- Potência instalada (Tabela 1.2): observa-se o completo predomínio da geração hidráulica. Destaca-se que os anos de 2012 a 2014 caracterizaram-se por serem anos secos, o que justifica o crescimento de 15,4% da geração térmica, que passou de 32.778 MW em 2012 para 37.827 MW em 2014. Observa-se, ainda, o surto de crescimento da geração eólica.

- Produção de energia (Tabela 1.3): observa-se um crescimento da carga global da ordem de 3% ao ano. A grande redução da produção de energia nos anos de 2013 e 2014 é justificada pela estiagem ocorrida nesses anos, que deslocou a produção para geração termoelétrica. Destaca-se o grande incremento na produção de energia pelas eólicas.

- Linhas de transmissão (Tabela 1.4): observa-se a saturação das tensões de 230 e 345 kV, que apresentam crescimento praticamente nulo. Por outro lado, as únicas linhas em 440 kV existentes são as que se derivam do conjunto Jupiá-Ilha Solteira. O grande incremento na transmissão se deu nos elos CC, com a entrada em operação do elo CC que interliga a usina do Rio Madeira ao centro da carga da Região Sudeste.

Tabela 1.2 – Potência instalada no sistema de geração do Brasil (MW)

Ano	2010	2011	2012	2013	2014
Total	113.327	117.136	120.974	126.743	133.913
UH	77.090	78.347	79.956	81.132	84.095
UT	29.689	31.243	32.778	36.528	37.827
PCH	3.428	3.896	4.101	4.620	4.790
CGH	185	216	236	266	308
UN	2.007	2.007	2.007	1.990	1.990
UE	927	1.426	1.894	2.202	4.888
Solar	1	1	2	5	15

Legenda: UH: usina hidrelétrica; UT: usina térmica; PCH: pequena central hidrelétrica; CGH: central geradora hidrelétrica; UN: usina nuclear; UE: usina eólica

Tabela 1.3 – Produção de energia elétrica por fonte (GWh)

Ano	2010	2011	2012	2013	2014
Total	515.799	531.758	552.498	570.835	590.479
Gás natural	36.476	25.095	46.760	69.003	81.075
Hidráulica[1]	403.290	428.333	415.342	390.992	373.439
Derivados do petróleo[2]	14.216	12.239	16.214	22.090	31.688
Carvão	6.992	6.485	8.422	14.801	18.385
Nuclear	14.523	15.659	16.038	15.450	15.378
Biomassa[3]	31.209	31.633	34.662	39.679	44.733
Eólica	2.177	2.705	5.050	6.578	12.210
Outras[4]	6.916	9.609	10.010	12.241	13.590

[1] Inclui autoprodutores. [2] Derivados do petróleo: óleo diesel e óleo combustível. [3] Biomassa: lenha, bagaço de cana e lixívia. [4] Outras: recuperações, gás de coqueria e outros secundários.

Tabela 1.4 – Extensão das linhas de transmissão do SIN (km)

Ano	2010	2011	2012	2013	2014
Total	100.179	103.362	106.479	116.768	125.640
230 kV	43.185	45.709	47.894	49.969	52.450
345 kV	10.060	10.062	10.224	10.272	10.303
440 kV	6.671	6.681	6.728	6.728	6.728
500 kV	34.356	35.003	35.726	39.123	40.659
600 kV CC[1]	3.224	3.224	3.224	7.992	12.816
750 kV	2.638	2.638	2.638	2.638	2.638

[1] A extensão dos circuitos CC corresponde ao comprimento de cada bipolo.

Para fins elucidativos das dimensões do sistema de geração e transmissão brasileiro, apresenta-se na Figura 1.16 as principais usinas e linhas de transmissão que compõem o SIN (ONS, 2019).

Introdução aos sistemas elétricos de potência

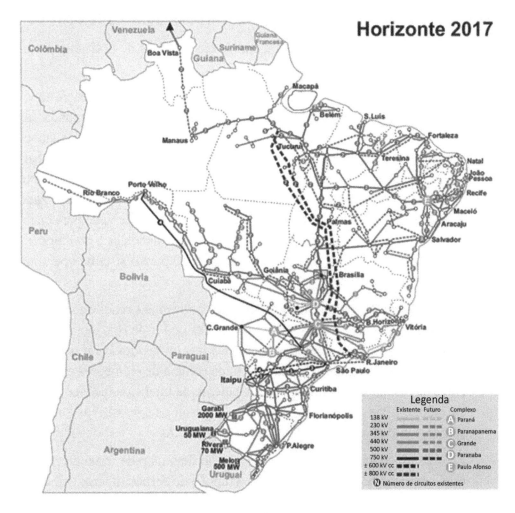

Figura 1.16 – Sistema interligado brasileiro (Fonte: ONS, 2019)

1.4 ESTUDOS EM SISTEMAS DE POTÊNCIA E EVOLUÇÃO DOS RECURSOS COMPUTACIONAIS

1.4.1 INTRODUÇÃO

Nesta seção, serão apresentados inicialmente os principais estudos desenvolvidos na área de sistemas de potência. Em seguida, será apresentado um breve histórico da evolução dos sistemas computacionais cuja utilização nesses estudos tornou-se imprescindível nas últimas décadas. Por fim, apresenta-se um panorama histórico da evolução do cálculo elétrico de redes, antes e depois do advento dos computadores digitais.

1.4.2 ESTUDOS DESENVOLVIDOS EM SISTEMAS DE POTÊNCIA

No tocante aos estudos que são realizados em sistemas de potência, desta-cam-se:

- *Estudos de fluxo de potência*: para uma rede da qual se conhecem topo-logia, geração disponível, em termos de potência ativa, e demanda das cargas, o fluxo de potência trata da solução de um sistema de equações não lineares para a determinação de: tensão, em módulo e fase, nas bar-ras de carga; e potência reativa injetada nas barras de geração e o fluxo de potência, ativa e reativa, nos trechos da rede. Esse estudo é utilizado no planejamento para definir a evolução da rede e na operação para que o operador do sistema, com os dados disponíveis, estabeleça a melhor con-figuração da rede. Esse estudo é levado a efeito para o sistema operando em regime permanente.

- *Estudo de curto-circuito*: os defeitos que ocorrem nas redes de transmis-são usualmente originam-se de *perturbações atmosféricas*, incidência de raios sobre a linha ou tensões induzidas nas linhas devido a descargas atmosféricas em sua proximidade, e interferência de elementos externos. Deve-se dispor de ferramenta para o cálculo da intensidade de corrente e da sobretensões nas fases sãs de modo a ajustar os dispositivos de prote-ção para que atuem no sentido de isolar o defeito.

- *Estudos de confiabilidade*: para a operação de uma rede, estabelecem-se critérios dentro dos quais não há interrupção do fornecimento. Um crité-rio típico é o da primeira contingência, isto é, quando da contingência de um qualquer de seus elementos o suprimento de todos os consumidores deve ser mantido.

- *Estudos de transitórios eletromagnéticos*: esses estudos têm por finali-dade analisar as condições de recuperação dos geradores para que, sain-do de suas condições normais, devido a uma perturbação do sistema, retornem a novo ponto de funcionamento em regime. Como exemplo de transitórios, tem-se a ocorrência de defeito numa linha e sua abertura com a isolação do defeito.

- *Estudo de sobretensões de manobra*: a mudança da configuração da rede, com manobras de abertura ou fechamento de linha e transferências de carga, pode dar lugar a sobretensões de frequência elevada. Assim, uma onda de tensão num transitório de manobra caracteriza-se por um "tem-po de subida" (tempo para a tensão da frente de onda subir de 10% a 90%

Introdução aos sistemas elétricos de potência

de seu valor de pico) da ordem de 100 a 500 µs e tempo de cauda (tempo gasto para que a tensão alcance 50% de seu valor de pico) variável de 2000 a 3000 µs, com amplitude da ordem de 3 a 5 pu.

1.4.3 DESENVOLVIMENTO DOS SISTEMAS COMPUTACIONAIS

A seguir, apresentar-se-á sucintamente a evolução dos computadores, que pode ser classificada por gerações sucessivas de máquinas, isso em função da evolução da eletrônica.

- Primeira geração (1940-1952): o primeiro computador eletrônico foi o Eniac (*Electronic Numerical Integrator and Computer*), projetado pela Universidade da Pensilvânia para calcular tiros de artilharia durante a Segunda Guerra Mundial. Entretanto, quando ficou pronto a guerra já tinha acabado. Era capaz de registrar vinte números com dez dígitos cada, pesava 30 toneladas e ocupava três salas e sua demanda era de 200 kW. Possuía válvulas a vácuo, capazes de armazenar um *bit* de informação. As válvulas a vácuo falhavam com frequência, criando desconfiança quanto ao desempenho dos computadores. A única memória existente eram os cartões perfurados e a linguagem de programação era a linguagem de máquina. Nos anos 1950, com a descoberta dos semicondutores, surgiram o diodo e o *transistor*. Este último, que foi inventado por Walter Brattain e John Bardeen nos laboratórios da Bell, substituiu a válvula, permitindo a redução do tamanho dos circuitos e aumentando a confiabilidade e a rapidez dos equipamentos. O matemático húngaro John von Neumann (1903-1957) formalizou o projeto lógico de um computador. Em sua proposta, Von Neumann sugeriu que as instruções fossem armazenadas na memória do computador. Até então elas eram lidas de cartões perfurados e executadas uma a uma. Armazená-las na memória para então executá-las tornaria o computador mais rápido, já que, no momento da execução, as instruções seriam obtidas com rapidez eletrônica. A maioria dos computadores de hoje em dia segue ainda o modelo proposto por Von Neumann. Em linhas gerais, a estrutura proposta previa a constituição a seguir:

  o memória principal, que configura a área de trabalho;

  o memória auxiliar, onde são armazenados os dados;

  o unidade central de processamento, que é o "cérebro" da máquina e executa todas as informações e comandos;

○ dispositivos de entrada e saída de dados, que atualmente permitem a ligação de periféricos como monitor, teclado, *mouse*, *scanner*, tela, impressora, entre outros.

- Segunda geração (1952-1964): em 1955, foi comercializado o primeiro transistor de silício e concomitantemente foram aperfeiçoadas suas técnicas de produção. Essas evoluções traduziram-se em redução sensível do preço do transistor. Isso permitiu que ele se popularizasse e viesse a causar uma verdadeira revolução na indústria dos computadores. Seu uso tornou os computadores mais rápidos, menores e de custo mais baixo. Nesse período, foi desenvolvida, para ser utilizada no computador IBM 704 entre 1954 e 1957, a linguagem de programação Fortran, que é um acrônimo da expressão *IBM Mathematical FORmula TRANslation System*. Até então a programação era feita utilizando-se a linguagem Assembly, que trabalha com códigos de máquina. A nova linguagem facilitou sobremodo o desenvolvimento de programas.

- Terceira geração (1964-1971): nesta geração, o evento de maior relevância é o surgimento, em 1964, do *circuito integrado*, que consiste no encapsulamento de uma grande quantidade de componentes, como resistências, condensadores, diodos e transistores, numa pastilha de silicone ou plástico. Pode-se ainda instalar num circuito integrado um ou vários circuitos. A miniaturização se estendeu a todos os circuitos do computador, aparecendo os minicomputadores. Passaram a se utilizar as memórias de semicondutores e os discos magnéticos e teve início a utilização de avançados sistemas operacionais.

- Quarta geração (1971-1993): em 1971, a Intel produziu o primeiro microprocessador comercial, o 4004, que operava com 2.300 transistores e executava 60 mil cálculos por segundo. O primeiro computador pessoal foi desenvolvido em 1974, chamado de Mark-8. Em 1975, Steve Wozniak divulgou o Apple I, que era um eficaz computador, mas só vendeu cinquenta unidades. Já em 1976, Wozniak e Steve Jobs lançaram o Apple II, que revolucionou o mercado. A Intel apresentou o microprocessador 8088/8086 em 1979 e, depois, em 1981, vieram os PC-XT, operando a até 12 MHz. Os PC-AT 286 já possuíam uma bateria que mantinha em uma memória as informações do *hardware* do computador e os dados do relógio e calendário. A resposta da Apple ao PC veio em 1984 com o Macintosh, revolucionário na utilização do *mouse* e dos ícones. Em 1985, a Microsoft lançou o Windows, seguindo a linha de interfaces com ícones e janelas. Os PC 386, em 1990, trouxeram a novidade de *microchips*

VLSI (*Very Large Scale Integration*), que eram menores e mais velozes. Os PC 386 operavam a até 20 MHz. Mais tarde viriam os PC 486, com velocidades superiores às de seus antecessores. O Pentium, que surge nos anos 1990, é atualmente o processador mais avançado usado em PCs. Na década de 1990 surgem os computadores que, além do processamento de dados, reúnem fax, *modem*, secretária eletrônica, *scanner*, acesso à internet e *drive* para CD-ROM. Os CD-ROM, sigla de *Compact Disc Read Only Memory*, criados no início da década, são discos a *laser* que armazenam até 650 megabytes, 451 vezes mais do que um disquete (que armazena 1,44 megabyte).

- Quinta geração (a partir de 1993): em 1993, a Intel lançou o Pentium, quinta geração da linha PC, o qual evoluiu para o Pentium II, Pentium III, Pentium IV e posteriormente para a família Core (2, i3, i5 e i7). A partir do começo dos anos 2000, ocorre a popularização dos processadores de 64 bits, que, entre outras características, permitem superar o limite de endereçamento de memória dos processadores de 32 bits (4 GBytes).

1.4.4 FASE ANTERIOR AO ADVENTO DOS COMPUTADORES DIGITAIS

Neste período, as únicas ferramentas disponíveis para o cálculo de redes elétricas eram a Lei de Ohm (1827) e as Equações de Kirchhoff (1845). A primeira de autoria do físico alemão Georg Simon Ohm (1789-1854) e as segundas criadas e desenvolvidas pelo físico alemão Gustav Robert Kirchhoff (1824-1887) para resolver problemas de circuitos elétricos mais complexos, isto é, constituídos por mais de uma fonte. Assim, introduziu os conceitos de nós e malhas.

Antes do advento dos computadores a válvulas, os estudos de linhas eram levados a efeito por meio do *diagrama de círculo* (SILVA, 2011), que permite a representação gráfica da variação da tensão, corrente ou potência numa rede quando alguns de seus parâmetros são variados. Essa análise gráfica permite uma economia de tempo muito grande quando se está estudando um grande número de variações e, além disso, permite justificar os resultados alcançados devido a tais variações. Partindo-se do diagrama de fasores referente às tensões de entrada e saída de uma linha, pode-se construir um *diagrama de círculo universal da linha* que representa os lugares geométricos das soluções da linha em função dos parâmetros e variáveis envolvidas (cf. o Capítulo 7 de Stevenson Jr., 1962).

Posteriormente, por volta de 1955, com o aumento da interligação dos sistemas de transmissão, mesmo que ainda incipiente, o uso do diagrama de círculo, pelo elevado número de linhas interligadas, tornava-se inviável. Surgiu então o analisador de redes (*network analyser* – NA), que permitia montar-se, em laboratório, um circuito equivalente ao da rede representado em corrente contínua. O modelo contava com diversas fontes em corrente contínua e resistores que tinham seus valores ajustados e eram interconectados por meio de *plugs*. Para a simulação, assumia-se que a resistência dos elementos da rede original era desprezível e que as indutâncias eram simuladas pelos resistores. Os geradores e motores eram simulados por fontes de corrente contínua associadas a resistores que se destinavam a simular as impedâncias internas da máquina. Posteriormente, superou-se essa restrição construindo-se analisadores de rede operando em corrente alternada em 60 Hz, que permitiam simular a resistência e a indutância das redes, mas tinham o problema de terem dimensões exageradamente grandes. Visando diminuir as dimensões dos elementos passivos, foram construídos analisadores de redes em corrente alternada operando com frequência de 480 Hz e, nos Estados Unidos, foram construídos analisadores operando em 10 kHz. Nesses analisadores a rede era modelada por sua rede de sequência direta, e, evidentemente, eles permitiam somente análises em regime permanente.

Os analisadores de rede permitiam, em estudos de curto-circuito, a determinação da corrente de defeito em regime permanente.

Os estudos de transitórios eletromagnéticos, conhecidos por estudos de estabilidade, eram levados a efeito em redes reduzidas utilizando-se o critério das áreas iguais, que alcançava resultados com incertezas muito grandes, visto que não analisavam o comportamento do alternador em condições transitórias.

1.4.5 ADVENTO DOS PRIMEIROS COMPUTADORES DIGITAIS

Os primeiros estudos de fluxo de potência utilizando computadores a válvula de que se tem notícia são de autoria de Ward e Hale, que em junho de 1956 desenvolveram um fluxo de potência utilizando a matriz de admitâncias, descrito no artigo "Digital Solution of Power Flow Problem", publicado no *AIEE Transactions*. Porém, a pequena disponibilidade de memória das máquinas da época restringia sobremodo as dimensões da rede a ser tratada. Os programas desenvolvidos nessa época valiam-se do método de Gauss Seidel para a resolução iterativa do sistema de equações não lineares que descrevem o problema.

Com a substituição das válvulas por transistores e por circuitos integrados, a capacidade de armazenamento de dados foi crescendo, o que permitiu, em novembro de 1967, a Tinney e Hart apresentar, em artigo publicado pelo *IEEE Transactions on Power Apparatus and System*, a aplicação do método de Nexton Raphson para a resolução do sistema de equações não lineares. Esse método é muito eficiente na solução do sistema de equações e não apresenta os problemas de convergência do Gauss Seidel, porém exige área de memória sensivelmente maior.

Os analisadores de rede foram abandonados e, por volta de 1970, surgiram os analisadores de rede em transitório (*transient network analyzer* – TNA), que permitiam o estudo de transitórios devido a operações de manobras, e permitiam também a modelagem trifásica da rede. As condições inicias para a montagem da rede eram determinadas a partir de estudos de fluxo de potência e, posteriormente, procedia-se aos estudos registrando-se as sobretensões por meio de oscilogramas.

Em 1970, Cleve Moler, então presidente do departamento de ciência da computação da Universidade do Novo México, desenvolveu o MATLAB, que é um *software* destinado a fazer cálculos com matrizes, sendo seu nome o acrônimo de *MATrix LABoratory*. Em 1983, Moler associou-se a Jack Little e Steve Bangert para desenvolver o MATLAB na linguagem C. Em 1984, fundaram a MathWorks e prosseguiram no seu desenvolvimento, que hoje se encontra extremamente difundido.

Em 1964, foi criado no Brasil o grupo Canambra (Canadá-América-Brasil) para desenvolver um planejamento do sistema elétrico da Região Sudeste até 1980. O planejamento foi feito com base em estudos de fluxo de carga realizados na Pontifícia Universidade Católica do Rio de Janeiro (PUC-RJ), valendo-se de um computador Burroughs a válvula utilizando um programa da Bonneville Power Administration (BPA), com capacidade para estudar redes com até cem barras.

Em 1972, a firma de consultoria Themag Engenharia desenvolveu programas de fluxo de carga, estabilidade e curto-circuito em linguagem Fortran valendo-se de um computador IBM 40.

Em 21 de janeiro de 1974, a Eletrobrás, associada com Chesf, Furnas, Eletronorte e Eletrosul, criou na Ilha do Fundão, no Rio de Janeiro, o Centro de Pesquisas de Energia Elétrica (Cepel) com o escopo de desenvolver pesquisa aplicada em sistemas e equipamentos elétricos, visando à concepção e ao fornecimento de soluções tecnológicas especialmente voltadas à geração, transmissão, distribuição e comercialização de energia elétrica no Brasil. Dentre suas atividades destaca-se a área de programação científica, que desenvolveu, entre outros, os programas computacionais:

- *Análise de Rede (ANAREDE)*: é dos mais utilizados no Brasil na área de sistemas de potência. Dentre seus módulos destacam-se: Fluxo de Potência, Equivalente de Redes, Análise de Contingências, Análise de Sensibilidade de Tensão e Fluxo e Análise de Segurança de Tensão. O programa dispõe ainda de modelo de curva de carga, modelo de bancos de capacitores/reatores chaveados para controle de tensão, modelos de equipamentos equivalentes e individualizados, algoritmo para verificação de conflito de controles e facilidades para estudos de recomposição do sistema.

- *Análise de Transitórios Eletromecânicos (ANATEM)*: programa computacional voltado à análise de fenômenos de estabilidade eletromecânica relativos a grandes perturbações em sistemas elétricos de potência.

- *Análise de Faltas (ANAFAS)*: programa computacional para cálculo de curto-circuitos.

REFERÊNCIAS

BRASIL. Decreto n. 4.295. de 21 de outubro de 1927. Cria um posto fiscal no lugar denominado Porto do "Gil", subordinado á Collectoria das Rendas Estaduaes, em Chavantes. Rio de Janeiro, *Diário Oficial da União*, 25 out. 1927. p. 7819.

BRASIL. Decreto n. 2.335, de 6 de outubro de 1997. Constitui a Agência Nacional de Energia Elétrica -ANEEL, autarquia sob regime especial, aprova sua Estrutura Regimental e o Quadro Demonstrativo dos Cargos em Comissão e Funções de Confiança e dá outras providências. Brasília, DF, *Diário Oficial da União*, 7 out. 1997.

BRASIL. Decreto n. 20.395, de 15 de setembro de 1931. Suspende, até ulterior deliberação, todos os atos de alienação, oneração, promessa ou começo de alienação ou transferencia de qualquer curso perene ou quéda dagua, e dá outras providencias. Rio de Janeiro, *Diário Oficial da União*, 3 out. 1931. Seção 1, p. 15575.

BRASIL. Decreto n. 24.643, de 1º de julho de 1934. Decreta o Código de Águas. *Diário Oficial da União*, Rio de Janeiro, 20 jul. 1934. Seção 1, p. 14738.

BRASIL. Lei n. 1.345, de 18 de dezembro de 1912. Transfere para a povoação de Agua Larga a séde do districto de paz de Caputéra, do municipio de Santo Antonio da Bôa Vista. Rio de Janeiro, *Diário Oficial da União*, 25 dez. 1912. p. 5425.

BRASIL. Lei n. 8.631, de 4 de março de 1993. Dispõe sobre a fixação dos níveis das tarifas para o serviço público de energia elétrica, extingue o regime de remuneração garantida e dá outras providências. Brasília, DF, *Diário Oficial da União*, 5 mar. 1993.

BRASIL. Lei. 9.427, de 26 de dezembro de 1996. Institui a Agência Nacional de Energia Elétrica - ANEEL, disciplina o regime das concessões de serviços públicos de energia elétrica e dá outras providências. Brasília, DF, *Diário Oficial da União*, 27. dez. 1996.

BRASIL. Lei n. 9.648, de 27 de maio de 1998. Altera dispositivos das Leis no 3.890-A, de 25 de abril de 1961, no 8.666, de 21 de junho de 1993, no 8.987, de 13 de fevereiro de 1995, no 9.074, de 7 de julho de 1995, no 9.427, de 26 de dezembro de 1996, e autoriza o Poder Executivo a promover a reestruturação da Centrais Elétricas Brasileiras - ELETROBRÁS e de suas subsidiárias e dá outras providências. Brasília, DF, *Diário Oficial da União*, 28 maio 1998.

BRASIL. Lei n. 10.848 de 15 de março de 2004. Dispõe sobre a comercialização de energia elétrica, altera as Leis nºs 5.655, de 20 de maio de 1971, 8.631, de 4 de março de 1993, 9.074, de 7 de julho de 1995, 9.427, de 26 de dezembro de 1996, 9.478, de 6 de agosto de 1997, 9.648, de 27 de maio de 1998, 9.991, de 24 de julho de 2000, 10.438, de 26 de abril de 2002, e dá outras providências. Brasília, DF, *Diário Oficial da União*, 16 mar. 2004.

CRESESB – CENTRO DE REFERÊNCIA PARA AS ENERGIAS SOLAR E EÓLICA SÉRGIO S. DE BRITO. *Atlas do potencial eólico brasileiro – simulações 2013*. Rio de Janeiro, 2013.

EPE – EMPRESA DE PESQUISA ENERGÉTICA. *Anuário estatístico de energia elétrica 2015 – Ano base 2014*. Rio de Janeiro, 2015.

GOMES, J. P. P.; VIEIRA, M. M. F. O campo da energia Elétrica no Brasil 1880 a 2002. *Revista de Administração Pública do Brasil*, set. 2008.

HOFFMAN, C. H.; LEBENBAUM, N. A Modern D-C Network Analyzer. *Trans. AIEE*, vol. 75, pt. III, p. 156-162, 1956.

ONS – OPERADOR NACIONAL DO SISTEMA ELÉTRICO. *Sistema Interligado Nacional (SIN) – Mapas*. Brasília, DF, 2019.

SILVA, B. G. da. *Evolução do Setor Elétrico Brasileiro no contexto econômico nacional*. 2011. Dissertação (Mestrado em Energia) – Universidade de São Paulo, São Paulo, 2011.

STEVENSON Jr., W. D. *Elements of Power Systems Analysis*. 2. ed. New York: McGraw-Hill, 1962.

TOLMASQUIM, M. (coord.). *Energia Termelétrica – gás natural, biomassa, carvão, nuclear*. Brasília, DF: EPE, 2016.

VIEIRA, I. S. *Expansão do Sistema de Transmissão de Energia Elétrica no Brasil*. 2009. Dissertação (Mestrado em Engenharia Elétrica) – Universidade de Brasília, Brasília, DF, 2009.

CAPÍTULO 2
REPRESENTAÇÃO DE REDES

2.1 INTRODUÇÃO

Conforme já apresentado, os sistemas elétricos de potência contam com três blocos básicos:

- sistema de geração, que engloba as fontes de transformação de alguma espécie de energia em energia elétrica;

- sistema de transmissão, que é responsável pelo transporte da energia dos pontos de produção até os pontos de suprimento dos grandes centros de consumo;

- sistema de distribuição, que é responsável por transportar a energia dos pontos de entrega dos sistemas de transmissão até os consumidores finais.

O sistema elétrico de potência do Brasil tem porte e tamanho que permitem que seja considerado único no mundo. Trata-se de um sistema hidrotérmico de grande porte com forte predominância de usinas hidrelétricas. O sistema de transmissão interliga as Regiões Sul, Sudeste, Centro-Oeste, Nordeste e parte da Região Norte e conta com cerca de oitocentos circuitos operando em tensão não menor que 230 kV, totalizando cerca de 200.000 km. Para o estudo de redes de tal porte impõe-se o estabelecimento de critérios para a definição de como deverão ser representadas as linhas de transmissão.

Neste capítulo, apresentar-se-á uma revisão de:

- conceituação de mútuas entre circuitos;

- análise de redes a quatro fios, três fases e neutro, com mútuas e eliminação do cabo neutro;

- conceituação da transformação das componentes de fase em componentes simétricas e seu campo de aplicação.

Dessa apresentação resultarão a definição da modelagem das redes por *redes monofásicas* e *redes trifásicas* bem como a análise de sensibilidade quanto aos erros que decorrem da representação das redes por redes monofásicas.

2.2 INDUTÂNCIA MÚTUA

Faz-se mister relembrar a definição de indutância mútua e das convenções de sinais adotadas. Assim, sejam dois circuitos quaisquer, circuitos 1 e 2 (Figura 2.1), e sejam os fluxos:

- ϕ_{12} produzido pela corrente I_2 que se concatena com o circuito 1;

- ϕ_{21} produzido pela corrente I_1 que se concatena com o circuito 2.

Definem-se as indutâncias mútuas M_{12} entre os circuitos 1 e 2 e M_{21} entre os circuitos 2 e 1 pelas relações:

$$M_{12} = \frac{\phi_{21}}{I_1} \qquad e \qquad M_{21} = \frac{\phi_{12}}{I_2} \tag{2.1}$$

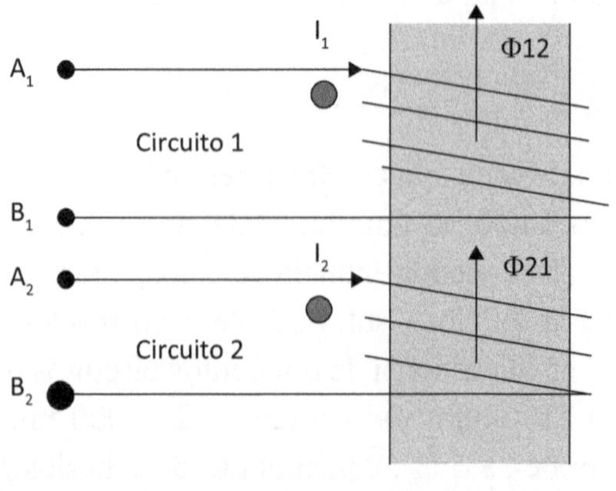

Figura 2.1 – Indutância mútua entre dois circuitos

Representação de redes　　　　　　　　　　　　　　　　　　　　　　　　**79**

Num meio homogêneo, pode-se demonstrar que $M_{12} = M_{21}$.

Para a aplicação da Lei de Ohm a dois circuitos com mútuas é de suma importância a definição do *sentido do enrolamento* ou da *polaridade*, que consiste em assinalar uma das extremidades de cada um dos circuitos de modo que, para correntes entrando nos dois circuitos pelos terminais assinalados, ter-se-ão fluxos mútuos concordes. Na Figura 2.1, a polaridade está indicada pelo símbolo ●.

Para melhor visualização do efeito da indutância mútua supõe-se que o circuito 1 esteja sendo percorrido por corrente i_1, variável no tempo com lei senoidal, $i_1(t) = I_{1Máx} \cos \omega t$, e que o circuito 2 esteja em circuito aberto. Pela definição de indutância mútua, o fluxo concatenado com o circuito 2 será dado por:

$$\phi_{21} = i_1 M_{12} = I_{1Máx} M_{12} \cos \omega t \qquad (2.2)$$

Ora, pela Lei de Lenz, a f.e.m., e_2, induzida no circuito 2 será dada por:

$$e_2 = -\frac{d\phi_{21}}{dt} = I_{1Máx} \omega M_{12} \cos\left(\omega t - \frac{\pi}{2}\right) \qquad (2.3)$$

Lembrando que a queda de tensão entre os terminais do circuito 2 é dada por

$$v_2 = -e_2 = \frac{d\phi_{21}}{dt} = I_{1Máx} \omega M_{12} \cos\left(\omega t + \frac{\pi}{2}\right) \qquad (2.4)$$

Fasorialmente, ter-se-á:

$$\dot{E}_2 = -j\omega M \dot{I}_1 = -\overline{Z}_M \dot{I}_1 \quad \text{e} \quad \dot{V}_2 = j\omega M \dot{I}_1 = \overline{Z}_M \dot{I}_1 \qquad (2.5)$$

onde $\overline{Z}_M = j\omega M$.

Em conclusão, o efeito da mútua de um circuito no outro pode ser simulado substituindo-a por um gerador de tensão cuja f.e.m. é dada pela Equação (2.3). Para a definição da polaridade dessa f.e.m., seja o circuito da Figura 2.2, em que o circuito 1 está sendo percorrido por corrente e o circuito 2 está com seus terminais em curto-circuito. Evidentemente, ao se curto-circuitar os terminais do circuito 2, surgirá um fluxo, ϕ', que, pela conservação da energia, deverá ser oposto ao ϕ_{21} preexistente; isto é, pelo circuito 2 deverá circular corrente I_2 que deverá sair pelo terminal assinalado se I_1 estiver entrando pelo terminal assinalado do circuito 1, e vice-versa. Fazendo-se:

$$\dot{E} = -\dot{E}_2 = j\omega M \dot{I}_1$$

o terminal positivo do gerador deverá coincidir com o terminal assinalado do circuito 2 quando a corrente do circuito 1 entrar por seu terminal assinalado, e vice-versa, conforme apresentado na Figura 2.2.

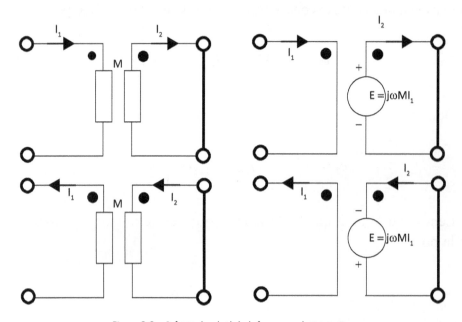

Figura 2.2 – Definição da polaridade da f.e.m. que substitui a mútua

Exemplo 2.1

Duas linhas de transmissão monofásicas curtas têm uma extremidade comum que está em curto-circuito. Em determinada condição operativa ocorre um curto-circuito na outra extremidade de uma das linhas, enquanto a outra está sendo alimentada por um gerador constante. Sendo:

- $\bar{Z}_1$ – Impedância própria da linha 1;
- $\bar{Z}_2$ – Impedância própria da linha 2;
- $\bar{Z}_{12}$ – Impedância mútua entre a linha 1 e a linha 2,

pede-se a corrente na linha 2, conforme as Figuras 2.3(a) e (b).

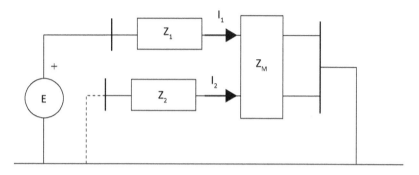

Figura 2.3 (a) – Circuito para o Exemplo 2.1

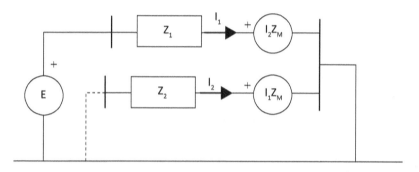

Figura 2.3 (b) – Circuito equivalente para o Exemplo 2.1

Fixando-se as correntes, I_1 e I_2, com os sentidos indicados na Figura 2.3 (a), pode-se substituir as mútuas por dois geradores de tensão constante com as polaridades indicadas na Figura 2.3 (b), resultando:

$$\dot{E} = \dot{I}_1 \overline{Z}_1 + \dot{I}_2 \overline{Z}_M$$
$$0 = \dot{I}_2 \overline{Z}_2 + \dot{I}_1 \overline{Z}_M$$

logo $\dot{I}_2 = -\dfrac{\overline{Z}_M}{\overline{Z}_2}\dot{I}_1$, donde

$$\dot{I}_1 = \dfrac{\overline{Z}_2}{\overline{Z}_1 \overline{Z}_2 - \overline{Z}_M^2}\dot{E}$$

$$\dot{I}_2 = -\dfrac{\overline{Z}_M}{\overline{Z}_1 \overline{Z}_2 - \overline{Z}_M^2}\dot{E}$$

2.3 REPRESENTAÇÃO DO SISTEMA POR REDES MONOFÁSICAS E REDES TRIFÁSICAS

2.3.1 INTRODUÇÃO

Seja a rede da Figura 2.4, que é suprida por um trifásico e que supre, em seus terminais, uma carga que absorve as correntes I_A, I_B, I_C, resultando para a corrente de neutro I_N o valor $-(I_A + I_B + I_C)$.

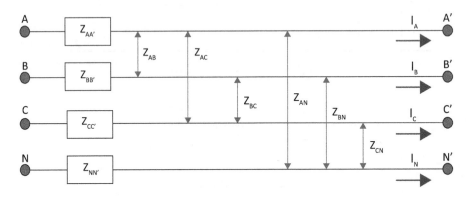

Figura 2.4 – Rede com mútuas

Pela 2ª Lei de Kirchhoff, ter-se-á:

$$\dot{V}_{AN} = \dot{V}_{AA'} + \dot{V}_{A'N'} + \dot{V}_{N'N}$$
$$\dot{V}_{BN} = \dot{V}_{BB'} + \dot{V}_{B'N'} + \dot{V}_{N'N}$$
$$\dot{V}_{CN} = \dot{V}_{CC'} + \dot{V}_{C'N'} + \dot{V}_{N'N}$$

Matricialmente, tem-se:

$$\begin{vmatrix} \dot{V}_{AN} \\ \dot{V}_{BN} \\ \dot{V}_{CN} \end{vmatrix} - \begin{vmatrix} \dot{V}_{A'N'} \\ \dot{V}_{B'N'} \\ \dot{V}_{C'N'} \end{vmatrix} = \begin{vmatrix} \dot{V}_{AA'} \\ \dot{V}_{BB'} \\ \dot{V}_{CC'} \end{vmatrix} + \begin{vmatrix} \dot{V}_{N'N} \\ \dot{V}_{N'N} \\ \dot{V}_{N'N} \end{vmatrix} \qquad (2.6)$$

Por outro lado:

$$\begin{vmatrix} \dot{V}_{AA'} \\ \dot{V}_{BB'} \\ \dot{V}_{CC'} \end{vmatrix} = \begin{vmatrix} \bar{Z}_{AA'} & \bar{Z}_{AB} & \bar{Z}_{AC} \\ \bar{Z}_{BA} & \bar{Z}_{BB'} & \bar{Z}_{BC} \\ \bar{Z}_{CA} & \bar{Z}_{CB} & \bar{Z}_{CC'} \end{vmatrix} \cdot \begin{vmatrix} \dot{I}_A \\ \dot{I}_B \\ \dot{I}_C \end{vmatrix} - (\dot{I}_A + \dot{I}_B + \dot{I}_C) \cdot \begin{vmatrix} \bar{Z}_{AN} \\ \bar{Z}_{BN} \\ \bar{Z}_{CN} \end{vmatrix} \qquad (2.7)$$

Representação de redes 83

ou

$$
\begin{bmatrix} \dot{V}_{AA'} \\ \dot{V}_{BB'} \\ \dot{V}_{CC'} \end{bmatrix} = \left[\begin{bmatrix} \overline{Z}_{AA'} & \overline{Z}_{AB} & \overline{Z}_{AC} \\ \overline{Z}_{BA} & \overline{Z}_{BB'} & \overline{Z}_{BC} \\ \overline{Z}_{CA} & \overline{Z}_{CB} & \overline{Z}_{CC'} \end{bmatrix} - \begin{bmatrix} \overline{Z}_{AN} & \overline{Z}_{AN} & \overline{Z}_{AN} \\ \overline{Z}_{BN} & \overline{Z}_{BN} & \overline{Z}_{BN} \\ \overline{Z}_{CN} & \overline{Z}_{CN} & \overline{Z}_{CN} \end{bmatrix} \right] \cdot \begin{bmatrix} \dot{I}_A \\ \dot{I}_B \\ \dot{I}_C \end{bmatrix} \qquad (2.8)
$$

Além disso:

$$
\dot{V}_{N'N} = (\dot{I}_A + \dot{I}_B + \dot{I}_C)\overline{Z}_{NN'} - (\overline{Z}_{AN}\dot{I}_A + \overline{Z}_{BN}\dot{I}_B + \overline{Z}_{CN}\dot{I}_C)
$$

$$
\dot{V}_{N'N} = (\overline{Z}_{NN'} - \overline{Z}_{AN})\dot{I}_A + (\overline{Z}_{NN'} - \overline{Z}_{BN})\dot{I}_B + (\overline{Z}_{NN'} - \overline{Z}_{CN})\dot{I}_C
$$

$$(2.9)$$

$$
\begin{bmatrix} \dot{V}_{N'N} \\ \dot{V}_{N'N} \\ \dot{V}_{N'N} \end{bmatrix} = \begin{bmatrix} \overline{Z}_{NN'} - \overline{Z}_{AN} & \overline{Z}_{NN'} - \overline{Z}_{BN} & \overline{Z}_{NN'} - \overline{Z}_{CN} \\ \overline{Z}_{NN'} - \overline{Z}_{AN} & \overline{Z}_{NN'} - \overline{Z}_{BN} & \overline{Z}_{NN'} - \overline{Z}_{CN} \\ \overline{Z}_{NN'} - \overline{Z}_{AN} & \overline{Z}_{NN'} - \overline{Z}_{BN} & \overline{Z}_{NN'} - \overline{Z}_{CN} \end{bmatrix} \cdot \begin{bmatrix} \dot{I}_A \\ \dot{I}_B \\ \dot{I}_C \end{bmatrix}
$$

Finalmente:

$$
\begin{bmatrix} \dot{V}_{AN} \\ \dot{V}_{BN} \\ \dot{V}_{CN} \end{bmatrix} - \begin{bmatrix} \dot{V}_{A'N'} \\ \dot{V}_{B'N'} \\ \dot{V}_{C'N'} \end{bmatrix} = \begin{bmatrix} \overline{Z}_{AA'} & \overline{Z}_{AB} & \overline{Z}_{AC} \\ \overline{Z}_{BA} & \overline{Z}_{BB'} & \overline{Z}_{BC} \\ \overline{Z}_{CA} & \overline{Z}_{CB} & \overline{Z}_{CC'} \end{bmatrix} \cdot \begin{bmatrix} \dot{I}_A \\ \dot{I}_B \\ \dot{I}_C \end{bmatrix}
$$

$$(2.10)$$

$$
+ \begin{bmatrix} \overline{Z}_{NN'} - 2\overline{Z}_{AN} & \overline{Z}_{NN'} - \overline{Z}_{BN} - \overline{Z}_{AN} & \overline{Z}_{NN'} - \overline{Z}_{CN} - \overline{Z}_{AN} \\ \overline{Z}_{NN'} - \overline{Z}_{AN} - \overline{Z}_{BN} & \overline{Z}_{NN'} - 2\overline{Z}_{BN} & \overline{Z}_{NN'} - \overline{Z}_{CN} - \overline{Z}_{BN} \\ \overline{Z}_{NN'} - \overline{Z}_{AN} - \overline{Z}_{CN} & \overline{Z}_{NN'} - \overline{Z}_{BN} - \overline{Z}_{CN} & \overline{Z}_{NN'} - 2\overline{Z}_{CN} \end{bmatrix} \cdot \begin{bmatrix} \dot{I}_A \\ \dot{I}_B \\ \dot{I}_C \end{bmatrix}
$$

A partir das Equações (2.10), pode-se englobar a parte referente às impedâncias do neutro reduzindo-se a rede aos três fios de fase, ou seja:

$$
\begin{aligned}
\overline{Z}_{AA,Eq} &= \overline{Z}_{AA'} + \overline{Z}_{NN'} - 2\overline{Z}_{AN} \\
\overline{Z}_{BB,Eq} &= \overline{Z}_{BB'} + \overline{Z}_{NN'} - 2\overline{Z}_{BN} \\
\overline{Z}_{CC,Eq} &= \overline{Z}_{CC'} + \overline{Z}_{NN'} - 2\overline{Z}_{CN} \\
\overline{Z}_{AB,Eq} &= \overline{Z}_{BA,Eq} = \overline{Z}_{AB} + \overline{Z}_{NN'} - \overline{Z}_{BN} - \overline{Z}_{AN} \\
\overline{Z}_{AC,Eq} &= \overline{Z}_{CA,Eq} = \overline{Z}_{AC} + \overline{Z}_{NN'} - \overline{Z}_{CN} - \overline{Z}_{AN} \\
\overline{Z}_{BC,Eq} &= \overline{Z}_{CB,Eq} = \overline{Z}_{BC} + \overline{Z}_{NN'} - \overline{Z}_{CN} - \overline{Z}_{BN}
\end{aligned}
\qquad (2.11)
$$

resultando finalmente:

$$
\begin{bmatrix} \dot{V}_{AN} \\ \dot{V}_{BN} \\ \dot{V}_{CN} \end{bmatrix} - \begin{bmatrix} \dot{V}_{A'N'} \\ \dot{V}_{B'N'} \\ \dot{V}_{C'N'} \end{bmatrix} = \begin{bmatrix} \overline{Z}_{AA,Eq} & \overline{Z}_{AB,Eq} & \overline{Z}_{AC,Eq} \\ \overline{Z}_{BA,Eq} & \overline{Z}_{BB,Eq} & \overline{Z}_{BC,Eq} \\ \overline{Z}_{CA,Eq} & \overline{Z}_{CB,Eq} & \overline{Z}_{CC,Eq} \end{bmatrix} \cdot \begin{bmatrix} \dot{I}_A \\ \dot{I}_B \\ \dot{I}_C \end{bmatrix}.
$$

Da Equação (2.10) nota-se que o tratamento de uma rede trifásica a quatro fios assimétrica, com carga desequilibrada, é sobremodo complexo, assim, nos itens subsequentes serão analisados casos particulares em que há simetrias na rede, isto é:

- redes trifásicas simétricas com carga de qualquer natureza;

- redes trifásicas simétricas com carga equilibrada.

Além disso, em seção subsequente serão analisados:

- a transformação das componentes de fase em componentes simétricas;

- benefícios que decorrem da utilização de componentes simétricas.

2.3.2 REDES SIMÉTRICAS

Diz-se que uma rede trifásica é simétrica quando sua configuração é tal que suas impedâncias próprias e mútuas são todas iguais entre si, isto é, quando:

$$
\begin{aligned}
\overline{Z}_P &= \overline{Z}_{AA'} = \overline{Z}_{BB'} = \overline{Z}_{CC'} \\
\overline{Z}_M &= \overline{Z}_{AB} = \overline{Z}_{BC} = \overline{Z}_{CA} \\
\overline{Z}_{MN} &= \overline{Z}_{AN} = \overline{Z}_{BN} = \overline{Z}_{CN}
\end{aligned} \tag{2.12}
$$

Nessas condições, as Equações (2.11) tornam-se:

$$
\begin{aligned}
\overline{Z}_{P,Eq} &= \overline{Z}_{AA,Eq} = \overline{Z}_{BB,Eq} = \overline{Z}_{CC,Eq} = \overline{Z}_P + \overline{Z}_{NN'} - 2\overline{Z}_{MN} \\
\overline{Z}_{M,Eq} &= \overline{Z}_{AB,Eq} = \overline{Z}_{BA,Eq} = \overline{Z}_{AC,Eq} = \overline{Z}_{CA,Eq} = \overline{Z}_{BC,Eq} = \overline{Z}_{CB,Eq} \\
&= \overline{Z}_M + \overline{Z}_{NN'} - 2\overline{Z}_{MN}
\end{aligned} \tag{2.13}
$$

Ou matricialmente:

$$
\begin{array}{|c|} \dot{V}_{AN} - \dot{V}_{A'N'} \\ \hline \dot{V}_{BN} - \dot{V}_{B'N'} \\ \hline \dot{V}_{CN} - \dot{V}_{C'N'} \end{array}
=
\begin{array}{|c|c|c|} \overline{\overline{Z}}_{P,Eq} & \overline{\overline{Z}}_{M,Eq} & \overline{\overline{Z}}_{M,Eq} \\ \hline \overline{\overline{Z}}_{M,Eq} & \overline{\overline{Z}}_{P,Eq} & \overline{\overline{Z}}_{M,Eq} \\ \hline \overline{\overline{Z}}_{M,Eq} & \overline{\overline{Z}}_{M,Eq} & \overline{\overline{Z}}_{P,Eq} \end{array}
\cdot
\begin{array}{|c|} \dot{I}_A \\ \hline \dot{I}_B \\ \hline \dot{I}_C \end{array}
\tag{2.14}
$$

2.3.3 REDES SIMÉTRICAS COM CARGA EQUILIBRADA

Neste caso, além de a rede ser simétrica, as tensões que a suprem são simétricas, isto é:

$$\dot{V}_{AN} = V, \ \dot{V}_{BN} = \alpha^2 V \ \text{ e } \ \dot{V}_{CN} = \alpha V$$

onde α é o operador $1\big|\underline{120^0}$. Destaca-se que, sendo a carga equilibrada, isto é, quando as impedâncias das três fases são iguais, resultarão correntes dadas por I, $\alpha^2 I$ e αI, logo, a parcela correspondente ao neutro, Equação (2.10), será nula, visto que:

$$
\begin{aligned}
\dot{V}_{AN} - \dot{V}_{A'N'} &= \left(\overline{Z}_{NN'} - 2\overline{Z}_{MN} \right) \dot{I} + \left(\overline{Z}_{NN'} - 2\overline{Z}_{MN} \right) \alpha^2 \dot{I} + \left(\overline{Z}_{NN'} - 2\overline{Z}_{MN} \right) \alpha \dot{I} = \\
&= \left(\overline{Z}_{NN'} - 2\overline{Z}_{MN} \right) \left(1 + \alpha^2 + \alpha \right) \dot{I} = 0
\end{aligned}
$$

e, nas fases, ter-se-á:

$$
\begin{aligned}
\dot{V}_{AN} - \dot{V}_{A'N'} &= \overline{Z}_P \dot{I} + \overline{Z}_M (\alpha^2 + \alpha) \dot{I} = (\overline{Z}_P - \overline{Z}_M) \dot{I} \\
\dot{V}_{BN} - \dot{V}_{B'N'} &= \overline{Z}_M \dot{I} + \overline{Z}_P \alpha^2 \dot{I} + \overline{Z}_M \alpha \dot{I} = \alpha^2 (\overline{Z}_P - \overline{Z}_M) \dot{I} \\
\dot{V}_{CN} - \dot{V}_{C'N'} &= \overline{Z}_M \dot{I} + \overline{Z}_M \alpha^2 \dot{I} + \overline{Z}_P \alpha \dot{I} = \alpha (\overline{Z}_P - \overline{Z}_M) \dot{I}
\end{aligned}
$$

Logo, resolve-se o circuito para a fase A e os resultados correspondentes às fases B e C serão obtidos multiplicando-se o resultado obtido para a fase A por α^2 e α, respectivamente.

2.3.4 REVISÃO DA TRANSFORMAÇÃO EM COMPONENTES SIMÉTRICAS

2.3.4.1 Definição da transformação

Pode-se demonstrar que uma sequência de tensões, $[V_{ABC}]$, ou de correntes, $[I_{ABC}]$, é decomponível por meio da matriz de transformação de componentes simétricas, $[T]$, nas componentes de sequência zero, $[V_0]$ ou $[I_0]$; direta, $[V_1]$ ou $[I_1]$; e inversa, $[V_2]$ ou $[I_2]$, isto é:

$$\begin{bmatrix} \dot{V}_A \\ \dot{V}_B \\ \dot{V}_C \end{bmatrix} = \begin{bmatrix} 1 & 1 & 1 \\ 1 & \alpha^2 & \alpha \\ 1 & \alpha & \alpha^2 \end{bmatrix} \cdot \begin{bmatrix} \dot{V}_0 \\ \dot{V}_1 \\ \dot{V}_2 \end{bmatrix} = [T] \cdot \begin{bmatrix} \dot{V}_0 \\ \dot{V}_1 \\ \dot{V}_2 \end{bmatrix}, \qquad (2.15)$$

com $\alpha^2 = 1\lfloor 240^0 = 1\lfloor -120^0$.

Por outro lado, pré-multiplicando-se ambos os membros da Equação (2.15) por $[T]^{-1}$, obtém-se a transformação inversa, isto é:

$$\begin{bmatrix} \dot{V}_0 \\ \dot{V}_1 \\ \dot{V}_2 \end{bmatrix} = [T]^{-1} \begin{bmatrix} \dot{V}_A \\ \dot{V}_B \\ \dot{V}_C \end{bmatrix} = \frac{1}{3} \begin{bmatrix} 1 & 1 & 1 \\ 1 & \alpha & \alpha^2 \\ 1 & \alpha^2 & \alpha \end{bmatrix} \cdot \begin{bmatrix} \dot{V}_A \\ \dot{V}_B \\ \dot{V}_C \end{bmatrix} \qquad (2.16)$$

Observa-se que, quando a sequência $[V_{ABC}]$ for a de um trifásico simétrico com sequência de fase direta, as componentes simétricas são dadas por:

$$\begin{bmatrix} \dot{V}_0 \\ \dot{V}_1 \\ \dot{V}_2 \end{bmatrix} = \frac{1}{3} \begin{bmatrix} 1 & 1 & 1 \\ 1 & \alpha & \alpha^2 \\ 1 & \alpha^2 & \alpha \end{bmatrix} \cdot \begin{bmatrix} \dot{V} \\ \dot{V}\alpha^2 \\ \dot{V}\alpha \end{bmatrix} = \frac{1}{3} \begin{bmatrix} 1 & \alpha^2 & \alpha \\ 1 & \alpha^3 & \alpha^3 \\ 1 & \alpha^4 & \alpha^2 \end{bmatrix} \cdot \begin{bmatrix} \dot{V} \\ \dot{V} \\ \dot{V} \end{bmatrix} = \begin{bmatrix} 0 \\ \dot{V} \\ 0 \end{bmatrix}$$

Analogamente, tratando-se de um trifásico simétrico com sequência de fase inversa, as componentes simétricas são dadas por:

$$\begin{bmatrix} \dot{V}_0 \\ \dot{V}_1 \\ \dot{V}_2 \end{bmatrix} = \frac{1}{3} \begin{bmatrix} 1 & 1 & 1 \\ 1 & \alpha & \alpha^2 \\ 1 & \alpha^2 & \alpha \end{bmatrix} \cdot \begin{bmatrix} \dot{V} \\ \dot{V}\alpha \\ \dot{V}\alpha^2 \end{bmatrix} = \frac{1}{3} \begin{bmatrix} 1 & \alpha & \alpha^2 \\ 1 & \alpha^2 & \alpha^4 \\ 1 & \alpha^3 & \alpha^3 \end{bmatrix} \cdot \begin{bmatrix} \dot{V} \\ \dot{V} \\ \dot{V} \end{bmatrix} = \begin{bmatrix} 0 \\ 0 \\ \dot{V} \end{bmatrix}$$

2.3.4.2 Segunda Lei de Kirchhoff em termos de componentes simétricas

Exprimindo-se, na Equação (2.10), as tensões e correntes em termos de suas componentes simétricas, ter-se-á:

Representação de redes

$$[T] \cdot \left[\begin{array}{c} \dot{V}_0 \\ \dot{V}_1 \\ \dot{V}_2 \end{array} - \begin{array}{c} \dot{V}_0' \\ \dot{V}_1' \\ \dot{V}_2' \end{array} \right] = \begin{array}{|c|c|c|} \hline \overline{Z}_{AA'} & \overline{Z}_{AB} & \overline{Z}_{AC} \\ \hline \overline{Z}_{BA} & \overline{Z}_{BB'} & \overline{Z}_{BC} \\ \hline \overline{Z}_{CA} & \overline{Z}_{CB} & \overline{Z}_{CC'} \\ \hline \end{array} \cdot [T] \cdot \begin{array}{|c|} \hline \dot{I}_0 \\ \hline \dot{I}_1 \\ \hline \dot{I}_2 \\ \hline \end{array}$$

$$+ \begin{array}{|c|c|c|} \hline \overline{Z}_{NN'} - 2\overline{Z}_{AN} & \overline{Z}_{NN'} - \overline{Z}_{BN} - \overline{Z}_{AN} & \overline{Z}_{NN'} - \overline{Z}_{CN} - \overline{Z}_{AN} \\ \hline \overline{Z}_{NN'} - \overline{Z}_{AN} - \overline{Z}_{BN} & \overline{Z}_{NN'} - 2\overline{Z}_{BN} & \overline{Z}_{NN'} - \overline{Z}_{CN} - \overline{Z}_{BN} \\ \hline \overline{Z}_{NN'} - \overline{Z}_{AN} - \overline{Z}_{CN} & \overline{Z}_{NN'} - \overline{Z}_{BN} - \overline{Z}_{CN} & \overline{Z}_{NN'} - 2\overline{Z}_{CN} \\ \hline \end{array} \cdot [T] \cdot \begin{array}{|c|} \hline \dot{I}_0 \\ \hline \dot{I}_1 \\ \hline \dot{I}_2 \\ \hline \end{array}$$

$$(2.17)$$

Pré-multiplicando-se ambos os membros da Equação (2.17) por $[T]^{-1}$, obtêm-se:

$$\begin{array}{c} \dot{V}_0 \\ \dot{V}_1 \\ \dot{V}_2 \end{array} - \begin{array}{c} \dot{V}_0' \\ \dot{V}_1' \\ \dot{V}_2' \end{array} = [T]^{-1} \cdot \begin{array}{|c|c|c|} \hline \overline{Z}_{AA'} & \overline{Z}_{AB} & \overline{Z}_{AC} \\ \hline \overline{Z}_{BA} & \overline{Z}_{BB'} & \overline{Z}_{BC} \\ \hline \overline{Z}_{CA} & \overline{Z}_{CB} & \overline{Z}_{CC'} \\ \hline \end{array} \cdot [T] \cdot \begin{array}{|c|} \hline \dot{I}_0 \\ \hline \dot{I}_1 \\ \hline \dot{I}_2 \\ \hline \end{array}$$

$$+ [T]^{-1} \cdot \begin{array}{|c|c|c|} \hline \overline{Z}_{NN'} - 2\overline{Z}_{AN} & \overline{Z}_{NN'} - \overline{Z}_{BN} - \overline{Z}_{AN} & \overline{Z}_{NN'} - \overline{Z}_{CN} - \overline{Z}_{AN} \\ \hline \overline{Z}_{NN'} - \overline{Z}_{AN} - \overline{Z}_{BN} & \overline{Z}_{NN'} - 2\overline{Z}_{BN} & \overline{Z}_{NN'} - \overline{Z}_{CN} - \overline{Z}_{BN} \\ \hline \overline{Z}_{NN'} - \overline{Z}_{AN} - \overline{Z}_{CN} & \overline{Z}_{NN'} - \overline{Z}_{BN} - \overline{Z}_{CN} & \overline{Z}_{NN'} - 2\overline{Z}_{CN} \\ \hline \end{array} \cdot [T] \cdot \begin{array}{|c|} \hline \dot{I}_0 \\ \hline \dot{I}_1 \\ \hline \dot{I}_2 \\ \hline \end{array}$$

Efetuando-se os produtos, obtêm-se:

$$[Z_{012\_FASE}] = [T]^{-1} \cdot \begin{array}{|c|c|c|} \hline \overline{Z}_{AA'} & \overline{Z}_{AB} & \overline{Z}_{AC} \\ \hline \overline{Z}_{BA} & \overline{Z}_{BB'} & \overline{Z}_{BC} \\ \hline \overline{Z}_{CA} & \overline{Z}_{CB} & \overline{Z}_{CC'} \\ \hline \end{array} \cdot [T]$$

e

$$= \frac{1}{3} \begin{array}{|c|c|c|} \hline \begin{array}{c} \overline{Z}_{AA'} + \overline{Z}_{BB'} + \overline{Z}_{CC'} \\ + 2(\overline{Z}_{AB} + \overline{Z}_{BC} + \overline{Z}_{CA}) \end{array} & \begin{array}{c} \overline{Z}_{AA'} + \alpha^2 \overline{Z}_{BB'} + \alpha \overline{Z}_{CC'} \\ - \alpha \overline{Z}_{AB} - \overline{Z}_{BC} - \alpha^2 \overline{Z}_{CA} \end{array} & \begin{array}{c} \overline{Z}_{AA'} + \alpha \overline{Z}_{BB'} + \alpha^2 \overline{Z}_{CC'} \\ - \alpha^2 \overline{Z}_{AB} - \overline{Z}_{BC} - \alpha \overline{Z}_{CA} \end{array} \\ \hline \begin{array}{c} \overline{Z}_{AA'} + \alpha \overline{Z}_{BB'} + \alpha^2 \overline{Z}_{CC'} \\ - \alpha^2 \overline{Z}_{AB} - \overline{Z}_{BC} - \alpha \overline{Z}_{CA} \end{array} & \begin{array}{c} \overline{Z}_{AA'} + \overline{Z}_{BB'} + \overline{Z}_{CC'} \\ - \overline{Z}_{AB} - \overline{Z}_{BC} - \overline{Z}_{CA} \end{array} & \begin{array}{c} \overline{Z}_{AA'} + \alpha^2 \overline{Z}_{BB'} + \alpha \overline{Z}_{CC'} \\ + 2(\alpha \overline{Z}_{AB} + \overline{Z}_{BC} + \alpha^2 \overline{Z}_{CA}) \end{array} \\ \hline \begin{array}{c} \overline{Z}_{AA'} + \alpha^2 \overline{Z}_{BB'} + \alpha \overline{Z}_{CC'} \\ - \alpha \overline{Z}_{AB} - \overline{Z}_{BC} - \alpha^2 \overline{Z}_{CA} \end{array} & \begin{array}{c} \overline{Z}_{AA'} + \alpha \overline{Z}_{BB'} + \alpha^2 \overline{Z}_{CC'} \\ + 2(\alpha^2 \overline{Z}_{AB} + \overline{Z}_{BC} + \alpha \overline{Z}_{CA}) \end{array} & \begin{array}{c} \overline{Z}_{AA'} + \overline{Z}_{BB'} + \overline{Z}_{CC'} \\ - \overline{Z}_{AB} - \overline{Z}_{BC} - \overline{Z}_{CA} \end{array} \\ \hline \end{array}$$

$$[Z_{012\_NEUTRO}] = [T]^{-1} \cdot \begin{bmatrix} \bar{\bar{Z}}_{NN'} - 2\bar{\bar{Z}}_{AN} & \bar{\bar{Z}}_{NN'} - \bar{\bar{Z}}_{BN} - \bar{\bar{Z}}_{AN} & \bar{\bar{Z}}_{NN'} - \bar{\bar{Z}}_{CN} - \bar{\bar{Z}}_{AN} \\ \bar{\bar{Z}}_{NN'} - \bar{\bar{Z}}_{AN} - \bar{\bar{Z}}_{BN} & \bar{\bar{Z}}_{NN'} - 2\bar{\bar{Z}}_{BN} & \bar{\bar{Z}}_{NN'} - \bar{\bar{Z}}_{CN} - \bar{\bar{Z}}_{BN} \\ \bar{\bar{Z}}_{NN'} - \bar{\bar{Z}}_{AN} - \bar{\bar{Z}}_{CN} & \bar{\bar{Z}}_{NN'} - \bar{\bar{Z}}_{BN} - \bar{\bar{Z}}_{CN} & \bar{\bar{Z}}_{NN'} - 2\bar{\bar{Z}}_{CN} \end{bmatrix} \cdot [T]$$

$$= \frac{1}{3} \begin{bmatrix} 3\bar{\bar{Z}}_{NN'} - 4\bar{\bar{Z}}_{AN} - \bar{\bar{Z}}_{BN} - \bar{\bar{Z}}_{CN} & 3\bar{\bar{Z}}_{NN'} - \bar{\bar{Z}}_{AN} - 4\bar{\bar{Z}}_{BN} - \bar{\bar{Z}}_{CN} & 3\bar{\bar{Z}}_{NN'} - \bar{\bar{Z}}_{AN} - \bar{\bar{Z}}_{BN} - 4\bar{\bar{Z}}_{CN} \\ -\bar{\bar{Z}}_{AN} - \alpha\bar{\bar{Z}}_{BN} - \alpha^2\bar{\bar{Z}}_{CN} & -\bar{\bar{Z}}_{AN} - \alpha\bar{\bar{Z}}_{BN} - \alpha^2\bar{\bar{Z}}_{CN} & -\bar{\bar{Z}}_{AN} - \alpha\bar{\bar{Z}}_{BN} - \alpha^2\bar{\bar{Z}}_{CN} \\ -\bar{\bar{Z}}_{AN} - \alpha^2\bar{\bar{Z}}_{BN} - \alpha\bar{\bar{Z}}_{CN} & -\bar{\bar{Z}}_{AN} - \alpha^2\bar{\bar{Z}}_{BN} - \alpha\bar{\bar{Z}}_{CN} & -\bar{\bar{Z}}_{AN} - \alpha^2\bar{\bar{Z}}_{BN} - \alpha\bar{\bar{Z}}_{CN} \end{bmatrix} \cdot [T]$$

$$= \begin{bmatrix} 3\bar{\bar{Z}}_{NN'} - 2(\bar{\bar{Z}}_{AN} + \bar{\bar{Z}}_{BN} + \bar{\bar{Z}}_{CN}) & -(\bar{\bar{Z}}_{AN} + \alpha^2\bar{\bar{Z}}_{BN} + \alpha\bar{\bar{Z}}_{CN}) & -(\bar{\bar{Z}}_{AN} + \alpha\bar{\bar{Z}}_{BN} + \alpha^2\bar{\bar{Z}}_{CN}) \\ -(\bar{\bar{Z}}_{AN} + \alpha\bar{\bar{Z}}_{BN} + \alpha^2\bar{\bar{Z}}_{CN}) & 0 & 0 \\ -(\bar{\bar{Z}}_{AN} + \alpha^2\bar{\bar{Z}}_{BN} + \alpha\bar{\bar{Z}}_{CN}) & 0 & 0 \end{bmatrix}$$

Finalmente, obtém-se:

$$\begin{bmatrix} \dot{V}_0 \\ \dot{V}_1 \\ \dot{V}_2 \end{bmatrix} - \begin{bmatrix} \dot{V}_0'' \\ \dot{V}_1'' \\ \dot{V}_2'' \end{bmatrix} =$$

$$= \frac{1}{3} \begin{bmatrix} \begin{array}{c} \bar{\bar{Z}}_{AA'} + \bar{\bar{Z}}_{BB'} + \bar{\bar{Z}}_{CC'} \\ +2(\bar{\bar{Z}}_{AB} + \bar{\bar{Z}}_{BC} + \bar{\bar{Z}}_{CA}) \end{array} & \begin{array}{c} \bar{\bar{Z}}_{AA'} + \alpha^2\bar{\bar{Z}}_{BB'} + \alpha\bar{\bar{Z}}_{CC'} \\ -\alpha\bar{\bar{Z}}_{AB} - \bar{\bar{Z}}_{BC} - \alpha^2\bar{\bar{Z}}_{CA} \end{array} & \begin{array}{c} \bar{\bar{Z}}_{AA'} + \alpha\bar{\bar{Z}}_{BB'} + \alpha^2\bar{\bar{Z}}_{CC'} \\ -\alpha^2\bar{\bar{Z}}_{AB} - \bar{\bar{Z}}_{BC} - \alpha\bar{\bar{Z}}_{CA} \end{array} \\ \begin{array}{c} \bar{\bar{Z}}_{AA'} + \alpha\bar{\bar{Z}}_{BB'} + \alpha^2\bar{\bar{Z}}_{CC'} \\ -\alpha^2\bar{\bar{Z}}_{AB} - \bar{\bar{Z}}_{BC} - \alpha\bar{\bar{Z}}_{CA} \end{array} & \begin{array}{c} \bar{\bar{Z}}_{AA'} + \bar{\bar{Z}}_{BB'} + \bar{\bar{Z}}_{CC'} \\ -\bar{\bar{Z}}_{AB} - \bar{\bar{Z}}_{BC} - \bar{\bar{Z}}_{CA} \end{array} & \begin{array}{c} \bar{\bar{Z}}_{AA'} + \alpha^2\bar{\bar{Z}}_{BB'} + \alpha\bar{\bar{Z}}_{CC'} \\ +2(\alpha\bar{\bar{Z}}_{AB} + \bar{\bar{Z}}_{BC} + \alpha^2\bar{\bar{Z}}_{CA}) \end{array} \\ \begin{array}{c} \bar{\bar{Z}}_{AA'} + \alpha^2\bar{\bar{Z}}_{BB'} + \alpha\bar{\bar{Z}}_{CC'} \\ -\alpha\bar{\bar{Z}}_{AB} - \bar{\bar{Z}}_{BC} - \alpha^2\bar{\bar{Z}}_{CA} \end{array} & \begin{array}{c} \bar{\bar{Z}}_{AA'} + \alpha\bar{\bar{Z}}_{BB'} + \alpha^2\bar{\bar{Z}}_{CC'} \\ +2(\alpha^2\bar{\bar{Z}}_{AB} + \bar{\bar{Z}}_{BC} + \alpha\bar{\bar{Z}}_{CA}) \end{array} & \begin{array}{c} \bar{\bar{Z}}_{AA'} + \bar{\bar{Z}}_{BB'} + \bar{\bar{Z}}_{CC'} \\ -\bar{\bar{Z}}_{AB} - \bar{\bar{Z}}_{BC} - \bar{\bar{Z}}_{CA} \end{array} \end{bmatrix} \begin{bmatrix} \dot{I}_0 \\ \dot{I}_1 \\ \dot{I}_2 \end{bmatrix}$$

$$+ \begin{bmatrix} 3\bar{\bar{Z}}_{NN'} - 2(\bar{\bar{Z}}_{AN} + \bar{\bar{Z}}_{BN} + \bar{\bar{Z}}_{CN}) & -(\bar{\bar{Z}}_{AN} + \alpha^2\bar{\bar{Z}}_{BN} + \alpha\bar{\bar{Z}}_{CN}) & -(\bar{\bar{Z}}_{AN} + \alpha\bar{\bar{Z}}_{BN} + \alpha^2\bar{\bar{Z}}_{CN}) \\ -(\bar{\bar{Z}}_{AN} + \alpha\bar{\bar{Z}}_{BN} + \alpha^2\bar{\bar{Z}}_{CN}) & 0 & 0 \\ -(\bar{\bar{Z}}_{AN} + \alpha^2\bar{\bar{Z}}_{BN} + \alpha\bar{\bar{Z}}_{CN}) & 0 & 0 \end{bmatrix} \cdot \begin{bmatrix} \dot{I}_0 \\ \dot{I}_1 \\ \dot{I}_2 \end{bmatrix} \qquad (2.18)$$

ou:

$$\begin{bmatrix} \dot{V}_0 \\ \dot{V}_1 \\ \dot{V}_2 \end{bmatrix} - \begin{bmatrix} \dot{V}_0' \\ \dot{V}_1' \\ \dot{V}_2' \end{bmatrix} = \left[\begin{bmatrix} \bar{\bar{Z}}_{00\_F} & \bar{\bar{Z}}_{01\_F} & \bar{\bar{Z}}_{02\_F} \\ \bar{\bar{Z}}_{10\_F} & \bar{\bar{Z}}_{11\_F} & \bar{\bar{Z}}_{12\_F} \\ \bar{\bar{Z}}_{20\_F} & \bar{\bar{Z}}_{21\_F} & \bar{\bar{Z}}_{22\_F} \end{bmatrix} + \begin{bmatrix} \bar{\bar{Z}}_{00\_N} & \bar{\bar{Z}}_{01\_N} & \bar{\bar{Z}}_{02\_N} \\ \bar{\bar{Z}}_{10\_N} & 0 & 0 \\ \bar{\bar{Z}}_{20\_N} & 0 & 0 \end{bmatrix} \right] \cdot \begin{bmatrix} \dot{I}_0 \\ \dot{I}_1 \\ \dot{I}_2 \end{bmatrix} \qquad (2.19)$$

Da Equação (2.19) observa-se que, no caso de rede assimétrica com carga desequilibrada, representando-se a rede por componentes simétricas, ter-se-á uma rede com mútuas em que:

$$\bar{\bar{Z}}_{01\_F} \neq \bar{\bar{Z}}_{10\_F} \qquad \bar{\bar{Z}}_{02\_F} \neq \bar{\bar{Z}}_{20\_F} \qquad \bar{\bar{Z}}_{12\_F} \neq \bar{\bar{Z}}_{21\_F}$$

$$\bar{\bar{Z}}_{01\_N} \neq \bar{\bar{Z}}_{10\_N} \qquad \bar{\bar{Z}}_{02\_N} \neq \bar{\bar{Z}}_{20\_F}$$

Representação de redes

ou seja, não há vantagem alguma na utilização da transformação em componentes simétricas. A utilização da rede em componentes de fase, que é mais simples que a de componentes simétricas, é dita *representação trifásica da rede*.

Já no caso particular de rede equilibrada, quando são válidas as Equações (2.12), obtêm-se as matrizes de componentes simétricas dadas por:

$$
\begin{bmatrix} \dot{V}_0 \\ \dot{V}_1 \\ \dot{V}_2 \end{bmatrix} - \begin{bmatrix} \dot{V}_0' \\ \dot{V}_1' \\ \dot{V}_2' \end{bmatrix} = \begin{bmatrix} \overline{Z}_P + 2\overline{Z}_M & 0 & 0 \\ 0 & \overline{Z}_P - \overline{Z}_M & 0 \\ 0 & 0 & \overline{Z}_P - \overline{Z}_M \end{bmatrix} + \begin{bmatrix} 3\overline{Z}_{NN'} - 6\overline{Z}_{MN} & 0 & 0 \\ 0 & 0 & 0 \\ 0 & 0 & 0 \end{bmatrix} \cdot \begin{bmatrix} \dot{I}_0 \\ \dot{I}_1 \\ \dot{I}_2 \end{bmatrix}
$$

$$
= \begin{bmatrix} \overline{Z}_P + 2\overline{Z}_M + 3\overline{Z}_{NN'} - 6\overline{Z}_{MN} & 0 & 0 \\ 0 & \overline{Z}_P - \overline{Z}_M & 0 \\ 0 & 0 & \overline{Z}_P - \overline{Z}_M \end{bmatrix} \cdot \begin{bmatrix} \dot{I}_0 \\ \dot{I}_1 \\ \dot{I}_2 \end{bmatrix} \quad (2.20)
$$

Ou seja, resolvem-se três circuitos independentes, um para cada componente simétrica, dados por:

$$
\begin{aligned}
\dot{V}_0 - \dot{V}_0' &= \left(\overline{Z}_P + 2\overline{Z}_M + 3\overline{Z}_{NN'} - 6\overline{Z}_{MN} \right) \dot{I}_0 = \overline{Z}_0 \dot{I}_0 \\
\dot{V}_1 - \dot{V}_1' &= \left(\overline{Z}_P - \overline{Z}_M \right) \dot{I}_1 \qquad\qquad = \overline{Z}_1 \dot{I}_1 \\
\dot{V}_2 - \dot{V}_2' &= \left(\overline{Z}_P - \overline{Z}_M \right) \dot{I}_2 \qquad\qquad = \overline{Z}_2 \dot{I}_2
\end{aligned} \quad (2.21)
$$

Alcança-se maior simplificação quando a rede é equilibrada e o trifásico é simétrico. Nessa condição, tratando-se de trifásico simétrico e equilibrado com sequência de fase direta, as componentes $\dot{I}_0$ e $\dot{I}_2$ são nulas e o sistema reduz-se à resolução do circuito de sequência direta. Nessa situação a utilização da transformação em componentes simétricas é sobremodo vantajosa e se diz que se está procedendo à resolução do circuito *com a representação de rede monofásica*.

Conclui-se que:

- Para estudos de redes em regime permanente, fluxo de potência, utiliza-se:

    a) *representação de rede monofásica*: sempre que se está em presença de um trifásico simétrico e equilibrado, quando a rede é estudada em componentes simétricas, utilizando-se a rede de sequência direta;

    b) *representação de rede trifásica*: sempre que a rede trifásica é assimétrica, isto é, conta com trechos em que as impedâncias próprias das fases ou mútuas entre fases que não são iguais, ou quando a carga é desequilibrada, utiliza-se a representação trifásica da rede em termos de componentes de fase.

- Para estudos em que há defeitos nas barras da rede destacam-se os casos:

a) *rede trifásica simétrica e equilibrada*: tratando-se de uma rede trifásica simétrica e equilibrada na presença de defeito numa única barra, representam-se as condições prévias ao defeito (*pre fault*) pela rede de sequência direta e o defeito é estudado por associações convenientes entre as três redes, de sequência zero, direta e inversa;

b) *rede trifásica assimétrica ou desequilibrada*: é estudada por meio da representação trifásica da rede.

Exemplo 2.2

Uma rede trifásica tem a seguinte matriz de impedâncias (valores em Ω/km):

	Fase A	Fase B	Fase C	Neutro
Fase A	0,1664 + 0,8563j	0,0567 + 0,3308j	0,0573 + 0,3450j	0,0559 + 0,2813j
Fase B	0,0567 + 0,3308j	0,1651 + 0,8578j	0,0567 + 0,3308j	0,0553 + 0,3291j
Fase C	0,0573 + 0,3450j	0,0567 + 0,3308j	0,1664 + 0,8563j	0,0559 + 0,2782j
Neutro	0,0559 + 0,2813j	0,0553 + 0,3291j	0,0559 + 0,2782j	5,3232 + 1,2668j

O comprimento da rede é de 100 km. A tensão de suprimento é dada, em kV, por:

$$\dot{V}_{AN} = 500/\sqrt{3} \qquad \dot{V}_{BN} = \alpha^2 500/\sqrt{3} \qquad \dot{V}_{CN} = \alpha 500/\sqrt{3}$$

A carga, de impedância constante, suprida em seus terminais é dada, em MVA, por:

$$\overline{S}_{A'N'} = 300 + 50j \qquad \overline{S}_{B'N'} = 310 + 80j \qquad \overline{S}_{C'N'} = 320 + 120j$$

Pede-se as tensões e correntes nas barras terminais.

Resolução

a) Valores de base

Assumem-se para a potência de base e tensão de base os valores 100 MVA e 500 kV, resultando:

$$Z_{Base} = \frac{V_{Base}^2}{S_{Base}} = \frac{500^2}{100} = 2500 \ \Omega \qquad I_{Base} = \frac{S_{Base}}{\sqrt{3}V_{Base}} = \frac{100000}{\sqrt{3} \cdot 500} = 115,470 \ \text{A}$$

Representação de redes   **91**

b) Impedâncias em pu

Da Equação (2.11) resulta, em pu:

$$\overline{Z}_{AA,Eq} = \overline{Z}_{AA'} + \overline{Z}_{NN'} - 2\overline{Z}_{AN}$$

$$= \frac{100}{2500}\left[0,1664 + 0,8563j + 5,3232 + 1,2668j - 2\times(0,0559 + 0,2813j)\right]$$

$$= 0,2151 + 0,0624j$$

$$\overline{Z}_{BB,Eq} = \overline{Z}_{BB'} + \overline{Z}_{NN'} - 2\overline{Z}_{BN}$$

$$= \frac{100}{2500}\left[0,1651 + 0,8578j + 5,3232 + 1,2668j - 2\times(0,0553 + 0,3291j)\right]$$

$$= 0,2151 + 0,0587j$$

$$\overline{Z}_{CC,Eq} = \overline{Z}_{CC'} + \overline{Z}_{NN'} - 2\overline{Z}_{CN}$$

$$= \frac{100}{2500}\left[0,1664 + 0,8563j + 5,3232 + 1,2668j - 2\times(0,0559 + 0,2782j)\right]$$

$$= 0,2151 + 0,0627j$$

$$\overline{Z}_{AB,Eq} = \overline{Z}_{BA,Eq} = \overline{Z}_{AB} + \overline{Z}_{NN'} - \overline{Z}_{BN} - \overline{Z}_{AN} = 0,2107 + 0,0395j$$

$$\overline{Z}_{AC,Eq} = \overline{Z}_{CA,Eq} = \overline{Z}_{AC} + \overline{Z}_{NN'} - \overline{Z}_{CN} - \overline{Z}_{AN} = 0,2107 + 0,0421j$$

$$\overline{Z}_{BC,Eq} = \overline{Z}_{CB,Eq} = \overline{Z}_{BC} + \overline{Z}_{NN'} - \overline{Z}_{CN} - \overline{Z}_{BN} = 0,2107 + 0,0396j$$

Matricialmente, tem-se:

$[Z_{Rede}] =$		*Fase A*	*Fase B*	*Fase C*
	Fase A	0,2151+j0,0624	0,2107+j0,0395	0,2107+j0,0421
	Fase B		0,2151+j0,0587	0,2107+j0,0396
	Fase C			0,2151+j0,0627

c) Impedâncias da carga

A carga, que é de impedância constante, absorve a potência S quando suprida com sua tensão nominal, logo:

$$\overline{Z}_{A'N'} = \frac{V^2}{\overline{S}^* Z_{Base}} = \frac{500^2}{300 - 50j} \cdot \frac{1}{2500} = \frac{100}{304,1381\underline{|-9.4623°}} = 0,3288\underline{|9.4623°}$$

$$\overline{Z}_{A'N'} = 0,3243 + 0,0541j \qquad \overline{Z}_{B'N'} = 0,3024 + 0,0780j \qquad \overline{Z}_{C'N'} = 0,2740 + 0,1027j$$

d) Matriz completa com rede e carga

Observa-se que:

$$
\begin{array}{|c|}
\hline \dot{V}_{A'N'} \\ \hline \dot{V}_{B'N'} \\ \hline \dot{V}_{C'N'} \\ \hline
\end{array}
= \left| \overline{Z}_{Carga} \right| \cdot \left| \dot{I} \right| =
\begin{array}{|c|c|c|}
\hline \overline{Z}_{A'N'} & 0 & 0 \\ \hline 0 & \overline{Z}_{B'N'} & 0 \\ \hline 0 & 0 & \overline{Z}_{C'N'} \\ \hline
\end{array}
\cdot
\begin{array}{|c|}
\hline \dot{I}_{AA'} \\ \hline \dot{I}_{BB'} \\ \hline \dot{I}_{CC'} \\ \hline
\end{array}
$$

logo:

$$
\begin{array}{|c|}
\hline \dot{V}_{AN} \\ \hline \dot{V}_{BN} \\ \hline \dot{V}_{CN} \\ \hline
\end{array}
= \left\{ \left| \overline{Z}_{Rede} \right| + \left| \overline{Z}_{Carga} \right| \right\} \cdot \left| \dot{I} \right|
$$

portanto, a matriz da rede completa, rede e carga, é dada por:

$\left[Z_{Compl} \right] =$	Fase A	Fase B	Fase C
Fase A	$0{,}5394+j0{,}1165$	$0{,}2107+j0{,}0395$	$0{,}2107+j0{,}0421$
Fase B		$0{,}5175+j0{,}1367$	$0{,}2107+j0{,}0396$
Fase C			$0{,}4891+j0{,}1654$

Assim, efetuando-se o produto da inversa da matriz de impedâncias da rede com a das tensões no início da rede, obtêm-se as correntes, isto é:

$$
\begin{bmatrix} \dot{I}_{AA'} \\ \dot{I}_{BB'} \\ \dot{I}_{CC'} \end{bmatrix}
=
\begin{bmatrix}
2{,}2702 - j0{,}5545 & -0{,}6356 + j0{,}1717 & -0{,}6559 + j0{,}2427 \\
& 2{,}3072 - j0{,}7118 & -0{,}6541 + j0{,}3218 \\
& & 2{,}3427 - j0{,}9260
\end{bmatrix}
\cdot
\begin{bmatrix} 1 \\ \alpha^2 \\ \alpha \end{bmatrix}
$$

Obtêm-se as correntes na carga:

Forma	Fase A	Fase B	Fase C
Retangular (pu)	$2{,}8544 - j0{,}7792$	$-2{,}3573 - j2{,}1978$	$-0{,}4196 + j3{,}1402$
Polar (pu)	$2{,}9589 \,\underline{|-15{,}27º}$	$3{,}2229 \,\underline{|-137{,}01º}$	$3{,}1681 \,\underline{|97{,}61º}$
Polar (A)	$341{,}6643 \,\underline{|-15{,}27º}$	$372{,}1513 \,\underline{|-137{,}01º}$	$365{,}8187 \,\underline{|97{,}61º}$

Finalmente, sendo:

$$\begin{bmatrix} \dot{V}_{A'N'} \\ \dot{V}_{B'N'} \\ \dot{V}_{C'N'} \end{bmatrix} = \left|\overline{Z}_{Carga}\right| \cdot \left|\dot{I}\right| =$$

0,3243 +0,0541j	0	0
0	0,3024 +0,0780j	0
0	0	0,2740 +0,1027j

$\cdot$

2,9589	$\underline{-15,27°}$
3,2229	$\underline{-137,01°}$
3,1681	$\underline{97,61°}$

resulta:

Forma	Fase A	Fase B	Fase C
Retangular (pu)	0,9679 - j0,0983	-0,5414 - j0,8485	-0,4375 + j0,8173
Polar (pu)	0,9728 $\underline{|-5,80°}$	1,0065 $\underline{|-122,54°}$	0,9270 $\underline{|118,16°}$
Polar (kV)	280,8323 $\underline{|-5,80°}$	290,5549 $\underline{|-122,54°}$	267,6097 $\underline{|118,16°}$

Exemplo 2.3

Resolver a rede do Exemplo 2.2 na hipótese de a carga nas três fases ser de (300 + 50j) MVA.

Analogamente ao caso anterior tem-se:

a) Matriz de impedâncias da rede em pu

$[Z_{Rede}]=$

	Fase A	Fase B	Fase C
Fase A	0,2151+j0,0624	0,2107+j0,0395	0,2107+j0,0421
Fase B		0,2151+j0,0587	0,2107+j0,0396
Fase C			0,2151+j0,0627

b) Matriz de impedâncias da carga em pu

$[Z_{Carga}]=$

	Fase A	Fase B	Fase C
Fase A	0,3243+j0,0541	0	0
Fase B	0	0,3243+j0,0541	0
Fase C	0	0	0,3243+j0,0541

c) Matriz total em pu

$[Z_{Compl}]=$		Fase A	Fase B	Fase C
	Fase A	0,5394+j0,1165	0,2107+j0,0395	0,2107+j0,0421
	Fase B		0,5394+j0,1128	0,2107+j0,0396
	Fase C			0,5394+j0,1168

d) Matriz de admitâncias completa

$[Y_{Compl}]=$		Fase A	Fase B	Fase C
	Fase A	2,2599-j0,5100	-0,6295+j0,1550	-0,6338+j0,1457
	Fase B		2,2634-j0,5020	-0,6295+j0,1548
	Fase C			2,2595-j0,5110

e) Correntes na carga

Forma	Fase A	Fase B	Fase C
Retangular (pu)	2,8995 - j0,6641	-2,0153 - j2,1768	-0,8721 + j2,8257
Polar (pu)	2,9746 $\lfloor$-12,90º	2,9664 $\lfloor$-132,79º	2,9572 $\lfloor$107,15º
Polar (A)	343,4742 $\lfloor$-12,90º	342,5341 $\lfloor$-132,79º	341,4728 $\lfloor$107,15º

f) Tensões na carga

Forma	Fase A	Fase B	Fase C
Retangular (pu)	0,9762 - j0,0585	-0,5358 - j0,8150	-0,4357 + j0,8692
Polar (pu)	0,9780 $\lfloor$-3,43º	0,9753 $\lfloor$-123,32º	0,9723 $\lfloor$116,62º
Polar (kV)	282,3199 $\lfloor$-3,43º	281,5472 $\lfloor$-123,32º	280,6748 $\lfloor$116,62º

Exemplo 2.4

Resolver a rede do Exemplo 2.2 na hipótese de a carga nas três fases ser de (300 + 50j) MVA e a rede ser completamente transposta. Assumiu-se a hipótese de que (valores em ohm/km):

$$\bar{Z}_{AA'} = \bar{Z}_{BB'} = \bar{Z}_{CC'} = 0,1664 + 0,8563j \quad \text{e} \quad \bar{Z}_{AB} = \bar{Z}_{BC} = \bar{Z}_{CA} = 0,0567 + 0,3308j$$

$$\bar{Z}_{AN} = \bar{Z}_{BN} = \bar{Z}_{CN} = 0,0559 + 0,2853j \quad \text{e} \quad \bar{Z}_{NN'} = 5,3232 + 1,2668j$$

Representação de redes

a) Matriz de impedâncias da rede em pu

$$[Z_{Rede}] =$$

	Fase A	Fase B	Fase C
Fase A	0,2151+j0,0621	0,2107+j0,0411	0,2107+j0,0411
Fase B		0,2151+j0,0621	0,2107+j0,0411
Fase C			0,2151+j0,0621

b) Matriz de impedâncias da carga em pu

$$[Z_{Carga}] =$$

	Fase A	Fase B	Fase C
Fase A	0,3243+j0,0541	0	0
Fase B	0	0,3243+j0,0541	0
Fase C	0	0	0,3243+j0,0541

c) Matriz total em pu

$$[Z_{Compl}] =$$

	Fase A	Fase B	Fase C
Fase A	0,5394+j0,1162	0,2107+j0,0411	0,2107+j0,0411
Fase B		0,5394+j0,1162	0,2107+j0,0411
Fase C			0,5394+j0,1162

d) Matriz de admitâncias completa

$$[Y_{Compl}] =$$

	Fase A	Fase B	Fase C
Fase A	2,2603-j0,5091	-0,6310+j0,1515	-0,6310+j0,1515
Fase B		2,2603-j0,5091	-0,6310+j0,1515
Fase C			2,2603-j0,5091

e) Correntes na carga

Forma	Fase A	Fase B	Fase C
Retangular (pu)	2,8914 - j0,6606	-2,0178 - j2,1737	-0,8736 + j2,8343
Polar (pu)	2,9659 $\lfloor$-12,87º	2,9659 $\lfloor$-132, 87º	2,9659 $\lfloor$107,13º
Polar (A)	342,4682 $\lfloor$-12, 87º	342,4683 $\lfloor$-132, 87º	342,4683 $\lfloor$107,13º

f) Tensões na carga

Forma	Fase A	Fase B	Fase C
Retangular (pu)	0,9734 - j0,0578	-0,5368 - j0,8141	-0,4366 + j0,8719
Polar (pu)	0,9751 $\underline{|-3,40º}$	0,9751 $\underline{|-123,40º}$	0,9751 $\underline{|116,60º}$
Módulo (kV)	281,4931 $\underline{|-3,40º}$	281,4931 $\underline{|-123,40º}$	281,4931 $\underline{|116,60º}$

Para análise da influência de simplificar-se a rede existente, assumindo-se:

- caso a – rede assimétrica com carga equilibrada;

- caso b – rede simétrica com carga equilibrada;

apresentam-se, abaixo, as tensões e correntes alcançadas que permitem a análise dos erros introduzidos pelas aproximações.

Correntes de carga (pu)			
Caso	Fase A	Fase B	Fase C
Caso base	2,9589 $\underline{|-15,27º}$	3,2229 $\underline{|-137,01º}$	3,1681 $\underline{|97,61º}$
Caso a	2,9746 $\underline{|-12,90º}$	2,9664 $\underline{|-132,79º}$	2,9572 $\underline{|107,15º}$
Caso b	2,9659 $\underline{|-12,87º}$	2,9659 $\underline{|-132,87º}$	2,9659 $\underline{|107,13º}$

Tensão na carga (pu)			
Caso	Fase A	Fase B	Fase C
Caso base	0,9728 $\underline{|-5,80º}$	1,0065 $\underline{|-122,54º}$	0,9270 $\underline{|118,16º}$
Caso a	0,9780 $\underline{|-3,43º}$	0,9753 $\underline{|-123,32º}$	0,9723 $\underline{|116,62º}$
Caso b	0,9751 $\underline{|-3,40º}$	0,9751 $\underline{|-123,40º}$	0,9751 $\underline{|116,60º}$

Exemplo 2.5

Repetir o Exemplo 2.4 utilizando componentes simétricas.

Tem-se:

$$\boxed{\dot{V}_{ABC}} = \boxed{\overline{\overline{Z}}_{Carga}} \cdot \boxed{\dot{I}_{ABC}}$$

Representação de redes 97

ou

$$\boxed{\dot{V}'_{012}} = \boxed{T}^{-1} \cdot \boxed{\overline{\overline{Z}}_{Carga}} \cdot \boxed{T} \cdot \boxed{\dot{I}_{012}}$$

$$\boxed{\dot{V}'_{012}} = \begin{array}{|c|c|c|} \hline \dfrac{\overline{Z}_A + \overline{Z}_B + \overline{Z}_C}{3} & \dfrac{\overline{Z}_A + \alpha^2 \overline{Z}_B + \alpha \overline{Z}_C}{3} & \dfrac{\overline{Z}_A + \alpha \overline{Z}_B + \alpha^2 \overline{Z}_C}{3} \\ \hline \dfrac{\overline{Z}_A + \alpha \overline{Z}_B + \alpha^2 \overline{Z}_C}{3} & \dfrac{\overline{Z}_A + \overline{Z}_B + \overline{Z}_C}{3} & \dfrac{\overline{Z}_A + \alpha^2 \overline{Z}_B + \alpha \overline{Z}_C}{3} \\ \hline \dfrac{\overline{Z}_A + \alpha^2 \overline{Z}_B + \alpha \overline{Z}_C}{3} & \dfrac{\overline{Z}_A + \alpha \overline{Z}_B + \alpha^2 \overline{Z}_C}{3} & \dfrac{\overline{Z}_A + \overline{Z}_B + \overline{Z}_C}{3} \\ \hline \end{array} \cdot \boxed{\dot{I}_{012}}$$

Sendo $\overline{Z}_A = \overline{Z}_B = \overline{Z}_C = \overline{Z}$, resulta:

$$\boxed{\dot{V}'_{012}} = \begin{array}{|c|c|c|} \hline \overline{Z} & 0 & 0 \\ \hline 0 & \overline{Z} & 0 \\ \hline 0 & 0 & \overline{Z} \\ \hline \end{array} \cdot \boxed{\dot{I}_{012}}$$

Por outro lado, pela Equação (2.19), tem-se:

$$\begin{array}{|c|}\hline \dot{V}_0 \\\hline \dot{V}_1 \\\hline \dot{V}_2 \\\hline\end{array} = \begin{array}{|c|c|c|}\hline \overline{Z}_P + 2\overline{Z}_M + 3\overline{Z}_{N'} - 6\overline{Z}_{MN} & 0 & 0 \\\hline 0 & \overline{Z}_P - \overline{Z}_M & 0 \\\hline 0 & 0 & \overline{Z}_P - \overline{Z}_M \\\hline\end{array} \cdot \begin{array}{|c|}\hline \dot{I}_0 \\\hline \dot{I}_1 \\\hline \dot{I}_2 \\\hline\end{array} + \begin{array}{|c|}\hline \dot{V}'_{0'} \\\hline \dot{V}'_1 \\\hline \dot{V}'_2 \\\hline\end{array}$$

$$\begin{array}{|c|}\hline \dot{V}_0 \\\hline \dot{V}_1 \\\hline \dot{V}_2 \\\hline\end{array} = \begin{array}{|c|c|c|}\hline \overline{Z}_P + 2\overline{Z}_M + \overline{Z} + 3\overline{Z}_{N'} - 6\overline{Z}_{MN} & 0 & 0 \\\hline 0 & \overline{Z}_P - \overline{Z}_M + \overline{Z} & 0 \\\hline 0 & 0 & \overline{Z}_P - \overline{Z}_M + \overline{Z} \\\hline\end{array} \cdot \begin{array}{|c|}\hline \dot{I}_0 \\\hline \dot{I}_1 \\\hline \dot{I}_2 \\\hline\end{array}$$

e, sendo $\dot{V}_0 = \dot{V}_2 = 0$ e $\dot{V}_1 = 1$ pu, resulta:

$$\dot{I}_1 = \frac{\dot{V}_1}{\overline{Z}_P - \overline{Z}_M + \overline{Z}} = \frac{1}{\left(0,2151 + 0,0621j\right) - \left(0,2107 + 0,0411j\right) + \left(0,3243 + 0,0541j\right)} =$$

$$= \frac{1}{0,3287 + 0,0751j} = \frac{1}{0,3372 \underline{|12,87°}} = 2,9659 \underline{|-12,87°} \quad \text{pu.}$$

2.4 REPRESENTAÇÃO DOS COMPONENTES DAS REDES

2.4.1 INTRODUÇÃO

O escopo deste item é apresentar os circuitos equivalentes a serem utilizados para a representação dos componentes dos sistemas de potência nos estudos de fluxo de potência e curto-circuito, objeto dos capítulos seguintes. Inicialmente, proceder-se-á à análise da modelagem das cargas e dos geradores nos sistemas de transmissão e, a seguir, serão apresentados os circuitos equivalentes dos demais componentes, listados abaixo:

- linhas de transmissão;
- transformadores de dois e três enrolamentos;
- transformadores variadores de fase;
- reatores para compensação derivada de linhas;
- capacitores para compensação de série de linhas;
- suporte reativo por meio de compensadores de reativos estáticos controlados (CREC).

Destaca-se que, em tudo quanto se segue, salvo indicação em contrário, os parâmetros dos componentes da rede serão definidos em *por unidade*, num sistema no qual se define a potência de base, usualmente entre 100 e 1000 MVA, e a tensão de base, que corresponde à tensão nominal do trecho de rede envolvido.

A representação será feita para redes monofásicas representadas por suas componentes simétricas e, em seguida, será feita uma extensão para a representação trifásica.

2.4.2 REPRESENTAÇÃO DA CARGA

A carga suprida por uma subestação, SE, é constituída por vários tipos de consumidores das categorias industrial, comercial, residencial, poderes públicos ou serviços públicos e iluminação pública. Destaca-se que em cada tipo de consumidor há o predomínio de equipamentos específicos, assim, por exemplo, nos industriais, via de regra, os motores de indução são a carga predominante. Já nos comerciais predominam a iluminação e os equipamentos de condicionamento de ar. Além disso, lembrando que cada uma dessas categorias de consumidores apresenta, entre si, grande diversidade na utilização da energia elétrica, a demanda na SE é variável em cada instante do dia quer em valor, quer na natureza da carga suprida. Desse modo, deve-se procurar definir cargas típicas que permitam sua representação.

Observa-se, então, que a demanda de uma carga está intimamente ligada ao módulo da tensão e à frequência de suprimento. Nos estudos de fluxo de potência, por se tratar da operação da rede em regime permanente, a frequência é praticamente constante, sofrendo variações desprezíveis em torno de seu valor nominal, logo não deverá ser levada em consideração durante a modelagem.

Com relação à tensão de suprimento, definem-se os tipos de cargas a seguir:

- *Cargas de impedância constante*, nas quais, genericamente, a demanda de cada fase varia com a tensão de acordo com a lei:

$$\overline{S}_f = \dot{V}_f \cdot \dot{I}_f^* = \frac{\dot{V}_f \cdot \dot{V}_f^*}{\overline{Z}_f^*} = \frac{\left|\dot{V}_f\right|^2}{\overline{Z}_f^*}$$

Tratando-se da representação monofásica da rede, quando o trifásico é simétrico e a carga é equilibrada, resulta: $\overline{S}_{3f} = \dfrac{\left|\dot{V}_{Linha}\right|^2}{\overline{Z}^*}$, onde $\overline{Z}$ indica a impedância por fase da estrela equivalente, a qual é constante. Usualmente se define a carga de impedância constante pela potência que absorve quando está sendo alimentada por sua tensão nominal. Exemplo típico são fornos de resistência constante com a temperatura.

- *Cargas de corrente constante*, nas quais, genericamente, a demanda de cada fase varia com a tensão de acordo com a lei:

$$\overline{S}_f = \dot{V}_f \cdot \dot{I}_f^* = V_f \left\lfloor \theta_v \cdot I_f \right\lfloor -\theta_i = V_f I_f \left\lfloor \theta_v - \theta_i = V_f I_f \left(\cos\varphi + jsen\varphi \right).$$

Observa-se que nesse tipo de carga o módulo da corrente, I_f, e seu ângulo de potência, φ, são invariantes, logo, a potência absorvida por uma carga de corrente constante varia linearmente com o módulo da tensão de suprimento. Além disso, sendo φ constante, a rotação de fase da corrente variará com a rotação de fase da tensão. Estas cargas são definidas pela potência que absorvem quando supridas por sua tensão nominal. Exemplo típico são as lâmpadas fluorescentes, nas quais o reator transforma o suprimento de um gerador de tensão constante para um de corrente constante.

- *Cargas de potência constante*, nas quais a potência absorvida pela carga independe do valor que a tensão de suprimento venha a assumir. Exemplo típico são os motores de indução, nos quais, em se mantendo constante sua carga mecânica, a potência absorvida independe do valor do módulo da tensão. Destaca-se que a tensão caindo abaixo de um certo limite, "limite de estabilidade do motor", o motor parará.

- *Cargas dadas por curvas*, nas quais o valor da potência ativa e reativa absorvida é função da tensão, isto é: $P = \phi_p(V)$ e $Q = \phi_Q(V)$.

Sendo P_0, Q_0 e V_0 as potências ativa e reativa absorvidas pela carga quando suprida pela tensão V_0, e P_1, Q_1 e V_1 as potências ativa e reativa absorvidas pela carga quando suprida pela tensão V_1, tem-se para os três tipos de cargas as equações:

- Potência constante: $P_1 = P_0 \left(\dfrac{V_1}{V_0} \right)^0 = P_0$ e $Q_1 = Q_0 \left(\dfrac{V_1}{V_0} \right)^0 = Q_0$

- Corrente constante: $P_1 = P_0 \left(\dfrac{V_1}{V_0} \right)^1$ e $Q_1 = Q_0 \left(\dfrac{V_1}{V_0} \right)^1$

- Impedância constante: $P_1 = P_0 \left(\dfrac{V_1}{V_0} \right)^2$ e $Q_1 = Q_0 \left(\dfrac{V_1}{V_0} \right)^2$

Na Tabela 2.1, apresenta-se a variação da potência dos três tipos de carga em função da tensão.

Tabela 2.1 – Variação da potência com a tensão (P_1 / P_0 ou Q_1 / Q_0)

Tipo de carga	$V = 0,95$ pu	$V = 1,05$ pu
Impedância constante	0,9025	1,1025
Corrente constante	0,9500	1,0500
Potência constante	1,0000	1,0000

2.4.3 REPRESENTAÇÃO DA GERAÇÃO

A representação da geração, por hipótese, será trifásica simétrica para os estudos de regime permanente, fluxo de potência, e para a rede operando com a presença de algum defeito, estudo de curto-circuito. Assim, em se tratando

Representação de redes

da operação em regime permanente, não há interesse algum em se conhecer as tensões internas na máquina, logo, será representada simplesmente por um gerador de tensão constante. Por outro lado, nos estudos de curto-circuito a impedância interna da máquina limita o valor máximo da corrente que ela pode injetar na rede, logo, será representada por uma força eletromotriz constante em série com sua impedância interna conveniente.

2.4.4 LINHAS DE TRANSMISSÃO

2.4.4.1 Representação monofásica da linha

As linhas serão representadas partindo-se da equação geral de linhas, que relaciona a tensão e corrente no início da linha com as mesmas grandezas do fim da linha. A equação geral de uma linha monofásica, que é obtida através de ondas trafegantes, é dada por:

$$\dot{V}_1 = \dot{V}_2 \cosh \gamma\ell + \dot{I}_2 \overline{Z}_C \text{senh}\gamma\ell$$

$$\dot{I}_1 = \dot{V}_2 \frac{\text{senh}\gamma\ell}{\overline{Z}_C} + \dot{I}_2 \cosh \gamma\ell \qquad (2.22)$$

onde:

$\dot{V}_1$ – tensão no início da linha, em V;

$\dot{V}_2$ – tensão no fim da linha, em V;

$\dot{I}_1$ – corrente no início da linha, em A;

$\dot{I}_2$ – corrente no fim da linha, em A;

$\gamma = \sqrt{\overline{z} \cdot \overline{y}}$ – coeficiente de propagação da linha, em rad/km;

$\overline{Z}_C = \sqrt{\dfrac{\overline{z}}{\overline{y}}}$ – impedância característica da linha, em ohm;

ℓ – comprimento da linha, em km;

$\overline{z} = r + j\omega L$ – impedância série da linha, em ohm/km;

$\overline{y} = g + j\omega c$ – admitância paralelo da linha, em S/km.

De modo geral, representa-se a linha pelo seu circuito π *equivalente*, apresentado na Figura 2.5.

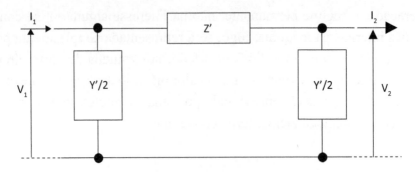

Figura 2.5 – Circuito π equivalente

Do circuito equivalente observa-se que a tensão de entrada, em função da tensão e corrente de saída, é dada por:

$$\dot{V}_1 = \left(1 + \frac{\overline{Z}'\overline{Y}'}{2}\right)\dot{V}_2 + \overline{Z}'\dot{I}_2 \qquad (2.23)$$

Por outro lado, os coeficientes das Equações (2.22) e (2.23) devem ser iguais, logo:

$$\cosh \gamma\ell = 1 + \frac{\overline{Z}'\overline{Y}'}{2} \qquad (2.24)$$

$$\overline{Z}_c \operatorname{senh} \gamma\ell = \overline{Z}'$$

Logo:

$$\overline{Z}' = \overline{Z}_c \operatorname{senh}\gamma\ell = \sqrt{\frac{\overline{z}}{\overline{y}}}\operatorname{senh}\gamma\ell = \sqrt{\frac{\overline{z}\cdot\overline{z}}{\overline{y}\cdot\overline{z}}}\operatorname{senh}\gamma\ell = \overline{z}\ell\frac{\operatorname{senh}\gamma\ell}{\sqrt{\overline{y}\cdot\overline{z}}\,\ell}$$

$$\overline{Z}' = \overline{z}_{Linha}\frac{\operatorname{senh}\gamma\ell}{\gamma\ell} \qquad (2.25)$$

Além disso, das Equações (2.24) e (2.25) resulta:

$$\frac{\overline{Y}'}{2}\overline{Z}_C \operatorname{senh}\gamma\ell = \cosh\gamma\ell - 1$$

$$\frac{\overline{Y}'}{2} = \frac{1}{\overline{Z}_C}\cdot\frac{\cosh\gamma\ell - 1}{\operatorname{senh}\gamma\ell}$$

Representação de redes

Por outro lado:

$$\tanh\frac{\gamma\ell}{2} = \frac{e^{\gamma\ell/2}-e^{-\gamma\ell/2}}{e^{\gamma\ell/2}+e^{-\gamma\ell/2}} = \frac{e^{\gamma\ell/2}-e^{-\gamma\ell/2}}{e^{\gamma\ell/2}+e^{-\gamma\ell/2}} \cdot \frac{e^{\gamma\ell/2}-e^{-\gamma\ell/2}}{e^{\gamma\ell/2}-e^{-\gamma\ell/2}} = \frac{\left(e^{\gamma\ell/2}-e^{-\gamma\ell/2}\right)^2}{e^{\gamma\ell}-e^{-\gamma\ell}}$$

$$\tanh\frac{\gamma\ell}{2} = \frac{e^{\gamma\ell}+e^{-\gamma\ell}-2e^{\frac{\gamma\ell}{2}}e^{-\frac{\gamma\ell}{2}}}{e^{\gamma\ell}-e^{-\gamma\ell}} = \frac{e^{\gamma\ell}+e^{-\gamma\ell}-2}{e^{\gamma\ell}-e^{-\gamma\ell}} = \frac{\dfrac{e^{\gamma\ell}+e^{-\gamma\ell}}{2}-1}{\dfrac{e^{\gamma\ell}-e^{-\gamma\ell}}{2}} = \frac{\cosh\gamma\ell-1}{\operatorname{senh}\gamma\ell}$$

Logo:

$$\frac{\overline{Y}'}{2} = \frac{1}{\overline{Z}_C} \cdot \frac{\cosh\gamma\ell-1}{\operatorname{senh}\gamma\ell} = \frac{1}{\overline{Z}_C}\tanh\frac{\gamma\ell}{2} = \frac{1}{\overline{Z}_C} \cdot \frac{\gamma\ell}{2} \cdot \frac{\tanh\dfrac{\gamma\ell}{2}}{\dfrac{\gamma\ell}{2}}$$

$$\frac{\overline{Y}'}{2} = \frac{\ell}{2}\sqrt{\frac{\overline{y}}{\overline{z}}} \cdot \sqrt{\overline{z}\cdot\overline{y}} \cdot \frac{\tanh\dfrac{\gamma\ell}{2}}{\dfrac{\gamma\ell}{2}} = \overline{y}\cdot\frac{\ell}{2} \cdot \frac{\tanh\dfrac{\gamma\ell}{2}}{\dfrac{\gamma\ell}{2}} \qquad (2.26)$$

$$\frac{\overline{Y}'}{2} = \frac{\overline{y}\ell}{2} \cdot \frac{\tanh\dfrac{\gamma\ell}{2}}{\dfrac{\gamma\ell}{2}}$$

Em muitas aplicações é conveniente representar-se a linha por seu quadri-polo equivalente, que é representado pelas equações:

$$\dot{V}_1 = A\dot{V}_2 + B\dot{I}_2$$
$$\dot{I}_1 = C\dot{V}_2 + D\dot{I}_2$$

onde os parâmetros do quadripolo, *A*, *B*, *C* e *D*, pela Equação (2.22), são dados por:

$$A = \cosh\gamma\ell$$
$$B = \overline{Z}_C\operatorname{senh}\gamma\ell$$
$$C = \frac{\operatorname{senh}\gamma\ell}{\overline{Z}_C}$$
$$D = A = \cosh\gamma\ell$$

Destaca-se que, além do circuito π equivalente da linha, define-se o circuito π nominal, em que os parâmetros $\overline{Z}'$ e $\overline{Y}'/2$ são tomados iguais à impedância série total da linha e a metade da admitância em derivação da linha respectivamente, isto é:

$$\overline{Z}'_{\pi Nominal} = \overline{z}\ell$$

$$\frac{\overline{Y}'_{\pi Nominal}}{2} = \frac{\overline{y}}{2}\ell \tag{2.27}$$

Finalmente, para linhas em que o comprimento é pequeno, despreza-se o efeito capacitivo e o modelo de linha curta é definido somente pelo ramo série, Z'.

Exemplo 2.6

Uma linha de transmissão, completamente transposta, com tensão nominal de 440 kV, tem:

- impedância série de sequência direta: (0,0273 + 0,3073j) ohm/km;

- admitância shunt de sequência direta: (0 + 0,00000528j) S/km.

Pede-se, para comprimentos variando de 50 a 500 km com passo de 50 km:

a) Determinar seus circuitos π equivalente e π nominal.

b) A potência e a tensão no início da linha quando alimenta, em seus terminais, carga de 800 + 200j MVA com tensão nominal.

Utilizar como potência de base 1000 MVA.

Resolução

a) Parâmetros da linha em pu

$$\overline{z} = \left(0,0273 + 0,3073\,j\right)\frac{1000}{440^2} = 0,000141 + 0,001587\,j \quad \text{pu/km}$$

$$\overline{y} = \left(0 + 5,28\times10^{-6}\,j\right)\frac{440^2}{1000} = 0 + 0,001022\,j \quad \text{pu/km}$$

b) Impedância característica e constante de propagação

$$\bar{Z}_c = \sqrt{\frac{\bar{z}}{\bar{y}}} = \sqrt{\frac{0,000141+0,001587\,j}{0,001022\,j}} = 1,247344 - 0,055297\,j =$$

$$= 1,248569\underline{|-2,54°}\ \text{pu}$$

$$\gamma = \sqrt{\bar{z}\cdot\bar{y}} = \sqrt{(0,000141+0,001587\,j)\cdot(0,001022\,j)} =$$

$$= (5,65\times10^{-5} + 0,001275\,j)\ \text{rad/km}$$

A seguir, o exemplo será resolvido para comprimento de 100 km.

c) Circuito π nominal

Conforme a Equação (2.27), os parâmetros do circuito π nominal são:

$$\bar{Z}_{\pi Nominal} = 100\bar{z} = 0,0141+0,1587\,j \quad \text{pu}$$

$$\frac{\bar{Y}_{\pi Nominal}}{2} = 100\frac{\bar{y}}{2} = 0+0,0511\,j \quad \text{pu}$$

d) Circuito π equivalente

Lembrando que:

$$\cosh \gamma\ell = \cosh(\alpha\ell + j\beta\ell) = \cosh(\alpha\ell)\cos(\beta\ell) + j\,\mathrm{senh}(\alpha\ell)\,\mathrm{sen}(\beta\ell)$$
$$\mathrm{senh}\,\gamma\ell = \mathrm{senh}(\alpha\ell + j\beta\ell) = \mathrm{senh}(\alpha\ell)\cos(\beta\ell) + j\cosh(\alpha\ell)\,\mathrm{sen}(\beta\ell)$$

Resolvendo para o comprimento de 100 km, resulta:

$$\gamma\ell = (0,00565+0,1275\,j)\ \text{rad}$$
$$\cosh \gamma\ell = \cosh(0,00565)\cos(0,1275) + j\,\mathrm{senh}(0,00565)\,\mathrm{sen}(0,1275)$$
$$\qquad = 0,991892+0,000719\,j$$
$$\mathrm{senh}\,\gamma\ell = \mathrm{senh}(0,00565)\cos(0,1275) + j\cosh(0,00565)\,\mathrm{sen}(0,1275)$$
$$\qquad = 0,005607+0,127161\,j$$

Pelas Equações (2.25) e (2.26), resulta:

$$\overline{Z}_{\pi Equiv} = 100 \cdot \overline{z} \cdot \frac{\mathrm{senh}\gamma\ell}{\gamma\ell} = \left(0,0141 + 0,1587\,j\right) \cdot \frac{0,005607 + 0,127161\,j}{0,00565 + 0,1275\,j}$$

$$= \left(0,014025 + 0,158304\,j\right) \text{ pu}$$

$$\frac{\overline{Y}_{\pi Equiv}}{2} = \frac{100 \cdot \overline{y}}{2} \cdot \frac{\tanh\dfrac{\gamma\ell}{2}}{\dfrac{\gamma\ell}{2}} = j0,0511 \cdot \frac{\dfrac{0,002820 + 0,063709\,j}{0,997997 + 0,000180\,j}}{\dfrac{0,00565 + 0,1275\,j}{2}}$$

$$= \left(0,000006 + 0,051180\,j\right) \text{ pu}$$

Para esse comprimento, observa-se que:

- há uma redução na impedância série;

- no ramo em derivação, há o surgimento de uma condutância e um aumento na susceptância.

Esses aspectos serão detalhados nas tabelas correspondentes a toda a faixa de comprimentos.

e) Quadripolo equivalente

Os parâmetros do quadripolo equivalente valem

$$A = \cosh\gamma\ell = 0,991898 + 0,000719\,j = 0,991892\underline{|0,0415°}$$

$$B = \overline{Z}_C \mathrm{senh}\gamma\ell = \left(1,247344 - 0,055297\,j\right) \cdot \left(0,005607 + 0,127161\,j\right)$$

$$= 1,248569\underline{|-2,5400°} \cdot 0,127284\underline{|87,4752°} = 0,158924\underline{|84,9352°}$$

$$C = \frac{\mathrm{senh}\gamma\ell}{\overline{Z}_C} = \frac{0,127284\underline{|87,4752°}}{1,248569\underline{|-2,5400°}} = 0,101945\underline{|90,01°}$$

f) Resolução do circuito com π nominal

A corrente impressa no fim da linha é dada por:

$$i_{Carga}^{*} = \frac{p + jq}{v} \quad \text{ou} \quad i_{Carga} = \frac{p - jq}{v} = \frac{0,8 - 0,2\,j}{1} = 0,8 - 0,2\,j$$

Representação de redes · 107

A corrente que flui pela impedância série é dada por:

$$i = i_{Carga} + \dot{v}\frac{\overline{Y}}{2} = 0,8 - 0,2j + 1 \cdot 0,0511j = 0,8 - 0,1489j$$

A tensão no início da linha é dada por:

$$\begin{aligned}\dot{v}_{Início} &= \dot{v} + i \cdot \overline{Z}_{\pi Nominal} = 1 + (0,8 - 0,1489j) \cdot (0,0141 + 01587j) \\ &= 1,0349 + 0,1249j = 1,0424\underline{|6,88°}\ \text{pu}\end{aligned}$$

Finalmente, a corrente e a potência no início da linha são dadas por:

$$\begin{aligned}i_{Início} &= i + \frac{\overline{Y}}{2}\dot{v}_{Início} = 0,8 - 0,1489j + 0,0511j \cdot 1,0424\underline{|6,88°} \\ &= 0,7936 - 0,0960j = 0,7994\underline{|-6,90°}\ \text{pu} \\ \overline{S}_{Início} &= \dot{v}_{Início} \cdot i^{*}_{Início} = 1,0424\underline{|6,88°} \cdot 0,7994\underline{|6,90°} = \\ &= 0,8333\underline{|13,78°} = (0,8093 + 0,1982j)\ \text{pu}\end{aligned}$$

g) Resolução do circuito π equivalente

Analogamente ao caso anterior, a corrente que flui pela impedância série é dada por:

$$\begin{aligned}i = i_{Carga} + \dot{v} \cdot \frac{\overline{Y}}{2} &= 0,8 - 0,2j + 1 \cdot (0,000006 + 0,051180j) \\ &= 0,800006 - 0,148820j\end{aligned}$$

e

$$\dot{v}_{Início} = \dot{v} + i\overline{Z}_{\pi Equiv} = 1,034779 + 0,124557j = 1,042248\underline{|6,86°}\ \text{pu}$$

$$i_{Início} = i + \frac{\overline{Y}_{\pi Equiv}}{2} \cdot \dot{v}_{Início} = 0,793638 - 0,095860j = 0,799406\underline{|-6,89°}\ \text{pu}$$

$$\overline{S}_{Início} = \dot{v}_{Início} \cdot i^{*}_{Início} = 0,809300 + 0,198047j = 0,833179\underline{|13,75°}\ \text{pu}$$

h) Resolução pelo quadripolo equivalente

Tem-se:

$$\dot{V}_1 = A\dot{V}_2 + B\dot{I}_2 = (0,991892 + 0,000719j) \cdot 1 + 0,158924\underline{|84,9352°} \cdot (0.8 - 0,2j)$$
$$= (1,034779 + 0,124557j) \text{ pu}$$
$$\dot{I}_1 = C\dot{V}_2 + D\dot{I}_2 = 0,101945\underline{|90,01°} \cdot 1 + (0,991892 + 0,000719j) \cdot (0.8 - 0,2j)$$
$$= (0,793638 - 0,095860j) \text{ pu}$$

i) Análise dos parâmetros e resultados em função do comprimento da linha

A seguir, serão apresentados os resultados alcançados para o valor dos elementos do circuito π, nominal e equivalente, e para a tensão e potência no início da linha. Os resultados estão apresentados na forma de gráficos e tabelas, onde se determina a variação do parâmetro em função do modelo. O desvio entre os valores obtidos com o modelo π nominal e π equivalente é dado por:

$$desvio_\% = \frac{p_{Nominal} - p_{Equivalente}}{p_{Equivalente}} \cdot 100 \;\; (\%)$$

onde *p* representa o parâmetro considerado.

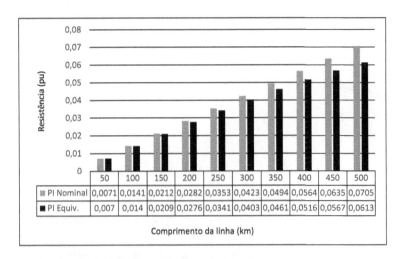

Figura 2.6 – Impedância equivalente – resistência

Observa-se que a resistência no modelo π nominal varia, partindo da resistência série da linha, linearmente com o comprimento, ao passo que no modelo π equivalente, partindo da impedância característica da linha, com o seno hiperbólico do coeficiente de propagação. Observa-se ainda que para comprimentos da ordem de 200 km as resistências nos dois modelos são iguais.

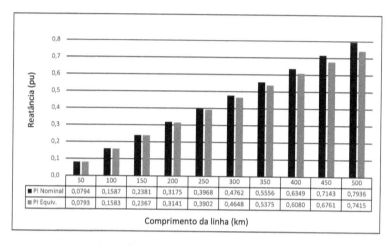

Figura 2.7 – Impedância equivalente – reatância

Observa-se para a reatância comportamento análogo ao da resistência, porém com menor diferença nos valores dos dois modelos.

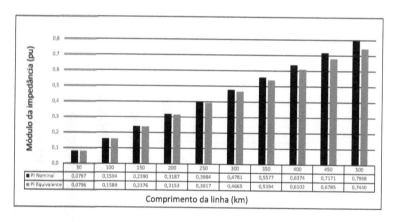

Figura 2.8 – Impedância equivalente – módulo

Observa-se que, devido ao predomínio da reatância sobre a resistência, o desvio para o módulo da impedância série nos dois modelos é razoavelmente pequeno.

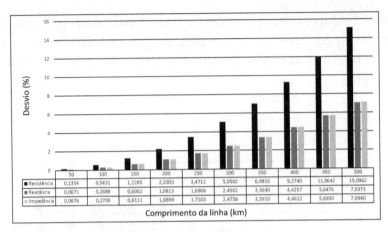

Figura 2.9 – Desvios da impedância equivalente

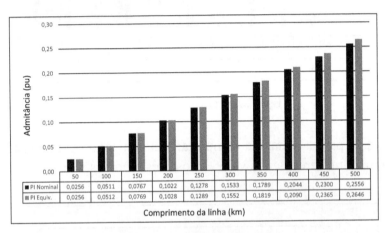

Figura 2.10 – Admitância equivalente Y/2

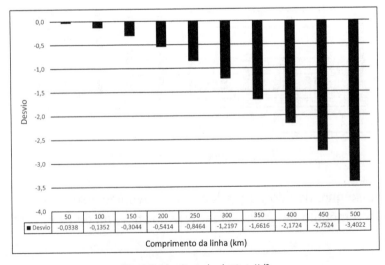

Figura 2.11 – Desvio da admitância Y/2

Observa-se que a admitância do modelo π equivalente com o comprimento da linha aumenta mais que a do nominal. Devido à importância no comportamento elétrico da injeção de reativos na linha pela sua admitância, o modelo π nominal fica restrito a comprimentos da ordem de grandeza de 100 km.

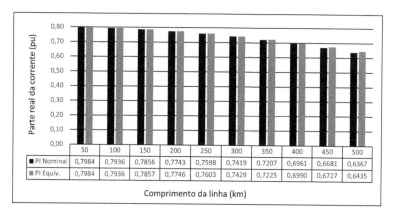

Figura 2.12 – Corrente no início da linha – parte real

A parte real da corrente no início da linha é pouco influenciada pelo modelo considerado.

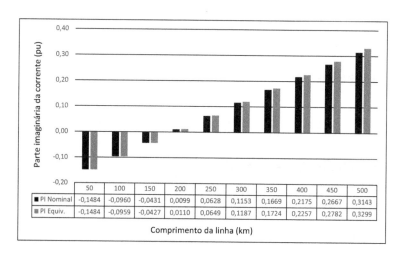

Figura 2.13 – Corrente no início da linha – parte imaginária

O comportamento da parte imaginária da corrente no início da linha é sobremodo influenciado pela injeção de reativos que aumenta com o comprimento da linha. De fato, para comprimentos da ordem de até 200 km a corrente é indutiva e a partir desse valor torna-se capacitivo. A compensação reativa da linha, objeto de seção subsequente, levará em conta esse fenômeno.

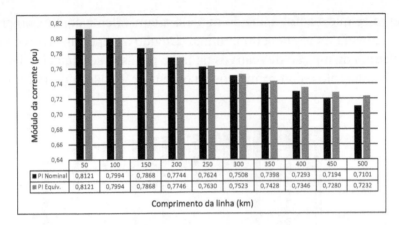

Figura 2.14 – Corrente no início da linha – módulo

O módulo da corrente no fim da linha, que independe de seu comprimento, é de $\sqrt{0,8^2 + (-0,2)^2} = 0,8246$ pu e, em função do comprimento, vai sendo reduzido pelo efeito da injeção de reativos. Para melhor visualização, seja o comprimento de 500 km quando os parâmetros do circuito π equivalente são:

$$\overline{Z}_{Equiv} = (0,0612 + 0,7415j) \text{ pu}$$

$$\frac{\overline{Y}_{Equiv}}{2} = (0,0008 + 0,2645j) \text{ pu}$$

A corrente no início da linha é dada por:

$$\dot{I} = \dot{I}_{Carga} + \dot{V}_{Fim} \cdot \frac{\overline{Y}_{Equiv}}{2} = (0,8 - 0,2j) + 1 \cdot (0,0008 + 0,2645j)$$

$$= 0,8008 + 0,0645j = 0,8034 \underline{|4,60°} \text{ pu}$$

$$\dot{V}_{Inicio} = \dot{V}_{Fim} + \dot{I} \cdot \overline{Z}_{Equiv} = 1 + (0,8008 + 0,0645j) \cdot (0,0612 + 0,7415j)$$

$$= 1,0012 + 0,5977j$$

$$\dot{V}_{Inicio} = 1,1660 \underline{|30,84°} \text{ pu}$$

$$\dot{I}_{Inicio} = \dot{I} + \dot{V}_{Inicio} \cdot \frac{\overline{Y}_{Equiv}}{2} = (0,8008 + 0,0645j) + (1,0012 + 0,5977j) \cdot$$

$$\cdot (0,0008 + 0,2645j) = 0,6435 + 0,3299j = 0,7231 \underline{|27,13°} \text{ pu}$$

Representação de redes 113

Como se nota nesta dedução, a corrente na linha, que é dada pela soma da corrente de carga com a do ramo paralelo, com o aumento do comprimento da linha, vai se tornando menos indutiva, para se tornar puramente resistiva em torno dos 250 km de comprimento. A seguir, vai se tornando mais capacitiva à medida que o comprimento da linha aumenta.

Para a análise da tensão no início da linha deve-se ter em mente o comportamento da corrente.

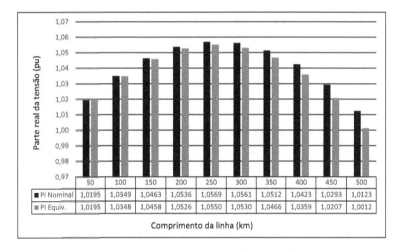

Figura 2.15 – Tensão no início da linha – parte real

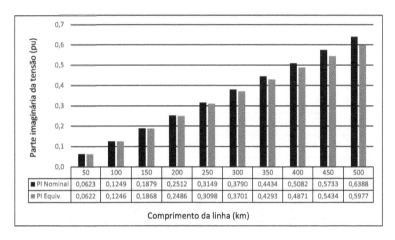

Figura 2.16 – Tensão no início da linha – parte imaginária

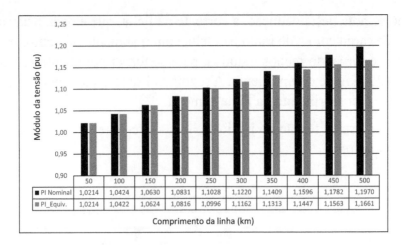

Figura 2.17 – Tensão no início da linha – módulo

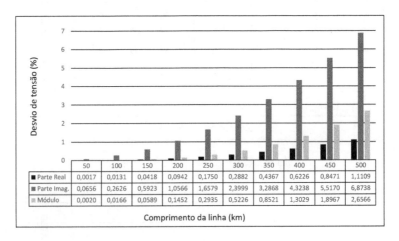

Figura 2.18 – Tensão no início da linha – desvios

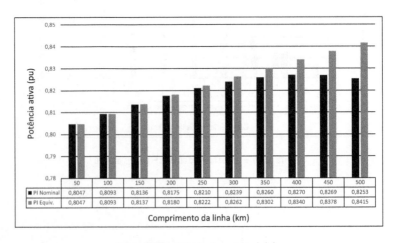

Figura 2.19 – Potência ativa no início da linha

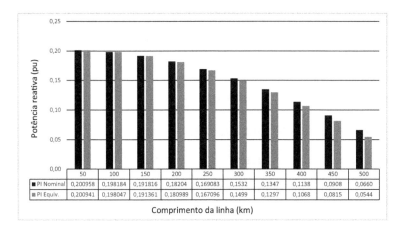

Figura 2.20 – Potência reativa no início da linha

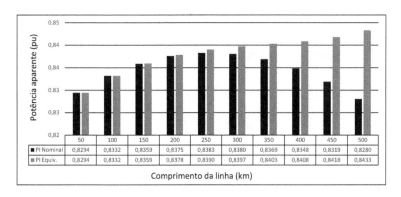

Figura 2.21 – Potência aparente no início da linha

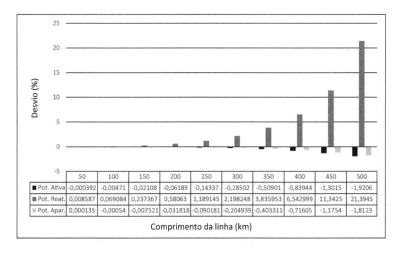

Figura 2.22 – Desvios de potência no início da linha

Finalizando, proceder-se-á ao estudo do balanço energético, no caso do modelo π equivalente para a linha de 500 km. Assim:

a) Potência ativa:

Potência fornecida à carga: 0,8000 pu

Perda na condutância shunt de saída: $V^2 G_{Equiv} = 1^2 \cdot 0,0008 = 0,0008$ pu

Perdas na resistência série: $I^2 R_{Equiv} = 0,8034^2 \cdot 0,0612 = 0,0395$ pu

Perda na condutância shunt de entrada:

$$V^2 G_{Equiv} = 1,1660^2 \cdot 0,0008 = 0,0011 \text{ pu}$$

Potência ativa fornecida no início da linha:

$$0,8000 + 0,0008 + 0,0395 + 0,0011 = 0,8414 \text{ pu}$$

b) Potência reativa

Potência fornecida à carga: 0,2000 pu

Perda na admitância do fim da linha: $-V^2 B_{Equiv} = -1^2 \cdot 0,2645 = -0,2645$ pu

Perdas na reatância série: $I^2 X_{Equiv} = 0,8034^2 \cdot 0,7415 = 0,4786$ pu

Perda na admitância de entrada:

$$-V^2 B_{Equiv} = -1,1660^2 \cdot 0,2645 = -0,3596 \text{ pu}$$

Potência reativa fornecida no início da linha:

$$0,2000 - 0,2645 + 0,4786 - 0,3596 = 0,0545 \text{ pu.}$$

Destaca-se que, para linhas longas, pode-se utilizar o modelo π nominal, desde que se divida a linha em trechos cujos comprimentos não excedam cerca de 100 km. Observa-se que com esse procedimento são criadas tantas barras quantos são os trechos, resultando um aumento nas dimensões do problema. Como será visto no capítulo subsequente, essas barras fictícias, por não terem carga, podem ser eliminadas, obtendo-se um circuito equivalente válido para toda a linha.

Representação de redes   117

Exemplo 2.7

Para a linha de transmissão do Exemplo 2.6, pede-se, quando seu comprimento for de 500 km, calcular as condições iniciais utilizando-se o modelo π nominal e subdividindo-a em dez trechos com comprimento de 50 km.

Resolução

Conforme já visto no Exemplo 2.6, as condições no fim da linha são:

$$\dot{v}_0 = 1 \text{ pu}$$

$$\dot{i}_0 = \frac{p - jq}{\dot{v}_0} = \frac{0,8000 - 0,2000j}{1} = (0,8000 - 0,2000j) \text{ pu}$$

A corrente no primeiro trecho, a partir do fim da linha, e a tensão no início desse trecho serão dadas por:

$$\dot{i}_1 = \dot{i}_0 + \dot{v}_0 \cdot \frac{\overline{Y}_{Equiv}}{2} = 0,8000 - 0,2000j + 1 \cdot \frac{0,0511j}{2} = (0,8000 - 0,1745j) \text{ pu}$$

$$\dot{v}_1 = \dot{v}_0 + \overline{Z}_{equiv} \cdot \dot{i}_1 = 1 + (0,007051 + 0,079350j) \cdot (0,8000 - 0,1745j)$$

$$= (1,019487 + 0,062250j) \text{ pu}$$

Para os demais trechos as equações são idênticas, exceto pelo fato de que a admitância em derivação é a soma da do fim do trecho anterior com a do início do trecho atual, isto é:

$$\dot{v}_k = \dot{v}_{k-1} + \overline{Z}_{Equiv} \cdot \dot{i}_k$$

$$\dot{i}_{1,k+1} = \dot{i}_k + \dot{v}_k \cdot \overline{Y}_{Equiv}$$

Na tabela a seguir apresentam-se os resultados alcançados.

Tabela 2.2 – Tensões e correntes nos trechos da linha

Trecho	Corrente (pu)		Tensão (pu)	
	Forma retangular	**Módulo**	**Forma retangular**	**Módulo**
1	0,8000000 - 0,1744448j	0,8187985	1,0000000 + 0,0000000j	1,0000000
2	0,7968178 - 0,1223385j	0,8061546	1,0194807 + 0,0622050j	1,0213850
3	0,7904475 - 0,0694488j	0,7934925	1,0348127 + 0,1246384j	1,0422917

(continua)

Tabela 2.2 – Tensões e correntes nos trechos da linha (continuação)

Trecho	Corrente (pu)		Tensão (pu)	
	Forma retangular	Módulo	Forma retangular	Módulo
4	$0,7808958 - 0,0159926j$	0,7810596	$1,0458976 + 0,1868824j$	1,0624626
5	$0,7681824 + 0,0378100j$	0,7691123	$1,0526726 + 0,2487451j$	1,0816625
6	$0,7523392 + 0,0917359j$	0,7579115	$1,0550880 + 0,3099783j$	1,0996805
7	$0,7334113 + 0,1455609j$	0,7477166	$1,0531119 + 0,3703342j$	1,1163297
8	$0,7114560 + 0,1990597j$	0,7387790	$1,0467305 + 0,4295674j$	1,1314473
9	$0,6865429 + 0,2520074j$	0,7313337	$1,0359484 + 0,4874354j$	1,1448940
10	$0,6587542 + 0,3041804j$	0,7255914	$1,0207885 + 0,5436995j$	1,1565545
11	$0,6434690 + 0,3297686j$	0,7230489	$1,0012919 + 0,5981259j$	1,1663362

A potência fornecida no início da linha é dada por:

$$\overline{s} = \dot{v}_{Início} \cdot \dot{i}^{*}_{Início} = \left(1,0012919 + 0,5981259j\right) \cdot \left(0,6434690 - 0,3297686j\right)$$
$$= 0,8415434 + 0,0546808j = 0,8433181 \underline{|3,7177°} \text{ pu.}$$

Do Exemplo 2.6, para o modelo π equivalente, no início da linha, tem-se:

- Tensão: $\dot{v} = 1,0011942 + j0,5977465 = 1,1660578 \underline{|30,8386°}$ pu;
- Corrente: $\dot{i} = 0,6435330 + j0,3299197 = 0,7231748 \underline{|27,1428°}$ pu;
- Potência: $\overline{s} = 0,8414098 + j0,05444560 = 0,8431702 \underline{|3,7030°}$ pu.

Os desvios entre os dois modelos são dados por:

$$\Delta V = \frac{v_{Nom} - v_{Equiv}}{v_{Equiv}} \cdot 100 = \frac{1,1663362 - 1,1660578}{1,1660578} \cdot 100 = 0,0239\%$$

$$\Delta I = \frac{i_{Nom} - i_{Equiv}}{i_{Equiv}} \cdot 100 = \frac{0,7230489 - 0,7231748}{0,7231748} \cdot 100 = -0,0174\%$$

$$\Delta P = \frac{p_{Nom} - p_{Equiv}}{p_{Equiv}} \cdot 100 = \frac{0,8415434 - 0,8414098}{0,8414098} \cdot 100 = 0,0159\%$$

$$\Delta Q = \frac{q_{Nom} - q_{Equiv}}{q_{Equiv}} \cdot 100 = \frac{0,0546808 - 0,0544560}{0,0544560} \cdot 100 = 0,4128\%$$

$$\Delta S = \frac{s_{Nom} - s_{Equiv}}{s_{Equiv}} \cdot 100 = \frac{0,8433181 - 0,8431702}{0,8431702} \cdot 100 = 0,0175\%.$$

2.4.4.2 Representação trifásica da linha

A representação de linhas de transmissão por representação trifásica embasa-se na matriz de impedâncias série e das capacidades (cf. Anexo). Ainda é válida a classificação das linhas pelos modelos de linha curta, média e longa. Para as linhas curtas utiliza-se somente a matriz de impedâncias; para as médias utilizam-se ambas as matrizes; e para as longas utiliza-se modelo derivado de sua equação geral obtida por meio da dedução feita com ondas trafegantes. Como no caso precedente, uma linha longa pode ser modelada subdividindo-a num conjunto de linhas médias associadas em série. Lembra-se, conforme será visto no capítulo subsequente, que as barras intermediárias por não terem carga poderão ser eliminadas.

2.4.5 REPRESENTAÇÃO DE TRANSFORMADORES

2.4.5.1 Introdução

Esta seção tem por objetivo a análise da representação de transformadores, utilizados em redes de transmissão, dos seguintes tipos:

- de potência;
- variadores de fase;
- de aterramento.

Destaca-se que foge ao escopo deste livro a análise do princípio de funcionamento de transformadores, entretanto, lembra-se que o modelo de transformador se caracteriza por:

- Ramo que conta com a associação em paralelo da reatância de magnetização, que depende da tensão de alimentação, com resistência, que simula as perdas no núcleo de ferro. A indutância e a resistência destinam-se a simular, respectivamente, a corrente de magnetização do núcleo de ferro e as perdas, Foucault e histerese, que ocorrem no núcleo de ferro. Esse ramo, que é definido como *admitância de vazio*, por apresentar valor bastante baixo, via de regra não é incluído na representação do transformador.

- Ramo série, *impedância de curto-circuito*, que conta com a associação em série de resistência, que representa as perdas ôhmicas nos enrolamentos, com reatância, que representa a reatância de dispersão dos enrolamentos.

No que tange aos transformadores de potência, tratar-se-á, nos itens subsequentes, da representação monofásica e trifásica, dos tipos de transformadores a seguir:

- transformadores de dois enrolamentos;
- transformadores de três enrolamentos.

Destaca-se que o modo de conexão dos transformadores é de suma importância no que se refere à componente da corrente de terceira harmônica, que está presente na corrente de magnetização, e na possibilidade de se contar com um ponto de aterramento dos sistemas. Assim, destacam-se, para os transformadores de dois enrolamentos, as ligações:

- *Ligação estrela aterrada/triângulo*: esta ligação fornece um ponto de aterramento para o sistema a montante do transformador, ao passo que, para o de jusante, em não havendo outros aterramentos, está flutuando em relação à terra. Por outro lado, no primário a componente de 3ª harmônica circula pelos enrolamentos indo à terra. No secundário ter-se-á a circulação dessa corrente pela malha constituída pelo delta e não haverá distorção das tensões. É a ligação mais usual.

- *Ligação estrela isolada/triângulo*: nesta ligação, no ponto de conexão do transformador, os dois sistemas estão flutuantes e seu aterramento vai depender de outros componentes. Estando o centro estrela isolado, a corrente de 3ª harmônica não poderá circular pelo primário, dando lugar ao surgimento de uma componente 3ª harmônica na tensão secundária.

- *Ligação triângulo/estrela aterrada*: nesta ligação a corrente de 3ª harmônica circulará pela malha constituída pelos três enrolamentos ligados em triângulo.

Deve-se destacar, ainda, que as tensões primárias e secundárias somente terão a mesma fase quando o arranjo dos enrolamentos for do mesmo tipo, por exemplo: estrela/estrela. Esquemas de ligação diferentes produzem rotações de fase entre as tensões primárias e secundárias. Assim, seja, por exemplo, o transformador da Figura 2.23, que apresenta o primário em triângulo e o secundário em estrela.

Representação de redes 121

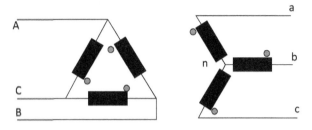

Figura 2.23 – Transformador triângulo/estrela

Observa-se que no primário as tensões das bobinas das três fases são dadas por:

$$\dot{V}_{AB} = V_{Prim}\underline{|0} \qquad \dot{V}_{BC} = V_{Prim}\underline{|-120°} \qquad \dot{V}_{CA} = V_{Prim}\underline{|120°}$$

e, sendo K a relação de espiras, as tensões secundárias são dadas por:

$$\dot{V}_{an} = KV_{Prim}\underline{|0} = V_{Sec}\underline{|0} \qquad \dot{V}_{bn} = V_{Sec}\underline{|-120°} \qquad \dot{V}_{cn} = V_{Sec}\underline{|120°}$$

Nessas condições, as tensões de linha do secundário serão dadas por:

$$\dot{V}_{ab} = \dot{V}_{an} - \dot{V}_{bn} = \sqrt{3}V_{Sec}\underline{|30°}$$
$$\dot{V}_{bc} = \dot{V}_{bn} - \dot{V}_{cn} = \sqrt{3}V_{Sec}\underline{|-90°}$$
$$\dot{V}_{ca} = \dot{V}_{cn} - \dot{V}_{an} = \sqrt{3}V_{Sec}\underline{|150°}$$

ou seja, as tensões de linha do secundário apresentam uma rotação de fase de 30° em relação às do primário.

Há, ainda, inúmeros outros tipos de conexões que, entretanto, não serão detalhados. Lembra-se que o tipo de conexão é sobremodo importante na representação trifásica e no estudo de defeitos.

2.4.5.2 Representação monofásica de transformadores de potência

2.4.5.2.1 Transformadores de dois enrolamentos

Para um transformador de dois enrolamentos os dados de placa ou dados nominais definem:

- Potência nominal, S_{Nom}, é a potência com a qual ele pode funcionar continuamente sem que as temperaturas internas excedam os valores de projeto. Usualmente é fornecida em MVA.

- Tensões nominais, V_{Prim} e V_{Sec}, são as tensões para as quais o transformador foi projetado. Usualmente são definidas em kV.

- Admitância de vazio, Y_0, tem seu valor obtido do ensaio de vazio, sendo expresso em por-unidade com valores de base iguais à potência nominal e à tensão nominal do enrolamento ao qual a admitância se refere.

- Impedância de curto-circuito, Z_{CC}, tem seu valor obtido do ensaio de curto-circuito, sendo expresso em por-unidade com valores de base iguais à potência nominal e à tensão nominal do enrolamento ao qual a impedância se refere.

Os transformadores podem dispor de derivações extras, comutáveis, que permitam aumentar ou diminuir a tensão de saída numa fração da nominal. Essas derivações são designadas por seu termo em inglês: "tap", podendo ser comutáveis em vazio (*transformador de tap comutável em vazio*) ou efetuadas em carga (*transformador de tap comutável em carga*), este último sendo designado correntemente em inglês, como *load tap changing* ou LTC. Na Figura 2.24, ilustra-se a conexão da saída num dos taps. Destaca-se que, no caso de LTC, o contato móvel desliza pelos fixos acionado por um motor.

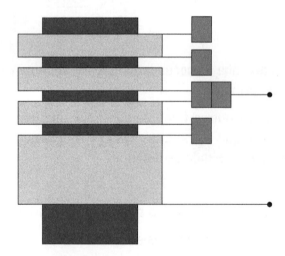

Figura 2.24 (a) – Detalhe da conexão dos taps

O projeto do contato móvel requer cuidados especiais, pois, se for menor que o espaço entre os contatos fixos, ter-se-á o desligamento do transformador ao se passar da posição T para a posição $T+1$ – Figura 2.24 (b).

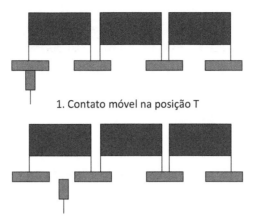

1. Contato móvel na posição T

2. Contato móvel deslocando-se para a posição T + 1 — interrupção

Figura 2.24 (b) – Detalhe do contato móvel menor que o espaço entre fixos

Por outro lado, em sendo o contato móvel maior que o espaço entre os fixos, Figura 2.24 (c), ao se deslocar da posição T para a $T+1$ ocasionará o curto-circuito da bobina T.

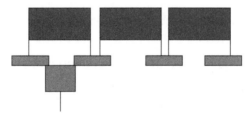

Contato móvel deslocando-se para a posição T + 1 — curto-circuito

Figura 2.24 (c) – Detalhe do contato móvel maior que o espaço entre fixos

A solução adotada é a de se construir o contato móvel em três partes, Figura 2.24 (d), tendo nas duas partes externas uma resistência e sendo a central direta.

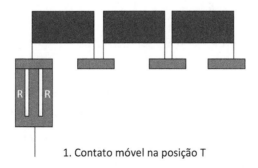

1. Contato móvel na posição T

Figura 2.24 (d) – Detalhe do contato móvel maior que o espaço entre fixos

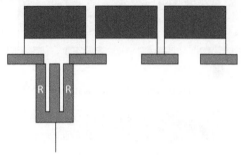

2. Contato móvel entre as posições T e T + 1

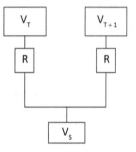

3. Tensão de saída

Figura 2.24 (d) – Detalhe do contato móvel maior que o espaço entre fixos

Nessas condições, quando do deslocamento do contato móvel, ele estabelece o curto-circuito entre as bobinas das posições T e $T+1$ através de resistência $2R$. Isso produz pequena flutuação na tensão de saída. Quando o contato móvel está num tap, as resistências estão ligadas em curto-circuito.

Sendo V_T e V_{T+1} as tensões correspondentes aos taps T e $T+1$, respectivamente, a flutuação de tensão que ocorre quando do deslocamento do tap móvel é obtida através das equações:

$$I = \frac{V_{T+1} - V_T}{2R}$$

$$V_s = V_{T+1} - I \cdot R = V_{T+1} - \frac{V_{T+1} - V_T}{2} = \frac{V_{T+1} + V_T}{2}$$

Assim, se for $V_T = 1{,}00$ pu e $V_{T+1} = 1{,}01$ pu, a tensão durante o deslocamento do tap passará de 1,0 pu para 1,005 pu e, finalmente, alcançará o valor 1,01 pu.

A representação dos transformadores de dois enrolamentos, fora de seu tap nominal, é feita por um circuito π equivalente. Assim, seja o caso de um transformador, com tensões nominais V_{Nom1} e V_{Nom2}, que interliga duas barras

Representação de redes

em áreas com tensões de base V_{B1} e V_{B2}. Além disso, a potência nominal do transformador é S_{Nom} e sua impedância de curto-circuito, z_t, é dada em pu na base da tensão e potência nominal do transformador. Quando for:

$$\frac{V_{nom1}}{V_{B1}} \neq \frac{V_{nom2}}{V_{B2}}$$

é evidente que haverá um choque de bases e a interligação é feita, Figura 2.25, utilizando-se um autotransformador cuja relação de espiras $1:\alpha$ deve obedecer à relação:

$$v_{pu,1} \cdot \alpha = \frac{V_{Nom1}}{V_{B1}} \cdot \alpha = \frac{V_{Nom2}}{V_{B2}} = v_{pu,2} \qquad (2.28)$$

Designando-se por v_{1N} e v_{2N} as tensões do autotransformador, estas serão:

$$v_{1N} = \frac{V_{Nom1}}{V_{B1}} \quad , \quad v_{2N} = \frac{V_{Nom2}}{V_{B2}} \quad \text{e} \quad \alpha' = \frac{1}{\alpha} = \frac{v_{1N}}{v_{2N}}. \qquad (2.29)$$

A impedância série, z, utilizada poderia ser referida à tensão do secundário ou à do primário. Optou-se por representá-la no secundário e seu valor deverá ser corrigido, calculando-o em ohms e convertendo-o a pu utilizando-se a base de impedância correspondente ao ponto da rede em que está inserido. Tem-se

$$\overline{z}' = \overline{z}_t \cdot \frac{S_B}{V_{B2}^2} \cdot \frac{V_{Nom2}^2}{S_{Nom}} = \overline{z}_t \cdot v_{2N}^2 \cdot \frac{S_B}{S_{Nom}} \qquad (2.30)$$

O circuito equivalente com autotransformador, Figura 2.25 (b), pode ser substituído pelo circuito π equivalente da Figura 2.26. A tensão e corrente de entrada de ambos os circuitos estão relacionadas com as de saída pelas equações:

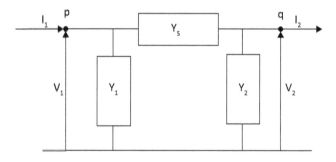

Figura 2.26 – Circuito π equivalente do transformador

a) Circuito da Figura 2.25 (b)

$$\dot{V_1} = \frac{\dot{V_2} + \dot{I_2}\overline{Z}'}{\alpha} = \frac{1}{\alpha}\cdot \dot{V_2} + \frac{1}{\alpha}\cdot \overline{Z}'\cdot \dot{I_2}$$

$$\dot{I_1} = \alpha\cdot \dot{I_2}$$

(2.31)

b) Circuito da Figura 2.26

$$\dot{V_1} = \dot{V_2} + \left(\dot{I_2} + \dot{V_2}\cdot \overline{Y_2}\right)\cdot \overline{Z_s} = \left(1 + \overline{Y_2}\cdot \overline{Z_s}\right)\cdot \dot{V_2} + \overline{Z_s}\cdot \dot{I_2}$$

$$\dot{I_1} = \dot{V_1}\cdot \overline{Y_1} + \dot{V_2}\cdot \overline{Y_2} + \dot{I_2} = \left[\left(1 + \overline{Y_2}\cdot \overline{Z_s}\right)\cdot \dot{V_2} + \overline{Z_s}\cdot \dot{I_2}\right]\cdot \overline{Y_1} + \dot{V_2}\cdot \overline{Y_2} + \dot{I_2}$$

(2.32)

$$\dot{I_1} = \left[\left(1 + \overline{Y_2}\cdot \overline{Z_s}\right)\cdot \overline{Y_1} + \overline{Y_2}\right]\cdot \dot{V_2} + \left(1 + \overline{Y_1}\cdot \overline{Z_s}\right)\cdot \dot{I_2}$$

Os coeficientes das Equações (2.31) e (2.32) devem ser iguais, logo:

$$\frac{1}{\alpha} = 1 + \overline{Y_2}\cdot \overline{Z_s} \qquad\qquad \frac{\overline{Z}'}{\alpha} = \overline{Z_s}$$

$$0 = \left(1 + \overline{Y_2}\cdot \overline{Z_s}\right)\overline{Y_1} + \overline{Y_2} \qquad\qquad \alpha = 1 + \overline{Y_1}\cdot \overline{Z_s}$$

Ou ainda:

$$\dot{Z_s} = \frac{\overline{Z}'}{\alpha}$$

$$\overline{Y_2} = \frac{\frac{1}{\alpha} - 1}{\overline{Z_s}} = \frac{1 - \alpha}{\alpha\cdot \overline{Z_s}} = \frac{1 - \alpha}{\overline{Z}'} = (1 - \alpha)\cdot \overline{Y}'$$

$$\overline{Y_1} = \frac{\alpha - 1}{\overline{Z_s}} = \frac{\alpha\cdot (\alpha - 1)}{\overline{Z}'} = \alpha\cdot (\alpha - 1)\cdot \overline{Y}'$$

$$\left(1 + \overline{Y_2}\cdot \overline{Z_s}\right)\cdot \overline{Y_1} + \overline{Y_2} = \left[1 + \frac{1 - \alpha}{\overline{Z}'}\cdot \frac{\overline{Z}'}{\alpha}\right]\cdot \overline{Y_1} + \overline{Y_2}$$

$$= \frac{1}{\alpha}\cdot \overline{Y_1} + \overline{Y_2} = (\alpha - 1)\cdot \overline{Y}' + (1 - \alpha)\cdot \overline{Y}' = 0$$

Em resumo, sendo $\overline{Y}' = 1 / \overline{Z}'$ a admitância do transformador em pu nas bases do secundário, determinam-se os parâmetros do circuito π equivalente pelas expressões:

$$\overline{Y_s} = \alpha\cdot \overline{Y}'$$

$$\overline{Y_2} = (1 - \alpha)\cdot \overline{Y}'$$

$$\overline{Y_1} = \alpha\cdot (\alpha - 1)\cdot \overline{Y}'$$

(2.33)

Quando o transformador estiver no tap nominal, será $\alpha = 1$, logo:

$$\overline{Y}_s = Y'$$
$$\overline{Y}_2 = 0 \qquad\qquad (2.34)$$
$$\overline{Y}_1 = 0$$

Exemplo 2.8

Um transformador de 400 MVA, 345/500kV, com impedância de curto-circuito de $0,02 + j\,0,04$ pu, tem os taps: 475, 485, 500 (nominal), 510 e 525 kV, que correspondem a $\alpha = 0,95$, 0,97, 1,00, 1,02 e 1,05. Pede-se seu circuito π equivalente quando está fazendo a interligação entre dois sistemas com tensões nominais 345 e 500 kV e está operando com o tap ajustado para cada um dos valores possíveis.

Resolução

a) Valores de base

Adota-se potência de base, S_{base}, de 1000 MVA e tensões de base de 345 kV no primário e de 500 kV no secundário. Nessas condições a impedância do transformador referida ao secundário é dada por:

$$\overline{Z}' = \left(0,02 + j0,04\right) \cdot \frac{500^2}{400} \cdot \frac{1000}{500^2} = 0,05 + j0,10 \text{ pu}$$

$$\overline{Y}' = \frac{1}{0,05 + j0,10} = 4,000 - j8,000 \text{ pu}$$

Para o tap 1:0,95, tem-se:

$$\overline{Y}_s = Y' \cdot \alpha = \left(4 - 8j\right) \cdot 0,95 = 3,800 - 7,600\,j \text{ pu}$$
$$\overline{Y}_2 = \left(1 - \alpha\right) \cdot \overline{Y}' = \left(1 - 0,95\right) \cdot \left(4,000 - 8,000\,j\right) = 0,200 - 0,400\,j \text{ pu}$$
$$\overline{Y}_1 = \alpha \cdot \left(\alpha - 1\right) \cdot \overline{Y}' = 0,95 \cdot \left(0,95 - 1\right) \cdot \left(4,000 - 8,000\,j\right) = -0,19 + 0,38\,j \text{ pu.}$$

Na tabela a seguir, apresentam-se os valores para as demais posições do tap.

Tap (α)	Y_1	Z_s	Y_s	Y_2
0,95	-0,1900 + j0,3800	0,052632 + j0,105263	3,800 - j7,600	0,200 - j0,400
0,97	-0,1164 + j0,2328	0,051546 + j0,103093	3,880 - j7,760	0,120 - j0,240
1,00	0	0,050000 + j0,100000	4,000 - j8,000	0
1,02	0,0816 - j0,1632	0,049020 + j0,098039	4,080 - j8,160	-0,080 + j0,160
1,05	0,2100 - j0,4200	0,047619 + j0095238	4,200 - j8,400	-0,200 + j0,400

2.4.5.2.2 Transformadores de três enrolamentos

Os três enrolamentos destes transformadores são designados por primário, "p", secundário, "s" e terciário, "t". Usualmente os enrolamentos primário e secundário destinam-se à transferência de potência de um sistema com tensão primária para outro com tensão secundária. Via de regra os enrolamentos primário e secundário são ligados em estrela aterrada, garantindo a fixação do potencial dos dois sistemas interligados, e o terciário, ligado em delta, destina-se à compensação da componente de terceira harmônica da corrente de magnetização. Além disso, o terciário pode vir a ser utilizado para a injeção de reativos no sistema ou como fonte para o suprimento da subestação.

Analogamente aos transformadores de dois enrolamentos, define-se:

- Potência nominal dos três enrolamentos, isto é: primário, $S_{Nom,p}$, secundário, $S_{Nom,s}$, e terciário, $S_{Nom,t}$. A potência fornecida à carga pelos enrolamentos secundário e terciário provém do enrolamento primário, logo, é usual fixar-se: $S_{Nom,p} \geq S_{Nom,s} + S_{Nom,t}$.

- Tensão nominal dos três enrolamentos, isto é: primário, $V_{Nom,p}$, secundário, $V_{Nom,s}$, e terciário, $V_{Nom,t}$.

- Admitância de vazio.

- Impedâncias de curto-circuito entre:

    – primário e secundário com o terciário aberto, z_{ps};

    – terciário e primário com o secundário aberto, z_{tp};

    – secundário e terciário com o primário aberto, z_{pt}.

As impedâncias são fornecidas em pu numa base de potência especificada e na base de tensão do enrolamento que está sendo alimentado. Assim, os valores em ohms são dados por:

$$\bar{z}_{ps}(\Omega) = \bar{z}_{sp}(\Omega) = \bar{z}_{ps} \cdot \frac{V_{Nom,p}^2}{S_{Bn}} \quad \text{logo} \quad \bar{z}_{sp} = \bar{z}_{ps} \cdot \frac{V_{Nom,p}^2}{V_{Nom,s}^2}$$

$$\bar{z}_{tp}(\Omega) = \bar{z}_{pt}(\Omega) = \bar{z}_{tp} \cdot \frac{V_{Nom,t}^2}{S_{Bn}} \quad \text{logo} \quad \bar{z}_{pt} = \bar{z}_{tp} \cdot \frac{V_{Nom,t}^2}{V_{Nom,p}^2}$$

$$\bar{z}_{st}(\Omega) = \bar{z}_{ts}(\Omega) = \bar{z}_{st} \cdot \frac{V_{Nom,s}^2}{S_{Bn}} \quad \text{logo} \quad \bar{z}_{ts} = \bar{z}_{st} \cdot \frac{V_{Nom,s}^2}{V_{Nom,t}^2}.$$

Quando no tap nominal o transformador pode ser representado por um circuito equivalente em estrela ou em triângulo, conforme apresentado na Figura 2.27.

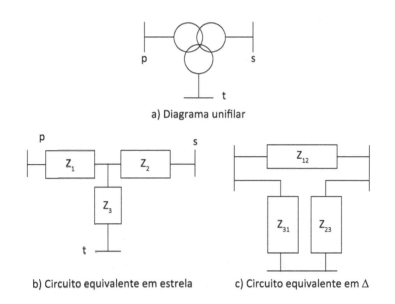

a) Diagrama unifilar

b) Circuito equivalente em estrela   c) Circuito equivalente em Δ

Figura 2.27 – Transformador de 3 enrolamentos

No circuito equivalente em estrela, curto-circuitando a barra s e alimentando o transformador pela barra p, ter-se-á $\bar{z}_{ps} = \bar{z}_1 + \bar{z}_2$. Com procedimento análogo obtém-se o sistema de equações:

$$\begin{aligned} \bar{z}_{ps} &= \bar{z}_1 + \bar{z}_2 \\ \bar{z}_{st} &= \bar{z}_2 + \bar{z}_3 \\ \bar{z}_{tp} &= \bar{z}_1 + \bar{z}_3 \end{aligned} \quad (2.35)$$

No sistema da Equação (2.35), somando-se membro a membro:

- a primeira e a terceira equação e subtraindo-se a segunda;
- a primeira e a segunda equação e subtraindo-se a terceira;
- a terceira e a segunda equação e subtraindo-se a primeira,

obtêm-se:

$$\overline{z}_1 = \frac{1}{2}\left(\overline{z}_{ps} + \overline{z}_{tp} - \overline{z}_{st}\right)$$

$$\overline{z}_2 = \frac{1}{2}\left(\overline{z}_{ps} + \overline{z}_{st} - \overline{z}_{tp}\right) \tag{2.36}$$

$$\overline{z}_3 = \frac{1}{2}\left(\overline{z}_{tp} + \overline{z}_{st} - \overline{z}_{ps}\right)$$

Pela transformação estrela/triângulo, obtêm-se:

$$\overline{z}_{12} = \frac{\overline{z}_1 \cdot \overline{z}_2}{\overline{z}_1 + \overline{z}_2 + \overline{z}_3}$$

$$\overline{z}_{23} = \frac{\overline{z}_2 \cdot \overline{z}_3}{\overline{z}_1 + \overline{z}_2 + \overline{z}_3} \tag{2.37}$$

$$\overline{z}_{31} = \frac{\overline{z}_3 \cdot \overline{z}_1}{\overline{z}_1 + \overline{z}_2 + \overline{z}_3}$$

No caso de o transformador operar fora de seu tap nominal o procedimento será análogo ao da seção precedente, isto é:

- determina-se o circuito equivalente, Figura 2.28 (a), contando em cada um dos ramos, p, s e t, com impedâncias z_1, z_2, e z_3, em pu, e com autotransformadores com relações de espiras $v_{pn} : 1$, $v_{sn} : 1$ e $v_{tn} : 1$;
- calculam-se as impedâncias supondo-se excitar, na ordem, os nós p, s e t com os s, t e p, respectivamente, ligados em curto-circuito;
- com procedimento análogo ao da seção anterior, determinam-se as admitâncias da rede equivalente.

Representação de redes 131

No circuito equivalente, Figura 2.28 (b), sendo, respectivamente, V_{B1}, V_{B2} e V_{B3} as tensões de base na rede do primário, do secundário e do terciário resultarão nos valores das tensões nominais dos três enrolamentos em pu:

$$v_{pn} = \frac{V_{Nom,p}}{V_{B1}} \quad v_{sn} = \frac{V_{Nom,s}}{V_{B2}} \quad v_{tn} = \frac{V_{Nom,t}}{V_{B3}} \quad (2.38)$$

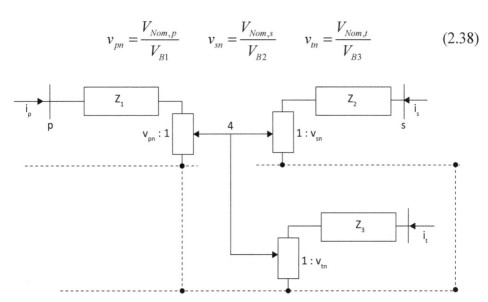

a) Circuito com transformadores fora do tap nominal

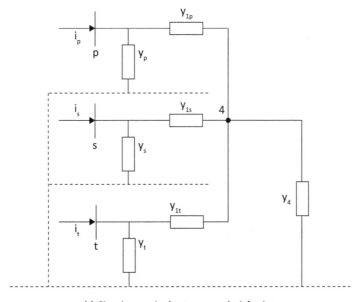

b) Circuito equivalente com admitâncias

Figura 2.28 – Transformador de três enrolamentos

As impedâncias equivalentes, z_1, z_2 e z_3, são obtidas a partir das impedâncias de curto-circuito $\overline{z}_{ps}$, $\overline{z}_{st}$ e $\overline{z}_{tp}$, que, por hipótese, estão referidas à potência de base S_{BN}, e que estão referidas, respectivamente, às tensões $V_{Nom,p}$, $V_{Nom,s}$ e $V_{Nom,t}$. Essas impedâncias referidas aos valores de base do sistema $\{V_{B1},\ V_{B2}\ ,\ V_{B3}\ e\ S_B\}$ são dadas por:

$$\overline{z}_{ps}^{'} = \overline{z}_{ps} \cdot \frac{V_{Nom,p}^2}{V_{B1}^2} \cdot \frac{S_B}{S_{Bn}} = \overline{z}_{ps} \cdot v_{pn}^2 \cdot \frac{S_B}{S_{Bn}}$$

$$\overline{z}_{st}^{'} = \overline{z}_{st} \cdot \frac{V_{Nom,s}^2}{V_{B2}^2} \cdot \frac{S_B}{S_{Bn}} = \overline{z}_{st} \cdot v_{sn}^2 \cdot \frac{S_B}{S_{Bn}} \qquad (2.39)$$

$$\overline{z}_{tp}^{'} = \overline{z}_{tp} \cdot \frac{V_{Nom,t}^2}{V_{B3}^2} \cdot \frac{S_B}{S_{Bn}} = \overline{z}_{tp} \cdot v_{tn}^2 \cdot \frac{S_B}{S_{Bn}}$$

As impedâncias vistas pelo:

- enrolamento primário com o secundário em curto-circuito e o terciário em circuito aberto;

- enrolamento secundário com o terciário em curto-circuito e o primário em circuito aberto;

- enrolamento terciário com o primário em curto-circuito e o secundário em circuito aberto;

são dadas por:

$$\frac{v_1}{i_1} = \overline{z}_1 + \overline{z}_2 \cdot \frac{v_{pn}^2}{v_{sn}^2}$$

$$\frac{\dot{v}_2}{i_2} = \overline{z}_2 + \overline{z}_3 \cdot \frac{v_{sn}^2}{v_{tn}^2} \qquad (2.40)$$

$$\frac{\dot{v}_3}{i_3} = \overline{z}_3 + \overline{z}_1 \cdot \frac{v_{tn}^2}{v_{pn}^2}$$

Observa-se que essas impedâncias são iguais às definidas na Equação (2.39), logo:

$$\overline{z}_{ps}^{'} = \overline{z}_1 + \overline{z}_2 \cdot \frac{v_{pn}^2}{v_{sn}^2}$$

$$\overline{z}_{st}^{'} = \overline{z}_2 + \overline{z}_3 \cdot \frac{v_{sn}^2}{v_{tn}^2} \qquad (2.41)$$

$$\overline{z}_{tp}^{'} = \overline{z}_3 + \overline{z}_1 \cdot \frac{v_{tn}^2}{v_{pn}^2}$$

Nas Equações (2.40), multiplica-se a segunda por $\left(v_{pn}/v_{sn} \right)^2$ e a terceira por $\left(v_{pn}/v_{tn} \right)^2$ e, somando-se a primeira com a terceira e subtraindo-se a segunda, resulta:

$$\overline{z}_1 = \frac{1}{2} \cdot \left(\overline{z}'_{ps} - \overline{z}'_{st} \cdot \frac{v_{pn}^2}{v_{sn}^2} + \overline{z}'_{tp} \cdot \frac{v_{pn}^2}{v_{tn}^2} \right) \tag{2.42}$$

Lembrando as Equações (2.39), obtém-se:

$$\overline{z}_1 = \frac{1}{2} \cdot \left(\overline{z}_{ps} - \overline{z}_{st} + \overline{z}_{tp} \right) \cdot v_{pn}^2 \cdot \frac{S_B}{S_{Bn}}$$

Com procedimento análogo, obtêm-se:

$$\overline{z}_1 = \frac{1}{2} \cdot \left(\overline{z}_{ps} - \overline{z}_{st} + \overline{z}_{tp} \right) \cdot v_{pn}^2 \cdot \frac{S_B}{S_{Bn}}$$

$$\overline{z}_2 = \frac{1}{2} \cdot \left(\overline{z}_{st} - \overline{z}_{tp} + \overline{z}_{ps} \right) \cdot v_{sn}^2 \cdot \frac{S_B}{S_{Bn}} \tag{2.43}$$

$$\overline{z}_3 = \frac{1}{2} \cdot \left(\overline{z}_{tp} - \overline{z}_{ps} + \overline{z}_{st} \right) \cdot v_{tn}^2 \cdot \frac{S_B}{S_{Bn}}$$

Da Figura 2.11(a), obtêm-se:

$$\dot{v}_4 = \frac{\dot{v}_p - \dot{i}_p \cdot \overline{z}_1}{v_{pn}} = \frac{\dot{v}_s - \dot{i}_s \cdot \overline{z}_2}{v_{sn}} = \frac{\dot{v}_t - \dot{i}_t \cdot \overline{z}_3}{v_{tn}}$$

$$\dot{i}_p \cdot v_{pn} + \dot{i}_s \cdot v_{sn} + \dot{i}_t \cdot v_{tn} + \dot{i}_4 = 0 \tag{2.44}$$

Donde obtêm-se:

$$\dot{i}_p = \frac{1}{\overline{z}_1} \dot{v}_p - \frac{v_{pn}}{\overline{z}_1} \cdot \dot{v}_4$$

$$\dot{i}_s = \frac{1}{\overline{z}_2} \dot{v}_s - \frac{v_{sn}}{\overline{z}_2} \cdot \dot{v}_4$$

$$\dot{i}_t = \frac{1}{\overline{z}_3} \dot{v}_t - \frac{v_{tn}}{\overline{z}_3} \cdot \dot{v}_4 \tag{2.45}$$

$$\dot{i}_4 = -\frac{v_{pn}}{\overline{z}_1} \cdot \dot{v}_p - \frac{v_{sn}}{\overline{z}_2} \cdot \dot{v}_s - \frac{v_{tn}}{\overline{z}_3} \cdot \dot{v}_t + \left(\frac{v_{pn}^2}{\overline{z}_1} + \frac{v_{sn}^2}{\overline{z}_2} + \frac{v_{tn}^2}{\overline{z}_3} \right) \cdot \dot{v}_4$$

Além disso, aplicando-se a 1ª Lei de Kirchhoff às barras da rede da Figura 2.11(b), resulta:

$$i_p = \left(\overline{y}_{1p} + \overline{y}_p\right) \cdot \dot{v}_p - \overline{y}_{1p} \cdot \dot{v}_4$$
$$i_s = \left(\overline{y}_{1s} + \overline{y}_s\right) \cdot \dot{v}_s - \overline{y}_{1s} \cdot \dot{v}_4$$
$$i_t = \left(\overline{y}_{1t} + \overline{y}_t\right) \cdot \dot{v}_t - \overline{y}_{1t} \cdot \dot{v}_4$$
$$i_4 = -\overline{y}_{1p} \cdot \dot{v}_p - \overline{y}_{1s} \cdot \dot{v}_s - \overline{y}_{1t} \cdot \dot{v}_t + \left(\overline{y}_{1p} + \overline{y}_{1s} + \overline{y}_{1t} + \overline{y}_4\right) \dot{v}_4$$

(2.46)

Como as Equações (2.44) e (2.45) representam redes equivalentes para quaisquer valores de v_i (i= p, s, t, 4), os coeficientes devem ser iguais, isto é:

$$\overline{y}_{1p} = \frac{v_{pn}}{\overline{z}_1} = v_{pn} \cdot \overline{y}_1$$

$$\overline{y}_{1s} = \frac{v_{sn}}{\overline{z}_2} = v_{sn} \cdot \overline{y}_2$$

$$\overline{y}_{1t} = \frac{v_{tn}}{\overline{z}_3} = v_{tn} \cdot \overline{y}_3$$

$$\overline{y}_p = \left(1 - v_{pn}\right) \cdot \overline{y}_1$$
$$\overline{y}_s = \left(1 - v_{sn}\right) \cdot \overline{y}_2$$
$$\overline{y}_t = \left(1 - v_{tn}\right) \cdot \overline{y}_3$$
$$\overline{y}_4 = v_{pn}^2 \cdot \overline{y}_1 + v_{sn}^2 \cdot \overline{y}_2 + v_{tn}^2 \cdot \overline{y}_3 - \left(\overline{y}_{1p} + \overline{y}_{1s} + \overline{y}_{1t}\right)$$
$$= v_{pn} \cdot \overline{y}_1 \cdot \left(v_{pn} - 1\right) + v_{sn} \cdot \overline{y}_2 \cdot \left(v_{sn} - 1\right) + v_{tn} \cdot \overline{y}_3 \cdot \left(v_{tn} - 1\right)$$

(2.47)

Na Equação (2.47), observa-se que a corrente i_4 é nula, logo, pode-se proceder por eliminação de Gauss. Assim, eliminando-se a barra 4, obter-se-á para as admitâncias da Figura 2.29:

$$0 = -\overline{y}_{1p} \cdot \dot{v}_p - \overline{y}_{1s} \cdot \dot{v}_s - \overline{y}_{1t} \cdot \dot{v}_t + \left(\overline{y}_{1p} + \overline{y}_{1s} + \overline{y}_{1t} + \overline{y}_4\right) \cdot \dot{v}_4$$

$$\dot{v}_4 = \frac{\overline{y}_{1p} \cdot \dot{v}_p + \overline{y}_{1s} \cdot \dot{v}_s + \overline{y}_{1t} \cdot \dot{v}_t}{\overline{y}_{1p} + \overline{y}_{1s} + \overline{y}_{1t} + \overline{y}_4}$$

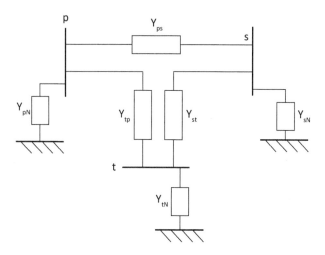

Figura 2.29 – Circuito equivalente para transformador de três enrolamentos fora do tap

Substituindo-se a tensão v_4 nas demais equações e fazendo-se:

$$\bar{y}_1 = \bar{y}_{1p} + \bar{y}_p \qquad \bar{y}_2 = \bar{y}_{1s} + \bar{y}_s \qquad \bar{y}_3 = \bar{y}_{1t} + \bar{y}_t$$

$$\Delta = \bar{y}_{1p} + \bar{y}_{1s} + \bar{y}_{1s} + \bar{y}_4 = \bar{y}_1 \cdot v_{pn}^2 + \bar{y}_2 \cdot v_{sn}^2 + \bar{y}_3 \cdot v_{tn}^2$$

obtêm-se, após passagens algébricas convenientes:

$$\bar{Y}_{ps} = \frac{\dot{y}_1 \cdot \dot{y}_2 \cdot v_{pn} \cdot v_{sn}}{\Delta}$$

$$\bar{Y}_{st} = \frac{\dot{y}_2 \cdot \dot{y}_3 \cdot v_{sn} \cdot v_{tn}}{\Delta}$$

$$\bar{Y}_{tp} = \frac{\dot{y}_3 \cdot \dot{y}_1 \cdot v_{tn} \cdot v_{pn}}{\Delta}$$

$$\bar{Y}_{pn} = \bar{y}_1 \cdot \left[\bar{y}_2 \cdot \left(v_{sn} - v_{pn} \right) + \bar{y}_3 \cdot \left(v_{tn} - v_{pn} \right) \right] \cdot \frac{1}{\Delta}$$

$$\bar{Y}_{sn} = \bar{y}_2 \cdot \left[\bar{y}_1 \cdot \left(v_{pn} - v_{sn} \right) + \bar{y}_3 \cdot \left(v_{tn} - v_{sn} \right) \right] \cdot \frac{1}{\Delta}$$

$$\bar{Y}_{tn} = \bar{y}_3 \cdot \left[\bar{y}_1 \cdot \left(v_{pn} - v_{tn} \right) + \bar{y}_2 \cdot \left(v_{sn} - v_{tn} \right) \right] \cdot \frac{1}{\Delta} \qquad (2.48)$$

2.4.5.3 Representação monofásica de transformadores variadores de fase

2.4.5.3.1 Introdução

Os transformadores variadores de fase (*phase shifting transformers*), TVF ou, na notação inglesa, PST, desempenham papel preponderante na interligação de sistemas de vez que permitem variar a fase entre as barras terminais dos dois sistemas a serem interligados. Para analisar o princípio de funcionamento dos PST, seja uma linha na qual se desprezou a resistência série e as capacidades em derivação, isto é, a linha será simulada tão somente por sua reatância série, X_s, e $V_i \underline{|\theta_i}$ e $V_f \underline{|\theta_f}$ são as tensões de início e fim de linha, respectivamente. Assim:

$$\dot{I} = \frac{V_i \underline{|\theta_i} - V_f \underline{|\theta_f}}{jX_s}$$

$$\overline{S}_i = V_i \underline{|\theta_i} \cdot \dot{I}^* = V_i \underline{|\theta_i} \cdot \frac{V_i \underline{|-\theta_i} - V_f \underline{|-\theta_f}}{-jX_s} = \frac{V_i^2 - V_i \cdot V_f \underline{|\theta_i - \theta_f}}{-jX_s}$$

$$\overline{S}_i = \frac{jV_1^2 - jV_i \cdot V_f \cdot \cos\left(\theta_i - \theta_f\right) + V_i \cdot V_f \cdot \operatorname{sen}\left(\theta_i - \theta_f\right)}{X_s}$$

$$P_i = \frac{V_i \cdot V_f}{X_s} \operatorname{sen}\left(\theta_i - \theta_f\right) \qquad \text{e} \qquad Q_i = \frac{V_i \cdot V_f}{X_s}\left(\frac{V_i}{V_f} - \cos\left(\theta_i - \theta_f\right)\right).$$

Observa-se que, em se imprimindo, por algum dispositivo, uma variação no ângulo de fase α, produz-se a variação da potência transmitida pela linha, isto é, tal variação de fase permitirá o controle do fluxo de potência ativa pela interligação. Para melhor visualização do problema, será apresentado o Exemplo 2.9 a seguir.

Exemplo 2.9

Analisar o fluxo na linha de interligação entre os dois sistemas da Figura 2.30 quando do fechamento da interligação entre eles. São dados:

- Em vazio, o equivalente de Thévenin visto pela barra 2 tem f.e.m. 0,98 + 0,05j pu e impedância 0 + j0,02 pu.

- Em vazio, o equivalente de Thévenin visto pela barra 1 tem f.e.m. 1,03 + 0j pu e impedância 0 + j0,01 pu.

Representação de redes 137

- A impedância da carga suprida pela barra 1 é 0,5 + j 0,2 pu.

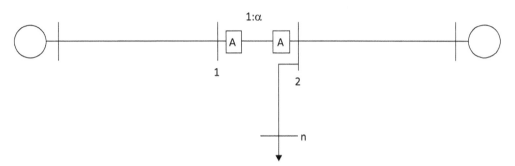

a) Diagrama unifilar da rede com a interligação aberta

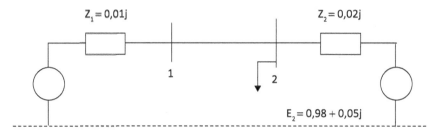

b) Circuito equivalente com a interligação fechada

Figura 2.30 – Rede para o Exemplo 2.9

Resolução

a) Interligação aberta

Corrente na carga:

$$\dot{i} = \frac{\dot{E}_2}{\overline{Z}_2 + \overline{Z}_C} = \frac{0,98 + j0,05}{0,5 + j0,22} = 1,8222\underline{|-18,88°}\text{ pu.}$$

Tensão na carga:

$$\dot{V}_{2A} = \dot{i} \cdot \overline{Z}_C = 1,8222\underline{|-18,88°} \cdot (0,5 + j0,22) = 0,9813\underline{|2,92°}\text{ pu.}$$

b) Interligação fechada

$$i \cdot \overline{Z}_C = \dot{E}_1 - \overline{Z}_1 \cdot \dot{i}_1 = \dot{E}_2 - \overline{Z}_2 \cdot \dot{i}_2$$

$$i \cdot \frac{\overline{Z}_C}{\overline{Z}_1} + i_1 = \frac{\dot{E}_1}{\overline{Z}_1}$$

$$i \cdot \frac{\overline{Z}_C}{\overline{Z}_2} + i_2 = \frac{\dot{E}_2}{\overline{Z}_2}$$

$$i \cdot \left(\frac{\overline{Z}_C}{\overline{Z}_1} + \frac{\overline{Z}_C}{\overline{Z}_2} + 1 \right) = \frac{\dot{E}_1}{\overline{Z}_1} + \frac{\dot{E}_2}{\overline{Z}_2}$$

$$i = \frac{\dot{E}_1 \cdot \overline{Z}_2 + \dot{E}_2 \cdot \overline{Z}_1}{\overline{Z}_C \cdot (\overline{Z}_1 + \overline{Z}_2) + \overline{Z}_1 \cdot \overline{Z}_2} = \frac{1,03 + j0,02 + (0,98 + j0,05) \cdot j0,01}{(0,5 + j0,2) \cdot j0,03 + j0,01 \cdot j0,02}$$

$$= 1,8732 \, \underline{|-21,51°} \; \text{pu}$$

$$i_1 = \frac{\dot{E}_1}{\overline{Z}_1} - i \cdot \frac{\overline{Z}_C}{\overline{Z}_1} = 2,1838 \, \underline{|-103,37°} \; \text{pu}$$

$$i_2 = \frac{\dot{E}_2}{\overline{Z}_2} - i \cdot \frac{\overline{Z}_C}{\overline{Z}_2} = 2,6680 \, \underline{|32,61°} \; \text{pu}$$

$$\dot{V}_1 = \dot{V}_2 = i \cdot \overline{Z}_C = 1,0087 \, \underline{|0,29°} \; \text{pu}.$$

Observa-se que nas condições do enunciado é impossível fechar-se a interligação, pois a corrente de circulação necessária à equalização das tensões é sobremodo grande.

c) Fechamento da interligação com i_2 nula

Tendo em vista fechar-se a interligação sem que a rede 1 injete potência na carga, será feita a interligação através de um transformador variador de fase cuja relação de espiras será determinada a seguir. Evidentemente, para que o circuito 1 não injete potência na carga, as tensões nas barras 1 e 2 deverão ser iguais, logo, a relação de espiras será:

$$\dot{\alpha} = \frac{\dot{v}_{2A}}{\dot{v}_{1A}} = \frac{0,9813 \, \underline{|2,92°}}{1,03} = 0,9527 \, \underline{|2,92°}.$$

Assim, variando-se a relação de espiras de modo conveniente, pode-se ajustar o fluxo de potência pelos dois circuitos.

Dentre os transformadores variadores de fase, destacam-se os tipos:
- transformadores diretos que se baseiam no uso de um único núcleo;
- transformadores indiretos que se baseiam na utilização de dois transformadores.

Além disso, os transformadores podem ainda ser:
- transformadores assimétricos, que criam uma tensão de saída com módulo e fase diferentes das de entrada;
- transformadores simétricos, que criam uma tensão de saída com módulo igual à de entrada, porém, com rotação de fase diferente.

Esses transformadores serão detalhados nos itens subsequentes.

2.4.5.3.2 Transformadores variadores de fase diretos assimétricos

Os transformadores variadores de fase diretos utilizam um único núcleo de ferro, do tipo envolvido, conforme a Figura 2.31.

Os 3 enrolamentos primários são ligados em triângulo, enquanto os secundários nas pernas A, B e C são ligados de forma que produzam os acréscimos de tensão $\Delta \dot{V}_C, \Delta \dot{V}_A$ e $\Delta \dot{V}_B$, respectivamente. Com esse modo de conexão associam-se duas bobinas que, genericamente, têm fases φ e $\varphi + 90°$.

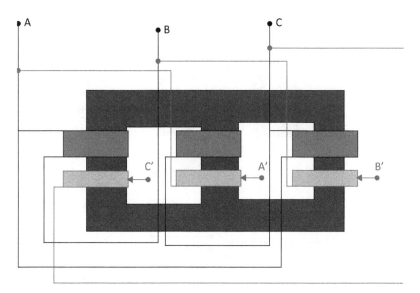

Figura 2.31 – Transformador variador de fase do tipo direto assimétrico (continua)

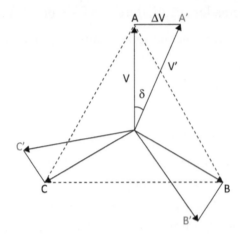

Figura 2.31 – Transformador variador de fase do tipo direto assimétrico (continuação)

Observa-se que a tensão de saída, V', é sempre maior que a de entrada, V, e sua fase está atrasada de δ em relação à tensão de entrada.

2.4.5.3.3 Transformadores variadores de fase diretos simétricos

O arranjo dos variadores de fase diretos simétricos é o mesmo que o do caso precedente, exceto pelo fato de que são utilizadas em cada perna do núcleo três bobinas que se associam com a entrada e com a saída, bobinas em quadratura, Figura 2.32.

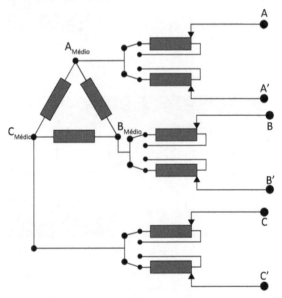

Figura 2.32 – Transformador variador de fase do tipo direto simétrico (continua)

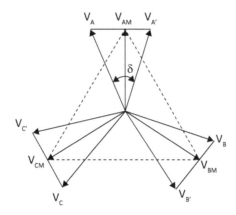

Figura 2.32 – Transformador variador de fase do tipo direto simétrico (continuação)

Observa-se que em cada uma das fases a tensão de entrada é ligada na bobina de tap variável, permitindo a excursão da tensão de entrada desde a posição V_A até a posição V_{AM}. Analogamente, a bobina de saída, de tap variável, permite a excursão desde V_A até V_{AM}. Desse modo, dobra-se o ângulo de rotação de fase e podem-se manter os módulos das tensões de entrada e saída iguais.

2.4.5.3.4 Transformadores variadores de fase indiretos

Nos variadores de fase indiretos o procedimento é análogo aos da seção precedente, exceto pelo fato de contar-se com dois transformadores.

2.4.5.3.5 Circuito equivalente dos transformadores variadores de fase

Os transformadores variadores de fase são representados por um autotransformador com relação de espiras complexa, $\bar{\alpha}:1$, e por sua impedância de dispersão, $\bar{z}$. O ramo de magnetização, como nos casos anteriores, é desprezado. A seguir, determinar-se-á um circuito π equivalente com impedância série $\bar{z}'$ e admitâncias de entrada e saída $\bar{y}_1'$ e $\bar{y}_2'$ que o represente, Figura 2.33.

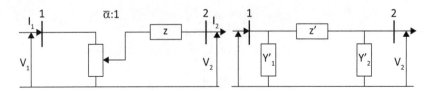

Figura 2.33 – Diagrama e circuito equivalente

Sendo $\bar{z}$ a impedância de dispersão do transformador, em pu, referida à tensão de base da barra 2 e à base de potência de base do sistema, e $\bar{\alpha}:1$ a relação de transformação, resulta:

$$\dot{v}_1 = \bar{\alpha} \cdot (\dot{v}_2 + \bar{z} \cdot \dot{i}_2) = \bar{\alpha} \cdot \dot{v}_2 + \bar{\alpha} \cdot \bar{z} \cdot \dot{i}_2$$
$$\dot{i}_1 = \frac{1}{\bar{\alpha}} \cdot \dot{i}_2 \qquad (2.49)$$

Para o circuito π equivalente, tem-se:

$$\dot{v}_1 = \dot{v}_2 + \bar{z}' \cdot (\dot{v}_2 \cdot \bar{y}_2' + \dot{i}_2) = \dot{v}_2 \cdot (1 + \bar{z}' \cdot \bar{y}_2') + \bar{z}' \cdot \dot{i}_2$$
$$\dot{i}_1 = \bar{y}_1' \cdot \dot{v}_1 + \bar{y}_2' \cdot \dot{v}_2 + \dot{i}_2 = (\bar{y}_1' + \bar{y}_2' + \bar{y}_1' \cdot \bar{y}_2' \cdot \bar{z}') \cdot \dot{v}_2 + (1 + \bar{y}_1' \cdot \bar{z}') \cdot \dot{i}_2 \qquad (2.50)$$

Havendo igualdade dos coeficientes das Equações (2.48) e (2.50), os dois circuitos serão equivalentes, logo:

$$\bar{\alpha} = 1 + \bar{z}' \cdot \bar{y}_2'$$
$$\bar{\alpha} \cdot \bar{z} = \bar{z}'$$
$$0 = \bar{y}_1' + \bar{y}_2' + \bar{y}_1' \cdot \bar{y}_2' \cdot \bar{z}' \qquad (2.51)$$
$$\frac{1}{\bar{\alpha}} = 1 + \bar{y}_1' \cdot \bar{z}'$$

ou seja:

$$\bar{z}' = \frac{1}{\bar{y}'} = \bar{\alpha} \cdot \bar{z}$$
$$\bar{y}_2' = \frac{\bar{\alpha} - 1}{\bar{z}'} = (\bar{\alpha} - 1) \cdot \bar{y}' \qquad (2.52)$$
$$\bar{y}_1' = \left(\frac{1}{\bar{\alpha}} - 1\right) \cdot \frac{1}{\bar{z}'} = -\frac{\bar{\alpha} - 1}{\bar{\alpha}} \cdot \frac{1}{\bar{z}'} = -\frac{\bar{y}_2'}{\bar{\alpha}}$$

Assim, para a determinação do circuito equivalente, deve-se referir a impedância de dispersão do transformador às bases utilizadas na rede suprida pelo seu secundário e determinar os parâmetros pelas equações em (2.52).

2.4.5.4 Transformadores de aterramento

2.4.5.4.1 Introdução

O aterramento de redes de transmissão é feito primordialmente nos alternadores que suprem a rede, usualmente ligados em estrela aterrada, e também nos transformadores com seus enrolamentos ligados em estrela. Esses pontos de aterramento garantem um caminho de retorno para as correntes que fluem para a terra nas cargas ou em pontos de defeito. Destaca-se que redes que derivam de transformadores com seus enrolamentos ligados em triângulo contam como única conexão à terra a da capacitância dos cabos de fase com a terra. O baixo valor dessa capacitância dará lugar a uma ligação de alta impedância e de baixa eficiência no caso de falhas envolvendo a terra. O aterramento dessas redes poderia ser feito utilizando-se transformadores, operando em vazio, com os enrolamentos do primário ligados em estrela aterrada e com os do secundário ligados em triângulo. Nesse tipo de conexão, estando o secundário em vazio, a única corrente que é absorvida da rede é a de magnetização do transformador. Entretanto, opta-se por utilizar transformadores em zigue-zague, que usualmente contam com um núcleo do tipo envolvido com três pernas e com seis bobinas que se ligam como a seguir:

- Fase A: liga-se com a bobina superior da primeira perna e com a inferior da terceira perna do núcleo.

- Fase B: liga-se com a bobina superior da segunda perna e com a inferior da primeira perna do núcleo.

- Fase C: liga-se com a bobina superior da terceira perna e com a inferior da segunda perna do núcleo.

Assim, seja o caso de uma rede suprida por um transformador em triângulo que conta com um transformador de aterramento em zigue-zague e com uma carga monofásica ligada entre a fase C e terra. A circulação de corrente, Figura 2.34, pelas bobinas superiores do transformador de aterramento e nos inferiores são iguais e opostas, logo, o fluxo em cada perna é nulo e a impedância resultante é muito pequena. Por outro lado, em se utilizando um transformador com primário em estrela aterrada, ter-se-ia fluxo nas três fases.

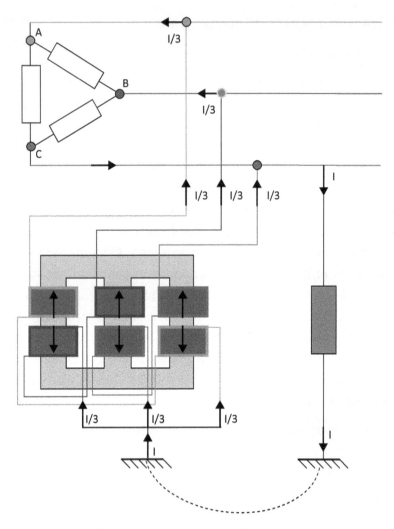

Figura 2.34 – Rede com carga monofásica e transformador de aterramento

2.4.5.4.2 Representação na rede

Na representação monofásica da rede não se representam os transformadores de aterramento, visto tratar-se de rede trifásica simétrica equilibrada e que a corrente de magnetização nos transformadores de aterramento zigue-zague é muito pequena, logo, é praticamente desprezível.

Na representação trifásica da rede o transformador de aterramento na ligação zigue-zague é simulado por três transformadores monofásicos, como ilustrado na Figura 2.35. Usualmente utiliza-se no aterramento resistência de 0,04 Ω para simular as perdas Joule nos enrolamentos.

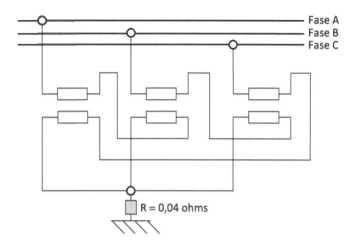

Figura 2.35 – Modelo do transformador de aterramento

2.4.6 SUPORTE REATIVO

2.4.6.1 Introdução

As redes de transmissão de energia contam com geração de potência reativa indutiva e capacitiva porque:

- os reativos indutivos são gerados, quando de circulação de corrente na linha, pelas perdas nas reatâncias série, isto é, $Q_{ind} = X \cdot I^2$;
- os reativos capacitivos são gerados pela tensão aplicada aos capacitores existentes entre as fases e entre fases e terra, isto é, $Q_{cap} = Y \cdot V^2$.

Assim, seja o caso de operação em vazio da linha de transmissão de 500 km do Exemplo 2.6. Seus parâmetros, em pu/km na base de 1000 MVA e 440 kV, são $\overline{z} = 0,000141 + 0,001587j$ e $\overline{y} = 0 + 0,001022j$ em pu/km. Utilizando-se o circuito π equivalente da Figura 2.36, com parâmetros determinados no Exemplo 2.6, procede-se como a seguir:

a) Adota-se na iteração 0 a tensão $\dot{V}_{Fim}^0$, um valor arbitrário, por exemplo, 1 pu com fase zero.

b) Calcula-se para a iteração "i" a corrente $\dot{I}_{12} = \dot{I}_{Fim} + \dot{V}_{Fim}^i \cdot \dfrac{\overline{Y}_{Eq}}{2}$.

c) Calcula-se para a iteração "$i+1$" a tensão $\dot{V}_{Fim}^{i+1} = \dot{I}_{12} \cdot \overline{Z}_{Eq} + \dot{V}_{Inic}$.

d) Verifica-se se a diferença entre as tensões obtidas na iteração i e $i+1$ é menor que a tolerância. Caso não seja, incrementa-se o contador de iterações e retorna-se ao passo b. Caso se tenha alcançado a convergência, encerra-se o procedimento iterativo e passa-se ao passo e.

e) Calcula-se a corrente e a potência complexa impressa na barra inicial.

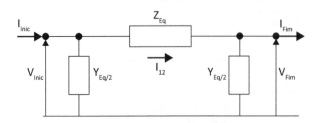

Figura 2.36 – Circuito π equivalente

Utilizando-se esse procedimento, obtiveram-se para as grandezas elétricas e para as potências envolvidas em cada elemento os valores apresentados nas Tabela 2.2(a) e 2.2(b):

Tabela 2.3(a) – Linha em vazio

Grandeza	Fim da linha	Início da linha
Corrente (pu)	0	$1,3978\lfloor 89,01°$
Tensão (pu)	$1,6428\lfloor -3,16°$	$1,0 + 0j$
Potência ativa (pu)	0	0,0524
Potência reativa (pu)	0	-1,3968
Potência aparente (pu)	0	1,3978

Tabela 2.3(b) – Balanço de potência para linha em vazio

Trecho	Potência ativa pu	Potência ativa MW	Potência reativa pu	Potência reativa MVAr
Carga	0,0000	0,0	0,0000	0,0
Ramo paralelo fim da LT	0,0045	4,5	-1,4279	-1.427,9
Ramo série	0,0463	4,63	0,5601	560,1
Ramo paralelo início da LT	0,0017	1,7	-0,5291	-529,1
Total	0,0525	52,5	-1,3969	-1.396,9

Representação de redes 147

Os valores alcançados, geração de -1.396,9 MVAr e tensão no fim da linha de 1,6428 pu, demonstram a inviabilidade de operação dessa linha em vazio e exigem a instalação de suporte reativo indutivo para a compensação dos reativos capacitivos gerados. A título de exemplo, assumindo-se carga no fim da linha de 0 + 500 j MVA, resultarão os valores de tensão e carregamento a seguir:

- Tensão no fim da linha: $1,0219 - 0,0031j = 1,0219 \underline{|- 0,1766^{\circ}}$ pu.

- Potência no início da linha: $0,00346 - 0,55884 j = 0,55885 \underline{|-86,645^{\circ}}$ pu.

Com a utilização de um reator no fim da linha, alcança-se o equilíbrio entre os reativos gerados pela capacitância existente na saída do circuito π equivalente e os absorvidos pelo reator. Por outro lado, os reativos produzidos pela capacitância no início da linha são absorvidos pelo gerador.

A seguir, com procedimento análogo, determinam-se as condições operativas da linha quando alimenta, em seus terminais, carga que absorve potência de 900 MW. Obtêm-se os valores apresentados nas Tabelas 2.3(a) e 2.3(b), pelos quais se observa que a tensão no fim da linha alcançou um valor razoável e que o gerador ainda está absorvendo 700 MVAr de potência reativa. Também neste caso o sistema necessita de suporte reativo.

Tabela 2.3(a) – Linha com carga de 900 + 0j MVA

Grandeza	Fim da linha	Início da linha
Corrente (pu)	$0,6955 \underline{| -33,99^{\circ}}$	$1,1944 \underline{| 36,276^{\circ}}$
Tensão (pu)	$1,2940 \underline{|-33,99^{\circ}}$	$1,0 + 0j$
Potência ativa (pu)	0,900	0,9630
Potência reativa (pu)	0	-0,7066
Potência aparente (pu)	0,900	1,1944

Tabela 2.3(b) – Balanço de potência para carga de 900 + 0 j MVA

Trecho	Potência ativa		Potência reativa	
	pu	MW	pu	MVAr
Carga	0,9000	900,0	0,0000	0,0
Ramo paralelo fim da LT	0,0028	2,8	-0,8860	-886,0
Ramo série	0,0585	58,5	0,7085	708,5
Ramo paralelo início da LT	0,0017	1,7	-0,5291	-529,1
Total	0,9630	963,0	-0,7066	-706,6

Do exemplo apresentado, observa-se a importância da existência de suporte reativo para a operação da rede. A compensação reativa pode ser feita por meio de elementos capacitivos ou indutivos instalados na linha em série ou em derivação.

2.4.6.2 Suporte reativo instalado em derivação

A seguir, analisar-se-á a instalação de suporte reativo em derivação. Assim, supor-se-á inserir um suporte reativo no fim da linha que vale K vezes o total da admitância capacitiva existente na linha. Destaca-se que $0 < K \leq 1,0$ corresponde à instalação de banco de capacitores e $-1 \leq K < 0$ corresponde à instalação de um reator. Supõe-se, ainda, que o elemento inserido é estático e que está ligado em estrela aterrada.

Numa primeira fase, assumir-se-á que a linha está operando em vazio, $I_{Fim} = 0$, e determinar-se-á o circuito equivalente correspondente ao conjunto do circuito π equivalente da linha e do suporte reativo inserido no fim da linha, Figura 2.37. A seguir, estabelecer-se-á, em função do valor K, a variação da tensão no fim da linha e da corrente no início da linha.

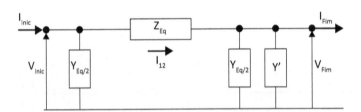

Figura 2.37 – Circuito ϖ equivalente da linha com suporte reativo

Para a linha em vazio e sem o suporte reativo, têm-se as equações:

$$\begin{aligned}
\dot{V}_{Inic} &= \dot{V}_{Fim} + \overline{Z}_{Eq} \cdot \frac{\overline{Y}_{Eq}}{2} \cdot \dot{V}_{Fim} = \left(1 + \overline{Z}_{Eq} \cdot \overline{Y}'_{Eq}\right) \cdot \dot{V}_{Fim} \\
\dot{I}_{Inic} &= \dot{V}_{Inic} \cdot \overline{Y}'_{Eq} + \dot{V}_{Fim} \cdot \overline{Y}'_{Eq} = \overline{Y}'_{Eq} \cdot \left(1 + \overline{Z}_{Eq} \cdot \overline{Y}'_{Eq}\right) \cdot \dot{V}_{Fim} + \dot{V}_{Fim} \cdot \overline{Y}'_{Eq} \quad (2.53)\\
&= \overline{Y}'_{Eq} \cdot \left(2 + \overline{Z}_{Eq} \cdot \overline{Y}'_{Eq}\right) \cdot \dot{V}_{Fim}
\end{aligned}$$

Inserindo-se o suporte reativo, a corrente que flui pela impedância equivalente será a soma da que flui pela capacidade de fim de linha com a do suporte reativo. Formalmente, tem-se

$$\dot{V}_{Inic} = \dot{V}'_{Fim} + \overline{Z}_{Eq} \cdot \left(\frac{\overline{Y}_{Eq}}{2} + \overline{Y}' \right) \cdot \dot{V}'_{Fim}$$

$$= \left[1 + \overline{Z}_{Eq} \cdot \left(\overline{Y}'_{Eq} + \overline{Y}' \right) \right] \cdot \dot{V}'_{Fim}$$

$$\dot{V}'_{Fim} = \frac{\dot{V}_{Inic}}{1 + \overline{Z}_{Eq} \cdot \left(\overline{Y}'_{Eq} + \overline{Y}' \right)} \qquad (2.54)$$

$$\dot{I}'_{Inic} = \overline{Y}'_{Eq} \cdot \dot{V}_{Inic} + \left(\overline{Y}'_{Eq} + \overline{Y}' \right) \cdot \dot{V}'_{Fim}$$

Utilizando-se as Equações (2.53) e (2.54), pode-se analisar a variação da tensão no fim da linha e a corrente no início da linha em função do suporte reativo. A título de exemplo, seja analisar a aplicação de suporte reativo na linha do Exemplo 2.6 com comprimento de 500 km e com tensão inicial de 1 pu (440 kV).

Na Tabela 2.4, apresentam-se os valores da tensão no fim da linha e da corrente no início da linha para potência do reator variável desde zero até o valor da admitância do ramo paralelo no fim da linha ($K = -0,5$) e até a compensação total dos reativos ($K = -1$). Por outro lado, na Figura 2.38, apresenta-se a variação do módulo da tensão no fim da linha e da corrente no início da linha para o fator K variável de -1,0 a 0.

Observa-se que, para $K = -0,5$, que corresponde a um reator que apresenta a mesma reatância indutiva da capacitiva do ramo paralelo do fim da linha, a tensão no fim da linha passa a ser 1,0 pu. Justifica-se esse fato pela observação de que nessa condição os reativos produzidos pela capacidade equivalente no fim da linha são iguais aos absorvidos pelo reator, e pela linha circula tão somente a componente resistiva da admitância de saída. Nessa condição, a geração absorve os reativos fornecidos pelo ramo capacitivo referente à capacidade equivalente de entrada. Na linha real, o reator absorve os reativos produzidos pela capacidade distribuída existente até o meio da linha, e o gerador absorve aqueles correspondentes à primeira metade da linha.

Tabela 2.4 – Efeito do suporte reativo

Fator K	Tensão no fim da linha (pu) Forma cartesiana	Módulo	Corrente no início da linha Forma cartesiana	Módulo
0,00	1,64028 - 0,09081j	1,64280	0,05245 + 1,39684j	1,39782
-0,10	1,45491 - 0,05759j	1,45605	0,02847 + 1,14485j	1,14521
-0,20	1,30672 - 0,03534j	1,30720	0,01507 + 0,94388j	0,94400
-0,30	1,18566 - 0,01997j	1,18582	0,00787 + 0,78001j	0,78005
-0,40	1,08495 - 0,00909j	1,08499	0,00444 + 0,64390j	0,64392
-0,50	0,99990 - 0,00124j	0,99990	0,00333 + 0,52910j	0,52911
-0,60	0,92714 + 0,00451j	0,92715	0,00369 + 0,43100j	0,43102
-0,70	0,86419 + 0,00876j	0,86424	0,00496 + 0,34622j	0,34626
-0,80	0,80922 + 0,01193j	0,80931	0,00680 + 0,27223j	0,27231
-0,90	0,76079 + 0,01430j	0,76093	0,00899 + 0,20710j	0,20729
-1,00	0,71782 + 0,01607j	0,71800	0,01137 + 0,14933j	0,14976

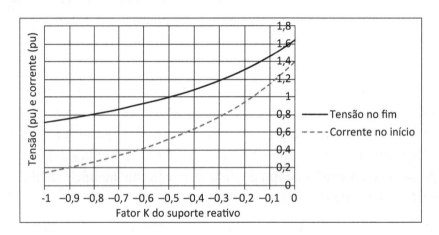

Figura 2.38 – Tensão e corrente em função da compensação

Por outro lado, aumentando o valor do reator no fim da linha (K variando de -0,5 até -1,0), observar-se-á a redução da tensão no fim da linha e a redução da corrente impressa. Em particular, quando a compensação for igual à capacitância da linha, $K = -1$, observa-se que o gerador está fornecendo potência dada por $(0,01137 - 0,14933j)\, 1\underline{|0^{\circ}} = 0,01137 - 0,14933j$ pu, isto é, está fornecendo 11,37 MW para suprir as perdas na linha e absorvendo 149,33 MVAr.

Para a análise da linha operando com carga, observa-se que, assumindo-se carga de potência ou corrente constantes para o cálculo da tensão no fim da linha, ter-se-á um processo iterativo. Evita-se esse procedimento assumindo-se que a carga é de impedância constante. O procedimento de cálculo é análogo ao da linha sem carga, exceto pelo fato de somar-se às admitâncias da linha e do suporte reativo aquela da carga. Na Figura 2.39 apresenta-se como varia a tensão no fim da linha em função de suporte reativo variando de zero até valor igual à da capacidade equivalente no fim da linha. Os valores de carga indicam a potência ativa da carga em MW (fator de potência unitário).

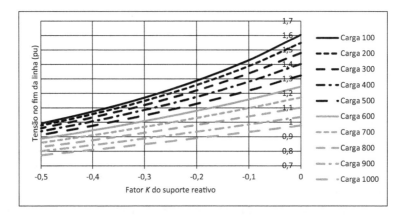

Figura 2.39 – Variação da tensão no fim da linha em função do carregamento e do suporte reativo

Na Figura 2.40, apresenta-se o suporte reativo a ser instalado em função da potência ativa da carga. Observa-se que, para cargas em torno de 950 MW, o suporte reativo deve ser nulo e, para cargas superiores a esse valor, o suporte reativo passa a ser capacitivo.

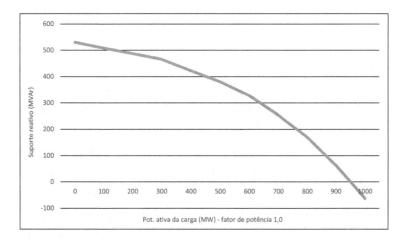

Figura 2.40 – Suporte reativo para garantir tensão de 1 pu no fim da linha

De quanto foi exposto, observa-se que o suporte reativo instalado no fim de uma linha deve variar continuamente com a carga suprida pela linha, podendo alcançar valores indutivos e capacitivos. Por outro lado, no início da linha o suporte reativo conveniente é fixo e igual ao valor da capacidade do π equivalente no começo da linha, eliminando-se, desse modo, a absorção de reativos pelo gerador que a supre.

Dentre os métodos de compensação reativa em derivação, destacam-se:

a) *Compensação reativa por banco de capacitores ou por reator fixo*: neste caso não se pode usufruir da variação dos reativos de compensação quando da variação das condições de carregamento da linha.

b) *Compensação reativa por máquina síncrona*: neste caso utiliza-se um motor síncrono, usualmente ligado em estrela aterrada, operando em vazio e controlando-se os reativos absorvidos ou injetados pela sua corrente de excitação, isto é, quando a excitação da máquina é tal que sua f.e.m. iguale a tensão nos seus terminais, a potência absorvida pelo motor corresponde tão somente às suas perdas e a injeção de reativos é nula. Aumentando ou reduzindo a corrente de excitação da máquina, sua f.e.m. aumenta ou diminui, passando a máquina a injetar ou absorver potência reativa.

c) *Compensadores de reativos estáticos controlados*: trata-se de equipamentos baseados na eletrônica de potência que são designados por *compensadores estáticos* ou, em inglês, por *Static Compensator* (STATCOM). Trata-se de dispositivo que é acoplado à rede através de um transformador que conta em seu secundário com um circuito inversor, constituído por tiristores do tipo *Insulated Gate Bipolar Transistor* (IGBT), que são alimentados por um capacitor. Seu diagrama esquemático está apresentado na Figura 2.41, na qual se destaca o transformador de acoplamento do STATCOM com a rede, sua impedância e o inversor, composto por sistema de tiristores acoplado ao banco de capacitores. Seu princípio de funcionamento pode ser resumido em: o conjunto de tiristores é o responsável pela geração de uma onda quase senoidal, V_0, que é injetada na rede através do transformador de acoplamento. Quando a tensão injetada está em fase com a tensão no ponto de instalação, não há intercâmbio de potência ativa e, quando seus módulos são iguais, o intercâmbio de potência reativa é nulo. Diminuindo-se o módulo, V_0, da tensão do STATCOM, a corrente flui do sistema para o compensador, ou seja, o compensador absorve potência reativa. E vice-versa, quando a tensão V_0 é maior que a da rede, o compensador injeta potência reativa na rede. Deste modo, pelo sistema de controle do inversor obtém-se um capacitor ou um indutor conectado à rede. O modo de representação desses componentes varia com a aplicação que está em uso, fluxo de potência ou curto-circuito, logo, deixa-se o detalhamento de sua representação para os capítulos subsequentes.

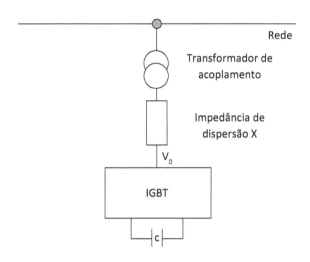

Figura 2.41 – Esquema de princípio do STATCOM

2.4.6.2 Suporte reativo instalado em série

A seguir, analisar-se-á a instalação de suporte reativo em série. Destaca-se que esse suporte deverá ser capacitivo, pois destinar-se-á a compensar a impedância série do circuito equivalente da linha. Assim, supor-se-á inserir um suporte reativo capacitivo no meio da linha que vale K vezes o total da reatância série total da linha. Assume-se que a carga no fim da linha é de impedância constante, logo, será representada por sua admitância, Y', e se determinará o circuito equivalente correspondente ao conjunto dos dois circuitos π equivalentes da linha e do suporte reativo inserido entre eles, nas barras 2 e 3 da Figura 2.42. A seguir será analisada a variação da tensão no fim da linha e da corrente no início da linha quando são variados o suporte reativo (fator K) e o valor da carga.

Para a solução será utilizado processo iterativo que conta com os passos a seguir, fazendo-se $Y_{Eq}/2 = Y'_{Eq}$ e Z_{Comp} o suporte reativo:

a) Fixa-se a tensão no fim da linha num valor arbitrário, 1 + 0 j pu, por exemplo.

b) Calcula-se a corrente $\dot{I}_{34} = \dot{V}_4 \cdot \left(\overline{Y}'_{Eq} + \overline{Y}' \right)$.

c) Calcula-se a tensão $\dot{V}_3 = \dot{V}_4 + \dot{I}_{34} \cdot \overline{Z}_{Eq}$.

d) Calcula-se a corrente $\dot{I}_{23} = \dot{V}_3 \cdot \overline{Y}'_{Eq} + \dot{I}_{34}$.

e) Calcula-se a tensão $\dot{V}_2 = \dot{V}_3 + \dot{I}_{23} \cdot \overline{Z}_{Comp}$.

f) Calcula-se a corrente $\dot{I}_{12} = \dot{V}_2 \cdot \overline{Y}'_{Eq} + \dot{I}_{23}$.

g) Calcula-se a tensão $\dot{V}_1 = \dot{V}_2 + \dot{I}_{12} \cdot \overline{Z}_{Eq}$.

h) Compara-se o valor da tensão, $\dot{V}_1$, com a especificada para o início da linha, $\dot{V}_{Início}$.

Caso a diferença seja maior que a tolerância especificada (0,0001), corrige-se o valor da tensão do fim da linha fazendo-se $\dot{V}_4^{k+1} = \dot{V}_4^k \cdot \dot{V}_{Início}/\dot{V}_1$ e retorna-se ao passo b. Encerra-se o processo iterativo quando a diferença entre o valor calculado da tensão no início da linha com o valor especificado for menor que a tolerância.

Destaca-se que há métodos mais eficientes de solução dessa rede, os quais serão objeto de capítulos subsequentes.

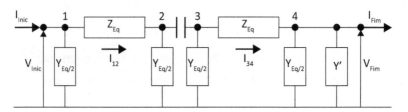

Figura 2.42 – Circuito da linha com suporte reativo série

A seguir, apresentam-se, para a linha operando em vazio, com cargas puramente resistivas e com cargas associadas a reator nos gráficos:

- Figura 2.43 (a): tensão no fim da linha;
- Figura 2.43 (b): potência ativa fornecida no início da linha;
- Figura 2.43 (c): potência reativa fornecida no início da linha.

Representação de redes 155

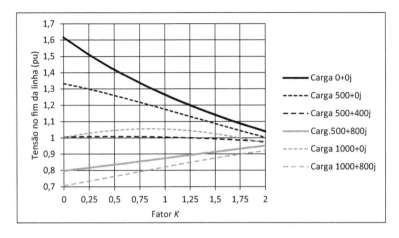

Figura 2.43 (a) – Tensão no fim da linha em função do carregamento e da compensação

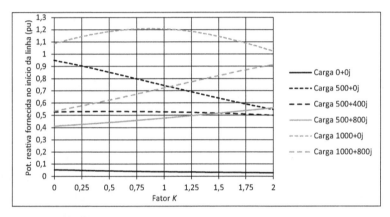

Figura 2.43 (b) – Potência ativa no início da linha em função da compensação

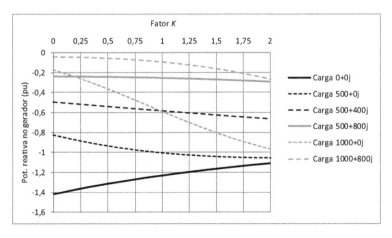

Figura 2.43 (c) – Potência reativa no início da linha em função da compensação

2.4.7 ELOS EM CORRENTE CONTÍNUA

Os elos em corrente contínua se caracterizam por apresentarem três blocos típicos:

- O bloco retificador no ponto em que o elo se origina. Este bloco é constituído por transformadores que suprem um conjunto de tiristores de potência (usualmente duas pontes hexafásicas de seis pulsos, perfazendo uma ponte de doze pulsos, por polo).

- A linha de transmissão em corrente contínua, que é constituída por um polo, elo com retorno por terra, ou dois polos, elo com ou sem retorno por terra. Destaca-se que a legislação brasileira proíbe a utilização do retorno por terra.

- O bloco de inversor no ponto que se conecta com a rede de transmissão em corrente alternada. Como o retificador, é constituído por dois transformadores defasados com conjunto de tiristores de potência.

Para melhor compreensão da operação dos elos em corrente contínua, proceder-se-á a análise sucinta do funcionamento dos blocos conversores AC-DC, retificador e inversor. Inicia-se pelo bloco básico de retificação, ponte retificadora de seis pulsos, que é utilizado nos conversores comutados e, por facilidade de análise, serão utilizados inicialmente diodos de potência ao invés de tiristores, Figura 2.44. Na Figura 2.45, apresentam-se as tensões trifásicas fornecidas pela fonte de suprimento e os intervalos de condução de cada diodo. Observa-se que cada diodo conduz, em cada ciclo, durante um período de tempo dado por $\omega t_{Cond} = 2\pi/3$. Da figura observa-se que, no instante $t = 0$, estão conduzindo os diodos D5 e D6 e que sucessivamente, nos instantes $\omega t = \pi/6$, $3\pi/6$, $5\pi/6$, $7\pi/6$, $9\pi/6$ e $11\pi/6$, começam a conduzir os diodos D1, D2, D3, D4, D5 e D6, respectivamente.

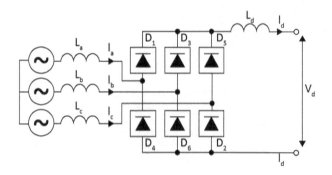

Figura 2.44 – Ponte retificadora a diodos

Representação de redes

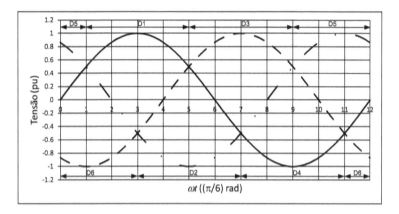

Figura 2.45 – Intervalos de condução durante um ciclo

O valor da tensão de corrente contínua em vazio é obtido calculando-se o valor médio da tensão num intervalo de condução, Figura 2.46, isto é:

$$U_{Dio} = \frac{1}{\pi/3} \int_{-\pi/6}^{\pi/6} E_{Max} \cos \omega t \, d(\omega t) = \frac{3}{\pi} \int_{-\pi/6}^{\pi/6} \sqrt{2} \, E_{Ef} \cos \omega t \, d(\omega t)$$

$$U_{Dio} = \frac{3\sqrt{2}}{\pi} E_{Ef} \left| sen \; \omega t \right|_{-\pi/6}^{\pi/6} \qquad (2.55)$$

$$U_{Dio} = \frac{3\sqrt{2}}{\pi} E_{Ef} \left(\frac{1}{2} + \frac{1}{2} \right) = \frac{3\sqrt{2}}{\pi} E_{Ef}$$

Observa-se que a alimentação dos elos em corrente contínua é feita através de um transformador a partir de uma barra de geração. Assim, sendo N_1 e N_2 o número de espiras do primário e do secundário do transformador, e sendo U_{Sup} a tensão na barra de geração, a tensão no diodo será:

$$U_{Dio} = U_{Ef} \frac{N_2}{N_1} \cdot \frac{3\sqrt{2}}{\pi} \qquad (2.56)$$

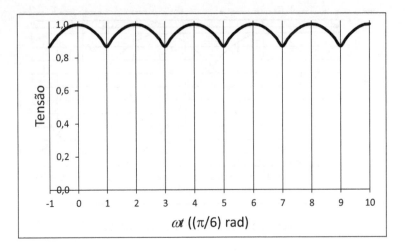

Figura 2.46 – Valor médio da tensão de corrente contínua para retificador de seis pulsos

Destaca-se que a comutação não é instantânea, mas, devido à reatância de comutação, há um recobrimento da tensão, "overlap", e a forma de onda da tensão é a apresentada na Figura 2.47, onde o ângulo de overlap é representado por μ.

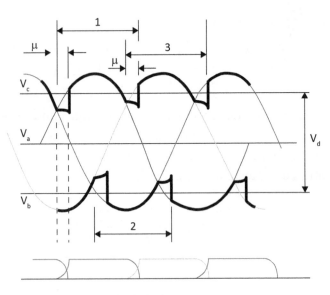

Figura 2.47 – Recobrimento na comutação

Observa-se que, ao utilizar diodos, o valor de tensão de corrente continua poderá ser variado tão somente por meio da mudança do tap dos transformadores. Aumenta-se a faixa de variação dessa tensão pelo uso de tiristores, em que o início da condução é controlado por um pulso de disparo e o período de condução extingue-se quando o tiristor subsequente for disparado. Na Figura 2.48, apresenta-se a forma de onda resultante quando o ângulo de disparo está fixado em α. Destaca-se que, por uma melhor visualização, omitiu-se o ângulo de overlap, μ.

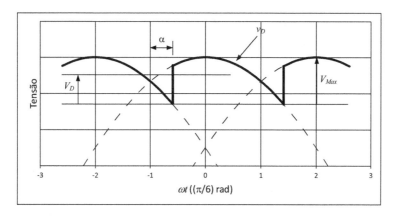

Figura 2.48 – Forma de onda com ângulo de disparo α

Para o cálculo da tensão de corrente contínua quando se está operando com ângulo α, tem-se:

$$V_D = \frac{V_{Máx}}{\frac{\pi}{3}} \int_{-\frac{\pi}{6}+\alpha}^{\frac{\pi}{6}+\alpha} \cos(\omega t) d(\omega t) = \frac{3\sqrt{2}}{\pi} V_{Ef} \int_{-\frac{\pi}{6}+\alpha}^{\frac{\pi}{6}+\alpha} \cos(\omega t) d(\omega t)$$

$$V_D = \frac{3\sqrt{2}}{\pi} V_{Ef} \left| sen(\omega t) \right|_{-\frac{\pi}{6}+\alpha}^{\frac{\pi}{6}+\alpha} = \frac{3\sqrt{2}}{\pi} V_{Ef} \left[sen(\frac{\pi}{6}+\alpha) - sen(-\frac{\pi}{6}+\alpha) \right] \quad (2.57)$$

$$= \frac{3\sqrt{2}}{\pi} V_{Ef} \left[sen(\frac{\pi}{6}+\alpha) + sen(\frac{\pi}{6}-\alpha) \right] = \frac{3\sqrt{2}}{\pi} V_{Ef} \cos\alpha$$

$$U_d = U_{Dio} \cos\alpha = \frac{N_2}{N_1} \cdot \frac{3\sqrt{2}}{\pi} U_{Sup} \cos\alpha$$

Observa-se que o ângulo de disparo pode variar de 0 a 90°, que corresponde à variação da tensão de corrente contínua desde seu valor máximo até 0.

O tratamento do inversor é análogo ao do retificador, e o ângulo de disparo passa a ser designado por ângulo de extinção γ.

Em operação há uma queda de tensão indutiva, dx_N, e uma queda de tensão resistiva, dr_N, que são expressas em porcentagem da tensão nominal, U_{DioN}, e da corrente nominal, I_{DN}. Além disso, há uma queda de tensão na válvula, ΔU_{Valve}, que é positiva para o inversor e negativa para o retificador. Havendo conversores iguais, de seis pulsos, ligados em série a tensão de corrente continua será a de um conversor multiplicada pelo número, K, de conversores em série.

O detalhamento do equacionamento dos conjuntos retificador e inversor foge ao escopo deste livro, logo, não será feito. Assim, serão apresentadas a seguir tão somente as equações para o conversor a tiristores, *Line Commutated Converter* (LCC).

a) Para o retificador

A tensão é dada por

$$U_{d,Retif} = K \cdot U_{Dio} \cdot \left[\cos\alpha - (dx_N + dr_N) \cdot \frac{I_d}{I_{dN}} \cdot \frac{U_{DioN}}{U_{Dio}} \right] - K \cdot \Delta U_{Valve} \quad (2.58)$$

O ângulo de overlap, μ, é calculado a partir de:

$$\cos(\alpha + \mu) = \cos\alpha + 2dx_N \cdot \frac{I_d}{I_{dN}} \cdot \frac{U_{dioN}}{U_{dio}} \quad (2.59)$$

O ângulo de disparo, α, deve estar compreendido na faixa:

$$\alpha_{Min} \leq \alpha \leq \pi - \gamma_{Min} - \mu \quad (2.60)$$

A potência ativa é dada por:

$$P_L = V_d \cdot I_d + K \cdot I_d \left(dr_N \frac{I_d}{I_{dN}} \cdot U_{DioN} + \Delta_{Valve} \right) \quad (2.61)$$

A potência reativa é dada por:

$$Q_L = K \cdot \chi_{Ret} U_{Dio} I_d \quad (2.62)$$

Onde o fator de potência reativo, χ_{Ret}, é dado por:

$$\chi_{Ret} = \frac{2\mu + \operatorname{sen} 2\alpha - \operatorname{sen} 2(\alpha + \mu)}{4\left[\cos\alpha - \cos(\alpha + \mu) \right]} \quad (2.63)$$

b) Para o inversor

A tensão é dada por

$$U_{d,Inver} = K \cdot U_{Dio} \cdot \left[\cos \gamma - (dx_N - dr_N) \frac{I_d}{I_{dN}} \cdot \frac{U_{DioN}}{U_{Dio}} \right] + K \cdot \Delta U_{Valve} \quad (2.64)$$

O ângulo de overlap, μ, é calculado a partir de:

$$\cos(\gamma + \mu) = \cos \gamma - 2dx_N \frac{I_d}{I_{dN}} \cdot \frac{U_{dioN}}{U_{dio}} \quad (2.65)$$

O ângulo de extinção, γ, deve estar compreendido na faixa:

$$\gamma_{Min} \leq \gamma \leq \pi - \alpha_{Min} - \mu \quad (2.66)$$

A potência ativa é dada por:

$$P_L = V_d I_d - K \cdot I_d \left(dr_N \frac{I_d}{I_{dN}} \cdot U_{DioN} + \Delta_{Valve} \right) \quad (2.67)$$

A potência reativa é dada por:

$$Q_L = K \cdot \chi \cdot U_{Dio} \cdot I_d \quad (2.68)$$

onde o fator de potência reativo, χ_{Inv}, é dado por:

$$\chi_{Inv} = \frac{2\mu + \text{sen}2\gamma - \text{sen}2(\gamma + \mu)}{4\left[\cos \gamma - \cos(\gamma + \mu) \right]} \quad (2.69)$$

Usualmente contam com arranjo de doze pulsos no qual duas pontes de seis pulsos são ligadas em série, conforme ilustrado na Figura 2.49.

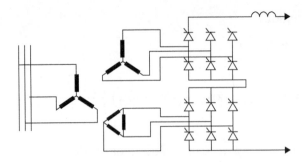

Figura 2.49 – Arranjo de doze pulsos do bloco retificador

Há três configurações usuais dos elos em corrente contínua, quais sejam:

a) Configuração monopolar, Figura 2.50 (a): nesta configuração o elo de corrente contínua conta com um único condutor, que usualmente é o polo negativo, pelo qual se faz o retorno da corrente que flui para o inversor pela terra. Nesta configuração conta-se tão somente com um conjunto de válvulas retificadoras e um de inversoras.

b) Configuração bipolar, Figura 2.50 (b): nesta configuração o elo de corrente contínua conta com dois condutores que representam o polo positivo e o negativo e não há retorno por terra, exceção feita a correntes de desequilíbrio. Retificador e inversor contam com dois transformadores por polo e dois conjuntos iguais de válvulas cujo ponto de junção é aterrado. Destaca-se que a corrente que flui pelos dois polos é igual, logo, não há retorno pela terra.

c) Configuração homopolar, Figura 2.50 (c): esta configuração é análoga à anterior, exceto pelo fato de que os dois polos da linha são de mesma polaridade e pela terra retorna o dobro da corrente que flui por eles.

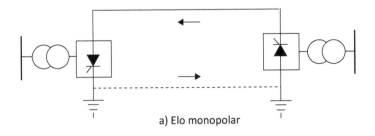

a) Elo monopolar

Figura 2.50 – Configurações dos elos em corrente contínua (continua)

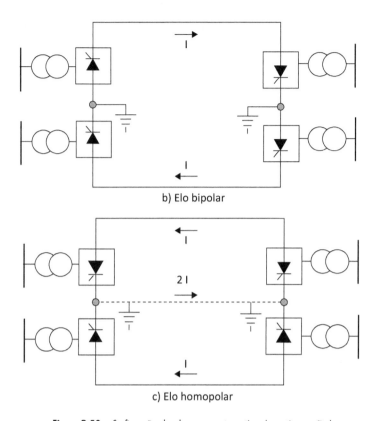

Figura 2.50 — Configurações dos elos em corrente contínua (continuação)

REFERÊNCIAS

ARRILLAGA, J.; ARNOLD, C. P. *Computer analysis of power systems*. New York: J. Wiley & Sons, 1990.

EPRI – ELECTRIC POWER RESEARCH INSTITUTE. *Transmission Line Reference Book – 345 kV and above*. 2nd edition. Palo Alto, 1982.

HEDMAN, D. E.; MOUNTFORD, J. D. Travelling wave terminal simulation by equivalent circuit. *IEEE Transactions on Power Apparatus and Systems*, v. PAS-90, Issue 6, p. 2451-2459, 1971.

KERSTING, W. H.; PHILLIPS, W. H.; CARR, W. A New Approach to Modeling Three-Phase Transformer Connections. *IEEE Transactions on Industry Applications*, v. 35, n. 1, p. 169-175, Jan./Feb. 1999.

KIMBARK, E. W. *Direct Current Transmission*. New York: J. Wiley & Sons, 1971.

OKON, T.; WILKOSZ, K. Phase shifter models for steady state analysis. In: *17th International Scientific Conference on Electric Power Engineering (EPE)*, 2016, p. 1-6.

OLIVEIRA, C. C. B. *et al. Introdução a sistemas elétricos de potência – componentes simétricas*. 2. ed. São Paulo: Blucher, 2000.

ORSINI, L. Q.; CONSONNI, D. *Curso de circuitos elétricos*. 2. ed. São Paulo: Blucher, 2002.

SHEN, M.; INGRATTA, L.; ROBERTS, G. Grounding Transformer Application, Modeling, and Simulation. In: *2008 IEEE Power and Energy Society General Meeting – Conversion and Delivery of Electrical Energy in the 21st Century*, 2008, p. 1-8.

CAPÍTULO 3
MATRIZES DE REDES DE TRANSMISSÃO DE ENERGIA

3.1 INTRODUÇÃO

Conforme mencionado anteriormente, o objetivo final deste livro é o estudo de redes de transmissão da energia elétrica em regime permanente e quando da ocorrência de defeitos, como curto-circuitos. Esses estudos visam a determinação de:

- tensões nos nós da rede e das correntes nos ramos da rede quando operando em regime permanente (*estudo de fluxo de potência*);

- correntes nos ramos da rede quando da ocorrência de um defeito, curto--circuito, em alguma das barras da rede (*estudo de curto-circuito*).

É bem sabido que nesses estudos as redes a serem analisadas contam com um número muito grande de barras, impondo que os estudos sejam realizados por computadores digitais, os quais, por sua vez, exigem uma sistematização na formulação dos sistemas de equações que somente é alcançada por meio de tratamento matricial. Assim, este capítulo será dedicado à fixação dos elementos primordiais das redes, quais sejam:

- Matrizes de impedância e admitância dos elementos das redes primitivas que irão representar os componentes do sistema: linhas de transmissão, transformadores etc.

- Matrizes de admitância e impedância nodal que permitirão o equacionamento das redes, bem como serão analisadas as técnicas referentes às operações a serem realizadas nas redes.

Por fim, aborda-se a construção de redes equivalentes (reduzidas) cujo objetivo principal é facilitar a análise de problemas localizados em redes de grande porte sob os aspectos de queda de tensão, carregamento e perdas.

3.2 REDES PRIMITIVAS

3.2.1 REDES PRIMITIVAS SEM MÚTUAS

Na Figura 3.1, estão apresentados, na forma de impedância e de admitância, os elementos componentes dos ramos de ligação das redes. O elemento representado não está acoplado a elemento algum da rede, isto é, na rede não há mútuas entre os elementos. Em outras palavras, em se tratando de uma rede trifásica, estar-se-ia analisando-a por um modelo de rede monofásica. Aplicando-se a Lei de Ohm ao elemento, Figura 3.1(a), resulta:

$$\dot{v}_{pq} - \dot{e}_{pq} = \dot{i}_{pq} \cdot \overline{z}_{pq} \qquad (3.1)$$

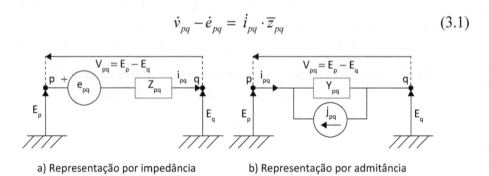

a) Representação por impedância   b) Representação por admitância

Figura 3.1 – Circuito equivalente dos elementos da rede

Por outro lado, dividindo-se ambos os membros da Equação (3.1) por $\overline{z}_{pq}$, tem-se:

$$\frac{v_{pq}}{\overline{z}_{pq}} - \frac{\dot{e}_{pq}}{\overline{z}_{pq}} = \dot{i}_{pq}$$

Matrizes de redes de transmissão de energia

Fazendo-se:

$$\overline{y}_{pq} = \frac{1}{\overline{z}_{pq}} \quad \text{que representa a admitância do ramo "pq"}$$

$$\dot{j}_{pq} = \frac{\dot{e}_{pq}}{\overline{z}_{pq}} \quad \text{que representa o gerador de corrente constante} \atop \text{em paralelo com "pq"}$$

resulta:

$$\dot{i}_{pq} + \dot{j}_{pq} = \overline{y}_{pq} \cdot \dot{v}_{pq} \tag{3.2}$$

A Equação (3.2) exprime a relação entre a tensão e a corrente num ramo de circuito em termos de admitância.

No caso de ter-se uma rede com n elementos, pode-se escrever para cada um deles uma equação análoga à Equação (3.1) ou à Equação (3.2) e obtém-se um sistema de n equações a $2n$ incógnitas, n tensões e n correntes. A partir desse sistema de equações em sendo fornecidos n elementos, tensões ou correntes, podem-se determinar os restantes. Evidentemente a potência que flui pelo elemento é dada por:

$$p_{pq} + jq_{pq} = \dot{v}_{pq} \dot{i}_{pq}^{*} = (\dot{E}_{p} - \dot{E}_{q}) \cdot \dot{i}_{pq}^{*}$$

Neste caso pode-se representar o conjunto de equações pela equação matricial:

$\dot{v}_{12}$		$\dot{e}_{12}$		$\overline{z}_{12}$	...	0	...	0		$\dot{i}_{12}$
...		...		...	...	...	...	...		...
$\dot{v}_{pq}$	$+$	$\dot{e}_{pq}$	$=$	0	...	$\overline{z}_{pq}$	...	0	$\cdot$	$\dot{i}_{pq}$
...		...		...	...	...	...	...		...
$\dot{v}_{nk}$		$\dot{e}_{nk}$		0	...	0	...	$\overline{z}_{nk}$		$\dot{i}_{nk}$

ou: $[v] + [e] = [z] \cdot [i]$ e, no caso de admitâncias, será $[i] + [j] = [y] \cdot [v]$.

Exemplo 3.1

Uma carga equilibrada é suprida na barra 3 por duas linhas trifásicas, Figura 3.2.

Conhecendo-se:

- a impedância de sequência direta da linha 1-3: $5,671\underline{|85°}$ pu;
- a impedância de sequência direta da linha 2-3: $10,208\underline{|85°}$ pu;
- as tensões, em pu, nas três barras: $\dot{v}_1 = 1\underline{|0}$ pu, $\dot{v}_2 = 1,03\underline{|1°}$ pu, $\dot{v}_3 = 0,98\underline{|-1°}$ pu;
- os valores de base: 100 MVA e 220 kV,

pede-se a potência, em MVA, fornecida à carga.

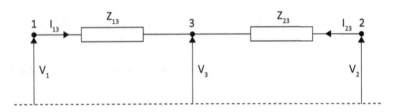

Figura 3.2 – Rede para o Exemplo 3.1

Utilizando-se a representação por admitâncias, tem-se:

$$\overline{y}_{13} = \frac{1}{\overline{z}_{13}} = 0,1763\underline{|-85°} \text{ pu} \quad \text{e} \quad \overline{y}_{23} = \frac{1}{\overline{z}_{23}} = 0,0980\underline{|-85°} \text{ pu}$$

$$\dot{v}_{13} = 1\underline{|0} - 0,98\underline{|-1°} = 0,026429\underline{|40,33°} \text{ pu}$$
$$\dot{v}_{23} = 1,03\underline{|1°} - 0,98\underline{|-1°} = 0,061072\underline{|35,06°} \text{ pu}$$

Logo:

$$\left[\begin{array}{c} \dot{i}_{13} \\ \dot{i}_{23} \end{array}\right] = \left[\begin{array}{cc} \overline{y}_{13} & 0 \\ 0 & \overline{y}_{23} \end{array}\right] \cdot \left[\begin{array}{c} \dot{v}_{13} \\ \dot{v}_{23} \end{array}\right]$$

$$= \left[\begin{array}{cc} 0,1763\underline{|-85°} & 0 \\ 0 & 0,0980\underline{|-85°} \end{array}\right] \cdot \left[\begin{array}{c} 0,026429\underline{|40,33°} \\ 0,061072\underline{|35,06°} \end{array}\right]$$

$$= \left[\begin{array}{c} 0,0046595\underline{|-44,67°} \\ 0,0059851\underline{|-49,94°} \end{array}\right]$$

Finalmente:

$$\dot{i}_3 = \dot{i}_{13} + \dot{i}_{23} = 0,010634\underline{|-47,64°}$$

$$\overline{s}_3 = \dot{v}_3 \dot{i}_3^* = 0,98\underline{|-1°} \cdot 0,010634\underline{|47,64°} = 0,01421\underline{|46,64°}$$

$$= (0,007155 + j0,007576) \text{ pu}$$

$$\overline{S}_3 = \overline{s}_3 \cdot S_b = (0,7155 + j0,7576) \text{ MVA}$$

3.2.2 REDES PRIMITIVAS COM INDUTÂNCIAS MÚTUAS

No capítulo precedente, foi feita uma revisão sucinta da definição de indutância mútua e das convenções de sinais adotadas.

Na Figura 3.3, apresentam-se dois elementos, *pq* e *kr*, que contam com f.e.m. em série, $\dot{e}_{pq}$ e $\dot{e}_{kr}$, impedâncias série, $\overline{z}_{pq}$ e $\overline{z}_{kr}$, e estão acoplados por uma impedância mútua, $\overline{z}_{pq\_kr}$.

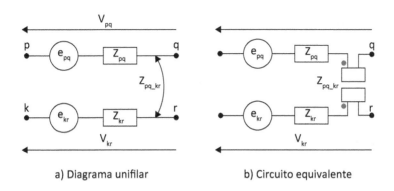

a) Diagrama unifilar   b) Circuito equivalente

Figura 3.3 – Dois elementos com mútuas

As equações dos dois elementos são:

$$\begin{aligned}\dot{v}_{pq} - \dot{e}_{pq} &= \overline{z}_{pq} \dot{i}_{pq} + \overline{z}_{pq\_kr} \dot{i}_{kr} \\ \dot{v}_{kr} - \dot{e}_{kr} &= \overline{z}_{kr} \dot{i}_{kr} + \overline{z}_{pq\_kr} \dot{i}_{pq}\end{aligned} \qquad (3.3)$$

Matricialmente, resulta:

$$\begin{array}{|c|}\hline \dot{v}_{pq} \\ \hline \dot{v}_{kr} \\ \hline \end{array} - \begin{array}{|c|}\hline \dot{e}_{pq} \\ \hline \dot{e}_{kr} \\ \hline \end{array} = \begin{array}{|c|c|}\hline \overline{z}_{pq} & \overline{z}_{pq\_kr} \\ \hline \overline{z}_{pq\_kr} & \overline{z}_{kr} \\ \hline \end{array} \cdot \begin{array}{|c|}\hline \dot{i}_{pq} \\ \hline \dot{i}_{kr} \\ \hline \end{array}$$

Para se obter a formulação em termos de admitâncias, pré-multiplicam-se ambos os membros da equação matricial pela inversa da matriz de impedâncias, isto é, sendo:

$$\left[\begin{array}{c|c} \overline{y}_{pq} & \overline{y}_{pq\_kr} \\ \hline \overline{y}_{pq\_kr} & \overline{y}_{kr} \end{array}\right] = \left[\begin{array}{c|c} \overline{z}_{pq} & \overline{z}_{pq\_kr} \\ \hline \overline{z}_{pq\_kr} & \overline{z}_{kr} \end{array}\right]^{-1}$$

e fazendo-se

$$\left[\begin{array}{c} \dot{j}_{pq} \\ \hline \dot{j}_{kr} \end{array}\right] = \left[\begin{array}{c|c} \overline{y}_{pq} & \overline{y}_{pq\_kr} \\ \hline \overline{y}_{pq\_kr} & \overline{y}_{kr} \end{array}\right] \cdot \left[\begin{array}{c} \dot{e}_{pq} \\ \hline \dot{e}_{kr} \end{array}\right]$$

resulta:

$$\left[\begin{array}{c} \dot{i}_{pq} \\ \hline \dot{i}_{kr} \end{array}\right] + \left[\begin{array}{c} \dot{j}_{pq} \\ \hline \dot{j}_{kr} \end{array}\right] = \left[\begin{array}{c|c} \overline{y}_{pq} & \overline{y}_{pq\_kr} \\ \hline \overline{y}_{pq\_kr} & \overline{y}_{kr} \end{array}\right] \cdot \left[\begin{array}{c} \dot{v}_{pq} \\ \hline \dot{v}_{kr} \end{array}\right]$$

Genericamente, sendo:

$[i]$ – vetor das correntes nos elementos;

$[j]$ – vetor dos geradores de corrente em paralelo com os elementos;

$[y]$ – matriz dos elementos contando com as admitâncias próprias e mútuas;

$[v]$ – vetor das tensões dos elementos,

tem-se a equação matricial dos elementos da rede:

$$[i] + [j] = [y] \cdot [v] \tag{3.4}$$

3.3 MATRIZ DE ADMITÂNCIAS DE REDES COM REPRESENTAÇÃO MONOFÁSICA

3.3.1 INTRODUÇÃO: CONVENÇÕES

Inicialmente serão definidos os termos utilizados e serão apresentadas as convenções de sinais adotadas. Assim, define-se (Figura 3.4):

- *Barra*: entende-se por barra o ponto de junção de dois ou mais trechos. Evidentemente a barra nada mais é do que um nó do circuito.

- *Barra de referência*: é uma barra que pertence ou não à rede, em relação à qual são medidas todas as tensões das demais barras da rede, isto é, é a barra à qual são referidas todas as tensões das barras.

As convenções adotadas dizem respeito às tensões das barras e às correntes injetadas nas barras (correntes impressas). Assim:

- *Corrente*: considera-se positiva a corrente impressa que entra numa barra.
- *Tensão*: consideram-se positivas as tensões medidas de uma barra qualquer para a barra de referência.

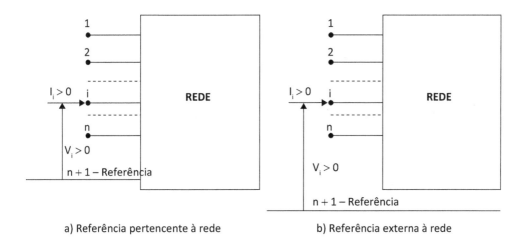

a) Referência pertencente à rede   b) Referência externa à rede

Figura 3.4 – Convenções de sinais

3.3.2 DEFINIÇÃO DA MATRIZ DE ADMITÂNCIAS NODAIS

Para a definição das admitâncias de entrada e de transferência da matriz de admitâncias nodais, alimenta-se uma barra genérica, barra j, com gerador de tensão constante e ligam-se as demais barras k ($k = 1, 2,.... n$ e $k \neq j$) em curto-circuito com a barra de referência, Figura 3.5, e define-se:

- A admitância de entrada da barra j em curto-circuito é a relação entre a corrente impressa nessa barra e a tensão do gerador que a produziu. Formalmente, tem-se:

$$\overline{Y}_{jj} = \frac{\dot{I}_j}{\dot{E}_j} \qquad (3.5)$$

- A admitância de transferência em curto-circuito da barra j para a k é a relação entre a corrente impressa na barra k e a tensão aplicada à barra j. Formalmente, tem-se:

$$\overline{Y}_{jk} = \frac{\dot{I}_k}{\dot{E}_j} \qquad (3.6)$$

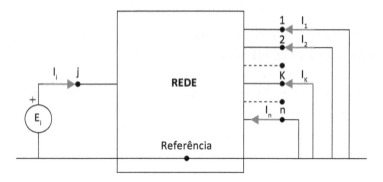

Figura 3.5 – Rede para definição da matriz de admitâncias nodais

Sendo a rede constituída por bipolos lineares passivos, pelo teorema da reciprocidade resulta:

$$\overline{Y}_{jk} = \overline{Y}_{kj} \qquad (3.7)$$

No caso de uma rede com n barras na qual a referência foi tomada numa das barras da rede, ter-se-á:

- $(n-1)$ admitâncias de entrada;
- $(n-1)^2 - (n-1) = (n-1)(n-2)$ admitâncias de transferência, que, pela Equação (3.7), tornam-se $(n-1)(n-2)/2$.

Seja o caso de uma rede com n barras, sendo que de um ponto qualquer externo à rede se conectem n geradores, um a cada uma das barras da rede. Evidentemente, no caso da referência interna à rede, ter-se-iam $(n-1)$ geradores. Sejam $\dot{E}_1$, $\dot{E}_2$, ..., $\dot{E}_j$, ... $\dot{E}_n$ as f.e.m. dos geradores e $\dot{I}_1$, $\dot{I}_2$, ..., $\dot{I}_j$, ... $\dot{I}_n$ as correspondentes correntes impressas. Para a resolução da rede, aplicar-se-á o teorema da superposição, isto é: "*A resposta de uma rede linear a várias*

Matrizes de redes de transmissão de energia

excitações simultâneas é igual à soma das respostas devidas a cada uma das excitações agindo isoladamente". Assim, haverá n circuitos independentes a serem resolvidos em que em cada um deles manteve-se somente um gerador, gerador que excita a barra j, e curto-circuitaram-se os restantes $(n-1)$ geradores. Nessas condições, pelas definições de admitância de entrada e de transferência, se terá para a rede j as equações:

$$\dot{I}_{1(j)} = \overline{Y}_{ij}\dot{E}_j$$
$$\dot{I}_{2(j)} = \overline{Y}_{2j}\dot{E}_j$$
$$\dots\dots\dots\dots\dots \qquad j = 1,\ 2,\ \dots\ ,\ n$$
$$\dot{I}_{j(j)} = \overline{Y}_{jj}\dot{E}_j \tag{3.8}$$
$$\dots\dots\dots\dots$$
$$\dot{I}_{n(j)} = \overline{Y}_{nj}\dot{E}_j$$

Variando-se o índice j de 1 a n e somando-se as correntes impressas em cada barra, obtêm-se as equações:

$$\dot{I}_1 = \sum_{j=1}^{n}\dot{I}_{1(j)} = \sum_{j=1}^{n}\overline{Y}_{1j}\dot{E}_j = \overline{Y}_{11}\dot{E}_1 + \overline{Y}_{12}\dot{E}_2 + \dots + \overline{Y}_{1n}\dot{E}_n$$

$$\dot{I}_2 = \sum_{j=1}^{n}\dot{I}_{2(j)} = \sum_{j=1}^{n}\overline{Y}_{2j}\dot{E}_j = \overline{Y}_{21}\dot{E}_1 + \overline{Y}_{22}\dot{E}_2 + \dots + \overline{Y}_{2n}\dot{E}_n$$

$$\dots\dots\dots\dots\dots\dots\dots\dots\dots\dots\dots\dots\dots\dots\dots\dots$$

$$\dot{I}_n = \sum_{j=1}^{n}\dot{I}_{n(j)} = \sum_{j=1}^{n}\overline{Y}_{nj}\dot{E}_j = \overline{Y}_{n1}\dot{E}_1 + \overline{Y}_{n2}\dot{E}_2 + \dots + \overline{Y}_{nn}\dot{E}_n$$

ou, matricialmente:

$$
\begin{array}{|c|}
\hline
\dot{I}_1 \\ \hline
\dot{I}_2 \\ \hline
\dots \\ \hline
\dot{I}_n \\ \hline
\end{array}
=
\begin{array}{|c c c c|}
\hline
\overline{Y}_{11} & \overline{Y}_{12} & \dots & \overline{Y}_{1n} \\ \hline
\overline{Y}_{21} & \overline{Y}_{22} & \dots & \overline{Y}_{2n} \\ \hline
\dots & \dots & \dots & \dots \\ \hline
\overline{Y}_{n1} & \overline{Y}_{n2} & \dots & \overline{Y}_{nn} \\ \hline
\end{array}
\cdot
\begin{array}{|c|}
\hline
\dot{V}_1 \\ \hline
\dot{V}_2 \\ \hline
\dots \\ \hline
\dot{V}_n \\ \hline
\end{array}
$$

ou ainda:

$$[I] = [Y]\cdot[E] \tag{3.9}$$

Destaca-se que, quando a referência é externa à rede, a soma das admitâncias de cada linha, ou coluna, da matriz de admitâncias nodais é nula (matriz singular). De fato, aplicando-se à barra de referência a 1ª Lei de Kirchhoff, resulta:

$$\sum_{i=1}^{n} \dot{I}_i = 0$$

Ou seja:

$$\sum_{i=1}^{n} \dot{I}_i = \sum_{i=1}^{n} \sum_{j=1}^{n} \overline{Y}_{ij} \dot{E}_j = \sum_{j=1}^{n} \dot{E}_j \sum_{i=1}^{n} \overline{Y}_{ij} = \dot{E}_1 \sum_{i=1}^{n} \overline{Y}_{i1} + \dot{E}_2 \sum_{i=1}^{n} \overline{Y}_{i2} + ... + \dot{E}_n \sum_{i=1}^{n} \overline{Y}_{in} = 0$$

Sendo que para quaisquer valores das tensões o polinômio deverá ser identicamente nulo, resulta

$$\sum_{i=1}^{n} \overline{Y}_{i1} = \sum_{i=1}^{n} \overline{Y}_{i2} = ... = \sum_{i=1}^{n} \overline{Y}_{in} = 0 \tag{3.10}$$

No caso de a barra de referência ser uma das barras da rede, a matriz passará a ser de ordem $(n-1)$, e a Equação (3.10) é válida somente em casos particulares.

3.3.3 ALGORITMOS PARA MONTAGEM DA MATRIZ DE ADMITÂNCIAS NODAIS

3.3.3.1 Introdução

Nesta seção, serão analisados os principais algoritmos para a montagem de redes considerando-se os casos de rede com representação monofásica (rede sem mútuas) e redes com representação trifásica (redes com mútuas). Preliminarmente será feita uma revisão da conceituação de "grafos" tendo em vista sua aplicação em algoritmos de montagem da rede.

3.3.3.2 Grafos

O grafo tem por objetivo descrever a constituição geométrica da rede. Para tanto, substituem-se as barras por nós e os ramos de ligação por segmentos de modo a descrever toda a topologia da rede sem considerações quanto à natureza das ligações.

Na Figura 3.6, apresenta-se o diagrama unifilar de uma rede, a qual foi convertida num *grafo* pela substituição das barras por nós e dos trechos de ligação por segmentos. Adicionalmente atribui-se, de forma arbitrária, uma orientação aos trechos obtendo-se um *grafo orientado*. Para os grafos, define-se:

- *Grafo conexo*: diz-se que um grafo é conexo quando existe sempre um caminho entre dois quaisquer de seus nós.

- *Subgrafo*: conjunto qualquer de elementos de um grafo. Por exemplo, na Figura 3.6, o conjunto de nós 1-2-5-3 é um subgrafo.

- *Árvore*: qualquer dos subgrafos conexos obtidos de um grafo dado e que contêm todos seus nós sem que haja qualquer malha fechada. Por exemplo, o conjunto de nós 1-2-3-5-4-6 com os ramos 1-2, 2-3, 2-5, 5-4 e 3-6.

- *Ramo de árvore*: qualquer dos ramos de uma árvore.

- *Ramo de ligação*: todos os ramos de um grafo que não estão contidos numa árvore. No caso da árvore acima, os ramos de ligação são 1-5 e 4-6.

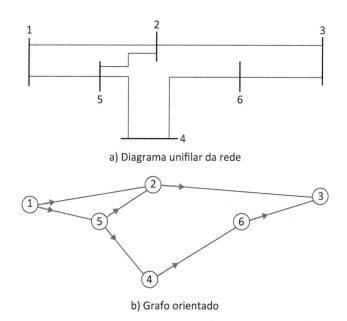

a) Diagrama unifilar da rede

b) Grafo orientado

Figura 3.6 – Unifilar de rede e seu grafo orientado

Para os grafos conexos, define-se a matriz de incidência dos elementos nos nós que conta com os ramos nas linhas e com os nós nas colunas e a incidência de um elemento "j-k" num nó y, diferente de j e k, é zero. Quando o elemento está orientado no sentido de *j* para *k*, o valor da incidência do elemento no nó j é 1 e o da incidência do elemento no nó *k* é -1. Em resumo, tem-se:

- $a_{jk} = 1$ quando o elemento *j-k* for orientado saindo do nó *j*;

- $a_{jk} = -1$ quando o elemento *j-k* for orientado entrando no nó *j*;

- $a_{mn} = 0$ quando o elemento *m-n* não incide no nó *j*.

Assim, para o grafo orientado da Figura 3.6, a matriz de incidência dos elementos nos nós é:

$$[A] =$$

	1	2	3	4	5	6
1−2	1	−1				
1−5	1				−1	
5−2		−1			1	
2−3		1	−1			
5−4				−1	1	
4−6				1		−1
6−3			−1			1

Observa-se que a soma dos valores em cada linha deve ser sempre 0, visto que em cada linha existe tão somente uma ligação que sai de um nó e entra em outro.

3.3.3.3 Montagem da matriz de admitâncias pela definição

Para uma rede sem mútuas pode-se determinar a matriz de admitâncias nodais a partir da definição de admitância de entrada e de transferência. Procede-se aos passos a seguir:

- Ligam-se todas as barras da rede, exceto a barra *j* da qual se quer obter a admitância de entrada, em curto-circuito com a referência.

- Impõe-se gerador de tensão constante, com f.e.m. unitária, entre a referência e a barra *j* e calculam-se todas as correntes impressas nas barras. A corrente da barra *j* corresponderá à sua admitância de entrada e a da barra *i* corresponderá à admitância de transferência entre a barra *j* e a *i*. Evidentemente, a admitância de transferência com aquelas barras em que a corrente é nula é zero.

Matrizes de redes de transmissão de energia 177

Este método não apresenta o mínimo interesse prático, visto que não apresenta a sistematização de cálculo exigida por computadores.

3.3.3.4 Montagem da matriz de admitâncias nodais por inspeção

A sistemática que será apresentada a seguir é válida somente para redes monofásicas, isto é, redes que são representadas pelas impedâncias de sequência direta e que não têm mútuas. A montagem é feita procedendo-se aos passos a seguir:

- A admitância de entrada de uma barra genérica j é obtida pela soma das admitâncias dos trechos que se derivam dessa barra, isto é: $\overline{Y}_{jj} = \sum_i \overline{y}_{ji}$, onde i são as barras que se ligam com a barra j.

- A admitância de transferência entre as barras genéricas j e i é dada pela admitância existente entre as duas barras com o sinal trocado, isto é:

$$\overline{Y}_{ji} = \overline{Y}_{ij} = -\overline{y}_{ji}$$

Intuitivamente entende-se que, quando todas as barras, exceto a j, estão ligadas em curto-circuito com a referência e a barra j é alimentada por fonte de tensão constante, a corrente que incide na barra j irá circular tão somente por aqueles trechos que se derivam da barra j. Para melhor evidenciar a regra, seja o circuito da Figura 3.7, na qual se tem:

$$\dot{e}_{jk} = \dot{e}_{jm} = \dot{E}_j \quad \text{e} \quad \dot{e}_{12} = \dot{e}_{1k} = \dot{e}_{2m} = 0$$

Logo:

$$\dot{i}_{jk} = \overline{y}_{jk}\dot{e}_{jk} = \overline{y}_{jk}\dot{E}_j \quad \text{e} \quad \dot{i}_{jm} = \overline{y}_{jm}\dot{e}_{jm} = \overline{y}_{jk}\dot{E}_j \quad \text{e} \quad \dot{i}_{12} = \dot{i}_{1k} = \dot{i}_{2m} = 0$$

As correntes nodais injetadas na rede são dadas por:

$$\dot{I}_j = \dot{i}_{jk} + \dot{i}_{jm} = \left(\overline{y}_{jk} + \overline{y}_{jm} \right) \dot{E}_j$$

$$\dot{I}_k = -\dot{i}_{jk} = -\overline{y}_{jk}\dot{E}_j$$

$$\dot{I}_m = -\dot{i}_{jm} = -\overline{y}_{jm}\dot{E}_j$$

donde resulta:

$$\overline{Y}_{jj} = \frac{\dot{I}_j}{\dot{E}_j} = \overline{y}_{jk} + \overline{y}_{jm}$$

$$\overline{Y}_{jk} = \frac{\dot{I}_k}{\dot{E}_j} = -\overline{y}_{jk}$$

$$\overline{Y}_{jm} = \frac{\dot{I}_m}{\dot{E}_j} = -\overline{y}_{jm}$$

$$\overline{Y}_{j1} = \overline{Y}_{j2} = 0$$

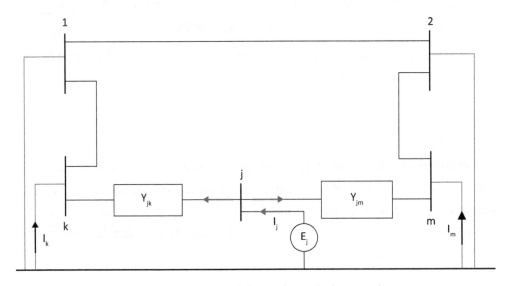

Figura 3.7 – Rede para análise da formação da matriz de admitâncias nodais

3.3.3.5 Montagem da matriz de admitâncias nodais por transformações singulares

No caso de redes com mútuas (representação trifásica da rede) entre os elementos existirá uma interação entre as correntes que os percorrem, logo, não é possível determinar as admitâncias de entrada e transferência com os algoritmos apresentados. Será demonstrado que a obtenção da matriz de admitâncias nodais de uma rede pode ser obtida através de:

$$[\overline{Y}] = [A]^t \cdot [\overline{y}] \cdot [A] \tag{3.11}$$

onde:

$[\overline{Y}]$ – matriz das admitâncias nodais da rede;

$[\overline{y}]$ – matriz primitiva das admitâncias dos elementos da rede;

$[A]$ – matriz de incidência dos elementos nos nós.

Pré-multiplicando-se ambos os membros da equação dos elementos, Equação (3.4), pela transposta da matriz de incidência dos elementos nos nós, resulta:

$$[A]^t \cdot [\dot{i}] + [A]^t \cdot [\dot{j}] = [A]^t \cdot [\overline{y}] \cdot [\dot{v}] \qquad (3.12)$$

Observa-se que o produto $[A]^t \cdot [\dot{i}]$ representa a soma das correntes em cada um dos nós, logo, pela 1ª Lei de Kirchhoff, $[A]^t \cdot [\dot{i}] = 0$. Por outro lado, $[A]^t \cdot [\dot{j}]$ fornece a soma das fontes de corrente em cada barra, ou seja, sendo $[\dot{I}]$ as correntes impressas nas barras será:

$$\begin{aligned} [\dot{I}] &= [A]^t \cdot [\dot{j}] \\ [\dot{I}] &= [A]^t \cdot [\overline{y}] \cdot [\dot{v}] \end{aligned} \qquad (3.13)$$

Por outro lado, sendo $[\dot{E}]$ e $[\dot{I}]$, respectivamente, os vetores das tensões e correntes nodais das barras da rede, a potência total fornecida à rede é dada por:

$$\overline{S}_{rede} = [\dot{I}^*]^t \cdot [\dot{E}] \qquad (3.14)$$

Além disso, em termos das grandezas dos elementos, a potência fornecida à rede é dada por:

$$\overline{S}_{rede} = [\dot{j}^*]^t \cdot [\dot{v}] \qquad (3.15)$$

ou seja:

$$[\dot{I}^*]^t \cdot [\dot{E}] = [\dot{j}^*] \cdot [\dot{v}] \qquad (3.16)$$

Por outro lado, transpondo-se e tomando-se o conjugado de $[\dot{I}] = [A]^t \cdot [\dot{j}]$, obtém-se:

$$[\dot{I}^*]^t = [\dot{j}^*]^t \cdot [A^*] = [\dot{j}^*]^t \cdot [A] \qquad (3.17)$$

que, substituído na Equação (3.16), fornece:

$$\left[\dot{j}^*\right]^t \cdot [A] \cdot \left[\dot{E}\right] = \left[\dot{j}^*\right]^t \cdot [\dot{v}] \qquad (3.18)$$

mas essa equação é válida para quaisquer valores $\left[\dot{j}^*\right]^t$, logo deve ser:

$$[A] \cdot \left[\dot{E}\right] = [\dot{v}]$$

que, substituído na Equação (3.13), resulta:

$$\left[\dot{I}\right] = [A]^t \cdot [\bar{y}] \cdot [\dot{v}] = [A]^t \cdot [\bar{y}] \cdot [A] \cdot \left[\dot{E}\right] = \left[\bar{Y}\right] \cdot \left[\dot{E}\right] \qquad (3.19)$$

que demonstra a Equação (3.9).

Para o estabelecimento das regras para a montagem da matriz de admitâncias nodais com elementos com mútuas, inicialmente a matriz de admitâncias nodais será obtida a partir da Equação (3.11), que, a seguir, subsidiará o estabelecimento das regras que serão utilizadas para o tratamento das admitâncias mútuas. Para maior compreensão, o raciocínio será ilustrado por meio da rede da Figura 3.8.

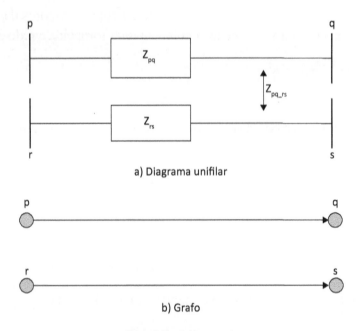

Figura 3.8 – Rede para estudo

Para a rede em tela, a matriz, A, de incidência dos ramos nos nós é dada por:

$$
[A] \;=\;
\begin{array}{c|c|c|c|c}
 & p & q & r & s \\
\hline
p-q & 1 & -1 & & \\
\hline
r-s & & & 1 & -1 \\
\end{array}
$$

Logo:

$$
|\overline{Y}| = |A|^{t} \cdot |\overline{y}| \cdot |A|
$$

$$
=
\begin{array}{|c|c|}
\hline
1 & 0 \\
\hline
-1 & 0 \\
\hline
0 & 1 \\
\hline
0 & -1 \\
\hline
\end{array}
\cdot
\begin{array}{|c|c|}
\hline
\overline{y}_{pq,pq} & \overline{y}_{pq,rs} \\
\hline
\overline{y}_{pq,rs} & \overline{y}_{rs,rs} \\
\hline
\end{array}
\cdot
\begin{array}{|c|c|c|c|}
\hline
1 & -1 & 0 & 0 \\
\hline
0 & 0 & 1 & -1 \\
\hline
\end{array}
$$

$$
=
\begin{array}{|c|c|}
\hline
\overline{y}_{pq,pq} & \overline{y}_{pq,rs} \\
\hline
-\overline{y}_{pq,pq} & -\overline{y}_{pq,rs} \\
\hline
\overline{y}_{pq,rs} & \overline{y}_{rs,rs} \\
\hline
-\overline{y}_{pq,rs} & -\overline{y}_{rs,rs} \\
\hline
\end{array}
\cdot
\begin{array}{|c|c|c|c|}
\hline
1 & -1 & 0 & 0 \\
\hline
0 & 0 & 1 & -1 \\
\hline
\end{array}
=
$$

$$
\begin{array}{c|c|c|c|c}
 & p & q & r & s \\
\hline
p & \overline{y}_{pq,pq} & -\overline{y}_{pq,pq} & \overline{y}_{pq,rs} & -\overline{y}_{pq,rs} \\
\hline
q & -\overline{y}_{pq,pq} & \overline{y}_{pq,pq} & -\overline{y}_{pq,rs} & \overline{y}_{pq,rs} \\
\hline
r & \overline{y}_{pq,rs} & -\overline{y}_{pq,rs} & \overline{y}_{rs,rs} & -\overline{y}_{rs,rs} \\
\hline
s & -\overline{y}_{pq,rs} & \overline{y}_{pq,rs} & -\overline{y}_{rs,rs} & \overline{y}_{rs,rs} \\
\end{array}
$$

Quando a mútua $\overline{y}_{pq,rs}$ é nula, a matriz de admitâncias nodais é dada por:

$$
|\overline{Y}'| =
\begin{array}{c|c|c|c|c}
 & p & q & r & s \\
\hline
p & \overline{y}_{pq,pq} & -\overline{y}_{pq,pq} & 0 & 0 \\
\hline
q & -\overline{y}_{pq,pq} & \overline{y}_{pq,pq} & 0 & 0 \\
\hline
r & 0 & 0 & \overline{y}_{rs,rs} & -\overline{y}_{rs,rs} \\
\hline
s & 0 & 0 & -\overline{y}_{rs,rs} & \overline{y}_{rs,rs} \\
\end{array}
$$

logo, a mútua $\bar{y}_{pq,rs}$ é somada aos elementos $pr = rp$ e $qs = sq$ e subtraída aos elementos $ps = sp$ e $qr = rq$. Essa observação permite enunciar a seguinte regra:

a) A admitância mútua, $\bar{y}_{pq,rs}$, é somada nas posições p-r, r-p e q-s, s-q. Isto é, posições correspondentes aos índices $\{p, q, r, s\}$ simultaneamente inicias ou finais nos pares pq e rs.

b) A admitância mútua, $\bar{y}_{pq,rs}$, é subtraída nas posições p-s, s-p e q-r, r-q. Isto é, posições correspondentes aos índices p inicial e s final na dupla ps e com q final e r inicial da dupla qr.

No caso particular de duas linhas que se derivam de uma mesma barra, p, e que tenham admitâncias próprias, $\bar{y}_{pr}$ e $\bar{y}_{ps}$, e mútua, $\bar{y}_{pr,ps}$, ao se aplicar a regra, a admitância deverá ser inserida duas vezes na posição p-p da matriz.

Exemplo 3.2

Para a rede da Figura 3.9, determinar a matriz de admitâncias nodais e a rede equivalente sem mútuas. É dada a matriz de admitâncias dos elementos:

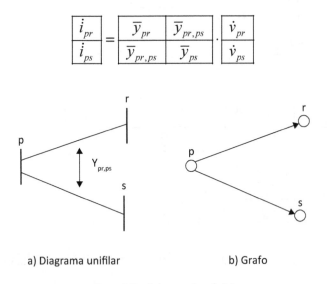

Figura 3.9 – Rede para o Exemplo 3.2

A matriz de incidência dos ramos nos nós é:

	p	r	s
$p-r$	1	-1	0
$p-s$	1	0	-1

$[A]$ =

Matrizes de redes de transmissão de energia **183**

Logo:

$$|\overline{Y}| = \begin{array}{|c|c|} \hline 1 & 1 \\ \hline -1 & 0 \\ \hline 0 & -1 \\ \hline \end{array} \cdot \begin{array}{|c|c|} \hline \overline{y}_{pr} & \overline{y}_{pr,ps} \\ \hline \overline{y}_{pr,ps} & \overline{y}_{ps} \\ \hline \end{array} \cdot \begin{array}{|c|c|c|} \hline 1 & -1 & 0 \\ \hline 1 & 0 & -1 \\ \hline \end{array}$$

$$= \begin{array}{|c|c|} \hline \overline{y}_{pr} + \overline{y}_{pr,ps} & \overline{y}_{ps} + \overline{y}_{pr,ps} \\ \hline -\overline{y}_{pr} & -\overline{y}_{pr,ps} \\ \hline -\overline{y}_{pr,ps} & -\overline{y}_{ps} \\ \hline \end{array} \cdot \begin{array}{|c|c|c|} \hline 1 & -1 & 0 \\ \hline 1 & 0 & -1 \\ \hline \end{array}$$

$$= \begin{array}{|c|c|c|} \hline \overline{y}_{pr} + 2\overline{y}_{pr,ps} + \overline{y}_{ps} & -\overline{y}_{pr} - \overline{y}_{pr,ps} & -\overline{y}_{ps} - \overline{y}_{pr,ps} \\ \hline -\overline{y}_{pr} - \overline{y}_{pr,ps} & \overline{y}_{pr} & \overline{y}_{pr,ps} \\ \hline -\overline{y}_{ps} - \overline{y}_{pr,ps} & \overline{y}_{pr,ps} & \overline{y}_{ps} \\ \hline \end{array}$$

Aplicando-se o algoritmo, ter-se-ia:

a) Inserção das admitâncias sem as mútuas

$$\begin{array}{|c|c|c|} \hline \overline{y}_{pr} + \overline{y}_{ps} & -\overline{y}_{pr} & -\overline{y}_{ps} \\ \hline -\overline{y}_{pr} & \overline{y}_{pr} & 0 \\ \hline -\overline{y}_{ps} & 0 & \overline{y}_{ps} \\ \hline \end{array}$$

b) Inserção de $\overline{y}_{pr,ps}$

   entra somando-se nas posições pp e $pp \rightarrow$ **[p]**r,**[p]**s e rs e $sr \rightarrow p$**[r]**,p**[s]**

$$\begin{array}{|c|c|c|} \hline \overline{y}_{pr} + \overline{y}_{ps} + 2\overline{y}_{pr,ps} & -\overline{y}_{pr} & -\overline{y}_{ps} \\ \hline -\overline{y}_{pr} & \overline{y}_{pr} & \overline{y}_{pr,ps} \\ \hline -\overline{y}_{ps} & \overline{y}_{pr,ps} & \overline{y}_{ps} \\ \hline \end{array}$$

   entra subtraindo-se nas posições rp e $pr \rightarrow p$**[r]**,**[p]**s e ps e $sp \rightarrow$ **[p]**r, p**[s]**

$$\begin{array}{|c|c|c|} \hline \overline{y}_{pr} + \overline{y}_{ps} + 2\overline{y}_{pr,ps} & -\overline{y}_{pr} - \overline{y}_{pr,ps} & -\overline{y}_{ps} - \overline{y}_{pr,ps} \\ \hline -\overline{y}_{pr} - \overline{y}_{pr,ps} & \overline{y}_{pr} & \overline{y}_{pr,ps} \\ \hline -\overline{y}_{ps} - \overline{y}_{pr,ps} & \overline{y}_{pr,ps} & \overline{y}_{ps} \\ \hline \end{array}$$

A rede equivalente, sem mútuas, está apresentada na Figura 3.10.

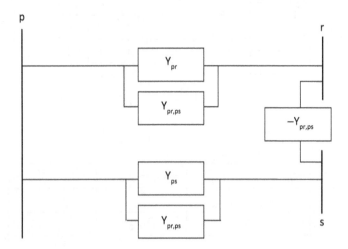

Figura 3.10 – Rede equivalente sem mútuas para o Exemplo 3.2

No caso geral, observa-se que se pode alcançar o mesmo resultado pela aplicação das leis de Kirchhoff e pela soma de colunas/linhas na matriz de admitâncias dos elementos.

Assim, na Figura 3.11, apresenta-se uma barra p, na qual se está determinando a admitância de entrada, e as barras que se acoplam com ela por meio de ligações.

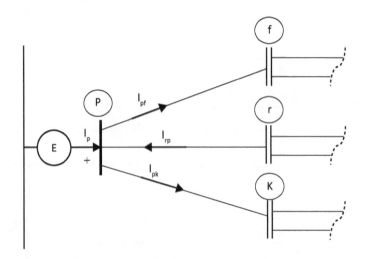

Figura 3.11 – Trecho de rede

Matrizes de redes de transmissão de energia

No caso geral valem as observações:

a) A corrente, i_{pi}, num ramo genérico p, flui do nó p para o i, portanto, aplicando-se a Lei de Kirchhoff no nó p, resultará: $\dot{I}_p = \sum i_{pi}$. Destaca-se que na soma algébrica são positivas as correntes que fluem do nó p para o i e são negativas as que fluem de i para p. No caso da rede em tela, resulta:

$$\dot{I}_p = \sum_i i_{pi} = i_{pf} - i_{rp} + i_{pk}$$

b) A tensão, $\dot{v}_{pi}$, num elemento genérico pi é obtida pela diferença ordenada entre as tensões nodais das barras extremas: $\dot{v}_{pi} = \dot{E}_p - \dot{E}_i$.

Assim, por meio de somas e subtrações de linhas e colunas na matriz de admitâncias dos elementos, pode-se alcançar a matriz de admitâncias das barras.

3.3.4 MONTAGEM DA MATRIZ DE ADMITÂNCIAS DE REDES E SEU ARMAZENAMENTO

O procedimento para a montagem da matriz de admitâncias nodais de uma rede pode ser resumido nos passos a seguir:

- Adquirem-se os dados gerais, que dizem respeito à potência de base, frequência da rede e barra de referência.

- Adquirem-se os dados de barras que dizem respeito a:

  ○ identificação da barra: número e nome;

  ○ tensão nominal da barra;

  ○ carga de impedância constante inserida entre a barra e a referência. A admitância desta carga será inserida na admitância de entrada da barra.

- Adquirem-se os dados das ligações sem mútuas que dizem respeito a:

  ○ números das barras extremas da ligação;

  ○ características do elemento de ligação que permitam a determinação de seu modelo π equivalente, Figura 3.12. A admitância série, $\overline{y}_{pq}$, e as admitâncias dos elementos em derivação do circuito π equivalente,

$\overline{y}_{pr}$ e $\overline{y}_{qr}$, serão incorporados às admitâncias de entrada das barras correspondentes. A admitância série, com o sinal trocado, será adicionada à admitância de transferência;

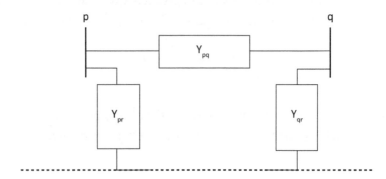

Figura 3.12 – Circuito "π" equivalente

- Adquirem-se os dados das ligações com mútuas que dizem respeito a:
  - números das barras extremas de cada uma das ligações;
  - características elétricas dos elementos de ligação que permitam a determinação de seus modelos π equivalente e do valor da impedância mútua.
- Monta-se a matriz de impedâncias dos elementos com mútuas e, por inversão, determina-se a matriz de admitâncias dos elementos que serão inseridos na matriz de admitâncias nodais utilizando-se o algoritmo correspondente.

Pelo fato de a matriz de admitâncias ser esparsa, faz-se mister tecer alguns comentários acerca de seu armazenamento. Assim, seja uma rede que conta com n barras, excluída a barra de referência. A matriz, que tem dimensão nxn, contará com n elementos da diagonal e, supondo-se que, em média, cada barra tenha m ligações, ter-se-á mxn elementos fora da diagonal. Além disso, lembrando que a matriz é simétrica, resultará um total de elementos não nulos dado por $n+(mn)/2 = n(2+m)/2$. Assim, no caso de uma rede com 500 barras e, em média, 2 ligações por barra, resultará um total de elementos não nulos na matriz igual a $500 \cdot (2+2)/2 = 1000$ elementos quando a matriz tem um total de $500 \cdot 500 = 250000$ elementos. Destaca-se que a importância de se armazenarem tão somente os elementos não nulos, ao par da redução da área necessária ao armazenamento, tem a grande vantagem de não se realizarem operações

Matrizes de redes de transmissão de energia

de multiplicação com elementos nulos. De fato, dispondo-se da matriz de admitâncias da rede e das tensões nodais, para o cálculo das correntes nodais seriam realizados, em cada linha, n produtos, que, no total, corresponderiam a n^2 produtos. Utilizando-se a compactação, em cada linha seriam realizados $(m+1)$ produtos, totalizando $n(m+1)$ produtos. No caso considerado, reduzir-se-ia o número de produtos de $500 \cdot 500 = 250000$ a $500 \cdot 3 = 1500$ produtos. Em conclusão, com a compactação da matriz, tem-se uma redução sensível na área necessária ao armazenamento e ao número de operações.

Para a compactação da matriz, pode-se utilizar um dos métodos a seguir:

- Montagem da matriz em vetores valendo-se de vetores de apontadores de posição.

- Utilização da técnica de "listas concatenadas".

3.3.5 ELIMINAÇÃO DE BARRAS

Quando na rede há barras que não têm carga, isto é, cuja corrente impressa é nula, pode-se proceder à sua eliminação por meio do processo de eliminação de Gauss. Assim, seja a matriz de admitâncias de uma rede na qual as barras com carga, corrente não nula, estão situadas nas primeiras linhas/colunas e as barras sem carga, corrente impressa nula, estão situadas nas posições restantes. Particionando-se a matriz em correspondência à última barra com carga, obter-se-á a situação a seguir:

$$\left|\begin{array}{c} \dot{I}_A \\ \hline \dot{I}_B \end{array}\right| = \left|\begin{array}{c|c} \overline{Y}_{AA} & \overline{Y}_{AB} \\ \hline \overline{Y}_{BA} & \overline{Y}_{BB} \end{array}\right| \cdot \left|\begin{array}{c} \dot{V}_A \\ \hline \dot{V}_B \end{array}\right|$$

Assim, ter-se-á:

$$\left[\dot{I}_B\right] = 0$$

Logo, resultam as equações:

$$\left|\dot{I}_A\right| = \left|\overline{Y}_{AA}\right| \cdot \left|\overline{V}_A\right| + \left|\overline{Y}_{AB}\right| \cdot \left|\overline{V}_B\right|$$

$$\left|\dot{I}_B\right| = \left|\overline{Y}_{BA}\right| \cdot \left|\overline{V}_A\right| + \left|\overline{Y}_{BB}\right| \cdot \left|\overline{V}_B\right| = 0$$

donde:

$$\left|\overline{V}_B\right| = -\left|\overline{Y}_{BB}\right|^{-1} \cdot \left|\overline{Y}_{BA}\right| \cdot \left|\overline{V}_A\right|$$

$$\left|\dot{I}_A\right| = \left|\overline{Y}_{AA}\right| \cdot \left|\overline{V}_A\right| - \left|\overline{Y}_{AB}\right| \cdot \left|\overline{Y}_{BB}\right|^{-1} \cdot \left|\overline{Y}_{BA}\right| \cdot \left|\overline{V}_A\right|$$

$$\left|\dot{I}_A\right| = \left\{\left|\overline{Y}_{AA}\right| - \left|\overline{Y}_{AB}\right| \cdot \left|\overline{Y}_{BB}\right|^{-1} \cdot \left|\overline{Y}_{BA}\right|\right\} \cdot \left|\overline{V}_A\right|$$

$$\left|\dot{I}_A\right| = \left|\overline{Y}_{equiv}\right| \cdot \left|\overline{V}_A\right|$$

Ao invés de proceder-se matricialmente, o que implica uma inversão de matriz, pode-se eliminar barra por barra pela eliminação de Gauss. Assim, seja uma matriz de admitâncias nodais com cinco barras em que as duas últimas não têm carga. Podem-se escrever as equações:

$$\dot{I}_1 = \overline{Y}_{11}\dot{V}_1 + \overline{Y}_{12}\dot{V}_2 + \overline{Y}_{13}\dot{V}_3 + \overline{Y}_{14}\dot{V}_4 + \overline{Y}_{15}\dot{V}_5$$

$$\dot{I}_2 = \overline{Y}_{21}\dot{V}_1 + \overline{Y}_{22}\dot{V}_2 + \overline{Y}_{23}\dot{V}_3 + \overline{Y}_{24}\dot{V}_4 + \overline{Y}_{25}\dot{V}_5$$

$$\dot{I}_3 = \overline{Y}_{31}\dot{V}_1 + \overline{Y}_{32}\dot{V}_2 + \overline{Y}_{33}\dot{V}_3 + \overline{Y}_{34}\dot{V}_4 + \overline{Y}_{35}\dot{V}_5 \qquad (3.20)$$

$$\dot{I}_4 = \overline{Y}_{41}\dot{V}_1 + \overline{Y}_{42}\dot{V}_2 + \overline{Y}_{43}\dot{V}_3 + \overline{Y}_{44}\dot{V}_4 + \overline{Y}_{45}\dot{V}_5$$

$$\dot{I}_5 = \overline{Y}_{51}\dot{V}_1 + \overline{Y}_{52}\dot{V}_2 + \overline{Y}_{53}\dot{V}_3 + \overline{Y}_{54}\dot{V}_4 + \overline{Y}_{55}\dot{V}_5$$

A corrente $\dot{I}_5$ é nula, logo, pode-se escrever:

$$\dot{V}_5 = -\left(\frac{\overline{Y}_{51}}{\overline{Y}_{55}}\dot{V}_1 + \frac{\overline{Y}_{52}}{\overline{Y}_{55}}\dot{V}_2 + \frac{\overline{Y}_{53}}{\overline{Y}_{55}}\dot{V}_3 + \frac{\overline{Y}_{54}}{\overline{Y}_{55}}\dot{V}_4\right)$$

Substituindo-se a tensão $\dot{V}_5$ nas Equações (3.20) resulta:

$$\dot{I}_1 = \left(\overline{Y}_{11} - \frac{\overline{Y}_{15}\overline{Y}_{51}}{\overline{Y}_{55}}\right)\dot{V}_1 + \left(\overline{Y}_{12} - \frac{\overline{Y}_{15}\overline{Y}_{52}}{\overline{Y}_{55}}\right)\dot{V}_2 + \left(\overline{Y}_{13} - \frac{\overline{Y}_{15}\overline{Y}_{53}}{\overline{Y}_{55}}\right)\dot{V}_3 + \left(\overline{Y}_{14} - \frac{\overline{Y}_{15}\overline{Y}_{54}}{\overline{Y}_{55}}\right)\dot{V}_4$$

$$\dot{I}_2 = \left(\overline{Y}_{21} - \frac{\overline{Y}_{25}\overline{Y}_{51}}{\overline{Y}_{55}}\right)\dot{V}_1 + \left(\overline{Y}_{22} - \frac{\overline{Y}_{25}\overline{Y}_{52}}{\overline{Y}_{55}}\right)\dot{V}_2 + \left(\overline{Y}_{23} - \frac{\overline{Y}_{25}\overline{Y}_{53}}{\overline{Y}_{55}}\right)\dot{V}_3 + \left(\overline{Y}_{24} - \frac{\overline{Y}_{25}\overline{Y}_{54}}{\overline{Y}_{55}}\right)\dot{V}_4$$

$$\dot{I}_3 = \left(\overline{Y}_{31} - \frac{\overline{Y}_{35}\overline{Y}_{51}}{\overline{Y}_{55}}\right)\dot{V}_1 + \left(\overline{Y}_{32} - \frac{\overline{Y}_{35}\overline{Y}_{52}}{\overline{Y}_{55}}\right)\dot{V}_2 + \left(\overline{Y}_{33} - \frac{\overline{Y}_{35}\overline{Y}_{53}}{\overline{Y}_{55}}\right)\dot{V}_3 + \left(\overline{Y}_{34} - \frac{\overline{Y}_{35}\overline{Y}_{54}}{\overline{Y}_{55}}\right)\dot{V}_4$$

$$\dot{I}_4 = \left(\overline{Y}_{41} - \frac{\overline{Y}_{45}\overline{Y}_{51}}{\overline{Y}_{55}}\right)\dot{V}_1 + \left(\overline{Y}_{42} - \frac{\overline{Y}_{45}\overline{Y}_{52}}{\overline{Y}_{55}}\right)\dot{V}_2 + \left(\overline{Y}_{43} - \frac{\overline{Y}_{45}\overline{Y}_{53}}{\overline{Y}_{55}}\right)\dot{V}_3 + \left(\overline{Y}_{44} - \frac{\overline{Y}_{45}\overline{Y}_{54}}{\overline{Y}_{55}}\right)\dot{V}_4$$

Matrizes de redes de transmissão de energia 189

Com procedimento análogo eliminam-se, sucessivamente, as demais barras com corrente impressa nula. A regra geral de modificação dos elementos da matriz é dada por:

$$\overline{Y}'_{ij} = \overline{Y}_{ij} - \frac{\overline{Y}_{ie} \cdot \overline{Y}_{ej}}{\overline{Y}_{ee}} \quad i, j = 1, 2, \ldots, n \ ; \ i \neq e \ ; \ j \neq e,$$

onde *e* indica a linha que está sendo eliminada.

Destaca-se que, quando uma barra supre uma carga de admitância constante, tal admitância pode ser inserida na admitância de entrada da barra e, desse modo, a corrente impressa na barra será nula.

Exemplo 3.3

Na rede da Figura 3.13, conta-se com três trechos de linha cuja impedância de sequência direta vale 0,0273 + j 0,3073 Ω/km, sendo dados:

- Comprimento do trecho AD 100 km, trecho BD 200 km e trecho CD 150 km.
- A tensão nominal da rede é 500 kV.
- A carga da barra D é nula.

Pede-se, utilizando potência de base 100 MVA e tensão de base de 500 kV, determinar a matriz de admitâncias nodais após a eliminação da barra D.

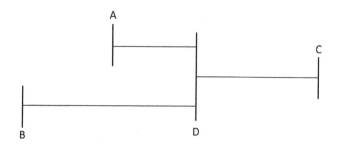

Figura 3.13 – Rede para Exemplo 3.3

Resolução

a) Impedâncias e admitâncias em pu

A impedância de base é dada por

$$Z_{base} = V_{base}^2 / S_{base} = 500^2 / 100 = 2500 \ \Omega$$

Logo, as impedâncias de base das três linhas são dadas por:

$$\overline{Z}_1 = (0,0273 + j0,3073) \ \Omega/km$$

$$\overline{z}_{AD} = \frac{100}{2500}\overline{Z}_1 = 0,040\overline{Z}_1 \ pu$$

$$\overline{z}_{BD} = \frac{200}{2500}\overline{Z}_1 = 0,080\overline{Z}_1 \ pu$$

$$\overline{z}_{CD} = \frac{150}{2500}\overline{Z}_1 = 0,060\overline{Z}_1 \ pu$$

As admitâncias das linhas são dadas por:

$$\overline{y}_{AD} = \frac{1}{\overline{z}_{AD}} = 25\frac{1}{\overline{z}_1} = 25\overline{y}_1$$

$$\overline{y}_{BD} = \frac{1}{\overline{z}_{BD}} = 12,5\frac{1}{\overline{z}_1} = 12,5\overline{y}_1$$

$$\overline{y}_{CD} = \frac{1}{\overline{z}_{CD}} = 16,6667\frac{1}{\overline{z}_1} = 16,6667\overline{y}_1$$

b) Matriz de admitâncias da rede completa

$$\boxed{Y_{rede}} = \overline{y}_1 \cdot$$

25			−25
	12,5		−12,5
		16,6667	−16,6667
−25	−12,5	−16,6667	54,1667

c) Matriz de admitâncias da rede após eliminação da barra D

Tem-se:

$$\overline{Y}_{11}' = \left[\overline{Y}_{11} - \frac{\overline{Y}_{14}\overline{Y}_{41}}{\overline{Y}_{44}}\right]\overline{y}_1 = \left[25 - \frac{25 \times 25}{54,1667}\right]\overline{y}_1 = 13,4615\overline{y}_1$$

$$\overline{Y}_{12}' = \overline{Y}_{21}' = \left[\overline{Y}_{12} - \frac{\overline{Y}_{14}\overline{Y}_{42}}{\overline{Y}_{44}}\right]\overline{y}_1 = \left[0 - \frac{25 \times 12,5}{54,1667}\right]\overline{y}_1 = -5,7692\overline{y}_1$$

$$\overline{Y}_{13}' = \overline{Y}_{31}' = \left[\overline{Y}_{13} - \frac{\overline{Y}_{14}\overline{Y}_{43}}{\overline{Y}_{44}}\right]\overline{y}_1 = \left[0 - \frac{16,6667 \times 25}{54,1667}\right]\overline{y}_1 = -7,6923\overline{y}_1$$

$$\overline{Y}_{22}' = \left[\overline{Y}_{22} - \frac{\overline{Y}_{24}\overline{Y}_{42}}{\overline{Y}_{44}}\right]\overline{y}_1 = \left[12,5 - \frac{12,5 \times 12,5}{54,1667}\right]\overline{y}_1 = 9,6154\overline{y}_1$$

$$\overline{Y}_{23}' = \overline{Y}_{32}' = \left[\overline{Y}_{23} - \frac{\overline{Y}_{24}\overline{Y}_{43}}{\overline{Y}_{44}}\right]\overline{y}_1 = \left[0 - \frac{12,5 \times 16,6667}{54,1667}\right]\overline{y}_1 = -3,8462\overline{y}_1$$

$$\overline{Y}_{33}' = \left[\overline{Y}_{33} - \frac{\overline{Y}_{34}\overline{Y}_{43}}{\overline{Y}_{44}}\right]\overline{y}_1 = \left[16,6667 - \frac{16,6667 \times 16,6667}{54,1667}\right]\overline{y}_1 = 11,5385\overline{y}_1$$

Na Figura 3.14, apresenta-se a rede equivalente à dada. Destaca-se que, com a eliminação da barra D, procedeu-se à transformação estrela-triângulo.

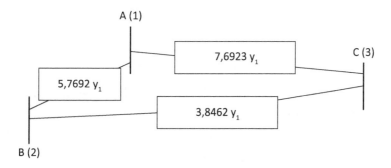

Figura 3.14 — Rede equivalente

Pode-se concluir que a eliminação de uma barra corresponde, no caso geral, à transformação de um polígono estrelado com $n+1$ vértices num polígono com n vértices. Essa propriedade será abordada em maior grau de detalhe na Seção 3.6.

3.4 MATRIZ DE IMPEDÂNCIAS DE REDES COM REPRESENTAÇÃO MONOFÁSICA

3.4.1 INTRODUÇÃO: CONVENÇÕES

A convenção de sinais para tensões e correntes de barras é idêntica à apresentada na Seção 3.3. Entretanto, destaca-se que, contrariamente ao caso anterior, a barra de referência deve obrigatoriamente pertencer à rede. Após a definição de impedância de entrada e de transferência, essa restrição será justificada. Assim, fixa-se, Figura 3.15:

- *Corrente*: considera-se positiva a corrente impressa que entra numa barra.
- *Tensão*: consideram-se positivas as tensões medidas da barra de referência para as barras da rede.

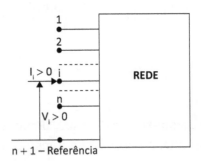

Figura 3.15 – Convenções de sinais

3.4.2 DEFINIÇÃO DA MATRIZ DE IMPEDÂNCIAS

Para a definição das impedâncias de entrada e de transferência da matriz de impedâncias nodais, alimenta-se uma barra genérica, barra j, com gerador de corrente constante e mantêm-se as demais barras k ($k = 1, 2, \ldots n$ e $k \neq j$) em circuito aberto, Figura 3.15, e define-se:

- A impedância de entrada da barra j em circuito aberto é a relação entre a tensão nessa barra e a corrente impressa na barra que a produziu. Formalmente, tem-se:

$$\bar{Z}_{jj} = \frac{\dot{E}_j}{\dot{I}_j} \qquad (3.21)$$

- A impedância de transferência em vazio da barra *j* para a *k* é a relação entre a tensão da barra *k* e a corrente impressa na barra *j*. Formalmente, tem-se:

$$\overline{Z}_{jk} = \frac{\dot{E}_k}{\dot{I}_j} \tag{3.22}$$

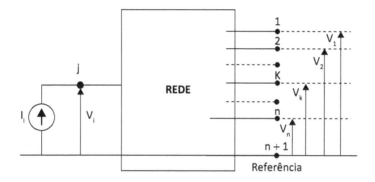

Figura 3.16 – Rede para definição da matriz de admitâncias

Sendo a rede constituída por bipolos lineares passivos, pelo teorema da reciprocidade resulta:

$$\overline{Z}_{jk} = \overline{Z}_{kj} \tag{3.23}$$

Seja o caso de uma rede com $(n+1)$ barras e que da barra de referência se conectem à rede *n* geradores de corrente constante, um em cada uma das barras da rede. Evidentemente, a rede será excitada por *n* geradores de corrente constante. Sejam $\dot{I}_1, \dot{I}_2, \ldots, \dot{I}_j, \ldots, \dot{I}_n$ as correntes dos geradores e sejam $\dot{E}_1, \dot{E}_2, \ldots, \dot{E}_j, \ldots, \dot{E}_n$ as tensões nas barras correspondentes às correntes impressas. Para a resolução da rede, aplicar-se-á o teorema da superposição, isto é: "*A resposta de uma rede linear a várias excitações simultâneas é igual à soma das respostas devidas a cada uma das excitações agindo isoladamente*". Assim, haverá *n* circuitos independentes, excitados por geradores de corrente constante, a serem resolvidos, em que em cada um deles manteve-se somente um gerador de corrente, gerador que excita a barra *j*, e abriram-se os restantes $(n-1)$ geradores. Nessas condições, pelas definições de impedância de entrada e de transferência se terá para a rede *j* as equações:

$$\dot{E}_{1(j)} = \bar{Z}_{ij}\dot{I}_j$$

$$\dot{E}_{2(j)} = \bar{Z}_{2j}\dot{I}_j$$

$$\dots\dots\dots\dots \qquad j = 1,\ 2,\ \dots,\ n$$

$$\dot{E}_{j(j)} = \bar{Z}_{jj}\dot{I}_j \qquad\qquad\qquad\qquad (3.24)$$

$$\dots\dots\dots\dots$$

$$\dot{E}_{n(j)} = \bar{Z}_{nj}\dot{I}_j$$

Variando-se o índice j de 1 a n e somando-se as correntes impressas em cada barra, obtêm-se as equações:

$$\dot{E}_1 = \sum_{j=1}^{n}\dot{E}_{1(j)} = \sum_{j=1}^{n}\bar{Z}_{1j}\dot{I}_j = \bar{Z}_{11}\dot{I}_1 + \bar{Z}_{12}\dot{I}_2 + \ \dots\dots + \bar{Z}_{1n}\dot{I}_n$$

$$\dot{E}_2 = \sum_{j=1}^{n}\dot{E}_{2(j)} = \sum_{j=1}^{n}\bar{Z}_{2j}\dot{I}_j = \bar{Z}_{21}\dot{I}_1 + \bar{Z}_{22}\dot{I}_2 + \ \dots\dots + \bar{Z}_{2n}\dot{I}_n$$

$$\dots\dots\dots\dots\dots\dots\dots\dots\dots\dots\dots\dots\dots \qquad (3.25)$$

$$\dot{E}_n = \sum_{j=1}^{n}\dot{E}_{n(j)} = \sum_{j=1}^{n}\bar{Z}_{nj}\dot{I}_j = \bar{Z}_{n1}\dot{I}_1 + \bar{Z}_{n2}\dot{I}_2 + \ \dots\dots + \bar{Z}_{nn}\dot{I}_n$$

ou, matricialmente:

$\dot{E}_1$		$\bar{Z}_{11}$	$\bar{Z}_{12}$	$\dots$	$\bar{Z}_{1n}$		$\dot{I}_1$
$\dot{E}_2$	$=$	$\bar{Z}_{21}$	$\bar{Z}_{22}$	$\dots$	$\bar{Z}_{2n}$	$\cdot$	$\dot{I}_2$
$\dots$		$\dots$	$\dots$	$\dots$	$\dots$		$\dots$
$\dot{E}_n$		$\bar{Z}_{n1}$	$\bar{Z}_{n2}$	$\dots$	$\bar{Z}_{nn}$		$\dot{I}_n$

ou, ainda:

$$[E] = [Z]\cdot[I] \qquad\qquad\qquad\qquad (3.26)$$

Por sua natureza, as matrizes de impedâncias nodais em circuito aberto e as de admitâncias nodais em curto-circuito apresentam as diferenças a seguir:

- Contrariamente ao que ocorria com a matriz de admitâncias nodais, a barra de referência da matriz de impedâncias deve obrigatoriamente pertencer à rede, pois, quando da inserção de um gerador de corrente constante entre a referência externa e uma barra, com as demais em circuito aberto, resulta uma rede desconexa. Em outras palavras, estar-se-á ante o caso de um gerador de corrente em circuito aberto.

- A matriz de impedâncias é cheia ou, pelo menos, é uma matriz a blocos diagonais quando for o caso de conjuntos de sistemas que se interconectam pela barra de referência.

- Dada uma matriz de impedâncias, a reconstrução da rede somente é possível invertendo-a, isto é, por inspeção não se pode reconstruir a rede.

3.4.3 MONTAGEM DA MATRIZ DE IMPEDÂNCIAS NODAIS

3.4.3.1 Introdução

Dentre os métodos de montagem da matriz de impedâncias nodais, destacam-se:

- Montagem pela definição;

- Montagem a partir da matriz de admitâncias nodais em curto-circuito;

- Montagem pelo algoritmo de Brown, que consiste em obter a matriz de impedâncias nodais pela adição sucessiva de elementos, ramos de árvore e de ligação.

3.4.3.2 Montagem pela definição

O procedimento a ser seguido consiste em inserir-se uma fonte de corrente constante, com $i = 1$ pu, em uma barra e calcular-se a tensão em todas as barras da rede, que, evidentemente, será a impedância de entrada na barra que está sendo excitada, e a de transferência nas demais. Repete-se o procedimento para as demais barras da rede.

Esse procedimento, pela massa de cálculos que envolve, só é possível em redes de pequena dimensão.

Exemplo 3.4

Determinar a matriz de impedâncias nodais para a rede da Figura 3.17 tomando-se a barra 4 como referência. As impedâncias estão fornecidas em pu.

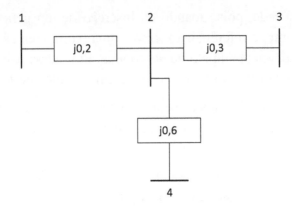

Figura 3.17 – Rede para o Exemplo 3.4

Resolução

Excitando-se a barra 1 com um gerador de corrente constante de 1 pu, Figura 3.18, resultarão as tensões:

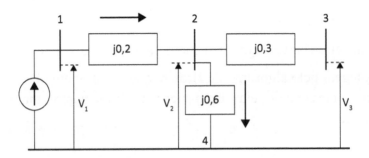

Figura 3.18 – Circuito com excitação na barra 1

$$\dot{V}_1 = (\overline{z}_{12} + \overline{z}_{24})i = j0,8 \times 1 = j0,8 \text{ pu}$$
$$\dot{V}_2 = \overline{z}_{24}i = j0,6 \text{ pu}$$
$$\dot{V}_3 = \dot{V}_2 = j0,6 \text{ pu}$$

logo:

$$\overline{Z}_{11} = \dot{V}_1 = j0,8 \text{ pu} \qquad \overline{Z}_{12} = \dot{V}_2 = j0,6 \text{ pu} \qquad \overline{Z}_{13} = \dot{V}_3 = j0,6 \text{ pu}$$

Analogamente:

$$\overline{Z}_{22} = j0,6 \text{ pu} \qquad \overline{Z}_{21} = j0,6 \text{ pu} \qquad \overline{Z}_{23} = j0,6 \text{ pu}$$
$$\overline{Z}_{33} = j0,9 \text{ pu} \qquad \overline{Z}_{31} = j0,6 \text{ pu} \qquad \overline{Z}_{32} = j0,6 \text{ pu}$$

Matrizes de redes de transmissão de energia

A matriz de impedâncias nodais é dada por:

$$[Z] = j \begin{array}{|c|c|c|} \hline 0,8 & 0,6 & 0,6 \\ \hline 0,6 & 0,6 & 0,6 \\ \hline 0,6 & 0,6 & 0,9 \\ \hline \end{array}$$

3.4.3.3 Montagem a partir da matriz de admitâncias nodais

Retomando-se a Equação (3.9) da seção anterior e pré-multiplicando-se ambos os membros pela inversa da matriz de admitâncias, $[Y]^{-1}$, resulta:

$$[Y]^{-1} \cdot [I] = [Y]^{-1} \cdot [Y] \cdot [E]$$

ou

$$[E] = [Y]^{-1} \cdot [I] \tag{3.27}$$

Comparando-se a Equação (3.27) com a (3.26), conclui-se que a matriz de impedâncias nodais em circuito aberto é a inversa da matriz de admitâncias em curto-circuito, isto é:

$$[Z] = [Y]^{-1} \tag{3.28}$$

Esse procedimento leva a uma massa de cálculo bastante grande.

3.4.3.4 Montagem através do algoritmo de Brown (teoria de grafos)

3.4.3.4.1 *Introdução*

Este procedimento, que se baseia na teoria dos grafos, pode ser resumido nos passos a seguir:

- Fixa-se o nó de referência.
- Insere-se um novo nó através de um ramo de árvore.
- Inserem-se todos os nós da rede através de ramos de árvore.
- Inserem-se todas as ligações através de ramos de ligação.

Em resumo, o procedimento consiste em inserir todas as barras da rede através da inserção dos ramos de árvore e a seguir inserir as ligações através de ramos de ligação.

Com o intuito de facilitar a visualização da evolução da rede, serão apresentados dois exemplos que serão calculados aplicando-se as definições da matriz de impedâncias: o primeiro refere-se à adição de ramo de ligação e o segundo refere-se à adição de um ramo de árvore, ambos sem mútuas com os elementos da rede preexistente. Em itens subsequentes, proceder-se-á à análise detalhada da metodologia utilizada no algoritmo de Brown.

Exemplo 3.5

Determinar a matriz de impedâncias nodais da rede do Exemplo 3.4 quando se liga entre os nós 1 e 3 um ramo de ligação com impedância de $j0,5$ pu.

Resolução

Na Figura 3.18, apresenta-se a rede, com a inclusão da ligação entre as barras 1 e 3, excitada por um gerador de corrente constante na barra 1 com as demais barras em vazio. A corrente injetada pelo gerador de corrente constante dividir-se-á em duas: uma circulando pelos trechos 1-3, 3-2 e 2-4 e a outra circulando pelos trechos 1-2 e 2-4. Nesa situação, observa-se a ligação em paralelo da impedância $\overline{z}_{12}$ com as impedâncias $\overline{z}_{13}$ e $\overline{z}_{23}$, em série, logo será:

$$\dot{V}_1 = \left[\frac{\overline{z}_{12} \times (\overline{z}_{13} + \overline{z}_{32})}{\overline{z}_{12} + \overline{z}_{13} + \overline{z}_{32}} + \overline{z}_{24} \right] \dot{I}$$

$$\overline{Z}_{11} = \frac{\dot{V}_1}{\dot{I}} = \frac{\overline{z}_{12} \times (\overline{z}_{13} + \overline{z}_{32})}{\overline{z}_{12} + \overline{z}_{13} + \overline{z}_{32}} + \overline{z}_{24} = j \frac{0,2 \times (0,3 + 0,5)}{0,2 + (0,3 + 0,5)} + j0,6 = j0,76$$

$$\overline{Z}_{12} = \frac{\dot{V}_2}{\dot{I}} = j0,6$$

$$i_{13} \times (\overline{z}_{13} + \overline{z}_{32}) = (\dot{I} - i_{13}) \overline{z}_{12}$$

$$i_{13} = \frac{\overline{z}_{12}}{\overline{z}_{13} + \overline{z}_{32} + \overline{z}_{12}} \dot{I}$$

$$\dot{V}_3 = \overline{z}_{24} \dot{I} + \overline{z}_{23} i_{13} = \left[\overline{z}_{24} + \frac{\overline{z}_{23} \times \overline{z}_{12}}{\overline{z}_{13} + \overline{z}_{32} + \overline{z}_{12}} \right] \dot{I}$$

$$\overline{Z}_{13} = \frac{\dot{V}_3}{\dot{I}} = \overline{z}_{24} + \frac{\overline{z}_{23} \times \overline{z}_{12}}{\overline{z}_{13} + \overline{z}_{32} + \overline{z}_{12}} = j0,6 + \frac{j0,3 \times j0,2}{j0,5 + j0,3 + j0,2} = j0,66$$

Matrizes de redes de transmissão de energia **199**

Analogamente será:

- Alimentação pelo nó 2:

$$\dot{V}_2 = \overline{z}_{24}\dot{I}$$

$$\overline{Z}_{22} = \overline{Z}_{23} = \overline{Z}_{21} = \frac{\dot{V}_2}{\dot{I}} = \overline{z}_{24} = j0,6$$

- Alimentação pelo nó 3:

$$\dot{V}_3 = \left[\frac{\overline{z}_{32}\times(\overline{z}_{13}+\overline{z}_{12})}{\overline{z}_{12}+\overline{z}_{13}+\overline{z}_{32}} + \overline{z}_{24}\right]\dot{I}$$

$$\overline{Z}_{33} = \frac{\dot{V}_3}{\dot{I}} = \frac{\overline{z}_{32}\times(\overline{z}_{13}+\overline{z}_{12})}{\overline{z}_{12}+\overline{z}_{13}+\overline{z}_{32}} + \overline{z}_{24} = j\frac{0,3\times(0,2+0,5)}{0,2+(0,3+0,5)} + j0,6 = j0,81$$

A matriz de impedâncias será dada por:

$$[Z] = j \begin{array}{|c|c|c|}\hline 0,76 & 0,60 & 0,66 \\\hline 0,60 & 0,60 & 0,60 \\\hline 0,66 & 0,60 & 0,81 \\\hline\end{array}$$

Do resultado alcançado, observa-se que:

- a impedância de entrada de uma barra representa a soma das impedâncias existentes entre a barra em tela e a barra de referência;

- ao se inserir um ramo de ligação a ordem da matriz não se altera e são modificados vários elementos da matriz. Lembra-se que o ramo de ligação é um elemento que fecha uma malha com outras malhas preexistentes.

Exemplo 3.6

Determinar a matriz de impedâncias nodais da rede do Exemplo 3.4 quando se adiciona um ramo de árvore, ramo 3-5, a partir da barra 3 e cuja impedância é de $j0,5$ pu.

Resolução

Na Figura 3.19, apresenta-se a rede, com a inclusão do ramo de árvore 3-5 a partir da barra 3, que está excitada por um gerador de corrente constante na barra 1.

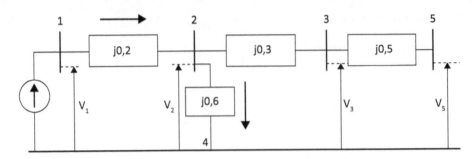

Figura 3.19 – Rede para o Exemplo 3.6

Observa-se que a inclusão do ramo de árvore não tem influência alguma nas tensões que existiam nas barras no Exemplo 3.4 e, além disso, a tensão da barra 5 será a mesma da barra 3. Evidentemente essa situação se repete para a excitação de todas as barras da rede, exceto a barra 5. Assim, resta tão somente calcular a impedância de entrada da barra 5, que é dada por:

$$\overline{Z}_{55} = \overline{z}_{24} + \overline{z}_{23} + \overline{z}_{35} = j0,6 + j0,3 + j0,5 = j1,4$$

e a matriz de impedâncias é dada por:

$$[Z] = j \begin{array}{|c|c|c|c|} \hline 0,8 & 0,6 & 0,6 & 0,6 \\ \hline 0,6 & 0,6 & 0,6 & 0,6 \\ \hline 0,6 & 0,6 & 0,9 & 0,9 \\ \hline 0,6 & 0,6 & 0,9 & 1,4 \\ \hline \end{array}$$

Do resultado alcançado, observa-se que:

- ao se inserir um ramo de árvore a ordem da matriz fica aumentada de uma unidade;
- os termos existentes não se alteram e a linha e a coluna correspondentes ao novo ramo de árvore são iguais aos correspondentes da linha e coluna em que o ramo se ligou;
- a impedância de entrada da barra terminal do ramo de árvore corresponde à soma da impedância de entrada da barra em que se conectou com a impedância do ramo.

3.4.3.4.2 Adição de um ramo de árvore sem mútuas

Seja a rede com n barras da Figura 3.20 para a qual já se dispõe da matriz de impedâncias nodais e na qual se quer acrescentar um ramo de árvore, p-q, cuja impedância é $\overline{z}_{pq}$ e não tem mútua com os ramos da rede preexistente.

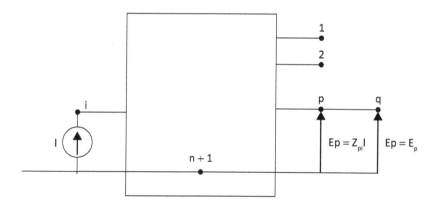

Figura 3.20 – Rede com inserção de ramo de árvore

Excitando-se com um gerador de corrente constante $\dot{I}$ uma barra, i, genérica ($i = 1, 2, ..., p, ..., n$ e $i \neq q$), a tensão na barra p não sofre alteração alguma devido à inclusão do ramo de árvore p-q; logo, pode-se afirmar que:

$$\dot{E}_p = \overline{Z}_{ip}\dot{I} \qquad (i = 1, 2, ..., n \quad i \neq q)$$

Por outro lado, a tensão nodal da barra q é igual à da p, logo: $\dot{E}_q = \dot{E}_p = \overline{Z}_{ip}\dot{I}$, mas, sendo $\dot{E}_q = \overline{Z}_{iq}\dot{I}$ resulta:

$$\overline{Z}_{iq} = \overline{Z}_{ip} \qquad (i = 1, 2, ..., n \quad i \neq q) \tag{3.29}$$

Assim, da Equação (3.29) pode-se asseverar que os elementos da coluna/linha q são iguais, ordenadamente, aos da p.

Para a determinação da impedância de entrada da barra q é suficiente observar-se sua definição e lembrar que a corrente que entra na barra p é a corrente injetada, logo:

$$\dot{E}_p = \overline{Z}_{pp}\dot{I}$$
$$\dot{E}_q = \dot{E}_p + \overline{z}_{pq}\dot{I} = \left(\overline{Z}_{pp} + \overline{z}_{pq}\right)\dot{I} = \overline{Z}_{qq}$$

donde conclui-se que:

$$\overline{Z}_{qq} = \overline{Z}_{pp} + \overline{z}_{pq} \tag{3.30}$$

Quando o ramo de árvore é inserido a partir da referência, lembrando que a impedância de entrada ou de transferência da barra de referência é nula, as Equações (3.29) e (3.30) tornam-se:

$$\overline{Z}_{iq} = 0 \qquad (i = 1, 2, ..., n \quad i \neq q)$$
$$\overline{Z}_{qq} = \overline{z}_{pq}$$

3.4.3.4.3 Adição de um ramo de ligação sem mútuas

Seja a rede com n barras da Figura 3.21 para a qual já se dispõe da matriz de impedâncias nodais e na qual se acrescentará um ramo de ligação, p-q, cuja impedância é $\overline{z}_{pq}$ e que não tem mútua com os ramos da rede preexistente.

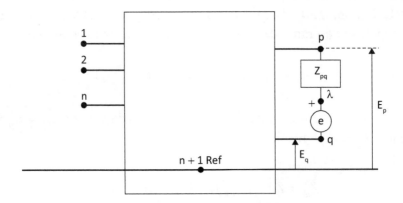

Figura 3.21 – Rede com inserção de ramo de ligação

Evidentemente, com a inserção do ramo de ligação a ordem da matriz não se altera, porém, o valor de seus elementos sim. Para determinar os novos valores, proceder-se-á como a seguir:

- Define-se uma barra fictícia, λ, entre as barras p e q.

- Liga-se entre as barras q e λ um gerador de tensão constante com f.e.m., tal que por esse ramo não circule corrente.

- Toma-se a barra q como referência para a barra fictícia λ.

Matrizes de redes de transmissão de energia

Com esse procedimento o ramo de ligação p-q foi transformado num ramo de árvore p-λ. Assim, a matriz inicial, que era dada por:

$$[Z] = \begin{array}{c|c|c|c|c|c|c|c|c} & 1 & 2 & \cdots & p & \cdots & q & \cdots & n \\ \hline 1 & \bar{Z}_{11} & \bar{Z}_{12} & \cdots & \bar{Z}_{1p} & \cdots & \bar{Z}_{1q} & \cdots & \bar{Z}_{1n} \\ \hline 2 & \bar{Z}_{21} & \bar{Z}_{22} & \cdots & \bar{Z}_{2p} & \cdots & \bar{Z}_{2q} & \cdots & \bar{Z}_{2n} \\ \hline \cdots & \cdots & \cdots & \cdots & \cdots & \cdots & \cdots & \cdots & \cdots \\ \hline p & \bar{Z}_{p1} & \bar{Z}_{p2} & \cdots & \bar{Z}_{pp} & \cdots & \bar{Z}_{pq} & \cdots & \bar{Z}_{pn} \\ \hline \cdots & \cdots & \cdots & \cdots & \cdots & \cdots & \cdots & \cdots & \cdots \\ \hline q & \bar{Z}_{q1} & \bar{Z}_{q2} & \cdots & \bar{Z}_{qp} & \cdots & \bar{Z}_{qq} & \cdots & \bar{Z}_{qn} \\ \hline \cdots & \cdots & \cdots & \cdots & \cdots & \cdots & \cdots & \cdots & \cdots \\ \hline n & \bar{Z}_{n1} & \bar{Z}_{n2} & \cdots & \bar{Z}_{np} & \cdots & \bar{Z}_{nq} & \cdots & \bar{Z}_{nn} \end{array}$$

transformar-se-á pela adição de uma linha e coluna λ em:

$$[Z'] = \begin{array}{c|c|c|c|c|c|c|c|c|c} & 1 & 2 & \cdots & p & \cdots & q & \cdots & n & \lambda \\ \hline 1 & \bar{Z}_{11} & \bar{Z}_{12} & \cdots & \bar{Z}_{1p} & \cdots & \bar{Z}_{1q} & \cdots & \bar{Z}_{1n} & \bar{Z}_{1\lambda} \\ \hline 2 & \bar{Z}_{21} & \bar{Z}_{22} & \cdots & \bar{Z}_{2p} & \cdots & \bar{Z}_{2q} & \cdots & \bar{Z}_{2n} & \bar{Z}_{2\lambda} \\ \hline \cdots & \cdots & \cdots & \cdots & \cdots & \cdots & \cdots & \cdots & \cdots & \cdots \\ \hline p & \bar{Z}_{p1} & \bar{Z}_{p2} & \cdots & \bar{Z}_{pp} & \cdots & \bar{Z}_{pq} & \cdots & \bar{Z}_{pn} & \bar{Z}_{p\lambda} \\ \hline \cdots & \cdots & \cdots & \cdots & \cdots & \cdots & \cdots & \cdots & \cdots & \cdots \\ \hline q & \bar{Z}_{q1} & \bar{Z}_{q2} & \cdots & \bar{Z}_{qp} & \cdots & \bar{Z}_{qq} & \cdots & \bar{Z}_{qn} & \bar{Z}_{q\lambda} \\ \hline \cdots & \cdots & \cdots & \cdots & \cdots & \cdots & \cdots & \cdots & \cdots & \cdots \\ \hline n & \bar{Z}_{n1} & \bar{Z}_{n2} & \cdots & \bar{Z}_{np} & \cdots & \bar{Z}_{nq} & \cdots & \bar{Z}_{nn} & \bar{Z}_{n\lambda} \\ \hline \lambda & \bar{Z}_{\lambda1} & \bar{Z}_{\lambda2} & \cdots & \bar{Z}_{\lambda p} & \cdots & \bar{Z}_{\lambda q} & \cdots & \bar{Z}_{\lambda n} & \bar{Z}_{\lambda\lambda} \end{array}$$

Finalmente, uma vez determinada a matriz $[Z']$, observa-se que $\dot{E}_\lambda$, tensão da barra fictícia λ em relação à sua referência $\dot{E}_q$, é nula e, por eliminação de Gauss, obtém-se a matriz da rede:

	1	2	...	p	...	q	...	n
1	$\bar{Z}_{11} - \dfrac{\bar{Z}_{1\lambda}\bar{Z}_{\lambda 1}}{\bar{Z}_{\lambda\lambda}}$	$\bar{Z}_{12} - \dfrac{\bar{Z}_{1\lambda}\bar{Z}_{\lambda 2}}{\bar{Z}_{\lambda\lambda}}$	...	$\bar{Z}_{1p} - \dfrac{\bar{Z}_{1\lambda}\bar{Z}_{\lambda p}}{\bar{Z}_{\lambda\lambda}}$	...	$\bar{Z}_{1q} - \dfrac{\bar{Z}_{1\lambda}\bar{Z}_{\lambda q}}{\bar{Z}_{\lambda\lambda}}$	...	$\bar{Z}_{1n} - \dfrac{\bar{Z}_{1\lambda}\bar{Z}_{\lambda n}}{\bar{Z}_{\lambda\lambda}}$
2	$\bar{Z}_{21} - \dfrac{\bar{Z}_{2\lambda}\bar{Z}_{\lambda 1}}{\bar{Z}_{\lambda\lambda}}$	$\bar{Z}_{22} - \dfrac{\bar{Z}_{2\lambda}\bar{Z}_{\lambda 2}}{\bar{Z}_{\lambda\lambda}}$	...	$\bar{Z}_{2p} - \dfrac{\bar{Z}_{2\lambda}\bar{Z}_{\lambda p}}{\bar{Z}_{\lambda\lambda}}$	...	$\bar{Z}_{2q} - \dfrac{\bar{Z}_{2\lambda}\bar{Z}_{\lambda q}}{\bar{Z}_{\lambda\lambda}}$	...	$\bar{Z}_{2n} - \dfrac{\bar{Z}_{2\lambda}\bar{Z}_{\lambda n}}{\bar{Z}_{\lambda\lambda}}$
...	...	...	...	...	...	...	...	...
p	$\bar{Z}_{p1} - \dfrac{\bar{Z}_{p\lambda}\bar{Z}_{\lambda 1}}{\bar{Z}_{\lambda\lambda}}$	$\bar{Z}_{p2} - \dfrac{\bar{Z}_{p\lambda}\bar{Z}_{\lambda 2}}{\bar{Z}_{\lambda\lambda}}$	...	$\bar{Z}_{pp} - \dfrac{\bar{Z}_{p\lambda}\bar{Z}_{\lambda p}}{\bar{Z}_{\lambda\lambda}}$	...	$\bar{Z}_{pq} - \dfrac{\bar{Z}_{p\lambda}\bar{Z}_{\lambda q}}{\bar{Z}_{\lambda\lambda}}$	...	$\bar{Z}_{pn} - \dfrac{\bar{Z}_{p\lambda}\bar{Z}_{\lambda n}}{\bar{Z}_{\lambda\lambda}}$
...	...	...	...	...	...	...	...	...
q	$\bar{Z}_{q1} - \dfrac{\bar{Z}_{q\lambda}\bar{Z}_{\lambda 1}}{\bar{Z}_{\lambda\lambda}}$	$\bar{Z}_{q2} - \dfrac{\bar{Z}_{q\lambda}\bar{Z}_{\lambda 2}}{\bar{Z}_{\lambda\lambda}}$	...	$\bar{Z}_{qp} - \dfrac{\bar{Z}_{q\lambda}\bar{Z}_{\lambda p}}{\bar{Z}_{\lambda\lambda}}$	...	$\bar{Z}_{qq} - \dfrac{\bar{Z}_{q\lambda}\bar{Z}_{\lambda q}}{\bar{Z}_{\lambda\lambda}}$	...	$\bar{Z}_{qn} - \dfrac{\bar{Z}_{q\lambda}\bar{Z}_{\lambda n}}{\bar{Z}_{\lambda\lambda}}$
...	...	...	...	...	...	...	...	...
n	$\bar{Z}_{n1} - \dfrac{\bar{Z}_{n\lambda}\bar{Z}_{\lambda 1}}{\bar{Z}_{\lambda\lambda}}$	$\bar{Z}_{n2} - \dfrac{\bar{Z}_{n\lambda}\bar{Z}_{\lambda 2}}{\bar{Z}_{\lambda\lambda}}$	...	$\bar{Z}_{np} - \dfrac{\bar{Z}_{n\lambda}\bar{Z}_{\lambda p}}{\bar{Z}_{\lambda\lambda}}$	...	$\bar{Z}_{nq} - \dfrac{\bar{Z}_{n\lambda}\bar{Z}_{\lambda q}}{\bar{Z}_{\lambda\lambda}}$	...	$\bar{Z}_{nn} - \dfrac{\bar{Z}_{n\lambda}\bar{Z}_{\lambda n}}{\bar{Z}_{\lambda\lambda}}$

Para a determinação dos valores das impedâncias de entrada e transferência correspondentes à linha/coluna λ, observa-se que:

$$\dot{v}_{ref,q} + \dot{v}_{q\lambda} + \dot{v}_{\lambda p} + \dot{v}_{p,ref} = 0$$
$$-\dot{v}_{q\lambda} = \dot{v}_{ref,q} + \dot{v}_{\lambda p} + \dot{v}_{p,ref}$$
$$\dot{v}_{\lambda q} = -\dot{v}_{q,ref} + \dot{v}_{\lambda p} + \dot{v}_{p,ref} \qquad (3.31)$$
$$\dot{e} = -\dot{E}_q + \dot{v}_{\lambda p} + \dot{E}_p$$
$$= \dot{E}_p - \dot{E}_q + \dot{v}_{\lambda p}$$

Por outro lado, excitando-se uma barra genérica i $(i \neq \lambda)$ com um gerador de corrente constante $\dot{I}$, obtêm-se:

$$\dot{E}_p = \bar{Z}_{pi}\dot{I} \qquad \dot{E}_q = \bar{Z}_{qi}\dot{I} \qquad \dot{e} = \bar{Z}_{\lambda i}\dot{I}$$

Matrizes de redes de transmissão de energia   205

que, substituídos na Equação (3.31), fornecem para $i = 1, 2, ..., n \quad i \neq \lambda$:

$$\overline{Z}_{\lambda i} \dot{I} = -\overline{Z}_{qi} \dot{I} + \dot{v}_{\lambda p} + \overline{Z}_{pi} \dot{I}$$

mas $\dot{v}_{\lambda p} = 0$ (não circula corrente) $\qquad (3.32)$

$$\therefore \ \overline{Z}_{\lambda i} = \overline{Z}_{i\lambda} = \overline{Z}_{pi} - \overline{Z}_{qi}$$

Em conclusão, a coluna λ da matriz $[Z']$ é obtida pela diferença entre as colunas p e q, exceção feita ao elemento da diagonal, $\overline{Z}_{\lambda\lambda\,\lambda}$, que será determinado excitando-se a barra λ por um gerador de corrente constante inserido entre ela e a barra q (que é a referência para a barra λ). Lembra-se que pelo gerador de tensão constante não pode circular corrente, logo, resultará $i_{\lambda p} = \dot{I}$ e, na Equação (3.32), ter-se-á:

$$\overline{Z}_{\lambda\lambda} \dot{I} = \overline{Z}_{p\lambda} \dot{I} - \overline{Z}_{q\lambda} \dot{I} + \overline{z}_{pq} \dot{I}$$
$$\overline{Z}_{\lambda\lambda} = \overline{Z}_{p\lambda} - \overline{Z}_{q\lambda} + \overline{z}_{pq} \qquad (3.33)$$

Da Equação (3.32), tem-se:

$$\overline{Z}_{\lambda p} = \overline{Z}_{p\lambda} = \overline{Z}_{pp} - \overline{Z}_{qp}$$
$$\overline{Z}_{\lambda q} = \overline{Z}_{q\lambda} = \overline{Z}_{pq} - \overline{Z}_{qq} \qquad (3.34)$$

Substituindo-se as Equações (3.34) nas (3.33), resulta:

$$\overline{Z}_{\lambda\lambda} = \overline{Z}_{pp} + \overline{Z}_{qq} - 2\overline{Z}_{pq} + \overline{z}_{pq} \qquad (3.35)$$

No caso particular da barra p coincidir com a referência, resulta

$$\overline{Z}_{\lambda\lambda} = \overline{Z}_{qq} + \overline{z}_{pq}$$
$$\overline{Z}_{\lambda i} = -\overline{Z}_{qi} \qquad (3.36)$$

Finalmente, fazendo-se $\dot{e} = 0$, os nós q e λ estarão em curto-circuito, logo, eliminar-se-á a linha e a coluna λ por eliminação de Gauss e o elemento genérico da matriz $\overline{Z}_{ij}$ será dado por:

$$\overline{Z}'_{ii} = \overline{Z}_{ii} - \frac{\overline{Z}_{i\lambda}\overline{Z}_{\lambda i}}{\overline{Z}_{\lambda\lambda}} \qquad i = 1, 2, ..., n$$

$$\overline{Z}'_{ij} = \overline{Z}_{ij} - \frac{\overline{Z}_{i\lambda}\overline{Z}_{\lambda j}}{\overline{Z}_{\lambda\lambda}} \qquad i = 1, 2, ..., n \quad j = i+1, ..., n \qquad (3.37)$$

Exemplo 3.7

Montar, usando o algoritmo, a matriz de impedâncias nodais da rede do Exemplo 3.5.

Resolução

Assume-se a barra 4 como referência e inicia-se a montagem pelo ramo de árvore 4-2, resultando:

$$[Z] = j \begin{array}{|c|} \hline 2 \\ \hline 0,6 \\ \hline \end{array} \quad {}_2$$

A seguir, inclui-se o ramo de árvore 1-2, resultando:

$$[Z] = j \begin{array}{c|c|c} & 2 & 1 \\ \hline 2 & 0,6 & 0,6 \\ \hline 1 & 0,6 & 0,6 \\ \hline \end{array}$$

A seguir inclui-se o ramo de árvore 2-3, resultando:

$$[Z] = j \begin{array}{c|c|c|c} & 2 & 1 & 3 \\ \hline 2 & 0,6 & 0,6 & 0,6 \\ \hline 1 & 0,6 & 0,8 & 0,6 \\ \hline 3 & 0,6 & 0,6 & 0,9 \\ \hline \end{array}$$

A seguir inclui-se o ramo de ligação 1-3 realizando-se as passagens:

- Cria-se a barra fictícia λ.
- Pela Equação (3.32), determinam-se as impedâncias de transferência:

$$\overline{Z}_{\lambda i} = \overline{Z}_{i\lambda} = \overline{Z}_{pi} - \overline{Z}_{qi} \,.$$

- Pela Equação (3.35), determina-se a impedância de entrada:

$$\overline{Z}_{\lambda\lambda} = \overline{Z}_{pp} + \overline{Z}_{qq} - 2\overline{Z}_{pq} + \overline{z}_{pq}$$

Matrizes de redes de transmissão de energia

$$[Z] \; = \; j \begin{array}{c|c|c|c|c} & 2 & 1 & 3 & \lambda \\ \hline 2 & 0,6 & 0,6 & 0,6 & 0,6-0,6 \\ \hline 1 & 0,6 & 0,8 & 0,6 & 0,8-0,6 \\ \hline 3 & 0,6 & 0,6 & 0,9 & 0,6-0,9 \\ \hline \lambda & 0,6-0,6 & 0,8-0,6 & 0,6-0,9 & 0,8+0,9-2\cdot0,6+0,5 \end{array}$$

ou seja:

$$[Z] \; = \; j \begin{array}{c|c|c|c|c} & 2 & 1 & 3 & \lambda \\ \hline 2 & 0,6 & 0,6 & 0,6 & 0,0 \\ \hline 1 & 0,6 & 0,8 & 0,6 & 0,2 \\ \hline 3 & 0,6 & 0,6 & 0,9 & -0,3 \\ \hline \lambda & 0,0 & 0,2 & -0,3 & 1,0 \end{array}$$

Finalmente, elimina-se a barra λ, utilizando-se as Equações (3.37):

$$\overline{Z}'_{22} = j0,6 - \frac{0\times0}{j1,0} = j0,6$$

$$\overline{Z}'_{11} = j0,8 - \frac{j0,2\times j0,2}{j1,0} = j0,76$$

$$\overline{Z}'_{33} = j0,9 - \frac{j0,3\times j0,3}{j1,0} = j0,81$$

$$\overline{Z}'_{21} = \overline{Z}'_{12} = \overline{Z}_{21} - \frac{\overline{Z}_{2\lambda}\overline{Z}_{\lambda1}}{\overline{Z}_{\lambda\lambda}} = j0,6 - \frac{j0\times j0,2}{j1,0} = j0,6$$

$$\overline{Z}'_{23} = \overline{Z}'_{32} = \overline{Z}_{23} - \frac{\overline{Z}_{2\lambda}\overline{Z}_{\lambda3}}{\overline{Z}_{\lambda\lambda}} = j0,6 - \frac{j0\times(-j0,3)}{j1,0} = j0,6$$

$$\overline{Z}'_{13} = \overline{Z}'_{31} = \overline{Z}_{13} - \frac{\overline{Z}_{1\lambda}\overline{Z}_{\lambda3}}{\overline{Z}_{\lambda\lambda}} = j0,6 - \frac{j0,2\times(-j0,3)}{j1,0} = j0,66$$

$$[Z] \; = \; j \begin{array}{c|c|c|c} & 2 & 1 & 3 \\ \hline 2 & 0,60 & 0,60 & 0,60 \\ \hline 1 & 0,60 & 0,76 & 0,66 \\ \hline 3 & 0,60 & 0,66 & 0,81 \end{array}$$

3.4.3.4.4 Adição de um ramo de árvore com mútuas

Seja a inserção de um ramo de árvore, p-q, que tenha impedância própria $\overline{z}_{pq}$ e impedâncias mútuas com os ramos mn, rs, mr e rn, dadas por $\overline{z}_{pq,mn}, \overline{z}_{pq,rs}, \overline{z}_{pq,mr}$ e $\overline{z}_{pq,rn}$. Os elementos da matriz serão divididos em dois conjuntos: um, conjunto $\rho\sigma$, dos ramos que têm mútuas entre si; e o outro, conjunto $\alpha\beta$, dos ramos que não têm mútuas com os anteriores. Assim, a matriz primitiva de impedância dos elementos, ordenada para conter inicialmente os trechos do conjunto $\alpha\beta$, particionada em correspondência ao último elemento do conjunto $\alpha\beta$, terá o seguinte aspecto, destacando-se que o ramo pq não pertence ao conjunto $\rho\sigma$:

$$[Z_{elem}] =$$

		$\alpha\beta$			$\rho\sigma$				
		ab	...	kj	mn	rs	mr	rn	pq
$\alpha\beta$	ab	$\overline{z}_{ab,ab}$	...	...	0	0	0	0	0
	...	...	...	...	0	0	0	0	0
	kj	...	...	$\overline{z}_{kj,kj}$	0	0	0	0	0
$\rho\sigma$	mn	0	0	0	*				*
	rs	0	0	0		*			*
	mr	0	0	0			*		*
	rn	0	0	0				*	*
	pq	0	0	0	*	*	*	*	*

ou:

$$[Z_{elem}] =$$

	$\alpha\beta$	$\rho\sigma$	pq
$\alpha\beta$	$z_{\alpha\beta,\alpha\beta}$	0	0
$\rho\sigma$	0	$z_{\rho\sigma,\rho\sigma}$	$z_{\rho\sigma,pq}$
pq	0	$z_{pq,\rho\sigma}$	$z_{pq,pq}$

Observa-se que os elementos da partição $\alpha\beta,\alpha\beta$ podem ter mútuas entre si, mas não têm mútuas com os do conjunto $\rho\sigma$. Em outras palavras, todos os elementos das partições $\alpha\beta,\rho\sigma$ e $\rho\sigma,\alpha\beta$, são nulos. Na partição $\rho\sigma,\rho\sigma$, que contém os ramos mn, rs, mr e rn, observa-se que todos os ramos possuem mútua com o ramo pq, e eles próprios podem ou não ter mútuas entre si. Em resumo:

- O conjunto de elementos $\alpha\beta$ pode ter mútuas entre si, porém não tem mútuas com os conjuntos $\rho\sigma$ e pq. Logo: $z_{\alpha\beta,\rho\sigma} = z_{\rho\sigma,\alpha\beta} = z_{\alpha\beta,pq} = z_{pq,\alpha\beta} = 0$.

- O conjunto de elementos $\rho\sigma$ pode ter mútuas entre si e todos seus elementos têm mútuas com o elemento pq.

Assim, as matrizes primitivas de impedâncias e admitâncias dos elementos são dadas por:

$$
\left[Z'_{prim} \right] = \begin{array}{c|c|c} & \alpha\beta & \rho\sigma \\ \hline \alpha\beta & z_{\alpha\beta,\alpha\beta} & 0 \\ \hline \rho\sigma & 0 & z_{\rho\sigma,\rho\sigma} \end{array}
$$

$$
\left[Y'_{prim} \right] = \left[Z'_{prim} \right]^{-1} = \begin{array}{c|c|c} & \alpha\beta & \rho\sigma \\ \hline \alpha\beta & z_{\alpha\beta,\alpha\beta}^{-1} & 0 \\ \hline \rho\sigma & 0 & z_{\rho\sigma,\rho\sigma}^{-1} \end{array}
$$

ou

$$
\left[Y'_{prim} \right] = \begin{array}{c|c|c} & \alpha\beta & \rho\sigma \\ \hline \alpha\beta & y_{\alpha\beta,\alpha\beta} & 0 \\ \hline \rho\sigma & 0 & y_{\rho\sigma,\rho\sigma} \end{array}
$$

Das equações dos elementos, tem-se:

$$
\begin{bmatrix} i_{\alpha\beta} \\ i_{\rho\sigma} \end{bmatrix} = \begin{bmatrix} y_{\alpha\beta,\alpha\beta} & 0 \\ 0 & y_{\rho\sigma,\rho\sigma} \end{bmatrix} \cdot \begin{bmatrix} v_{\alpha\beta} \\ v_{\rho\sigma} \end{bmatrix}
$$

$$
\begin{bmatrix} v_{\alpha\beta} \\ v_{\rho\sigma} \end{bmatrix} = \begin{bmatrix} z_{\alpha\beta,\alpha\beta} & 0 \\ 0 & z_{\rho\sigma,\rho\sigma} \end{bmatrix} \cdot \begin{bmatrix} i_{\alpha\beta} \\ i_{\rho\sigma} \end{bmatrix}
$$

As equações dos elementos serão utilizadas na dedução das equações para a determinação da matriz de impedâncias nodais.

Na inserção do ramo pq, que tem mútuas com ramos já existentes, ao se injetar corrente numa barra genérica $i \neq q$, haverá uma tensão, $\dot{v}_{pq}$, no ramo pq devido às impedâncias mútuas do ramo p-q com os demais ramos do conjunto $\rho\sigma$. Destaca-se que neste caso as Equações (3.29) e (3.30) não são válidas. Assumindo-se que a matriz de impedâncias nodais, após a inserção do ramo pq, seja:

$$
\begin{bmatrix} \dot{E}_1 \\ \cdots \\ \dot{E}_p \\ \cdots \\ \dot{E}_i \\ \cdots \\ \dot{E}_n \\ \dot{E}_q \end{bmatrix}
=
\begin{array}{c|ccccccc}
 & 1 & \cdots & p & \cdots & i & \cdots & n & q \\ \hline
1 & \overline{Z}_{11} & \cdots & \overline{Z}_{1p} & \cdots & \overline{Z}_{1i} & \cdots & \overline{Z}_{1n} & \overline{Z}_{1q} \\
\cdots & \cdots & \cdots & \cdots & \cdots & \cdots & \cdots & \cdots & \cdots \\
p & \overline{Z}_{p1} & \cdots & \overline{Z}_{pp} & \cdots & \overline{Z}_{pi} & \cdots & \overline{Z}_{pn} & \overline{Z}_{pq} \\
\cdots & \cdots & \cdots & \cdots & \cdots & \cdots & \cdots & \cdots & \cdots \\
i & \overline{Z}_{i1} & \cdots & \overline{Z}_{ip} & \cdots & \overline{Z}_{ii} & \cdots & \overline{Z}_{in} & \overline{Z}_{iq} \\
\cdots & \cdots & \cdots & \cdots & \cdots & \cdots & \cdots & \cdots & \cdots \\
n & \overline{Z}_{n1} & \cdots & \overline{Z}_{np} & \cdots & \overline{Z}_{ni} & \cdots & \overline{Z}_{nn} & \overline{Z}_{nq} \\
q & \overline{Z}_{q1} & \cdots & \overline{Z}_{qp} & \cdots & \overline{Z}_{qi} & \cdots & \overline{Z}_{qn} & \overline{Z}_{qq}
\end{array}
\cdot
\begin{bmatrix} \dot{I}_1 \\ \cdots \\ \dot{I}_p \\ \cdots \\ \dot{I}_i \\ \cdots \\ \dot{I}_n \\ \dot{I}_q \end{bmatrix}
$$

Excitando-se a barra i com um gerador de corrente constante $\dot{I}$, ter-se-á $\dot{I}_i = \dot{I}$ e as demais correntes nodais serão nulas. Logo:

$$\dot{E}_p = \overline{Z}_{pi}\dot{I} \quad \text{e} \quad \dot{E}_q = \overline{Z}_{qi}\dot{I}$$

Por outro lado, pela 2ª Lei de Kirchhoff, tem-se:

$$\dot{E}_q = \dot{E}_p - \dot{v}_{pq}$$

donde:

$$\overline{Z}_{qi}\dot{I} = \overline{Z}_{pi}\dot{I} - \dot{v}_{pq} \tag{3.38}$$

O valor de $\dot{v}_{pq}$ é obtido a partir da matriz de impedâncias dos elementos mn, rs, mr, rn, que têm impedâncias mútuas com pq. Assim:

$$
\begin{bmatrix} i_{mn} \\ i_{rs} \\ i_{mr} \\ i_{rn} \\ i_{pq} \end{bmatrix}
=
\begin{array}{c|ccccc}
 & mn & rs & mr & rn & pq \\ \hline
mn & \overline{y}_{mn,mn} & \overline{y}_{mn,rs} & \overline{y}_{mn,mr} & \overline{y}_{mn,rn} & \overline{y}_{mn,pq} \\
rs & \overline{y}_{rs,mn} & \overline{y}_{rs,rs} & \overline{y}_{rs,mr} & \overline{y}_{rs,rn} & \overline{y}_{rs,pq} \\
mr & \overline{y}_{mr,mn} & \overline{y}_{mr,rs} & \overline{y}_{mr,mr} & \overline{y}_{mr,rn} & \overline{y}_{mr,pq} \\
rn & \overline{y}_{rn,mn} & \overline{y}_{rn,rs} & \overline{y}_{rn,mr} & \overline{y}_{rn,rn} & \overline{y}_{rn,pq} \\
pq & \overline{y}_{pq,mn} & \overline{y}_{pq,rs} & \overline{y}_{pq,mr} & \overline{y}_{pq,rn} & \overline{y}_{pq,pq}
\end{array}
\cdot
\begin{bmatrix} \dot{v}_{mn} \\ \dot{v}_{rs} \\ \dot{v}_{mr} \\ \dot{v}_{rn} \\ \dot{v}_{pq} \end{bmatrix}
$$

$$
\begin{bmatrix} i_{\rho\sigma} \\ i_{pq} \end{bmatrix}
=
\begin{bmatrix} \overline{y}_{\rho\sigma,\rho\sigma} & \overline{y}_{\rho\sigma,pq} \\ \overline{y}_{pq,\rho\sigma} & \overline{y}_{pq,pq} \end{bmatrix}
\cdot
\begin{bmatrix} \dot{v}_{\rho\sigma} \\ \dot{v}_{pq} \end{bmatrix}
$$

Resulta:

$$i_{pq} = \left| \overline{y}_{pq,\rho\sigma} \right| \cdot \left| \dot{v}_{\rho\sigma} \right| + \overline{y}_{pq,pq} \dot{v}_{pq}$$

A corrente i_{pq} será nula, pois $i \neq q$ e supõe-se que a ligação pq não está no caminho da corrente $\dot{I}$ que entra na barra i e vai à barra de referência, logo:

$$\dot{v}_{pq} = -\frac{\left| \overline{y}_{pq,\rho\sigma} \right| \cdot \left| \dot{v}_{\rho\sigma} \right|}{\overline{y}_{pq,pq}} \qquad (3.39)$$

Lembrando que:

$$\left| \dot{v}_{\rho\sigma} \right| = \left| \dot{E}_\rho - \dot{E}_\sigma \right| = \left| \overline{Z}_{\rho i} - \overline{Z}_{\sigma i} \right| \dot{I}$$

a Equação (3.39) torna-se:

$$\dot{v}_{pq} = -\frac{\left| \overline{y}_{pq,\rho\sigma} \right| \cdot \left| \overline{Z}_{\rho i} - \overline{Z}_{\sigma i} \right|}{\overline{y}_{pq,pq}} \dot{I} \qquad (3.40)$$

Substituindo-se a Equação (3.40) na Equação (3.38), obtém-se:

$$\overline{Z}_{qi} \dot{I} = \overline{Z}_{pi} \dot{I} + \frac{\left| \overline{y}_{pq,\rho\sigma} \right| \cdot \left| \overline{Z}_{\rho i} - \overline{Z}_{\sigma i} \right|}{\overline{y}_{pq,pq}} \dot{I}$$

donde:

$$\overline{Z}_{qi} = \overline{Z}_{pi} + \frac{\left| \overline{y}_{pq,\rho\sigma} \right| \cdot \left| \overline{Z}_{\rho i} - \overline{Z}_{\sigma i} \right|}{\overline{y}_{pq,pq}}$$

$$\text{ou} \quad \overline{Z}_{qi} = \overline{Z}_{pi} + \frac{\left| \overline{y}_{pq,mn} \quad \overline{y}_{pq,rs} \quad \overline{y}_{pq,mr} \quad \overline{y}_{pq,rn} \right| \cdot \begin{vmatrix} \overline{Z}_{mi} - \overline{Z}_{ni} \\ \overline{Z}_{ri} - \overline{Z}_{si} \\ \overline{Z}_{mi} - \overline{Z}_{ri} \\ \overline{Z}_{ri} - \overline{Z}_{ni} \end{vmatrix}}{\overline{y}_{pq,pq}} \qquad (3.41)$$

Para a determinação da impedância de entrada, excita-se a barra q com um gerador de corrente constante com corrente $\dot{I}$. Analogamente à impedância de transferência, resulta:

$$\dot{E}_q = \overline{Z}_{qq} \dot{I} = \overline{Z}_{pq} \dot{I} - \dot{v}_{pq}$$

Lembrando que $i_{pq} = -\dot{I}$, resulta:

$$i_{pq} = -\dot{I} = \left|\overline{y}_{pq,\rho\sigma}\right| \cdot \left|\dot{v}_{\rho\sigma}\right| + \overline{y}_{pq,pq}\dot{v}_{pq}$$

$$\dot{I} + \left|\overline{y}_{pq,\rho\sigma}\right| \cdot \left|\dot{v}_{\rho\sigma}\right| + \overline{y}_{pq,pq}\dot{v}_{pq} = 0$$

$$\dot{v}_{pq} = \frac{-\dot{I} - \left|\overline{y}_{pq,\rho\sigma}\right| \cdot \left|\dot{v}_{\rho\sigma}\right|}{\overline{y}_{pq,pq}} = -\frac{1 + \left|\overline{y}_{pq,\rho\sigma}\right| \cdot \left|\overline{Z}_{\rho q} - \overline{Z}_{\sigma q}\right|}{\overline{y}_{pq,pq}}\dot{I}$$

Finalmente:

$$\dot{E}_q = \dot{E}_p - \dot{v}_{pq}$$

$$\overline{Z}_{qq}\dot{I} = \overline{Z}_{pq}\dot{I} + \frac{1 + \left|\overline{y}_{pq,\rho\sigma}\right| \cdot \left|\overline{Z}_{\rho q} - \overline{Z}_{\sigma q}\right|}{\overline{y}_{pq,pq}}\dot{I} \qquad (3.42)$$

$$\text{ou} \quad \overline{Z}_{qq} = \overline{Z}_{pq} + \frac{1 + \left|\overline{y}_{pq,\rho\sigma}\right| \cdot \left|\overline{Z}_{\rho q} - \overline{Z}_{\sigma q}\right|}{\overline{y}_{pq,pq}}$$

As Equações (3.29) e (3.30) são um caso particular das (3.41) e (3.42), pois que, quando o ramo de árvore não tem impedâncias mútuas com os ramos já inseridos na matriz será $\left|\overline{y}_{pq,\rho\sigma}\right| = 0$.

Exemplo 3.8

Adicionar, na rede do Exemplo 3.4, um ramo de árvore, 3-5, que tem impedância mútua com dois dos ramos existentes, conforme indicado na Figura 3.22. A matriz primitiva de impedância dos elementos é dada por:

$$[Z_{elem}] = j$$

	24	12	23	35
24	0,60	0	0	0
12	0	0,20	0	0,15
23	0	0	0,30	0,10
35	0	0,15	0,10	0,50

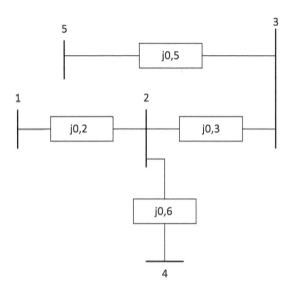

Figura 3.22 – Rede para o Exemplo 3.8

Resolução

Da matriz primitiva de impedâncias dos elementos observa-se que o ramo de árvore, 3-5, que vai ser inserido na rede, apresenta impedância mútua com os ramos 1-2 e 2-3.

As matrizes a serem utilizadas, conforme dedução, são:

$$[Z_{\alpha\beta,\alpha\beta}] = j \begin{array}{|c|} \hline 24 \\ \hline 24 \quad 0,60 \\ \hline \end{array}$$

$$[Z_{elem2}] = \begin{bmatrix} Z_{\rho\sigma,\rho\sigma} & Z_{\rho\sigma,pq} \\ Z_{pq,\rho\sigma} & Z_{pq,pq} \end{bmatrix} = j \begin{array}{|c|c|c|c|} \hline & 12 & 23 & 35 \\ \hline 12 & 0,20 & 0 & 0,15 \\ \hline 23 & 0 & 0,30 & 0,10 \\ \hline 35 & 0,15 & 0,10 & 0,50 \\ \hline \end{array}$$

$$[Z_{pq,\rho\sigma}] = j \begin{array}{|c|c|c|} \hline & 12 & 23 \\ \hline 35 & 0,15 & 0,10 \\ \hline \end{array}$$

$$[Z_{pq,pq}] = j \begin{array}{|c|} \hline 35 \\ \hline 35 \quad 0,50 \\ \hline \end{array}$$

Foi verificado que, para a determinação dos valores das impedâncias, Equação (3.41) e (3.42), necessita-se tão somente da última linha/coluna da inversa de $[Z_{elem2}]$.

A matriz primitiva de admitâncias dos elementos é dada por:

$$[Y_{elem2}] = [Z_{elem2}]^{-1} = -j \begin{array}{c|c|c|c} & 12 & 23 & 35 \\ \hline 12 & 6,588235 & 0,705882 & -2,117647 \\ \hline 23 & 0,705882 & 3,647059 & -0,941176 \\ \hline 35 & -2,117647 & -0,941176 & 2,823529 \end{array}$$

A matriz de impedâncias nodais é dada por (cf. Exemplo 3.4):

$$[Z] = j \begin{array}{c|c|c|c} & 1 & 2 & 3 \\ \hline 1 & 0,8 & 0,6 & 0,6 \\ \hline 2 & 0,6 & 0,6 & 0,6 \\ \hline 3 & 0,6 & 0,6 & 0,9 \end{array}$$

Da Equação (3.41) resulta, notando que $p = 3$, $q = 5$, $\rho = \{1, 2\}$, $\sigma = \{2, 3\}$:

$$\overline{Z}_{5i} = \overline{Z}_{3i} + \cfrac{\begin{array}{|c|c|} \hline \overline{y}_{35,12} & \overline{y}_{35,23} \\ \hline \end{array} \cdot \begin{array}{|c|} \hline \overline{Z}_{1i} - \overline{Z}_{2i} \\ \hline \overline{Z}_{2i} - \overline{Z}_{3i} \\ \hline \end{array}}{\overline{y}_{35,35}}$$

Logo:

$$\overline{Z}_{51} = \overline{Z}_{15} = \overline{Z}_{31} + \cfrac{\begin{array}{|c|c|} \hline \overline{y}_{35,12} & \overline{y}_{35,23} \\ \hline \end{array} \cdot \begin{array}{|c|} \hline \overline{Z}_{11} - \overline{Z}_{21} \\ \hline \overline{Z}_{21} - \overline{Z}_{31} \\ \hline \end{array}}{\overline{y}_{35,35}}$$

$$= j0,6 + \cfrac{\begin{array}{|c|c|} \hline j2,117647 & j0,941176 \\ \hline \end{array} \cdot \begin{array}{|c|} \hline j0,8 - j0,6 \\ \hline j0,6 - j0,6 \\ \hline \end{array}}{-j2,823529} = j0,45$$

$$\overline{Z}_{52} = \overline{Z}_{25} = \overline{Z}_{32} + \cfrac{\begin{array}{|c|c|} \hline \overline{y}_{35,12} & \overline{y}_{35,23} \\ \hline \end{array} \cdot \begin{array}{|c|} \hline \overline{Z}_{12} - \overline{Z}_{22} \\ \hline \overline{Z}_{22} - \overline{Z}_{32} \\ \hline \end{array}}{\overline{y}_{35,35}}$$

$$= j0,6 + \cfrac{\begin{array}{|c|c|} \hline j2,117647 & j0,941176 \\ \hline \end{array} \cdot \begin{array}{|c|} \hline j0,6 - j0,6 \\ \hline j0,6 - j0,6 \\ \hline \end{array}}{-j2,823529} = j0,60$$

$$\overline{Z}_{53} = \overline{Z}_{35} = \overline{Z}_{33} + \cfrac{\begin{array}{|c|c|} \hline \overline{y}_{35,12} & \overline{y}_{35,23} \\ \hline \end{array} \cdot \begin{array}{|c|} \hline \overline{Z}_{13} - \overline{Z}_{23} \\ \hline \overline{Z}_{23} - \overline{Z}_{33} \\ \hline \end{array}}{\overline{y}_{35,35}}$$

$$= j0,9 + \cfrac{\begin{array}{|c|c|} \hline j2,117647 & j0,941176 \\ \hline \end{array} \cdot \begin{array}{|c|} \hline j0,6 - j0,6 \\ \hline j0,6 - j0,9 \\ \hline \end{array}}{-j2,823529} = j1,00$$

Pela Equação (3.42) a impedância de entrada da barra 5 é dada por:

$$\overline{Z}_{55} = \overline{Z}_{35} + \cfrac{1 + \begin{array}{|c|c|} \hline \overline{y}_{35,12} & \overline{y}_{35,23} \\ \hline \end{array} \cdot \begin{array}{|c|} \hline \overline{Z}_{15} - \overline{Z}_{25} \\ \hline \overline{Z}_{25} - \overline{Z}_{35} \\ \hline \end{array}}{\overline{y}_{35,35}}$$

$$= j1,00 + \cfrac{1 + \begin{array}{|c|c|} \hline j2,117647 & j0,941176 \\ \hline \end{array} \cdot \begin{array}{|c|} \hline j0,45 - j0,60 \\ \hline j0,60 - j1,00 \\ \hline \end{array}}{-j2,823529}$$

$$\overline{Z}_{55} = j1,60$$

A matriz de impedâncias resultante é dada por:

$$[Z] = j \begin{array}{c|c|c|c|c|} & 1 & 2 & 3 & 5 \\ \hline 1 & 0,80 & 0,60 & 0,60 & 0,45 \\ \hline 2 & 0,60 & 0,60 & 0,60 & 0,60 \\ \hline 3 & 0,60 & 0,60 & 0,90 & 1,00 \\ \hline 5 & 0,45 & 0,60 & 1,00 & 1,60 \\ \hline \end{array}$$

Tendo em vista reforçar os conceitos envolvidos, proceder-se-á à determinação da matriz de impedâncias por meio da matriz de impedâncias dos elementos e da definição da matriz de impedâncias nodais.

A matriz de impedâncias dos elementos é dada por:

$$\begin{bmatrix} \dot{v}_{24} \\ \dot{v}_{12} \\ \dot{v}_{23} \\ \dot{v}_{35} \end{bmatrix} = j \begin{array}{c|c|c|c|c|} & 24 & 12 & 23 & 35 \\ \hline 24 & 0,60 & 0,00 & 0,00 & 0,00 \\ \hline 12 & 0,00 & 0,20 & 0,00 & 0,15 \\ \hline 23 & 0,00 & 0,00 & 0,30 & 0,10 \\ \hline 35 & 0,00 & 0,15 & 0,10 & 0,50 \\ \hline \end{array} \cdot \begin{bmatrix} i_{24} \\ i_{12} \\ i_{23} \\ i_{35} \end{bmatrix}$$

O diagrama unifilar do circuito está apresentado na Figura 3.22.

a) Impedâncias da barra 1

Excitando-se a barra 1 com um gerador de corrente constante $\dot{I}$, haverá circulação de corrente tão somente pelos ramos 1-2 e 2-4, que valem $\dot{i}_{12} = \dot{i}_{24} = \dot{I}$, logo as quedas de tensão nos ramos são dadas por:

$$
\begin{bmatrix} \dot{v}_{24} \\ \dot{v}_{12} \\ \dot{v}_{23} \\ \dot{v}_{35} \end{bmatrix} = j
\begin{array}{c|c|c|c|c}
 & 24 & 12 & 23 & 35 \\ \hline
24 & 0,60 & 0,00 & 0,00 & 0,00 \\ \hline
12 & 0,00 & 0,20 & 0,00 & 0,15 \\ \hline
23 & 0,00 & 0,00 & 0,30 & 0,10 \\ \hline
35 & 0,00 & 0,15 & 0,10 & 0,50
\end{array}
\cdot \begin{bmatrix} \dot{I} \\ \dot{I} \\ 0 \\ 0 \end{bmatrix} = \dot{I} \cdot j \begin{bmatrix} 0,60 \\ 0,20 \\ 0 \\ 0,15 \end{bmatrix}
$$

Por outro lado:

$$\overline{Z}_{11} = \frac{\dot{E}_1}{\dot{I}} = \frac{\dot{v}_{12} + \dot{v}_{24}}{\dot{I}} = j0,2 + j0,6 = j0,8$$

$$\overline{Z}_{12} = \overline{Z}_{21} = \frac{\dot{E}_2}{\dot{I}} = \frac{\dot{v}_{24}}{\dot{I}} = j0,6$$

$$\overline{Z}_{13} = \overline{Z}_{31} = \frac{\dot{E}_3}{\dot{I}} = \frac{\dot{v}_{32} + \dot{v}_{24}}{\dot{I}} = \frac{-\dot{v}_{23} + \dot{v}_{24}}{\dot{I}} = j0 + j0,6 = j0,6$$

$$\overline{Z}_{15} = \overline{Z}_{51} = \frac{\dot{E}_5}{\dot{I}} = \frac{\dot{v}_{53} + \dot{v}_{32} + \dot{v}_{24}}{\dot{I}} = \frac{-\dot{v}_{35} - \dot{v}_{23} + \dot{v}_{24}}{\dot{I}} = -j0,15 - j0 + j0,6 = j0,45$$

b) Impedâncias da barra 2

Excitando-se a barra 2 com um gerador de corrente constante, $\dot{I}$, haverá circulação de corrente tão somente pelo ramo 2-4, que vale $\dot{i}_{24} = \dot{I}$, logo as quedas de tensão nos ramos são dadas por:

$$
\begin{bmatrix} \dot{v}_{24} \\ \dot{v}_{12} \\ \dot{v}_{23} \\ \dot{v}_{35} \end{bmatrix} = j
\begin{array}{c|c|c|c|c}
 & 24 & 12 & 23 & 35 \\ \hline
24 & 0,60 & 0,00 & 0,00 & 0,00 \\ \hline
12 & 0,00 & 0,20 & 0,00 & 0,15 \\ \hline
23 & 0,00 & 0,00 & 0,30 & 0,10 \\ \hline
35 & 0,00 & 0,15 & 0,10 & 0,50
\end{array}
\cdot \begin{bmatrix} \dot{I} \\ 0 \\ 0 \\ 0 \end{bmatrix} = \dot{I} \cdot j \begin{bmatrix} 0,60 \\ 0 \\ 0 \\ 0 \end{bmatrix}
$$

Por outro lado:

$$\overline{Z}_{22} = \frac{\dot{E}_2}{\dot{I}} = \frac{\dot{v}_{24}}{\dot{I}} = j0,6$$

$$\overline{Z}_{21} = \overline{Z}_{12} = \frac{\dot{E}_1}{\dot{I}} = \frac{\dot{v}_{12} + \dot{v}_{24}}{\dot{I}} = j0,6$$

$$\overline{Z}_{23} = \overline{Z}_{32} = \frac{\dot{E}_3}{\dot{I}} = \frac{\dot{v}_{32} + \dot{v}_{24}}{\dot{I}} = \frac{-\dot{v}_{23} + \dot{v}_{24}}{\dot{I}} = j0,6$$

$$\overline{Z}_{25} = \overline{Z}_{52} = \frac{\dot{E}_5}{\dot{I}} = \frac{\dot{v}_{53} + \dot{v}_{32} + \dot{v}_{24}}{\dot{I}} = \frac{-\dot{v}_{35} - \dot{v}_{23} + \dot{v}_{24}}{\dot{I}} = \frac{j0 + j0 + j0,6}{\dot{I}} = j0,60$$

c) Impedâncias da barra 3

Excitando-se a barra 3 com um gerador de corrente constante, $\dot{I}$, haverá circulação de corrente tão somente pelos ramos 3-2 e 2-4, que valem $\dot{i}_{23} = -\dot{I}$ e $\dot{i}_{24} = \dot{I}$, logo as quedas de tensão nos ramos são dadas por:

$\dot{v}_{24}$			24	12	23	35		$\dot{I}$			0,60
$\dot{v}_{12}$	$=$	j	24	0,60	0,00	0,00	0,00	0	$= \dot{I} \cdot j$		0
$\dot{v}_{23}$			12	0,00	0,20	0,00	0,15	$-\dot{I}$			$-0,30$
$\dot{v}_{35}$			23	0,00	0,00	0,30	0,10	0			$-0,10$
			35	0,00	0,15	0,10	0,50				

Por outro lado:

$$\overline{Z}_{33} = \frac{\dot{E}_3}{\dot{I}} = \frac{\dot{v}_{32} + \dot{v}_{24}}{\dot{I}} = \frac{-\dot{v}_{23} + \dot{v}_{24}}{\dot{I}} = j0,30 + j0,60 = j0,9$$

$$\overline{Z}_{31} = \overline{Z}_{13} = \frac{\dot{E}_1}{\dot{I}} = \frac{\dot{v}_{12} + \dot{v}_{24}}{\dot{I}} = j0,6$$

$$\overline{Z}_{32} = \overline{Z}_{23} = \frac{\dot{E}_2}{\dot{I}} = \frac{\dot{v}_{24}}{\dot{I}} = j0,6$$

$$\overline{Z}_{35} = \overline{Z}_{53} = \frac{\dot{E}_5}{\dot{I}} = \frac{\dot{v}_{53} + \dot{v}_{32} + \dot{v}_{24}}{\dot{I}} = \frac{-\dot{v}_{35} - \dot{v}_{23} + \dot{v}_{24}}{\dot{I}} = j0,1 + j0,3 + j0,6 = j1,00$$

d) Impedâncias da barra 5

Excitando-se a barra 5 com um gerador de corrente constante, $\dot{I}$, haverá circulação de corrente tão somente pelos ramos 3-5, 2-3 e 2-4, que valem $\dot{i}_{35} = -\dot{I}$, $\dot{i}_{23} = -\dot{I}$ e $\dot{i}_{24} = \dot{I}$, logo as quedas de tensão nos ramos são dadas por:

$$
\begin{array}{|c|}
\hline \dot{v}_{24} \\\hline \dot{v}_{12} \\\hline \dot{v}_{23} \\\hline \dot{v}_{35} \\\hline
\end{array}
= j
$$

	24	12	23	35
24	0,60	0,00	0,00	0,00
12	0,00	0,20	0,00	0,15
23	0,00	0,00	0,30	0,10
35	0,00	0,15	0,10	0,50

$$
\cdot
\begin{array}{|c|}
\hline \dot{I} \\\hline 0 \\\hline -\dot{I} \\\hline -\dot{I} \\\hline
\end{array}
= I \cdot j
\begin{array}{|c|}
\hline 0,60 \\\hline -0,15 \\\hline -0,40 \\\hline -0,60 \\\hline
\end{array}
$$

Por outro lado:

$$\overline{Z}_{55} = \frac{\dot{E}_5}{\dot{I}} = \frac{\dot{v}_{53} + \dot{v}_{32} + \dot{v}_{24}}{\dot{I}} = \frac{-\dot{v}_{35} - \dot{v}_{23} + \dot{v}_{24}}{\dot{I}} = j0,60 + j0,40 + j0,60 = j1,60$$

$$\overline{Z}_{51} = \overline{Z}_{15} = \frac{\dot{E}_1}{\dot{I}} = \frac{\dot{v}_{12} + \dot{v}_{24}}{\dot{I}} = -j0,15 + j0,60 = j0,45$$

$$\overline{Z}_{35} = \overline{Z}_{53} = \frac{\dot{E}_3}{\dot{I}} = \frac{\dot{v}_{32} + \dot{v}_{24}}{\dot{I}} = \frac{-\dot{v}_{23} + \dot{v}_{24}}{\dot{I}} = j0,4 + j0,6 = j1,00$$

$$\overline{Z}_{25} = \overline{Z}_{52} = \frac{\dot{E}_2}{\dot{I}} = \frac{\dot{v}_{24}}{\dot{I}} = j0,60$$

A matriz de impedâncias resultante será:

$$[Z] = j$$

	1	2	3	5
1	0,80	0,60	0,60	0,45
2	0,60	0,60	0,60	0,60
3	0,60	0,60	0,90	1,00
5	0,45	0,60	1,00	1,60

3.4.3.4.5 *Adição de um ramo de ligação com mútuas*

Seja a inserção entre as barras p e q de um ramo de ligação, p-q, que tenha impedância própria $\overline{z}_{pq}$ e impedâncias mútuas $\overline{z}_{pq,mn}$, $\overline{z}_{pq,rs}$, $\overline{z}_{pq,mr}$ e $\overline{z}_{pq,rn}$ com os trechos já existentes: m-n, r-s, m-r e r-n, que serão designados por trechos do conjunto $\rho\sigma$. Os trechos que não têm mútuas com os trechos em $\rho\sigma$ serão designados por $\alpha\beta$. Assim, a matriz primitiva de impedância dos elementos, ordenada para conter inicialmente os trechos do conjunto $\alpha\beta$, particionada em correspondência ao último elemento do conjunto $\alpha\beta$, terá o aspecto:

$$[Z_{elem}] = \begin{array}{c|c|c|c} & \alpha\beta & \rho\sigma & pq \\ \hline \alpha\beta & z_{\alpha\beta,\alpha\beta} & 0 & 0 \\ \hline \rho\sigma & 0 & z_{\rho\sigma,\rho\sigma} & z_{\rho\sigma,pq} \\ \hline pq & 0 & z_{pq,\rho\sigma} & z_{pq,pq} \end{array}$$

Destaca-se que:

- O conjunto de elementos $\alpha\beta$ pode ter mútuas entre si, porém não tem mútuas com os conjuntos $\rho\sigma$ e pq. Logo: $\left[Z_{\alpha\beta,\rho\sigma}\right] = \left[Z_{\alpha\beta,pq}\right] = \left[Z_{\rho\sigma,\alpha\beta}\right] = \left[Z_{pq,\alpha\beta}\right] = 0$;

- O conjunto de elementos $\rho\sigma$ pode ter mútuas entre si e todos seus elementos têm mútuas com o elemento pq.

O procedimento adotado é análogo ao da seção 3.4.3.4.3, que se refere à inserção de um ramo de ligação sem mútuas, isto é:

- Define-se uma barra fictícia, λ, entre as barras p e q.

- Liga-se entre as barras q e λ um gerador de tensão constante com f.e.m., tal que por esse ramo não circule corrente.

- Toma-se a barra q como referência para a barra fictícia λ.

Com esse procedimento o ramo de ligação p-q foi transformado num ramo de árvore p-λ, e a Equação (3.31),

$$\dot{e} = \dot{E}_p - \dot{E}_q + \dot{v}_{\lambda p}$$

continua válida, exceto pelo fato de que a tensão $\dot{v}_{\lambda p}$ não é obrigatoriamente nula quando for $\dot{i}_{\lambda p} = 0$. Quando se excitar uma barra genérica i ($i = 1, 2, ..., n$; $i \neq \lambda$), resultará:

$$\dot{e} = \overline{Z}_{\lambda i}\dot{I} = \dot{E}_p - \dot{E}_q + \dot{v}_{\lambda p} = \overline{Z}_{pi}\dot{I} - \overline{Z}_{qi}\dot{I} + \dot{v}_{\lambda p}$$

ou

$$\overline{Z}_{\lambda i} = \overline{Z}_{pi} - \overline{Z}_{qi} + \frac{\dot{v}_{\lambda p}}{\dot{I}} \qquad (3.43)$$

A determinação de $\dot{v}_{\lambda p}$ é feita como na seção 3.4.3.4.4, utilizando-se a matriz de impedâncias dos elementos *m-n*, *r-s*, *m-r*, *r-n* que têm impedâncias mútuas com *p-q*, isto é,

$$\frac{\dot{v}_{\lambda i}}{\dot{I}} = \frac{\left|\overline{y}_{pq,\rho\sigma}\right| \cdot \left|\overline{Z}_{\rho i} - \overline{Z}_{\sigma i}\right|}{\overline{y}_{pq,pq}} \qquad (3.44)$$

Substituindo-se a Equação (3.44) na (3.43), resulta:

$$\overline{Z}_{\lambda i} = \overline{Z}_{pi} - \overline{Z}_{qi} + \frac{\left|\overline{y}_{pq,\rho\sigma}\right| \cdot \left|\overline{Z}_{\rho i} - \overline{Z}_{\sigma i}\right|}{\overline{y}_{pq,pq}} \qquad (3.45)$$

Analogamente, determina-se:

$$\overline{Z}_{\lambda\lambda} = \overline{Z}_{p\lambda} - \overline{Z}_{q\lambda} + \frac{1 + \left|\overline{y}_{pq,\rho\sigma}\right| \cdot \left|\overline{Z}_{\rho\lambda} - \overline{Z}_{\sigma\lambda}\right|}{\overline{y}_{pq,pq}} \qquad (3.46)$$

Exemplo 3.9

Adicionar, na rede do Exemplo 3.8, um ramo de ligação, 1-5, que tem impedância mútua com os ramos existentes. A matriz primitiva de impedância dos elementos é dada por:

$$[Z_{elem}] = j$$

	24	12	23	35	15
24	0,60	0	0	0	0
12	0	0,20	0	0,15	0,15
23	0	0	0,30	0,10	0
35	0	0,15	0,10	0,50	0
15	0	0,15	0	0	0,40

Matrizes de redes de transmissão de energia 221

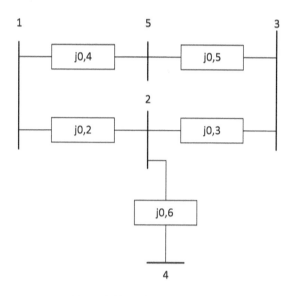

Figura 3.23 – Rede para o Exemplo 3.9

Resolução

Tendo em mente consolidar os conceitos apresentados na dedução das equações para a inserção de ramos de árvore com mútuas com os ramos já existentes, ao invés de utilizarem-se as equações resultantes, proceder-se-á analiticamente com a metodologia utilizada.

Assim, da matriz primitiva de impedâncias dos elementos, observa-se que o ramo de ligação, 1-5, que vai ser inserido na rede, apresenta impedância mútua com o ramo 1-2, o qual, por sua vez, tem mútua com o ramo 3-5. Após ordenação, a matriz primitiva de impedâncias dos elementos é dada por:

$$[Z_{elem}] = j \begin{array}{c|ccccc} & 24 & 23 & 35 & 12 & 15 \\ \hline 24 & 0,60 & 0 & 0 & 0 & 0 \\ 23 & 0 & 0,30 & 0,10 & 0 & 0 \\ 35 & 0 & 0,10 & 0,50 & 0,15 & 0 \\ 12 & 0 & 0 & 0,15 & 0,20 & 0,15 \\ 15 & 0 & 0 & 0 & 0,15 & 0,40 \end{array}$$

A matriz primitiva de admitâncias, que é obtida pela inversão da de impedâncias, é:

$$[Y_{elem}] = j$$

	24	23	35	12	15
24	-1,666667	0	0	0	0
23	0	-3,691589	1,074766	-1,121495	0,420561
35	0	1,074766	-3,224299	3,364486	-1,261682
12	0	-1,121495	3,364486	-10,46729	3,925234
15	0	0,420561	-1,261682	3,925234	-3.971963

Donde o vetor $\left[\bar{y}_{pq,\rho\sigma}\right]$, que conta com p-$q \to \{1\text{-}5\}$ e ρ-$\sigma \to \{2\text{-}3, 3\text{-}5, 1\text{-}2\}$, é dado por:

$$\left[\bar{y}_{pq,\rho\sigma}\right] = j$$

	23	35	12
15	0,420561	-1,261682	3,925234

Destaca-se que o ramo inserido tem mútua somente com o ramo 1-2, entretanto entram no vetor os ramos 2-3 e 3-5, visto que têm mútuas com o ramo 1-2 na matriz de admitâncias de elementos.

Criando-se uma barra adicional λ e utilizando-se a Equação (3.45), obtêm-se, fazendo-se $i=1, 2, 3$ e 5 e lembrando que a matriz de impedâncias nodais da rede antes da inclusão do ramo de ligação é dada por (cf. Exemplo 3.8):

$$[Z] = j$$

	1	2	3	5
1	0,80	0,60	0,60	0,45
2	0,60	0,60	0,60	0,60
3	0,60	0,60	0,90	1,00
5	0,45	0,60	1,00	1,60

lembrando ainda que $p = 1$, $q = 5$, $\rho = \{2, 3, 1\}$ e $\sigma = \{3,5,2\}$:

a. $i = 1$

$$\bar{Z}_{\lambda 1} = \bar{Z}_{p1} - \bar{Z}_{q1} + \frac{\left|\bar{y}_{pq,\rho\sigma}\right| \cdot \left|\bar{Z}_{\rho 1} - \bar{Z}_{\sigma 1}\right|}{\bar{y}_{pq,pq}} = \bar{Z}_{11} - \bar{Z}_{51} + \frac{\begin{array}{|c|c|c|} \hline \bar{y}_{15,23} & \bar{y}_{15,35} & \bar{y}_{15,12} \\ \hline \end{array} \cdot \begin{array}{|c|} \hline \bar{Z}_{21} - \bar{Z}_{31} \\ \hline \bar{Z}_{31} - \bar{Z}_{51} \\ \hline \bar{Z}_{11} - \bar{Z}_{21} \\ \hline \end{array}}{\bar{y}_{pq,pq}}$$

$$\bar{Z}_{\lambda 1} = j0,80 - j0,45 + \dfrac{\boxed{j0,420561 \quad -j1,261682 \quad j3,925234} \cdot \boxed{\begin{array}{c} j0,60 - j0,60 \\ j0,60 - j0,45 \\ j0,80 - j0,60 \end{array}}}{-j3,971963}$$

$$\bar{Z}_{\lambda 1} = j0,35 + \dfrac{-0,595794}{-j3,971963} = j0,20$$

b. $i = 2$

$$\bar{Z}_{\lambda 2} = \bar{Z}_{12} - \bar{Z}_{52} + \dfrac{\left| \bar{y}_{pq,\rho\sigma} \right| \cdot \left| \bar{Z}_{\rho 2} - \bar{Z}_{\sigma 2} \right|}{\bar{y}_{pq,pq}} = \bar{Z}_{12} - \bar{Z}_{52} + \dfrac{\boxed{\bar{y}_{15,23} \quad \bar{y}_{15,35} \quad \bar{y}_{15,12}} \cdot \boxed{\begin{array}{c} \bar{Z}_{22} - \bar{Z}_{32} \\ \bar{Z}_{32} - \bar{Z}_{52} \\ \bar{Z}_{12} - \bar{Z}_{22} \end{array}}}{\bar{y}_{15,15}}$$

$$\bar{Z}_{\lambda 2} = j0,60 - j0,60 + \dfrac{\boxed{j0,420561 \quad -j1,261682 \quad j3,925234} \cdot \boxed{\begin{array}{c} j0,60 - j0,60 \\ j0,60 - j0,60 \\ j0,60 - j0,60 \end{array}}}{-j3,971963} = 0$$

c. $i = 3$

$$\bar{Z}_{\lambda 3} = \bar{Z}_{13} - \bar{Z}_{53} + \dfrac{\left| \bar{y}_{pq,\rho\sigma} \right| \cdot \left| \bar{Z}_{\rho 3} - \bar{Z}_{\sigma 3} \right|}{\bar{y}_{pq,pq}} = \bar{Z}_{13} - \bar{Z}_{53} + \dfrac{\boxed{\bar{y}_{15,23} \quad \bar{y}_{15,35} \quad \bar{y}_{15,12}} \cdot \boxed{\begin{array}{c} \bar{Z}_{23} - \bar{Z}_{33} \\ \bar{Z}_{33} - \bar{Z}_{53} \\ \bar{Z}_{13} - \bar{Z}_{23} \end{array}}}{\bar{y}_{15,15}}$$

$$\bar{Z}_{\lambda 3} = j0,60 - j1,00 + \dfrac{\boxed{j0,420561 \quad -j1,261682 \quad j3,925234} \cdot \boxed{\begin{array}{c} j0,60 - j0,90 \\ j0,90 - j1,00 \\ j0,60 - j0,60 \end{array}}}{-j3,971963}$$

$$\bar{Z}_{\lambda 3} = -j0,40 + \dfrac{0}{-j3,971963} = -j0,40$$

d. $i = 5$

$$\overline{Z}_{\lambda 5} = \overline{Z}_{15} - \overline{Z}_{55} + \frac{\left|\overline{y}_{pq,p\sigma}\right| \cdot \left|\overline{Z}_{\rho 5} - \overline{Z}_{\sigma 5}\right|}{\overline{y}_{pq,pq}} = \overline{Z}_{15} - \overline{Z}_{55} + \frac{\begin{array}{|c|c|c|}\hline \overline{y}_{15,23} & \overline{y}_{15,35} & \overline{y}_{15,12} \\\hline\end{array} \cdot \begin{array}{|c|}\hline \overline{Z}_{25} - \overline{Z}_{35} \\\hline \overline{Z}_{35} - \overline{Z}_{55} \\\hline \overline{Z}_{15} - \overline{Z}_{25} \\\hline\end{array}}{\overline{y}_{15,15}}$$

$$\overline{Z}_{\lambda 5} = j0,45 - j1,60 + \frac{\begin{array}{|c|c|c|}\hline j0,420561 & -j1,261682 & j3,925234 \\\hline\end{array} \cdot \begin{array}{|c|}\hline j0,60 - j1,00 \\\hline j1,00 - j1,60 \\\hline j0,45 - j0,60 \\\hline\end{array}}{-j3,971963}$$

$$\overline{Z}_{\lambda 5} = -j1,15 + \frac{0}{-j3,971963} = -j1,15$$

Utilizando-se a Equação (3.46), determina-se o elemento da diagonal, que é dado por:

$$\overline{Z}_{\lambda\lambda} = \overline{Z}_{1\lambda} - \overline{Z}_{5\lambda} + \frac{1 + \left|\overline{y}_{pq,p\sigma}\right| \cdot \left|\overline{Z}_{\rho\lambda} - \overline{Z}_{\sigma\lambda}\right|}{\overline{y}_{pq,pq}}$$

$$= \overline{Z}_{1\lambda} - \overline{Z}_{5\lambda} + \frac{1 + \begin{array}{|c|c|c|}\hline \overline{y}_{15,23} & \overline{y}_{15,35} & \overline{y}_{15,12} \\\hline\end{array} \cdot \begin{array}{|c|}\hline \overline{Z}_{2\lambda} - \overline{Z}_{3\lambda} \\\hline \overline{Z}_{3\lambda} - \overline{Z}_{5\lambda} \\\hline \overline{Z}_{1\lambda} - \overline{Z}_{2\lambda} \\\hline\end{array}}{\overline{y}_{15,15}}$$

$$= j0,20 + j1,15 + \frac{1 + \begin{array}{|c|c|c|}\hline j0,420561 & -j1,261682 & j3,925234 \\\hline\end{array} \cdot \begin{array}{|c|}\hline j0,00 + j0,40 \\\hline -j0,40 + j1,15 \\\hline j0,20 - j0,00 \\\hline\end{array}}{-j3,971963}$$

$$\overline{Z}_{\lambda\lambda} = j1,35 + \frac{0,993035}{-j3,971963} = j1,35 + j0,25 = j1,60$$

A matriz é dada por:

$$[Z] = j$$

	1	2	3	5	λ
1	0,80	0,60	0,60	0,45	0,20
2	0,60	0,60	0,60	0,60	0
3	0,60	0,60	0,90	1,00	−0,40
5	0,45	0,60	1,00	1,60	−1,15
λ	0,20	0	−0,40	−1,15	1,60

Matrizes de redes de transmissão de energia

e, eliminando-se a barra λ, resulta:

$$[Z] = j \begin{array}{c|c|c|c|c} & 1 & 2 & 3 & 5 \\ \hline 1 & 0,77500 & 0,60000 & 0,65000 & 0,59375 \\ \hline 2 & 0,60000 & 0,60000 & 0,60000 & 0,60000 \\ \hline 3 & 0,65000 & 0,60000 & 0,80000 & 0,71250 \\ \hline 5 & 0,59375 & 0,60000 & 0,71250 & 0,77344 \end{array}$$

A seguir, a título de ilustração, determina-se a matriz de impedâncias a partir da matriz primitiva dos elementos, da Lei de Ohm e da definição de impedância de entrada e de impedância de transferência. Assim:

a) *Excitação da barra* 1

Nesta condição, ter-se-á circulação das correntes:

- $\dot{I} - \dot{I}_A$ pelo ramo 1-2;

- $\dot{I}_A$ pelo ramo 1-5;

- $-\dot{I}_A$ pelos ramos 3-5 e 2-3;

- $\dot{I}$ pelo ramo 2-4.

Logo:

$$\begin{bmatrix} \dot{v}_{24} \\ \dot{v}_{23} \\ \dot{v}_{35} \\ \dot{v}_{12} \\ \dot{v}_{15} \end{bmatrix} = j \begin{array}{c|c|c|c|c|c} & 24 & 23 & 35 & 12 & 15 \\ \hline 24 & 0,6 & 0 & 0 & 0 & 0 \\ \hline 23 & 0 & 0,30 & 0,10 & 0 & 0 \\ \hline 35 & 0 & 0,10 & 0,50 & 0,15 & 0 \\ \hline 12 & 0 & 0 & 0,15 & 0,20 & 0,15 \\ \hline 15 & 0 & 0 & 0 & 0,15 & 0,40 \end{array} \cdot \begin{bmatrix} \dot{I} \\ -\dot{I}_A \\ -\dot{I}_A \\ \dot{I} - \dot{I}_A \\ \dot{I}_A \end{bmatrix} = j \begin{array}{|c|} \hline 0,60\dot{I} \\ \hline -0,40\dot{I}_A \\ \hline 0,15\dot{I} - 0,75\dot{I}_A \\ \hline 0,20(\dot{I} - \dot{I}_A) \\ \hline 0,15\dot{I} + 0,25\dot{I}_A \\ \hline \end{array}$$

Sendo:

$$\dot{v}_{12} = \dot{v}_{15} + \dot{v}_{53} + \dot{v}_{32} = \dot{v}_{15} - \dot{v}_{35} - \dot{v}_{23}$$

$$0,20(\dot{I} - \dot{I}_A) = 0,15\dot{I} + 0,25\dot{I}_A - (0,15\dot{I} - 0,75\dot{I}_A) + 0,4\dot{I}_A$$

$$0,20\dot{I} = (0,20 + 0,25 + 0,75 + 0,4)\dot{I}_A$$

$$\dot{I}_A = \frac{0,20}{1,60}\dot{I} = 0,125\dot{I}$$

Lembrando que $\dot{I} = 1$ pu , resulta:

$$
\begin{array}{|c|}
\hline
\dot{v}_{24} \\
\hline
\dot{v}_{23} \\
\hline
\dot{v}_{35} \\
\hline
\dot{v}_{12} \\
\hline
\dot{v}_{15} \\
\hline
\end{array}
\;=\; j
\begin{array}{|c|}
\hline
0,60000 \\
\hline
-0,05000 \\
\hline
0,05625 \\
\hline
0,17500 \\
\hline
0,18125 \\
\hline
\end{array}
$$

Logo:

$$\overline{Z}_{11} = \dot{v}_{12} + \dot{v}_{24} = j(0,17500 + 0,60000) = j0,77500$$

$$\overline{Z}_{12} = \overline{Z}_{21} = \dot{v}_{24} = j0,60000$$

$$\overline{Z}_{13} = \overline{Z}_{31} = -\dot{v}_{23} + \dot{v}_{24} = j0,05000 + j0,60000 = j0,65000$$

$$\overline{Z}_{15} = \overline{Z}_{51} = -\dot{v}_{35} - \dot{v}_{23} + \dot{v}_{24} = -j0,05625 + j0,05000 + j0,60000 = j0,59375$$

b) *Excitação da barra* 2

Neste caso resulta:

$$\overline{Z}_{22} = j0,60000$$

$$\overline{Z}_{23} = \overline{Z}_{32} = j0,60000$$

$$\overline{Z}_{25} = \overline{Z}_{52} = j0,60000$$

c) *Excitação da barra* 3

Nesta condição, ter-se-á circulação das correntes:

- $\dot{I}_A$ pelos ramos 1-2 e 3-5;

- $-\dot{I}_A$ pelo ramo 1-5;

- $\dot{I}_A - \dot{I}$ pelo ramo 2-3;

- $\dot{I}$ pelo ramo 2-4.

Logo:

$$
\begin{bmatrix} \dot{v}_{24} \\ \dot{v}_{23} \\ \dot{v}_{35} \\ \dot{v}_{12} \\ \dot{v}_{15} \end{bmatrix} = j
$$

	24	23	35	12	15
24	0,6	0	0	0	0
23	0	0,30	0,10	0	0
35	0	0,10	0,50	0,15	0
12	0	0	0,15	0,20	0,15
15	0	0	0	0,15	0,40

$$
\cdot \begin{bmatrix} \dot{I} \\ -\dot{I} + \dot{I}_A \\ \dot{I}_A \\ \dot{I}_A \\ -\dot{I}_A \end{bmatrix} =
$$

$$
j \begin{bmatrix} 0,60\dot{I} \\ -0,30\dot{I} + 0,40\dot{I}_A \\ -0,10\dot{I} + 0,75\dot{I}_A \\ 0,20\dot{I}_A \\ -0,25\dot{I}_A \end{bmatrix}
$$

Sendo:

$$
\dot{v}_{32} = \dot{v}_{35} + \dot{v}_{51} + \dot{v}_{12}
$$

$$
-\dot{v}_{23} = \dot{v}_{35} - \dot{v}_{15} + \dot{v}_{12}
$$

$$
0,30\dot{I} - 0,40\dot{I}_A = -0,10\dot{I} + 0,75\dot{I}_A + 0,25\dot{I}_A + 0,20\dot{I}_A
$$

$$
(0,30 + 0,10)\dot{I} = (0,40 + 0,75 + 0,25 + 0,20)\dot{I}_A
$$

$$
\dot{I}_A = \frac{0,40}{1,60}\dot{I} = 0,250\dot{I}
$$

Lembrando que $\dot{I} = 1$ pu, resulta:

$$
\begin{bmatrix} \dot{v}_{24} \\ \dot{v}_{23} \\ \dot{v}_{35} \\ \dot{v}_{12} \\ \dot{v}_{15} \end{bmatrix} = j \begin{bmatrix} 0,60000 \\ -0,20000 \\ 0,08750 \\ 0,05000 \\ 0,06250 \end{bmatrix}
$$

Logo:

$$\overline{Z}_{33} = \dot{v}_{32} + \dot{v}_{24} = j(0,20000 + 0,60000) = j0,80000$$

$$\overline{Z}_{13} = \overline{Z}_{31} = \dot{v}_{12} + \dot{v}_{24} = j0,05000 + j0,60000 = j0,65000$$

$$\overline{Z}_{32} = \overline{Z}_{23} = \dot{v}_{24} = j0,60000$$

$$\overline{Z}_{35} = \overline{Z}_{53} = \dot{v}_{53} + \dot{v}_{32} + \dot{v}_{24} = -j0,08750 + j0,20000 + j0,60000 = j0,71250$$

d) *Excitação da barra* 5

Nesta condição, ter-se-á circulação das correntes:

- $-\dot{I}_A$ pelos ramos 3-5 e 2-3;
- $\dot{I}_A - \dot{I}$ pelo ramo 1-5;
- $\dot{I} - \dot{I}_A$ pelo ramo 1-2;
- $\dot{I}$ pelo ramo 2-4.

Logo:

$$
\begin{bmatrix} \dot{v}_{24} \\ \dot{v}_{23} \\ \dot{v}_{35} \\ \dot{v}_{12} \\ \dot{v}_{15} \end{bmatrix} = j
$$

	24	23	35	12	15
24	0,6	0	0	0	0
23	0	0,30	0,10	0	0
35	0	0,10	0,50	0,15	0
12	0	0	0,15	0,20	0,15
15	0	0	0	0,15	0,40

$$
\cdot \begin{bmatrix} \dot{I} \\ -\dot{I}_A \\ -\dot{I}_A \\ \dot{I} - \dot{I}_A \\ -\dot{I} + \dot{I}_A \end{bmatrix} =
$$

$$
j \begin{bmatrix} 0,60\dot{I} \\ -0,40\dot{I}_A \\ 0,15\dot{I} - 0,75\dot{I}_A \\ 0,05\dot{I} - 0,20\dot{I}_A \\ -0,25\dot{I} + 0,25\dot{I}_A \end{bmatrix}
$$

Matrizes de redes de transmissão de energia

Sendo:

$$\dot{v}_{51} + \dot{v}_{12} = \dot{v}_{53} + \dot{v}_{32}$$

$$-\dot{v}_{15} + \dot{v}_{12} = -\dot{v}_{35} - \dot{v}_{23}$$

$$0,25\dot{I} - 0,25\dot{I}_A + 0,05\dot{I} - 0,20\dot{I}_A = -0,15\dot{I} + 0,75\dot{I}_A + 0,40\dot{I}_A$$

$$(0,25 + 0,05 + 0,15)\dot{I} = (0,25 + 0,20 + 0,75 + 0,40)\dot{I}_A$$

$$\dot{I}_A = \frac{0,45}{1,60}\dot{I} = 0,28125\dot{I}$$

Lembrando que $\dot{I} = 1$ pu , resulta:

$\dot{v}_{24}$		$0,60000$
$\dot{v}_{23}$		$-0,11250$
$\dot{v}_{35}$	$= j$	$-0,06094$
$\dot{v}_{12}$		$-0,00625$
$\dot{v}_{15}$		$-0,17969$

Logo:

$$\overline{Z}_{55} = \dot{v}_{51} + \dot{v}_{12} + \dot{v}_{24} = j0,17969 - j0,00625 + j0,60000 = j0,77344$$

$$\overline{Z}_{15} = \overline{Z}_{51} = \dot{v}_{12} + \dot{v}_{24} = -j0,00625 + j0,60000 = j0,59375$$

$$\overline{Z}_{35} = \overline{Z}_{53} = -\dot{v}_{23} + \dot{v}_{24} = j0,11250 + j0,60000 = j0,71250$$

$$\overline{Z}_{25} = \overline{Z}_{52} = \dot{v}_{24} = j0,60000$$

A matriz de impedâncias nodais em circuito aberto é dada por:

$[Z] = j$		1	2	3	5
	1	$0,77500$	$0,60000$	$0,65000$	$0,59375$
	2	$0,60000$	$0,60000$	$0,60000$	$0,60000$
	3	$0,65000$	$0,60000$	$0,80000$	$0,71250$
	5	$0,59375$	$0,60000$	$0,71250$	$0,77344$

3.4.3.4.6 *Eliminação na matriz de impedâncias nodais de um ramo*

Em muitas aplicações deseja-se estudar o comportamento da rede quando ocorre a abertura de uma linha, o que, evidentemente, corresponde à eliminação de um ramo de árvore ou de ligação. Há que se considerar os casos a seguir:

a) Abertura de ramo de árvore que não tem mútuas com os demais ramos da rede. Neste caso, conforme já foi visto, é suficiente eliminar-se da matriz a linha e a coluna correspondentes a esse ramo.

b) Abertura de ramo de ligação que não tem mútuas com os demais ramos da rede. Neste caso procede-se à eliminação desse ramo inserindo-se em paralelo com ele um ramo de ligação cuja impedância é igual à do ramo a eliminar, porém de sinal contrário. De fato, sendo $\overline{z}_{pq}$ a impedância do elemento a ser eliminado, ligando-lhe em paralelo um elemento de impedância $\overline{z}'_{pq} = -\overline{z}_{pq}$, ter-se-á para a associação dos dois elementos em paralelo a impedância:

$$\overline{z}_{par} = \frac{\overline{z}_{pq} \cdot \overline{z}'_{pq}}{\overline{z}_{pq} + \overline{z}'_{pq}} = \frac{-\overline{z}_{pq}^2}{\overline{z}_{pq} - \overline{z}_{pq}} = \frac{-\overline{z}_{pq}^2}{0} = \infty .$$

c) Abertura de ramo de ligação ou de árvore que tem mútuas com os demais ramos da rede. Neste caso, liga-se em paralelo com o ramo a ser eliminado um ramo com impedância própria igual e de sinal contrário e com mútuas com os mesmos elementos e de mesmo valor. A matriz de impedâncias dos elementos da rede contará com duas linhas contendo as mesmas mútuas e com as impedâncias da diagonal de valor igual em módulo, mas de sinais contrários. Assim, para a eliminação de um ramo p-q, ter-se-á a matriz de impedâncias dos elementos:

		ab	rs	mn	mr	...	pq_1	pq_2		
$\dot{v}_{ab}$	ab	$\overline{z}_{ab,ab}$			$\overline{z}_{ab,mr}$	...				i_{ab}
$\dot{v}_{rs}$	rs		$\overline{z}_{rs,rs}$			...	$\overline{z}_{rs,pq1}$	$\overline{z}_{rs,pq2}$		i_{rs}
$\dot{v}_{mn}$	mn		$\overline{z}_{mn,rs}$	$\overline{z}_{mn,mn}$		...	$\overline{z}_{mn,pq1}$	$\overline{z}_{mn,pq2}$		i_{mn}
$\dot{v}_{mr}$ $=$	mr	$\overline{z}_{mr,ab}$			$\overline{z}_{mr,mr}$	...	$\overline{z}_{mr,pq1}$	$\overline{z}_{mr,pq1}$	$\cdot$	i_{mr}
....	...	...	...	...	...	...	...	...		....
$\dot{v}_{pq(1)}$	pq_1		$\overline{z}_{pq1,rs}$	$\overline{z}_{pq1,mn}$	$\overline{z}_{pq1,mr}$	...	$\overline{z}_{pq1,pq1}$			$i_{pq(1)}$
$\dot{v}_{pq(2)}$	pq_2		$\overline{z}_{pq2,rs}$	$\overline{z}_{pq2,mn}$	$\overline{z}_{pq2,mr}$	...		$\overline{z}_{pq1,pq2}$		$i_{pq(2)}$

Observa-se que, estando os dois ramos, pq_1 e pq_2, em paralelo, será:

$$\dot{v}_{pq(1)} = \dot{v}_{pq(2)}$$

e todas as mútuas do ramo pq_1 são iguais às do pq_2.

Nessas condições, subtraindo-se a linha do ramo pq_2 à do ramo pq_1, resulta a equação:

$$\dot{v}_{pq2} - \dot{v}_{pq1} = \left(\overline{z}_{pq2,rs} - \overline{z}_{pq1,rs}\right) i_{rs} + \left(\overline{z}_{pq2,mn} - \overline{z}_{pq1,mn}\right) i_{mn} + \left(\overline{z}_{pq2,mr} - \overline{z}_{pq1,mr}\right) i_{mr}$$
$$+\overline{z}_{pq2,pq2} i_{pq2} - \overline{z}_{pq1,pq1} i_{pq1}$$

donde:

$$0 = -\overline{z}_{pq1,pq1} i_{pq2} - \overline{z}_{pq1,pq1} i_{pq1} = \overline{z}_{pq1,pq1} \left(i_{pq1} + i_{pq2}\right)$$
$$i_{pq1} = -i_{pq2}$$

ou seja, na ligação entre as barras p e q não haverá circulação de corrente. Por outro lado, as tensões induzidas nos ramos da rede devido às correntes nos ramos de ligação entre as barras p e q serão nulas, pois:

$$\Delta\dot{v}_{\rho\sigma} = \overline{z}_{pq1,\rho\sigma} i_{pq1} + \overline{z}_{pq2,\rho\sigma} i_{pq2} = \overline{z}\left(i_{pq1} + i_{pq2}\right) = 0$$

3.5 MATRIZES HÍBRIDAS

3.5.1 INTRODUÇÃO

No estudo de redes em sistemas de potência há muitos casos em que se conhecem as tensões num conjunto de m barras e as correntes impressas nas restantes $(n\text{-}m)$ barras, e deseja-se calcular os dois conjuntos complementares, isto é, as correntes nas m barras e as tensões nas $(n\text{-}m)$ barras restantes. Nesses casos, recorre-se às "matrizes híbridas", isto é, matrizes de admitâncias convenientemente modificadas de modo a ter-se nas primeiras m posições do vetor dos termos conhecidos as tensões dadas e nas $n\text{-}m$ posições subsequentes as correntes dadas, ou seja:

		1	...	m	m+1	....	n		
I_1	1	$A_{1,1}$	...	$A_{1,m}$	$A_{1,m+1}$	...	$A_{1,n}$		V_1
...	...	...	...	...	...	...	...		...
I_m	= m	$A_{m,1}$	...	$A_{m,m}$	$A_{m,m+1}$	...	$A_{m,n}$	.	V_m
V_{m+1}	m+1	$A_{m+1,1}$	...	$A_{m+1,m}$	$A_{m+1,m+1}$	...	$A_{m+1,n}$		I_{m+1}
...	...								...
V_n	n	$A_{n,1}$	...	$A_{n,m}$	$A_{n,m+1}$	...	$A_{n,n}$		I_n

Evidentemente, os termos de 1,1 a m,m têm dimensão de admitâncias, os termos de $1,m+1$ a m,n e $m+1,1$ a n,m são números puros e os termos de $m+1,m+1$ a n,n têm a dimensão de impedâncias.

3.5.2 OBTENÇÃO DA MATRIZ HÍBRIDA

Para a obtenção da matriz híbrida, parte-se da equação geral da rede em termos de admitâncias, isto é, $\left|\dot{I}\right| = \left|\overline{Y}\right| \cdot \left|\dot{V}\right|$, e particiona-se a matriz de admitâncias nodais em correspondência à linha "m", obtendo-se:

$$
\begin{array}{|c|}
\hline I_G \\ \hline I_C \\ \hline
\end{array}
=
\begin{array}{|c|c|}
\hline Y_{GG} & Y_{GC} \\ \hline Y_{CG} & Y_{CC} \\ \hline
\end{array}
\cdot
\begin{array}{|c|}
\hline V_G \\ \hline V_C \\ \hline
\end{array}
$$

donde resultam as equações:

$$
\begin{aligned}
\left[\dot{I}_G\right] &= \left[\overline{Y}_{GG}\right] \cdot \left[\dot{V}_G\right] + \left[\overline{Y}_{GC}\right] \cdot \left[\dot{V}_C\right] \\
\left[\dot{I}_C\right] &= \left[\overline{Y}_{CG}\right] \cdot \left[\dot{V}_G\right] + \left[\overline{Y}_{CC}\right] \cdot \left[\dot{V}_C\right]
\end{aligned}
\tag{3.47}
$$

Da segunda das Equações (3.47), obtém-se:

$\left[\dot{V}_C\right] = \left[\overline{Y}_{CC}\right]^{-1} \cdot \left[\dot{I}_C\right] - \left[\overline{Y}_{CC}\right]^{-1} \cdot \left[\overline{Y}_{CG}\right] \cdot \left[\dot{V}_G\right]$ e, substituindo-se $\left[\dot{V}_C\right]$ na primeira equação, obtêm-se:

$$
\left[\dot{I}_G\right] = \left[\overline{Y}_{GG}\right] \cdot \left[\dot{V}_G\right] + \left[\overline{Y}_{GC}\right]\left\{\left[\overline{Y}_{CC}\right]^{-1} \cdot \left[\dot{I}_C\right] - \left[\overline{Y}_{CC}\right]^{-1} \cdot \left[\overline{Y}_{CG}\right] \cdot \left[\dot{V}_G\right]\right\}
$$

$$
\left[\dot{I}_G\right] = \left\{\left[\overline{Y}_{GG}\right] - \left[\overline{Y}_{GC}\right] \cdot \left[\overline{Y}_{CC}\right]^{-1} \cdot \left[\overline{Y}_{CG}\right]\right\} \cdot \left[\dot{V}_G\right] + \left[\overline{Y}_{GC}\right] \cdot \left[\overline{Y}_{CC}\right]^{-1} \cdot \left[\dot{I}_C\right]
$$

e

$$
\left[\dot{V}_C\right] = -\left[\overline{Y}_{CC}\right]^{-1} \cdot \left[\overline{Y}_{CG}\right] \cdot \left[\dot{V}_G\right] + \left[\overline{Y}_{CC}\right]^{-1} \cdot \left[\dot{I}_C\right]
$$

Matricialmente resulta:

$$
\begin{array}{|c|}
\hline \dot{I}_G \\ \hline \dot{V}_C \\ \hline
\end{array}
=
\begin{array}{|c|c|}
\hline \left[\overline{Y}_{GG}\right] - \left[\overline{Y}_{GC}\right] \cdot \left[\overline{Y}_{CC}\right]^{-1} \cdot \left[\overline{Y}_{CG}\right] & \left[\overline{Y}_{GC}\right] \cdot \left[\overline{Y}_{CC}\right]^{-1} \\ \hline -\left[\overline{Y}_{CC}\right]^{-1} \cdot \left[\overline{Y}_{CG}\right] & \left[\overline{Y}_{CC}\right]^{-1} \\ \hline
\end{array}
\cdot
\begin{array}{|c|}
\hline \dot{V}_G \\ \hline \dot{I}_C \\ \hline
\end{array}
$$

Ou ainda:

$$
\begin{bmatrix} \dot{I}_G \\ \dot{V}_C \end{bmatrix} = \begin{bmatrix} Y'_{GG} & H_{GC} \\ H_{CG} & \bar{Z}_{CC} \end{bmatrix} \cdot \begin{bmatrix} \dot{V}_G \\ \dot{I}_C \end{bmatrix}
$$

3.6 REDUÇÃO DE REDES: REDES EQUIVALENTES

3.6.1 INTRODUÇÃO

Frequentemente, em sistemas de potência, as redes elétricas possuem elevado número de nós, principalmente quando a região em estudo é grande (área de concessão de uma empresa, por exemplo) e o nível de detalhamento exigido é considerável (representação trifásica de redes secundárias de distribuição, por exemplo). Com o suporte computacional disponível atualmente é possível resolver redes com dezenas de milhares de nós, algo que não era possível até dez ou vinte anos atrás. Mas a etapa de análise dos resultados ainda é realizada manualmente por profissionais com capacidade limitada. Assim, raramente o foco de análise de uma rede de grande porte será a rede inteira. Analisar sobrecargas, quedas de tensão e perdas em apenas uma parte da rede completa será suficiente na maior parte dos casos. Nessas situações pode ser interessante utilizar redes equivalentes, de menor porte que as redes completas, cujo comportamento elétrico se aproxime das redes reais.

O estudo e a construção de redes equivalentes já são clássicos em sistemas de potência, tendo sido desenvolvidos equivalentes lineares, não lineares, estáticos e dinâmicos, cada um com uma característica mais adaptada para cada aplicação – estudos em regime permanente, estudos de estabilidade transitória (eletromecânica) e estudos de transitórios rápidos. O objetivo nesta seção não é esgotar o assunto de equivalentes de redes, mas apenas apresentar uma metodologia simples de cálculo de redes equivalente lineares, bem como explorar a sua relação com as técnicas de redução de redes (associações série e paralelo e transformação estrela-polígono) e com o método da eliminação de Gauss, normalmente utilizado na resolução de sistemas lineares de equações.

3.6.2 OBTENÇÃO DE REDES EQUIVALENTES

O cálculo de redes equivalentes será apresentado por meio da rede simples da Figura 3.24. Os dados dessa rede são apresentados nas Tabelas 3.1 e 3.2.

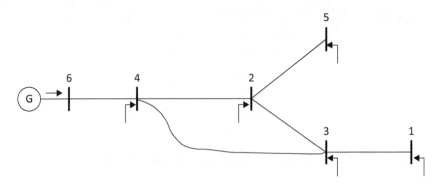

Figura 3.24 – Rede a ser reduzida

Tabela 3.1 – Dados de barras

Barra j	Corrente injetada I_j (pu)
1	-0.05
2	-0.10
3	-0.07
4	-0.04
5	-0.02
6	$-\sum_{j=1}^{5} I_j = 0,28$

Tabela 3.2 – Dados de ligações

Ligação j-k	Admitância y_{jk} (pu)
1-3	40
2-3	25
2-4	30
2-5	15
3-4	35
4-6	10

Neste exemplo, a barra 6 será tomada como referência de tensões. Isso significa que:

- se a barra 6 for incluída na matriz de admitâncias nodais, a matriz resultará singular porque a aplicação da 1ª Lei de Kirchhoff a todas as barras da rede produz um sistema de equações linearmente dependentes. Dessa forma, não será possível eliminar todas as linhas da matriz;

Matrizes de redes de transmissão de energia

- a *tensão nodal* da barra 6 é definida igual a 0 (zero), e a *tensão nodal* de cada uma das demais barras é definida como a tensão da barra em relação à tensão (nula) da barra 6.

A Equação (3.48) mostra a equação matricial dessa rede, a qual relaciona as *correntes nodais* (correntes que *entram* em cada nó da rede) com suas tensões nodais.

$$
\begin{bmatrix} I_1 \\ I_2 \\ I_3 \\ I_4 \\ I_5 \\ I_6 \end{bmatrix} = \begin{bmatrix} Y_{11} & Y_{12} & Y_{13} & Y_{14} & Y_{15} & Y_{16} \\ Y_{21} & Y_{22} & Y_{23} & Y_{24} & Y_{25} & Y_{26} \\ Y_{31} & Y_{32} & Y_{33} & Y_{34} & Y_{35} & Y_{36} \\ Y_{41} & Y_{42} & Y_{43} & Y_{44} & Y_{45} & Y_{46} \\ Y_{51} & Y_{52} & Y_{53} & Y_{54} & Y_{55} & Y_{56} \\ Y_{61} & Y_{62} & Y_{63} & Y_{64} & Y_{65} & Y_{66} \end{bmatrix} \cdot \begin{bmatrix} V_1 \\ V_2 \\ V_3 \\ V_4 \\ V_5 \\ V_6 \end{bmatrix} . \tag{3.48}
$$

Como exemplo, a quarta equação do sistema (3.48) é escrita explicitamente na Equação (3.49):

$$
\begin{aligned}
I_4 &= Y_{41}V_1 + Y_{42}V_2 + Y_{43}V_3 + Y_{44}V_4 + Y_{45}V_5 + Y_{46}V_6 \\
&= 0 \cdot V_1 - y_{42} \cdot V_2 - y_{43} \cdot V_3 + (y_{42} + y_{43} + y_{46}) \cdot V_4 + 0 \cdot V_5 - y_{46} \cdot V_6 . \\
&= y_{42} \cdot (V_4 - V_2) + y_{43} \cdot (V_4 - V_3) + y_{46} \cdot (V_4 - V_6) \\
&= I_{42} + I_{43} + I_{46}
\end{aligned} \tag{3.49}
$$

A Equação (3.49) nada mais é do que a 1ª Lei de Kirchhoff aplicada ao nó 4 em conjunto com a Lei de Ohm aplicada aos ramos que se ligam ao nó 4.

A Figura 3.25 apresenta a matriz de admitâncias nodais da rede e também o vetor de correntes nodais. A essa matriz serão aplicadas transformações elementares de forma a torná-la uma matriz triangular superior (todos os elementos abaixo da diagonal principal iguais a zero). Como será visto mais adiante, a obtenção das incógnitas em um sistema de equações com matriz triangular superior se resume a um conjunto de simples somas e subtrações. É importante destacar que as mesmas operações aplicadas à matriz de admitâncias nodais serão aplicadas ao vetor de correntes nodais, para que a solução do sistema de equações permaneça a mesma.

	1	2	3	4	5	6		
1	40		-40				-0.05	1
2		70	-25	-30	-15		-0.10	2
3	-40	-25	100	-35			-0.07	3
4		-30	-35	75		-10	-0.04	4
5		-15			15		-0.02	5
6				-10		10	0.28	6

Figura 3.25 – Matriz de admitâncias nodais e termo conhecido originais

a) Eliminação da linha 1

A eliminação da primeira linha tem um duplo objetivo: fazer com que o elemento da diagonal (Y_{11}) seja igual a 1, e fazer com que o elemento Y_{31} se torne nulo. Para alcançar o primeiro objetivo basta dividir a primeira linha pelo valor original do elemento Y_{11} (40). O primeiro elemento do termo conhecido também será dividido pelo mesmo valor. O resultado é mostrado na Figura 3.26.

	1	2	3	4	5	6		
1	1		-1				-0.00125	1
2		70	-25	-30	-15		-0.10	2
3	-40	-25	100	-35			-0.07	3
4		-30	-35	75		-10	-0.04	4
5		-15			15		-0.02	5
6				-10		10	0.28	6

Figura 3.26 – Matriz de admitâncias nodais e termo conhecido após a eliminação da linha 1 (parte 1/2)

Para alcançar o segundo objetivo (zerar o elemento Y_{31}) é preciso multiplicar a primeira linha pelo negativo do valor Y_{31} (40) e somar o resultado na própria linha 3. O resultado é mostrado na Figura 3.27. Nessa figura, os elementos modificados aparecem sublinhados.

	1	2	3	4	5	6		
1	_1_		_-1_				_-0.00125_	1
2		70	-25	-30	-15		-0.10	2
3	_0_	-25	_60_	-35			_-0.12_	3
4		-30	-35	75		-10	-0.04	4
5		-15			15		-0.02	5
6				-10		10	0.28	6

Figura 3.27 – Matriz de admitâncias nodais e termo conhecido após a eliminação da linha 1 (parte 2/2)

- Elementos zerados: Y_{31}.
- Elementos modificados: Y_{11}, Y_{13} e Y_{33}.
- Modificação das correntes nodais: I_3 passou de -0.07 pu para -0.12 pu.

Destaca-se que o único elemento zerado (Y_{31}) também provocou a modificação da corrente I_3, a qual foi modificada de -0.07 pu para (-0.07 + (-0.05)) = -0.12 pu: a injeção anterior na barra eliminada (I_1 = -0.05 pu) foi adicionada à injeção da barra 3. Dessa forma, a corrente total injetada nas barras 2, 3, 4 e 5 permanece constante e igual a 0.28 pu (1ª Lei de Kirchhoff).

A Figura 3.28 apresenta a rede correspondente à matriz após a eliminação da primeira linha. Essa rede é obtida por procedimento "ao contrário": inspeciona-se a matriz da Figura 3.27 e monta-se a rede correspondente, tomando-se o cuidado de considerar apenas as linhas e colunas 2, 3, 4, 5 e 6, já que a linha 1 foi eliminada. Nessa figura, os números entre parênteses indicam a admitância das ligações da rede, em pu.

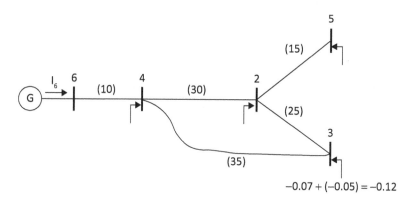

Figura 3.28 – Rede após eliminação da primeira linha

b) Eliminação da linha 2

Por meio de procedimento análogo, executa-se a eliminação da linha 2. Da Figura 3.27, observa-se que:

- a segunda linha deverá ser dividida pelo elemento da diagonal (Y_{22} = 70);
- os elementos Y_{32}, Y_{42} e Y_{52} deverão ser zerados.

O resultado é apresentado na Figura 3.29.

	1	2	3	4	5	6		
1	1		-1				-0.00125	1
2		1	-0.357143	-0.428571	-0.214286		-0.00142857	2
3	0	0	51.071425	-45.71429	-5.357145		-0.1557143	3
4		0	-45.714275	62.14287	-6.428565	-10	-0.0828571	4
5		0	-5.35715	-6.42858	11.78571		-0.0414286	5
6				-10		10	0.28	6

Figura 3.29 – Matriz de admitâncias nodais e termo conhecido após a eliminação da linha 2

- Elementos zerados: Y_{32}, Y_{42} e Y_{52}.
- Elementos modificados: Y_{22}, Y_{23}, Y_{24}, Y_{25}, Y_{33}, Y_{34}, Y_{43}, Y_{44} e Y_{55}.
- Novos elementos: Y_{35}, Y_{45}, Y_{53} e Y_{54}.
- Modificação das correntes injetadas:

    – I_3 passou de -0.12 pu para -0.1557143 pu;

    – I_4 passou de -0.04 pu para -0.0828571 pu;

    – I_5 passou de -0.02 pu para -0.0414286 pu.

A soma dos novos valores é -0.28 pu (a soma se mantém constante).

Observando-se a submatriz constituída pelas linhas/colunas 3, 4, 5 e 6, conclui-se que a triangularização preserva a simetria da matriz. A Figura 3.30 apresenta a rede correspondente à matriz após a eliminação da segunda linha.

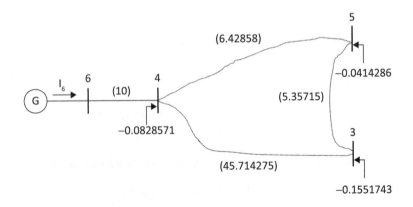

Figura 3.30 – Rede após eliminação da segunda linha

Matrizes de redes de transmissão de energia

Observa-se que foi realizada uma transformação estrela-triângulo entre as barras 3, 4 e 5, na qual foram criadas duas ligações (3-5 e 4-5) e foi modificada a ligação existente (3-4).

De uma forma geral, quando uma barra é eliminada aparecem ligações entre todas as barras que se ligavam à barra eliminada. Algumas ligações eventualmente já existiam antes; neste caso, a impedância das ligações existentes é modificada.

c) Eliminação da linha 3

Da Figura 3.29 observa-se que:

- a terceira linha deverá ser dividida pelo elemento da diagonal ($Y_{33} = 51.071425$);

- os elementos Y_{43}, Y_{53} deverão ser zerados.

O resultado é apresentado na Figura 3.31.

	1	2	3	4	5	6			
1	1		-1					-0.00125	1
2		1	-0.357143	-0.428571	-0.214286			-0.00142857	2
3	0	0	1	-0.895105	-0.104895			-0.00304895	3
4		0	0	21.223780	-11.223772	-10		-0.2222377	4
5		0	0	-11.223780	11.223772			-0.0577623	5
6				-10		10		0.28	6

Figura 3.31 – Matriz de admitâncias nodais e termo conhecido após a eliminação da linha 3

- Elementos zerados: Y_{43} e Y_{53}.
- Elementos modificados: Y_{33}, Y_{34}, Y_{35}, Y_{44}, Y_{45}, Y_{54} e Y_{55}.
- Modificação das correntes injetadas:
  - I_4 passou de -0.0828571 pu para -0.2222377 pu;
  - I_5 passou de -0.0414286 pu para -0.0577623 pu.

A soma dos novos valores é -0.28 pu (a soma se mantém constante).

A Figura 3.32 apresenta a rede correspondente à matriz após a eliminação da terceira linha.

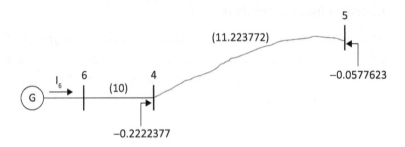

Figura 3.32 – Rede após eliminação da terceira linha

Observa-se que a admitância resultante entre as barras 4 e 5 é a associação em paralelo das admitâncias existentes anteriormente entre ambas barras:

$$\frac{1}{\dfrac{1}{45.714275}+\dfrac{1}{5.35715}}+6.42858=11.223790 \text{ pu.}$$

d) Eliminação da linha 4

Da Figura 3.31, observa-se que:

- a quarta linha deverá ser dividida pelo elemento da diagonal ($Y_{44} = 21.223780$);
- os elementos Y_{54} e Y_{64} deverão ser zerados.

O resultado é apresentado na Figura 3.33.

	1	2	3	4	5	6		
1	1		-1				-0.00125	1
2		1	-0.357143	-0.428571	-0.214286		-0.00142857	2
3	0	0	1	-0.895105	-0.104895		-0.00304951	3
4		0	0	1	-0.528830	-0.471170	-0.0104712	4
5		0	0	0	5.288305	-5.288308	-0.175288	5
6				0	-5.288300	5.288304	0.28	6

Figura 3.33 – Matriz de admitâncias nodais e termo conhecido após a eliminação da linha 4

- Elementos zerados: Y_{54} e Y_{64}.
- Elementos modificados: Y_{44}, Y_{45}, Y_{46}, Y_{55} e Y_{66}.
- Novos elementos: Y_{56} e Y_{65}.
- Modificação das correntes injetadas:
    - I_5 passou de -0.0577653 pu para -0.175288 pu;
    - a barra 6 recebeu uma injeção adicional de -0.104712 pu.

A soma dos novos valores é -0.28 pu (a soma se mantém constante).

A Figura 3.34 apresenta a rede correspondente à matriz após a eliminação da quarta linha.

Figura 3.34 – Rede após eliminação da quarta linha.

Observa-se que a admitância resultante entre as barras 6 e 5 é a associação série das admitâncias existentes anteriormente:

$$\frac{1}{\dfrac{1}{10}+\dfrac{1}{11.223772}} = 5.288302 \text{ pu}.$$

e) Eliminação da linha 5

Da Figura 3.33, observa-se que:

- a quinta linha deverá ser dividida pelo elemento da diagonal ($Y_{55} = 5.288305$);
- o elemento Y_{65} deverá ser zerado.

O resultado está apresentado na Figura 3.35.

	1	2	3	4	5	6		
1	1		-1				-0.00125	1
2		1	-0.357143	-0.428571	-0.214286		-0.00142857	2
3	0	0	1	-0.895105	-0.104895		-0.00304951	3
4		0	0	1	-0.528830	-0.471170	-0.0104724	4
5		0	0	0	1	-1	-0.0331463	5
6				0	0	0	0.28	6

Figura 3.35 – Matriz de admitâncias nodais e termo conhecido após a eliminação da linha 5

- Elemento zerado: Y_{65}.

- Elementos modificados: Y_{55}, Y_{56} e Y_{66}.

- Note-se que o elemento Y_{66} resultou nulo, impedindo a eliminação da sexta linha (a matriz era originalmente singular).

f) Determinação das tensões nodais

A quinta equação na Figura 3.35 diz que:

$$V_5 - V_6 = -0.0331463 \text{ pu}$$

o que implica, já que $V_6 = 0$:

$$V_5 = -0.0331463 \text{ pu}$$

Esse valor também pode ser obtido a partir da Figura 3.34:

$$I_5 = Y_{55}V_5 + Y_{56}V_6 = Y_{55}V_5 \quad \therefore \quad V_5 = \frac{I_5}{Y_{55}} = \frac{-0.175288}{5.288305} = -0.0331463 \text{ pu}.$$

As demais tensões podem ser obtidas por substituição de trás para a frente (*back-substitution*), usando o sistema de equações da Figura 3.35:

$$V_5 = -0.0331463 \text{ pu};$$

$$V_4 - 0.528830 \cdot V_5 = -0.0104724 \Rightarrow V_4 = -0.028001 \text{ pu};$$

$$V_3 - 0.895105 \cdot V_4 - 0.104895 \cdot V_5 = -0.00304951 \Rightarrow V_3 = -0.0315902 \text{ pu};$$

$$V_2 - 0.357143 \cdot V_3 - 0.428571 \cdot V_4 - 0.214286 \cdot V_5 = -0.00142857 \Rightarrow$$
$$V_2 = -0.0318140 \text{ pu};$$

$$V_1 - 1 \cdot V_3 = -0.00125 \Rightarrow V_1 = -0.0328402 \text{ pu} .$$

A título de verificação adicional, a tensão na ligação 2-5 pode ser calculada das seguintes formas:

- Pela Lei de Ohm:

$$V_5 - V_2 = \frac{I_5}{g_{25}} = \frac{-0.02}{15} = -0.00133333 \text{ pu}$$

- Pelas tensões nodais:

$$V_5 - V_2 = -0.0331463 - (-0.0318140) = -0.0013323 \text{ pu}$$

3.6.3 COMENTÁRIOS FINAIS

Tendo-se em vista aspectos de eficiência computacional, é interessante tomar alguns cuidados na escolha da próxima linha a ser eliminada: deve ser escolhida, entre aquelas que ainda não foram eliminadas, a linha que apresentar o menor número de elementos não nulos. Dessa forma, evita-se criar novos elementos nas linhas subsequentes.

Também é interessante separar a triangularização da matriz da correção do termo conhecido/*back substitution*. Por exemplo, para calcular a inversa da matriz original, pode-se resolver n sistemas de equações (n é o número de linhas da matriz). No primeiro sistema, o termo conhecido é igual a zero em todas as posições exceto na primeira, cujo valor é 1. A solução desse sistema fornece a primeira coluna da matriz inversa. Por meio de procedimento análogo são determinadas as demais colunas da matriz inversa. A fatoração completa da matriz foi executada apenas uma vez para todas as n soluções calculadas, o que é interessante porque a fatoração da matriz é normalmente custosa em termos de recursos computacionais.

Do que foi exposto, para obtenção de uma rede equivalente que contenha somente determinadas barras de interesse, basta que sejam eliminadas as linhas da matriz correspondentes às demais barras (aquelas que não são de interesse). A submatriz composta pelas linhas e colunas correspondentes às barras que não foram eliminadas é a própria matriz de admitâncias nodais da rede reduzida. Esse procedimento é conhecido como fatoração (ou triangularização) parcial da matriz de admitâncias nodais.

REFERÊNCIAS

STAGG, G. W.; EL-ABIAD, A. H. *Computer Methods in Power System Analysis*. New York: McGraw-Hill Kogakusha, 1968.

STEVENSON JR, W. D. *Elementos de análise de sistemas de potência*. 2. ed. São Paulo: McGraw-Hill, 1986.

BROWN, H. E. *Grandes sistemas elétricos*: métodos matriciais. Rio de Janeiro: LTC/EFEI, 1975.

GOLDBARG, M.; GOLDBARG, E. *Grafos*: conceitos, algoritmos e aplicações. Rio de Janeiro: Elsevier, 2012.

WEDEPOHL, L. M.; JACKSON, L. Modified nodal analysis: an essential addition to electrical circuit theory and analysis. *Engineering Science and Education Journal*, v. 11, Issue 3, June 2002.

WARD, J. B. Equivalent circuits for power flow studies. *AIEE Transactions*, New York, v. 68, p. 373-382, 1949.

DECKMANN, S. *et al*. Studies on power system load flow equivalents. *IEEE Transactions on Power Apparatus and Systems*, New York, v. PAS-99, p. 2301-2310, 1980.

CAPÍTULO 4
FLUXO DE POTÊNCIA

4.1 INTRODUÇÃO

Conforme já salientado, o objetivo primordial de um sistema de transmissão de energia elétrica é captá-la nos pontos de geração e transportá-la até os centros de consumo. Ora, nos pontos de geração conhece-se, ou pode-se definir, a potência ativa que será injetada no sistema e, nos centros de consumo, conhece-se a potência ativa e reativa que será absorvida do sistema. Evidentemente, a soma das potências ativas absorvidas pelas cargas com as perdas ativas no sistema devem igualar a potência suprida pela geração. Por outro lado, pode-se definir a tensão de geração dentro de faixas relativamente estreitas, da ordem de ±5% em torno da tensão nominal do gerador, obedecendo às restrições de máxima e mínima tensão operativa do sistema de transmissão. Nessas condições, a tensão da carga ficará determinada em obediência à Lei de Ohm. Ora, um dos problemas que o fluxo de potência se propõe a resolver é, dados:

- a topologia de rede;
- o módulo da tensão e a injeção de potência ativa nas barras de geração;
- a demanda, em termos de potência ativa e reativa nas barras de carga,

determinar:

- a tensão, em módulo e fase, nas barras de carga;
- a potência reativa injetada nas barras de geração;
- o fluxo de potência, ativa e reativa, nos trechos da rede.

Em outras palavras, pode-se definir o estudo de fluxo de potência como a simulação, em regime permanente da operação do sistema elétrico de potência, em que se fixou, de acordo com os graus de liberdade existentes, um conjunto de grandezas e se determinou, por meio de sistema de equações conveniente, as demais. Salienta-se, ainda, que o fluxo de potência simula a rede tão somente quando está operando em regime permanente. Exemplificando, seja um sistema que está funcionando em determinada hora do dia com a demanda fixada pelas exigências dos centros de consumo. Ao se passar para outro instante, ter-se-á uma variação na demanda da carga, que exigirá variação da potência ativa injetada pelas usinas, aumentando-a ou reduzindo-a. A essa variação corresponderão instantes de operação em regime de transitório eletromecânico, ao fim do qual o sistema encontrará novo ponto de equilíbrio, que corresponderá a nova situação de regime permanente.

Dentre as causas perturbadoras do regime permanente, além da variação da carga, destacam-se:

- mudanças na topologia da rede pelo fechamento ou abertura de linhas;
- variação na relação de espiras de transformadores;
- mudanças no suporte reativo previsto.

Lembra-se que no desenvolvimento de um sistema de potência há três etapas distintas: o planejamento, a construção e a operação da rede. Assim, na fase de planejamento definem-se quais são os reforços necessários e quando e onde serão comissionados de modo que o sistema atenda à demanda obedecendo os critérios operativos preestabelecidos. Nessa fase, tratando-se de estudo a médio e longo prazo, é prática corrente considerar-se duas condições de carregamento: carga leve e carga pesada. Excepcionalmente pode-se incluir a carga média, quando se passará a estudar três condições de carregamento. Nessa fase, por meio de estudos de fluxo de potência, verifica-se o desempenho do sistema no atendimento da carga quer em condições normais, quer

Fluxo de potência

em condições de contingência, quando algum componente se encontra fora de operação por manutenção preventiva ou corretiva.

Por outro lado, na operação o problema que se põe, que é resolvido por estudos de fluxo de potência, é o de se determinar a melhor configuração a ser utilizada levando-se em conta as condições de carga e os componentes disponíveis.

Assim, neste capítulo serão abordados os seguintes tópicos:

- estabelecimento das equações não lineares que regem as potências injetadas numa rede elétrica;

- apresentação sucinta dos principais métodos de resolução de sistemas de equações não lineares em sistemas de potência: Gauss-Seidel e Newton-Raphson;

- representação de geradores e cargas;

- modelo de fluxo de potência em "corrente contínua", obtido a partir de simplificações nas equações da potência ativa injetada na rede, incluindo a definição de coeficientes de influência e a análise de redes em contingência através do Método da Compensação;

- apresentação detalhada das formulações que resultam da aplicação dos métodos de Gauss-Seidel e Newton-Raphson ao problema de fluxo de potência;

- análise de sensibilidade, que permite estimar novos valores de grandezas elétricas de interesse quando se variam determinados parâmetros de controle, a partir de uma solução de fluxo de potência;

- introdução ao problema da Estimação de Estado e seu relacionamento com o problema de fluxo de potência;

- adaptações ao modelo equilibrado de fluxo de potência para torná-lo apto ao estudo de redes trifásicas desequilibradas;

- exemplo detalhado de desenvolvimento de estudo de fluxo de potência.

4.2 EQUAÇÕES GERAIS DA REDE

4.2.1 INTRODUÇÃO

O escopo desta seção é estabelecer as equações gerais que regem o funcionamento do sistema, definindo-se os graus de liberdade disponíveis. Salienta-se que, em tudo quanto se segue, salvo indicação em contrário, está sendo analisada uma rede trifásica simétrica e equilibrada que é representada, em pu, por seu diagrama de sequência direta, isto é, representação *monofásica da rede*. Para o sistema em pu, a base de tensão é dada pelo valor nominal da tensão de linha do componente e a base de potência trifásica é usualmente fixada em 100 MVA ou 1.000 MVA.

Por hipótese, a topologia do sistema é dada e, em cada barra p da rede, temos as grandezas:

V_p – módulo da tensão nodal da barra em pu;

θ_{pv} – ângulo da fase da tensão da barra, em radiano;

I_p – módulo da corrente impressa na barra, em pu;

θ_{pi} – ângulo da fase da corrente impressa na barra, em radiano;

P_p – potência ativa injetada na barra, em pu;

Q_p – potência reativa injetada na barra, em pu.

Entre essas grandezas subsistem as relações:

$$P_p + jQ_p = \dot{V}_p \dot{I}_p^* = V_p I_p \left| \underline{\theta_{pv} - \theta_{pi}} \right. \tag{4.1}$$

Ou ainda:

$$P_p = V_p I_p \cos\left(\theta_{pv} - \theta_{pi}\right)$$
$$Q_p = V_p I_p sen\left(\theta_{pv} - \theta_{pi}\right) \tag{4.2}$$

Assim, entre as seis grandezas de uma barra temos quatro graus de liberdade.

Por outro lado, lembrando que as tensões nodais estão ligadas às correntes nodais pela matriz de admitâncias, isto é:

$$[I] = [Y] \cdot [V], \tag{4.3}$$

os graus de liberdade em cada barra passam a ser dois. Logo, em cada barra pode-se fixar arbitrariamente duas grandezas, desde que se tenha em mente que

Fluxo de potência

ainda há um vínculo dado pelo balanço da potência ativa injetada e consumida, isto é:

$$\sum_{i=1}^{N} P_{Gi} = \sum_{i=1}^{M} P_{Ci} + perdas\ ativas \tag{4.4}$$

Para o estabelecimento das grandezas que representarão os dados e as incógnitas, observa-se que há dois tipos básicos de barras:

- barras de geração, que são as barras em que se injeta potência na rede;
- barras de carga, que são as barras que suprem os centros de consumo.

Destaca-se que nas barras de geração são conhecidos os dados das usinas que as suprem, quais sejam:

- número de unidades geradoras disponíveis;
- potência disponível em cada unidade geradora;
- tensão nominal das unidades geradoras.

Assim, nada mais lógico que se definir "barra de geração" ou "barra de tensão controlada", ou "barra PV", como aquelas barras nas quais se fixam os valores da tensão e da potência ativa gerada e se determina, ao fim do processamento, as incógnitas fase da tensão e potência reativa injetada na rede. Destaca-se que os geradores usualmente têm restrições quanto aos reativos injetados na barra, fornecidos ou absorvidos, sendo usual definir-se os valores máximo e mínimo injetáveis.

Ora, lembrando a Equação (4.4), observa-se que não é possível fixar-se a potência ativa total injetada na rede, uma vez que não se conhece a potência ativa dissipada nas perdas. Isso impõe a definição de uma ou mais barras que são designadas por "barra livre" ou "barra swing" ou "*slack bus*", nas quais se fixa a tensão em módulo e fase; esta última, usualmente zero, servirá de referência das fases das tensões das demais barras da rede. Evidentemente, na definição dessas barras não se impõe restrição alguma quanto ao seu número, entretanto, por ora, define-se tão somente uma barra swing e, desse modo, obedece-se à restrição imposta pela Equação (4.4). Oportunamente serão analisadas as implicações de definir-se mais de uma barra swing, sistemas "multiswing".

Finalmente, destacam-se as barras de carga nas quais se fixa-se o valor da potência (ativa e reativa) absorvida, e as incógnitas referem-se ao módulo da tensão e seu ângulo de fase.

Em resumo, considerando a topologia da rede definida e fixa, tem-se por barra, respeitada a Equação (4.4), dois graus de liberdade. Daí decorrem as definições:

- *Barras de carga, ou barras PQ*: estas barras, que também são chamadas de barras tipo 1, são aquelas nas quais se fixa a potência ativa, P, e a reativa, Q, e obtém-se o módulo da tensão, V, e seu ângulo de fase, θ_v. Evidentemente, tratando-se de barra que fornece potência à carga, ter-se-á, de acordo com a convenção de sinais apresentada no Capítulo 3, injeção de corrente negativa, isto é, os valores de P e Q impressos na barra serão negativos quando se tratar de carga indutiva. Tratando-se de carga capacitiva, a potência ativa será negativa e a reativa será positiva. Isto é:

$$Carga\ indutiva: P < 0\ e\ Q < 0.$$

$$Carga\ capacitiva: P < 0\ e\ Q > 0.$$

- *Barras de tensão controlada, ou barras PV*: estas barras, que também são chamadas de barras de tipo 2, caracterizam-se pela fixação da potência impressa na barra e do valor do módulo da tensão. Da resolução do sistema de equações obtêm-se os reativos fornecidos ($Q > 0$) ou absorvidos ($Q < 0$) pelo gerador que a supre, e a fase de sua tensão. Como será visto a seguir, a definição de P fixa o fluxo de potência ativa na rede e a de V fixa o nível de tensão e o fluxo de reativos na rede.

- *Barra swing, ou barra Vθ*: estas barras, que também são chamadas de barras de tipo 3, caracterizam-se pela fixação do valor do módulo da tensão e de sua fase. Da resolução do sistema obtêm-se a potência ativa e reativa injetada na rede.

4.2.2 EQUACIONAMENTO DA REDE

Para uma rede com n barras, representada pela matriz de admitâncias, tem-se, para a barra genérica p, a equação:

$$\dot{I}_p = \sum_{i=1}^{n} \overline{Y}_{pi} \dot{V}_i \quad (p = 1, 2, ..., n) \tag{4.5}$$

Fluxo de potência

onde:

$\dot{I}_p$ – fasor da corrente nodal impressa na barra p, em pu;

$\overline{Y}_{pi}$ – admitância de transferência da barra p para a barra i ($i \neq p$) ou admitância de entrada da barra p ($i = p$), em pu;

$\dot{V}_i$ – fasor da tensão nodal da barra i, em pu.

Por outro lado, sendo P_p e Q_p a potência da barra p, resulta:

$$\dot{I}_p^* = \frac{P_p + jQ_p}{\dot{V}_p}$$

Tomando-se o conjugado de ambos os membros e substituindo-se a corrente na Equação (4.5), resulta:

$$\dot{I}_p = \frac{P_p - jQ_p}{\dot{V}_p^*} = \sum_{i=1}^{n} \overline{Y}_{pi}\dot{V}_i \quad (p = 1, 2, ..., n) \tag{4.6}$$

Decompondo-se a Equação (4.6) em suas partes real e imaginária, obtêm-se:

$$P_p = \Re e\left[\sum_{i=1}^{n} \overline{Y}_{pi}\dot{V}_i\dot{V}_p^* \right]$$
$$Q_p = -\Im m\left[\sum_{i=1}^{n} \overline{Y}_{pi}\dot{V}_i\dot{V}_p^* \right] \tag{4.7}$$

Admitindo-se que as tensões são dadas na forma polar e as admitâncias na forma cartesiana, tem-se:

$$\dot{V}_i = \left|\dot{V}_i\right|\underline{\theta_i} = V_i\underline{\theta_i} = V_i\left(\cos\theta_i + j\mathrm{sen}\,\theta_i\right)$$
$$\overline{Y}_{pi} = G_{pi} + jB_{pi}$$

onde:

V_i – módulo da tensão da barra i (i=1,2..., n);

θ_i – ângulo de fase da tensão da barra i;

G_{pi} – quando $p = i$, parte real da admitância de entrada da barra p, e quando $p \neq i$, parte real da admitância de transferência entre as barras p e i;

B_{pi} – quando $p = i$, parte imaginária da admitância de entrada da barra p, e quando $p \neq i$, parte imaginária da admitância de transferência entre as barras p e i.

Desenvolvendo-se as Equações (4.7), obtêm-se:

$$P_p = \sum_{i=1}^{n}\left[G_{pi}\cos(\theta_i - \theta_p) - B_{pi}\text{sen}(\theta_i - \theta_p)\right]V_i V_p$$
$$Q_p = -\sum_{i=1}^{n}\left[G_{pi}\text{sen}(\theta_i - \theta_p) + B_{pi}\cos(\theta_i - \theta_p)\right]V_i V_p$$
(4.8)

Em conclusão, para cada barra da rede temos duas equações não lineares a duas incógnitas, que, numa rede com n barras, corresponderá a um sistema de $2n$ equações a $2n$ incógnitas. Destaca-se que a barra swing, onde é dada sua tensão, módulo e fase, não é incluída no sistema de equações, visto que, após a convergência, determina-se a incógnita envolvida nessa barra, potência injetada. Nos itens subsequentes serão apresentados os métodos utilizados para a solução desse sistema de equações.

Uma vez resolvido o sistema de equações da rede, tem-se a tensão, em módulo e fase, em todas as barras da rede, logo, por meio dos parâmetros das ligações da rede determina-se o fluxo, em termos de potência ativa e reativa, em todas as ligações. Assim, entre duas barras haverá um circuito equivalente apresentado na Figura 4.1, para o qual se tem:

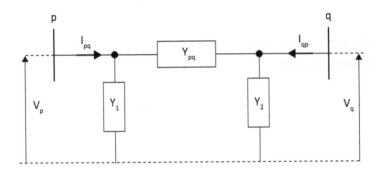

Figura 4.1 – Circuito equivalente entre barras p e q

$$\dot{I}_{pq} = (\dot{V}_p - \dot{V}_q)\overline{y}_{pq} + \dot{V}_p \overline{y}_1$$

ou

Fluxo de potência 253

$$P_p - jQ_p = \dot{V}_p^* \dot{I}_{pq} = \dot{V}_p^* (\dot{V}_p - \dot{V}_q)\overline{y}_{pq} + \dot{V}_p^* \dot{V}_p \overline{y}_1$$
$$= \dot{V}_p^* (\dot{V}_p - \dot{V}_q)\overline{y}_{pq} + V_p^2 \overline{y}_1 \tag{4.9}$$

Analogamente:

$$P_q - jQ_q = \dot{V}_q^* (\dot{V}_q - \dot{V}_p)\overline{y}_{pq} + V_q^2 \overline{y}_2 \tag{4.10}$$

Aplicando-se as Equações (4.9) e (4.10) a todas as ligações da rede, obtêm-se os fluxos em toda a rede.

Conforme será visto a seguir, a resolução da Equação (4.8) é feita por procedimento iterativo no qual não se impõe restrição alguma no tocante à 1ª Lei de Kirchhoff. Assim, ao final do processo iterativo pode-se testar a convergência da solução do sistema de equações por meio da equação:

$$P_p + jQ_p = \sum_{i=1}^{r} \left(P_{pi} + jQ_{pi} \right) \quad (p = 1, 2, ..., n) \tag{4.11}$$

onde r representa o número total de barras que se ligam com a barra p. Define-se, para a barra genérica p, o erro de potência ativa, ΔP_p, e o erro de potência reativa, ΔQ_p, pelas expressões:

$$\Delta P_p = \left| P_p - \sum_{i=1}^{r} P_{pi} \right| \quad (p = 1, 2, ..., n)$$

$$\Delta Q_p = \left| Q_p - \sum_{i=1}^{r} Q_{pi} \right| \quad (p = 1, 2, ..., n) \tag{4.12}$$

Pelo erro de potência, pode-se avaliar a precisão alcançada na convergência do sistema de equações. Salienta-se que, quando a tolerância da convergência é muito grande, os erros de potência assumem valor elevado, que recomendam novo cálculo da rede utilizando-se tolerância menor.

4.3 MÉTODOS DE SOLUÇÃO DE SISTEMAS DE EQUAÇÕES NÃO LINEARES

4.3.1 INTRODUÇÃO

Entre os inúmeros métodos de solução de sistemas de equações não lineares, serão enfocados tão somente os métodos de Gauss Seidel e de Newton Raphson, visto que são os mais utilizados em estudos de fluxo de potência.

Destaca-se que o método de Gauss Seidel, apesar de ter sido muitíssimo utilizado no passado, quando estavam disponíveis tão somente máquinas de pequeno porte, hodiernamente não é mais utilizado, por apresentar problemas bastante sérios de convergência. Além disso, não permite a simulação de vários tipos de componentes, entre outros, a compensação série e transformadores com tap controlado. Será analisado por sua utilização em sistemas de subtransmissão.

De modo geral, o problema a ser estudado é o da solução de sistemas de equações como a seguir:

$$y_1 = f_1(x_1, x_2, ..., x_n)$$

$$\cdots\cdots\cdots\cdots\cdots\cdots$$

$$y_i = f_i(x_1, x_2, ..., x_n) \tag{4.13}$$

$$\cdots\cdots\cdots\cdots\cdots\cdots$$

$$y_n = f_n(x_1, x_2, ..., x_n)$$

onde $f_i(x_1, x_2, ..., x_n)$ é um sistema de equações não lineares qualquer das variáveis $x_1, x_2, ..., x_n$, sendo $y_1, y_2, ..., y_n$ os termos conhecidos.

4.3.2 MÉTODO DE GAUSS SEIDEL

Este método recebe o nome de método de Gauss Seidel devido a uma modificação na sistemática de cálculo introduzida por Seidel. Trata, indistintamente, sistemas de equações lineares e não lineares.

O procedimento adotado consiste em isolar-se uma das variáveis em cada uma das equações, isto é:

$$x_1 = y_1 - f_1'(x_1, x_2, ..., x_n)$$

$$\cdots\cdots\cdots\cdots\cdots\cdots$$

$$x_i = y_i - f_i'(x_1, x_2, ..., x_n) \tag{4.14}$$

$$\cdots\cdots\cdots\cdots\cdots\cdots$$

$$x_n = y_n - f_n'(x_1, x_2, ..., x_n)$$

Atribuem-se valores estimados $x_1^0, x_2^0, ..., x_n^0$ às incógnitas e, a partir das Equações (4.14), calculam-se novos valores $x_1^1, x_2^1, ..., x_n^1$ e repete-se o proce-

Fluxo de potência

dimento até que as diferenças, em duas iterações sucessivas, entre os valores calculados das variáveis sejam menores que uma tolerância, *TOL*, prefixada, isto é:

$$\left| x_i^{k+1} - x_i^k \right| \leq TOL$$

A modificação introduzida por Seidel, que ajuda a acelerar a convergência, consiste em substituir-se o valor estimado de uma variável pelo calculado, tão logo seja obtido; isto é, no método de Gauss procede-se como apresentado na Equação (4.14):

$$x_1^{k+1} = y_1 - f_1'(x_1^k, x_2^k, ..., x_n^k)$$

$$\cdots$$

$$x_i^{k+1} = y_i - f_i'(x_1^k, x_2^k, ..., x_n^k) \tag{4.15}$$

$$\cdots$$

$$x_n^{k+1} = y_n - f_n'(x_1^k, x_2^k, ..., x_n^k)$$

Já no método de Gauss Seidel, no cálculo da incógnita x_i, na iteração $k+1$ utilizam-se os valores das incógnitas 1 a i-1 já calculados. Isto é:

$$x_1^{k+1} = y_1 - f_1'(x_1^k, x_2^k, ..., x_n^k)$$

$$\cdots$$

$$x_i^{k+1} = y_i - f_i' (x_1^{k+1}, x_2^{k+1}, ..., x_{i-1}^{k+1}, x_i^k, ..., x_n^k) \tag{4.16}$$

$$\cdots$$

$$x_n^{k+1} = y_n - f_n'(x_1^{k+1}, x_2^{k+1}, ..., x_{n-1}^{k+1}, x_n^k)$$

No caso geral acelera-se a convergência utilizando-se um fator de aceleração, f_a, que corrige o valor obtido para a variável na iteração $k+1$ como a seguir:

$$x_{i,assumido}^{k+1} = x_i^k + (x_{i,calculado}^{k+1} - x_i^k) \cdot f_a \tag{4.17}$$

Alguns aspectos da convergência serão analisados no exemplo a seguir.

Exemplo 4.1

Determinar pelo método de Gauss Seidel, sem utilizar fator de aceleração e assumindo desvio máximo de 0,001, a solução do sistema de equações:

$$5 = x_1 + x_2$$
$$1 = -x_1 + 0,5x_2$$

Exprimindo-se na primeira equação x_2 em função de x_1 e na segunda equação x_1 em função de x_2, resulta:

$$x_2 = 5 - x_1$$
$$x_1 = -1 + 0,5x_2$$

Assumindo-se para a iteração inicial $x_1 = 0$ resultam, a cada iteração, os valores apresentados na Tabela 4.1(a).

Tabela 4.1(a) – Valores em cada iteração

Iteração	x_2	x_1	Iteração	x_2	x_1
0	–	0	8	3,992187	0,996094
1	5,000000	1,500000	9	4,003906	1,001953
2	3,500000	0,750000	10	3,998047	0,999023
3	4,250000	1,125000	11	4,000976	1,000488
4	3,875000	0,937500	12	3,999512	0,99756
5	4,062500	1,031250	13	4,000244	1,000122
6	3,968750	0,984375	14	3,999878	0,999938
7	4,015625	1,007810	15	4,000062	1,000031
	Desvio na 15ª iteração			0,000742	0,000093

Alternativamente, exprimindo-se na primeira equação x_1 em função de x_2 e na segunda equação x_2 em função de x_1, resulta:

$$x_1 = 5 - x_2$$
$$x_2 = 2 + 2x_1$$

Assumindo-se para a iteração inicial $x_2 = 0$ resultam, a cada iteração, os valores apresentados na Tabela 4.1(b), onde se observa que o sistema diverge rapidamente.

Tabela 4.1(b) – Valores em cada iteração

Iteração	X_2	X_1
0	0	–
1	12	5
2	-12	-7
3	30	17
4	-60	-31
5	132	65
6	-252	-127
7	516	257

Na Figura 4.2, onde as duas equações representam duas retas, observa-se a convergência no primeiro caso e a divergência no segundo.

Destaca-se que, em se tratando de redes de transmissão, onde as tensões não se afastam sobremodo de 1 pu, a situação é mais confortável e alcança-se mais facilmente a convergência.

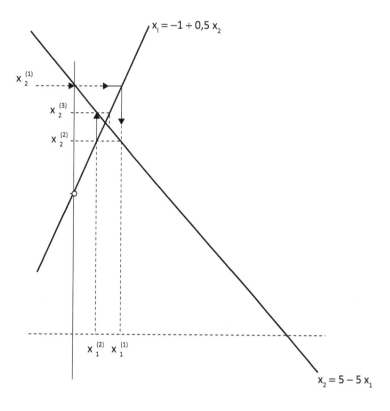

Figura 4.2 – Convergência da solução (*continua*)

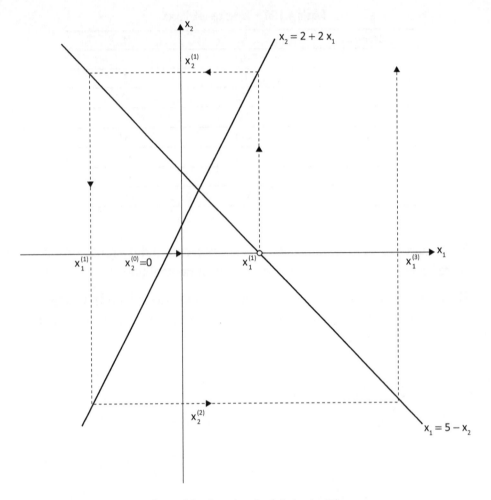

Figura 4.2 – Convergência da solução (*continuação*)

4.3.3 MÉTODO DE NEWTON-RAPHSON

4.3.3.1 Introdução

O método de Newton-Raphson foi introduzido no problema de fluxo de potência na década de 1960 (TINNEY; HART, 1967) e a partir daí tornou-se o método de escolha devido à elevada robustez e às excelentes propriedades de convergência na resolução de sistemas de equações não lineares.

Nesta seção, será inicialmente apresentada a aplicação do método de Newton em um problema de uma única incógnita. Em seguida, será tratado o caso de múltiplas incógnitas.

4.3.3.2 Aplicação a um problema de uma variável

Seja a equação não linear a ser resolvida dada por

$$f(x) = 0 \tag{4.18}$$

em que x indica a variável independente. Deseja-se obter um valor x_s para o qual a função $f(.)$ se anula. Obviamente esse valor é desconhecido no início do processo, mas pode-se chegar a ele por meio de uma estimativa inicial x_0 conhecida e de uma correção Δx. O problema passa a ser então determinar a correção Δx que conduz ao valor x_s a partir de x_0:

$$f(x_s) = f(x_0 + \Delta x) = 0 \tag{4.19}$$

Expandindo a Expressão (4.19) em série de Taylor e considerando somente o primeiro termo, obtém-se:

$$f(x_0 + \Delta x) \cong f(x_0) + f'(x_0) \cdot \Delta x \tag{4.20}$$

Lembrando que $f(x_0 + \Delta x) = 0$, o cálculo da correção Δx é imediato:

$$\Delta x = \frac{f(x_0 + \Delta x) - f(x_0)}{f'(x_0)} = -\frac{f(x_0)}{f'(x_0)} \tag{4.21}$$

O fato de a expansão em série de Taylor ter sido truncada no termo de primeira ordem faz com que a nova solução $x_0 + \Delta x$ não anule exatamente a Expressão (4.19). Por essa razão, o cálculo deve ser repetido sucessivamente a partir de cada novo ponto encontrado, encerrando-se quando o erro na função $f(.)$ resultar inferior a uma tolerância preestabelecida (critério usual de parada em processos iterativos).

No caso particular de a função $f(x)$ ser linear, todos os termos de ordem superior a 1 serão nulos. O erro de truncamento será igual a zero e, assim, o resultado da primeira iteração será a solução desejada (resolução direta do problema linear).

A Expressão (4.21) mostra ainda que no método de Newton existe a possibilidade de a solução divergir caso a derivada em um determinado ponto ao longo da trajetória de cálculo resulte com valor próximo ou igual a zero. Existem variações do método de Newton que permitem evitar esse problema, por exemplo, a regularização de Marquardt-Levenberg (CICHOCKI; UNBEHAUEN, 1993).

Para exemplificar a aplicação do método de Newton, vamos considerar a equação quadrática

$$f(x) = x^2 - 9 = 0 \qquad (4.22)$$

cujas soluções são conhecidas: $x = -3$, $x = 3$. Vamos considerar ainda o valor inicial $x_0 = 5$. A Tabela 4.2 ilustra a resolução iterativa deste problema pelo método de Newton. Note-se que a partir da iteração $k = 1$ o valor da solução atual é determinado somando-se a solução e a correção da iteração anterior:

$$x_k = x_{k-1} + \Delta x_{k-1} \quad , \quad k = 1,2,\dots \qquad (4.23)$$

Tabela 4.2 – Resolução iterativa pelo método de Newton

Iteração k	x_k	$f(x_k) = (x_k)^2 - 9$	$f'(x_k) = 2x_k$	$\Delta x_k = -\dfrac{f(x_k)}{f'(x_k)}$
0	5 (valor adotado)	16	10	-1,6
1	5 - 1,6 = 3,4	2,56	6,8	-0,376471
2	3,023529	0,141728	6,047058	-0,0234375
3	3,0000915	...	...	...

A Tabela 4.2 mostra a rápida convergência do método de Newton para a solução $x = 3$ e também evidencia outra característica importante do método: ele é suscetível à escolha do valor inicial. Escolhendo-se o valor inicial $x_0 = -5$ o método converge para a solução $x = -3$. Essa particularidade não limita a aplicação do método de Newton ao problema de fluxo de potência porque nesse caso é muito simples estabelecer uma boa solução inicial: tensão igual a $1\underline{|0}$ pu em todos os nós quando se utiliza uma formulação baseada em valores por-unidade.

A Figura 4.3 ilustra os cálculos realizados na primeira iteração. Observa-se que a curva da função original (parábola) foi aproximada pela reta tangente à curva (derivada) que passa pelo ponto $(x_0, f(x_0)) = (5;16)$. O novo valor da solução $x = 3,4$ foi obtido por meio da derivada e não pela curva original, razão pela qual esse valor ainda não é a solução procurada. Diz-se então que o método de Newton *lineariza* a função original em torno da solução atual. A necessidade de repetir o cálculo a cada nova solução surge do inerente erro de truncamento causado pela linearização da curva original. Conforme mencionado anteriormente, esse erro será nulo no caso particular de a função original ser uma reta (convergência em uma única iteração, ou solução direta).

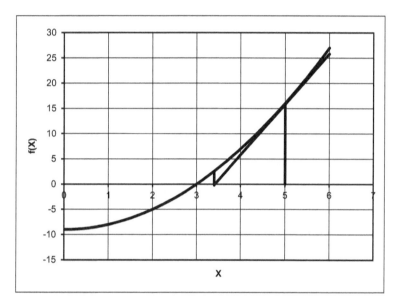

Figura 4.3 – Primeira iteração

4.3.3.3 Aplicação a um problema de várias variáveis

O método de Newton pode ser estendido a problemas com várias variáveis. O procedimento nesse caso é análogo ao do caso anterior.

Seja então um sistema de n equações não lineares a n incógnitas, descrito por:

$$\begin{aligned} f_1(x_1, x_2, ..., x_n) &= 0 \\ f_2(x_1, x_2, ..., x_n) &= 0 \\ &\vdots \\ f_n(x_1, x_2, ..., x_n) &= 0 \end{aligned} \quad (4.24)$$

Neste caso deseja-se encontrar valores $x_1, x_2, ..., x_n$ tais que as funções $f_1(), f_2(), ..., f_n()$ resultem todas iguais a zero. Embora as equações sejam não lineares, a exigência de igual número de equações e de incógnitas, própria dos sistemas lineares, torna-se obrigatória porque as funções serão linearizadas em torno de cada solução parcial (ou seja, a cada iteração será resolvido um sistema linear de equações).

A expansão em série de Taylor, neste caso, assume a seguinte forma (novamente descartando os termos de ordem superior a 1):

$$f_1(x_1 + \Delta x_1, x_2 + \Delta x_2,..., x_n + \Delta x_n) \cong f_1(x_1, x_2,..., x_n) +$$

$$\frac{\partial f_1}{\partial x_1} \cdot \Delta x_1 + \frac{\partial f_1}{\partial x_2} \cdot \Delta x_2 + ... + \frac{\partial f_1}{\partial x_n} \cdot \Delta x_n$$

$$f_2(x_1 + \Delta x_1, x_2 + \Delta x_2,..., x_n + \Delta x_n) \cong f_2(x_1, x_2,..., x_n) +$$

$$\frac{\partial f_2}{\partial x_1} \cdot \Delta x_1 + \frac{\partial f_2}{\partial x_2} \cdot \Delta x_2 + ... + \frac{\partial f_2}{\partial x_n} \cdot \Delta x_n \qquad , \qquad (4.25)$$

$$\cdots$$

$$f_n(x_1 + \Delta x_1, x_2 + \Delta x_2,..., x_n + \Delta x_n) \cong f_n(x_1, x_2,..., x_n) +$$

$$\frac{\partial f_n}{\partial x_1} \cdot \Delta x_1 + \frac{\partial f_n}{\partial x_2} \cdot \Delta x_2 + ... + \frac{\partial f_n}{\partial x_n} \cdot \Delta x_n$$

de onde segue que:

$$0 \cong f_1(x_1, x_2,..., x_n) + \frac{\partial f_1}{\partial x_1} \cdot \Delta x_1 + \frac{\partial f_1}{\partial x_2} \cdot \Delta x_2 + ... + \frac{\partial f_1}{\partial x_n} \cdot \Delta x_n$$

$$0 \cong f_2(x_1, x_2,..., x_n) + \frac{\partial f_2}{\partial x_1} \cdot \Delta x_1 + \frac{\partial f_2}{\partial x_2} \cdot \Delta x_2 + ... + \frac{\partial f_2}{\partial x_n} \cdot \Delta x_n \quad , \quad (4.26)$$

$$\cdots$$

$$0 \cong f_n(x_1, x_2,..., x_n) + \frac{\partial f_n}{\partial x_1} \cdot \Delta x_1 + \frac{\partial f_n}{\partial x_2} \cdot \Delta x_2 + ... + \frac{\partial f_n}{\partial x_n} \cdot \Delta x_n$$

ou ainda:

$$\begin{bmatrix} -f_1(x_1, x_2,..., x_n) \\ -f_2(x_1, x_2,..., x_n) \\ ... \\ -f_n(x_1, x_2,..., x_n) \end{bmatrix} = \begin{bmatrix} \frac{\partial f_1}{\partial x_1} & \frac{\partial f_1}{\partial x_2} & \cdots & \frac{\partial f_1}{\partial x_n} \\ \frac{\partial f_2}{\partial x_1} & \frac{\partial f_2}{\partial x_2} & \cdots & \frac{\partial f_2}{\partial x_n} \\ \cdots & \cdots & \cdots & \cdots \\ \frac{\partial f_n}{\partial x_1} & \frac{\partial f_n}{\partial x_2} & \cdots & \frac{\partial f_n}{\partial x_n} \end{bmatrix} \cdot \begin{bmatrix} \Delta x_1 \\ \Delta x_2 \\ ... \\ \Delta x_n \end{bmatrix} = [J] \cdot \begin{bmatrix} \Delta x_1 \\ \Delta x_2 \\ ... \\ \Delta x_n \end{bmatrix}, (4.27)$$

Fluxo de potência 263

em que a matriz de derivadas $[J]$ é denominada *matriz jacobiana* do sistema de equações. A solução do Sistema Linear (4.27) fornece a correção $[\Delta x_1, \Delta x_2, ..., \Delta x_n]^T$ a ser somada à estimativa inicial $[x_1, x_2, ..., x_n]^T$:

$$
\begin{bmatrix} \Delta x_1 \\ \Delta x_2 \\ ... \\ \Delta x_n \end{bmatrix} = -[J]^{-1} \cdot \begin{bmatrix} f_1(x_1, x_2, ..., x_n) \\ f_2(x_1, x_2, ..., x_n) \\ ... \\ f_n(x_1, x_2, ..., x_n) \end{bmatrix} .
\tag{4.28}
$$

Naturalmente, a matriz jacobiana deve ser montada e invertida a cada iteração, o que geralmente implica elevados custos computacionais, especialmente em redes de grande porte. Nesses casos é possível utilizar algumas estratégias alternativas mais rápidas, como o método de Newton-Raphson desonesto (*Dishonest Newton-Rapshon Method* – DNRM) (MONTICELLI, 1999) e o método desacoplado rápido, abordado na Seção 4.7.4.

No método de Newton-Raphson desonesto calcula-se a matriz jacobiana apenas em algumas iterações. Nas demais iterações utiliza-se a última matriz disponível, que foi montada e fatorada em alguma iteração anterior. Dessa forma economiza-se o tempo gasto em cada montagem e fatoração da matriz (principalmente a etapa de fatoração é relativamente dispendiosa em termos do tempo de processamento). Naturalmente, nesse método são necessárias mais iterações para alcançar a convergência, porque as correções que são calculadas não refletem exatamente o estado atual da rede, mas esse aumento é mais do que compensado pelo menor tempo médio de cada iteração que resulta das montagens e fatorações não realizadas. A Tabela 4.3 apresenta os resultados da aplicação do método de Newton desonesto ao problema da Seção 4.3.2.2. Neste exemplo a derivada da função foi calculada somente na primeira iteração.

Tabela 4.3 – Resolução iterativa pelo método de Newton desonesto (derivada constante)

Iteração k	x_k	$f(x_k) = (x_k)^2 - 9$	$f'(x_k) = 2x_0$	$\Delta x_k = -\dfrac{f(x_k)}{f'(x_k)}$
0	5	16		-1,6
1	3,4	2,56		-0,256
2	3,144	0,884736		-0,0884736
3	3,055526	0,336242	10	-0,0336242
4	3,021902	0,131891		-0,0131891
5	3,008713	0,0523535		-0,00523535
6	3,003478	...		...

A convergência é claramente mais lenta que no caso do método de Newton com cálculo da derivada a cada iteração.

4.3.4 MÉTODO DE RELAXAÇÃO

Este método, quando aplicado à solução de um sistema de equações não lineares,

$$y_1 = f_1(x_1, x_2, ..., x_n)$$
$$\cdots\cdots\cdots\cdots\cdots\cdots\cdots$$
$$y_i = f_i(x_1, x_2, ..., x_n) \tag{4.29}$$
$$\cdots\cdots\cdots\cdots\cdots\cdots\cdots$$
$$y_n = f_n(x_1, x_2, ..., x_n)$$

vale-se da metodologia a seguir:

a) Atribuem-se valores arbitrários às variáveis x_i ($\underline{i} = 1, 2,...., n$) e calculam-se os desvios:

$$R_1 = y_1 - f_1(x_1, x_2, ..., x_n)$$
$$\cdots\cdots\cdots\cdots\cdots\cdots\cdots$$
$$R_i = y_i - f_i(x_1, x_2, ..., x_n)$$
$$\cdots\cdots\cdots\cdots\cdots\cdots\cdots$$
$$R_n = y_n - f_n(x_1, x_2, ..., x_n)$$

b) Corrige-se a variável x_p, correspondente ao maior desvio, por $\Delta x_p = -\dfrac{R_p}{a_{pp}}$,

onde a_{pp} é o coeficiente de x_p na p-ésima equação, e corrige-se o valor de x_p para a iteração $k + 1$, fazendo $x_p^{k+1} = x_p^k + \Delta x_p$, e retorna-se ao passo "a".

c) Repete-se o procedimento até que todos os desvios sejam menores que a tolerância prefixada.

Este método, para estudos de fluxo de potência, utilizando-se a matriz de admitâncias nodais, é pouco utilizado, uma vez que se dispende mais tempo por iteração que no método de Gauss Seidel. Além disso, o número de itera-

Fluxo de potência

ções necessárias para se alcançar a convergência é, usualmente, maior que as utilizadas no método de Gauss Seidel.

4.4 REPRESENTAÇÃO DA REDE

4.4.1 INTRODUÇÃO

Os componentes de uma rede que interessam aos estudos de fluxo de potência são:

- geração;
- carga;
- linhas de transmissão;
- transformadores;
- compensação de reativos série e em derivação.

Além desses elementos, há que se considerar a presença de elos em corrente contínua, que hodiernamente encontram, cada vez, maior aplicação na interligação de sistemas.

Independentemente do fato de a simulação desses componentes ter sido apresentada no capítulo precedente, serão ulteriormente detalhados os componentes pertinentes à geração e à carga.

4.4.2 REPRESENTAÇÃO DA GERAÇÃO

Lembra-se que o estudo de fluxo de potência é desenvolvido com o sistema operando em regime permanente, logo, não está sujeito a variações de carga ou da topologia da rede, que imporiam um transitório para a transição de um estado operativo para outro estado de regime subsequente. Logo, não há o mínimo interesse em conhecer-se a f.e.m. com que a máquina está operando, mas interessa tão somente a tensão em seus terminais, barra swing, ou a potência ativa que a máquina injeta na rede e o módulo da tensão em seus terminais, barras PV. Em outras palavras, as barras supridas por geradores são representadas como barra swing ou como barra PV. Destaca-se que ao fim do procedimento verifica-se, para as barras swing, se a potência injetada é inferior aos seus valores máximos admissíveis. Por outro lado, nas barras PV, verifica-se se os reativos injetados obedecem ao máximo admissível da máquina.

4.4.3 REPRESENTAÇÃO DA CARGA

4.4.3.1 Introdução

Os modelos disponíveis para representação da carga descrevem o comportamento da corrente e da potência absorvidas pela carga em função da tensão de alimentação. A necessidade de estudar esse comportamento decorre da observação de que normalmente as cargas operam com tensão que varia ao longo do tempo. Entre outros fatores, isso é consequência da variação na disponibilidade de geração, do uso do sistema elétrico pelos demais consumidores conectados a ele (variação da demanda ao longo do dia, por exemplo) e da atuação de controles automáticos em alguns pontos da rede.

Os modelos clássicos para representação da carga são os seguintes:

* modelo de impedância constante;

* modelo de corrente constante;

* modelo de potência constante.

Nos três casos subentende-se que a grandeza característica (impedância, corrente ou potência) permanece constante ante variações na tensão de alimentação. Neste trabalho não será considerada a variação da carga com a frequência de alimentação.

É importante destacar que os modelos a serem abordados nesta seção são destinados especificamente a estudos de fluxo de potência, no qual se considera que a tensão de alimentação varia numa faixa bastante limitada, tipicamente $\pm 10\%$ ou $\pm 15\%$ da tensão nominal da carga. Em particular, os modelos de corrente e potência constante não são adequados a outros estudos como os de curto-circuito e partida de motores, em que a tensão de alimentação pode ser muito menor que a tensão nominal (ou mesmo igual a zero), ainda que por períodos limitados de tempo.

Nos próximos itens serão apresentados a especificação usual da carga, a descrição quantitativa de cada um dos três modelos e um exemplo de aplicação.

4.4.3.2 Especificação da carga

Para os três modelos a especificação da carga é a mesma: fornece-se a potência complexa absorvida pela carga em uma tensão de referência. Normalmente

Fluxo de potência **267**

a tensão de referência é a tensão nominal da carga, e, assim, o valor especificado é a potência complexa *nominal* da carga. Formalmente, tem-se:

$$\overline{S}_{nom} = \left(P_{nom} + jQ_{nom} \right) = \sqrt{P_{nom}^2 + Q_{nom}^2}\,\lfloor\varphi_{nom} = S_{nom}\,\lfloor\varphi_{nom} \,,$$

para tensão nominal V_{nom}. A potência complexa nominal pode ser fornecida em [VA] ou [pu] e, da mesma forma, a tensão nominal pode ser fornecida em [V] ou [pu].

4.4.3.3 Modelo de impedância constante

A partir da especificação da carga, deve-se calcular o parâmetro constante, que neste caso é a impedância complexa da carga. Assim, tem-se:

$$\overline{Z}_{nom} = \frac{V_{nom}^2}{\overline{S}_{nom}^*} = \frac{V_{nom}^2}{S_{nom}\,\lfloor-\varphi_{nom}} = \frac{V_{nom}^2}{S_{nom}}\,\lfloor\varphi_{nom} = Z_{nom}\,\lfloor\varphi_{nom} \,, \tag{4.30}$$

em que $\overline{Z}_{nom}$ é a impedância complexa da carga ([Ω] ou [pu]).

Na tensão genérica $\dot{V} = V\,\lfloor\theta$ a corrente absorvida pela carga será:

$$\dot{I} = \frac{\dot{V}}{\overline{Z}_{nom}} = \frac{V\,\lfloor\theta}{Z_{nom}\,\lfloor\varphi_{nom}} = \frac{V}{Z_{nom}}\,\lfloor\theta - \varphi_{nom} \tag{4.31}$$

A Equação (4.31) mostra que neste caso o módulo da corrente é proporcional ao módulo da tensão, e a defasagem entre tensão e corrente é constante e igual a $\theta - (\theta - \varphi_{nom}) = \varphi_{nom}$ (ângulo de potência da carga). Cabe lembrar que os parâmetros P_{nom}, Q_{nom}, S_{nom}, V_{nom}, Z_{nom} e φ_{nom} são todos constantes.

A potência complexa absorvida pela carga na tensão genérica $\dot{V} = V\,\lfloor\theta$ será:

$$\overline{S} = P + jQ = \dot{V}\dot{I}^* = V\,\lfloor\theta \cdot \frac{V}{Z_{nom}}\,\lfloor-\theta + \varphi_{nom} = \frac{V^2}{Z_{nom}}\,\lfloor\varphi_{nom} \tag{4.32}$$

A Equação (4.32) mostra que a potência aparente (módulo da potência complexa) varia com o quadrado da tensão de alimentação, sendo o ângulo de potência constante e igual a φ_{nom}.

O modelo de impedância constante é o que melhor representa cargas de aquecimento (resistores submetidos a variações de temperatura relativamente pequenas).

4.4.3.4 Modelo de corrente constante

Neste caso, tem-se:

$$\dot{I}_{nom} = \frac{\overline{S}^*_{nom}}{\dot{V}^*_{nom}} = \frac{S_{nom}\left\lfloor -\varphi_{nom}\right.}{V_{nom}\left\lfloor -\theta_{nom}\right.} = \frac{S_{nom}}{V_{nom}}\left\lfloor \theta_{nom} - \varphi_{nom}\right. = I_{nom}\left\lfloor \theta_{nom} - \varphi_{nom}\right. \quad (4.33)$$

sendo que normalmente o ângulo da tensão nominal (θ_{nom}) é igual a zero (ele não influi na definição dos modelos de carga).

Na tensão genérica $\dot{V} = V\left\lfloor \theta\right.$ a corrente absorvida pela carga será:

$$\dot{I} = I_{nom}\left\lfloor \theta - \varphi_{nom}\right. \quad (4.34)$$

A Equação (4.34) mostra que neste caso o módulo da corrente é constante, e o ângulo da corrente acompanha o ângulo da tensão.

A potência complexa absorvida pela carga na tensão genérica $\dot{V} = V\left\lfloor \theta\right.$ será:

$$\overline{S} = \dot{V}\dot{I}^* = V\left\lfloor \theta\right. \cdot I_{nom}\left\lfloor -\theta + \varphi_{nom}\right. = VI_{nom}\left\lfloor \varphi_{nom}\right. \quad (4.35)$$

A Equação (4.35) mostra que a potência aparente varia linearmente com a tensão de alimentação, sendo o ângulo de potência constante e igual a φ_{nom}.

O modelo de corrente constante é o que melhor representa o comportamento elétrico de lâmpadas de descarga em gás ligadas em série ao correspondente limitador de corrente (reator).

4.4.3.5 Modelo de potência constante

Neste caso a potência complexa não varia com a tensão; assim, tem-se:

$$\overline{S} = P + jQ = P_{nom} + jQ_{nom} = \overline{S}_{nom} = S_{nom}\left\lfloor \varphi_{nom}\right. \quad (4.36)$$

Na tensão genérica $\dot{V} = V\left\lfloor \theta\right.$ a corrente absorvida pela carga será:

$$\dot{I} = \frac{\overline{S}^*}{\dot{V}^*} = \frac{S_{nom}\left\lfloor -\varphi_{nom}\right.}{V\left\lfloor -\theta\right.} = \frac{S_{nom}}{V}\left\lfloor \theta - \varphi_{nom}\right. \quad (4.37)$$

Fluxo de potência 269

A Equação (4.37) mostra que neste caso a corrente é inversamente proporcional à tensão de alimentação. O ângulo de potência é constante, como em todos os demais modelos.

O modelo de potência constante é o que melhor representa o comportamento de motores elétricos submetidos a carga mecânica constante ou praticamente constante. Se a carga mecânica for constante, a potência elétrica absorvida pelo motor será praticamente constante e independente de variações na tensão de alimentação do motor (é por isso que a corrente aumenta quando a tensão de alimentação é reduzida).

Exemplo 4.2

Para o circuito representado na Figura 4.4, pede-se determinar a tensão na carga utilizando os modelos de impedância, corrente e potência constante. A tensão nominal da carga é 220 V e sua potência nominal é 9 kVA com fator de potência 0,9 indutivo. A tensão no gerador ($\dot{V}_g$) vale 220 V com ângulo zero.

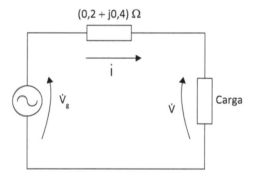

Figura 4.4 – Circuito para exemplo de modelos de carga

a) Modelo de impedância constante

A equação do circuito é:

$$\dot{V} = \dot{V}_g - (0,2 + j0,4) \cdot \dot{I} \qquad (4.38)$$

enquanto a equação da carga é (utilizando a Equação (4.30)):

$$\dot{V} = \bar{Z}_{nom} \cdot \dot{I} = \frac{V_{nom}^2}{S_{nom}} \lfloor \varphi_{nom} \cdot \dot{I} = \frac{220^2}{9000} \lfloor \arccos 0,9 \cdot \dot{I}$$
$$= 5,3777 \lfloor 25,84° \cdot \dot{I} \ . \qquad (4.39)$$

Nesse caso a resolução é direta, bastando substituir a equação da carga na equação do circuito. O resultado é:

$$\dot{I} = \frac{\dot{V}_g}{(0,2+j0,4)+5,3777\lfloor 25,84°} = \frac{220\lfloor 0}{5,7385\lfloor 28,57°} = 38,337\lfloor -28,57° \quad \text{A}$$

e a tensão na carga será:

$$\dot{V} = \overline{Z}_{nom} \cdot \dot{I} = 206,17\lfloor -2,73° \quad \text{V}$$

b) Modelo de corrente constante

A equação do circuito nesse caso é a mesma do caso anterior, Equação (4.38), e o módulo da corrente da carga é dado pela Equação (4.33):

$$I_{nom} = \frac{S_{nom}}{V_{nom}} = \frac{9000}{220} = 40,909 \text{ A}$$

Entretanto, não é possível aplicar diretamente a Equação (4.34) para obter a corrente complexa porque o ângulo da tensão na carga não é conhecido *a priori*. A solução neste caso é utilizar um processo iterativo de cálculo, resumido nos seguintes passos:

1. Adotar um valor para a tensão na carga, por exemplo, a própria tensão do gerador ($220\lfloor 0$ V).

2. Calcular a corrente da carga através da Equação (4.34).

3. Recalcular a tensão na carga através da equação do circuito, Equação (4.38).

4. Comparar os dois valores da tensão na carga. Caso sejam iguais dentro de uma tolerância preestabelecida, o processo iterativo estará encerrado. Caso contrário, retorna-se ao passo (2), sempre descartando o valor mais antigo da tensão na carga e preservando o mais recente.

A Tabela 4.4 ilustra o processo iterativo acima descrito.

Fluxo de potência   271

Tabela 4.4 – Cálculo da tensão e da corrente na carga: modelo de corrente constante

Iteração k	Tensão na carga (V) (Equação (4.38))	Módulo da corrente na carga (A)	Ângulo da corrente (°) (Equação (4.34))
0	$220\lfloor 0$ (*)		-25,84
1	$205,81\lfloor -3,11°$		-28,95
2	$205,18\lfloor -2,89°$	40,909	-28,73
3	$205,22\lfloor -2,91°$		-28,75
4	$205,22\lfloor -2,91°$		-28,75 (PARADA)

(*) Valor adotado.

c) Modelo de potência constante

A equação do circuito neste caso é a mesma dos casos anteriores, Equação (4.38). Da mesma forma que no caso do modelo de corrente constante, não é possível aplicar a Equação (4.37) para obter a corrente absorvida pela carga pois nem o módulo nem o ângulo da tensão na carga são conhecidos *a priori*. A solução é utilizar um processo iterativo análogo ao do modelo de corrente constante, cuja aplicação é apresentada na Tabela 4.5.

Tabela 4.5 – Cálculo da tensão e da corrente na carga: modelo de potência constante

Iteração k	Tensão na carga (V) (Equação (4.38))	Módulo da corrente (A) (Equação (4.37))	Ângulo da corrente (°) (Equação (4.37))
0	$220\lfloor 0$ (*)	40,909	-25,84
1	$205,81\lfloor -3,11°$	43,730	-28,95
2	$204,18\lfloor -3,11°$	44,079	-28,95
3	$204,06\lfloor -3,14°$	44,105	-28,98
4	$204,04\lfloor -3,14°$	44,109	-28,98
5	$204,04\lfloor -3,14°$	44,109	-28,98 (PARADA)

(*) Valor adotado.

Finalmente, as Figuras 4.5 e 4.6 mostram a corrente e a potência aparente absorvidas pela carga do exemplo para tensões variando na faixa de 85% a 115% da tensão nominal (220 V).

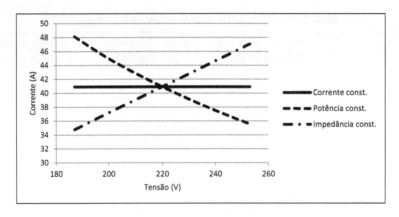

Figura 4.5 – Corrente absorvida pela carga em função da tensão de alimentação

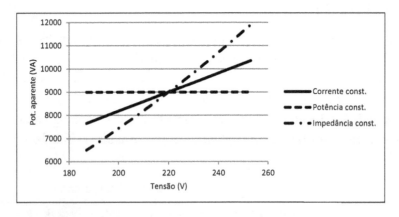

Figura 4.6 – Potência aparente absorvida pela carga em função da tensão de alimentação

4.5 FLUXO DE POTÊNCIA EM CORRENTE CONTÍNUA

4.5.1 INTRODUÇÃO

Apesar do nome, no estudo de fluxo de potência em corrente contínua são analisadas redes que operam em corrente alternada. Esse nome resulta de algumas simplificações habituais em sistemas de potência, que transformam as equações com variáveis complexas em equações com variáveis reais, conduzindo, assim, a uma formulação análoga à de redes que operam em corrente contínua.

O fluxo de potência em corrente contínua explora a elevada sensibilidade dos fluxos de potência ativa a variação nos ângulos das tensões, maior que a sensibilidade a variação nos módulos destas. Assim, as variáveis do problema neste caso são somente as potências ativas injetadas nas barras e os ângulos das

Fluxo de potência **273**

tensões. Essa formulação é muito útil em estudos de planejamento de longo prazo, em que o principal dado disponível é a evolução futura do consumo global de energia. Esse dado é facilmente distribuído nas barras do sistema elétrico, fornecendo, assim, uma boa estimativa da potência ativa injetada em cada barra. Outra aplicação interessante do fluxo de potência em corrente contínua ocorre quando há necessidade de calcular um elevado número de cenários, como é o caso da simulação probabilística (método de Monte Carlo) e da otimização por algoritmos genéticos. Nesses casos a precisão do cálculo em cada simulação individual não é um fator preponderante, pois o objetivo é determinar valores médios globais que podem ser alcançados com uma representação menos precisa do sistema.

4.5.2 HIPÓTESES SIMPLIFICATIVAS

A Equação (4.40) fornece a potência ativa injetada na barra i em função do estado da rede (tensões e correntes na própria barra e nas barras vizinhas) e da matriz de admitâncias nodais da rede.

$$P_i = V_i^2 G_i + V_i \sum_{j \neq i} V_j \left(G_j \cos\theta_j - B_j \operatorname{sen}\theta_j \right), \qquad (4.40)$$

em que:

P_i – potência ativa injetada na barra i (pu);

V_i – módulo da tensão na barra i (pu);

$G_j + B_j$ – elemento (i,j) da matriz de admitâncias nodais da rede (pu);

$\theta_{ji} = \theta_j - \theta_i$ – diferença entre os ângulos da tensão nas barras j e i (radiano).

Considere-se agora as seguintes hipóteses:

- $V_i = 1$ pu, $i = 1, 2, ..., n$ (n é o número total de barras da rede);
- $G_{ij} << B_{ij}$, para todo par (i, j); $\qquad\qquad(4.41)$
- $\operatorname{sen}\theta_{ji} \cong \theta_j$ (rad).

A primeira delas é consequência da observação de que os fluxos de potência ativa estão mais ligados às diferenças angulares do que às diferenças entre os módulos das tensões das barras terminais. A segunda hipótese é particularmente válida em sistemas de transmissão, em que a relação $\dfrac{G}{B} = -\dfrac{R}{X}$ das linhas frequentemente possui módulo inferior a 0,1. Por fim, a terceira hipótese explora o fato de que a diferença angular entre as tensões de duas barras adjacentes raramente ultrapassa o valor 20° (nesse caso, tem-se $20° = 0,3491\,\text{rad}$ e $\text{sen}20° = 0,3420$, produzindo um erro relativo de 2%; para ângulos menores o erro relativo é menor ainda).

4.5.3 DETERMINAÇÃO DO ÂNGULO DAS TENSÕES

Substituindo as hipóteses da Equação (4.41) na Equação (4.40), obtém-se:

$$
\begin{aligned}
P_i &= -\sum_{j \neq i} B_j \left(\theta_j - \theta_i \right) \\
&= -\sum_{j \neq i} B_j\, \theta_j + \theta_i \sum_{j \neq i} B_j \\
&= -\sum_{j \neq i} B_j\, \theta_j - \theta_i B_i
\end{aligned}
\tag{4.42}
$$

em que, por definição:

$$
B_{ii} = -\sum_{j \neq i} B_j
\tag{4.43}
$$

Reescrevendo a Equação (4.42) à luz dessa definição, resulta:

$$
P_i = -\sum_{j} B_j\, \theta_j
\tag{4.44}
$$

em que o índice j agora inclui o caso particular $j = i$.

Quando aplicada a todas as barras da rede, a Equação (4.44) fornece finalmente a formulação do fluxo de potência em corrente contínua:

$$
[P] = -[B][\theta]
\tag{4.45}
$$

em que, sendo n o número total de barras da rede:

$$
[P] = \begin{bmatrix} P_1 \\ P_2 \\ \dots \\ P_n \end{bmatrix}
\quad , \quad
[\theta] = \begin{bmatrix} \theta_1 \\ \theta_2 \\ \dots \\ \theta_n \end{bmatrix} \text{ e}
$$

Fluxo de potência

$$[B] = \begin{bmatrix} B_{11} & B_{12} & \cdots & B_{1n} \\ B_{21} & B_{22} & \cdots & B_{2n} \\ \cdots & \cdots & \cdots & \cdots \\ B_{n1} & B_{n2} & \cdots & B_{nn} \end{bmatrix}. \tag{4.46}$$

É importante destacar que, da forma como foi definida a matriz $[B]$, ela resulta singular, pois o elemento da diagonal em cada linha é igual à soma de todos os elementos fora da diagonal nessa linha. Isso impede a resolução do Sistema (4.45) quando se conhecem as potências injetadas. A solução, nesse caso, é eliminar uma das equações e uma das incógnitas, reduzindo a dimensão do sistema de equações de n a $(n\text{-}1)$. Isso equivale a considerar uma das barras como referência, com ângulo da tensão fixado *a priori* (por exemplo, igual a zero). Essa particularidade pode ser entendida também do ponto de vista físico: em uma rede na qual se conhece uma solução, esta não se altera se a todos os ângulos for adicionado um mesmo valor arbitrário. Ou seja, existem infinitas soluções que, do ponto de vista da distribuição de fluxos de potência, são todas idênticas. Para eliminar essa indeterminação, basta descartar uma das incógnitas e atribuir-lhe antecipadamente um valor qualquer. Uma vez feito isso, os $(n\text{-}1)$ ângulos restantes podem ser calculados através de:

$$[\theta] = -[B]^{-1}[P] \tag{4.47}$$

4.5.4 DETERMINAÇÃO DO FLUXO DE POTÊNCIA NAS LIGAÇÕES

A definição dos elementos da diagonal da matriz $[B]$ (Equação (4.43)) implica que os elementos em derivação (capacitores e reatores) eventualmente existentes nas barras resultam automaticamente desprezados. Sendo assim, o fluxo de potência em uma ligação genérica *i-j* é dado por:

$$P_{ij} = g_j V_i^2 - g_j V_i V_j \cos(\theta_i - \theta_j) - b_j V_i V_j \mathrm{sen}(\theta_i - \theta_j) \tag{4.48}$$

em que:

P_{ij} – potência ativa que flui entre as barras i e j, nesse sentido (pu);

$g_{ij} + b_j = -(G_j + B_j)$ – admitância série da ligação *i-j* (pu).

Aplicando as Hipóteses Simplificativas (4.41) à Equação (4.48), resulta:

$$P_{ij} = -b_j(\theta_i - \theta_j). \tag{4.49}$$

4.5.5 COEFICIENTES DE INFLUÊNCIA

Considere-se o seguinte problema: dada uma solução para o problema de fluxo de potência em corrente contínua, quais serão os novos fluxos nas ligações quando somente uma injeção de potência ativa for alterada? Esse problema pode ser resolvido de duas formas distintas: resolvendo novamente a Equação (4.47) ou pelos chamados *coeficientes de influência*.

A Figura 4.7 ilustra a aplicação do método que será desenvolvido a seguir. Ele utiliza o princípio da superposição de efeitos, cuja validade é garantida pela linearidade da Formulação (4.45).

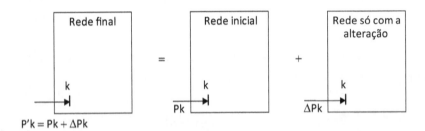

Figura 4.7 – Fluxo de potência em corrente contínua e superposição de efeitos

Para a rede inicial, tem-se:

$$[P] = -[B][\theta]$$

e para a rede final:

$$[P'] = -[B][\theta']$$

Notando que:

$$[P'] = [P] + [\Delta P]$$

e

$$[\theta'] = [\theta] + [\Delta \theta] \text{ (superposição de efeitos)}$$

resulta:

$$[P'] = [P] + [\Delta P] = -[B]\{[\theta] + [\Delta\theta]\} = -[B][\theta] - [B][\Delta\theta]$$

e finalmente:

$$[\Delta P] = -[B][\Delta\theta] \tag{4.50}$$

A variação nos ângulos pode ser finalmente calculada por meio de:

$$[\Delta\theta] = -[B]^{-1}[\Delta P] = -[X][\Delta P] \tag{4.51}$$

em que, por definição,

$$[X] = [B]^{-1}$$

Lembrando que somente a barra k teve a sua potência injetada alterada, resulta:

$$[\Delta P] = \begin{bmatrix} 0 \\ 0 \\ \cdots \\ \Delta P_k \\ \cdots \\ 0 \end{bmatrix}$$

Substituindo essa equação em (4.51), resulta:

$$[\Delta\theta] = -[X][\Delta P] = -\begin{bmatrix} X_{1,1} & X_{1,2} & \cdots & X_{1,k} & \cdots & X_{1,n-1} \\ X_{2,1} & X_{2,2} & \cdots & X_{2,k} & \cdots & X_{2,n-1} \\ \cdots & \cdots & \cdots & \cdots & \cdots & \cdots \\ X_{k,1} & X_{k,2} & \cdots & X_{k,k} & \cdots & X_{k,n-1} \\ \cdots & \cdots & \cdots & \cdots & \cdots & \cdots \\ X_{n-1,1} & X_{n-1,2} & \cdots & X_{n-1,k} & \cdots & X_{n-1,n-1} \end{bmatrix} \cdot \begin{bmatrix} 0 \\ 0 \\ \cdots \\ \Delta P_k \\ \cdots \\ 0 \end{bmatrix} = -\begin{bmatrix} X_{1,k} \\ X_{2,k} \\ \cdots \\ X_{k,k} \\ \cdots \\ X_{n-1,k} \end{bmatrix} \cdot \Delta P_k,$$

e

$$[\theta'] = [\theta] + [\Delta\theta] = \begin{bmatrix} \theta_1 - X_{1,k}\Delta P_k \\ \theta_2 - X_{2,k}\Delta P_k \\ \dots \\ \theta_k - X_{k,k}\Delta P_k \\ \dots \\ \theta_{n-1} - X_{n-1,k}\Delta P_k \end{bmatrix}. \tag{4.52}$$

Com as Equações (4.49) e (4.52) é possível calcular o novo fluxo de potência ativa na ligação i-j:

$$\begin{aligned} P'_{ij} &= -b_{ij}\left(\theta'_i - \theta'_j\right) = -b_{ij}\left(\theta_i - X_{i,k}\Delta P_k - \theta_j + X_{j,k}\Delta P_k\right) \\ &= -b_{ij}\left(\theta_i - \theta_j\right) + b_{ij}\Delta P_k\left(X_{i,k} - X_{j,k}\right) \\ &= P_{ij} + \Delta P_{ij} \end{aligned}$$

em que, por definição:

$$\Delta P_{ij} = b_{ij}\Delta P_k\left(X_{i,k} - X_{j,k}\right) = b_{ij}\Delta P_k\left(X_{k,i} - X_{k,j}\right)$$

em que a última igualdade é válida, pois a matriz $[X]$ é simétrica.

Por fim, o coeficiente de influência da barra k na ligação i-j é definido por meio de:

$$C_{k,ij} = \frac{\Delta P_{ij}}{\Delta P_k} = b_{ij}\left(X_{k,i} - X_{k,j}\right) \tag{4.53}$$

Essa definição mostra que o coeficiente de influência fornece a variação do fluxo de potência na ligação i-j quando a potência injetada na barra k varia de uma unidade.

Considerando-se as $(n\text{-}1)$ barras da rede, têm-se os coeficientes de influência de todas as barras da rede na ligação i-j:

$$\left[C_{ij}\right] = \begin{bmatrix} C_{1,ij} \\ C_{2,ij} \\ \dots \\ C_{k,ij} \\ \dots \\ C_{n-1,ij} \end{bmatrix} = b_{ij}\left\{ \begin{bmatrix} X_{1,i} \\ X_{2,i} \\ \dots \\ X_{k,i} \\ \dots \\ X_{n-1,i} \end{bmatrix} - \begin{bmatrix} X_{1,j} \\ X_{2,j} \\ \dots \\ X_{k,j} \\ \dots \\ X_{n-1,j} \end{bmatrix} \right\}. \tag{4.54}$$

A Equação (4.54) mostra que os coeficientes de influência da ligação i-j podem ser obtidos multiplicando-se a susceptância série da ligação pelo vetor formado pela diferença entre as colunas i e j da matriz $[X]$.

4.5.6 MODIFICAÇÕES NA REDE: MÉTODO DA COMPENSAÇÃO

Um problema frequente no estudo de sistemas de potência é a análise da rede em contingência, o que significa que a rede opera em algum estado diferente da sua condição normal. A maior parte das contingências de interesse considera a saída de operação de alguma linha de transmissão, com a preocupação de identificar as linhas mais críticas (aquelas cuja saída provoca as maiores sobrecargas nas linhas que permanecem em operação). O fluxo de potência em corrente contínua se adapta particularmente bem à análise de contingências porque os tempos de processamento envolvidos são geralmente baixos.

Para estudar uma rede em contingência (com apenas uma linha fora de operação), pode-se remontar a matriz $[B]$ e calcular os novos ângulos e fluxos de potência por meio das Equações (4.47) e (4.49). Entretanto, há uma alternativa mais elegante e mais econômica do ponto de vista computacional, que é o chamado método da compensação.

No método da compensação, utiliza-se a matriz $[B]$ da rede em sua condição normal (ou seja, sem contingência). A saída de operação de uma linha é simulada por meio de injeções adicionais de potência ativa nas barras terminais da ligação cuja saída quer se estudar. Desta forma, obtém-se o novo estado da rede sem necessidade de montar e fatorar a matriz $[B]$ novamente. Essa característica é bastante atraente porque a etapa de fatoração da matriz $[B]$ implica normalmente elevados tempos de processamento, especialmente em redes de grande porte.

A Figura 4.8 ilustra o método da compensação. As duas situações são idênticas do ponto de vista dos ângulos em todas as barras e de todos os fluxos, exceto o fluxo na ligação i-j.

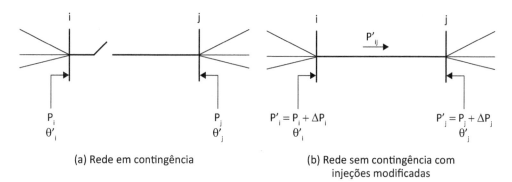

(a) Rede em contingência   (b) Rede sem contingência com injeções modificadas

Figura 4.8 – Método da compensação

A ideia é que, removendo posteriormente as parcelas ΔP_i, ΔP_j e P'_{ij} na rede da Figura 4.8(b), o estado da rede não se altere, de forma que estudar essa rede com as três parcelas seja equivalente a estudá-la sem as parcelas, e ainda equivalente a estudar a rede da Figura 4.8(a). A matriz [B] da rede da Figura 4.8(b) já foi montada e fatorada e assim está disponível para execução de novos cálculos.

A condição para que a remoção das três parcelas citadas não altere o estado da rede é dada por (método da compensação):

$$P'_{ij} = \Delta P_i = -\Delta P_j = \Delta P \tag{4.55}$$

pois, sendo assim, o restante da rede não sente nenhuma diferença em relação à situação anterior à remoção das parcelas. E, após a remoção, o fluxo na ligação *i-j* resulta igual a zero, que era o objetivo inicial.

A parcela P'_{ij} é calculada através de:

$$P'_{ij} = \Delta P = -b_{ij}\left(\theta'_i - \theta'_j\right) = -b_{ij}\left(-\sum_k X_{i,k}P'_k + \sum_k X_{j,k}P'_k\right)$$

Notando que

$$P'_1 = P_1$$
$$P'_2 = P_2$$
$$\cdots\cdots$$
$$P'_i = P_i + \Delta P \;,$$
$$P'_j = P_j - \Delta P$$
$$\cdots\cdots$$
$$P'_{n-1} = P_{n-1}$$

resulta:

$$\Delta P = -b_{ij}\left(-\sum_k X_{i,k}P_k - \Delta P \cdot X_{i,i} + \Delta P \cdot X_{i,j} + \sum_k X_{j,k}P_k + \Delta P \cdot X_{j,i} - \Delta P \cdot X_{j,j}\right)$$

$$= -b_{ij}\left[\theta_i - \theta_j - \Delta P \cdot \left(X_{i,i} + X_{j,j} - 2X_{i,j}\right)\right]$$

em que θ_i, θ_j indicam os ângulos antes da contingência (rede em estado normal).

Isolando o termo ΔP, resulta ainda:

$$\Delta P = \frac{-b_j(\theta_i - \theta_j)}{1 - b_j(X_{i,i} + X_{j,j} - 2X_{i,j})} = \frac{\theta_j - \theta_i}{\dfrac{1}{b_j} - X_{i,i} - X_{j,j} + 2X_{i,j}}. \quad (4.56)$$

Lembrando que:

$$[\Delta P] = \begin{vmatrix} 0 & 1 \\ \cdots & \cdots \\ \Delta P & i \\ -\Delta P & j \\ \cdots & \cdots \\ 0 & 0 \end{vmatrix}$$

obtém-se finalmente a variação dos ângulos causada pela saída da ligação i-j:

$$[\Delta \theta] = -[B]^{-1}[\Delta P] \quad (4.57)$$

O cálculo do vetor de variação dos ângulos é muito rápido graças à existência anterior da matriz $[B]$ fatorada.

Exemplo 4.3

Seja a rede representada na Figura 4.9, a qual será usada para ilustrar o cálculo de fluxo de potência em corrente contínua e o método da compensação.

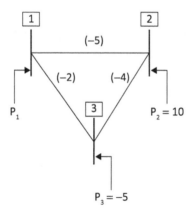

Figura 4.9 – Rede exemplo

Nessa figura, os números entre parênteses indicam a susceptância série das ligações (pu) e as potências injetadas também estão em pu. A barra 1 será adotada como referência de ângulos, de forma que $\theta_1 = 0$. Sendo assim, tem-se:

$$[P] = \begin{bmatrix} P_2 \\ P_3 \end{bmatrix} = \begin{bmatrix} 10 \\ -5 \end{bmatrix} \quad \text{e} \quad [B] = \begin{bmatrix} B_{2,2} & B_{2,3} \\ B_{3,2} & B_{3,3} \end{bmatrix} = \begin{bmatrix} -9 & 4 \\ 4 & -6 \end{bmatrix}$$

Os ângulos são calculados por meio da Equação (4.47):

$$[\theta] = \begin{bmatrix} \theta_2 \\ \theta_3 \end{bmatrix} = -[B]^{-1}[P] = -\begin{bmatrix} -0.157895 & -0.105263 \\ -0.105263 & -0.236842 \end{bmatrix} \cdot \begin{bmatrix} 10 \\ -5 \end{bmatrix} = \begin{bmatrix} 1.052632 \\ -0.131579 \end{bmatrix} \text{rad}$$

Os fluxos de potência são calculados pela Equação (4.49):

$$P_{12} = 5 \cdot (0 - 1.052632) = -5.263158 \text{ pu}$$

$$P_{13} = 2 \cdot (0 + 0.131579) = 0.263158 \text{ pu}$$

$$P_1 = P_{12} + P_{13} = -5 \text{ pu}$$

$$P_{21} = -P_{12} = 5.263158 \text{ pu}$$

$$P_{23} = 4 \cdot (1.052632 + 0.131579) = 4.736842 \text{ pu}$$

$$P_2 = P_{21} + P_{23} = 10 \text{ pu}$$

$$P_3 = P_{31} + P_{32} = -P_{13} - P_{23} = -5 \text{ pu} \ .$$

A seguir, considerar-se-á a saída de operação da linha 2-3, conforme representado na Figura 4.10.

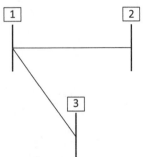

Figura 4.10 – Contingência na linha 2-3

Pela Equação (4.56), tem-se:

$$\Delta P = \frac{\theta_3 - \theta_2}{\dfrac{1}{b_{23}} - X_{2,2} - X_{3,3} + 2X_{2,3}} = \frac{-0.131579 - 1.052632}{\dfrac{1}{-4} + 0.157895 + 0.236842 - 2 \cdot 0.105263} = 18 \text{ pu}$$

e

$$[\Delta P] = \begin{bmatrix} \Delta P_2 \\ \Delta P_3 \end{bmatrix} = \begin{bmatrix} 18 \\ -18 \end{bmatrix}$$

Finalmente, obtém-se a variação dos ângulos, o valor final destes e o fluxo de potência nas ligações remanescentes:

$$[\Delta\theta] = \begin{bmatrix} \Delta\theta_2 \\ \Delta\theta_3 \end{bmatrix} = -[X][\Delta P] = \begin{bmatrix} 0.947368 \\ -2.368421 \end{bmatrix} \text{ rad}$$

$$[\theta'] = \begin{bmatrix} \theta'_2 \\ \theta'_3 \end{bmatrix} = \begin{bmatrix} \theta_2 + \Delta\theta_2 \\ \theta_3 + \Delta\theta_3 \end{bmatrix} = \begin{bmatrix} 1.052632 + 0.947368 \\ -0.131579 - 2.368421 \end{bmatrix} = \begin{bmatrix} 2 \\ -2.5 \end{bmatrix} \text{ rad}$$

$$P'_{12} = -b_{12}\left(\theta'_1 - \theta'_2\right) = 5 \cdot (0 - 2) = -10 \text{ pu}$$

$$P'_{13} = 2 \cdot (0 + 2.5) = 5 \text{ pu} .$$

Verifica-se que os novos fluxos P'_{12} e P'_{13} refletem exatamente o estado da rede em contingência. A parcela de fluxo P'_{23} que circula na rede sem contingência, causada pela adição das parcelas $\Delta P_2 = 18$ pu e $\Delta P_3 = -18$ pu pode ser calculada através de:

$$P'_{23} = -b_{23}\left(\theta'_2 - \theta'_3\right) = 4 \cdot (2 + 2.5) = 18 \text{ pu} = \Delta P_2 = -\Delta P_3$$

que é o resultado esperado.

Deixa-se ao leitor resolver a rede em contingência pela aplicação direta das Equações (4.47) e (4.49), sem utilizar o método da compensação.

4.6 APLICAÇÃO DO MÉTODO DE GAUSS SEIDEL AO ESTUDO DE FLUXO DE POTÊNCIA

4.6.1 INTRODUÇÃO

Conforme já explicitado, a aplicação do método de Gauss Seidel aos estudos de fluxo de potência utilizando a matriz de admitâncias nodais não apresenta grande interesse prático, pois o método de Newton Raphson o supera em rapidez e em recursos disponíveis.

Assim, com escopo puramente didático, analisar-se-á, inicialmente, o caso de rede com uma barra swing, Vθ, e com barras de carga, tipo PQ. Num item subsequente introduzir-se-á a utilização de barras de tensão controlada, barras PV.

Será estudada a aplicação do método de Gauss Seidel com a representação da rede pela matriz das admitâncias e das impedâncias nodais.

4.6.2 REPRESENTAÇÃO DA REDE PELA MATRIZ DE ADMITÂNCIAS NODAIS

4.6.2.1 Fluxo de potência em rede com barras de carga e barra swing

Seja uma rede com $n+1$ barras, sendo as primeiras n do tipo PQ e a última do tipo swing. Da equação geral da rede tem-se, para uma barra de carga genérica, p, a equação:

$$\frac{P_p - Q_p}{\dot{V}_p^*} = \sum_{i=1}^{n+1} \overline{Y}_{pi} \dot{V}_i \tag{4.58}$$

Por outro lado, desdobrando-se a somatória pode-se escrever:

$$\frac{P_p - Q_p}{\dot{V}_p^*} = \sum_{i=1}^{p-1} \overline{Y}_{pi} \dot{V}_i + \overline{Y}_{pp} \dot{V}_p + \sum_{i=p+1}^{n=1} \overline{Y}_{pi} \dot{V}_i \tag{4.59}$$

Isolando-se no primeiro membro o termo correspondente à tensão da barra p, resulta:

$$\dot{V}_p = \frac{P_p - Q_p}{\overline{Y}_{pp} \dot{V}_p^*} - \sum_{i=1}^{p-1} \frac{\overline{Y}_{pi}}{\overline{Y}_{pp}} \dot{V}_i - \sum_{i=p+1}^{n+1} \frac{\overline{Y}_{pi}}{\overline{Y}_{pp}} \dot{V}_i \tag{4.60}$$

Fluxo de potência 285

Aplicando-se o método de Gauss Seidel tem-se na iteração $k+1$:

$$\dot{V}_p^{(k+1)} = \frac{P_p - Q_p}{\overline{Y}_{pp}\dot{V}_p^{*(k)}} - \sum_{i=1}^{p-1}\frac{\overline{Y}_{pi}}{\overline{Y}_{pp}}\dot{V}_i^{(k+1)} - \sum_{i=p+1}^{n+1}\frac{\overline{Y}_{pi}}{\overline{Y}_{pp}}\dot{V}_i^{(k)} \qquad (4.61)$$

onde:

$\dot{V}_i^{(k+1)}$ – representa a tensão calculada da barra i ($i < p$) na iteração $k+1$;

$\dot{V}_i^{(k)}$ – representa a tensão calculada da barra i ($i > p$) na iteração k.

Por facilidades computacionais calcula-se, antes de se iniciar o procedimento iterativo, o valor de: $\overline{Y}'_{pi} = \dfrac{\overline{Y}_{pi}}{\overline{Y}_{pp}}$ para ($i = 1, 2, \dots n+1$) e ($p = 1, 2, \dots, n$).

No método de Gauss Seidel é usual utilizar-se um fator de aceleração para a parte real e a imaginária da tensão. Sendo:

$$\dot{V}_p^{(k)} = V_{pR}^{(k)} + jV_{pI}^{(k)}$$

ter-se-á:

$$V_{pR}^{(k+1)} = V_{pR}^{(k)} + f_R \cdot \left(V_{pR}^{(k+1)} - V_{pR}^{(k)}\right)$$

$$V_{pI}^{(k+1)} = V_{pI}^{(k)} + f_I \cdot \left(V_{pR}^{(k+1)} - V_{pR}^{(k)}\right)$$

Usualmente assume-se $f_R = f_I = 1{,}2$ a $1{,}5$.

4.6.2.2 Fluxo de potência em rede com barras de tensão controlada

Conforme visto, nas barras de tensão controlada dispõe-se da potência ativa impressa na rede e do módulo da tensão, logo, por não se dispor da potência reativa, não se pode utilizar a Equação (4.61). O artifício usado é o de se calcular previamente, em cada iteração, o valor da potência reativa por:

$$Q_p^{(k+1)} = -\Im m\left[\dot{V}_p^{*(k)}\sum_{i=1}^{n+1}\overline{Y}_{pi}\dot{V}_i^{(k)}\right] \qquad (4.62)$$

ou seja:

$$Q_p^{(k+1)} = -V_p^{(k)}\sum_{i=1}^{p-1}\left[G_{pi}\mathrm{sen}\left(\theta_i^{(k+1)} - \theta_p^{(k)}\right) + B_{pi}\cos\left(\theta_i^{(k+1)} - \theta_p^{(k)}\right)\right]V_i^{(k+1)}$$

$$-V_p^{(k)}\sum_{i=p}^{n+1}\left[G_{pi}\mathrm{sen}\left(\theta_i^{(k)} - \theta_p^{(k)}\right) + B_{pi}\cos\left(\theta_i^{(k)} - \theta_p^{(k)}\right)\right]V_i^{(k)}$$

$$(4.63)$$

A seguir calcula-se a tensão da barra p, na iteração $k+1$, como se a barra fosse do tipo PQ. Finalmente, corrige-se a tensão da barra p mantendo seu módulo no valor especificado, $V_{p,esp}$, isto é, sendo $\dot{V}_p^{(k+1)} = V_p' \lfloor \theta_p^{(k+1)}$, faz-se $\dot{V}_p^{(k+1)} = V_{p,esp} \lfloor \theta_p^{(k+1)}$.

4.6.3 REPRESENTAÇÃO DA REDE PELA MATRIZ DE IMPEDÂNCIAS NODAIS

4.6.3.1 Fluxo de potência em rede com barras de carga e barra swing

Seja uma rede com $n+1$ barras, sendo as primeiras n do tipo PQ e a última do tipo swing. A equação geral da rede em termos da matriz de impedâncias é:

$\dot{V}_1$		$\bar{Z}_{1,1}$	.....	$\bar{Z}_{1,n}$	$\bar{Z}_{1,s}$		$\dot{I}_1$
......	=	.....	.....	.....	.....	·	......
$\dot{V}_n$		$\bar{Z}_{n,1}$	.....	$\bar{Z}_{n,n}$	$\bar{Z}_{n,s}$		$\dot{I}_n$
$\dot{V}_s$		$\bar{Z}_{s,1}$	.....	$\bar{Z}_{s,n}$	$\bar{Z}_{s,s}$		$\dot{I}_s$

Observa-se que a tensão $\dot{V}_s$ é conhecida e a corrente $\dot{I}_s$ é facilmente determinada quando se dispuser das tensões nas barras de carga. Assim, pode-se montar a matriz híbrida:

$\dot{V}_1$		$\bar{Z}'_{1,1}$	.....	$\bar{Z}'_{1,n}$	$\bar{H}_{1,s}$		$\dot{I}_1$
......	=	.....	.....	.....	.....	·	......
$\dot{V}_n$		$\bar{Z}'_{n,1}$	.....	$\bar{Z}'_{n,n}$	$\bar{H}_{n,s}$		$\dot{I}_n$
$\dot{I}_s$		$\bar{H}_{s,1}$	.....	$\bar{H}_{s,n}$	$\bar{Y}_{s,s}$		$\dot{V}_s$

$$(4.64)$$

na qual a tensão da barra swing é conhecida.

Por outro lado, as correntes impressas nas barras de carga são dadas por:

$$\frac{P_i - Q_i}{\dot{V}_i^*} = \dot{I}_i \qquad (i = 1, 2, ..., n \quad i \neq s) \qquad (4.65)$$

Assim, fixando-se na iteração inicial, 0, as tensões $\dot{V}_1^{(0)} = \dot{V}_2^{(0)} = ... \dot{V}_n^{(0)} = 1 \lfloor 0$ pu, determinam-se as correntes impressas nas barras através da Equação (4.64) e, a seguir, determinam-se as tensões da iteração 1, isto é: $\dot{V}_1^{(1)}, \dot{V}_2^{(1)}, ..., \dot{V}_n^{(1)}$. Repete-se o procedimento até que a diferença nas tensões calculadas nas

Fluxo de potência

iterações k e $k+1$ seja menor que a tolerância prefixada. No método de Gauss Seidel, ao se calcular a tensão na barra j, utiliza-se:

$$\dot{V}_j^{(m)} = \sum_{i=1}^{j-1} \overline{Z}'_{ji} \frac{P_i - jQ_i}{\dot{V}_i^{(m)}} + \overline{Z}_{jj} \frac{P_j - jQ_j}{\dot{V}_j^{(m-1)}} + \sum_{i=j+1}^{n} \overline{Z}'_{ji} \frac{P_i - jQ_i}{\dot{V}_i^{(m-1)}} \qquad (4.66)$$

4.6.3.2 Fluxo de potência em rede com barras de tensão controlada

Para as barras de tensão controlada, barras PV, utiliza-se o mesmo artifício utilizado no cálculo do fluxo de potência por meio da matriz de admitâncias nodais, que pode ser resumido nos passos a seguir:

- Na iteração inicial, 0, fixa-se os reativos em zero.

- Ao fim da primeira iteração fixa-se o módulo da tensão da barra com o valor especificado e sua fase com o valor calculado, isto é:

$$\dot{V}_p^{(k)} = V_{p,esp} \left\lfloor \alpha_p^{(k)} \right.$$

e calcula-se a potência reativa impressa na barra por

$$Q_p^{(k+1)} = \Im m \left[\dot{V}_p^{(k)} \dot{I}_p^{*(k)} \right]$$

- Na iteração $k+1$ calcula-se a barra p como se fosse uma barra de carga.

4.6.4 CONCLUSÕES

O emprego do método de Gauss Seidel nos estudos de fluxo de potência utilizando a matriz de admitâncias nodais ou a de impedâncias nodais tem equacionamento muito simples, porém, por apresentar sérios problemas numéricos de convergência, tem ainda, quanto à convergência, as restrições:

- Não aceita compensação série.

- Não aceita a simulação de transformador com derivação ajustável.

- Tem problemas na simulação de compensadores de reativos estáticos controlados.

- Na representação de redes interligadas apresenta problemas.

Destaca-se que esse método é utilizável em se tratando de redes de subtransmissão ou de distribuição primária.

4.7 APLICAÇÃO DO MÉTODO DE NEWTON RAPHSON AO ESTUDO DE FLUXO DE POTÊNCIA

4.7.1 INTRODUÇÃO

Nesta seção será desenvolvida a aplicação do método de Newton Raphson ao problema de fluxo de potência. Inicialmente será considerada a formulação que utiliza injeções de potência e coordenadas polares para representar as tensões complexas. Esta formulação tem importância história e prática: ela foi adotada nas primeiras aplicações do método de Newton Raphson ao problema de fluxo de potência e seu sucesso foi tal que ainda hoje ela é a formulação mais empregada.

As primeiras aplicações consideravam a rede equilibrada (representação monofásica da rede) e, por essa razão, foram utilizadas preferencialmente em redes de transmissão, em que a hipótese de rede equilibrada é aceitável na maioria das situações. Nos últimos anos a necessidade de analisar redes desequilibradas tem se tornado cada vez maior, ao mesmo tempo que a disponibilidade de recursos computacionais cresceu muito rapidamente. Esses dois fatores contribuíram significativamente para ampliar o campo de aplicação do método de Newton Raphson, e uma das áreas mais beneficiadas nesse processo foi (e é) o das redes de distribuição. Na distribuição as redes são naturalmente desequilibradas (incluindo ramais monofásicos e bifásicos) e alimentam cargas também desequilibradas, o que impede a utilização de modelos equilibrados de fluxo de potência. A adaptação da formulação equilibrada baseada em injeções de potência e coordenadas polares para uma formulação desequilibrada apresenta alguns inconvenientes importantes, principalmente pela singularidade da matriz jacobiana que ocorre em alguns casos devido aos condutores neutros. A literatura indica que uma formulação baseada em injeções de corrente e coordenadas retangulares (tensões e correntes complexas representadas por suas partes real e imaginária) permite desenvolver aplicações mais robustas para tratar redes desequilibradas (GARCIA *et al.*, 2000; PENIDO, 2008). Nesta seção também será apresentada uma formulação baseada em injeções de corrente e será visto que, sob determinadas circunstâncias, a formulação produz uma matriz jacobiana constante, implicando convergência em uma única iteração (característica altamente desejável e que significa uma maior robustez do método numérico).

Em seguida será abordado o método conhecido como "desacoplado rápido" (*fast decoupled load flow*) (STOTT; ALSAÇ, 1974), cuja importância histórica e prática decorre da economia de recursos computacionais (disponibilidade de

Fluxo de potência

memória e velocidade de processamento) que ele permitia, em uma época em que tais recursos eram bastante escassos.

Destaca-se, finalmente, que em tudo quanto se segue considerar-se-á que todas as grandezas elétricas estão em valores por-unidade (pu).

4.7.2 FORMULAÇÃO BASEADA EM INJEÇÕES DE POTÊNCIA E COORDENADAS POLARES

4.7.2.1 Introdução

Nesta seção será apresentada a aplicação do método de Newton Raphson ao problema do fluxo de potência utilizando injeções de potência e coordenadas polares.

Nos próximos itens serão apresentadas as variáveis e as equações a serem resolvidas, a montagem do termo conhecido e a montagem da matriz jacobiana. Por fim será apresentada a modificação necessária no sistema de equações para que o método de Newton Raphson ajuste automaticamente o tap de transformadores associados a barras de tensão controlada.

4.7.2.2 Variáveis, incógnitas e equações

A cada barra são associadas quatro variáveis: módulo e ângulo da tensão nodal e potências ativa e reativa injetadas.

A Tabela 4.6 apresenta os tipos de barras, os correspondentes valores especificados (conhecidos), as incógnitas (a determinar) e as equações disponíveis. Todos os símbolos usados nesta tabela são definidos na Tabela 4.7.

Tabela 4.6 – Tipos de barras, valores especificados, incógnitas e equações

Tipo de barra (quantidade)	Valores especificados	Incógnitas	Equações
PQ (n_1)	P_j, Q_j	θ_j, V_j	$fp_j = Pcalc_j - Pesp_j$ $fq_j = Qcalc_j - Qesp_j$
PV (n_2)	P_j, V_j	θ_j, Q_j	$fp_j = Pcalc_j - Pesp_j$
Swing (n_4)	V_j, θ_j	P_j, Q_j	—

Tabela 4.7 – Símbolos utilizados na Tabela 4.6

Símbolo	Definição
$\dot{V}_j = V_j \lfloor \theta_j$	Tensão nodal na barra j
$\bar{S}_j = P_j + jQ_j$	Potência complexa injetada na barra j
$Pcalc_j$	Valor calculado para a potência ativa injetada pela barra j (PQ ou PV), no estado atual da rede
$Pesp_j$	Valor especificado para a potência ativa injetada pela barra j (PQ ou PV)
$Qcalc_j$	Valor calculado para a potência reativa injetada pela barra j (PQ), no estado atual da rede
$Qesp_j$	Valor especificado para a potência reativa injetada pela barra j (PQ)
$Vesp_j$	Valor especificado para o módulo de tensão na barra j (PV)
fp_j	Desvio de potência ativa na barra j (PQ ou PV) (diferença entre o valor calculado e o valor especificado)
fq_j	Desvio de potência reativa na barra j (PQ) (diferença entre o valor calculado e o valor especificado)

Na presente formulação, cada barra PQ contribui com duas equações (desvios de potência ativa e reativa) e a ela são associadas duas incógnitas (módulo e ângulo da tensão nodal).

Cada barra PV contribui com uma única equação, a qual fornece o desvio de potência ativa injetada (diferença entre a potência calculada por meio do estado da rede e a potência especificada para a barra). Para manter o balanço entre equações e incógnitas, associa-se à barra PV somente uma incógnita, que é o ângulo de sua tensão. A potência reativa injetada pela barra PV também é incógnita, mas ela não faz parte do sistema de equações a ser resolvido pelo método de Newton Raphson; ela é calculada após convergência do processo iterativo.

As barras swings não contribuem para o sistema de equações. As potências ativa e reativa injetadas por essas barras são também calculadas após convergência do processo iterativo.

4.7.2.3 Sistema de equações

Para facilitar o desenvolvimento do equacionamento, as incógnitas serão agrupadas em vetores. Assim, tem-se um vetor para representar o ângulo das tensões e outro vetor para representar o módulo:

$$\tilde{\theta} = \begin{bmatrix} \theta_1 \\ \theta_2 \\ ... \\ \theta_{n1+n2} \end{bmatrix} \qquad \tilde{V} = \begin{bmatrix} V_1 \\ V_2 \\ ... \\ V_{n1} \end{bmatrix}$$

1. Sistema não linear de equações

   a) Barras PQ (n_1 pares de equações):

$$fp_j\left(\tilde{\theta},\tilde{V}\right) = Pcalc_j\left(\tilde{\theta},\tilde{V}\right) - Pesp_j$$

$$fq_j\left(\tilde{\theta},\tilde{V}\right) = Qcalc_j\left(\tilde{\theta},\tilde{V}\right) - Qesp_j \qquad (4.67)$$

   b) Barras PV (n_2 equações):

$$fp_j\left(\tilde{\theta},\tilde{V}\right) = Pcalc_j\left(\tilde{\theta},\tilde{V}\right) - Pesp_j \qquad (4.68)$$

O método de Newton Raphson determinará uma solução $\left(\tilde{\theta},\tilde{V}\right)$ tal que os desvios (Equações (4.67) e (4.68)) resultem todos iguais a zero.

Nesta formulação tem-se um total de $(2n_1 + n_2)$ equações e incógnitas.

2. Linearização em torno do ponto $\left(\tilde{\theta},\tilde{V}\right)$

$$fp_j(\tilde{\theta}+\Delta\tilde{\theta},\tilde{V}+\Delta\tilde{V}) = fp_j(\tilde{\theta},\tilde{V}) + \sum_{k=1}^{n1+n2}\frac{\partial fp_j}{\partial \theta_k}\cdot\Delta\theta_k + \sum_{k=1}^{n1}\frac{\partial fp_j}{\partial V_k}\cdot\Delta V_k \quad (4.69)$$

$$fq_j(\tilde{\theta}+\Delta\tilde{\theta},\tilde{V}+\Delta\tilde{V}) = fq_j(\tilde{\theta},\tilde{V}) + \sum_{k=1}^{n1+n2}\frac{\partial fq_j}{\partial \theta_k}\cdot\Delta\theta_k + \sum_{k=1}^{n1}\frac{\partial fq_j}{\partial V_k}\cdot\Delta V_k \quad (4.70)$$

3. Imposição de que o ponto $(\tilde{\theta}+\Delta\tilde{\theta},\tilde{V}+\Delta\tilde{V})$ é solução

$$fp_j(\tilde{\theta}+\Delta\tilde{\theta},\tilde{V}+\Delta\tilde{V}) = 0$$

$$fq_j(\tilde{\theta}+\Delta\tilde{\theta},\tilde{V}+\Delta\tilde{V}) = 0 \qquad (4.71)$$

4. Sistema linear de equações

Substituindo a Equação (4.71) nas Equações (4.69) e (4.70), resulta:

$$\begin{bmatrix} \dfrac{\partial \widetilde{fp}}{\partial \widetilde{\theta}} & \dfrac{\partial \widetilde{fp}}{\partial \widetilde{V}} \\ \dfrac{\partial \widetilde{fq}}{\partial \widetilde{\theta}} & \dfrac{\partial \widetilde{fq}}{\partial \widetilde{V}} \end{bmatrix} \cdot \begin{bmatrix} \Delta \widetilde{\theta} \\ \Delta \widetilde{V} \end{bmatrix} = \begin{bmatrix} -\widetilde{fp}(\widetilde{\theta},\widetilde{V}) \\ -\widetilde{fq}(\widetilde{\theta},\widetilde{V}) \end{bmatrix} \qquad (4.72)$$

em que a quantidade de equações e incógnitas é detalhada a seguir:

- número de equações de potência ativa: $(n_1 + n_2)$;
- número de equações de potência reativa: (n_1);
- número de incógnitas de ângulo da tensão: $(n_1 + n_2)$;
- número de incógnitas de módulo da tensão: (n_1);
- número total de equações e de incógnitas: $(2n_1 + n_2)$.

Exemplificando, a submatriz $\dfrac{\partial \widetilde{fp}}{\partial \widetilde{V}}$ na Equação (4.72) possui $(n_1 + n_2)$ linhas (número de equações de potência ativa) e (n_1) colunas (número de incógnitas de módulo da tensão).

4.7.2.4 Montagem do termo conhecido

Nesta seção será apresentado o cálculo do termo conhecido na Equação (4.72). Inicialmente calcula-se a potência complexa injetada na barra j a partir do estado atual da rede:

$$\bar{S}calc_j^* = Pcalc_j - jQcalc_j = \dot{V}_j^* \dot{I}_j = \dot{V}_j^* \sum_k \bar{Y}_{jk} \dot{V}_k = \sum_k V_j \angle -\theta_j \cdot \left(G_{jk} + jB_{jk} \right) V_k \angle \theta_k$$

$$= \sum_k V_j V_k \cdot \left(\cos \theta_{kj} + j sen \theta_{kj} \right) \left(G_{jk} + jB_{jk} \right)$$

$$= V_j \sum_k V_k \cdot \left(G_{jk} \cos \theta_{kj} - B_{jk} sen \theta_{kj} \right) + jV_j \sum_k V_k \cdot \left(G_{jk} sen \theta_{kj} + B_{jk} \cos \theta_{kj} \right)$$

em que $\theta_{kj} = \theta_k - \theta_j$. A parcela calculada das potências ativa e reativa é dada então por:

$$Pcalc_j = V_j \sum_k V_k \cdot \left(G_{jk} \cos \theta_{kj} - B_{jk} sen \theta_{kj} \right)$$

$$Qcalc_j = -V_j \sum_k V_k \cdot \left(G_{jk} sen\theta_{kj} + B_{jk} \cos\theta_{kj} \right)$$

É conveniente destacar, nessas somatórias, o caso particular $k = j$ dos demais casos. Assim,

$$Pcalc_j = V_j^2 G_{jj} + V_j \sum_{k \neq j} V_k \cdot \left(G_{jk} \cos\theta_{kj} - B_{jk} sen\theta_{kj} \right)$$

$$Qcalc_j = -V_j^2 B_{jj} - V_j \sum_{k \neq j} V_k \cdot \left(G_{jk} sen\theta_{kj} + B_{jk} \cos\theta_{kj} \right)$$

(4.73)

Por outro lado, obtém-se a potência especificada a partir da potência complexa especificada para a carga e da tensão atual na barra:

$$\overline{S}_{carga} = \overline{S}_I \cdot \frac{V_j}{Vnom_j} + \overline{S}_S + \overline{S}_Z \cdot \left(\frac{V_j}{Vnom_j} \right)^2$$

(4.74)

em que $\overline{S}_I$, $\overline{S}_S$ e $\overline{S}_Z$ indicam as parcelas de potência complexa nominal correspondentes aos modelos de corrente, potência e impedância constante, respectivamente, e $Vnom_j$ indica a tensão nominal da barra (em relação à qual são fornecidas as três parcelas de potência de carga).

Separando as partes real e imaginária da potência complexa, obtém-se:

$$Pesp_j = -\Re\left[\overline{S}_{carga} \right]$$

$$Qesp_j = -\Im\left[\overline{S}_{carga} \right]$$

(4.75)

O sinal negativo na Equação (4.75) é necessário para converter a potência $\overline{S}_{carga}$ (saindo da barra) em potência injetada (entrando na barra).

Em vista das Equações (4.73) e (4.75), calcula-se finalmente os desvios de potência:

$$fp_j = Pcalc_j - Pesp_j = V_j^2 G_{jj} +$$

$$V_j \sum_{k \neq j} V_k \cdot \left(G_{jk} \cos\theta_{kj} - B_{jk} jsen\theta_{kj} \right) + \Re\left[\overline{S}_{carga} \right]$$

$$fq_j = Qcalc_j - Qesp_j = -V_j^2 B_{jj}$$

$$-V_j \sum_{k \neq j} V_k \cdot \left(G_{jk} sen\theta_{kj} + B_{jk} j\cos\theta_{kj} \right) + \Im\left[\overline{S}_{carga} \right]$$

(4.76)

Cabe lembrar que a primeira equação deve ser escrita para as barras PQ e PV, enquanto a segunda equação só se aplica às barras PQ.

4.7.2.5 Montagem da matriz jacobiana

4.7.2.5.1 Introdução

Nesta seção será apresentado o cálculo da matriz jacobiana na Equação (4.72). A Tabela 4.8 apresenta os casos que devem ser considerados na montagem da matriz, de acordo com o tipo de barra e do tipo de equação. Observa-se que, tanto para a potência ativa como para a potência reativa, é conveniente separar o cálculo das derivadas da seguinte forma:

- derivadas em relação ao módulo e ao ângulo da tensão na própria barra; e
- derivadas em relação ao módulo e ao ângulo da tensão em uma barra distinta.

O cálculo das derivadas será apresentado em detalhe nos subitens subsequentes.

Tabela 4.8 – Termos da matriz jacobiana

Tipo de barra	Desvios e variáveis independentes	Derivadas a calcular
PQ e PV	Desvio da potência ativa em função do ângulo e do módulo das tensões	$\dfrac{\partial fp_j}{\partial \theta_j}, \dfrac{\partial fp_j}{\partial V_j}, \dfrac{\partial fp_j}{\partial \theta_k}, \dfrac{\partial fp_j}{\partial V_k}$
PQ	Desvio da potência reativa em função do ângulo e do módulo das tensões	$\dfrac{\partial fq_j}{\partial \theta_j}, \dfrac{\partial fq_j}{\partial V_j}, \dfrac{\partial fq_j}{\partial \theta_k}, \dfrac{\partial fq_j}{\partial V_k}$

4.7.2.5.2 Barras PQ e PV: desvio de potência ativa

As Equações (4.67) e (4.68) fornecem o desvio de potência ativa em função das variáveis independentes. Nota-se que cada uma das equações possui duas contribuições, uma relativa à potência calculada e outra relativa à potência especificada. Por exemplo, considerando o desvio da potência ativa na barra j e a variável independente θ_j tem-se:

$$\frac{\partial fp_j}{\partial \theta_j} = \frac{\partial Pcalc_j}{\partial \theta_j} - \frac{\partial Pesp_j}{\partial \theta_j} . \tag{4.77}$$

Fluxo de potência **295**

As derivadas da potência ativa calculada são obtidas imediatamente a partir da Equação (4.73):

$$\frac{\partial Pcalc_j}{\partial \theta_j} = V_j \sum_{k \neq j} V_k \cdot \left(-G_{jk}\operatorname{sen}\theta_{kj} \cdot (-1) - B_{jk}\cos\theta_{kj} \cdot (-1) \right)$$

$$= V_j \sum_{k \neq j} V_k \cdot \left(G_{jk}\operatorname{sen}\theta_{kj} + B_{jk}\cos\theta_{kj} \right) = -Qcalc_j - B_{jj}V_j^2$$

$$\frac{\partial Pcalc_j}{\partial V_j} = 2G_{jj}V_j + \sum_{k \neq j} V_k \cdot \left(G_{jk}\cos\theta_{kj} - B_{jk}\operatorname{sen}\theta_{kj} \right) = \frac{Pcalc_j}{V_j} + G_{jj}V_j \qquad (4.78)$$

$$\frac{\partial Pcalc_j}{\partial \theta_k} = V_j V_k \cdot \left(-G_{jk}\operatorname{sen}\theta_{kj} \cdot (1) - B_{jk}\cos\theta_{kj} \cdot (1) \right)$$

$$= -V_j V_k \cdot \left(G_{jk}\operatorname{sen}\theta_{kj} + B_{jk}\cos\theta_{kj} \right)$$

$$\frac{\partial Pcalc_j}{\partial V_k} = V_j \left(G_{jk}\cos\theta_{kj} - B_{jk}\operatorname{sen}\theta_{kj} \right)$$

Para calcular as derivadas da potência especificada, os três modelos de carga (corrente, potência e impedância constante) serão tratados separadamente.

a) Carga de corrente constante

Da Equação (4.75) tem-se:

$$Pesp_j = -P_{carga} = -P_I \cdot \frac{V_j}{Vnom_j}$$

Neste caso só existe a derivada em relação à variável independente V_j:

$$\frac{\partial Pesp_j}{\partial V_j} = -\frac{P_I}{Vnom_j} \qquad (4.79)$$

b) Carga de potência constante

Neste caso todas as derivadas são nulas, pois a potência especificada para a carga é constante.

c) Carga de impedância constante

Da Equação (4.75) tem-se:

$$Pesp_j = -P_{carga} = -P_Z \cdot \left(\frac{V_j}{Vnom_j} \right)^2$$

Da mesma forma que no caso de carga de corrente constante, neste caso só existe a derivada em relação à variável independente V_j:

$$\frac{\partial Pesp_j}{\partial V_j} = -\frac{2P_Z}{Vnom_j^2} \cdot V_j \qquad (4.80)$$

4.7.2.5.3 Barras PQ: desvio de potência reativa

Neste caso também devem ser calculadas as derivadas da potência reativa calculada e as derivadas da potência reativa especificada.

As derivadas da potência reativa calculada são obtidas imediatamente a partir da Equação (4.73):

$$\frac{\partial Qcalc_j}{\partial \theta_j} = -V_j \sum_{k \neq j} V_k \cdot \left(G_{jk} \cos \theta_{kj} \cdot (-1) - B_{jk} \operatorname{sen} \theta_{kj} \cdot (-1) \right)$$

$$= V_j \sum_{k \neq j} V_k \cdot \left(G_{jk} \cos \theta_{kj} - B_{jk} \operatorname{sen} \theta_{kj} \right) = Pcalc_j - G_{jj} V_j^2$$

$$\frac{\partial Qcalc_j}{\partial V_j} = -2B_{jj} V_j - \sum_{k \neq j} V_k \cdot \left(G_{jk} \operatorname{sen} \theta_{kj} + B_{jk} \cos \theta_{kj} \right) = \frac{Qcalc_j}{V_j} - B_{jj} V_j \qquad (4.81)$$

$$\frac{\partial Qcalc_j}{\partial \theta_k} = -V_j V_k \cdot \left(G_{jk} \cos \theta_{kj} \cdot (1) - B_{jk} \operatorname{sen} \theta_{kj} \cdot (1) \right)$$

$$= -V_j V_k \cdot \left(G_{jk} \cos \theta_{kj} - B_{jk} \operatorname{sen} \theta_{kj} \right)$$

$$\frac{\partial Qcalc_j}{\partial V_k} = -V_j \left(G_{jk} \operatorname{sen} \theta_{kj} + B_{jk} \cos \theta_{kj} \right)$$

Para calcular as derivadas da potência especificada, os três modelos de carga (corrente, potência e impedância constante) serão tratados separadamente.

a) Carga de corrente constante

Da Equação (4.75) tem-se:

$$Qesp_j = -Q_{carga} = -Q_I \cdot \frac{V_j}{Vnom_j}$$

Neste caso só existe a derivada em relação à variável independente V_j:

$$\frac{\partial Qesp_j}{\partial V_j} = -\frac{Q_I}{Vnom_j}. \qquad (4.82)$$

b) Carga de potência constante

Neste caso todas as derivadas são nulas, pois a potência especificada para a carga é constante.

c) Carga de impedância constante

Da Equação (4.75) tem-se:

$$Qesp_j = -Q_{carga} = -Q_Z \cdot \left(\frac{V_j}{Vnom_j}\right)^2$$

Da mesma forma que no caso de carga de corrente constante, neste caso só existe a derivada em relação à variável independente V_j:

$$\frac{\partial Qesp_j}{\partial V_j} = -\frac{2Q_Z}{Vnom_j^2} \cdot V_j \qquad (4.83)$$

4.7.2.6 Ajuste automático de tap de transformadores (barras PQV)

O controle de tensão em pontos afastados da geração normalmente é realizado por meio do ajuste de tap de algum transformador situado próximo à barra onde se deseja controlar a tensão. Neste caso o transformador é equipado com um componente adicional (*load tap changer* – LTC), o qual, acoplado a um circuito eletrônico de monitoramento e atuação, varia o tap do transformador de forma a garantir a tensão especificada na barra controlada. Normalmente a barra de tensão controlada é a própria barra do secundário do transformador.

Nesta seção será desenvolvido o equacionamento que permite incorporar o ajuste automático de tap ao método de Newton Raphson. O tap do transformador passa a ser uma incógnita para o problema, e seu valor final garante que a tensão na barra controlada resulte igual à tensão especificada.

A Figura 4.11 identifica o transformador e a barra de tensão controlada (barra *m*) que serão utilizados em tudo quanto se segue.

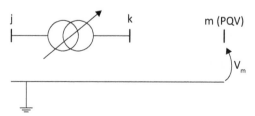

Figura 4.11 – Transformador com ajuste automático de tap e barra de tensão controlada

A barra de tensão controlada é uma barra de carga cuja tensão é especificada em módulo. Por essa razão ela é do tipo PQV, o que significa que são especificadas três grandezas: potências ativa e reativa injetadas e módulo da tensão. A única incógnita associada a essa barra é o ângulo da tensão. É importante destacar que, ao mesmo tempo que o módulo de tensão da barra PQV deixa de ser incógnita do problema, acrescenta-se a incógnita "tap" do transformador associado à barra PQV. Dessa forma o número de incógnitas permanece o mesmo, assim como o número de equações.

A Figura 4.12 mostra o modelo que será utilizado para representar o transformador com ajuste automático de tap.

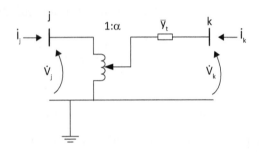

Figura 4.12 – Modelo para representação de transformador com ajuste automático de tap

O tap do modelo é definido por:

$$\alpha = \frac{\dfrac{Vtap_k}{Vnom_k}}{\dfrac{Vtap_j}{Vnom_j}} \qquad (4.84)$$

em que $Vtap_k$ indica a tensão de tap do secundário [kV], $Vnom_k$ indica a tensão nominal do secundário [kV] e os símbolos com índice j indicam as correspondentes tensões do enrolamento primário. Esse modelo permite representar tensão de tap nos dois enrolamentos, sendo, portanto, mais geral que a situação nos transformadores reais, nos quais o tap variável está disponível somente no enrolamento de alta tensão.

A Figura 4.13 mostra o modelo a componentes passivos equivalente ao modelo da Figura 4.7.2. O modelo a componentes passivos é mais adequado para utilização na análise nodal e no método de Newton Raphson e, assim, será usado na presente dedução.

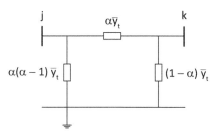

Figura 4.13 – Modelo do transformador com componentes passivos

Observa-se inicialmente que a variação do tap do transformador afeta somente o fluxo de potência entre as barras terminais do transformador, quando todas as tensões na rede são mantidas constantes. As expressões que fornecem o fluxo de potência no modelo da Figura 4.13 são apresentadas a seguir:

$$P_{jk} = \alpha^2 g V_j^2 - \alpha g V_j V_k \cos\theta_{kj} + \alpha b V_j V_k \sen\theta_{kj}$$
$$Q_{jk} = -\alpha^2 b V_j^2 + \alpha b V_j V_k \cos\theta_{kj} + \alpha g V_j V_k \sen\theta_{kj}$$
(4.85)

$$P_{kj} = g V_k^2 - \alpha g V_j V_k \cos\theta_{kj} - \alpha b V_j V_k \sen\theta_{kj}$$
$$Q_{kj} = -b V_k^2 + \alpha b V_j V_k \cos\theta_{kj} - \alpha g V_j V_k \sen\theta_{kj}$$

em que $\bar{y}_t = g + jb$ é o inverso da impedância de curto-circuito do transformador e $\theta_{kj} = \theta_k - \theta_j$.

Por outro lado, a variação do fluxo de potência entre as barras terminais afeta somente as potências injetadas nas barras terminais do transformador. Dessa forma, deverão ser calculadas apenas as derivadas das potências ativa e reativa injetadas nas barras terminais em relação ao tap do transformador, pois as derivadas das demais barras em relação ao tap resultam nulas. Tais derivadas são dadas por:

$$\frac{\partial P_j}{\partial \alpha} = \frac{\partial P_{jk}}{\partial \alpha} = 2\alpha g V_j^2 + V_j V_k \left(b\sen\theta_{kj} - g\cos\theta_{kj} \right)$$
$$\frac{\partial Q_j}{\partial \alpha} = \frac{\partial Q_{jk}}{\partial \alpha} = -2\alpha b V_j^2 + V_j V_k \left(g\sen\theta_{kj} + b\cos\theta_{kj} \right)$$
(4.86)
$$\frac{\partial P_k}{\partial \alpha} = \frac{\partial P_{kj}}{\partial \alpha} = -V_j V_k \left(b\sen\theta_{kj} + g\cos\theta_{kj} \right)$$
$$\frac{\partial Q_k}{\partial \alpha} = \frac{\partial Q_{kj}}{\partial \alpha} = V_j V_k \left(b\cos\theta_{kj} - g\sen\theta_{kj} \right)$$

Nessas equações observa-se que as primeiras igualdades $\left(\dfrac{\partial P_j}{\partial \alpha} = \dfrac{\partial P_{jk}}{\partial \alpha} \, , \dfrac{\partial Q_j}{\partial \alpha} = \dfrac{\partial Q_{jk}}{\partial \alpha} \, ... \right)$ são válidas porque o fluxo de potência entre uma barra terminal (primária ou secundária) e uma terceira barra não é afetado pela variação de tap. Assim, para efeito do cálculo das derivadas das potências injetadas nas barras terminais, basta considerar apenas a contribuição do fluxo de potência no transformador.

Sendo n_2 o número de transformadores com ajuste automático de tap (e também o número de barras PQV, já que a correspondência entre ambos é biunívoca), define-se o vetor das incógnitas do tipo "tap" da seguinte forma:

$$\tilde{T} = \begin{bmatrix} \alpha_1 \\ \alpha_2 \\ ... \\ \alpha_{n2} \end{bmatrix}$$

A Tabela 4.9 reapresenta os tipos de barras, os correspondentes valores especificados, as incógnitas e as equações disponíveis quando há transformadores com ajuste automático de tap na rede.

Tabela 4.9 – Tipos de barras, valores especificados, incógnitas e equações

Tipo de barra (quantidade)	Valores especificados	Incógnitas	Equações
PQ (n_1)	P_j, Q_j	θ_j, V_j	$fp_j = Pcalc_j - Pesp_j$ $fq_j = Qcalc_j - Qesp_j$
PQV (n_2)	P_j, Q_j, V_j	θ_j, α_k	$fp_j = Pcalc_j - Pesp_j$ $fq_j = Qcalc_j - Qesp_j$
PV (n_3)	P_j, V_j	θ_j, Q_j	$fp_j = Pcalc_j - Pesp_j$
Swing (n_4)	V_j, θ_j	P_j, Q_j	$-$

Fluxo de potência

Em vista de tudo o que foi exposto, o sistema linear de equações a ser resolvido quando há transformadores com ajuste automático de tap passa a ser:

$$
\begin{bmatrix}
\dfrac{\partial \widetilde{fp}}{\partial \widetilde{\theta}} & \dfrac{\partial \widetilde{fp}}{\partial \widetilde{V}} & \dfrac{\partial \widetilde{fp}}{\partial \widetilde{T}} \\[2ex]
\dfrac{\partial \widetilde{fq}}{\partial \widetilde{\theta}} & \dfrac{\partial \widetilde{fq}}{\partial \widetilde{V}} & \dfrac{\partial \widetilde{fq}}{\partial \widetilde{T}}
\end{bmatrix}
\cdot
\begin{bmatrix}
\Delta \widetilde{\theta} \\[1ex]
\Delta \widetilde{V} \\[1ex]
\Delta \widetilde{T}
\end{bmatrix}
=
\begin{bmatrix}
- \widetilde{fp}(\widetilde{\theta},\widetilde{V},\widetilde{T}) \\[1ex]
- \widetilde{fq}(\widetilde{\theta},\widetilde{V},\widetilde{T})
\end{bmatrix}
\tag{4.87}
$$

em que a quantidade de equações e incógnitas é detalhada a seguir:

- número de equações de potência ativa: $(n_1 + n_2 + n_3)$;
- número de equações de potência reativa: $(n_1 + n_2)$;
- número de incógnitas de ângulo da tensão: $(n_1 + n_2 + n_3)$;
- número de incógnitas de módulo da tensão: (n_1);
- número de incógnitas de tap: (n_2);
- número total de equações e de incógnitas: $(2n_1 + 2n_2 + n_3)$.

Exemplificando, a submatriz $\dfrac{\partial \widetilde{fp}}{\partial \widetilde{V}}$ na Equação (4.87) possui $(n_1 + n_2 + n_3)$ linhas (número de equações de potência ativa) e n_1 colunas (número de incógnitas de módulo da tensão).

4.7.3 FORMULAÇÃO BASEADA EM INJEÇÕES DE CORRENTE E COORDENADAS RETANGULARES

4.7.3.1 Introdução

Nesta seção será apresentada a aplicação do método de Newton Raphson ao problema do fluxo de potência utilizando injeções de corrente e coordenadas retangulares. Nesta formulação, tensões e correntes complexas são representadas pelas suas partes real e imaginária.

Nos próximos itens serão apresentadas as variáveis e as equações a serem resolvidas, a montagem do termo conhecido e finalmente a montagem da matriz jacobiana.

4.7.3.2 Variáveis, incógnitas e equações

A cada barra são associadas seis variáveis: partes real e imaginária da tensão nodal, partes real e imaginária da corrente nodal e potências ativa e reativa injetadas.

A Tabela 4.10 apresenta os tipos de barras, os correspondentes valores especificados (conhecidos), as incógnitas (a determinar) e as equações disponíveis. Todos os símbolos usados nesta tabela são definidos na Tabela 4.11.

Tabela 4.10 – Tipos de barras, valores especificados, incógnitas e equações

Tipo de barra (quantidade)	Valores especificados	Incógnitas	Equações
PQ (n_1)	P_j, Q_j	Vr_j, Vm_j	$fr_j = Ir\,calc_j - Ir\,esp_j$ $fm_j = Im\,calc_j - Im\,esp_j$
PQV (n_2)	P_j, Q_j, V_j	Vr_j, Vm_j, Tap_k	$fr_j = Ir\,calc_j - Ir\,esp_j$ $fm_j = Im\,calc_j - Im\,esp_j$ $fv_j = Vr_j^2 + Vm_j^2 - Vesp_j^2$
PV (n_3)	P_j, V_j	θ_j	$fp_j = Pcalc_j - Pesp_j$
Swing (n_4)	Vr_j, Vm_j	Ir_j, Im_j	–

Tabela 4.11 – Símbolos utilizados na Tabela 4.10

Símbolo	Definição
$\dot{V}_j = Vr_j + jVm_j = V_j\,\underline{|\theta_j}$	Tensão nodal na barra j
$\dot{I}_j = Ir_j + jIm_j$	Corrente nodal da barra j
$\overline{S}_j = P_j + jQ_j$	Potência complexa injetada na barra j
Tap_k	Tap calculado para o transformador k de forma a obter tensão $Vesp_j$ na barra de tensão controlada j (PQV)
$Ir\,calc_j, Im\,calc_j$	Partes real e imaginária da corrente injetada na barra j (PQ ou PQV), valores calculados
$Ir\,esp_j, Im\,esp_j$	Partes real e imaginária da corrente injetada na barra j (PQ ou PQV), valores especificados
$Pcalc_j$	Valor calculado para a potência ativa injetada pela barra j (PV)
$Pesp_j$	Valor especificado para a potência ativa injetada pela barra j (PV)

(continua)

Fluxo de potência

Tabela 4.11 – Símbolos utilizados na Tabela 4.10 (*continuação*)

Símbolo	Definição
$Vesp_j$	Valor especificado para o módulo de tensão na barra j (PQV ou PV)
fr_j	Desvio da parte real da corrente injetada na barra j (diferença entre o valor calculado e o valor especificado)
fm_j	Desvio da parte imaginária da corrente injetada na barra j (diferença entre o valor calculado e o valor especificado)
fv_j	Desvio do módulo da tensão na barra j (PQV) (diferença entre o quadrado do valor calculado e o quadrado do valor especificado)
fp_j	Desvio da potência ativa na barra j (PV) (diferença entre o valor calculado e o valor especificado)

Na presente formulação, cada barra PV é representada por uma única equação que fornece o desvio de potência ativa injetada (diferença entre a potência calculada por meio do estado da rede e a potência especificada para a barra). Para manter o balanço entre equações e incógnitas, associa-se à barra PV somente uma variável independente, que é o ângulo de sua tensão. Isso, na verdade, constitui uma formulação híbrida polar-retangular, porque a tensão nas demais barras é representada usando coordenadas retangulares (parte real e parte imaginária da tensão). Seria possível representar a tensão em barras PV usando coordenadas retangulares também (formulação puramente retangular), mas isso exigiria uma segunda equação para cada barra PV de forma a garantir que as partes real e imaginária da tensão variassem de tal forma que o seu módulo permanecesse constante (como é próprio das barras PV).

4.7.3.3 Sistema de equações

Para facilitar o desenvolvimento do equacionamento, as incógnitas serão agrupadas em vetores. Assim, tem-se:

- Vetores das partes real e imaginária das tensões desconhecidas:

$$\tilde{V}r = \begin{bmatrix} Vr_1 \\ Vr_2 \\ \dots \\ Vr_{n1+n2} \end{bmatrix} \qquad \tilde{V}m = \begin{bmatrix} Vm_1 \\ Vm_2 \\ \dots \\ Vm_{n1+n2} \end{bmatrix}$$

- Vetor dos taps desconhecidos:

$$\tilde{T}ap = \begin{bmatrix} Tap_1 \\ Tap_2 \\ ... \\ Tap_{n2} \end{bmatrix}$$

- Vetor dos ângulos de tensão desconhecidos (barras PV):

$$\tilde{\theta} = \begin{bmatrix} \theta_1 \\ \theta_2 \\ ... \\ \theta_{n3} \end{bmatrix}$$

1. Sistema não linear de equações

   a) Barras PQ e PQV ($n_1 + n_2$ pares de equações):

$$fr_j(\tilde{V}r,\tilde{V}m,\tilde{T}ap,\tilde{\theta}) = Ir\,calc_j(\tilde{V}r,\tilde{V}m,\tilde{T}ap,\tilde{\theta}) - Ir\,esp_j$$

$$fm_j(\tilde{V}r,\tilde{V}m,\tilde{T}ap,\tilde{\theta}) = Im\,calc_j(\tilde{V}r,\tilde{V}m,\tilde{T}ap,\tilde{\theta}) - Im\,esp_j \qquad (4.88)$$

   b) Barras PQV (n_2 equações):

$$fv_j(\tilde{V}r,\tilde{V}m,\tilde{T}ap,\tilde{\theta}) = Vr_j^2 + Vm_j^2 - Vesp_j^2 \qquad (4.89)$$

   c) Barras PV (n_3 equações):

$$fp_j(\tilde{V}r,\tilde{V}m,\tilde{T}ap,\tilde{\theta}) = Pcalc_j(\tilde{V}r,\tilde{V}m,\tilde{T}ap,\tilde{\theta}) - Pesp_j \qquad (4.90)$$

O método de Newton Raphson determinará uma solução $(\tilde{V}r,\tilde{V}m,\tilde{T}ap,\tilde{\theta})$ tal que os desvios (Equações (4.88), (4.89) e (4.90)) resultem todos iguais a zero.

Nesta formulação tem-se um total de $(2n_1 + 3n_2 + n_3)$ equações e incógnitas.

Fluxo de potência   **305**

2. Linearização em torno do ponto $(\tilde{V}r, \tilde{V}m, \tilde{T}ap, \tilde{\theta})$

$$fr_j(\tilde{V}r + \Delta\tilde{V}r, \tilde{V}m + \Delta\tilde{V}m, \tilde{T}ap + \Delta\tilde{T}ap, \tilde{\theta} + \Delta\tilde{\theta}) = fr_j(\tilde{V}r, \tilde{V}m, \tilde{T}ap, \tilde{\theta})$$

$$+ \sum_{k=1}^{n1+n2} \frac{\partial fr_j}{\partial Vr_k} \cdot \Delta Vr_k + \sum_{k=1}^{n1+n2} \frac{\partial fr_j}{\partial Vm_k} \cdot \Delta Vm_k + \sum_{k=1}^{n2} \frac{\partial fr_j}{\partial Tap_k} \cdot \Delta Tap_k + \sum_{k=1}^{n3} \frac{\partial fr_j}{\partial \theta_k} \cdot \Delta\theta_k$$

(4.91)

$$fm_j(\tilde{V}r + \Delta\tilde{V}r, \tilde{V}m + \Delta\tilde{V}m, \tilde{T}ap + \Delta\tilde{T}ap, \tilde{\theta} + \Delta\tilde{\theta}) = fm_j(\tilde{V}r, \tilde{V}m, \tilde{T}ap, \tilde{\theta})$$

$$+ \sum_{k=1}^{n1+n2} \frac{\partial fm_j}{\partial Vr_k} \cdot \Delta Vr_k + \sum_{k=1}^{n1+n2} \frac{\partial fm_j}{\partial Vm_k} \cdot \Delta Vm_k + \sum_{k=1}^{n2} \frac{\partial fm_j}{\partial Tap_k} \cdot \Delta Tap_k + \sum_{k=1}^{n3} \frac{\partial fm_j}{\partial \theta_k} \cdot \Delta\theta_k$$

(4.92)

$$fv_j(\tilde{V}r + \Delta\tilde{V}r, \tilde{V}m + \Delta\tilde{V}m, \tilde{T}ap + \Delta\tilde{T}ap, \tilde{\theta} + \Delta\tilde{\theta}) = fv_j(\tilde{V}r, \tilde{V}m, \tilde{T}ap, \tilde{\theta})$$

$$+ \sum_{k=1}^{n1+n2} \frac{\partial fv_j}{\partial Vr_k} \cdot \Delta Vr_k + \sum_{k=1}^{n1+n2} \frac{\partial fv_j}{\partial Vm_k} \cdot \Delta Vm_k + \sum_{k=1}^{n2} \frac{\partial fv_j}{\partial Tap_k} \cdot \Delta Tap_k + \sum_{k=1}^{n3} \frac{\partial fv_j}{\partial \theta_k} \cdot \Delta\theta_k$$

(4.93)

$$fp_j(\tilde{V}r + \Delta\tilde{V}r, \tilde{V}m + \Delta\tilde{V}m, \tilde{T}ap + \Delta\tilde{T}ap, \tilde{\theta} + \Delta\tilde{\theta}) = fp_j(\tilde{V}r, \tilde{V}m, \tilde{T}ap, \tilde{\theta})$$

$$+ \sum_{k=1}^{n1+n2} \frac{\partial fp_j}{\partial Vr_k} \cdot \Delta Vr_k + \sum_{k=1}^{n1+n2} \frac{\partial fp_j}{\partial Vm_k} \cdot \Delta Vm_k + \sum_{k=1}^{n2} \frac{\partial fp_j}{\partial Tap_k} \cdot \Delta Tap_k + \sum_{k=1}^{n3} \frac{\partial fp_j}{\partial \theta_k} \cdot \Delta\theta_k$$

(4.94)

3. Imposição de que o ponto $(\tilde{V}r + \Delta\tilde{V}r, \tilde{V}m + \Delta\tilde{V}m, \tilde{T}ap + \Delta\tilde{T}ap, \tilde{\theta} + \Delta\tilde{\theta})$ é solução

$$fr_j(\tilde{V}r + \Delta\tilde{V}r, \tilde{V}m + \Delta\tilde{V}m, \tilde{T}ap + \Delta\tilde{T}ap, \tilde{\theta} + \Delta\tilde{\theta}) = 0$$

$$fm_j(\tilde{V}r + \Delta\tilde{V}r, \tilde{V}m + \Delta\tilde{V}m, \tilde{T}ap + \Delta\tilde{T}ap, \tilde{\theta} + \Delta\tilde{\theta}) = 0$$

$$fv_j(\tilde{V}r + \Delta\tilde{V}r, \tilde{V}m + \Delta\tilde{V}m, \tilde{T}ap + \Delta\tilde{T}ap, \tilde{\theta} + \Delta\tilde{\theta}) = 0 \qquad (4.95)$$

$$fp_j(\tilde{V}r + \Delta\tilde{V}r, \tilde{V}m + \Delta\tilde{V}m, \tilde{T}ap + \Delta\tilde{T}ap, \tilde{\theta} + \Delta\tilde{\theta}) = 0$$

4. Sistema linear de equações

Substituindo a Equação (4.95) nas Equações (4.91) a (4.94), resulta:

$$
\begin{bmatrix}
\dfrac{\partial \tilde{f}r}{\partial \tilde{V}r} & \dfrac{\partial \tilde{f}r}{\partial \tilde{V}m} & \dfrac{\partial \tilde{f}r}{\partial \tilde{T}ap} & \dfrac{\partial \tilde{f}r}{\partial \tilde{\theta}} \\[2mm]
\dfrac{\partial \tilde{f}m}{\partial \tilde{V}r} & \dfrac{\partial \tilde{f}m}{\partial \tilde{V}m} & \dfrac{\partial \tilde{f}m}{\partial \tilde{T}ap} & \dfrac{\partial \tilde{f}m}{\partial \tilde{\theta}} \\[2mm]
\dfrac{\partial \tilde{f}v}{\partial \tilde{V}r} & \dfrac{\partial \tilde{f}v}{\partial \tilde{V}m} & \dfrac{\partial \tilde{f}v}{\partial \tilde{T}ap} & \dfrac{\partial \tilde{f}v}{\partial \tilde{\theta}} \\[2mm]
\dfrac{\partial \tilde{f}p}{\partial \tilde{V}r} & \dfrac{\partial \tilde{f}p}{\partial \tilde{V}m} & \dfrac{\partial \tilde{f}p}{\partial \tilde{T}ap} & \dfrac{\partial \tilde{f}p}{\partial \tilde{\theta}}
\end{bmatrix}
\cdot
\begin{bmatrix}
\Delta \tilde{V}r \\[2mm]
\Delta \tilde{V}m \\[2mm]
\Delta \tilde{T}ap \\[2mm]
\Delta \tilde{\theta}
\end{bmatrix}
=
\begin{bmatrix}
-\tilde{f}r(\tilde{V}r,\tilde{V}m,\tilde{T}ap,\tilde{\theta}) \\[2mm]
-\tilde{f}m(\tilde{V}r,\tilde{V}m,\tilde{T}ap,\tilde{\theta}) \\[2mm]
-\tilde{f}v(\tilde{V}r,\tilde{V}m,\tilde{T}ap,\tilde{\theta}) \\[2mm]
-\tilde{f}p(\tilde{V}r,\tilde{V}m,\tilde{T}ap,\tilde{\theta})
\end{bmatrix}
\quad (4.96)
$$

em que a quantidade de equações e incógnitas é detalhada a seguir:

- número de equações da parte real da corrente: $(n_1 + n_2)$;
- número de equações da parte imaginária da corrente: $(n_1 + n_2)$;
- número de equações do módulo de tensão constante: (n_2);
- número de equações de potência ativa: (n_3);
- número de incógnitas da parte real da tensão: $(n_1 + n_2)$;
- número de incógnitas da parte imaginária da tensão: $(n_1 + n_2)$;
- número de incógnitas de tap: (n_2);
- número de incógnitas de ângulo da tensão: (n_3);
- número total de equações e de incógnitas: $(2n_1 + 3n_2 + n_3)$.

Exemplificando, a submatriz $\dfrac{\partial \tilde{f}r}{\partial \tilde{T}ap}$ na Equação (4.96) possui $(n_1 + n_2)$ linhas (número de equações da parte real da corrente) e (n_2) colunas (número de incógnitas de tap).

4.7.3.4 Montagem do termo conhecido

Nesta seção será apresentado o cálculo do termo conhecido na Equação (4.96), de acordo com o tipo de equação correspondente.

a) *Desvio de corrente (termos f_r e f_m gerados pelas barras PQ e PQV)*

Neste caso calcula-se inicialmente a corrente injetada na barra j a partir do estado atual da rede:

$$\dot{I}calc_j = \sum_k \overline{Y}_{jk} \dot{V}_k = \sum_k \left(G_{jk} + jB_{jk}\right)\left(Vr_k + jVm_k\right)$$

a qual fornece:

$$Ir\,calc_j = \Re\left[\dot{I}calc_j\right] = \sum_k \left(G_{jk}Vr_k - jB_{jk}Vm_k\right)$$

$$Im\,calc_j = \Im\left[\dot{I}calc_j\right] = \sum_k \left(B_{jk}Vr_k + jG_{jk}Vm_k\right)$$

(4.97)

Por outro lado, obtém-se a corrente especificada a partir da potência complexa especificada para a carga e da tensão atual na barra, conforme ilustra a Figura 4.14.

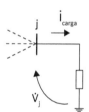

Figura 4.14 – Cálculo da corrente especificada

Nessas condições, tem-se:

$$\dot{I}_{carga} = \overline{S}_I^* \cdot \frac{\dot{V}_j}{|\dot{V}_j|} + \overline{S}_S^* \cdot \frac{1}{\dot{V}_j^*} + \overline{S}_Z^* \cdot \dot{V}_j$$

em que $\overline{S}_I$, $\overline{S}_S$ e $\overline{S}_Z$ indicam as parcelas de potência complexa nominal correspondentes aos modelos de corrente, potência e impedância constante, respectivamente. Nessa expressão, considera-se que todas as grandezas estão em pu $\left(v_{nom\,j} = 1\,\text{pu}\right)$. Separando as partes real e imaginária da corrente, obtém-se:

$$Ir\,esp_j = -\Re\left[\dot{I}_{carga}\right]$$

$$Im\,esp_j = -\Im\left[\dot{I}_{carga}\right]$$

(4.98)

O sinal negativo na Equação (4.98) é necessário para converter a corrente $\dot{I}_{carga}$ (saindo da barra) em corrente nodal (entrando na barra).

Em vista das Equações (4.97) e (4.98), calculam-se finalmente os desvios de corrente (contribuição das barras PQ e PQV):

$$fr_j = Ir\,calc_j - Ir\,esp_j = \sum_k \left(G_{jk}Vr_k - jB_{jk}Vm_k\right) + \Re\left[\dot{I}_{carga}\right]$$

$$fm_j = Im\,calc_j - Im\,esp_j = \sum_k \left(B_{jk}Vr_k + jG_{jk}Vm_k\right) + \Im\left[\dot{I}_{carga}\right]$$
(4.99)

b) *Desvio de tensão (termos f_v gerados pelas barras PQV)*

A imposição de módulo da tensão constante em uma barra PQV (barra de tensão controlada por transformador com ajuste automático de tap) é realizada por meio da Equação (4.89). Neste caso, a condição

$$fv_j = 0$$
(4.100)

garante que o módulo da tensão na barra j se mantenha no valor especificado $Vesp_j$. Isso é particularmente importante na primeira iteração, quando as tensões devem ser inicializadas com algum valor conveniente. No caso das barras PQV, os valores Vr_j e Vm_j deverão ser tais que a soma de seus quadrados seja igual a $Vesp_j^2$.

c) *Desvio de potência ativa (termos f_p gerados pelas barras PV)*

A potência ativa injetada pela barra PV j é determinada a partir do estado atual da rede:

$$Pcalc_j = \Re\left[\dot{V}_j\dot{I}calc_j^*\right] = \Re\left\{Vesp_j\angle\theta_j \cdot \left[\sum\left(G_{jk} + jB_{jk}\right)\left(Vr_k + jVm_k\right)\right]^*\right\}$$
(4.101)

em que $Vesp_j$ é conhecido (especificado) e θ_j é o ângulo da tensão da barra PV na iteração atual (ou valor atribuído inicialmente, no caso da primeira iteração).

Fluxo de potência   **309**

Assim, o desvio de potência ativa calculado para a barra PV é dado por:

$$fp_j = \Re\left\{ Vesp_j \angle \theta_j \cdot \left[\sum \left(G_{jk} + jB_{jk} \right)\left(Vr_k + jVm_k \right) \right]^* \right\} - Pesp_j \quad (4.102)$$

4.7.3.5 Montagem da matriz jacobiana

4.7.3.5.1 *Introdução*

Nesta seção será apresentado o cálculo da matriz jacobiana na Equação (4.96). A Tabela 4.12 apresenta todos os casos que devem ser considerados na montagem da matriz, de acordo com o tipo de barra e do tipo de equação. Cada caso será apresentado em detalhe nos subitens subsequentes.

Tabela 4.12 – Termos da matriz jacobiana

Tipo de barra	Desvios e variáveis independentes	Derivadas a calcular
PQ e PQV	Desvio da parte real e da parte imaginária da corrente em função da tensão na própria barra (j) e nas demais barras (k)	$\dfrac{\partial fr_j}{\partial Vr_j}, \dfrac{\partial fr_j}{\partial Vm_j}, \dfrac{\partial fr_j}{\partial Vr_k}, \dfrac{\partial fr_j}{\partial Vm_k},$ $\dfrac{\partial fm_j}{\partial Vr_j}, \dfrac{\partial fm_j}{\partial Vm_j}, \dfrac{\partial fm_j}{\partial Vr_k}, \dfrac{\partial fm_j}{\partial Vm_k}$
PQ e PQV	Desvio da parte real e da parte imaginária da corrente em função do tap de transformadores (barra inicial j e barra final k)	$\dfrac{\partial fr_j}{\partial Tap_i}, \dfrac{\partial fm_j}{\partial Tap_i},$ $\dfrac{\partial fr_k}{\partial Tap_i}, \dfrac{\partial fm_k}{\partial Tap_i}$
PQ e PQV	Desvio da parte real e da parte imaginária da corrente em função do ângulo da tensão de barra PV vizinha	$\dfrac{\partial fr_j}{\partial \theta_k}, \dfrac{\partial fm_j}{\partial \theta_k}$
PQV	Desvio da tensão em função da tensão na própria barra	$\dfrac{\partial fv_j}{\partial Vr_j}, \dfrac{\partial fv_j}{\partial Vm_j}$
PV	Desvio da potência ativa injetada na barra j em função de: • ângulo de tensão na própria barra (θ_j); • ângulo de tensão em barra PV vizinha (θ_k); • tensão em barra PQ ou PQV vizinha (Vr_k, Vm_k).	$\dfrac{\partial fp_j}{\partial \theta_j}, \dfrac{\partial fp_j}{\partial \theta_k},$ $\dfrac{\partial fp_j}{\partial Vr_k}, \dfrac{\partial fp_j}{\partial Vm_k}$

4.7.3.5.2 *Barras PQ e PQV: desvio de corrente em função da tensão*

A Equação (4.88) fornece os desvios de corrente em função das variáveis independentes. Considerando apenas a tensão nas barras, para o desvio da parte real da corrente deverão ser calculadas as seguintes derivadas:

$$\frac{\partial fr_j}{\partial Vr_j}, \frac{\partial fr_j}{\partial Vm_j}, \frac{\partial fr_j}{\partial Vr_k} \quad e \quad \frac{\partial fr_j}{\partial Vm_k}$$

Note-se que, desta forma, a variação do desvio de corrente em função da variação de tensão é tratada separadamente para a própria barra (j) e para as barras vizinhas ($k \neq j$).

As correspondentes derivadas do desvio da parte imaginária da corrente (fm_j) também deverão ser calculadas, totalizando oito derivadas.

Ainda em vista da Equação (4.88), nota-se que cada uma das derivadas possui duas contribuições, uma da corrente calculada e outra da corrente especificada. Por exemplo, considerando o desvio da parte real da corrente e a variável independente Vr_j, tem-se:

$$\frac{\partial fr_j}{\partial Vr_j} = \frac{\partial Ir\,calc_j}{\partial Vr_j} - \frac{\partial Ir\,esp_j}{\partial Vr_j} \qquad (4.103)$$

As derivadas da corrente calculada são obtidas imediatamente a partir da Equação (4.97):

$$\frac{\partial Ir\,calc_j}{\partial Vr_j} = G_{jj} \quad \frac{\partial Ir\,calc_j}{\partial Vr_k} = G_{jk} \quad \frac{\partial Ir\,calc_j}{\partial Vm_j} = -B_{jj} \quad \frac{\partial Ir\,calc_j}{\partial Vm_k} = -B_{jk}$$

$$\frac{\partial Im\,calc_j}{\partial Vr_j} = B_{jj} \quad \frac{\partial Im\,calc_j}{\partial Vr_k} = B_{jk} \quad \frac{\partial Im\,calc_j}{\partial Vm_j} = G_{jj} \quad \frac{\partial Im\,calc_j}{\partial Vm_k} = G_{jk}$$

$$(4.104)$$

Para calcular as derivadas da corrente especificada, os três modelos de carga (corrente, potência e impedância constante) serão tratados separadamente.

a) *Carga de corrente constante*

Neste caso, tem-se:

$$\dot{I}_{carga} = \overline{S}_I^* \cdot \frac{\dot{V}_j}{\left|\dot{V}_j\right|} = \left(P_I - jQ_I\right) \cdot \left(\cos\theta + jsen\theta\right) \qquad (4.105)$$

em que P_I e Q_I indicam as parcelas de potência ativa e reativa da carga de corrente constante, respectivamente, e $\theta = \arctan\dfrac{Vm_j}{Vr_j}$. Separando as partes reais e imaginária da corrente, obtém-se:

$$Ir\,esp_j = -\Re\left[\dot{I}_{carga}\right] = -\left(P_I\cos\theta + Q_I sen\theta\right)$$

$$Im\,esp_j = -\Im\left[\dot{I}_{carga}\right] = -\left(P_I sen\theta - Q_I\cos\theta\right)$$

$$(4.106)$$

em que o sinal negativo é necessário para converter a corrente de carga (saindo da barra) em corrente nodal (entrando na barra). Neste caso devem ser calculadas somente as derivadas em relação à tensão na própria barra j, pois a carga não depende da tensão nas barras vizinhas. Após alguma manipulação algébrica, obtém-se finalmente:

$$\frac{\partial Ir\,esp_j}{\partial Vr_j} = \left(P_I sen\theta - Q_I\cos\theta\right)\cdot\left(-\frac{Vm_j}{Vr_j^2 + Vm_j^2}\right)$$

$$\frac{\partial Ir\,esp_j}{\partial Vm_j} = \left(P_I sen\theta - Q_I\cos\theta\right)\cdot\frac{Vr_j}{Vr_j^2 + Vm_j^2}$$

$$\frac{\partial Im\,esp_j}{\partial Vr_j} = \left(P_I\cos\theta + Q_I sen\theta\right)\cdot\frac{Vm_j}{Vr_j^2 + Vm_j^2}$$

$$\frac{\partial Im\,esp_j}{\partial Vm_j} = -\left(P_I\cos\theta + Q_I sen\theta\right)\cdot\frac{Vr_j}{Vr_j^2 + Vm_j^2}$$

$$(4.107)$$

b) *Carga de potência constante*

Neste caso, tem-se:

$$\dot{I}_{carga} = \frac{\overline{S}_S^*}{\dot{V}_j^*} = \left(P_S - jQ_S\right)\cdot\frac{1}{Vr_j - jVm_j} = \left(P_S - jQ_S\right)\cdot\frac{Vr_j + jVm_j}{Vr_j^2 + Vm_j^2}\qquad(4.108)$$

em que P_S e Q_S indicam as parcelas de potência ativa e reativa da carga de potência constante, respectivamente. Separando as partes reais e imaginária da corrente, obtém-se:

$$Ir\,esp_j = -\Re\left[\dot{I}_{carga}\right] = -\frac{P_S Vr_j + Q_S Vm_j}{Vr_j^2 + Vm_j^2}$$

$$Im\,esp_j = -\Im\left[\dot{I}_{carga}\right] = -\frac{P_S Vm_j - Q_S Vr_j}{Vr_j^2 + Vm_j^2}$$

$$(4.109)$$

em que novamente o sinal negativo serve para converter a corrente de carga em corrente nodal. Após alguma manipulação algébrica, obtém-se finalmente:

$$\frac{\partial Ir\,esp_j}{\partial Vr_j} = \frac{P_S\left(Vr_j^2 - Vm_j^2\right) + 2Q_S Vr_j Vm_j}{\left(Vr_j^2 + Vm_j^2\right)^2}$$

$$\frac{\partial Ir\,esp_j}{\partial Vm_j} = \frac{2P_S Vr_j Vm_j - Q_S\left(Vr_j^2 - Vm_j^2\right)}{\left(Vr_j^2 + Vm_j^2\right)^2}$$

$$\frac{\partial Im\,esp_j}{\partial Vr_j} = \frac{\partial Ir\,esp_j}{\partial Vm_j} \qquad (4.110)$$

$$\frac{\partial Im\,esp_j}{\partial Vm_j} = -\frac{\partial Ir\,esp_j}{\partial Vr_j}$$

c) *Carga de impedância constante*

Neste caso, tem-se:

$$\dot{I}_{carga} = \overline{S}_Z^* \cdot \dot{V}_j = \left(P_Z - jQ_Z\right)\cdot\left(Vr_j + jVm_j\right) \qquad (4.111)$$

em que P_Z e Q_Z indicam as parcelas de potência ativa e reativa da carga de impedância constante, respectivamente. Separando as partes reais e imaginária da corrente, obtém-se:

$$Ir\,esp_j = -\Re\left[\dot{I}_{carga}\right] = -\left(P_Z Vr_j + Q_Z Vm_j\right)$$

$$Im\,esp_j = -\Im\left[\dot{I}_{carga}\right] = -\left(P_Z Vm_j - Q_Z Vr_j\right) \qquad (4.112)$$

em que novamente o sinal negativo serve para converter a corrente de carga em corrente nodal. As derivadas são obtidas imediatamente:

$$\frac{\partial Ir\,esp_j}{\partial Vr_j} = -P_Z$$

$$\frac{\partial Ir\,esp_j}{\partial Vm_j} = -Q_Z$$

(4.113)
(continua)

Fluxo de potência

$$\frac{\partial Im\, esp_j}{\partial Vr_j} = Q_z = -\frac{\partial Ir\, esp_j}{\partial Vm_j}$$

$$\frac{\partial Im\, esp_j}{\partial Vm_j} = -P_z = \frac{\partial Ir\, esp_j}{\partial Vr_j}$$

(4.113)
(*continuação*)

4.7.3.5.3 Barras PQ e PQV: desvio de corrente em função do tap

Inicialmente, destaca-se que a variação do tap de um transformador afeta os desvios f_r, f_m e f_p somente por meio das parcelas calculadas Ir_{calc}, Im_{calc} e P_{calc}, respectivamente. Em particular, a variação de tap não afeta as parcelas especificadas de corrente e potência (Ir_{esp}, Im_{esp} e P_{esp}). Assim, devem ser consideradas somente as derivadas das parcelas calculadas em relação à variável que representa o tap do transformador.

As barras terminais do transformador podem ser do tipo PQ, PQV, PV ou swing. Para barra do tipo swing, as derivadas não existem, pois nesse caso a barra não contribui no sistema de equações. No caso de barra PV, a potência calculada (parcela P_{calc}) depende do tap e, em princípio, as derivadas deveriam ser calculadas. Entretanto, um transformador com ajuste automático de tap ligado a uma barra PV não existe na prática, pois o controle de tensão já é efetuado pela barra PV. Além disso, em termos do modelo matemático (fluxo de potência), tal arranjo poderia dar lugar a problemas de convergência, pois existiria a possibilidade de o desvio de potência ativa na barra PV promover ajuste de tap em um determinado sentido (por exemplo, diminuindo o tap) e o desvio de tensão na barra de tensão controlada promover ajuste de tap em sentido contrário. Assim, em tudo quanto se segue, considerar-se-á que as barras terminais do transformador são apenas dos tipos PQ ou PQV.

O tap do i-ésimo transformador com ajuste automático (Tap_i) contribui quatro vezes na matriz jacobiana:

$$\frac{\partial Ir\, calc_j}{\partial Tap_i}, \frac{\partial Im\, calc_j}{\partial Tap_i}, \frac{\partial Ir\, calc_k}{\partial Tap_i} \text{ e } \frac{\partial Im\, calc_k}{\partial Tap_i}$$

Para obtenção dessas derivadas, considera-se o modelo da Figura 4.15.

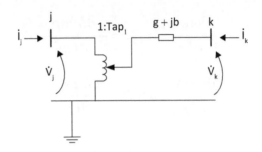

Figura 4.15 – Modelo para transformador com ajuste automático de tap

Nessas condições, a corrente injetada em cada barra terminal é dada por:

$$\begin{aligned} \dot{I}calc_j &= (g + jb) \cdot \left(Tap_i^2 \cdot \dot{V}_j - Tap_i \cdot \dot{V}_k\right) \\ \dot{I}calc_k &= (g + jb) \cdot \left(-Tap_i \cdot \dot{V}_j + \dot{V}_k\right) \end{aligned} \quad (4.114)$$

em que $(g + jb)$ é o inverso da impedância de curto-circuito do transformador. Explicitando as partes real e imaginária de correntes e tensões, e calculando as derivadas anteriormente indicadas, obtém-se finalmente:

$$\begin{aligned} \frac{\partial fr_j}{\partial Tap_i} &= \frac{\partial Ir\_calc_j}{\partial Tap_i} = 2Tap_i\left(gVr_j - bVm_j\right) - \left(gVr_k - bVm_k\right) \\ \frac{\partial fm_j}{\partial Tap_i} &= \frac{\partial Im\_calc_j}{\partial Tap_i} = 2Tap_i\left(bVr_j + gVm_j\right) - \left(bVr_k + gVm_k\right) \\ \frac{\partial fr_k}{\partial Tap_i} &= \frac{\partial Ir\_calc_k}{\partial Tap_i} = -\left(gVr_j - bVm_j\right) \\ \frac{\partial fm_k}{\partial Tap_i} &= \frac{\partial Im\_calc_k}{\partial Tap_i} = -\left(bVr_j + gVm_j\right) \end{aligned} \quad (4.115)$$

4.7.3.5.4 Barras PQ e PQV: desvio de corrente em função do ângulo da tensão de barra PV vizinha

Em uma barra j do tipo PQ ou PQV, a variação do ângulo de tensão de uma barra vizinha k do tipo PV (θ_k) afeta os desvios de corrente f_r e f_m somente através das parcelas calculadas Ir_{calc} e Im_{calc}. Em particular, a variação de θ_k não afeta as parcelas especificadas Ir_{esp} e Im_{esp}. Assim, devem ser consideradas somente as derivadas das parcelas calculadas em relação à variável θ_k.

A Figura 4.16 mostra uma barra PQ ou PQV ligada a uma barra PV.

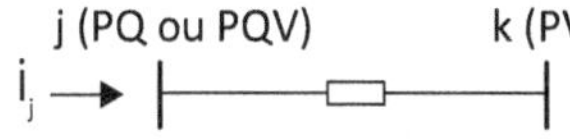

Fluxo de potência   **315**

Figura 4.16 – Barra PQ ou PQV ligada a barra PV

Nessas condições, a corrente injetada na barra PQ ou PQV é dada por:

$$\dot{I}calc_j = \overline{Y}_{jk} \cdot \left(\dot{V}_k - \dot{V}_j \right) = \left(G_{jk} + jB_{jk} \right) \cdot$$
$$\left[V_k \left(\cos\theta_k + jsen\theta_k \right) - \left(Vr_j + jVm_j \right) \right]$$

(4.116)

em que $\overline{Y}_{jk}$ denota o elemento (j,k) da matriz de admitâncias nodais. A influência da tensão complexa da barra j na corrente injetada na mesma barra já foi considerada anteriormente, Equação (4.104), razão pela qual ela será ignorada neste caso.

Efetuando o produto entre os valores complexos e separando as partes real e imaginária, obtém-se finalmente:

$$\frac{\partial fr_j}{\partial \theta_k} = \frac{\partial Ir\_calc_j}{\partial \theta_k} = -V_k \left(G_{jk} sen\theta_k + B_{jk} \cos\theta_k \right)$$
$$\frac{\partial fm_j}{\partial \theta_k} = \frac{\partial Im\_calc_j}{\partial \theta_k} = V_k \left(G_{jk} \cos\theta_k - B_{jk} sen\theta_k \right)$$

(4.117)

4.7.3.5.5 *Barras PQV: desvio de tensão*

A Equação (4.89) permite impor que o módulo da tensão em cada barra PQV se mantenha constante ao longo das iterações. O cálculo de suas derivadas é muito simples, conduzindo às seguintes expressões:

$$\frac{\partial fv_j}{\partial Vr_j} = 2Vr_j$$

$$\frac{\partial fv_j}{\partial Vm_j} = 2Vm_j$$

(4.118)

4.7.3.5.6 *Barras PV: desvio de potência ativa*

Na barra PV j, somente a parcela calculada $Pcalc_j$ do desvio de potência ativa fp_j é afetada pelos valores calculados do seu próprio ângulo da tensão

(θ_j), do ângulo de tensão de uma barra PV k vizinha (θ_k) e da tensão nas demais barras PQ ou PQV vizinhas. Em particular, essas variáveis independentes não afetam a parcela especificada $Pesp_j$ do desvio de potência ativa.

A corrente complexa injetada pela barra PV j pode ser calculada de maneira direta pela equação nodal correspondente:

$$\dot{I}calc_j = \sum_{k=1}^{n} \overline{Y}_{jk}\dot{V}_k \tag{4.119}$$

Por conveniência, a somatória na Equação (4.119) será desmembrada em três partes:

- contribuição da própria barra j (termo T1);
- contribuição da barra vizinha k, também do tipo PV (termo T2);
- contribuição da barra vizinha k, do tipo PQ ou PQV (termo T3).

Nessas condições, a corrente complexa passa a ser:

$$\dot{I}calc_j = \overline{Y}_{jj}\dot{V}_j + \sum_{\substack{k=1 \\ k \neq j \\ k\ \acute{e}\ PV}}^{n} \overline{Y}_{jk}\dot{V}_k + \sum_{\substack{k=1 \\ k\ \acute{e}\ PQ\ ou\ PQV}}^{n} \overline{Y}_{jk}\dot{V}_k \tag{4.120}$$

e a potência ativa injetada pela barra j será dada por:

$$Pcalc_j = \Re\left[\dot{V}_j \left(\overline{Y}_{jj}\dot{V}_j + \sum_{\substack{k=1 \\ k \neq j \\ k\ \acute{e}\ PV}}^{n} \overline{Y}_{jk}\dot{V}_k + \sum_{\substack{k=1 \\ k\ \acute{e}\ PQ\ ou\ PQV}}^{n} \overline{Y}_{jk}\dot{V}_k \right)^{*} \right]. \tag{4.121}$$

Cada termo será tratado separadamente a seguir.

a) *Contribuição da própria barra PV (termo T1)*

Neste caso, tem-se:

$$Pcalc_j = V_j^2 G_{jj}$$

Fluxo de potência

de modo que a contribuição do termo T1 resulta nula:

$$\frac{\partial Pcalc_j}{\partial \theta_j} = 0 \qquad (4.122)$$

b) *Contribuição da barra vizinha k, também do tipo PV (termo T2)*

A Figura 4.17 ilustra esta situação.

Figura 4.17 – Barra PV ligada a outra barra PV

Neste caso, tem-se:

$$Pcalc_j = V_j V_k \left(G_{jk} \cos\theta_{kj} - B_{jk} \operatorname{sen}\theta_{kj} \right)$$

em que $\theta_{kj} = \theta_k - \theta_j$. As derivadas em relação às variáveis independentes θ_j e θ_k são dadas por:

$$\begin{aligned}\frac{\partial Pcalc_j}{\partial \theta_j} &= V_j V_k \left(G_{jk} \operatorname{sen}\theta_{kj} + B_{jk} \cos\theta_{kj} \right) \\ \frac{\partial Pcalc_j}{\partial \theta_k} &= -\frac{\partial Pcalc_j}{\partial \theta_j}\end{aligned} \qquad (4.123)$$

c) *Contribuição da barra vizinha k, do tipo PQ ou PQV (termo T3)*

A Figura 4.7.8 ilustra esta situação.

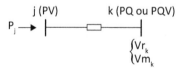

Figura 4.18 – Barra PV ligada a barra PQ ou PQV

Da mesma forma que no caso anterior, tem-se:

$$Pcalc_j = V_j V_k \left(G_{jk} \cos\theta_{kj} - B_{jk} \operatorname{sen}\theta_{kj} \right)$$

em que:

$$V_k = \sqrt{Vr_k^2 + Vm_k^2}$$

$$\theta_{kj} = \theta_k - \theta_j = \arctan\frac{Vm_k}{Vr_k} - \theta_j$$

Neste caso devem ser calculadas as derivadas de $Pcalc_j$ em relação às três variáveis independentes θ_j, Vr_k e Vm_k. O resultado final é apresentado a seguir:

$$\frac{\partial Pcalc_j}{\partial \theta_j} = V_j V_k \left(G_{jk}\text{sen}\theta_{kj} + B_{jk}\cos\theta_{kj} \right)$$

$$\frac{\partial Pcalc_j}{\partial Vr_k} = \frac{V_j}{V_k} \cdot \begin{bmatrix} Vr_k \left(G_{jk}\cos\theta_{kj} - B_{jk}\text{sen}\theta_{kj} \right) + \\ Vm_k \left(G_{jk}\text{sen}\theta_{kj} + B_{jk}\cos\theta_{kj} \right) \end{bmatrix}$$

$$\frac{\partial Pcalc_j}{\partial Vm_k} = \frac{V_j}{V_k} \cdot \begin{bmatrix} -Vr_k \left(G_{jk}\text{sen}\theta_{kj} + B_{jk}\cos\theta_{kj} \right) + \\ Vm_k \left(G_{jk}\cos\theta_{kj} - B_{jk}\text{sen}\theta_{kj} \right) \end{bmatrix}$$

(4.124)

4.7.3.5.7 Análise de problemas de convergência

A formulação baseada em injeções de corrente e coordenadas retangulares apresenta uma propriedade muito útil para analisar redes com problemas de convergência.

Observando-se as Equações (4.104) e (4.114), verifica-se que, se as seguintes condições forem satisfeitas para uma determinada rede:

- existência de barras somente do tipo PQ e swing;

- cargas somente de impedância constante,

tem-se que a matriz jacobiana resulta constante, ou seja, independente do estado da rede. Dessa forma a convergência do método de Newton Raphson neste caso particular ocorre em uma única iteração.

Para uma rede que exibe problemas de convergência, uma primeira abordagem consiste em eliminar todas as barras PQV e PV e ainda definir todas as

Fluxo de potência

cargas como de impedância constante. A solução da rede modificada em geral indica as regiões que mais contribuem para o problema, na forma de tensões excessivamente baixas. Essa situação pode surgir de problemas reais da rede (por exemplo, carregamento excessivo em algumas barras) e também de erros de cadastro (por exemplo, uma ligação com impedância de valor muito superior ao valor real).

4.7.4 MÉTODO DE NEWTON RAPHSON DESACOPLADO RÁPIDO

Conforme mencionado anteriormente, o método desacoplado rápido (STOTT; ALSAÇ, 1974) foi introduzido em uma época (década de 1970) em que a disponibilidade de memória e velocidade de processamento eram recursos bastante escassos. O método permite uma economia significativa de memória e de tempo de processamento, ao mesmo tempo que retém as boas propriedades de convergência do método de Newton Raphson aplicado ao problema de fluxo de potência. Essas características foram responsáveis pela grande difusão do método.

O método desacoplado rápido parte da formulação do método de Newton Raphson em termos de potências injetadas e coordenadas polares, e em seguida considera algumas hipóteses simplificativas que geralmente são válidas em sistemas de transmissão.

A Equação (4.125) representa a linearização das equações de fluxo de potência em torno do estado atual da rede, conforme abordado na Seção 4.7.2:

$$\begin{bmatrix} \Delta P \\ \Delta Q \end{bmatrix} = \begin{bmatrix} H & N \\ J & L \end{bmatrix} \cdot \begin{bmatrix} \Delta \theta \\ \Delta V / V \end{bmatrix}. \tag{4.125}$$

Essa equação mantém a notação do trabalho original de Stott e Alsaç e equivale à Equação (4.72). Os vetores ΔP e ΔQ indicam os desvios de potência ativa e reativa, respectivamente, e os vetores $\Delta \theta$ e $\Delta V / V$ indicam as correções a serem aplicadas às variáveis independentes. Note-se que, em vez de utilizar diretamente os desvios de tensão ΔV, a formulação usa o desvio dividido pelo valor atual da correspondente tensão nodal. Dessa forma, as submatrizes N e L têm que ser montadas de acordo com essa definição.

Inicialmente aplica-se a hipótese de desacoplamento entre os desvios de potência ativa e as variações no módulo da tensão, e entre os desvios de potência reativa e as variações no ângulo da tensão. Esse desacoplamento surge da combinação dos valores típicos de impedâncias dos cabos utilizados em redes elétricas e da natureza indutiva das cargas, e dele resulta que as submatrizes N e J são nulas. Assim, a Equação (4.125) pode ser escrita como duas equações independentes:

$$[\Delta P] = [H] \cdot [\Delta \theta] \tag{4.126}$$

e

$$[\Delta Q] = [L] \cdot [\Delta V / V] \tag{4.127}$$

As Equações (4.126) e (4.127) podem ser resolvidas alternadamente, montando-se e fatorando-se as submatrizes H e L a cada iteração. Essa estratégia recebe o nome de método de Newton *desacoplado*.

Os elementos nas matrizes H e L são dados por:

$$H_{km} = L_{km} = V_k V_m \left(G_{km} sen\theta_{km} - B_{km} \cos\theta_{km} \right), \ m \neq k$$

$$H_{kk} = -B_{kk} V_k^2 - Q_k \tag{4.128}$$

$$L_{kk} = -B_{kk} V_k^2 + Q_k$$

em que todos os símbolos possuem o mesmo significado definido anteriormente.

Em seguida são consideradas hipóteses simplificativas adicionais:

$$\cos\theta_{km} \cong 1$$

$$G_{km} sen\theta_{km} << B_{km} \tag{4.129}$$

$$Q_k << B_{kk} V_k^2$$

de forma que as Equações (4.126) e (4.127) podem ser reescritas como:

$$[\Delta P] = \{[V] \cdot [B'] \cdot [V]\} \cdot [\Delta \theta] \tag{4.130}$$

e

$$[\Delta Q] = \{[V] \cdot [B''] \cdot [V]\} \cdot [\Delta V / V] \tag{4.131}$$

Fluxo de potência

em que a matriz $[V]$ é uma matriz diagonal que contém as tensões nas barras, e as matrizes $[B']$ e $[B'']$ são submatrizes da matriz $-[B]$ (negativo da parte imaginária da matriz de admitâncias nodais da rede completa).

Por fim, consideram-se ainda as seguintes ações:

- omitir da matriz $[B']$ a representação dos elementos que afetam principalmente o fluxo de potência reativa, como elementos indutivos ou capacitivos em derivação;

- omitir da matriz $[B'']$ o efeito de deslocamento de ângulo causado por transformadores variadores de fase;

- pré-multiplicar as Equações (4.130) e (4.131) pela matriz $[V]^{-1}$ (inversa da matriz diagonal das tensões);

- na Equação (4.130), assumir que a matriz $[V]$ mais à direita é a matriz identidade (todas as tensões iguais a 1 pu).

Dessa forma, as equações (4.130) e (4.131) se tornam:

$$[\Delta P / V] = [B'] \cdot [\Delta \theta] \tag{4.132}$$

e

$$[\Delta Q / V] = [B''] \cdot [\Delta V] \tag{4.133}$$

Neste ponto as matrizes $[B']$ e $[B'']$ são constantes e, assim, podem ser montadas e fatoradas uma única vez antes de iniciar-se as iterações do método de Newton, proporcionando ganhos significativos em termos de processamento. As Equações (4.132) e (4.133) representam, assim, o método de Newton *desacoplado* rápido. É importante destacar que a convergência do método pode não ocorrer em situações em que as hipóteses adotadas não são verdadeiras, por exemplo, quando um ramal de rede de distribuição é representado explicitamente na rede (nesse caso, a segunda hipótese em (4.129) pode não ser verdadeira).

4.7.5 INTERCÂMBIO ENTRE ÁREAS E ELOS EM CORRENTE CONTÍNUA

4.7.5.1 Introdução

Nesta seção serão apresentados dois recursos adicionais frequentemente utilizados na análise de sistemas de potência: o controle de intercâmbio de potência ativa entre áreas da rede e a representação de links DC.

4.7.5.2 Intercâmbio entre áreas

É comum uma rede elétrica de grande porte ser constituída por áreas pertencentes a empresas distintas, de forma que o controle das trocas de potência entre essas áreas passa a ser uma questão relevante. Nesta seção será abordada, na formulação de fluxo de potência resolvido pelo método de Newton Raphson, a inclusão de restrições na potência ativa líquida trocada entre as áreas de uma rede elétrica.

A Figura 4.19 apresenta uma rede na qual foram definidas três áreas. Essa representação é parcial, no sentido de que todas as áreas possuem outras barras além daquelas indicadas na figura. As barras não indicadas são todas internas (não participam dos intercâmbios entre áreas).

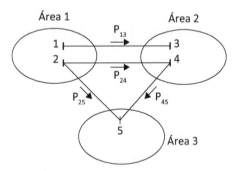

Figura 4.19 – Rede elétrica com três áreas

O intercâmbio de uma determinada área é definido como a potência ativa total que flui da área para todas as demais áreas:

$$\wp_k = \sum_{rs \in \Omega_k} P_{rs} \qquad (4.134)$$

Fluxo de potência

em que:

$\wp_k$ – intercâmbio de potência ativa da área k;

P_{rs} – potência ativa fluindo da barra r (na área k) para a barra s (na área m, $m \neq k$);

Ω_k – conjunto de ligações que interligam a área k a todas as demais áreas.

Dessa forma, os três intercâmbios da Figura 4.19 são dados por:

$$\wp_1 = P_{13} + P_{24} + P_{25}$$

$$\wp_2 = -P_{13} - P_{24} + P_{45} \tag{4.135}$$

$$\wp_3 = -P_{25} - P_{45}$$

Dessa definição resulta que um intercâmbio positivo indica uma potência *exportada* pela área (e, da mesma forma, um valor negativo indica uma potência *importada*).

Observa-se que, para cumprir determinado programa de intercâmbio de potência ativa, basta especificar todos os valores de intercâmbio exceto um, porque a soma de todos os intercâmbios é igual a zero (como pode ser verificado no exemplo acima). Assim, o único intercâmbio não especificado é igual ao negativo da soma de todos os demais intercâmbios (especificados). Havendo (n_3+1) áreas na rede, será necessário escolher n_3 delas nas quais o intercâmbio será especificado.

Em cada uma das n_3 áreas escolhidas, define-se uma barra "de folga" do tipo V, na qual se especifica somente o módulo da tensão. A potência ativa fornecida pela barra de folga é calculada a partir do estado da rede, obtido após convergência do processo iterativo. Esse cuidado é necessário para permitir o ajuste dos intercâmbios ao longo da solução iterativa (se, numa determinada área, todas as potências ativas injetadas fossem especificadas, o intercâmbio dessa área não poderia ser ajustado).

A seguir será apresentada a estrutura do novo sistema de equações, partindo da formulação básica exposta na Seção 4.7.2. A Tabela 4.13 reapresenta os tipos de barras, os correspondentes valores especificados, as incógnitas e as equações disponíveis. Os novos símbolos usados nesta tabela são definidos na Tabela 4.14.

Tabela 4.13 – Tipos de barras, valores especificados, incógnitas e equações

Tipo de barra (quantidade)	Valores especificados	Incógnitas	Equações
PQ (n_1)	P_j, Q_j	θ_j, V_j	$fp_j = Pcalc_j - Pesp_j$ $fq_j = Qcalc_j - Qesp_j$
PV (n_2)	P_j, V_j	θ_j, Q_j	$fp_j = Pcalc_j - Pesp_j$
V (n_3)	V_j	θ_j, P_j, Q_j	$fi_k = \wp calc_k - \wp esp_k$
Swing (n_4)	V_j, θ_j	P_j, Q_j	–

Tabela 4.14 – Símbolos utilizados na Tabela 4.13

Símbolo	Definição
$\wp calc_k$	Valor calculado para o intercâmbio de potência ativa da área k, no estado atual da rede
$\wp esp_k$	Valor especificado para o intercâmbio de potência ativa da área k
fi_k	Desvio de intercâmbio de potência ativa da área k (diferença entre o valor calculado e o valor especificado)

Nessas condições, o sistema de equações é dado por:

$$
\begin{bmatrix}
\dfrac{\partial \tilde{fp}}{\partial \tilde{\theta}} & \dfrac{\partial \tilde{fp}}{\partial \tilde{V}} & \dfrac{\partial \tilde{fp}}{\partial \tilde{\theta}_I} \\[2ex]
\dfrac{\partial \tilde{fq}}{\partial \tilde{\theta}} & \dfrac{\partial \tilde{fq}}{\partial \tilde{V}} & \dfrac{\partial \tilde{fq}}{\partial \tilde{\theta}_I} \\[2ex]
\dfrac{\partial \tilde{fi}}{\partial \tilde{\theta}} & \dfrac{\partial \tilde{fi}}{\partial \tilde{V}} & \dfrac{\partial \tilde{fi}}{\partial \tilde{\theta}_I}
\end{bmatrix}
\cdot
\begin{bmatrix}
\Delta \tilde{\theta} \\[1ex]
\Delta \tilde{V} \\[1ex]
\Delta \tilde{\theta}_I
\end{bmatrix}
=
\begin{bmatrix}
-\tilde{fp}(\tilde{\theta}, \tilde{V}, \tilde{\theta}_I) \\[1ex]
-\tilde{fq}(\tilde{\theta}, \tilde{V}, \tilde{\theta}_I) \\[1ex]
-\tilde{fi}(\tilde{\theta}, \tilde{V}, \tilde{\theta}_I)
\end{bmatrix}
\tag{4.136}
$$

em que $\tilde{\theta}_I$ é o vetor coluna que contém o ângulo de tensão das n_3 barras de folga. Nesse sistema, a quantidade de equações e incógnitas é detalhada a seguir:

- número de equações de potência ativa: $(n_1 + n_2)$;
- número de equações de potência reativa: n_1;
- número de equações de intercâmbio: n_3;
- número de incógnitas de ângulo da tensão: $(n_1 + n_2 + n_3)$;
- número de incógnitas de módulo da tensão: n_1;
- número total de equações e de incógnitas: $(2n_1 + n_2 + n_3)$.

Fluxo de potência

Exemplificando, a submatriz $\dfrac{\partial \tilde{f}p}{\partial \tilde{\theta}_I}$ na Equação (4.137) possui $(n_1 + n_2)$ linhas (número de equações de potência ativa) e n_3 colunas (número de incógnitas de ângulo de tensão em barras de folga).

O cálculo do termo conhecido e da matriz jacobiana é análogo ao exposto nas Seções 4.7.2.4 e 4.7.2.5, lembrando que a parcela calculada do desvio de cada intercâmbio é dada pela soma de todos os fluxos de potência ativa envolvidos nesse intercâmbio – cf. Equação (4.134).

4.7.5.3 Elos em corrente contínua

Para redes com elos de corrente contínua há dois tratamentos possíveis:

- Incluir as equações referentes aos elos em corrente contínua na matriz jacobiana e resolver-se o conjunto de equações.

- Fixar a troca de potência ativa e reativa da barra do inversor com o sistema em corrente alternada e realizar uma iteração na rede de corrente alternada com o método de Newton Raphson e, a seguir, analisar os elos de corrente contínua. Repete-se o procedimento até se alcançar a convergência das grandezas de corrente contínua e alternada.

O primeiro método tem sérios inconvenientes para a representação dos reguladores e demais recursos dos conversores. Desse modo, optou-se por apresentar a metodologia a ser utilizada na segunda alternativa, quando são utilizadas as Equações (2.58) a (2.67) do Capítulo 2, que, para comodidade do leitor, serão repetidas nos passos a seguir:

- *Passo I:* fixa-se o valor de $\gamma_{Inv} = \gamma_{Mín}$ e fixam-se os valores de U_{dio} e I_0 nos valores especificados.

- *Passo II:* utilizando-se a Equação (2.64), calcula-se a tensão no inversor:

$$U_{d,inver} = K \cdot U_{dio} \cdot \left[\cos\gamma - \left(dx_N - dr_N \right) \frac{I_d}{I_{dN}} \cdot \frac{U_{DioN}}{U_{Dio}} \right] + K\Delta U_{valve}$$

- *Passo III:* calcula-se o tap do transformador do inversor, N_2/N_1, através de:

$$\frac{N_2}{N_1} = \frac{U_{dio}}{U_L \dfrac{3\sqrt{2}}{\pi}}$$

Caso o tap não esteja entre os disponíveis, fixa-se o tap e repete-se o cálculo conforme o Passo II e passa-se ao Passo IV.

- *Passo IV:* fixa-se o ângulo de disparo em seu valor mínimo, $\alpha = \alpha_{nom}$, e, utilizando-se a Equação (2.58), calcula-se a tensão do retificador, U_{dio}:

$$U_{d,retif} = K \cdot U_{dio} \cdot \left[\cos\alpha - \left(dx_N + dr_N\right) \frac{I_d}{I_{dN}} \cdot \frac{U_{dioN}}{U_{dio}} \right] - K \cdot \Delta U_{valve}$$

- *Passo V:* calcula-se pela Equação (2.57) o tap do transformador do retificador, N_2/N_1:

$$\frac{N_2}{N_1} = \frac{U_{dio}}{U_L \dfrac{3\sqrt{2}}{\pi}}$$

Caso o valor do tap esteja fora dos taps disponíveis, fixa-se o tap e, utilizando-se a Equação (2.58), recalcula-se o ângulo de disparo.

- *Passo VI:* verifica-se o valor de α quando:

a) $\alpha > \pi - \gamma_{min} - \mu$

Faz-se $I_d = 0$ e passa-se ao Passo VII.

b) $\alpha < \alpha_{min}$

Faz-se $\alpha = \alpha_{min}$, calcula-se $U_{d,retif}$ pela Equação (2.58) e calcula-se I_d pela relação entre a diferença das tensões do retificador e inversor e a resistência do elo de corrente contínua. Caso I_d seja menor que $I_0 - \Delta I$, faz-se $I_d = I_0 - \Delta I$. Recalculam-se as tensões do retificador e inversor e o ângulo de extinção, γ. Caso γ seja maior que seu valor máximo, $\pi - \gamma_{min} - \mu$, faz-se $I_d = 0$. Prossegue-se para o Passo VII.

- *Passo VII:* calculam-se a potência impressa no retificador e a injetada na rede e procede-se a nova iteração na rede em corrente alternada. Caso não se tenha alcançado a convergência, retorna-se ao *Passo I* com o novo valor de tensão na barra do inversor. Repete-se o procedimento até se alcançar a convergência.

Fluxo de potência

4.8 ANÁLISE DE SENSIBILIDADE

4.8.1 INTRODUÇÃO

Nos itens precedentes, dada a topologia de uma rede, as cargar a serem supridas e as capacidades dos geradores disponíveis na rede, o foco era determinar as tensões nas barras e os fluxos de potência pelas ligações. Ora, para estudos de planejamento e mesmo de operação da rede, tais informações não atendem a todas as necessidades, pois uma mudança no despacho da geração, por exemplo, nos módulos das tensões, traduz-se por uma mudança total nas condições operativas da rede. Assim, um problema de extrema importância é selecionar, dentre os inúmeros despachos de geração disponíveis, aquele que mais atende aos critérios pré-fixados, por exemplo, mínimo suporte reativo e minimização das perdas de ativos e reativos. Para a análise de problemas desse tipo há, na literatura técnica, inúmeros métodos, como método do gradiente, método de Kuhn-Tucker.

De modo geral, em sistemas elétricos de potência, problemas dessa natureza são definidos como "Fluxo de potência ótimo". Um primeiro passo nesse sentido é a análise da sensibilidade de uma solução, que é o objeto deste item. Destaca-se que essa análise permite identificar qual é o efeito da variação de uma, ou algumas, das variáveis de controle no desempenho do sistema.

4.8.2 CONCEITUAÇÃO DE VARIÁVEIS DE ESTADO

Os estudos de fluxo de potência não são, evidentemente, um problema de variáveis de estado, de vez que está sendo estudado um caso de regime permanente, isto é, o tempo não é uma das variáveis envolvidas. Destaca-se que, formalmente, a representação do sistema pode ser feita de modo análogo ao que é feita em variáveis de estado. A familiarização com esta técnica, que conduz a uma notação matricial muito sintética, apresentará grandes vantagens quando se desenvolverem estudos de análise de sensibilidade que dizem respeito à determinação do comportamento do sistema face a perturbações.

As variáveis envolvidas nos estudos de fluxo de potência para a representação em termos de variáveis de estado podem ser agrupadas em:

- variáveis de controle, u_i;
- variáveis de perturbação, d_i; e
- variáveis de estado, x_i.

Inicialmente, observa-se que o agente perturbador do sistema é a carga que ele supre, a qual pode variar aleatoriamente sem que se tenha qualquer controle sobre sua variação. Logo, nas variáveis de perturbação serão incluídos os valores dados de potência ativa e reativa das barras de carga (PQ). Intuitivamente, entende-se que as variáveis de controle representarão os dados referentes à barra swing (Vθ) e às barras de tensão controlada (PV). Finalmente, as incógnitas, que constituem a solução do problema, constituirão o vetor das variáveis de estado.

Exemplificando, seja um sistema que é constituído por uma barra swing (barra número 1); $(m-1)$ barras de tensão controlada (numeradas de 2 a m), e $(n-m)$ barras de carga (numeradas de $(m+1)$ a n). Assim, os vetores de controle, perturbação e de estado serão dados por:

a) Vetor de controle – variáveis u_i (variáveis da barra swing (Vθ) e variáveis das barras de tensão controlada (PV))

$$[U] = \begin{bmatrix} \theta_1 \\ V_1 \\ V_2 \\ V_3 \\ \cdots \\ V_m \\ P_2 \\ P_3 \\ \cdots \\ P_m \end{bmatrix}_{2m \times 1} \tag{4.137}$$

b) Vetor de perturbação - variáveis d_i (variáveis das barras de carga (PQ))

$$[D] = \begin{bmatrix} P_{m+1} \\ P_{m+2} \\ \cdots \\ P_n \\ Q_{m+1} \\ Q_{m+2} \\ \cdots \\ Q_n \end{bmatrix}_{2(n-m) \times 1} \tag{4.138}$$

Fluxo de potência **329**

c) Vetor de estado – variáveis x_i (valor das variáveis do caso: potências ativa e reativa injetadas na barra swing; potência reativa e ângulo da tensão das barras de tensão controlada; ângulo e módulo da tensão das barras de carga)

$$[X] = \begin{bmatrix} P_1 \\ Q_1 \\ Q_2 \\ Q_3 \\ \dots \\ Q_m \\ \theta_2 \\ \theta_3 \\ \dots \\ \theta_m \\ \theta_{m+1} \\ \theta_{m+2} \\ \dots \\ \theta_n \\ V_{m+1} \\ V_{m+2} \\ \dots \\ V_n \end{bmatrix}_{2n \times 1} \tag{4.139}$$

Além disso, para cada barra as equações da potência ativa e reativa podem ser postas como uma função $f_p = 0$, isto é:

$$\left. \begin{aligned} f_p &= P_p - \sum_{i=1}^{n} \begin{bmatrix} G_{pi} \cos(\theta_i - \theta_p) - \\ B_{pi} \mathrm{sen}(\theta_i - \theta_p) \end{bmatrix} V_i V_p = 0 \\ f_{n+p} &= Q_p + \sum_{i=1}^{n} \begin{bmatrix} G_{pi} \mathrm{sen}(\theta_i - \theta_p) + \\ B_{pi} \cos(\theta_i - \theta_p) \end{bmatrix} V_i V_p = 0 \end{aligned} \right\} \; p = 1,2,...,n \tag{4.140}$$

Observa-se que as funções f_p e f_{n+p} são funções das variáveis u_i, d_i e x_i, logo, para as n barras da rede ter-se-á:

$$f_1(X,U,D)=0$$

$$\dots\dots\dots\dots\dots$$

$$f_k(X,U,D)=0$$

$$\dots\dots\dots\dots\dots$$

$$f_n(X,U,D)=0$$

$$f_{n+1}(X,U,D)=0 \tag{4.141}$$

$$\dots\dots\dots\dots\dots$$

$$f_{n+k}(X,U,D)=0$$

$$\dots\dots\dots\dots\dots$$

$$f_{2n}(X,U,D)=0$$

Em que as primeiras n equações referem-se à potência ativa e as n subsequentes referem-se à potência reativa. Matricialmente, pode-se definir um vetor, $[F(X,U,D)]$, cujos elementos são as próprias equações (4.142), isto é:

$$[F(X,U,D)]=\begin{array}{|c|} \hline f_1(X,U,D) \\ \hline \dots\dots \\ \hline f_n(X,U,D) \\ \hline \dots\dots \\ \hline f_{2n}(X,U,D) \\ \hline \end{array}=0. \tag{4.142}$$

Analogamente, pode-se definir um vetor, $[W]$, função somente das tensões das barras da rede, isto é, que depende só indiretamente do vetor das perturbações, cujos elementos são os fluxos nas linhas. Formalmente, tem-se:

$$[W(X,U)]=\begin{array}{|c|} \hline h_1 \\ \hline h_2 \\ \hline \dots \\ \hline h_w \\ \hline \end{array} \tag{4.143}$$

em que h_1, h_2,... h_w representam as potências complexas conjugadas do fluxo nas linhas.

Fluxo de potência

Finalmente, pode-se definir como estudo de fluxo de potência de uma rede a determinação das variáveis de estado satisfazendo a Equação (4.142) e a determinação de $\left[W\left(X,U\right)\right]$.

4.8.3 EQUAÇÃO GERAL DA ANÁLISE DE SENSIBILIDADE

Retomando a notação apresentada no item precedente, 4.8.2, análoga à de variáveis de estado, seja o caso de uma rede na qual realizamos o estudo de fluxo de potência, ou seja, para a qual é válida a equação:

$$F\left(X_0, U_0, D_0\right) = 0. \tag{4.144}$$

Seja o caso de imprimir-se uma variação ΔX, ou ΔU ou ΔD, numa das famílias de variáveis X, U ou D e desejar-se, a partir da equação geral do fluxo de potência, determinar o novo valor de todas as variáveis envolvidas. Formalmente, o problema é a solução do sistema:

$$F\left(X_0 + \Delta X, U_0 + \Delta U, D_0 + \Delta D\right) = 0. \tag{4.145}$$

Desenvolvendo-se a Equação (4.146) em série de Taylor, resulta:

$$F\left(X_0 + \Delta X, U_0 + \Delta U, D_0 + \Delta D\right) = F\left(X_0, U_0, D_0\right) + \\ \left.\left|\frac{\partial F}{\partial X}\right|\right|_0 \Delta X + \left|\frac{\partial F}{\partial U}\right|_0 \Delta U + \left|\frac{\partial F}{\partial D}\right|_0 \Delta D + \Phi \tag{4.146}$$

em que Φ representa a soma das derivadas de ordem superior, que foram consideradas desprezíveis, e $\|_0$ indica que as derivadas foram calculadas no ponto $\left(X_0, U_0, D_0\right)$.

Das equações (4.145) e (4.146), e lembrando ainda que em se tratando de um fluxo de potência base será $F\left(X_0, U_0, D_0\right) = 0$, a equação geral da sensibilidade será dada por:

$$\left|\frac{\partial F}{\partial X}\right|_0 \Delta X + \left|\frac{\partial F}{\partial U}\right|_0 \Delta U + \left|\frac{\partial F}{\partial D}\right|_0 \Delta D = 0, \tag{4.147}$$

em que o vetor $[F]_{2n \times 1}$ é dado por:

$$[F] = \begin{array}{|c|c|c|c|c|c|c|c|c|c|c|c|c|} \hline f_1 & f_2 & f_3 & \cdots & f_m & f_{m+1} & \cdots & f_n & f_{n+1} & f_{n+2} & \cdots & f_{n+m} & f_{n+m+1} & \cdots & f_{2n} \\ \hline \end{array}^{\,t}$$

em que, para $j = 1, 2, \ldots, n$, as funções são dadas por:

$$f_j = P_j - \sum_{i=1}^{n} V_j V_i \left[G_{ji} \cos\left(\theta_i - \theta_j\right) - B_{ji} \operatorname{sen}\left(\theta_i - \theta_j\right) \right] = 0$$

$$f_{n+j} = Q_j + \sum_{i=1}^{n} V_j V_i \left[G_{ji} \operatorname{sen}\left(\theta_i - \theta_j\right) + B_{ji} \cos\left(\theta_i - \theta_j\right) \right] = 0. \tag{4.148}$$

A seguir, apresenta-se a estrutura das matrizes $\left|\dfrac{\partial F}{\partial U}\right|, \left|\dfrac{\partial F}{\partial X}\right|$ e $\left|\dfrac{\partial F}{\partial D}\right|$. No primeiro caso (matriz $\left|\dfrac{\partial F}{\partial U}\right|$) tem-se:

$$\left|\dfrac{\partial F}{\partial U}\right| = \begin{array}{|c|c|c|c|c|c|c|c|c|c|} \hline \dfrac{\partial f_1}{\partial \theta_1} & \dfrac{\partial f_1}{\partial V_1} & \dfrac{\partial f_1}{\partial V_2} & \dfrac{\partial f_1}{\partial V_3} & \cdots & \dfrac{\partial f_1}{\partial V_m} & \dfrac{\partial f_1}{\partial P_2} & \dfrac{\partial f_1}{\partial P_3} & \cdots & \dfrac{\partial f_1}{\partial P_m} \\ \hline \cdots & \cdots & \cdots & \cdots & \cdots & \cdots & \cdots & \cdots & \cdots & \cdots \\ \hline \dfrac{\partial f_n}{\partial \theta_1} & \dfrac{\partial f_n}{\partial V_1} & \dfrac{\partial f_n}{\partial V_2} & \dfrac{\partial f_n}{\partial V_3} & \cdots & \dfrac{\partial f_n}{\partial V_m} & \dfrac{\partial f_n}{\partial P_2} & \dfrac{\partial f_n}{\partial P_3} & \cdots & \dfrac{\partial f_n}{\partial P_m} \\ \hline \dfrac{\partial f_{n+1}}{\partial \theta_1} & \dfrac{\partial f_{n+1}}{\partial V_1} & \dfrac{\partial f_{n+1}}{\partial V_2} & \dfrac{\partial f_{n+1}}{\partial V_3} & \cdots & \dfrac{\partial f_{n+1}}{\partial V_m} & \dfrac{\partial f_{n+1}}{\partial P_2} & \dfrac{\partial f_{n+1}}{\partial P_3} & \cdots & \dfrac{\partial f_{n+1}}{\partial P_m} \\ \hline \cdots & \cdots & \cdots & \cdots & \cdots & \cdots & \cdots & \cdots & \cdots & \cdots \\ \hline \dfrac{\partial f_{2n}}{\partial \theta_1} & \dfrac{\partial f_{2n}}{\partial V_1} & \dfrac{\partial f_{2n}}{\partial V_2} & \dfrac{\partial f_{2n}}{\partial V_3} & \cdots & \dfrac{\partial f_{2n}}{\partial V_m} & \dfrac{\partial f_{2n}}{\partial P_2} & \dfrac{\partial f_{2n}}{\partial P_3} & \cdots & \dfrac{\partial f_{2n}}{\partial P_m} \\ \hline \end{array}_{2n \times 2m}$$

Para o cálculo das derivadas, lembra-se que a função f_1 corresponde à barra swing e pela Equação (4.148) resulta em:

$$f_1 = P_1 - \sum_{i=1}^{n} V_1 V_i \left[G_{1i} \cos\left(\theta_i - \theta_1\right) - B_{1i} \operatorname{sen}\left(\theta_i - \theta_1\right) \right] = 0$$

$$f_{n+1} = Q_1 + \sum_{i=1}^{n} V_1 V_i \left[G_{1i} \operatorname{sen}\left(\theta_i - \theta_1\right) + B_{1i} \cos\left(\theta_i - \theta_1\right) \right] = 0$$

Logo,

$$\frac{\partial f_1}{\partial \theta_1} = Q_1 + B_{11}V_1^2$$

$$\frac{\partial f_1}{\partial V_1} = -\frac{P_1}{V_1} - G_{11}V_1$$

$$\left.\begin{array}{l}\frac{\partial f_1}{\partial V_k} = -V_1\left[G_{1k}\cos(\theta_k - \theta_1) - B_{1k}\mathrm{sen}(\theta_k - \theta_1)\right]\\[4mm]\frac{\partial f_1}{\partial P_k} = 0\end{array}\right\}k = 2,...,m$$

$$\frac{\partial f_{n+1}}{\partial \theta_1} = -P_1 + G_{11}V_1^2$$

$$\frac{\partial f_{n+1}}{\partial V_1} = -\frac{Q_1}{V_1} + B_{11}V_1$$

$$\left.\begin{array}{l}\frac{\partial f_{n+1}}{\partial V_k} = V_1\left[G_{1k}\mathrm{sen}(\theta_k - \theta_1) + B_{1k}\cos(\theta_k - \theta_1)\right]\\[4mm]\frac{\partial f_{n+1}}{\partial P_k} = 0\end{array}\right\}k = 2,...,m$$

Analogamente, para $j = 2,...,n$ (barras PV e PQ):

$$\frac{\partial f_j}{\partial \theta_1} = V_j V_1\left[G_{j1}\mathrm{sen}(\theta_1 - \theta_j) + B_{j1}\cos(\theta_1 - \theta_j)\right]$$

$$\frac{\partial f_j}{\partial V_1} = -V_j\left[G_{j1}\cos(\theta_1 - \theta_j) - B_{j1}\mathrm{sen}(\theta_1 - \theta_j)\right]$$

$$\frac{\partial f_j}{\partial V_k} = \begin{cases}-\dfrac{P_j}{V_j} - G_{jj}V_j & k = j\\[4mm]-V_j\left[G_{jk}\cos(\theta_k - \theta_j) - B_{jk}\mathrm{sen}(\theta_k - \theta_j)\right] & k = 2,...,m \,;\, k \neq j\end{cases}$$

$$\frac{\partial f_j}{\partial P_k} = \begin{cases}1 & k = j\\0 & k = 2,...,m \,;\, k \neq j\end{cases}$$

$$\frac{\partial f_{n+j}}{\partial \theta_1} = V_j V_1 \left[G_{j1} \cos\left(\theta_1 - \theta_j\right) - B_{j1}\mathrm{sen}\left(\theta_1 - \theta_j\right) \right]$$

$$\frac{\partial f_{n+j}}{\partial V_1} = V_j \left[G_{j1}\mathrm{sen}\left(\theta_1 - \theta_j\right) + B_{j1} \cos\left(\theta_1 - \theta_j\right) \right]$$

$$\frac{\partial f_{n+j}}{\partial V_k} = \begin{cases} -\dfrac{Q_j}{V_j} + B_{jj}V_j & k = j \\[2ex] V_j \left[G_{jk}\mathrm{sen}\left(\theta_k - \theta_j\right) + B_{jk} \cos\left(\theta_k - \theta_j\right) \right] & k = 2,\dots,m \ ; \ k \neq j \end{cases}$$

$$\frac{\partial f_{n+j}}{\partial P_k} = 0 \qquad k = 2,\dots,m$$

Para a matriz $\left|\dfrac{\partial F}{\partial D}\right|$, tem-se:

$$\frac{\partial F}{\partial D} =$$

$\dfrac{\partial f_1}{\partial P_{m+1}}$	$\dfrac{\partial f_1}{\partial P_{m+2}}$	$\dots$	$\dfrac{\partial f_1}{\partial P_n}$	$\dfrac{\partial f_1}{\partial Q_{m+1}}$	$\dfrac{\partial f_1}{\partial Q_{m+2}}$	$\dots$	$\dfrac{\partial f_1}{\partial Q_n}$
$\dots$	$\dots$	$\dots$	$\dots$	$\dots$	$\dots$	$\dots$	$\dots$
$\dfrac{\partial f_n}{\partial P_{m+1}}$	$\dfrac{\partial f_n}{\partial P_{m+2}}$	$\dots$	$\dfrac{\partial f_n}{\partial P_n}$	$\dfrac{\partial f_n}{\partial Q_{m+1}}$	$\dfrac{\partial f_n}{\partial Q_{m+2}}$	$\dots$	$\dfrac{\partial f_n}{\partial Q_n}$
$\dfrac{\partial f_{n+1}}{\partial P_{m+1}}$	$\dfrac{\partial f_{n+1}}{\partial P_{m+2}}$	$\dots$	$\dfrac{\partial f_{n+1}}{\partial P_n}$	$\dfrac{\partial f_{n+1}}{\partial Q_{m+1}}$	$\dfrac{\partial f_{n+1}}{\partial Q_{m+2}}$	$\dots$	$\dfrac{\partial f_{n+1}}{\partial Q_n}$
$\dots$	$\dots$	$\dots$	$\dots$	$\dots$	$\dots$	$\dots$	$\dots$
$\dfrac{\partial f_{2n}}{\partial P_{m+1}}$	$\dfrac{\partial f_{2n}}{\partial P_{m+2}}$	$\dots$	$\dfrac{\partial f_{2n}}{\partial P_n}$	$\dfrac{\partial f_{2n}}{\partial Q_{m+1}}$	$\dfrac{\partial f_{2n}}{\partial Q_{m+2}}$	$\dots$	$\dfrac{\partial f_{2n}}{\partial Q_n}$

$2n \times 2(n-m)$

Para essa matriz, as derivadas são dadas por ($j = 1, 2,\dots,n$):

$$\frac{\partial f_j}{\partial P_k} = \begin{cases} 1 & k = j = m+1,\dots,n \\ 0 & k = m+1,\dots,n \ ; \ k \neq j \end{cases}$$

$$\frac{\partial f_j}{\partial Q_k} = 0 \qquad k = m+1,\dots,n$$

$$\frac{\partial f_{n+j}}{\partial P_k} = 0 \qquad k = m+1,\dots,n$$

$$\frac{\partial f_{n+j}}{\partial Q_k} = \begin{cases} 1 & k = j = m+1,\dots,n \\ 0 & k = m+1,\dots,n \ ; \ k \neq j \end{cases}$$

Finalmente, para a matriz $\left|\dfrac{\partial F}{\partial X}\right|$ tem-se:

$$
\frac{\partial F}{\partial X} =
\begin{bmatrix}
\frac{\partial f_1}{\partial P_1} & \frac{\partial f_1}{\partial Q_1} & \frac{\partial f_1}{\partial Q_2} & \frac{\partial f_1}{\partial Q_3} & \cdots & \frac{\partial f_1}{\partial Q_m} & \frac{\partial f_1}{\partial \theta_2} & \frac{\partial f_1}{\partial \theta_3} & \cdots & \frac{\partial f_1}{\partial \theta_m} & \frac{\partial f_1}{\partial \theta_{m+1}} & \frac{\partial f_1}{\partial \theta_{m+2}} & \cdots & \frac{\partial f_1}{\partial \theta_n} & \frac{\partial f_1}{\partial V_{m+1}} & \frac{\partial f_1}{\partial V_{m+2}} & \cdots & \frac{\partial f_1}{\partial V_n} \\[4pt]
\vdots & \vdots & \vdots & \vdots & & \vdots & \vdots & \vdots & & \vdots & \vdots & \vdots & & \vdots & \vdots & \vdots & & \vdots \\[4pt]
\frac{\partial f_n}{\partial P_1} & \frac{\partial f_n}{\partial Q_1} & \frac{\partial f_n}{\partial Q_2} & \frac{\partial f_n}{\partial Q_3} & \cdots & \frac{\partial f_n}{\partial Q_m} & \frac{\partial f_n}{\partial \theta_2} & \frac{\partial f_n}{\partial \theta_3} & \cdots & \frac{\partial f_n}{\partial \theta_m} & \frac{\partial f_n}{\partial \theta_{m+1}} & \frac{\partial f_n}{\partial \theta_{m+2}} & \cdots & \frac{\partial f_n}{\partial \theta_n} & \frac{\partial f_n}{\partial V_{m+1}} & \frac{\partial f_n}{\partial V_{m+2}} & \cdots & \frac{\partial f_n}{\partial V_n} \\[4pt]
\frac{\partial f_{n+1}}{\partial P_1} & \frac{\partial f_{n+1}}{\partial Q_1} & \frac{\partial f_{n+1}}{\partial Q_2} & \frac{\partial f_{n+1}}{\partial Q_3} & \cdots & \frac{\partial f_{n+1}}{\partial Q_m} & \frac{\partial f_{n+1}}{\partial \theta_2} & \frac{\partial f_{n+1}}{\partial \theta_3} & \cdots & \frac{\partial f_{n+1}}{\partial \theta_m} & \frac{\partial f_{n+1}}{\partial \theta_{m+1}} & \frac{\partial f_{n+1}}{\partial \theta_{m+2}} & \cdots & \frac{\partial f_{n+1}}{\partial \theta_n} & \frac{\partial f_{n+1}}{\partial V_{m+1}} & \frac{\partial f_{n+1}}{\partial V_{m+2}} & \cdots & \frac{\partial f_{n+1}}{\partial V_n} \\[4pt]
\vdots & \vdots & \vdots & \vdots & & \vdots & \vdots & \vdots & & \vdots & \vdots & \vdots & & \vdots & \vdots & \vdots & & \vdots \\[4pt]
\frac{\partial f_{2n}}{\partial P_1} & \frac{\partial f_{2n}}{\partial Q_1} & \frac{\partial f_{2n}}{\partial Q_2} & \frac{\partial f_{2n}}{\partial Q_3} & \cdots & \frac{\partial f_{2n}}{\partial Q_m} & \frac{\partial f_{2n}}{\partial \theta_2} & \frac{\partial f_{2n}}{\partial \theta_3} & \cdots & \frac{\partial f_{2n}}{\partial \theta_m} & \frac{\partial f_{2n}}{\partial \theta_{m+1}} & \frac{\partial f_{2n}}{\partial \theta_{m+2}} & \cdots & \frac{\partial f_{2n}}{\partial \theta_n} & \frac{\partial f_{2n}}{\partial V_{m+1}} & \frac{\partial f_{2n}}{\partial V_{m+2}} & \cdots & \frac{\partial f_{2n}}{\partial V_n}
\end{bmatrix}_{2n \times 2n}
$$

Para essa matriz, as derivadas são dadas por ($j = 1, 2,...,n$):

$$\frac{\partial f_j}{\partial P_1} = \begin{cases} 1 & j = 1 \\ 0 & j = 2,...,n \end{cases}$$

$$\frac{\partial f_j}{\partial Q_k} = 0 \qquad k = 1,...,m$$

$$\frac{\partial f_j}{\partial \theta_k} = \begin{cases} Q_j + B_{jj}V_j^2 & k = j \\ V_jV_k\left[G_{jk}\text{sen}\left(\theta_k - \theta_j\right) + B_{jk}\cos\left(\theta_k - \theta_j\right)\right] & k = 2,...,n \; ; \; k \neq j \end{cases}$$

$$\frac{\partial f_j}{\partial V_k} = \begin{cases} -\dfrac{P_j}{V_j} + G_{jj}V_j & k = j \\ -V_j\left[G_{jk}\cos\left(\theta_k - \theta_j\right) - B_{jk}\text{sen}\left(\theta_k - \theta_j\right)\right] & k = m+1,...,n \; ; \; k \neq j \end{cases}$$

$$\frac{\partial f_{n+j}}{\partial P_1} = 0$$

$$\frac{\partial f_{n+j}}{\partial Q_k} = \begin{cases} 1 & k = j = 1,...,m \\ 0 & k = 1,...,m \; ; \; k \neq j \end{cases}$$

$$\frac{\partial f_{n+j}}{\partial \theta_k} = \begin{cases} -P_j + G_{jj}V_j^2 & k = j \\ V_jV_k\left[G_{jk}\cos\left(\theta_k - \theta_j\right) - B_{jk}\text{sen}\left(\theta_k - \theta_j\right)\right] & k = 2,...,n \; ; \; k \neq j \end{cases}$$

$$\frac{\partial f_{n+j}}{\partial V_k} = \begin{cases} -\dfrac{Q_j}{V_j} + B_{jj}V_j & k = j \\ V_j\left[G_{jk}\text{sen}\left(\theta_k - \theta_j\right) + B_{jk}\cos\left(\theta_k - \theta_j\right)\right] & k = m+1,...,n \; ; \; k \neq j \end{cases}$$

Assim, dispondo-se de um caso de fluxo de potência convergido, são conhecidas todas as variáveis necessárias ao cálculo de todas as derivadas para resolver a Equação (4.147). Observa-se que a única matriz quadrada é a $\left|\dfrac{\partial F}{\partial X}\right|$ que, em se assumindo que não é singular, permite escrever a Equação (4.147) na forma:

$$[\Delta X] = -\left[\frac{\partial F}{\partial X}\right]^{-1} \cdot \left[\frac{\partial F}{\partial U}\right] \cdot [\Delta U] - \left[\frac{\partial F}{\partial X}\right]^{-1} \cdot \left[\frac{\partial F}{\partial D}\right] \cdot [\Delta D]$$

$$= -\left[\frac{\partial F}{\partial X}\right]^{-1} \left\{\left[\frac{\partial F}{\partial U}\right] \cdot [\Delta U] + \left[\frac{\partial F}{\partial D}\right] \cdot [\Delta D]\right\}$$

(4.149)

Da Equação (4.149), observa-se que, promovendo uma variação [ΔU] nas variáveis de controle e uma variação [ΔD] nas variáveis de perturbação, pode-se determinar a variação que ocorrerá com as variáveis de estado. Exemplificando, caso se queira verificar a influência do despacho de geração no resultado do estudo, para tanto o vetor [ΔD] será nulo (não houve variação alguma na carga da rede) e no vetor [ΔU] serão todos os valores nulos exceto aqueles que dizem respeito à variação desejada. Nessas condições, ter-se-á:

$$[\Delta X] = -\left[\frac{\partial F}{\partial X}\right]^{-1} \cdot \left[\frac{\partial F}{\partial U}\right] \cdot [\Delta U] = [A] \cdot [\Delta U]$$

Analogamente, poderia-se analisar como varia o nível de tensão na rede ao se impor um acréscimo [ΔV] no módulo da tensão das barras de tensão controlada e na barra swing.

Para uma melhor compreensão da montagem das matrizes de derivadas, é oportuno analisar, por meio da rede cujo unifilar está apresentado na Figura 4.20, a montagem de todas as matrizes. Destaca-se que a rede a ser usada como exemplo conta com uma barra swing, duas barras de tensão controlada e três barras de carga ($m = 3$ e $n = 6$).

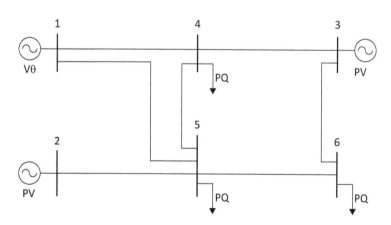

Figura 4.20 – Rede para estudo de sensibilidade

Inicialmente, será definida a convenção de símbolos que serão utilizados nas figuras sucessivas para distinguir:

- 1 – Elemento cujo valor é sempre unitário;
- 0 – Elemento que é sempre nulo;

- $\otimes$ – Elemento que é nulo por não existirem conexões na rede;
- $\oplus$ – Elemento não nulo.

Inicia-se a montagem pela matriz das variáveis de estado que contará, ordenadamente, nas linhas com:

- potência ativa da barra 1 – barra swing (P_1);
- potência reativa da barra 1 – barra swing (Q_1);
- potência reativa das barras 2 e 3 (PV) (Q_2, Q_3);
- ângulo de fase da tensão das barras 2 e 3 (θ_2, θ_3);
- ângulo de fase da tensão das barras 4, 5 e 6 (PQ) (θ_4, θ_5, θ_6);
- módulo da tensão das barras 4, 5 e 6 (V_4, V_5, V_6).

Nas linhas, têm-se ordenadamente as funções f_1, ..., f_{12}.

Quanto aos valores apresentados, destaca-se que:

- A barra 1 não se conecta com as barras 2, 3 e 6, logo os valores θ_2, θ_3, θ_6 e V_6 são nulos por não haver conexão da barra 1 com as evidenciadas;
- A barra 2 se conecta somente com a 5, logo somente os valores θ_5 e V_5 são não nulos.

Com procedimento análogo, determinam-se os valores não nulos da matriz.

Nas Figuras 4.21, 4.22 e 4.23, apresentam-se, respectivamente, a matriz $[\partial F/\partial X]$ das derivadas das variáveis de estado, a matriz $[\partial F/\partial U]$ das derivadas das variáveis de controle e a matriz $[\partial F/\partial D]$ das derivadas das variáveis de perturbação.

	P_1	Q_1	Q_2	Q_3	θ_2	θ_3	θ_4	θ_5	θ_6	V_4	V_5	V_6	
f_1	1	0	0	0	$\otimes$	$\otimes$	$\oplus$	$\oplus$	$\otimes$	$\oplus$	$\oplus$	$\otimes$	ΔP_1
f_2	0	0	0	0	$\oplus$	$\otimes$	$\otimes$	$\oplus$	$\otimes$	$\otimes$	$\oplus$	$\otimes$	ΔQ_1
f_3	0	0	0	0	$\otimes$	$\oplus$	$\oplus$	$\otimes$	$\oplus$	$\oplus$	$\otimes$	$\oplus$	ΔQ_2
f_4	0	0	0	0	$\otimes$	$\oplus$	$\oplus$	$\oplus$	$\otimes$	$\oplus$	$\oplus$	$\otimes$	ΔQ_3
f_5	0	0	0	0	$\oplus$	$\otimes$	$\oplus$	$\oplus$	$\oplus$	$\oplus$	$\oplus$	$\oplus$	$\Delta \theta_2$
f_6	0	0	0	0	$\otimes$	$\oplus$	$\otimes$	$\oplus$	$\oplus$	$\otimes$	$\oplus$	$\oplus$	$\Delta \theta_3$

Figura 4.21 – Matriz $[\partial F/\partial X]$ das derivadas das variáveis de estado (*continua*)

	P_1	Q_1	Q_2	Q_3	θ_2	θ_3	θ_4	θ_5	θ_6	V_4	V_5	V_6	
f_7	0	1	0	0	⊗	⊗	⊕	⊕	⊗	⊕	⊕	⊗	$\Delta\theta_4$
f_8	0	0	1	0	⊗	⊕	⊗	⊕	⊗	⊗	⊕	⊗	$\Delta\theta_5$
f_9	0	0	0	1	⊗	⊗	⊕	⊗	⊕	⊕	⊗	⊕	$\Delta\theta_6$
f_{10}	0	0	0	0	⊗	⊕	⊕	⊕	⊗	⊕	⊕	⊗	ΔV_4
f_{11}	0	0	0	0	⊕	⊗	⊕	⊕	⊕	⊕	⊕	⊕	ΔV_5
f_{12}	0	0	0	0	⊗	⊕	⊗	⊕	⊕	⊗	⊗	⊕	ΔV_6

Figura 4.21 – Matriz $[\partial F/\partial X]$ das derivadas das variáveis de estado (*continuação*)

	θ_1	V_1	V_2	V_3	P_2	P_3	
f_1	⊕	⊕	⊗	⊗	0	0	$\Delta\theta_1$
f_2	⊗	⊗	⊕	⊗	1	0	
f_3	⊗	⊗	⊗	⊕	0	1	ΔV_1
f_4	⊕	⊕	⊗	⊕	0	0	
f_5	⊕	⊕	⊗	⊗	0	0	ΔV_2
f_6	⊗	⊗	⊗	⊕	0	0	
f_7	⊕	⊕	⊗	⊗	0	0	ΔV_3
f_8	⊗	⊗	⊕	⊗	0	0	
f_9	⊗	⊗	⊗	⊕	0	0	ΔP_2
f_{10}	⊕	⊕	⊗	⊗	0	0	
f_{11}	⊕	⊕	⊗	⊗	0	0	ΔP_3
f_{12}	⊗	⊗	⊗	⊕	0	0	

Figura 4.22 – Matriz $[\partial F/\partial U]$ das derivadas das variáveis de controle

	P_4	P_5	P_6	Q_4	Q_5	Q_6	
f_1	0	0	0	0	0	0	ΔP_4
f_2	0	0	0	0	0	0	
f_3	0	0	0	0	0	0	ΔP_5
f_4	1	0	0	0	0	0	
f_5	0	1	0	0	0	0	ΔP_6
f_6	0	0	1	0	0	0	
f_7	0	0	0	0	0	0	ΔQ_4
f_8	0	0	0	0	0	0	
f_9	0	0	0	0	0	0	ΔQ_5
f_{10}	0	0	0	1	0	0	
f_{11}	0	0	0	0	1	0	ΔQ_6
f_{12}	0	0	0	0	0	1	

Figura 4.23 – Matriz $[\partial F/\partial D]$ das derivadas das variáveis de perturbação

Observando-se que se a matriz $[\partial F/\partial X]$ tiver suas linhas ordenadas na sequência das equações:

- f_1, equação de potência ativa na barra swing;
- f_7, equação de potência reativa na barra swing;
- f_8 e f_9 equação de potência reativa nas barras PV,

as demais equações com a ordenação feita no caso base para o cálculo do Jacobiano resultarão a matriz:

$[\partial F/\partial X] =$

	P_1	Q_1	Q_2	Q_3	θ_2	θ_3	θ_4	θ_5	θ_6	V_4	V_5	V_6
f_1	1	0	0	0	⊗	⊗	⊕	⊕	⊗	⊕	⊕	⊗
f_7	0	1	0	0	⊗	⊗	⊕	⊕	⊗	⊕	⊕	⊗
f_8	0	0	1	0	⊗	⊕	⊗	⊕	⊗	⊕	⊕	⊗
f_9	0	0	0	1	⊗	⊗	⊕	⊗	⊕	⊕	⊗	⊕
f_2	0	0	0	0	⊕	⊗	⊗	⊕	⊗	⊗	⊕	⊗
f_3	0	0	0	0	⊗	⊕	⊕	⊗	⊕	⊗	⊗	⊕
f_4	0	0	0	0	⊗	⊕	⊕	⊕	⊗	⊕	⊕	⊗
f_5	0	0	0	0	⊕	⊗	⊕	⊕	⊕	⊕	⊕	⊕
f_6	0	0	0	0	⊗	⊕	⊗	⊕	⊕	⊗	⊕	⊕
f_{10}	0	0	0	0	⊗	⊕	⊕	⊕	⊗	⊕	⊕	⊗
f_{11}	0	0	0	0	⊕	⊗	⊕	⊕	⊕	⊕	⊕	⊕
f_{12}	0	0	0	0	⊗	⊕	⊗	⊕	⊕	⊗	⊗	⊕

$=$

A	B
0	J

No caso geral, tratando-se de uma rede com n barras sendo uma barra swing, $(m$-$1)$ barras do tipo PV e $(n$–$m)$ barras de carga para a qual se dispõe da matriz do Jacobiano triangularizada (obtida na última iteração do caso base), ter-se-á a matriz $[A]$ triangularizada pois que:

$$A_{11} = \frac{\partial f_1}{\partial P_1} = 1 \qquad A_{pp} = \frac{\partial f_p}{\partial Q_p} = 1 \quad (p = 2,...,m+1)$$

e os demais elementos nulos.

Fluxo de potência **341**

Em conclusão, para a obtenção da matriz $[\partial F/\partial X]$ triangularizada com 1 barra swing e $(m\text{-}1)$ barras PV, os passos a seguir são:

- Ordena-se a matriz inserindo nas linhas e colunas iniciais as equações $f_1(P_1)$ e $f_i(Q_i)$, com $i = 2, ..., m$, referentes à barra swing e às barras de tensão controlada;

- Obter o Jacobiano triangularizado que foi utilizado na última iteração do caso base;

- Calcular as derivadas:

$$\frac{\partial f_1}{\partial \theta_i} \quad e \quad \frac{\partial f_i}{\partial V_j} \qquad i = 2,3,...,m \quad e \quad j = m+1, m+2, ..., n$$

$$\frac{\partial f_{n+k}}{\partial \theta_i} \quad e \quad \frac{\partial f_{n+k}}{\partial V_j} \qquad k = 1,2,...,m$$

e inseri-las na matriz.

Com a ordenação proposta, a matriz $[\partial F/\partial D]$ passará a contar com um bloco nulo desde a linha 1 até a linha m e um unitário nas linhas restantes, isto é:

	P_{m+1}	....	P_n	Q_{m+1}	....	Q_n
f_1	0	0	0	0	0	0
f_{n+1}	0	0	0	0	0	0
....	....	....	....	....	....	...
f_m	0	0	0	0	0	0
f_{m+1}	1	0	0	0	0	0
....	....	....	....	....	....	...
f_n	0	0	1	0	0	0
f_{n+m+1}	0	0	0	1	0	0
....	....	....	....	....	....	...
f_{2n}	0	0	0	0	0	1

Finalmente, a matriz $[\partial F/\partial U]$ não sofre alteração digna de nota.

Analogamente, para o cálculo dos fluxos de potência ativa e reativa nas ligações, o vetor $[W]$ sofrerá acréscimo ΔW nos fluxos passando a ser:

$$W\left(X_0, U_0\right) + \Delta W = W\left(X_0 + \Delta X, U_0 + \Delta U\right) \qquad (4.150)$$

Desenvolvendo-se a Equação (4.150) em série de Taylor e desprezando-se as derivadas de ordem superior, resulta:

$$|\Delta W| = \left|\frac{\partial W}{\partial X}\right|_o \cdot |\Delta X| + \left|\frac{\partial W}{\partial U}\right|_o \cdot |\Delta U| \qquad (4.151)$$

Para o cálculo das derivadas, deve-ser lembrar que os termos de $[W]$ representam a potência complexa conjugada do fluxo que flui pelas ligações (Equação (4.153)). Assim, tem-se:

$$h_{pq} = P_{pq} - jQ_{pq} = \dot{V}_p^* \dot{I}_{pq} = \dot{V}_p^* (\dot{V}_p - \dot{V}_q) \overline{y}_{pq} + V_p^2 \overline{y}_{pT}$$
$$= V_p^2 \left(\overline{y}_{pq} + \overline{y}_{pT}\right) - \dot{V}_p^* \dot{V}_q \overline{y}_{pq}$$

Em que:

$$P_{pq} = V_p^2 \left(g_{pq} + g_{pT}\right) - V_p V_q \left[g_{pq} \cos\left(\theta_q - \theta_p\right) - b_{pq}\text{sen}\left(\theta_q - \theta_p\right)\right]$$
$$Q_{pq} = V_p^2 \left(b_{pq} + g_{pT}\right) + V_p V_q \left[g_{pq}\text{sen}\left(\theta_q - \theta_p\right) + b_{pq} \cos\left(\theta_q - \theta_p\right)\right] \qquad (4.152)$$

As derivadas, que para uma ligação p-q envolvem tão somente os módulos V_p e V_q e as fases θ_p e θ_q, são dadas por:

$$\frac{\partial P_{pq}}{\partial V_p} = 2V_p \left(g_{pq} + g_{pT}\right) - V_q \left[g_{pq} \cos\left(\theta_q - \theta_p\right) - b_{pq}\text{sen}\left(\theta_q - \theta_p\right)\right]$$

$$\frac{\partial P_{pq}}{\partial V_q} = -V_p \left[g_{pq} \cos\left(\theta_q - \theta_p\right) - b_{pq}\text{sen}\left(\theta_q - \theta_p\right)\right]$$

$$\frac{\partial P_{pq}}{\partial \theta_p} = -V_p V_q \left[g_{pq}\text{sen}\left(\theta_q - \theta_p\right) + b_{pq} \cos\left(\theta_q - \theta_p\right)\right]$$

$$\frac{\partial P_{pq}}{\partial \theta_q} = V_p V_q \left[g_{pq}\text{sen}\left(\theta_q - \theta_p\right) + b_{pq} \cos\left(\theta_q - \theta_p\right)\right]$$

Assim, uma vez calculadas as matrizes acima e determinados os vetores $[\Delta X]$ e $[\Delta U]$, obtêm-se, por substituição, a variação do fluxo nas linhas.

Em conclusão, pode-se resumir o procedimento nos passos a seguir:

- 1° passo – Define-se e processa-se o caso base de fluxo de potência. Após a convergência, salva-se o Jacobiano triangularizado;

Fluxo de potência

- 2° passo – Monta-se a matriz das derivadas das equações da rede em função das variáveis de estado, $[\partial F/\partial X]_0$, expandindo-se o Jacobiano com a inclusão da matriz unitária $[A]$ e com os valores calculados da matriz $[B]$;

- 3° passo – Monta-se a matriz das derivadas das equações da rede em função das variáveis de controle, $[\partial F/\partial U]_0$;

- 4° passo – Monta-se a matriz das derivadas das equações da rede em função das perturbações, $[\partial F/\partial D]_0$;

- 5° passo – Monta-se a matriz dos fluxos nas linhas, $[\partial W/\partial U]_0$;

- 6° passo – Definem-se os vetores de modificações nas variáveis de controle, $[\Delta U]$, e de perturbação, $[\Delta D]$. Evidentemente, deixam-se nulas as modificações das variáveis que se quer manter constantes;

- 7° passo – Calcula-se o vetor dos termos conhecidos efetuando os produtos e somas matriciais:

$$[C] = \left[\frac{\partial F}{\partial U}\right] \cdot [\Delta U] + \left[\frac{\partial F}{\partial D}\right] \cdot [\Delta D]$$

- 8° passo – Determina-se o vetor das modificações das variáveis de estado (conforme Equação (4.150)) por meio de $[C] = -\left[\dfrac{\partial F}{\partial X}\right] \cdot [\Delta X]$. Destaca-se que o vetor das variáveis de estado, $[\Delta X]$, é calculado pela triangularização da matriz $[\partial F/\partial X]$ e substituição de trás para a frente. Caso não haja interesse no fluxo nas ligações, retorna-se ao 6° passo para estudar novo caso;

- 9° passo – Determina-se o fluxo nas ligações utilizando-se a Equação (4.151).

A seção subsequente, a título de exemplo de aplicação, será destinada à análise do dimensionamento de suporte reativo.

4.8.4 SUPORTE REATIVO

Para a rede já convergida, deseja-se dimensionar o suporte reativo que conduza, na condição de carga pesada, as tensões das barras de carga à faixa de valores pré-estabelecida. A análise será orientada no sentido de estabelecerem-se coeficientes de influência que permitam estabelecer o ganho de tensão que advêm da inclusão de uma unidade padrão de compensação reativa numa dada barra de carga.

Em princípio, o procedimento a ser seguido resume-se na determinação do ganho de tensão que advém da instalação da unidade padrão numa barra. Tal ganho é avaliado pela somatória dos ganhos de tensão naquelas barras cuja tensão era menor que a mínima.

Observa-se que, em não se atuando nas variáveis de controle será $[\Delta U] = 0$ e nas variáveis de perturbação impor-se-á, numa das variáveis correspondentes às potências reativas, acréscimo ΔQ_i, com i compreendido entre $(m+1)$ e n. Pela Equação (4.147), resulta:

$$\left[\frac{\partial F}{\partial U}\right]\cdot[\Delta U]+\left[\frac{\partial F}{\partial D}\right]\cdot\begin{bmatrix}\Delta P_{m+1}\\ ....\\ \Delta P_n\\ \Delta Q_{m+1}\\ ....\\ \Delta Q_i\\ ....\\ \Delta Q_n\end{bmatrix}=\left[\frac{\partial F}{\partial U}\right]\cdot[0]+\left[\frac{\partial F}{\partial D}\right]\cdot\begin{bmatrix}0\\ ....\\ 0\\ 0\\ ....\\ 1\\ ....\\ 0\end{bmatrix}=\begin{bmatrix}0\\ ....\\ 0\\ 0\\ ....\\ 1\\ ....\\ 0\end{bmatrix}=-\left[\frac{\partial F}{\partial X}\right]\cdot[\Delta X]$$

O cálculo de $[\Delta X]$ é feito por substituição de trás para a frente e, como deseja-se tão somente os ganhos nos módulos das tensões, é suficiente calcular-se tão somente os últimos $(n-m)$ valores. Isto é, procede-se à substituição de trás para a frente até o meio da matriz. Os valores de $[\Delta X]$, que são os acréscimos nas tensões, serão designados por G_{m+1}, G_{m+2}, ... , G_n, e o ganho de tensão pela inserção de uma unidade padrão na barra i é dado pela soma dos ganhos em cada barra, excluídas aquelas barras em que a tensão já se encontrava na faixa admissível. Repete-se o procedimento para todas as barras de carga e inicia-se a compensação reativa pela barra que dá o maior ganho de tensão.

Destaca-se que em cada barra da rede há um máximo de reativos instaláveis, máximo este que está intimamente ligado à potência de curto circuito da barra e a outros fatores que não serão detalhados por estarem fora do escopo. Assim, para a barra selecionada determinam-se os reativos necessários para conduzir sua tensão ao valor mínimo, isto é:

$$q_b = \frac{\Delta V_b}{G_b} = \frac{V_{b,min} - V_b}{G_b}$$

Fluxo de potência

Após a instalação desse banco de capacitores, calculam-se todas as variáveis de estado para verificar se os reativos fornecidos ou absorvidos pelos geradores não excederam seus limites. Caso positivo, reduz-se a injeção na barra *b*. Ainda havendo barras com tensão abaixo da mínima, inserem-se novos bancos de capacitores.

Uma vez atendida a faixa de tensões admissíveis, verifica-se o comportamento da rede nas condições de carga média e leve através da modificação das condições de regime utilizando os vetores $[\Delta U]$ e $[\Delta D]$.

4.9 ESTIMAÇÃO DE ESTADO

4.9.1 INTRODUÇÃO

No problema de fluxo de potência, considera-se que os parâmetros da rede (resistências, indutâncias e capacitâncias) são conhecidos, da mesma forma que as cargas e os ajustes da geração. A partir dessas informações, o equacionamento permite obter o *estado da rede*, o que significa determinar o módulo e o ângulo da tensão em todas as barras do sistema.

Uma questão que se coloca é: o que acontece quando o valor das cargas, o estado de chaves (aberto ou fechado) e os ajustes de geração não são conhecidos com exatidão? O problema da estimação de estado procura responder a essa questão partindo de medições disponíveis aos operadores do sistema. Essas medições normalmente estão distribuídas em vários pontos da rede elétrica e incluem valores de tensão, corrente e potências ativa e reativa.

As medições também são afetadas por erros que possuem diversas origens (erros de comunicação entre os transdutores e o controle central, erros aleatórios nos próprios equipamentos de medição etc.). A estimação de estado reconhece a existência desses erros e procura determinar o estado da rede que minimiza algum critério de erro global. Neste processo, a redundância das medições é um aspecto fundamental para garantir a qualidade da estimação de estado. Redundância significa ter mais medições do que as estritamente necessárias para determinar o estado da rede. Quanto mais medidores redundantes existirem na rede, melhor será a estimação de estado produzida.

A estimação de estado é uma ferramenta essencial na operação de sistemas de potência, pois seus resultados, obtidos em tempo real, alimentam todos os sistemas de apoio que permitem analisar a rede elétrica (fluxo de potência, despacho de geração etc.).

Nos próximos itens será apresentada a formulação do problema de estimação de estado, incluindo uma discussão sobre as grandezas medidas e o cálculo das derivadas das medições em relação às variáveis de estado. Em seguida será discutido o desvio padrão dos medidores, o qual constitui parâmetro fundamental no modelo do medidor, mas cuja fixação nem sempre é trivial. Por fim, será apresentado um exemplo de aplicação da metodologia de estimação de estado.

4.9.2 FORMULAÇÃO DO PROBLEMA

Conforme mencionado anteriormente, o objetivo principal da estimação de estado é obter um estado da rede (descrito pelo módulo e pelo ângulo da tensão em cada nó) de forma a minimizar algum critério global. A Equação (4.153) apresenta uma função objetivo que procura minimizar o valor total dos desvios quadráticos entre os valores medidos e os valores estimados. O valor estimado de uma medição é simplesmente o valor que seria fornecido por um medidor perfeito (sem erro) que tivesse conhecimento do estado da rede.

$$\min_{x} J(\tilde{x}) = \sum_{i=1}^{Nm} \frac{\left[z_i - f_i(\tilde{x})\right]^2}{\sigma_i^2} , \qquad (4.153)$$

em que:

$$\tilde{x} = \begin{bmatrix} x_1 \\ x_1 \\ \cdots \\ x_{Ns} \end{bmatrix}$$ — vetor das N_s variáveis de estado (módulo e ângulo das tensões na rede, a ser determinado);

$J(\tilde{x})$ — resíduo total da estimação, a ser minimizado;

z_i — i-ésima medição, de um total de N_m medições;

$f_i(\tilde{x})$ — valor estimado da i-ésima medição, que depende do estado $\tilde{x}$ da rede;

σ_i — desvio padrão do i-ésimo medidor.

O desvio padrão de cada medidor permite considerar as variações que ocorrem quando o medidor realiza várias medições, mesmo que a grandeza medida permaneça constante (erros resultantes de fatores não controlados presentes nas diversas etapas da medição).

Fluxo de potência

A Equação (4.153) mostra que os desvios quadráticos de cada medidor são ponderados pelo inverso do quadrado do correspondente desvio padrão, razão pela qual essa formulação é conhecida também por "mínimos quadrados ponderados" (*weighted least squares*). Um medidor com menor desvio padrão (mais preciso) possui peso maior no cálculo do resíduo em relação a um medidor com maior desvio padrão.

O valor mínimo de $J(\tilde{x})$ é obtido quando seu gradiente é igualado a zero (WOOD; WOLLENBERG, 1996):

$$\nabla_x J(\tilde{x}) = \begin{bmatrix} \dfrac{\partial J(\tilde{x})}{\partial x_1} \\[2mm] \dfrac{\partial J(\tilde{x})}{\partial x_2} \\[2mm] ... \\[2mm] \dfrac{\partial J(\tilde{x})}{\partial x_{Ns}} \end{bmatrix} = -2 \cdot [H]^t \cdot [R]^{-1} \cdot \begin{bmatrix} z_1 - f_1(\tilde{x}) \\ z_2 - f_2(\tilde{x}) \\ ... \\ z_{Nm} - f_{Nm}(\tilde{x}) \end{bmatrix} = 0 , \qquad (4.154)$$

em que:

$$[H] = \begin{bmatrix} \dfrac{\partial f_1}{\partial x_1} & \dfrac{\partial f_1}{\partial x_2} & ... & \dfrac{\partial f_1}{\partial x_{Ns}} \\[2mm] \dfrac{\partial f_2}{\partial x_1} & \dfrac{\partial f_2}{\partial x_2} & ... & \dfrac{\partial f_2}{\partial x_{Ns}} \\[2mm] ... & ... & ... & ... \\[2mm] \dfrac{\partial f_{Nm}}{\partial x_1} & \dfrac{\partial f_{Nm}}{\partial x_2} & ... & \dfrac{\partial f_{Nm}}{\partial x_{Ns}} \end{bmatrix}_{Nm \, x \, Ns}$$

$$[R] = \begin{bmatrix} \sigma_1^2 & & & \\ & \sigma_2^2 & & \\ & & ... & \\ & & & \sigma_{Nm}^2 \end{bmatrix}_{Nm \, x \, Nm}$$

A Equação (4.154) é resolvida pelo método de Newton, no qual se parte de um estado inicial $\tilde{x}^{(0)}$ e iterativamente são calculadas correções de forma a obter o estado final desejado. O processo iterativo é encerrado quando a diferença entre o estado na iteração atual e o estado na iteração anterior resulta inferior a uma tolerância preestabelecida, do mesmo modo que é feito no problema de fluxo de potência.

As correções na iteração k pelo método de Newton aplicado à Equação (4.154) são dadas por:

$$\tilde{x}^{(k+1)} = \tilde{x}^{(k)} + \Delta\tilde{x}^{(k)}$$

$$(4.155)$$

$$\Delta\tilde{x}^{(k)} = \left[\frac{\partial\nabla_x J(\tilde{x})}{\partial\tilde{x}}\right]^{-1} \cdot \left(-\nabla_x J(\tilde{x})\right),$$

em que $\left[\dfrac{\partial\nabla_x J(\tilde{x})}{\partial\tilde{x}}\right] = 2\cdot[H]^t\cdot[R]^{-1}\cdot[H]$ é a matriz jacobiana de $J(\tilde{x})$.

O processo iterativo pode ser colocado numa forma mais compacta através de:

$$[A]\cdot\Delta\tilde{x} = \tilde{b},$$

$$(4.156)$$

em que:

$$[A]_{Ns \times Ns} = [H]^t\cdot[R]^{-1}\cdot[H]$$

$$\tilde{b}_{Ns \times 1} = [H]^t\cdot[R]^{-1}\cdot\begin{bmatrix} z_1 - f_1(\tilde{x}) \\ z_2 - f_2(\tilde{x}) \\ \dots \\ z_{Nm} - f_{Nm}(\tilde{x}) \end{bmatrix}$$

e $\Delta\tilde{x}$ é um vetor coluna de N_s linhas.

Naturalmente, as matrizes $[H]$ e $[A]$, bem como o vetor $\tilde{b}$, devem ser recalculados a cada iteração.

4.9.3 GRANDEZAS MEDIDAS E VARIÁVEIS DE ESTADO

A Tabela 4.15 apresenta os tipos de medição considerados neste trabalho.

Fluxo de potência 349

Tabela 4.15 – Tipos de medição

Símbolo	Tipo de medição
modV	Módulo da tensão em nós
modI	Módulo da corrente passante em ligações (trechos de rede, chaves ou transformadores)
P	Potência ativa injetada em nós ou passante em ligações
Q	Potência reativa injetada em nós ou passante em ligações
S	Potência aparente passante em ligações

Destaca-se que a medição de potência em nós se refere tanto a nós de geração (potência injetada positiva) quanto a nós de carga (potência injetada negativa).

A Tabela 4.16 indica as variáveis de estado.

Tabela 4.16 – Variáveis de estado

Símbolo	Significado	Abrangência
V_k	Módulo da tensão no nó k	Todas as barras
θ_k	Ângulo da tensão no nó k	Todas as barras exceto a de referência

Na formulação apresentada, a estimação de estado será feita para todas as barras, sejam elas de geração ou de carga. Todas as barras recebem o mesmo tratamento, exceto a chamada barra de referência, na qual o ângulo é fixado *a priori* e, portanto, não é calculado (o problema da estimação de estado admitiria infinitas soluções se uma barra não fosse escolhida como referência de ângulos; bastaria deslocar todos os ângulos de uma mesma quantidade para obter uma solução matematicamente distinta, embora fisicamente idêntica). O ângulo da tensão na barra de referência será definido com o valor zero.

De acordo com a formulação do problema, para cada uma das grandezas medidas devem ser calculados os correspondentes valores estimados (funções $f_i(\tilde{x})$) e a derivada de cada função em relação a cada uma das variáveis de estado, para montagem da matriz $[H]$. Os dois cálculos serão abordados nos próximos itens.

Um aspecto fundamental para o sucesso da aplicação de estimação de estado é a necessidade de haver redundância nas medições, condição que é traduzida por:

$$N_m \geq N_s \tag{4.157}$$

A Equação (4.157) indica que o número de medidores deve ser maior ou igual ao número de variáveis de estado. Em tudo quanto se segue, considerar-se-á que a condição da Equação (4.157) é sempre verdadeira. Existe a possibilidade de tratar o caso em que essa condição não se cumpre (WOOD; WOLLENBERG, 1996), mas esse caso está fora do escopo do presente trabalho.

4.9.4 CÁLCULO DOS VALORES ESTIMADOS

Nos próximos subitens será apresentado o cálculo dos valores estimados, funções $f_i(\tilde{x})$, para cada um dos tipos de medição apresentados na Tabela 4.15.

4.9.4.1 Medição de potência ativa e reativa na ligação j-k

A Figura 4.24 apresenta uma ligação genérica na qual serão calculadas as potências ativa e reativa passantes, em função do estado da rede e dos parâmetros da ligação.

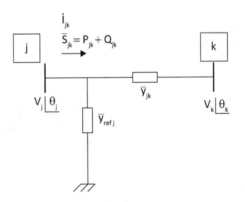

Figura 4.24 – Ligação genérica j-k

Nessas condições, a potência complexa passante será dada por:

$$\overline{S}_{jk} = P_{jk} + jQ_{jk} = \dot{V}_j \cdot \dot{I}_{jk}^* = \dot{V}_j \cdot \left[\dot{V}_j \cdot \overline{y}_{ref\ j} + \left(\dot{V}_j - \dot{V}_k \right) \cdot \overline{y}_{jk} \right]^* , \quad (4.158)$$

em que:

$\overline{S}_{jk} = P_{jk} + jQ_{jk}$ – potência complexa passante na ligação j-k, em VA;

$\dot{V}_j = V_j \lfloor \theta_j$ – tensão complexa no nó j, em V;

$\dot{I}_{jk}$ – corrente complexa passante na ligação j-k, em A;

Fluxo de potência **351**

$\overline{y}_{ref\,j} = g_{ref} + jb_{ref}$ – admitância para a referência no nó j, em S;

$\overline{y}_{jk} = g + jb$ – admitância série da ligação j-k, em S.

Após alguma manipulação algébrica, obtêm-se as expressões para as potências ativa e reativa passantes na ligação, em função do estado da rede e dos parâmetros da ligação:

$$f_i = P_{jk} = V_j^2 \cdot \left(g + g_{ref}\right) - V_j \cdot V_k \cdot \left(g \cos\theta_{jk} + b \operatorname{sen}\theta_{jk}\right)$$
$$f_i' = Q_{jk} = -V_j^2 \cdot \left(b + b_{ref}\right) - V_j \cdot V_k \cdot \left(g \operatorname{sen}\theta_{jk} - b \cos\theta_{jk}\right) \; ,$$

(4.159)

em que $\theta_{jk} = \theta_j - \theta_k$.

4.9.4.2 Medição de módulo da tensão no nó j

Neste caso, o valor estimado é dado pela própria variável de estado:

$$f_i = V_j$$

(4.160)

4.9.4.3 Medição de módulo da corrente na ligação j-k

Este caso se deriva diretamente do cálculo da potência passante, anteriormente abordado:

$$\dot{I}_{jk} = \dot{V}_j \cdot \overline{y}_{ref\,j} + \left(\dot{V}_j - \dot{V}_k\right) \cdot \overline{y}_{jk} \; .$$

(4.161)

Separando as partes real e imaginária de cada termo complexo, agrupando todos os componentes reais e todos os imaginários e, finalmente, calculando o módulo do número complexo resultante, obtém-se a expressão final para o módulo da corrente estimada:

$$f_i = I_{jk} = \begin{bmatrix} \left(V_j^2 + V_k^2 - 2V_j V_k \cos\theta_{jk}\right) \cdot \left(g^2 + b^2\right) \\[2mm] + \left(2V_j^2 - 2V_j V_k \cos\theta_{jk}\right) \cdot \left(g \cdot g_{ref} + b \cdot b_{ref}\right) \\[2mm] + 2V_j V_k \operatorname{sen}\theta_{jk} \cdot \left(g \cdot b_{ref} - b \cdot g_{ref}\right) \\[2mm] + V_j^2 \cdot \left(g_{ref}^2 + b_{ref}^2\right) \end{bmatrix}^{\frac{1}{2}}$$

(4.162)

4.9.4.4 Medição de potência aparente na ligação j-k

Este caso deriva diretamente do caso anterior (medição de corrente). O resultado final é:

$$f_i = S_{jk} = V_j I_{jk} = V_j \cdot \begin{bmatrix} \left(V_j^2 + V_k^2 - 2V_j V_k \cos\theta_{jk}\right)\cdot\left(g^2 + b^2\right) \\ +\left(2V_j^2 - 2V_j V_k \cos\theta_{jk}\right)\cdot\left(g\cdot g_{ref} + b\cdot b_{ref}\right) \\ +2V_j V_k \operatorname{sen}\theta_{jk}\cdot\left(g\cdot b_{ref} - b\cdot g_{ref}\right) \\ +V_j^2\cdot\left(g_{ref}^2 + b_{ref}^2\right) \end{bmatrix}^{\frac{1}{2}} \quad (4.163)$$

4.9.4.5 Medição de potência ativa e reativa injetada no nó j

Na Figura 4.25 apresenta-se um nó genérico j no qual serão calculadas as potências ativa e reativa injetadas, em função do estado da rede e dos parâmetros das ligações desse nó com os nós vizinhos.

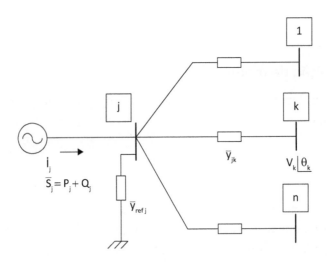

Figura 4.25 – Nó genérico j

Nestas condições, a corrente injetada no nó j pode ser calculada através de:

$$\dot{I}_j = \dot{V}_j \cdot \overline{y}_{ref\,j} + \sum_k \left(\dot{V}_j - \dot{V}_k\right)\cdot \overline{y}_k \;, \quad (4.164)$$

em que a somatória é estendida a todos os nós k vizinhos ao nó j.

Fluxo de potência

Utilizando o mesmo procedimento da medição de potência em ligações, chega-se imediatamente a:

$$f_i = P_j = V_j^2 \cdot \left(g_{ref} + \sum_k g \right) - V_j \cdot \sum_k \left[V_k \cdot \left(g \cos \theta_{jk} + b \operatorname{sen} \theta_{jk} \right) \right]$$

$$f_i' = Q_j = -V_j^2 \cdot \left(b_{ref} + \sum_k b \right) - V_j \cdot \sum_k \left[V_k \cdot \left(g \operatorname{sen} \theta_{jk} - b \cos \theta_{jk} \right) \right] \quad .$$

(4.165)

4.9.5 MONTAGEM DA MATRIZ [H]: CÁLCULO DAS DERIVADAS

4.9.5.1 Introdução

Um dos passos na montagem do sistema de equações em uma determinada iteração é o cálculo da matriz [H], que contém as derivadas de cada função $f_i(\tilde{x})$ em relação às variáveis de estado. O cálculo de tais derivadas para cada tipo de medição será apresentado nas próximas seções.

4.9.5.2 Medição de potência ativa e reativa na ligação j-k

As potências ativa e reativa passantes em uma determinada ligação dependem dos parâmetros da ligação (admitâncias) e também da tensão complexa nas barras terminais. As duas tensões complexas $\dot{V}_j$ e $\dot{V}_k$ são representadas pelas quatro variáveis de estado V_j, θ_j, V_k e θ_k, em relação às quais devem ser calculadas as derivadas das potências ativa e reativa. A partir das Equações (4.159), obtém-se:

$$\frac{\partial P_{jk}}{\partial V_j} = 2V_j \cdot \left(g + g_{ref} \right) - V_k \cdot \left(g \cos \theta_{jk} + b \operatorname{sen} \theta_{jk} \right)$$

$$\frac{\partial P_{jk}}{\partial \theta_j} = V_j V_k \cdot \left(g \operatorname{sen} \theta_{jk} - b \cos \theta_{jk} \right)$$

$$\frac{\partial P_{jk}}{\partial V_k} = -V_j \cdot \left(g \cos \theta_{jk} + b \operatorname{sen} \theta_{jk} \right)$$

$$\frac{\partial P_{jk}}{\partial \theta_k} = -V_j V_k \cdot \left(g \operatorname{sen} \theta_{jk} - b \cos \theta_{jk} \right) = -\frac{\partial P_{jk}}{\partial \theta_j}$$

(4.166)

$$\frac{\partial Q_{jk}}{\partial V_j} = -2V_j \cdot \left(b + b_{ref}\right) - V_k \cdot \left(g\operatorname{sen}\theta_{jk} - b\cos\theta_{jk}\right)$$

$$\frac{\partial Q_{jk}}{\partial \theta_j} = -V_j V_k \cdot \left(g\cos\theta_{jk} + b\operatorname{sen}\theta_{jk}\right)$$

$$\frac{\partial Q_{jk}}{\partial V_k} = -V_j \cdot \left(g\operatorname{sen}\theta_{jk} - b\cos\theta_{jk}\right)$$

(4.167)

$$\frac{\partial Q_{jk}}{\partial \theta_k} = V_j V_k \cdot \left(g\cos\theta_{jk} + b\operatorname{sen}\theta_{jk}\right) = -\frac{\partial Q_{jk}}{\partial \theta_j}$$

4.9.5.3 Medição de módulo da tensão no nó j

Neste caso só existe a derivada do módulo da tensão em relação a ele mesmo:

$$\frac{\partial V_j}{\partial V_j} = 1.$$

(4.168)

4.9.5.4 Medição de módulo da corrente na ligação j-k

Neste caso as derivadas são dadas por:

$$\frac{\partial I_{jk}}{\partial V_j} = \frac{1}{I_{jk}} \cdot \begin{bmatrix} \left(V_j - V_k \cos\theta_{jk}\right) \cdot \left(g^2 + b^2\right) \\[2mm] +\left(2V_j - V_k \cos\theta_{jk}\right) \cdot \left(g \cdot g_{ref} + b \cdot b_{ref}\right) \\[2mm] +V_k \operatorname{sen}\theta_{jk} \cdot \left(g \cdot b_{ref} - b \cdot g_{ref}\right) \\[2mm] +V_j \cdot \left(g_{ref}^2 + b_{ref}^2\right) \end{bmatrix}$$

(4.169)
(*continua*)

$$\frac{\partial I_{jk}}{\partial \theta_j} = \frac{1}{I_{jk}} \cdot V_j V_k \begin{bmatrix} \operatorname{sen}\theta_{jk} \cdot \left(g^2 + g \cdot g_{ref} + b^2 + b \cdot b_{ref}\right) \\[2mm] +\cos\theta_{jk} \cdot \left(g \cdot b_{ref} - b \cdot g_{ref}\right) \end{bmatrix}$$

$$\frac{\partial I_{jk}}{\partial V_k} = \frac{1}{I_{jk}} \cdot \begin{bmatrix} \left(V_k - V_j \cos\theta_{jk}\right) \cdot \left(g^2 + b^2\right) \\ -V_j \cos\theta_{jk} \cdot \left(g \cdot g_{ref} + b \cdot b_{ref}\right) \\ +V_j \mathrm{sen}\theta_{jk} \cdot \left(g \cdot b_{ref} - b \cdot g_{ref}\right) \end{bmatrix}$$

(4.169)
(*continuação*)

$$\frac{\partial I_{jk}}{\partial \theta_k} = -\frac{1}{I_{jk}} \cdot V_j V_k \begin{bmatrix} \mathrm{sen}\theta_{jk} \cdot \left(g^2 + g \cdot g_{ref} + b^2 + b \cdot b_{ref}\right) \\ +\cos\theta_{jk} \cdot \left(g \cdot b_{ref} - b \cdot g_{ref}\right) \end{bmatrix} = -\frac{\partial I_{jk}}{\partial \theta_j} \,,$$

em que I_{jk} é dado pela Equação (4.162).

4.9.5.5 Medição de potência aparente na ligação j-k

Este caso deriva diretamente do caso anterior (medição de corrente). O resultado final é:

$$\frac{\partial S_{jk}}{\partial V_j} = I_{jk} + V_j \cdot \frac{\partial I_{jk}}{\partial V_j}$$

$$\frac{\partial S_{jk}}{\partial \theta_j} = V_j \cdot \frac{\partial I_{jk}}{\partial \theta_j}$$

$$\frac{\partial S_{jk}}{\partial V_k} = V_j \cdot \frac{\partial I_{jk}}{\partial V_k}$$

(4.170)

$$\frac{\partial S_{jk}}{\partial \theta_k} = V_j \cdot \frac{\partial I_{jk}}{\partial \theta_k} = V_j \cdot \left(-\frac{\partial I_{jk}}{\partial \theta_j}\right) = -\frac{\partial S_{jk}}{\partial \theta_j}.$$

4.9.5.6 Medição de potência ativa e reativa injetada no nó j

Neste caso as derivadas são dadas por:

$$\frac{\partial P_j}{\partial V_j} = 2V_j \cdot \left(g_{ref} + \sum_k g\right) - \sum_k V_k \cdot \left(g\cos\theta_{jk} + b\,\mathrm{sen}\theta_{jk}\right)$$

$$\frac{\partial P_j}{\partial \theta_j} = V_j \sum_k V_k \cdot \left(g\,\mathrm{sen}\theta_{jk} - b\cos\theta_{jk}\right)$$

(4.171)
(*continua*)

$$\frac{\partial P_j}{\partial V_k} = -V_j \cdot \left(g\cos\theta_{jk} + b\,\mathrm{sen}\,\theta_{jk} \right)$$

$$\frac{\partial P_j}{\partial \theta_k} = -V_j V_k \cdot \left(g\,\mathrm{sen}\,\theta_{jk} - b\cos\theta_{jk} \right)$$

(4.171)
(*continuação*)

$$\frac{\partial Q_j}{\partial V_j} = -2V_j \cdot \left(b_{ref} + \sum_k b \right) - \sum_k V_k \cdot \left(g\,\mathrm{sen}\,\theta_{jk} - b\cos\theta_{jk} \right)$$

$$\frac{\partial Q_j}{\partial \theta_j} = -V_j \sum_k V_k \cdot \left(g\cos\theta_{jk} + b\,\mathrm{sen}\,\theta_{jk} \right)$$

(4.172)

$$\frac{\partial Q_j}{\partial V_k} = -V_j \cdot \left(g\,\mathrm{sen}\,\theta_{jk} - b\cos\theta_{jk} \right)$$

$$\frac{\partial Q_j}{\partial \theta_k} = V_j V_k \cdot \left(g\cos\theta_{jk} + b\,\mathrm{sen}\,\theta_{jk} \right)$$

4.9.6 FIXAÇÃO DO DESVIO PADRÃO DAS MEDIÇÕES

O desvio padrão incorporado ao modelo dos medidores reflete adequadamente o comportamento destes, mas, por outro lado, exige o conhecimento do valor desse parâmetro. Essa informação nem sempre está facilmente disponível ao usuário final da metodologia de estimação de estado. Assim, nesta seção será apresentado um procedimento para fixação do desvio padrão dos medidores.

O primeiro passo é determinar a classe de exatidão do medidor. O Inmetro especifica as classes A, B, C e D com valores de tolerância que variam de acordo com o tipo de grandeza medida (energia ativa ou reativa), tipo da carga (equilibrada ou desequilibrada) e tipo do medidor (monofásico ou polifásico) (MDIC/Inmetro, 2012). A Tabela 4.17 reproduz as tolerâncias para o caso particular de medidores monofásicos ou polifásicos de energia ativa com carga equilibrada.

Tabela 4.17 – Tolerâncias em função da classe de exatidão

Classe de exatidão	Tolerância (%) para 100% da corrente nominal do medidor e fator de potência unitário
A	±2,0
B	±1,0
C	±0,5
D	±0,2

Fonte: tabela 2 do Anexo A, Portaria 587 do Inmetro (MDIC/Inmetro, 2012).

A tolerância indica que o medidor fornecerá uma leitura que se encontra dentro da faixa delimitada por

$$V_{real} - \frac{t_{\%}}{100} \cdot V_{fe} \quad \text{e} \quad V_{real} + \frac{t_{\%}}{100} \cdot V_{fe} \tag{4.173}$$

em que V_{real} indica o valor real (exato) da grandeza medida, que é desconhecido, $t_{\%}$ é a tolerância do medidor (de acordo com a classe de exatidão, cf. Tabela 4.17) e V_{fe} é o valor de fundo de escala do medidor, medido na mesma unidade de V_{real}.

O segundo passo corresponde à fixação do nível de confiança do medidor, o qual fornece a probabilidade de que o valor lido esteja no intervalo especificado pela Expressão (4.173). Para tanto, considera-se inicialmente que as leituras do medidor se distribuem em torno do valor real com distribuição normal. Dessa forma, têm-se os correspondentes limites da distribuição normal reduzida:

$$z_{inf} = \frac{V_{inf} - V_{real}}{\sigma} = \frac{V_{real} - \frac{t_{\%}}{100} V_{fe} - V_{real}}{\sigma} = -\frac{t_{\%}}{100\sigma} V_{fe}$$

$$z_{sup} = \frac{V_{sup} - V_{real}}{\sigma} = \frac{V_{real} + \frac{t_{\%}}{100} V_{fe} - V_{real}}{\sigma} = \frac{t_{\%}}{100\sigma} V_{fe} \tag{4.174}$$

em que σ indica o desvio padrão da distribuição de valores medidos (na mesma unidade que V_{real} e V_{fe}).

Identificando com o símbolo i o semi-intervalo da distribuição normal reduzida correspondente a um determinado nível de confiança, tem-se imediatamente:

$$i = \frac{t_{\%}}{100\sigma} V_{fe} \quad \therefore \quad \sigma = \frac{t_{\%}}{100i} V_{fe} \tag{4.175}$$

Por exemplo, para nível de confiança 90%, tem-se $i = 1{,}645$ (distribuição normal reduzida).

Em sistemas de potência é usual especificar o desvio padrão em pu, tomando como base os valores do próprio sistema PU adotado. Assim, tem-se:

a) Medidor de potência ativa, reativa ou aparente:

$$\sigma_{pu} = \frac{\sigma}{S_b} = \frac{t_\%}{100i} \cdot \frac{V_{fe}}{S_b}$$ (4.176)

b) Medidor de módulo de corrente:

$$\sigma_{pu} = \frac{\sigma}{I_b} = \frac{t_\%}{100i} \cdot \frac{V_{fe}}{I_b}$$ (4.177)

c) Medidor de módulo de tensão:

$$\sigma_{pu} = \frac{\sigma}{V_b} = \frac{t_\%}{100i} \cdot \frac{V_{fe}}{V_b}$$ (4.178)

em que S_b, I_b e V_b são os valores de base de potência, corrente e tensão, respectivamente. Evidentemente, V_{fe} está na mesma unidade que o valor de base correspondente.

A Tabela 4.18 apresenta os semi-intervalos da distribuição normal correspondentes aos níveis de confiança comumente utilizados na prática.

Tabela 4.18 – Semi-intervalos da distribuição normal em função do nível de confiança

Nível de confiança	Semi-intervalo i [pu]
90%	1,645
95%	1,960
99%	2,575
99,74%	3,000

Exemplo 4.4

A Figura 4.26 mostra uma rede simples que será utilizada para ilustrar o cálculo de estimação de estado. Essa rede opera na tensão nominal de 138 kV e os dados de ligações e de medições são apresentados nas Tabelas 4.19 e 4.20.

Fluxo de potência   359

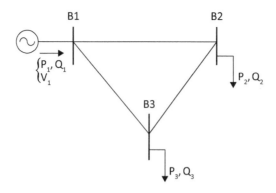

Figura 4.26 – Rede para estimação de estado

Tabela 4.19 – Dados de ligações para a rede da Figura 4.26

Linha	Comprimento (km)	Impedância de sequência direta do cabo (Ω/km)
B1 - B2	100	
B1 - B3	50	j0,4
B2 - B3	75	

Tabela 4.20 – Dados de medições para a rede da Figura 4.26

Índice do medidor	Barra	Grandeza medida	Valor medido (pu)[1]	Desvio padrão do medidor σ_{pu}[1]
1	B1	Tensão	1	
2		Pot. ativa (geração)	0,80	
3		Pot. reativa (geração)	0,50	
4	B2	Pot. ativa (carga)	0,55	0,01
5		Pot. reativa (carga)	0,33	
6	B3	Pot. ativa (carga)	0,30	
7		Pot. reativa (carga)	0,20	

[1] Tensão de base: 138 kV; potência de base: 100 MVA.

Observa-se que os valores medidos de potência ativa não obedecem à lei de conservação: a potência ativa fornecida pelo suprimento não é igual à soma das potências ativas nas barras B2 e B3 mais as perdas ativas (neste caso, as perdas ativas são nulas). Isso está de acordo com as hipóteses iniciais do problema de estimação de estado: medições cuja imperfeição é controlada pela redundância de medições.

Quanto à redundância, neste caso ela é pequena, já que há $N_m = 7$ valores medidos para $N_s = 5$ variáveis de estado, conforme indicado na Tabela 4.21. Destaca-se que a barra B1 foi escolhida como barra de referência (ângulo da tensão fixado *a priori* no valor zero).

Tabela 4.21 – Variáveis de estado

Índice da variável de estado	Barra	Descrição da variável de estado
1	B2	Módulo da tensão
2		Ângulo da tensão
3	B3	Módulo da tensão
4		Ângulo da tensão
5	B1 (referência)	Módulo da tensão

A Tabela 4.22 apresenta os resultados do cálculo de estimação de estado após três iterações. Considerou-se, neste caso, tolerância de 0,001 pu para o módulo da diferença entre o módulo da tensão complexa de cada barra na iteração atual e o correspondente módulo na iteração anterior.

Tabela 4.22 – Resultados da estimação de estado – caso-base

Barra	Módulo da tensão (pu)	Ângulo da tensão (°)	Potência ativa (MW)	Potência reativa (MVAr)
B1	1,005496	0	81,372[1]	53,326[1]
B2	0,959307	-4,47	53,080[2]	29,318[2]
B3	0,975515	-2,80	28,292[2]	16,447[2]
Perdas totais			0	7,561

[1] Potência de geração.
[2] Potência de carga.

Naturalmente, as potências calculadas a partir do estado da rede obedecem à lei de conservação.

A Tabela 4.23 apresenta uma comparação entre os valores medidos e os valores estimados, na qual é possível verificar que em alguns medidores o valor estimado é maior que o valor medido, ocorrendo o contrário nos demais medidores. Essas diferenças dependem diretamente do valor relativo dos desvios padrão de todos os medidores (neste caso base, todos os medidores possuem desvio padrão igual a 0,01 pu).

Fluxo de potência

Tabela 4.23 – Análise dos resultados da estimação de estado – caso-base

Índice do medidor	Barra	Grandeza medida	Valor medido (pu)[1]	Valor estimado (pu)[1]
1		V	1	1,005496
2	B1	P	0,80	0,81372
3		Q	0,50	0,53326
4	B2	P	0,55	0,53080
5		Q	0,33	0,29318
6	B3	P	0,30	0,28292
7		Q	0,20	0,16447

[1] Tensão de base: 138 kV; potência de base: 100 MVA.

Suponhamos agora que os medidores de potência ativa e reativa do suprimento (barra B1) sejam de qualidade superior, o que pode ser traduzido por um desvio padrão menor. A Tabela 4.24 mostra os resultados da estimação de estado considerando-se que esses dois medidores possuem desvio padrão dez vezes menor (igual a 0,001 pu). Verifica-se imediatamente que as potências ativa e reativa estimadas na barra B1 são bem mais próximas dos correspondentes valores medidos, devido ao maior peso dos dois medidores no cálculo do resíduo total (cf. Equação (4.153)).

Tabela 4.24 – Resultados da estimação de estado – caso modificado: medidores de potência ativa e reativa na barra B1 com desvio padrão igual a 0,001 pu

Barra	Módulo da tensão (pu)	Ângulo da tensão (°)	Potência ativa (MW)	Potência reativa (MVAr)
B1	1.007178	0	80,019[1]	50,047[1]
B2	0,963692	-4,37	52,365[2]	27,881[2]
B3	0,979253	-2,73	27,654[2]	15,052[2]
	Perdas totais		0	7,114

[1] Potência de geração.
[2] Potência de carga.

Finalmente, as Tabelas 4.25 e 4.26 apresentam a matriz $[H]$ e o vetor termo conhecido no início da primeira iteração, para o caso-base (Tabela 4.22). Em todas as barras adotou-se valor inicial da tensão igual a $1\underline{|0}$ pu . A matriz $[H]$ possui $N_m = 7$ linhas e $N_s = 5$ colunas, enquanto o vetor do termo conhecido possui N_s linhas.

Tabela 4.25 – Matriz $[H]$ na primeira iteração – caso-base

Linha	Coluna	Valor
1	5	1.0000
2	2	-4.7610
2	4	-9.5220
3	1	-4.7610
3	3	-9.5220
3	5	14.2830
4	2	-11.1090
4	4	6.3480
5	1	-11.1090
5	3	6.3480
5	5	4.7610
6	2	6.3480
6	4	-15.8700
7	1	6.3480
7	3	-15.8700
7	5	9.5220

Tabela 4.26 – Vetor do termo conhecido na primeira iteração – caso base

Linha	Valor
1	-4.776868e+04
2	-8.014349e+04
3	-5.840161e+04
4	-8.887199e+04
5	1.061703e+05

4.10 FLUXO DE POTÊNCIA COM REPRESENTAÇÃO TRIFÁSICA DA REDE

4.10.1 INTRODUÇÃO

Em sistemas de transmissão, onde os desequilíbrios de rede e de corrente são normalmente pequenos, a representação monofásica (equilibrada) da rede é em geral suficiente para alcançar resultados precisos. Entretanto, quando o objetivo de estudo incluir a análise de desequilíbrios provocados por características internas do sistema (presença de ramais monofásicos ou bifásicos) ou características externas (cargas desequilibradas), deverá ser utilizada uma representação trifásica da rede.

Nesta seção serão abordados os principais aspectos da adaptação do fluxo de potência para redes desequilibradas. Inicialmente será tratada a contribuição dos principais componentes da rede (linhas, transformadores, cargas etc.) na formulação nodal da rede elétrica. Em seguida serão abordados alguns aspectos específicos do método de Newton Raphson em coordenadas retangulares para redes desequilibradas.

4.10.2 REPRESENTAÇÃO DOS COMPONENTES DA REDE

4.10.2.1 Linhas

A Figura 4.27 mostra uma linha de transmissão a três fios na qual estão destacadas as impedâncias próprias das fases e as impedâncias mútuas entre fases. Esse modelo permite representar linhas trifásicas a três ou quatro fios; neste último caso, o quarto fio (neutro) pode ser eliminado de acordo com o exposto no Capítulo 2.

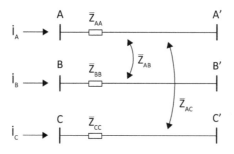

Figura 4.27 – Linha trifásica

O problema que se coloca é determinar a contribuição da linha na matriz de admitâncias nodais da rede. Para tanto, parte-se da equação que fornece a queda de tensão em cada fase em função das correntes que circulam na linha:

$$\begin{bmatrix} \dot{V}_{AA'} \\ \dot{V}_{BB'} \\ \dot{V}_{CC'} \end{bmatrix} = \begin{bmatrix} \bar{Z}_{AA} & \bar{Z}_{AB} & \bar{Z}_{AC} \\ \bar{Z}_{BA} & \bar{Z}_{BB} & \bar{Z}_{BC} \\ \bar{Z}_{CA} & \bar{Z}_{CB} & \bar{Z}_{CC} \end{bmatrix} \cdot \begin{bmatrix} \dot{I}_A \\ \dot{I}_B \\ \dot{I}_C \end{bmatrix} \qquad (4.179)$$

em que as impedâncias próprias e mútuas formam a *matriz de impedâncias dos elementos* da linha (valores em ohm correspondentes ao comprimento total da linha).

Notando que as correntes indicadas na Figura 4.27 são as correntes nodais injetadas nos nós A, B e C, e reescrevendo-se a Equação (4.179) de forma a isolar essas correntes, obtém-se:

$$
\begin{bmatrix} \dot{I}_A \\ \dot{I}_B \\ \dot{I}_C \end{bmatrix} = \begin{bmatrix} \overline{Z}_{AA} & \overline{Z}_{AB} & \overline{Z}_{AC} \\ \overline{Z}_{BA} & \overline{Z}_{BB} & \overline{Z}_{BC} \\ \overline{Z}_{CA} & \overline{Z}_{CB} & \overline{Z}_{CC} \end{bmatrix}^{-1} \cdot \begin{bmatrix} \dot{V}_{AA'} \\ \dot{V}_{BB'} \\ \dot{V}_{CC'} \end{bmatrix} = \begin{bmatrix} \overline{Y}_{AA} & \overline{Y}_{AB} & \overline{Y}_{AC} \\ \overline{Y}_{BA} & \overline{Y}_{BB} & \overline{Y}_{BC} \\ \overline{Y}_{CA} & \overline{Y}_{CB} & \overline{Y}_{CC} \end{bmatrix} \cdot \begin{bmatrix} \dot{V}_{AA'} \\ \dot{V}_{BB'} \\ \dot{V}_{CC'} \end{bmatrix} \quad (4.180)
$$

em que a inversa da matriz de impedâncias dos elementos recebe o nome de *matriz de admitâncias dos elementos* da linha.

Considerando que já foi fixado um nó de referência para a rede (por exemplo, a terra), pode-se escrever as quedas de tensão como diferenças entre tensões nodais:

$$
\begin{bmatrix} \dot{V}_{AA'} \\ \dot{V}_{BB'} \\ \dot{V}_{CC'} \end{bmatrix} = \begin{bmatrix} \dot{V}_A - \dot{V}_{A'} \\ \dot{V}_B - \dot{V}_{B'} \\ \dot{V}_C - \dot{V}_{C'} \end{bmatrix} \quad (4.181)
$$

Substituindo a Equação (4.181) na Equação (4.180), obtém-se a expressão que fornece a corrente injetada nos nós A, B e C em função das seis tensões nodais:

$$
\begin{bmatrix} \dot{I}_A \\ \dot{I}_B \\ \dot{I}_C \end{bmatrix} = \begin{bmatrix} \overline{Y}_{AA} & \overline{Y}_{AB} & \overline{Y}_{AC} \\ \overline{Y}_{BA} & \overline{Y}_{BB} & \overline{Y}_{BC} \\ \overline{Y}_{CA} & \overline{Y}_{CB} & \overline{Y}_{CC} \end{bmatrix} \cdot \begin{bmatrix} \dot{V}_A \\ \dot{V}_B \\ \dot{V}_C \end{bmatrix} - \begin{bmatrix} \overline{Y}_{AA} & \overline{Y}_{AB} & \overline{Y}_{AC} \\ \overline{Y}_{BA} & \overline{Y}_{BB} & \overline{Y}_{BC} \\ \overline{Y}_{CA} & \overline{Y}_{CB} & \overline{Y}_{CC} \end{bmatrix} \cdot \begin{bmatrix} \dot{V}_{A'} \\ \dot{V}_{B'} \\ \dot{V}_{C'} \end{bmatrix} . \quad (4.182)
$$

Por fim, notando ainda que a corrente injetada nos nós A', B' e C' é o negativo da corrente injetada nos nós A, B e C, respectivamente, obtém-se a contribuição da linha na matriz de admitâncias nodais da rede:

$$
\begin{bmatrix} \dot{I}_A \\ \dot{I}_B \\ \dot{I}_C \\ \dot{I}_{A'} \\ \dot{I}_{B'} \\ \dot{I}_{C'} \end{bmatrix} = \left[\begin{array}{ccc|ccc} \overline{Y}_{AA} & \overline{Y}_{AB} & \overline{Y}_{AC} & -\overline{Y}_{AA} & -\overline{Y}_{AB} & -\overline{Y}_{AC} \\ \overline{Y}_{BA} & \overline{Y}_{BB} & \overline{Y}_{BC} & -\overline{Y}_{BA} & -\overline{Y}_{BB} & -\overline{Y}_{BC} \\ \overline{Y}_{CA} & \overline{Y}_{CB} & \overline{Y}_{CC} & -\overline{Y}_{CA} & -\overline{Y}_{CB} & -\overline{Y}_{CC} \\ \hline -\overline{Y}_{AA} & -\overline{Y}_{AB} & -\overline{Y}_{AC} & \overline{Y}_{AA} & \overline{Y}_{AB} & \overline{Y}_{AC} \\ -\overline{Y}_{BA} & -\overline{Y}_{BB} & -\overline{Y}_{BC} & \overline{Y}_{BA} & \overline{Y}_{BB} & \overline{Y}_{BC} \\ -\overline{Y}_{CA} & -\overline{Y}_{CB} & -\overline{Y}_{CC} & \overline{Y}_{CA} & \overline{Y}_{CB} & \overline{Y}_{CC} \end{array} \right] \cdot \begin{bmatrix} \dot{V}_A \\ \dot{V}_B \\ \dot{V}_C \\ \dot{V}_{A'} \\ \dot{V}_{B'} \\ \dot{V}_{C'} \end{bmatrix} . \quad (4.183)
$$

A Equação (4.183) é a generalização do algoritmo de inclusão de um trecho de rede equilibrado, conforme abordado no Capítulo 2. A admitância de sequência direta do trecho (valor escalar) foi substituída pela matriz de admitâncias de elementos do trecho.

O desenvolvimento anterior não leva em conta a existência das capacitâncias da linha. Para incorporar o efeito capacitivo, utiliza-se o modelo da Figura 4.28, o qual inclui as capacitâncias entre cada fase e a terra e as capacitâncias entre fases.

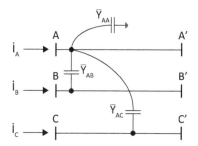

Figura 4.28 – Representação do efeito capacitivo em uma linha trifásica

A corrente injetada no nó A causada exclusivamente pelas capacitâncias é dada por:

$$\begin{aligned}\dot{I}_A &= \overline{Y}_{AA} \cdot \dot{V}_A + \overline{Y}_{AB} \cdot \left(\dot{V}_A - \dot{V}_B\right) + \overline{Y}_{AC} \cdot \left(\dot{V}_A - \dot{V}_C\right) \\ &= \left(\overline{Y}_{AA} + \overline{Y}_{AB} + \overline{Y}_{AC}\right) \cdot \dot{V}_A - \overline{Y}_{AB} \cdot \dot{V}_B - \overline{Y}_{AC} \cdot \dot{V}_C\end{aligned} \quad (4.184)$$

Na Equação (4.184) todas as admitâncias têm a forma geral

$$\overline{Y}_{km} = \frac{1}{2} j\omega C_{km} \quad (4.185)$$

em que ω representa a frequência angular [rad/s] e C_{km} indica a capacitância total entre as fases k e m [F], incluindo o caso $m = k$ (capacitância fase-terra). A Equação (4.185) mostra ainda que a capacitância total é distribuída em partes iguais entre as duas barras terminais da linha (modelo pi).

Estendendo a Equação (4.184) aos seis nós da linha, obtém-se finalmente a contribuição das capacitâncias na matriz de admitâncias nodais da rede (valores em [S] correspondentes ao comprimento total da linha):

$$\begin{bmatrix} \dot{I}_A \\ \dot{I}_B \\ \dot{I}_C \end{bmatrix} = \begin{bmatrix} \overline{Y}_{AA} + \overline{Y}_{AB} + \overline{Y}_{AC} & -\overline{Y}_{AB} & -\overline{Y}_{AC} \\ -\overline{Y}_{AB} & \overline{Y}_{BB} + \overline{Y}_{AB} + \overline{Y}_{BC} & -\overline{Y}_{BC} \\ -\overline{Y}_{AC} & -\overline{Y}_{BC} & \overline{Y}_{CC} + \overline{Y}_{AC} + \overline{Y}_{BC} \end{bmatrix} \cdot \begin{bmatrix} \dot{V}_A \\ \dot{V}_B \\ \dot{V}_C \end{bmatrix}$$

$$(4.186)$$

$$\begin{bmatrix} \dot{I}_{A'} \\ \dot{I}_{B'} \\ \dot{I}_{C'} \end{bmatrix} = \begin{bmatrix} \overline{Y}_{AA} + \overline{Y}_{AB} + \overline{Y}_{AC} & -\overline{Y}_{AB} & -\overline{Y}_{AC} \\ -\overline{Y}_{AB} & \overline{Y}_{BB} + \overline{Y}_{AB} + \overline{Y}_{BC} & -\overline{Y}_{BC} \\ -\overline{Y}_{AC} & -\overline{Y}_{BC} & \overline{Y}_{CC} + \overline{Y}_{AC} + \overline{Y}_{BC} \end{bmatrix} \cdot \begin{bmatrix} \dot{V}_{A'} \\ \dot{V}_{B'} \\ \dot{V}_{C'} \end{bmatrix}$$

Frequentemente os parâmetros de uma linha trifásica (impedância série e capacitância paralelo) são especificados em termos de componentes simétricas. A seguir veremos como obter as admitâncias nas Equações (4.183) e (4.186) a partir dos parâmetros em termos de componentes simétricas.

Sejam $\overline{Z}_0$ e $\overline{Z}_1$ as impedâncias de sequência zero e sequência direta, respectivamente, medidas em [W]. Conforme foi visto no Capítulo 2, tem-se:

$$\overline{Z}_0 = \overline{Z}_P + 2\overline{Z}_M$$
$$\overline{Z}_1 = \overline{Z}_P - \overline{Z}_M$$

$$(4.187)$$

em que $\overline{Z}_P$ e $\overline{Z}_M$ são as impedâncias própria e mútua da linha, respectivamente. Reescrevendo a Equação (4.187) de forma a isolar essas duas impedâncias, obtém-se:

$$\overline{Z}_P = \frac{\overline{Z}_0 + 2\overline{Z}_1}{3} = \overline{Z}_{AA} = \overline{Z}_{BB} = \overline{Z}_{CC}$$

$$(4.188)$$

$$\overline{Z}_M = \frac{\overline{Z}_0 - \overline{Z}_1}{3} = \overline{Z}_{AB} = \overline{Z}_{AC} = \overline{Z}_{BA} = \overline{Z}_{BC} = \overline{Z}_{CA} = \overline{Z}_{CB}$$

O fato de ter-se fornecido os valores em termos de componentes simétricas implica que a linha é equilibrada, o que justifica as últimas igualdades na Equação (4.188).

Com relação às capacitâncias, sejam C_0 e C_1 as capacitâncias de sequência zero e sequência direta, respectivamente, medidas em [F]. Impondo tensão de sequência zero $\left(\dot{V}_B = \dot{V}_C = \dot{V}_A \right)$ na Equação (4.184), obtém-se:

$$\dot{I}_A = \overline{Y}_{kk} \cdot \dot{V}_A = \frac{1}{2} j\omega C_0 \cdot \dot{V}_A$$

Fluxo de potência 367

de onde resulta:

$$\overline{Y}_{AA} = \overline{Y}_{BB} = \overline{Y}_{CC} = \overline{Y}_{kk} = \frac{1}{2} j\omega C_0 \tag{4.189}$$

Impondo agora tensão de sequência direta ($\dot{V}_B = \alpha^2 \dot{V}_A$ e $\dot{V}_C = \alpha \dot{V}_A$) na Equação (4.184), obtém-se:

$$\dot{I}_A = \overline{Y}_{kk} \cdot \dot{V}_A + \overline{Y}_{km} \cdot \left(\dot{V}_A - \alpha^2 \dot{V}_A\right) + \overline{Y}_{km} \cdot \left(\dot{V}_A - \alpha \dot{V}_A\right)$$

$$= \overline{Y}_{kk} \cdot \dot{V}_A + \overline{Y}_{km} \cdot 3\dot{V}_A$$

$$= \left(\overline{Y}_{kk} + 3\overline{Y}_{km}\right)\dot{V}_A$$

$$= \frac{1}{2} j\omega C_1 \cdot \dot{V}_A$$

Em vista da Equação (4.189), resulta finalmente:

$$\overline{Y}_{AB} = \overline{Y}_{AC} = \overline{Y}_{BA} = \overline{Y}_{BC} = \overline{Y}_{CA} = \overline{Y}_{CB} = \overline{Y}_{km} = \frac{1}{2} j\omega \cdot \frac{1}{3}\left(C_1 - C_0\right). \tag{4.190}$$

4.10.2.2 Transformadores

Os transformadores trifásicos podem ter seus enrolamentos ligados em estrela ou em triângulo. Nesta seção será abordado o caso particular de transformador de dois enrolamentos ligados em estrela. O procedimento para enrolamentos ligados em triângulo e transformadores de três enrolamentos é análogo e não será abordado aqui.

A Figura 4.29 mostra o esquema que será utilizado para obter a matriz de admitâncias nodais do transformador. O modelo considera que a impedância de curto-circuito está localizada no secundário do transformador. Esta figura inclui as condições de contorno para obtenção da coluna da matriz de admitâncias nodais correspondente ao nó A (gerador de tensão unitária ligado ao nó A e demais nós ligados à referência).

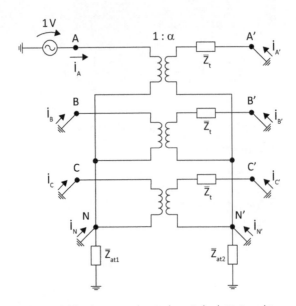

Figura 4.29 – Circuito para obtenção da matriz de admitâncias nodais

Os símbolos utilizados na Figura 4.29 são definidos assim:

- $\overline{Z}_t$: impedância de curto-circuito do transformador (Ω);
- $\overline{Z}_{at1}$: impedância de aterramento do centro-estrela do primário (Ω);
- $\overline{Z}_{at2}$: impedância de aterramento do centro-estrela do secundário (Ω);
- α: tap do enrolamento secundário (modelo 1: α).

Nessas condições, somente circulará corrente pelos nós A, N, A' e N', com valores dados por:

$$\begin{aligned}
\dot{I}_{A'} &= -\frac{1 \cdot \alpha}{\overline{Z}_t} = -\alpha \overline{Y}_t \\
\dot{I}_A &= -\alpha \dot{I}_{A'} = \alpha^2 \overline{Y}_t \\
\dot{I}_N &= -\dot{I}_A = -\alpha^2 \overline{Y}_t \\
\dot{I}_{N'} &= -\dot{I}_{A'} = \alpha \overline{Y}_t
\end{aligned} \qquad (4.191)$$

Esses valores compõem a coluna correspondente ao nó A na matriz de admitâncias nodais do transformador.

Fluxo de potência   **369**

Aplicando agora tensão unitária no nó N, com os demais nós curto-circuitados, resultam as seguintes correntes injetadas (coluna do nó N na matriz de admitâncias nodais):

$$\dot{I}_{A'} = \alpha \overline{Y}_t$$

$$\dot{I}_A = -\alpha^2 \overline{Y}_t$$

$$\dot{I}_{B'} = \alpha \overline{Y}_t$$

$$\dot{I}_B = -\alpha^2 \overline{Y}_t$$

$$\dot{I}_{C'} = \alpha \overline{Y}_t$$

$$\dot{I}_C = -\alpha^2 \overline{Y}_t \tag{4.192}$$

$$\dot{I}_N = -\left(\dot{I}_A + \dot{I}_B + \dot{I}_C\right) + \overline{Y}_{at1} = 3\alpha^2 \overline{Y}_t + \overline{Y}_{at1}$$

$$\dot{I}_{N'} = -\left(\dot{I}_{A'} + \dot{I}_{B'} + \dot{I}_{C'}\right) = -3\alpha \overline{Y}_t$$

O procedimento para os demais nós é análogo. O resultado final é:

$$
\begin{bmatrix} \dot{I}_A \\ \dot{I}_B \\ \dot{I}_C \\ \dot{I}_N \\ \dot{I}_{A'} \\ \dot{I}_{B'} \\ \dot{I}_{C'} \\ \dot{I}_{N'} \end{bmatrix} =
\begin{bmatrix}
\alpha^2\overline{Y}_t & 0 & 0 & -\alpha^2\overline{Y}_t & -\alpha\overline{Y}_t & 0 & 0 & \alpha\overline{Y}_t \\
0 & \alpha^2\overline{Y}_t & 0 & -\alpha^2\overline{Y}_t & 0 & -\alpha\overline{Y}_t & 0 & \alpha\overline{Y}_t \\
0 & 0 & \alpha^2\overline{Y}_t & -\alpha^2\overline{Y}_t & 0 & 0 & -\alpha\overline{Y}_t & \alpha\overline{Y}_t \\
-\alpha^2\overline{Y}_t & -\alpha^2\overline{Y}_t & -\alpha^2\overline{Y}_t & 3\alpha^2\overline{Y}_t+\overline{Y}_{at1} & \alpha\overline{Y}_t & \alpha\overline{Y}_t & \alpha\overline{Y}_t & -3\alpha\overline{Y}_t \\
-\alpha\overline{Y}_t & 0 & 0 & \alpha\overline{Y}_t & \overline{Y}_t & 0 & 0 & -\overline{Y}_t \\
0 & -\alpha\overline{Y}_t & 0 & \alpha\overline{Y}_t & 0 & \overline{Y}_t & 0 & -\overline{Y}_t \\
0 & 0 & -\alpha\overline{Y}_t & \alpha\overline{Y}_t & 0 & 0 & \overline{Y}_t & -\overline{Y}_t \\
\alpha\overline{Y}_t & \alpha\overline{Y}_t & \alpha\overline{Y}_t & -3\alpha\overline{Y}_t & -\overline{Y}_t & -\overline{Y}_t & -\overline{Y}_t & 3\overline{Y}_t+\overline{Y}_{at2}
\end{bmatrix}
\cdot
\begin{bmatrix} \dot{V}_A \\ \dot{V}_B \\ \dot{V}_C \\ \dot{V}_N \\ \dot{V}_{A'} \\ \dot{V}_{B'} \\ \dot{V}_{C'} \\ \dot{V}_{N'} \end{bmatrix}
$$

$$\tag{4.193}$$

4.10.2.3 Cargas

Em uma rede desequilibrada, as cargas podem ser monofásicas, bifásicas ou trifásicas. As cargas bifásicas e trifásicas podem ser consideradas como um conjunto de cargas monofásicas, de forma que é suficiente analisar o comportamento de uma carga monofásica quando se conhece a tensão nodal em cada uma das extremidades. O procedimento é então estendido a todos os elementos monofásicos que compõem a carga bifásica ou trifásica. Nesta seção será abordado o cálculo da corrente injetada nos dois nós de uma carga monofásica, conforme mostrado na Figura 4.30.

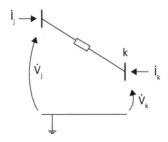

Figura 4.30 – Corrente injetada em carga monofásica

Para carga de impedância constante, tem-se:

$$\dot{I}_j = -\dot{I}_k = \frac{\dot{V}_j - \dot{V}_k}{\overline{Z}_{nom}} = \frac{\dot{V}_c}{\overline{Z}_{nom}} = \frac{V_c \lfloor \theta_c}{Z_{nom} \lfloor \varphi_{nom}} = \frac{V_c}{Z_{nom}} \lfloor \theta_c - \varphi_{nom} \quad (4.194)$$

em que:

$\dot{I}_j, \dot{I}_k$: correntes injetadas nos nós j e k, respectivamente;

$\dot{V}_j, \dot{V}_k$: tensões nodais dos nós j e k, respectivamente;

$$\overline{Z}_{nom} = \frac{V_{nom}^2}{S_{nom}} \angle \varphi_{nom}$$

V_{nom}, S_{nom} e φ_{nom} : valores nominais da carga: tensão, potência aparente e ângulo de potência, respectivamente;

$\dot{V}_c = V_c \lfloor \theta_c = \dot{V}_j - \dot{V}_k$: tensão complexa aplicada à carga.

Para carga de corrente constante, resulta:

$$\dot{I}_j = -\dot{I}_k = I_{nom} \lfloor \theta_c - \varphi_{nom} \quad (4.195)$$

em que:

$I_{nom} = \dfrac{S_{nom}}{V_{nom}}$: corrente nominal da carga;

θ_c : ângulo da tensão aplicada à carga.

Fluxo de potência

Finalmente, para carga de potência constante, resulta:

$$\dot{I}_j = -\dot{I}_k = \frac{S_{nom}}{V_c} \underline{|\theta_c - \varphi_{nom}} \qquad (4.196)$$

em que V_c é o módulo da tensão aplicada à carga.

Eventualmente um dos nós terminais da carga poderá ser o nó de referência (terra). Caso esse nó seja o nó *k* da Figura 4.30, em todas as expressões acima deverá ser imposto o valor $\dot{V}_k = V_k \underline{|\theta_k} = 0$. Naturalmente, nesse caso a corrente injetada $\dot{I}_k$ deverá ser desconsiderada.

4.10.2.4 Geradores

A Figura 4.31 apresenta um primeiro modelo para geradores trifásicos (Modelo 1). Esse modelo permite representar as impedâncias próprias das fases ($\bar{z}_p$), as impedâncias mútuas entre fases (jx_m) e a resistência de aterramento (r_{at}). Assume-se que todos esses valores estão em pu. Nesse modelo destaca-se a existência de uma barra interna (composta pelos nós A', B' e C') e uma barra externa (nós A, B e C).

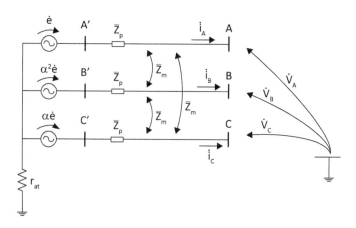

Figura 4.31 – Gerador trifásico – Modelo 1

Para obter os parâmetros do modelo, considera-se que são conhecidos os seguintes valores:

• potência nominal (S_{nom}, valor trifásico, MVA);

• potência de curto-circuito trifásico nos terminais do gerador ($\bar{S}_{3f}$, MVA);

• potência de curto-circuito fase-terra nos terminais do gerador ($\bar{S}_{ft}$, MVA).

A partir das potências de curto-circuito trifásico e fase-terra é possível obter as impedâncias equivalentes de sequência direta ($\bar{z}_1$) e de sequência zero ($\bar{z}_0$):

$$\bar{z}_1 = \frac{S_{nom}}{\bar{S}_{3f}^*} = r_1 + jx_1 \text{ e} \tag{4.197}$$

$$\bar{z}_0 = \frac{3S_{nom}}{\bar{S}_{ft}^*} - \frac{2S_{nom}}{\bar{S}_{3f}^*} = r_0 + jx_0 \tag{4.198}$$

em que as duas impedâncias estão em [pu].

Por outro lado, a impedância de sequência direta vista pelos terminais do gerador pode ser obtida aplicando tensão de sequência direta com valor unitário e calculando as correntes que irão circular no gerador, lembrando que os geradores internos de tensão devem permanecer desligados (em curto-circuito). Assim, tem-se:

$$\bar{z}_1 = \bar{z}_p - jx_m = r_p + jx_p - jx_m = r_p + j\left(x_p - x_m\right). \tag{4.199}$$

Para a sequência zero aplica-se o mesmo procedimento, notando que pelo resistor de aterramento circula agora a corrente $i_A + i_B + i_C = 3i_0$:

$$\bar{z}_0 = 3r_{at} + \bar{z}_p + j2x_m = 3r_{at} + r_p + jx_p + j2x_m = \left(3r_{at} + r_p\right) + j\left(x_p + 2x_m\right). \tag{4.200}$$

Das Equações (4.197) e (4.199) resulta:

$$r_p = r_1 \tag{4.201}$$

Das Equações (4.198), (4.200) e (4.201) resulta:

$$r_{at} = \frac{r_0 - r_p}{3} = \frac{r_0 - r_1}{3} \tag{4.202}$$

Considerando a parte imaginária das Equações (4.197) a (4.200), resulta finalmente:

$$x_p = \frac{x_0 + 2x_1}{3} \text{ e} \tag{4.203}$$

$$x_m = \frac{x_0 - x_1}{3} \tag{4.204}$$

Fluxo de potência

O Modelo 1 possui o inconveniente de não poder ser utilizado diretamente em formulações nodais, pois a tensão imposta pelos geradores não é tensão nodal (não é medida em relação à referência de tensões, e sim em relação ao terminal neutro do gerador). Esse inconveniente pode ser facilmente solucionado reescrevendo as relações entre tensões e correntes no modelo:

$$\begin{bmatrix} \dot{v}_A \\ \dot{v}_B \\ \dot{v}_C \end{bmatrix} = -r_{at} \cdot \begin{bmatrix} 1 & 1 & 1 \\ 1 & 1 & 1 \\ 1 & 1 & 1 \end{bmatrix} \cdot \begin{bmatrix} \dot{i}_A \\ \dot{i}_B \\ \dot{i}_C \end{bmatrix} + \begin{bmatrix} \dot{e} \\ \alpha^2 \dot{e} \\ \alpha \dot{e} \end{bmatrix} - \begin{bmatrix} \bar{z}_p & \bar{z}_m & \bar{z}_m \\ \bar{z}_m & \bar{z}_p & \bar{z}_m \\ \bar{z}_m & \bar{z}_m & \bar{z}_p \end{bmatrix} \cdot \begin{bmatrix} \dot{i}_A \\ \dot{i}_B \\ \dot{i}_C \end{bmatrix}$$

$$= \begin{bmatrix} \dot{e} \\ \alpha^2 \dot{e} \\ \alpha \dot{e} \end{bmatrix} - \begin{bmatrix} r_{at} + \bar{z}_p & r_{at} + \bar{z}_m & r_{at} + \bar{z}_m \\ r_{at} + \bar{z}_m & r_{at} + \bar{z}_p & r_{at} + \bar{z}_m \\ r_{at} + \bar{z}_m & r_{at} + \bar{z}_m & r_{at} + \bar{z}_p \end{bmatrix} \cdot \begin{bmatrix} \dot{i}_A \\ \dot{i}_B \\ \dot{i}_C \end{bmatrix}$$

(4.205)

A Equação (4.205) mostra que basta somar a resistência de aterramento a todos os elementos da matriz de impedâncias do Modelo 1, conduzindo assim ao Modelo 2. O Modelo 2, representado na Figura 4.32, pode ser utilizado diretamente em formulações nodais, pois a tensão imposta pelos geradores é agora tensão nodal.

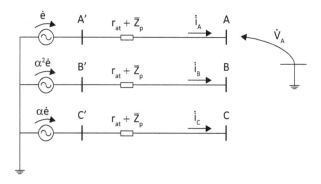

Figura 4.32 – Gerador trifásico – Modelo 2

4.10.3 ADAPTAÇÃO DO MÉTODO DE NEWTON RAPHSON EM COORDENADAS RETANGULARES PARA REDES DESEQUILIBRADAS

Na Seção 4.7.3 foi abordada a aplicação do método de Newton Raphson com coordenadas retangulares em redes equilibradas. Nesse caso, os termos "barra" e "nó" são considerados sinônimos. No caso de uma rede desequilibrada, uma barra terá um número de nós variável de 1 (uma única fase) a 4 (três fases e neutro), conforme ilustra a Figura 4.33.

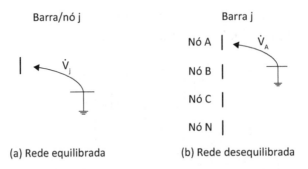

Figura 4.33 – Correspondência barra-nó em redes equilibradas e desequilibradas

Tudo o que foi exposto anteriormente para as redes equilibradas é reaproveitado integralmente na aplicação do método de Newton Raphson ao problema de fluxo de potência em redes desequilibradas. O único cuidado a ser tomado é associar tensões, correntes injetadas e potências injetadas a cada nó da barra, em vez de associar essas grandezas à própria barra. Naturalmente, o número de equações e de incógnitas aumenta na mesma proporção que o número de nós.

Um outro aspecto que merece atenção é a utilização de valores por-unidade na análise de redes desequilibradas. No caso de redes *equilibradas*, a utilização de valores PU promove automaticamente a construção de uma rede trifásica equivalente com todos os elementos ligados em estrela. A partir daí, a análise é feita apenas em uma fase da rede trifásica equivalente, pois as outras duas fases são idênticas à fase escolhida.

No caso de redes *desequilibradas*, deve-se considerar a presença de linhas monofásicas, cargas monofásicas e transformadores monofásicos e seus arranjos especiais em bancos ligados em delta-aberto e delta-fechado. Os parâmetros elétricos de transformadores monofásicos (resistências e reatâncias) também são especificados em termos de valores PU, sempre com a convenção de que os valores de base adotados são os próprios valores nominais do equipamento (base monofásica). Ao analisar uma rede elétrica com transformadores monofásicos e trifásicos, todos os valores PU deverão ser convertidos a uma base comum, e isso se torna particularmente complexo pelo fato de que a mudança de base envolve não apenas mudança de potências, mas também de tensões: os enrolamentos de cada transformador monofásico podem estar ligados entre duas fases ou entre uma fase e neutro. Em vez de manter um registro de

Fluxo de potência

valores de base para cada equipamento, o que implicaria um trabalho considerável de mudança de base ida e volta, uma alternativa interessante é descrever os parâmetros de todos os equipamentos (geradores, linhas e transformadores) diretamente em ohm e só utilizar valores PU no momento de montar a matriz de admitâncias nodais. Esse procedimento será detalhado a seguir.

Admitindo-se que a matriz de admitâncias nodais de uma rede já tenha sido montada *sem* a utilização de valores PU, tem-se:

$$[I] = [Y] \cdot [V]$$

(4.206)

em que:

$[I]$ é o vetor de correntes injetadas nos nós da rede [A];

$[V]$ é o vetor de tensões nodais da rede [V]; e

$[Y]$ é a matriz de admitâncias nodais da rede [S].

É importante destacar que nesse caso todas as tensões nodais são tensões *de fase*, pois são medidas em relação a um nó de referência, normalmente a terra. Caso se deseje obter uma tensão de linha, ela deverá ser calculada como a diferença entre as duas correspondentes tensões de fase.

A equação nodal do nó genérico j na Equação (4.206) é dada por:

$$\dot{I}_j = \sum_k \overline{Y}_{jk} \dot{V}_k \ .$$

(4.207)

A corrente nodal $\dot{I}_j$ pode ser escrita utilizando o correspondente valor PU:

$$\dot{I}_j = i_j I_{bj} = i_j \frac{S_{bf}}{V_{bf\,j}}$$

(4.208)

em que:

i_j é a corrente nodal do nó j [pu];

I_{bj} é a corrente de base do nó j [A];

S_{bf} é a potência de base *de fase* do sistema PU [VA]; e

$V_{bf\,j}$ é a tensão de base *de fase* do nó j [V].

Da mesma forma, a tensão nodal $\dot{V}_k$ pode ser escrita como:

$$\dot{V}_k = \dot{v}_k V_{bf\,k} \qquad (4.209)$$

em que:

$\dot{v}_k$ é a tensão nodal do nó k [pu];

$V_{bf\,k}$ é a tensão de base *de fase* do nó k [V].

Substituindo as Equações (4.208) e (4.209) na Equação (4.207), tem-se:

$$i_j \frac{S_{bf}}{V_{bf\,j}} = \sum_k \overline{Y}_{jk} \dot{v}_k V_{bf\,k}$$

ou

$$i_j = \sum_k \overline{Y}_{jk} \frac{V_{bf\,j} \cdot V_{bf\,k}}{S_{bf}} \dot{v}_k = \sum_k \overline{Y}_{jk} \frac{1}{Y_{b\,jk}} \dot{v}_k = \sum_k \overline{y}_{jk} \dot{v}_k \qquad (4.210)$$

em que:

$Y_{b\,jk} = \dfrac{S_{bf}}{V_{bf\,j} \cdot V_{bf\,k}}$ é a admitância de base [S] do elemento (j,k) da matriz de admitâncias nodais; e

$\overline{y}_{jk} = \dfrac{\overline{Y}_{jk}}{Y_{b\,jk}}$ é o elemento (j,k) da matriz de admitâncias nodais em PU.

A admitância de base do elemento (j,k) pode ser vista como uma generalização do conceito de admitância de base. De fato, quando $k = j$, a admitância de base do elemento da diagonal j torna-se a definição convencional de admitância de base.

As Equações (4.207) a (4.210) permitem formular a equação nodal da rede elétrica em valores PU, preservando assim as vantagens que estes fornecem em termos de precisão numérica.

A partir deste ponto, o desenvolvimento da solução do problema de fluxo de potência utilizando o método de Newton Raphson prossegue em PU, o que significa que tanto o jacobiano como o termo conhecido na Equação (4.96) também devem ser calculados em PU, utilizando sempre os valores de base *de fase*.

4.11 PROCEDIMENTOS PARA A REALIZAÇÃO DE ESTUDOS DE FLUXO DE POTÊNCIA

4.11.1 INTRODUÇÃO

Os estudos de fluxo de potência em sistemas de transmissão da energia são realizados em duas áreas:

- área de planejamento, quando o escopo é definir os reforços a serem comissionados no sistema tendo-se em vista o atendimento do crescimento da carga através de rede que obedece a critérios técnicos e econômicos de planejamento;

- área da operação, quando o escopo é buscar a configuração que atende à demanda com os melhores índices de desempenho.

Observa-se que os dados a serem obtidos nas duas áreas para a realização do estudo têm particularidades diferentes, por exemplo, a carga nos estudos de planejamento é fruto de um estudo de mercado que estabelece ao longo do horizonte do estudo a demanda de cada centro de carga. Já na operação, a carga é conhecida por medições de campo e não há preocupação com sua evolução no tempo.

Assim, nos estudos de planejamento, a primeira exigência é a definição do escopo do estudo, que deve ser clara e objetiva, pois toda a modelagem, coleta dos dados necessários, limites a serem obedecidos, vínculos etc. serão estabelecidos com base nessa definição do escopo. Além disso, é parte integrante do estudo os Critérios Específicos de Análise, que dizem respeito a:

- Fluxos de potência a serem realizados: normal, carga pesada, carga média, carga leve, condições de emergência.

- Vinculações entre os fluxos. Por exemplo:

  ○ quais alterações na rede serão permitidas entre carga pesada e leve;

  ○ quais as sequências de manobra entre reatores, capacitores e linhas;

  ○ quais taps de transformadores são passíveis de serem alterados.

Por outro lado, nos estudos de operação o escopo é o atendimento da carga com minimização das perdas e atendimento aos critérios de operação.

Na seção subsequente serão analisados os dados a serem coletados para estudos de planejamento.

4.11.2 DADOS NECESSÁRIOS PARA ESTUDOS DE PLANEJAMENTO

4.11.2.1 Introdução

Nesta seção serão apresentados os dados a serem obtidos referentes a:

- barras de carga;
- barras de geração;
- dados de ligações.

4.11.2.2 Dados das barras de carga

O dado primordial das barras de carga diz respeito à potência, ativa e reativa, que a barra irá suprir durante os anos de estudo. Destaca-se que a potência ativa é obtida por estudos de mercado, nos quais se estabelece, com base em critérios associados à tipologia dos consumidores da área, sua evolução no tempo. A potência reativa é estimada partindo-se dos tipos de cargas presentes na barra. Deverão ser levantados os dados referentes aos reatores ou capacitores a serem instalados em derivação nas barras, que serão alocados, ano a ano, consoante à necessidade de compensação reativa. Para a realização de estudos de fluxo de potência em carga leve é usual assumir-se um fator multiplicativo da carga, por exemplo: 0,4. Isto é, a potência absorvida em carga leve corresponde a 40% daquela absorvida em carga pesada.

Além dos dados elétricos é usual atribuir às barras dados que permitam sua identificação na rede em estudo, isto é:

- Nome da barra: usualmente atribui-se à barra o nome da usina, barras de geração, ou o da subestação, barras de carga.

- Área à qual a barra pertence: esta definição é sobremodo importante quando se está estudando áreas interligadas.

- Número da barra: usualmente as barras são numeradas por suas coordenadas terrestres, que permitem sua localização no espaço. Esta numeração é sobremodo importante quando o programa utilizado conta com aplicativo gráfico que permite a representação gráfica da rede.

4.11.2.3 Dados das barras de geração

As potências ativas despachadas pelos geradores das usinas são resultado de estudos energéticos que levam em conta as diferentes hidrologias das regiões interligadas, a vinculação do despacho entre as usinas de um mesmo rio. O número de unidades a ser despachado em cada usina deve ser estabelecido levando-se em conta as restrições de cada unidade (cavitação) e a necessidade de se contar no sistema com reserva girante.

Fluxo de potência

Os níveis de tensão a serem fixados nas barras das usinas e nas barras com compensadores usualmente são definidos no escopo do estudo. Evidentemente, é usual a utilização, em carga pesada, de níveis de tensão mais altos, tendo em vista a necessidade de aumentar-se a capacidade de transporte de energia do sistema. Já em carga leve, é usual reduzir-se tais níveis de tensão de modo a permitir que os geradores absorvam o excesso de reativos do sistema. Entretanto, destaca-se que a fixação de níveis de tensão deve ser pesquisada durante a execução dos estudos de fluxo de potência.

4.11.2.4 Dados das ligações

A configuração básica do sistema para o ano inicial do estudo é, usualmente, conhecida. Entretanto, é comum fazer parte do escopo do estudo a definição de pontos específicos de configuração, como novas linhas a serem construídas, interligações entre áreas.

Além disso, a fixação das derivações de transformadores é definida nos estudos de fluxo de potência tendo em vista eliminar fluxos de reativos excessivos entre os dois sistemas interligados pelos transformadores e melhorar os níveis de tensão na região atendida pelo transformador.

Na interligação entre duas regiões, cada uma com controle próprio do nível de tensão, o ajuste da derivação do transformador de interligação se presta fundamentalmente ao balanceamento do fluxo de reativos. Por outro lado, tratando-se de transformadores que suprem radialmente subestações de carga, o ajuste da derivação visa primordialmente ao controle da tensão.

Os dados elétricos das ligações a serem levantados dizem respeito a:

- Tipo de ligação, ou seja, linha de transmissão, transformador com ou sem LTC (mudança de derivação em carga), dispositivo de compensação série de reativos. Para cada elemento devem ser obtidos os dados que permitam sua representação.

- Ligações de interconexão entre áreas distintas. Essas ligações podem ser identificadas pelo código de identificação da área das barras extremas.

4.11.3 RESULTADOS DO ESTUDO

4.11.3.1 Introdução

Normalmente, para se chegar a um resultado de fluxo de potência que atende às exigências do estudo, é necessária a realização de vários processamentos, nos quais otimizam-se, pelo despacho de geração e ajuste de taps, os níveis de tensão. Pelo ajuste do suporte reativo e despacho de geração, otimizam-se os fluxos de potência ativa, minimizando-se as perdas Joule e de potência reativa, minimizando-se a injeção ou absorção de reativos pelos geradores. O conjunto desses processamentos é chamado de "fase de otimização" ou "fase de acerto", quando se estabelece com grau razoável de otimização os valores:

- da tensão nos barramentos da rede;
- do equilíbrio entre os reativos gerados em usinas próximas de modo a se evitar a circulação indesejada de reativos entre elas;
- da existência de tensões em barramentos com valores muito próximos aos seus limites admissíveis, máximo ou mínimo;
- da existência de trechos de rede com carregamento próximo a seu valor-limite.

Destaca-se que na atualidade existem programas com capacidade para tratar redes que contam com mais de 1.000 barras. Salienta-se que sistemas de tais dimensões não se prestam adequadamente ao estudo do desempenho da rede e deveriam ser utilizados tão somente para se dispor de um arquivo contando com todos os resultados.

Com o processamento de redes dessas dimensões a massa de dados a analisar é sobre modo grande. Exemplificando, para uma rede com 1.000 barras, o relatório referente aos resultados das barras, supondo-se a impressão de 30 barras por página, teria mais de 30 páginas. A isso some-se os resultados referentes aos fluxos nas ligações; assumindo que cada barra tem 2,5 ligações, ter-se-iam 2.500 ligações (com 30 ligações por página) que se traduziriam em cerca de 80 páginas. Destaca-se que, para os estudos de áreas interconectadas, é recomendável estudar-se cada área isoladamente até se alcançar sua otimização e posteriormente interligá-las representando-as por redes equivalentes. Isto é, em cada área substituem-se as partes de menor criticidade por equivalentes. Nas partes das redes a serem substituídas por equivalentes, destacam-se: trechos radiais, trechos de linhas com várias barras em série etc.

4.11.3.2 Fase de otimização

Não existe uma regra única para o desenvolvimento do acerto do fluxo de potência, uma vez que somente com a "sensibilidade" adquirida pelo processamento de vários casos ou de estudos anteriores da mesma rede é possível passar-se por esta fase de uma maneira direta.

Fluxo de potência

Destaca-se que, quando não se conhece a rede a ser analisada, é oportuno realizar-se os primeiros processamentos assumindo-se os valores nominais das tensões dos geradores, das barras com controle de reativos em derivação e dos taps dos transformadores de tap fixo ou com LTC. À medida que se vai adquirindo sensibilidade do desempenho da rede, pode-se atuar sobre o ajuste de tais grandezas. Na fase de acerto é ainda importante a análise do fluxo de potência nas ligações tendo-se em vista limitar seus carregamentos ao admissível e eliminar o fluxo de reativos indesejáveis.

As trocas de reativos entre sistemas de tensões diferentes são controladas diminuindo-se a tensão de tap do transformador de interconexão no lado do sistema que está fornecendo os reativos que se quer evitar, ou, vice-versa, aumentando-se a tensão de tap do lado que está recebendo os reativos. Analogamente, as trocas de reativos entre usinas podem ser evitadas escolhendo-se adequadamente seus níveis de tensão.

4.11.3.3 Problemas de convergência

De modo geral, utilizando-se o método de solução de Newton Raphson ou mesmo o desacoplado rápido (*fast decoupled*), os problemas de convergência são raros, isto é, alcança-se rapidamente a convergência do sistema de equações não lineares.

De modo geral, pode-se afirmar que os pouquíssimos problemas de convergência que surgem são decorrentes dos dados utilizados. Neste conjunto as causas mais comuns são:

- Em sistemas radiais muito longos o carregamento pode influir sensivelmente nos valores dos níveis de tensão, não só nos valores corrigidos, mas também nos valores alcançados durante o processo de convergência. Esse problema de convergência pode ser sanado por meio da inclusão, no alimentador, de uma barra de tensão controlada.

- Quando existe um excessivo número de barras com vinculações, quer de reativos em geradores, quer de nível de tensão, podem existir incompatibilidades entre os vínculos que impedem a convergência nos sistemas. Esse problema é corrigido retirando-se algumas das restrições até que seja possível identificar qual a incongruência que ocorreu.

- A troca excessiva de reativos entre sistemas pode ocasionar problemas de convergência, pois essas trocas influem sensivelmente nas tensões. Esse problema é contornado deixando-se de fixar a tensão em alguns dos geradores ou acertando-se os taps dos transformadores de interconexão ou, ainda, alterando-se convenientemente o nível de tensão de alguns dos geradores.

- Acrescentando-se a um caso-base barras ou subsistemas, pode-se vir a ter problemas de convergência, pois podem existir incompatibilidades entre os valores da área convergida e os dos elementos adicionados. Esse problema é solucionado pelo fornecimento de valores iniciais adequados aos elementos adicionados. Por exemplo, quando da inclusão de uma nova barra é suficiente fornecer para a condição inicial do ângulo de fase da tensão valor igual ao da barra adjacente do sistema convergido. Outra alternativa é retornar todo o sistema às condições iniciais naturais, ângulo de fase de 0 grau. Destaca-se que a primeira solução é mais vantajosa, pois pode reduzir o tempo de processamento.

Quando se identificam problemas de convergência, o procedimento mais adequado é limitar-se o número máximo de iterações a duas, por exemplo, de modo a terem-se resultados que permitam a análise da evolução da convergência. Há programas que permitem obter-se impressões intermediárias correspondentes a cada um dos passos de cálculo quando se torna rápido analisar as barras que estão apresentando problemas e a origem de tais problemas.

4.11.4 ANÁLISE DE CASO

4.11.4.1 Introdução

Nesta seção será estudado um fluxo de potência para uma rede constituída por uma linha de 345 kV e uma de 500 kV que se ligam em paralelo e suprem uma carga, Figura 4.34, cujos dados são:

- LT_1 – tensão nominal: 345 kV, impedância série: 0,0389 + j 0,3657 Ω/km, admitância shunt: 4,48 x 10^{-6} S/km, comprimento: 300 km.

- LT_2 – tensão nominal 500 kV, impedância série: 0,0273 + j 0,3073 Ω/km, admitância shunt: 5,277 x 10^{-6} S/km, comprimento: 400 km.

- Transformador – potência nominal 800 MVA, tensão primária 345 kV, tensão secundária 500 kV, impedância equivalente 0,04 + j0,08 pu, tap ajustável de 0,95 a 1,05 com passo de 0,01pu.

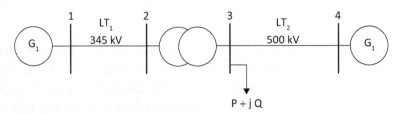

Figura 4.34 – Diagrama unifilar da rede para o estudo

O estudo será realizado assumindo-se as duas barras de geração, barras 1 e 4, do tipo swing, a 3 como barra de carga, com carga de potência constante, P + jQ, e, finalmente, a barra 2 como barra de carga sem carga. Serão consideradas as etapas a seguir:

- Análise da operação em vazio com ajuste das tensões dos dois geradores no sentido de minimizar-se a circulação de reativos. Análise da locação de suporte reativo nas barras terminais das linhas de transmissão.

- Rede com carga média, 500 + j 80 MVA, e pesada, 1300 + j 200 MVA, com análise do ajuste das tensões nos geradores e ajuste do tap visando a otimização das condições operativas.

4.11.4.2 Parâmetros da rede

Tendo em vista subsidiar a análise do comportamento da rede, apresenta-se na Figura 4.35 o circuito equivalente com o valor de seus parâmetros, em pu, na base de potência de 1000 MVA e na base de tensão da tensão nominal da linha.

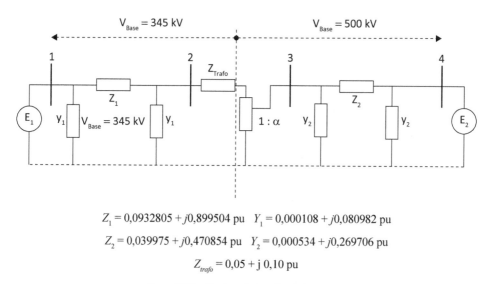

$Z_1 = 0,0932805 + j0,899504$ pu $Y_1 = 0,000108 + j0,080982$ pu

$Z_2 = 0,039975 + j0,470854$ pu $Y_2 = 0,000534 + j0,269706$ pu

$Z_{trafo} = 0,05 + j\,0,10$ pu

Figura 4.35 – Circuito equivalente da rede do caso-teste

A partir dos parâmetros da rede, observa-se que, estando as duas linhas com sua tensão nominal, haverá uma produção de reativos capacitivos da ordem de grandeza de:

$$Q = 1000 \times 2 \times (0,080982 + 0,269706) \cong 700 \text{ MVAr}$$

Destaca-se que esse valor de reativos inviabiliza a operação da rede sem a existência de um suporte reativo adequado.

4.11.4.3 Análise da rede operando em vazio

O estudo foi iniciado processando-se o caso-base com tensões de 1,0 pu e fase zero nas duas barras swing e com o transformador em seu tap nominal, 1:1. O resultado obtido está apresentado no relatório a seguir:

```
          Caso com carga    0.00 + j   0.00 MVA e tap 1:1.000
                        Resultado nas barras

   Barra      Tipo    Tensão         Potência         Desvio potência

  Núm.   Nome        Módulo  Fase   Ativa   Reativa   Ativa    Reativa

   1    AAAA    3   1.0000   0.00  -0.0008  -0.2129   0.0000   0.0000

   2    BBBB    1   1.1188  -0.59   0.0000   0.0000   0.0000   0.0000

   3    CCCC    1   1.1231  -0.68   0.0000   0.0000   0.0000   0.0000

   4    DDDD    3   1.0000   0.00   0.0067  -0.5316   0.0000   0.0000


                        Resultado nas ligações

    Ligação    Tipo  Fluxo de potência   Corrente (A)    Perdas na lig.

   Barra Barra  lig.   Ativa   Reativa   Módulo  Fase    Ativa   Reativa

     1     2    1    -0.0008  -0.2129    356.3   90.2   0.0019  -0.1667

     2     1          0.0027   0.0462     69.2  -87.3

     2     3    3    -0.0027  -0.0462     69.2   92.7   0.0001   0.0002

     3     2          0.0027   0.0464     69.2  -87.3

     4     3    1     0.0067  -0.5316    613.9   89.3   0.0039  -0.5780

     3     4         -0.0027  -0.0464     47.8   92.7

            Geração total     =  0.005896-0.744491j

            Carga total       =  0.000000+0.000000j

            Total das perdas  =  0.005901-0.744485j

            Desvio            = -0.000004-0.000006j
```

Do relatório de fluxo de potência observa-se que a tensão na rede excede os valores admissíveis da tensão de trabalho e que os geradores estão absorvendo

Fluxo de potência

385

cerca de 750 MVAr que são produzidos pela capacidade das linhas. Além disso, o gerador da barra 4 está suprindo as perdas, em termos de potência ativa, e está injetando potência na barra 1. Corrige-se esse erro aumentando-se o ajuste do tap ou aumentando-se módulo da tensão da barra 1. A seguir apresenta-se o resultado quando o tap está ajustado para 1,01.

Caso com carga   0.00 + j   0.00 MVA e tap 1:1.010

Resultado nas barras

Barra		Tipo	Tensão		Potência		Desvio potência	
Núm.	Nome		Módulo	Fase	Ativa	Reativa	Ativa	Reativa
1	AAAA	3	1.0000	0.00	0.0000	-0.2057	0.0000	0.0000
2	BBBB	1	1.1123	-0.60	0.0000	0.0000	0.0000	0.0000
3	CCCC	1	1.1269	-0.68	0.0000	0.0000	0.0000	0.0000
4	DDDD	3	1.0000	0.00	0.0058	-0.5396	0.0000	0.0000

Resultado nas ligações

Ligação		Tipo	Fluxo de potência		Corrente (A)		Perdas na lig.	
Barra	Barra	lig.	Ativa	Reativa	Módulo	Fase	Ativa	Reativa
1	2	1	0.0000	-0.2057	344.2	90.0	0.0017	-0.1672
2	1		0.0017	0.0385	58.0	-88.1		
2	3	3	-0.0017	-0.0385	58.0	91.9	0.0001	0.0001
3	2		0.0017	0.0386	57.5	-88.1		
4	3	1	0.0058	-0.5396	623.1	89.4	0.0041	-0.5783
3	4		-0.0017	-0.0386	39.6	91.9		

Geração total   = 0.005871-0.745335j

Carga total   = 0.000000+0.000000j

Total das perdas = 0.005875-0.745329j

Desvio   = -0.000004-0.000006j

Do resultado do fluxo de potência com o tap ajustado para 1,01, observa-se que os geradores das barras 1 e 4 passaram a absorver os reativos gerados nas linhas às quais estão diretamente ligados, isto é, gerador da barra 1 absorve a potência reativa da linha de 345 kV e o da barra 4 absorve a potência reativa da linha de 500 kV.

Na hipótese de aumentar-se o módulo da tensão da barra 1 para 1,01 pu, obtém-se:

Caso com carga   0.00 + j   0.00 MVA e tap 1:1.000

Resultado nas barras

Barra		Tipo	Tensão		Potência		Desvio potência	
Núm.	Nome		Módulo	Fase	Ativa	Reativa	Ativa	Reativa
1	AAAA	3	1.0100	0.00	0.0000	-0.2095	0.0000	0.0000
2	BBBB	1	1.1231	-0.59	0.0000	0.0000	0.0000	0.0000
3	CCCC	1	1.1267	-0.67	0.0000	0.0000	0.0000	0.0000
4	DDDD	3	1.0000	0.00	0.0059	-0.5392	0.0000	0.0000

Resultado nas ligações

Ligação		Tipo	Fluxo de potência		Corrente (A)		Perdas na lig.	
Barra	Barra	lig.	Ativa	Reativa	Módulo	Fase	Ativa	Reativa
1	2	1	0.0000	-0.2095	347.2	90.0	0.0017	-0.1706
2	1		0.0017	0.0390	58.1	-88.1		
2	3	3	-0.0017	-0.0390	58.1	91.9	0.0001	0.0001
3	2		0.0018	0.0391	58.1	-88.1		
4	3	1	0.0059	-0.5392	622.6	89.4	0.0041	-0.5783
3	4		-0.0017	-0.0391	40.1	91.9		

Geração total   = 0.005888-0.748695j

Carga total   = 0.000000+0.000000j

Total das perdas = 0.005893-0.748689j

Desvio   = -0.000005-0.000006j

A seguir, apresenta-se nas Figuras 4.36 (a) e 4.36 (b) a variação, em função do tap selecionado, do módulo da tensão na barra 3 e dos reativos absorvidos pelos geradores. A tensão nas barras swing foi ajustada em 1 + 0 j pu.

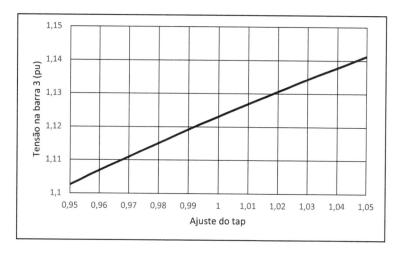

Figura 4.36 (a) – Módulo da tensão na barra 3 em função do ajuste do tap do transformador

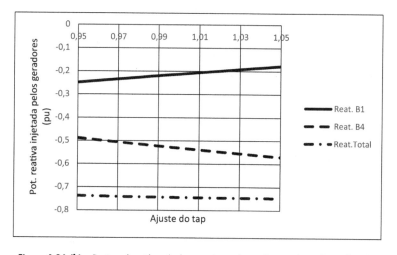

Figura 4.36 (b) – Reativos absorvidos pelas barras swing em função do ajuste do tap do transformador

Observa-se que:

- A tensão na barra 3 aumenta à medida que se aumenta o tap do transformador partindo do valor 1,1026 pu, para ajuste tap de 1:0,95, até alcançar 1,141 pu quando o ajuste do tap corresponde a 1:1,05 pu.

- Os reativos absorvidos pela barra swing 1 decrescem de 249,3 MVAr, no tap mínimo, para 177,2 MVAr, no tap máximo. Em contrapartida, os reativos absorvidos pela barra swing 4 aumentam de 488,4 MVAr para 575,0 MVAr. Além disso, o total dos reativos absorvidos pela geração se mantém praticamente constante. Conclui-se que o aumento do tap do transformador transfere a absorção dos reativos da barra 1 para a barra 4.

A tensão em toda a rede excede o valor máximo admissível e, no sentido de conduzi-la à faixa do admissível, serão executados novos casos reduzindo-se o módulo das tensões das barras swing e mantendo-se suas fases em zero grau. Para todos os casos a seguir o tap do transformador será mantido em 1:1. Na Tabela 4.27, na qual se apresentam os resultados alcançados, destaca-se que:

- Reduzindo-se a tensão somente numa das barras, não se consegue reduzir o nível de tensão da rede. A redução da tensão na barra 4 produz diminuição do nível de tensão maior que a redução da tensão na barra 1.

- Reduzindo-se a tensão das duas barras swing para 0,93 pu, reduz-se a tensão da barra de carga para 1,044 pu.

- Para que a barra swing 1 não absorva potência ativa, é necessário que o módulo da tensão da barra swing 4 seja menor que o da barra 1.

- A variação do módulo da tensão da barra swing ocasiona variação muito pequena na potência reativa absorvida pelos geradores. Há uma ligeira diminuição devido à redução no nível de tensão da rede e, consequentemente, dos reativos injetados pela capacitância das linhas.

Tabela 4.27 – Influência do módulo da tensão nas barras swing – Barras com fase 0°

Tensão (pu)		V Barra 3		Pot. Barra 1 (pu)		Pot. Barra 4 (pu)	
Barra 1	Barra 4	Módulo (pu)	Fase (°)	Ativa	Reativa	Ativa	Reativa
1,00	1,00	1,1231	-0,6817	-0,0008	-0,2129	0,0067	-0,5316
0,975	1,00	1,1141	-0,6988	-0,0028	-0,2209	0,0088	-0,5127
0,95	1,00	1,1051	-0,7162	-0,0047	-0,2281	0,0109	-0,4937
1,00	0,975	1,1040	-0,6645	0,0013	-0,1940	0,0043	-0,5238
1,00	0,95	1,0849	-0,6466	0,0034	-0,1751	0,0021	-0,5157
0,95	0,95	1,0669	-0,6817	-0,0007	-0,1922	0,0060	-0,4798
0,94	0,94	1,0557	-0,6818	-0,0007	-0,1881	0,0059	-0,4697
0,95	0,94	1,0593	-0,6746	0,0001	-0,1850	0,0051	-0,4768
0,94	0,94	1,0557	-0,6818	-0,0007	-0,1881	0,0059	-0,4697
0,93	0,93	1,0444	-0,6818	-0,0007	-0,1841	0,0058	-0,4598

A seguir, Tabela 4.28, será analisada a influência da fase das tensões nas barras swing. O módulo das tensões das duas barras será mantido em 1 pu e o tap do transformador será ajustado na relação 1:1.

Fluxo de potência   **389**

Tabela 4.28 – Influência da fase da tensão nas barras swing – Módulos de 1 pu

Fase barras swing (°)		Tensão na barra 3		Potência na barra 1 (pu)		Potência na barra 4 (pu)	
Barra 1	Barra 4	Módulo (pu)	Fase (°)	Ativa	Reativa	Ativa	Reativa
0,00	0,00	1,1231	-0,6817	-0,0008	-0,2129	0,0067	-0,5316
5,00	0,00	1,1210	0,9184	0,0655	-0,2173	-0,0590	-0,5214
-5,00	0,00	1,1233	-2,2836	-0,0665	-0,2028	0,0730	-0,5360
0,00	5,00	1,1233	2,7165	-0,0665	-0,2028	0,0730	-0,5360
0,00	-5,00	1,1210	-4,0817	0,0655	-0,2173	-0,0590	-0,5214

Dos resultados alcançados, destaca-se:

- O nível de tensão da rede é praticamente um invariante com a fase da tensão das barras swing.

- Os reativos absorvidos pelos geradores são praticamente invariantes com a variação de fase das barras swing.

- A potência ativa injetada por um dos geradores que supre as perdas de potência ativa da rede e são absorvidos pelo outro gerador é sobremodo sensível à fase dos geradores.

Da análise levada a efeito, conclui-se que a redução da tensão de suprimento diminui o problema, mas não permite que se alcance uma condição operativa satisfatória e a modificação do ângulo de rotação de fase entre as duas tensões se traduz por benefícios muito pequenos.

Assim, a solução para conduzir a rede às condições operativas aceitáveis é, indubitavelmente, recorrer-se a suporte reativo. Lembra-se que os 300 km de linha de 345 kV produzem cerca de 200 MVAr capacitivos e os 500 km da linha de 500 kV produzem cerca de 500 MVAr capacitivo. Compensando-se as duas linhas a 50%, dever-se-ia colocar na barra 2 um reator de 100 MVAr e na barra 3 um de 250 MVAr. Processar-se-ão casos em que foi incluído um único reator, variando de 100 até 600 MVAr na barra 3. As tensões das barras swing foram mantidas em 1 pu, fase zero. O transformador foi ajustado para seu tap nominal, isto é, com relação 1:1. Os resultados alcançados estão apresentados na Tabela 4.29, na qual se destaca:

- Reatores com potência maior que 300 MVAr ocasionam redução excessiva da tensão da barra 3 e aumentam a circulação de potência ativa entre os geradores.

- Utilizando-se um reator de 300 MVAr conduz-se a tensão a 1,017, isto é, obedecendo aos limites de tensão aceitável, e praticamente não há circulação de potência ativa entre os geradores (o gerador da barra 4 absorve 100 kW).

Tabela 4.29 – Utilização de suporte reativo na barra 3

Reator MVAr	Tensão na barra 3		Potência barra 1 (pu)		Potência barra 4 (pu)	
	Módulo (pu)	Fase (°)	Ativa	Reativa	Ativa	Reativa
100	1.0902	-0.4897	-0.0003	-0.1799	0.0040	-0.4616
200	1.0551	-0.2849	0.0006	-0.1447	0.0017	-0.3869
300	1.0173	-0.0644	0.0017	-0.1068	-0.0001	-0.3065
400	0.9760	0.1763	0.0033	-0.0654	-0.0015	-0.2188
500	0.9302	0.4438	0.0055	-0.0195	-0.0022	-0.1213
600	0.8777	0.7497	0.0086	0.0330	-0.0018	-0.0097

A seguir, analisar-se-á a utilização de suporte reativo nas barras terminais das duas linhas de transmissão. Os casos a serem processados dizem respeito à instalação de reator de 200 MVAr na barra 3 e reator variável de 0 a 100 MVAr, com passo de 25 MVAr, na barra 2.

Os resultados alcançados estão apresentados nos gráficos das Figuras 4.37 (a), 4.37 (b) e 4.37 (c), nas quais se apresenta a tensão na barra 3, a potência reativa e a potência ativa supridas pelos geradores. Destaca-se que todos os gráficos apresentam a variação da grandeza selecionada em função do ajuste do tap do transformador e parametrizada no valor do suporte reativo utilizado. Destaca-se também que:

- No gráfico da tensão na barra 3, Figura 4.37 (a), o suporte reativo é definido por R Q_3/Q_2, onde Q_3 representa o suporte reativo, em MVAr, instalado na barra 3 e Q_2 o da barra 2.

- Nos gráficos das potências, reativa e ativa, injetadas nas barras 2 e 3, Figuras 4.37 (b) e 4.37 (c), apresentam-se, em correspondência à identificação do suporte reativo, as indicações B1 e B4, que permitem identificar a barra à qual a grandeza se refere.

Lembra-se que aquela condição operativa na qual um dos geradores está suprindo as perdas na rede e está injetando potência no outro gerador é inaceitável, logo, todas as condições destacadas a seguir devem ser descartadas, isto é, são viáveis os valores de taps com os quais as potências ativas fornecidas pelos geradores são maiores que zero. Da Figura 4.37 (c) observa-se que, *grosso modo*, são viáveis os ajustes de tap limitados na faixa de 1:1,00 até 1:1,02. Para facilitar a análise, apresenta-se na Tabela 4.30 os resultados que levam em conta os suportes reativos definidos limitando-se os taps nas faixas acima.

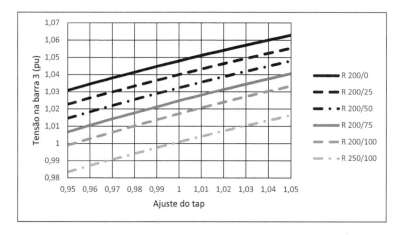

Figura 4.37 (a) – Tensão na barra 3 em função do tap e do suporte reativo

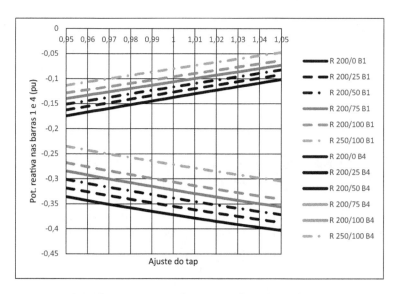

Figura 4.37 (b) – Potência ativa nas barras swing em função do tap e do suporte reativo

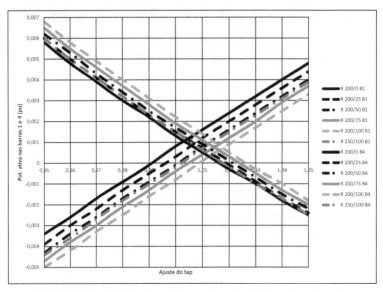

Figura 4.37 (c) – Potência reativa nas barras swing em função do tap e do suporte reativo

Tabela 4.30 – Compensação reativa

Q B3 (MVAr)	Q B2 (MVAr)	Tensão barra 3 Módulo (pu)	Fase (°)	Potência barra 1 (pu) Ativa	Reativa	Potência barra 4 (pu) Ativa	Reativa	Potência total (pu) Ativa	Reativa
\multicolumn{10}{c}{Tap 1:1}
200	0	1,0479	-0,2430	0,0008	-0,1375	0,0013	-0,3717	0,0021	-0,5091
200	25	1,0400	-0,2122	0,0003	-0,1269	0,0015	-0,3549	0,0018	-0,4818
200	50	1,0323	-0,1826	-0,0001	-0,1164	0,0017	-0,3385	0,0016	-0,4549
200	75	1,0247	-0,1542	-0,0004	-0,1062	0,0019	-0,3224	0,0015	-0,4286
200	100	1,0172	-0,1268	-0,0008	-0,0961	0,0022	-0,306	0,0014	-0,4026
250	100	1,0009	-0,0294	-0,0002	-0,0799	0,0015	-0,271	0,0013	-0,3517
\multicolumn{10}{c}{Tap 1:1,01}
200	0	1,0511	-0,2357	0,0016	-0,1302	0,0005	-0,3783	0,0021	-0,5085
200	25	1,0432	-0,2051	0,0012	-0,1198	0,0007	-0,3617	0,0018	-0,4815
200	50	1,0356	-0,1757	0,0008	-0,1095	0,0009	-0,3454	0,0016	-0,4549
200	75	1,0280	-0,1474	0,0004	-0,0995	0,0011	-0,3294	0,0015	-0,4289
200	100	1,0206	-0,1202	0,0001	-0,0896	0,0014	-0,3137	0,0014	-0,4033
250	100	1,0041	-0,0226	0,0007	-0,0734	0,0006	-0,2786	0,0013	-0,3520
\multicolumn{10}{c}{Tap 1:1,02}
200	0	1,0541	-0,2288	0,0024	-0,1230	-0,0003	-0,3847	0,0021	-0,5077
200	25	1,0464	-0,1984	0,0020	-0,1127	-0,0001	-0,3683	0,0019	-0,4810
200	50	1,0388	-0,1691	0,0016	-0,1027	0,0001	-0,3521	0,0017	-0,4548
200	75	1,0313	-0,1409	0,0012	-0,0928	0,0003	-0,3362	0,0015	-0,4291
200	100	1,0239	-0,1138	0,0009	-0,0831	0,0005	-0,3206	0,0014	-0,4037
250	100	1,0073	-0,0161	0,0015	-0,0669	-0,0002	-0,285	0,0013	-0,3522

Fluxo de potência

Para complementar a análise, estabelecem-se os critérios a seguir:

- Não aceitar soluções nas quais um dos geradores está absorvendo potência ativa – linhas da tabela destacadas em cinza escuro.

- Restringir a tensão da barra 3 na faixa de 1,0 a 1,03 pu. As linhas da tabela destacadas em cinza claro correspondem aos taps em que a tensão da barra 3 é maior que 1,03 pu.

- Minimizar a potência reativa total absorvida pela geração.

Finalmente, deve-se procurar distribuir o carregamento entre os dois geradores levando em conta suas potências nominais. Sob esse aspecto, outras considerações poderiam ser feitas, como a hidrologia das bacias que suprem os geradores. À luz desses critérios, optar-se-á pela operação da rede em vazio com o transformador de interligação ajustado em 1:1,01 e com o suporte reativo de 250 MVAr na barra 3 e de 100 MVAr na barra 2. O resultado do fluxo de potência está apresentado a seguir:

Tensão Barra 1		Tensão Barra 4	Carga		Barra 3	Sup.reativo (MVAr)	
Módulo	Fase	Módulo	Fase	MW	MVAr	Barra 2	Barra 3
1.000	0.000	1.000	0.000	0.000	0.000	100.000	250.000

Tap ajustado para1 1.010

Resultado nas barras

Barra		Tipo	Tensão		Potência		Desvio potência	
Núm.	Nome		Módulo	Fase	Ativa	Reativa	Ativa	Reativa
1	AAAA	3	1.0000	0.00	0.0007	-0.0734	0.0000	0.0000
2	BBBB	1	0.9931	0.01	0.0000	0.0000	0.0000	0.0000
3	CCCC	1	1.0041	-0.02	0.0000	0.0000	0.0000	-0.0000
4	DDDD	3	1.0000	0.00	0.0006	-0.2786	0.0000	0.0000

Resultado nas ligações

Ligação		Tipo	Fluxo de potência		Corrente (A)		Perdas na lig.	
Barra	Barra	lig.	Ativa	Reativa	Módulo	Fase	Ativa	Reativa
1	2	1	0.0007	-0.0734	122.8	89.5	0.0002	-0.0622
2	1		-0.0004	0.0112	18.9	-92.3		
2	3	3	0.0004	-0.0112	18.9	87.7	0.0000	0.0000
3	2		-0.0004	0.0112	18.7	-92.3		
4	3	1	0.0006	-0.2786	321.7	89.9	0.0011	-0.2899
3	4		0.0004	-0.0112	12.9	87.7		

```
Geração total    = 0.001299-0.352004j
Carga total      = 0.000000+0.000000j
Total das perdas = 0.001303-0.352014j
Desvio           = -0.000004+0.000010j
```

4.11.4.4 Análise da rede operando em carga média

O estudo foi iniciado processando-se o caso-base com tensões de 1,0 pu e fase zero nas duas barras swing e com o transformador em seu tap nominal, 1:1. O resultado obtido está apresentado no relatório a seguir:

```
          Caso com carga  500.00 + j  80.00 MVA e tap 1:1.000
  Tensão Barra 1    Tensão Barra 4    Carga  Barra 3  Sup.reativo (MVAr)
Módulo     Fase    Módulo    Fase       MW      MVAr    Barra 2     Barra 3
1.000     0.000    1.000    0.000    500.000   80.000   0.000       0.000
```

```
          Caso com carga  500.00 + j  80.00 MVA e tap 1:1.000
                     Resultado nas barras
     Barra      Tipo     Tensão          Potência         Desvio potência
 Núm.   Nome         Módulo   Fase    Ativa   Reativa    Ativa    Reativa
   1    AAAA    3    1.0000    0.00   0.1631  -0.1634    0.0000   0.0000
   2    BBBB    1    1.0701   -8.29   0.0000   0.0000    0.0000   0.0000
   3    CCCC    1    1.0646   -9.14   0.5000   0.0800   -0.0000   0.0000
   4    DDDD    3    1.0000    0.00   0.3481  -0.4079    0.0000   0.0000
```

```
                     Resultado nas ligações
      Ligação     Tipo Fluxo de potência   Corrente (A)  Perdas na lig.
     Barra Barra  lig.  Ativa   Reativa   Módulo  Fase Ativa   Reativa
       1     2     1    0.1631  -0.1634    386.4   45.1 0.0033  -0.1437
       2     1               -0.1598   0.0197    251.7  178.7
       2     3     3    0.1598  -0.0197    251.7   -1.3 0.0011   0.0023
       3     2               -0.1586   0.0220    251.7  178.7
       4     3     1    0.3481  -0.4079    619.2   49.5 0.0067  -0.5099
       3     4               -0.3414  -0.1020    386.4  154.2
             Geração total    = 0.511212-0.571334j
             Carga total      = 0.500000+0.080000j
             Total das perdas = 0.011206-0.651329j
             Desvio           = 0.000005-0.000005j
```

Do resultado apresentado, observa-se que a tensão das barras de carga excede o valor-limite tolerado, 1,05 pu.

A seguir será apresentada, Figura 4.38, a influência do tap na tensão da barra 3 e na potência injetada pelos geradores da barra swing.

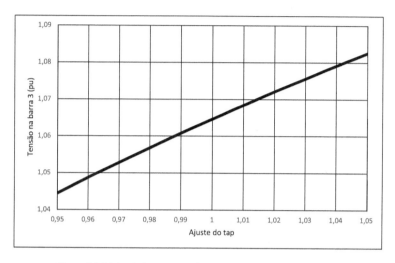

Figura 4.38 (a) – Rede em carga média – Tensão na barra 3 em função do tap

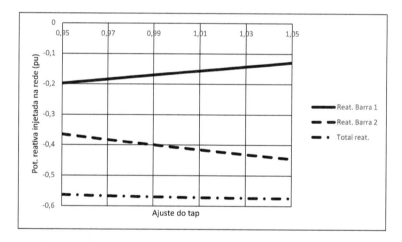

Figura 4.38 (b) – Rede em carga média – Injeção de reativos

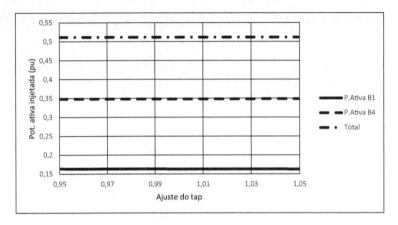

Figura 4.38 (c) – Rede em carga média – Injeção de potência ativa

Da análise dos resultados, conclui-se que:

- A tensão na barra de carga varia pouco com a variação do tap. De fato, variando-se o tap de 0,95 a 1,05, variação de 10%, a tensão varia de 1,045 a 1,085, cerca de 4%.

- A potência ativa injetada na rede pelos geradores é praticamente um invariante com o ajuste do tap.

- A potência reativa total absorvida da rede pelos geradores praticamente não varia com o ajuste de tap, mas a distribuição da potência absorvida entre os geradores varia muitíssimo. Assim, aumentando-se o valor do ajuste do tap, diminui-se a absorção de reativos na barra 1, que passa de 198,3 MVAr para 129,0 MVAr, e aumenta-se a absorção na barra 4, que passa de 365,0 MVAr para 445,9 MVAr. A variação total dos reativos absorvidos pelos geradores é da ordem de 80 MVAr.

A seguir será analisado o comportamento da rede levando em conta o suporte reativo definido na condição de vazio. Os resultados alcançados estão apresentados a seguir por meio dos relatórios de resultados, nos quais se excluiu a parte referente ao carregamento dos trechos da rede.

Inicialmente, apresenta-se o caso da rede com as tensões das barras swing e o suporte reativo previsto no caso de carga leve:

Fluxo de potência

Caso com carga 500.00 + j 100.00 MVA e tap 1:1.000

Tensão Barra 1		Tensão Barra 4		Carga Barra 3		Sup.reativo (MVAr)	
Módulo	Fase	Módulo	Fase	MW	MVAr	Barra 2	Barra 3
1.000	0.000	1.000	0.000	500.000	100.000	100.000	250.000

Resultado nas barras

Barra		Tipo	Tensão		Potência		Desvio potência	
Núm.	Nome		Módulo	Fase	Ativa	Reativa	Ativa	Reativa
1	AAAA	3	1.0000	0.00	0.1646	-0.0240	0.0000	0.0000
2	BBBB	1	0.9442	-8.69	0.0000	0.0000	0.0000	0.0000
3	CCCC	1	0.9345	-9.70	0.5000	0.1000	-0.0000	-0.0000
4	DDDD	3	1.0000	0.00	0.3465	-0.1317	0.0000	0.0000

Resultado nas ligações

Ligação		Tipo	Fluxo de potência		Corrente (A)		Perdas na lig.	
Barra	Barra	lig.	Ativa	Reativa	Módulo	Fase	Ativa	Reativa
1	2	1	0.1646	-0.0240	278.3	8.3	0.0030	-0.0368
2	1		-0.1615	-0.0128	287.2	166.8		
2	3	3	0.1615	0.0128	287.2	-13.2	0.0015	0.0029
3	2		-0.1601	-0.0098	287.2	166.8		
4	3	1	0.3465	-0.1317	428.0	20.8	0.0065	-0.2219
3	4		-0.3399	-0.0902	434.6	155.5		

Geração total   = 0.511062-0.155694j

Carga total   = 0.500000+0.100000j

Total das perdas = 0.011051-0.255696j

Desvio   = 0.000010+0.000002j

Observa-se que nessas condições a tensão da barra 3 fica abaixo do valor mínimo admissível, 0.95 pu. A potência reativa absorvida pelos geradores amonta a 155,7 MVAr.

A seguir, visando conduzir a tensão da rede para a faixa admissível, serão estudadas medidas corretivas que dizem respeito à variação de: ajuste do tap, tensão das barras swing, módulo e fase, do suporte reativo definido na condição de carga leve.

398 *Análise de sistemas de transmissão de energia elétrica*

a) *Variação do tap do transformador desde 0,98 até 1,05*

Os resultados alcançados estão resumidos na Tabela 4.31, na qual se apresentam para cada ajuste do tap a tensão na barra 3, a potência injetada pelas barras swing e a potência total injetada na rede. Destaca-se que o suporte reativo da barra 2 (reator de 100 MVAr) e o da barra 3 (reator de 250 MVAr), foram mantidos.

Tabela 4.31 – Tensão na barra 3 e potências injetadas

Tap	Suporte reativo de 100 MVAr na barra 2 e 250 MVAR na barra 3							
	Barra 3		Barra 1		Barra 4		Potência total (pu)	
	Tensão		Potência (pu)		Potência (pu)			
	Módulo (pu)	Fase (°)	Ativa	Reativa	Ativa	Reativa	Ativa	Reativa
0,98	0,9279	-9,7269	0,1647	-0,0365	0,3464	-0,1177	0,5111	-0,1542
0,99	0,9312	-9,7104	0,1646	-0,0302	0,3464	-0,1248	0,5111	-0,1550
1,00	0,9345	-9,6950	0,1646	-0,0240	0,3465	-0,1317	0,5111	-0,1557
1,01	0,9376	-9,6805	0,1645	-0,0178	0,3466	-0,1384	0,5111	-0,1562
1,02	0,9407	-9,6670	0,1644	-0,0115	0,3466	-0,1450	0,5111	-0,1566
1,03	0,9438	-9,6544	0,1644	-0,0054	0,3467	-0,1514	0,5111	-0,1568
1,04	0,9467	-9,6427	0,1643	0,0008	0,3469	-0,1577	0,5111	-0,1569
1,05	0,9496	-9,6318	0,1642	0,0070	0,3470	-0,1638	0,5112	-0,1568

Dos resultados alcançados, observa-se que:

- A tensão na barra 3 aumenta alcançando-se o valor mínimo especificado para o tap 1,05. O aumento da tensão na barra é justificado pela variação dos reativos injetados pela geração na barra 1.

- O ângulo de fase da tensão da barra 3 mantém-se praticamente constante.

- A potência ativa injetada na rede é constante, isto é, a variação do tap não dá lugar à variação nas potências injetadas nas barras 1, 164,7 MW, e na barra 4, 346,5 MW.

- A potência reativa injetada na rede pela geração da barra 1 aumenta passando de 36,5 MVAr capacitivos para 7 MVAr indutivos e da barra 4 passa de 117,7 MVAr capacitivos para 163,8 MVAr capacitivos. Isto é, a barra 4 passa a absorver toda a parcela de reativos produzida pela capacidade da linha.

Fluxo de potência **399**

b) *Aumento no módulo da tensão nas duas barras swing*

Neste caso, aumentou-se o módulo da tensão nas duas barras swing de 1,0 até 1,05 pu, com passo de 0,1 pu. Os resultados alcançados estão apresentados na Tabela 4.32.

Tabela 4.32 – Carga leve – Resultados em função do módulo da tensão nas barras swing

Suporte reativo 100 MVAr na barra 2 e 250 MVAr na barra 3								
Tensão Swing	Tensão Barra 3		Potência Barra 1 (pu)		Potência Barra 4 (pu)		Potência total impressa (pu)	
(pu)	Módulo (pu)	Fase (°)	Ativa	Reativa	Ativa	Reativa	Ativa	Reativa
Tap 1 : 0,99								
1,00	0,9312	-9,7104	0,1646	-0,0302	0,3464	-0,1248	0,5111	-0,1550
1,01	0,9423	-9,5002	0,1645	-0,0327	0,3464	-0,1316	0,5109	-0,1643
1,02	0,9533	-9,2973	0,1644	-0,0351	0,3463	-0,1385	0,5107	-0,1736
1,03	0,9643	-9,1013	0,1643	-0,0376	0,3462	-0,1453	0,5105	-0,1829
1,04	0,9752	-8,9118	0,1642	-0,0400	0,3461	-0,1521	0,5103	-0,1921
1,05	0,9861	-8,7285	0,1641	-0,0424	0,3461	-0,1590	0,5101	-0,2014
Tap 1 : 1,00								
1,00	0,9345	-9,6950	0,1646	-0,0240	0,3465	-0,1317	0,5111	-0,1557
1,01	0,9456	-9,4850	0,1645	-0,0263	0,3464	-0,1387	0,5109	-0,1650
1,02	0,9566	-9,2824	0,1644	-0,0286	0,3463	-0,1457	0,5107	-0,1743
1,03	0,9676	-9,0865	0,1643	-0,0309	0,3462	-0,1527	0,5105	-0,1836
1,04	0,9786	-8,8972	0,1642	-0,0332	0,3461	-0,1596	0,5103	-0,1928
1,05	0,9896	-8,7141	0,1641	-0,0355	0,3460	-0,1666	0,5101	-0,2021
Tap 1 : 1,01								
1,00	0,9376	-9,6805	0,1645	-0,0178	0,3466	-0,1384	0,5111	-0,1562
1,01	0,9488	-9,4708	0,1644	-0,0199	0,3464	-0,1456	0,5109	-0,1655
1,02	0,9599	-9,2683	0,1643	-0,0221	0,3463	-0,1527	0,5107	-0,1748
1,03	0,9709	-9,0726	0,1642	-0,0243	0,3462	-0,1598	0,5105	-0,1841
1,04	0,9819	-8,8835	0,1642	-0,0264	0,3461	-0,1669	0,5103	-0,1933
1,05	0,9929	-8,7006	0,1641	-0,0285	0,3460	-0,1741	0,5101	-0,2026

Dos resultados alcançados, observa-se que o aumento na tensão das barras swing ocasiona:

- Aumento no nível de tensão de toda a rede e, em particular, na barra 3 alcançam-se valores de tensão dentro da faixa admissível.

400   *Análise de sistemas de transmissão de energia elétrica*

- Redução de pequena monta na potência ativa injetada na rede. Justifica-se a redução pela diminuição das perdas na rede.

- Aumento na potência reativa, capacitiva, absorvida pelos geradores. Assim, para os ajustes de tap de 0,99 a 1,01, correspondem aumentos porcentuais de 29,93; 29,80 e 29,70, respectivamente.

c) *Variação do ângulo de fase da tensão da barra swing*

Serão processados casos em que a fase da barra swing 1 variará desde -15° até 15° com passo de 2,5°. Os resultados alcançados estão apresentados na Tabela 4.33.

Tabela 4.33 – Carga média – Influência da fase da tensão da barra swing

Suporte reativo 100 MVAr na barra 2 e 250 MVAr na barra 3								
Fase da barra 1 (°)	Tensão Barra 3		Potência impressa Barra 1 (pu)		Potência impressa Barra 4 (pu)		Potência Total (pu)	
	Módulo (pu)	Fase (°)	Ativa	Reativa	Ativa	Reativa	Ativa	Reativa
-10,0	0,9333	-12,901	0,0553	-0,0192	0,4561	-0,1167	0,5113	-0,1359
-7,5	0,9342	-12,086	0,0823	-0,0223	0,4285	-0,1226	0,5108	-0,1448
-5,0	0,9348	-11,280	0,1095	-0,0241	0,4010	-0,1270	0,5106	-0,1511
-2,5	0,9349	-10,483	0,1370	-0,0247	0,3737	-0,1300	0,5106	-0,1547
0,0	0,9345	-9,695	0,1646	-0,0240	0,3465	-0,1317	0,5111	-0,1557
2,5	0,9336	-8,915	0,1922	-0,0220	0,3196	-0,1320	0,5118	-0,1540
5,0	0,9323	-8,146	0,2199	-0,0188	0,2929	-0,1310	0,5129	-0,1497
7,5	0,9306	-7,387	0,2476	-0,0142	0,2666	-0,1286	0,5143	-0,1427
10,0	0,9283	-6,639	0,2752	-0,0083	0,2408	-0,1248	0,5160	-0,1331

Os resultados alcançados quando se varia a fase da tensão da barra 1 comprovam que:

- O módulo da tensão da barra 3 sofre variação de 0,0062 pu, diferença entre tensão máxima, que corresponde ao ângulo de fase 0°, e tensão mínima, que corresponde ao ângulo de fase de 10°, isto é, o módulo da tensão da barra 3 pode ser considerado um invariante.

- Diminuindo-se o ângulo de rotação de fase, a partir de 0°, ocorre redução na potência injetada na barra 1 e aumento na injetada na barra 4,

Fluxo de potência

mantendo-se constante a potência total injetada na rede. Alternativamente, aumentando-se o ângulo de rotação de fase a partir de zero, ter-se-á aumento na potência injetada na barra 1, com a consequente redução na injetada na 4. Nos relatórios apresentados a seguir comprova-se esse comportamento.

Caso com carga 500.00 + j 100.00 MVA e tap 1:1.000

Tensão Barra 1		Tensão Barra 4		Carga Barra 3		Suporte reativo (MVAr)	
Módulo	Fase	Módulo	Fase	MW	MVAr	Barra 2	Barra 3
1.000	-15.220	1.000	0.000	500.000	100.000	100.000	250.000

Resultado nas barras

Barra		Tipo	Tensão		Potência		Desvio potência	
Núm.	Nome		Módulo	Fase	Ativa	Reativa	Ativa	Reativa
1	AAAA	3	1.0000	-15.22	-0.0000	-0.0088	0.0000	0.0000
2	BBBB	1	0.9351	-14.80	0.0000	0.0000	0.0000	0.0000
3	CCCC	1	0.9297	-14.63	0.5000	0.1000	-0.0000	0.0000
4	DDDD	3	1.0000	0.00	0.5136	-0.1001	0.0000	0.0000

Resultado nas ligações

Ligação		Tipo	Fluxo de potência		Corrente (A)		Perdas na lig.	
Barra	Barra	lig.	Ativa	Reativa	Módulo	Fase	Ativa	Reativa
1	2	1	-0.0000	-0.0088	14.7	75.1	0.0007	-0.0597
2	1		0.0007	-0.0509	91.1	74.4		
2	3	3	-0.0007	0.0509	91.1	-105.6	0.0001	0.0003
3	2		0.0009	-0.0506	91.1	74.4		
4	3	1	0.5136	-0.1001	604.2	11.0	0.0127	-0.1495
3	4		-0.5009	-0.0494	625.1	159.7		

$$
\begin{array}{lcl}
\text{Geração total} & = & 0.513513 - 0.108913j \\
\text{Carga total} & = & 0.500000 + 0.100000j \\
\text{Total das perdas} & = & 0.013505 - 0.208912j \\
\text{Desvio} & = & 0.000008 - 0.000001j
\end{array}
$$

```
           Caso com carga  500.00 + j 100.00 MVA e tap 1:1.000

    Tensão Barra 1      Tensão Barra 4     Carga  Barra 3     Suporte reativo (MVAr)

    Módulo    Fase     Módulo     Fase      MW      MVAr       Barra 2         Barra 3

    1.000    37.660    1.000     0.000    500.000  100.000    100.000         250.000


                          Resultado nas barras
     Barra     Tipo      Tensão          Potência          Desvio potência
   Núm.   Nome          Módulo   Fase   Ativa    Reativa    Ativa     Reativa
     1     AAAA     3   1.0000   37.66  0.5556   0.1425    0.0000     0.0000
     2     BBBB     1   0.8874    5.01  0.0000   0.0000    0.0000     0.0000
     3     CCCC     1   0.8733    0.72  0.5000   0.1000    0.0000    -0.0000
     4     DDDD     3   1.0000    0.00 -0.0000  -0.0006    0.0000     0.0000


                          Resultado nas ligações
      Ligação     Tipo  Fluxo de potência   Corrente (A)    Perdas na lig.
    Barra Barra   lig.   Ativa    Reativa  Módulo   Fase   Ativa    Reativa
      1     2      1    0.5556    0.1425   959.9    23.3   0.0336    0.2565
      2     1          -0.5220    0.1140  1007.5  -162.7
      2     3      3    0.5220   -0.1140  1007.5    17.3   0.0181    0.0362
      3     2          -0.5038    0.1502  1007.5  -162.7
      4     3      1   -0.0000   -0.0006     0.7    90.7   0.0038   -0.2509
      3     4           0.0038   -0.2502   330.9    89.8

               Geração total    = 0.555591+0.141831j
               Carga total      = 0.500000+0.100000j
               Total das perdas = 0.055596+0.041829j
               Desvio           = -0.000004+0.000002j
```

Observa-se que num estudo real de fluxo de potência seria preferível fixar-se uma das duas barras como barra swing e a outra como barra de tensão controlada, na qual se fixaria a potência ativa a ser injetada na rede.

4.11.4.5 Análise da rede operando em carga pesada

O estudo foi iniciado processando-se o caso-base de carga pesada, 1300 + j 200 MVA, com tensões de 1,0 pu e fase zero nas duas barras

Fluxo de potência

swing, com o transformador em seu tap nominal, 1:1 e sem o suporte reativo nas barras terminais das linhas. O resultado obtido está apresentado no relatório a seguir.

```
Caso com carga 1300.00 + j 200.00 MVA e tap 1:1.000
```

Tensão Barra 1		Tensão Barra 4		Carga Barra 3		Suporte reativo (MVAr)	
Módulo	Fase	Módulo	Fase	MW	MVAr	Barra 2	Barra 3
1.000	0.000	1.000	0.000	1300.000	200.000	0.000	0.000

Resultado nas barras

Barra		Tipo	Tensão		Potência		Desvio potência	
Núm.	Nome		Módulo	Fase	Ativa	Reativa	Ativa	Reativa
1	AAAA	3	1.0000	0.00	0.4539	0.1375	0.0000	0.0000
2	BBBB	1	0.8543	-27.00	0.0000	0.0000	0.0000	0.0000
3	CCCC	1	0.8247	-30.30	1.3000	0.2000	0.0000	0.0000
4	DDDD	3	1.0000	0.00	0.9295	0.2628	0.0000	0.0000

Resultado nas ligações

Ligação		Tipo	Fluxo de potência		Corrente (A)		Perdas na lig.	
Barra	Barra	lig.	Ativa	Reativa	Módulo	Fase	Ativa	Reativa
1	2	1	0.4539	0.1375	793.7	-16.8	0.0239	0.0881
	2	1		-0.4301	-0.0493	848.0	146.5	
2	3	3	0.4301	0.0493	848.0	-33.5	0.0128	0.0257
	3	2	-	0.4173	-0.0237	848.0	146.5	
4	3	1	0.9295	0.2628	1115.3	-15.8	0.0467	0.0865
	3	4		-0.8827	-0.1763	1260.3	138.4	

```
                Geração total    = 1.383417+0.400264j
                Carga total      = 1.300000+0.200000j
                Total das perdas = 0.083424+0.200268j
                Desvio           = -0.000007-0.000004j
```

Tendo em vista analisar a influência do tap do transformador na tensão da barra 3, apresenta-se, na Tabela 4.34, o resumo dos resultados dos casos processados com ajuste do tap variável de 1:0,95 a 1:1,05.

Tabela 4.34 – Influência do tap do transformador na tensão da barra 3

Ajuste do tap	Tensão da Barra 3		Potência barra 1 (pu)		Potência barra 4 (pu)		Potência total (pu)	
	Módulo (pu)	Fase (°)	Ativa	Reativa	Ativa	Reativa	Ativa	Reativa
0,95	0,8014	-30,8255	0,4643	0,1184	0,9223	0,3141	1,3866	0,4325
0,96	0,8064	-30,7037	0,4622	0,1219	0,9237	0,3030	1,3859	0,4249
0,97	0,8113	-30,5909	0,4600	0,1256	0,9251	0,2923	1,3852	0,4179
0,98	0,8159	-30,4864	0,4580	0,1294	0,9266	0,2820	1,3845	0,4115
0,99	0,8204	-30,3894	0,4559	0,1334	0,9280	0,2722	1,3839	0,4056
1,00	0,8247	-30,2996	0,4539	0,1375	0,9295	0,2628	1,3834	0,4003
1,01	0,8289	-30,2164	0,4520	0,1416	0,9309	0,2538	1,3829	0,3954
1,02	0,8329	-30,1394	0,4501	0,1459	0,9324	0,2451	1,3825	0,3910
1,03	0,8367	-30,0683	0,4482	0,1502	0,9339	0,2368	1,3821	0,3870
1,04	0,8405	-30,0027	0,4463	0,1547	0,9354	0,2288	1,3817	0,3835
1,05	0,8440	-29,9422	0,4445	0,1592	0,9370	0,2211	1,3814	0,3803

Observa-se que, com o aumento do tap, reduz-se a potência ativa injetada na barra 1 e aumenta-se a da barra 4. Há, ainda, aumento na potência reativa injetada na barra 1, com a consequente redução da injetada na barra 4. Quanto à potência total injetada na rede, há uma redução de 0,052 pu, que se traduz por uma redução nas perdas e a consequente redução da potência total. Destaca-se que o módulo da tensão, para toda a excursão do tap, varia de tão somente 0,0426 pu, isto é, a transferência de carga entre as fontes não deve produzir efeito sensível para a condução da tensão da rede aos valores admissíveis.

Assim, conclui-se pela análise das alternativas:

a) Aumentar o módulo da tensão das barras swing.

b) Utilizar suporte reativo na rede.

c) Utilizar os recursos acima combinados.

Na Figura 4.39 apresentam-se as tensões na barra 3 em função da tensão das barras 1 e 4. Destaca-se que as curvas são identificadas pelo símbolo V1/V4, que representa a tensão das barras 1 e 4 em pu, respectivamente. Observa-se que, à medida que se aumenta a tensão das barras swing, a tensão na barra 3 aumenta e alcança-se a faixa das tensões admissíveis com tensões $E_1 = 1,04$ pu e $E_4 = 1,04$ pu.

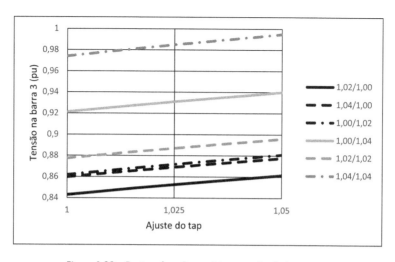

Figura 4.39 – Tensão na barra 3 paramétrica nas tensões das barras swing

Optou-se por dotar a rede de suporte reativo na barra 3 ajustando-se as tensões das barras swing em 1,03 pu. Na Tabela 4.35 são apresentados os resultados alcançados. Destaca-se que o valor negativo na potência reativa indica tratar de capacitor.

Tabela 4.35 – Resultados com suporte reativo na barra 3

Ajuste do tap	Tensão barra 3 Módulo (pu)	Fase (°)	Potência Barra 1 (pu) Ativa	Reativa	Potência Barra 4 (pu) Ativa	Reativa	Potência total (pu) Ativa	Reativa
\multicolumn{9}{c}{$E_1 = 1,040$ pu $E_4 = 1,040$ pu $Q_3 = -100$ MVAr}
1,000	0,9741	-24,62	0,4425	0,0036	0,9193	-0,0286	1,3618	-0,0250
1,025	0,9848	-24,49	0,4382	0,0178	0,9229	-0,0524	1,3611	-0,0346
1,050	0,9948	-24,39	0,4341	0,0322	0,9265	-0,0745	1,3607	-0,0422
\multicolumn{9}{c}{$E_1 = 1,040$ pu $E_4 = 1,040$ pu $Q_3 = -150$ MVAr}
1,000	1,0010	-24,06	0,4407	-0,0261	0,9190	-0,0917	1,3597	-0,1178
1,025	1,0123	-23,93	0,4365	-0,0119	0,9226	-0,1168	1,3591	-0,1286
1,050	1,0229	-23,83	0,4324	0,0025	0,9262	-0,1401	1,3586	-0,1376
\multicolumn{9}{c}{$E_1 = 1,030$ pu $E_4 = 1,030$ pu $Q_3 = -150$ MVAr}
1,000	0,9811	-24,79	0,4418	-0,0118	0,9199	-0,0596	1,3617	-0,0713
1,025	0,9924	-24,66	0,4375	0,0018	0,9235	-0,0844	1,3610	-0,0826
1,050	1,0029	-24,55	0,4333	0,0156	0,9272	-0,1074	1,3605	-0,0918
\multicolumn{9}{c}{$E_1 = 1,030$ pu $E_4 = 1,030$ pu $Q_3 = -200$ MVAr}
1,000	1,0089	-24,22	0,4401	-0,0420	0,9198	-0,1238	1,3599	-0,1659
1,025	1,0207	-24,09	0,4358	-0,0285	0,9234	-0,1500	1,3593	-0,1785
1,050	1,0319	-23,97	0,4317	-0,0147	0,9271	-0,1744	1,3588	-0,1891

Optou-se por operar a rede com as tensões das barras swing ajustadas em 1,03 pu e com o comissionamento de suporte reativo de -200 MVAr na barra 3. O relatório do caso processado está apresentado a seguir.

```
     Caso com carga 1300.00 + j 200.00 MVA e tap 1:1.000

   Suporte reativo (MVAr): Barra 2 =     0.00     Barra 3 = -200.00
                          Resultado nas barras
```

Barra		Tipo	Tensão		Potência		Desvio potência	
Núm.	Nome		Módulo	Fase	Ativa	Reativa	Ativa	Reativa
1	AAAA	3	1.0300	0.00	0.4401	-0.0420	0.0000	0.0000
2	BBBB	1	1.0250	-21.78	0.0000	0.0000	0.0000	0.0000
3	CCCC	1	1.0089	-24.22	1.3000	0.2000	0.0000	0.0000
4	DDDD	3	1.0300	0.00	0.9198	-0.1238	0.0000	0.0000

```
                          Resultado nas ligações
```

Ligação		Tipo	Fluxo de potência		Corrente (A)		Perdas na lig.	
Barra	Barra	lig.	Ativa	Reativa	Módulo	Fase	Ativa	Reativa
1	2	1	0.4401	-0.0420	718.3	5.5	0.0174	-0.0052
2	1		-0.4227	0.0368	692.7	163.2		
2	3	3	0.4227	-0.0368	692.7	-16.8	0.0086	0.0171
3	2		-0.4141	0.0540	692.7	163.2		
4	3	1	0.9198	-0.1238	1040.5	7.7	0.0339	-0.3778
3	4		-0.8859	-0.2539	1054.8	139.8		

```
                    Geração total    = 1.359922-0.165888j

                    Carga total      = 1.300000+0.200000j

                    Total das perdas = 0.059931-0.365885j

                    Desvio           = -0.000008-0.000003j
```

Os resultados da análise do comportamento da rede, quando se mantêm as tensões das barras swing em 1,00 pu e se comissiona suporte reativo nas barras 2 e 3, estão apresentados nas Figuras 4.40. Destaca-se que na Figura 4.40 (a) os símbolos SR X/Y referem-se ao suporte reativo instalado na barra 2 e ao instalado na barra 3, respectivamente. Na Figura 4.40 (b) o símbolo Pi X/Y representa a potência injetada na barra i; $i=1$ refere-se à barra 1 e $i=4$ refere-se à barra 4, com suporte reativo X instalado na barra 2 e Y na barra 3. Finalmente os símbolos Qi X/Y referem-se aos reativos injetados pelas barras swing 1 e 4.

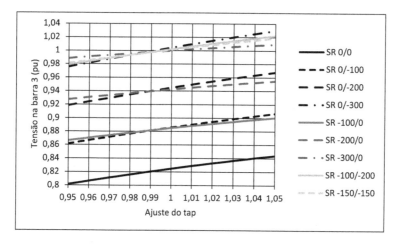

Figura 4.40 (a) – Tensão na barra 3 em função do tap, parametrizado no suporte reativo

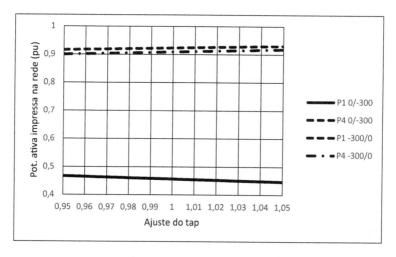

Figura 4.40 (b) – Potência ativa impressa nas barras swing

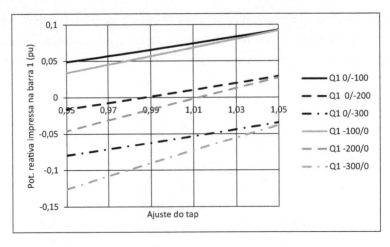

Figura 4.40 (c) – Potência reativa impressa na barra 1, parametrizada no suporte reativo

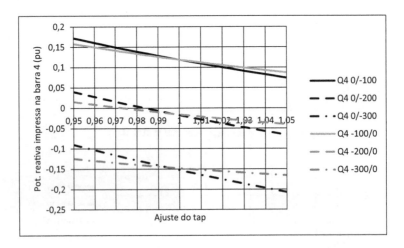

Figura 4.40 (d) – Potência reativa impressa na barra 4, parametrizada no suporte reativo

REFERÊNCIAS

CICHOCKI, A.; UNBEHAUEN, R. *Neural networks for optimization and signal processing*. New York: John Wiley and Sons, 1993.

GARCIA, P. A. N. *et al*. Three-phase power flow calculations using the current injection method. *IEEE Transactions on Power Systems*, v. 15, n. 2, p. 508-514, May 2000.

MDIC/INMETRO. Portaria 587, de 5 de novembro de 2012. Duque de Caxias, 2012.

MONTICELLI, A. *Fluxo de carga em redes de energia elétrica*. São Paulo: Blucher, 1983.

MONTICELLI, A. *State estimation in electric power systems*: a generalized approach. New York: Springer Science+Business Media, 1999.

PENIDO, D. R. R. *Uma metodologia para análise de sistemas elétricos a n condutores pelo método de injeção de correntes*. Tese (Doutorado) – Universidade Federal do Rio de Janeiro, COPPE, 2008.

RAMOS, D. S.; DIAS, E. M. *Sistemas elétricos de potência*: regime permanente. Rio de Janeiro: Guanabara Dois, 1982.

SATO, H.; ARRILLAGA, J. Improved load-flow techniques for integrated a.c.-d.c. systems. *Proceedings of the Institution of Electrical Engineers – Power*, v. 116, n. 4, p. 525-532, April 1969.

STAGG, G. W.; EL-ABIAD, A. H. *Computer Methods in Power System Analysis*. Tokyo: McGraw-Hill Kogakusha, 1968.

STOTT, B.; ALSAÇ, O. Fast decoupled load flow. *IEEE Transactions on Power Apparatus and Systems*, v. PAS-93, n. 3, p. 859-869, May 1974.

TINNEY, W. F.; HART, C. E. Power solution by Newton's method. *IEEE Transactions on Power Apparatus and Systems*, v. PAS-86, p. 1449-1456, Nov. 1967.

WOOD, A. J.; WOLLENBERG, B. F. *Power generation, operation and control*. 2. ed. New York: J. Wiley & Sons, 1996.

CAPÍTULO 5
ESTUDO DE CURTO-CIRCUITO

5.1 INTRODUÇÃO

Antes de iniciar a análise de curto-circuito em redes, faz-se mister lembrar a definição de sistemas elétricos aterrados e isolados. Nos primeiros, os geradores são ligados em estrela com o centro estrela aterrado, diretamente ou através de impedância, e os transformadores, quando ligados em estrela têm seu centro estrela aterrado, diretamente ou por meio de impedância. Nessas condições o potencial da rede está vinculado ao da terra. Já nos segundos, o centro estrela dos geradores e o dos transformadores, com enrolamentos em estrela, estão isolados, isto é, o sistema está flutuando em relação a terra. É evidente que, nos sistemas isolados, ter-se-á correntes de defeito somente entre as fases e, quando da ocorrência de um defeito envolvendo a terra, por exemplo, rompimento de um condutor que cai ao solo, a corrente de defeito será nula. Ao se tratar de defeitos envolvendo a terra, assume-se que a rede é aterrada.

Este capítulo, que trata do estudo de curtos-circuitos em redes de transmissão, enfocará as partes que se seguem:

- análise da natureza da corrente de curto-circuito, com especial enfoque na componente transitória e na de regime permanente;

- estudo de redes com modelagem monofásica, quando serão desenvolvidos modelos que permitem a simulação por meio de componentes simétricas de redes trifásicas, simétricas e equilibradas, na presença de um desequilíbrio ou assimetria;

- estudo de redes com modelagem trifásica, quando podem ser tratadas redes com vários graus de desequilíbrio ou de assimetria.

Os defeitos que ocorrem nas redes de transmissão usualmente originam-se de:

- *Perturbações atmosféricas*, como incidência de raios ou descargas entre fases provocadas por sobretensões induzidas por raios. Neste caso é usual ter-se um curto entre uma fase e cabo guarda, ou entre uma fase e terra, *curto fase-terra*, que, pela ionização do ar circunstante devido ao arco elétrico, poderá evoluir para curto-circuito entre as três fases, *curto trifásico*.

- *Interferência de elementos externos*, como contato com galhos de árvores ou outros elementos externos. Neste caso o tipo de curto mais usual é o entre fase e terra, que ocorre quando há o contato de elemento externo à rede com um dos cabos de fase. Quando da queda sobre a linha de corpo estranho, pode-se ter curtos dupla fase ou dupla fase a terra;

- *Rompimento de condutores*, por exemplo, a possível ocorrência, por causas externas, de rompimento de um condutor de fase com sua queda ao solo. Neste caso usualmente ocorre um curto fase a terra de alta impedância, que dificilmente evoluirá para outro tipo de defeito.

Serão analisados defeitos simétricos, envolvendo as três fases, *defeitos trifásicos* e assimétricos envolvendo:

- Fase e terra com ou sem impedância de defeito. No primeiro caso, trata-se de defeito fase a terra franco e no segundo com impedância de aterramento.

- Dupla fase, envolvendo duas das três fases.

- Dupla fase a terra, envolvendo duas fases e terra. Neste caso o defeito pode ser franco ou com impedância de aterramento.

Destaca-se que uma vez estabelecido o curto-circuito entre fases ou, em sistemas aterrados, entre fase e terra a rede contará com os elementos a seguir como fontes de corrente de curto-circuito:

- geradores síncronos das usinas;

- motores síncronos utilizados como cargas ou como fonte de reativos;

Estudo de curto-circuito

- motores de indução presentes nas cargas da rede;
- capacitância em derivação das linhas.

Sendo o curto-circuito um transitório numa rede, o método mais expedito para a análise da corrente transitória seria a utilização da transformada de Laplace, entretanto, por questões didáticas, optou-se por determinar a solução da equação diferencial da rede no domínio do tempo, isto é, por meio da obtenção:

- da resposta livre do sistema, ou seja, rede com excitação nula em que se resolve a equação diferencial homogênea obtendo-se a componente transitória;

- da resposta em regime permanente da rede que é designada por solução particular da equação diferencial, obtendo-se a componente permanente.

5.2 A NATUREZA DA CORRENTE DE CURTO-CIRCUITO

5.2.1 INTRODUÇÃO

A corrente de curto-circuito é constituída por uma componente transitória que, após um certo número de ciclos, extingue-se, e por uma componente de regime permanente que somente se extingue após a atuação do sistema de proteção. Assim, num circuito que está operando em condições de regime permanente quando ocorre um defeito, estabelecer-se-á corrente que variará no tempo em função dos parâmetros da rede: resistência, indutância e capacitância; além disso, destaca-se, como será visto oportunamente, que a impedância interna dos alternadores varia com as condições do transitório.

Para a análise da corrente de curto-circuito, partir-se-á da simulação de redes monofásicas simples para a seguir alcançarem-se redes trifásicas. Assumir-se-ão hipóteses simplificativas que irão sendo eliminadas de vez em vez até se alcançar uma rede trifásica real.

5.2.2 DEFEITO EM REDE MONOFÁSICA SUPRIDA POR FONTE IDEAL DE TENSÃO CONSTANTE

Seja uma rede monofásica que conta com um gerador ideal de tensão constante, $e(t) = E_{max} \cos(\omega t + \alpha)$, que supre linha com impedância $\overline{z} = R + j\omega L = z \underline{/\varphi}$. O sistema está operando em vazio quando ocorre um curto-circuito nos terminais da carga.

A rede será regida pela equação:

$$e(t) = ri(t) + L\frac{di(t)}{dt} \qquad (5.1)$$

A solução completa da Equação Diferencial (5.1) é dada pela soma da solução da equação homogênea, $i_h(t)$, com a solução permanente, $i_p(t)$, isto é:

$$i(t) = i_h(t) + i_p(t) \qquad (5.2)$$

A solução da equação homogênea é obtida através de:

$$0 = Ri_h(t) + L\frac{di_h(t)}{dt}$$

$$Ri_h(t) = -L\frac{di_h(t)}{dt}$$

$$\frac{di_h(t)}{i_h(t)} = -\frac{R}{L}dt$$

Integrando-se a equação da corrente, tem-se:

$$\int\frac{di_h(t)}{i_h(t)} = -\frac{R}{L}\int dt$$

$$\ln i_h(t) = -\frac{R}{L}A \qquad (5.3)$$

$$i_h(t) = e^{(-\frac{R}{L}t+A)} = e^A e^{-\frac{R}{L}t} = A_0 e^{-\frac{R}{L}t}$$

onde A_0 representa uma constante de integração que será determinada a partir das condições de contorno. A solução de regime permanente é dada por:

$$i_p(t) = \frac{E_{max}}{z}\cos(\omega t + \alpha - \varphi)$$

Finalmente, a solução completa, soma da componente de regime permanente com a componente transitória, é dada por:

$$i(t) = \frac{E_{max}}{z}\cos(\omega t + \alpha - \varphi) + A_0 e^{-\frac{R}{L}t} \qquad (5.4)$$

Estudo de curto-circuito **415**

A constante de integração é determinada assumindo-se que no instante $t = 0$ a corrente é nula, isto é:

$$A_0 = -\frac{E_{max}}{z}\cos(\alpha - \varphi) \tag{5.5}$$

Donde:

$$i_{cto}(t) = \frac{E_{max}}{z}\cos(\omega t + \alpha - \varphi) - \frac{E_{max}}{z}\cos(\alpha - \varphi)e^{-\frac{R}{L}t} \tag{5.6}$$

Na Equação (5.6) o termo L/R, que tem a dimensão de tempo, é definido como constante de tempo do circuito, $\tau = \dfrac{L}{R}$, isto é:

$$i_{cto}(t) = \frac{E_{max}}{z}\cos(\omega t + \alpha - \varphi) - \frac{E_{max}}{z}\cos(\alpha - \varphi)e^{-\frac{t}{\tau}}.$$

Observa-se que a componente transitória decai exponencialmente com o tempo, sendo definida em estudos de curto-circuito como componente unidirecional. Observa-se que o expoente $-t/\tau$ define o tempo de decaimento. Na Tabela 5.1, apresenta-se a redução, por unidade, da componente unidirecional em função do número de constantes de tempo, isto é, para valores de t variando desde 1τ até 7τ.

Tabela 5.1 – Decaimento da componente unidirecional no tempo

Tempo (t)	1τ	2τ	3τ	4τ	5τ	6τ	7τ
Decaimento	0,3679	0,1353	0,0498	0,0183	0,0067	0,0025	0,0009

Na Figura 5.1, apresenta-se o comportamento da componente unidirecional no tempo em função de valores da constante de tempo $\tau = 5$ s (Tau 5), $\tau = 6$ s (Tau 6), $\tau = 7$ s (Tau 7), $\tau = 8$ s (Tau 8), $\tau = 9$ s (Tau 9), $\tau = 10$ s (Tau 10).

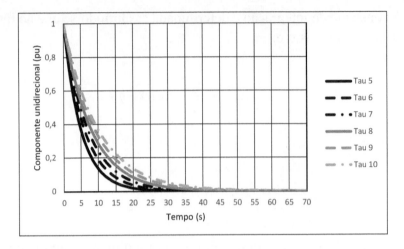

Figura 5.1 – Evolução da componente unidirecional no tempo parametrizada em τ

Assumindo-se que o curto-circuito se estabelece no instante $t = 0$, o valor instantâneo da corrente é definido em função dos ângulos α e φ. Assim:

- Quando $\alpha - \varphi = 0$ da Equação (5.6) resultam para as componentes de regime permanente e transitória os valores:

$$\frac{E_{max}}{z}\cos(0+\alpha-\varphi) = \frac{E_{max}}{z} \quad e \quad -\frac{E_{max}}{z}\cos(\alpha-\varphi)e^{-\frac{t}{\tau}} = -\frac{E_{max}}{z}$$

Observa-se que no instante $t = 0^-$ a corrente é nula e no instante $t = 0^+$ deve assumir seu valor máximo, mas, lembrando que a corrente não pode variar instantaneamente, resulta que a componente transitória no instante $t = 0^+$ assume seu valor máximo negativo de modo que a soma das duas componentes se anule, Figura 5.2(a).

- Quando $\alpha - \varphi = \dfrac{\pi}{2}$, da Equação (5.6) resultam para as componente de regime permanente e transitória os valores:

$$\frac{E_{max}}{z}\cos(0+\alpha-\varphi) = \frac{E_{max}}{z}\cos\frac{\pi}{2} = 0 \quad e \quad -\frac{E_{max}}{z}\cos\frac{\pi}{2}e^{-\frac{0}{\tau}} = 0$$

Neste caso a corrente de defeito parte de zero, logo, a componente transitória é nula, Figura 5.2(b).

- Quando $0 < \alpha - \varphi < \dfrac{\pi}{2}$ analogamente ao primeiro caso a componente transitória assume o valor inicial igual ao negativo da corrente instantânea de regime permanente de modo que não haja descontinuidade da corrente.

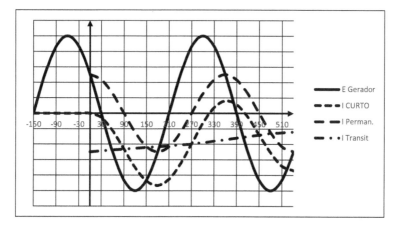

Figura 5.2(a) – Correntes para defeito máximo

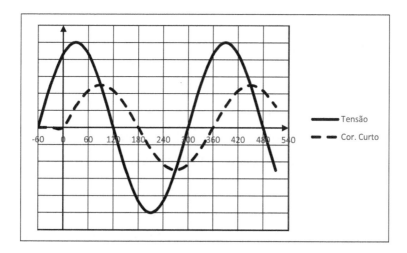

Figura 5.2(b) – Correntes para defeito mínimo

Na hipótese que se assumisse tensão senoidal ao invés de cossenoidal, ter-se-ia para a corrente de regime:

$$i(t) = \frac{E_{max}}{z}\,\text{sen}(\omega t + \alpha - \varphi)$$

e a solução completa, soma da componente de regime permanente com a componente transitória, é dada por:

$$i(t) = \frac{E_{max}}{z} \operatorname{sen}(\omega t + \alpha - \varphi) + A_0 e^{-\frac{R}{L}t}$$

A constante de integração é determinada assumindo-se que no instante $t = 0$ a corrente é nula, isto é:

$$A_0 = -\frac{E_{max}}{z} \operatorname{sen}(\alpha - \varphi)$$

Donde:

$$i_{cto}(t) = \frac{E_{max}}{z} \operatorname{sen}(\omega t + \alpha - \varphi) - \frac{E_{max}}{z} \operatorname{sen}(\alpha - \varphi) e^{-\frac{R}{L}t}$$

5.2.3 CONCLUSÃO

Do quanto exposto, conclui-se que a corrente de curto-circuito em redes é constituída de duas componentes:

- Componente transitória: é do tipo exponencial, unidirecional, e extingue-se após menos de dez ciclos, que, na frequência de 60 Hz, correspondem a aproximadamente 167 ms. Via de regra, quando da atuação da proteção, esta componente já se extinguiu.

- Componente permanente: é senoidal e sustentada, extinguindo-se somente após a isolação do defeito pela atuação dos disjuntores.

Assim, a componente unidirecional, por sua rápida extinção, não interessa à atuação do sistema de proteção, dizendo respeito tão somente à corrente máxima de defeito.

Para um circuito monofásico, define-se *potência de curto-circuito* ao valor da potência aparente que corresponde ao produto da tensão nominal pelo valor eficaz da corrente de curto-circuito, formalmente:

$$S_{cto1} = V_{nom} I_{cto} \qquad (5.7)$$

Estudo de curto-circuito

Analogamente, para um circuito trifásico, define-se *potência de curto-circuito trifásico*, que corresponde à potência aparente obtida com a tensão nominal de linha e o valor eficaz da corrente de curto-circuito, formalmente:

$$S_{cto3} = \sqrt{3} V_{nom} I_{cto3}$$ (5.8)

Analogamente, para os demais tipos de defeitos definem-se as potências correspondentes.

5.3 COMPONENTES QUE CONTRIBUEM PARA A CORRENTE DE CURTO-CIRCUITO

5.3.1 INTRODUÇÃO

Nesta seção serão analisados aqueles componentes que contribuem para a corrente de defeito, isto é:

- máquinas síncronas operando como gerador, motor síncrono ou compensador de reativos síncrono;

- motores de indução;

- banco de capacitores.

5.3.2 GERADORES SÍNCRONOS

O comportamento da máquina síncrona em condições transitórias é estudado por meio de sua modelagem de eixo direto e de eixo quadratura, e seu detalhamento, por sua complexidade, foge ao escopo deste livro. Em resumo, pode-se dizer que, durante o transitório, a reatância da máquina, que inicialmente está operando em vazio, passa pelos valores:

- Reatância subtransitória, ou reatância subtransitória de eixo direto, x_d''. A essa reatância corresponde a corrente de curto-circuito subtransitória cuja duração é da ordem de um a três ciclos.

- Reatância transitória, ou reatância transitória de eixo direto, x_d'. À medida que a reatância subtransitória se extingue, passa-se a ter a corrente transitória que vai decaindo extinguindo-se em cerca de vinte ciclos.

- Reatância síncrona, ou reatância síncrona de eixo direto, x_d. A corrente, após a extinção da corrente transitória, passa a ser identificada como corrente sustentada de curto-circuito, que somente se extingue quando o curto-circuito for interrompido.

Para melhor visualização do comportamento da máquina, apresenta-se na Figura 5.3 um oscilograma da corrente de curto-circuito num gerador síncrono que está operando em vazio quando ocorre um curto-circuito no instante correspondente à componente unidirecional nula. Observa-se que:

- a envoltória "c" refere-se à corrente subtransitória;
- a envoltória "b" refere-se à corrente transitória;
- o restante da curva refere-se à corrente de curto-circuito sustentada.

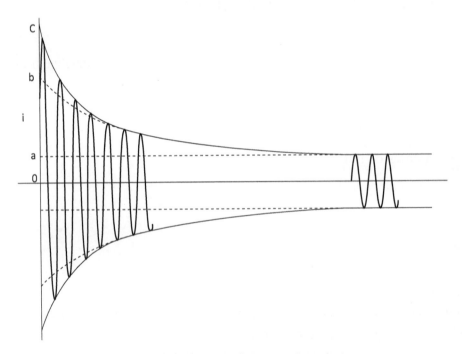

Figura 5.3 – Oscilograma da corrente de curto-circuito num gerador síncrono em que a componente unidirecional foi excluída

Destaca-se que, em componentes simétricas, a impedância interna da máquina, $\bar{Z}_{int}$, é dada por:

- Sequência direta
    - Regime permanente: $\bar{Z}_{int1} = jX_d$.
    - Regime transitório: $\bar{Z}_{int1} = jX_d'$.
    - Regime subtransitório: $\bar{Z}_{int1} = jX_d''$.

Estudo de curto-circuito **421**

- Sequência inversa: na sequência inversa, pode-se assumir que a impedância interna é dada pela média aritmética das impedâncias de eixo direto e quadratura. Há autores que substituem a média aritmética pela geométrica. Assim, para o regime subtransitório resulta:

$$\overline{Z}_{int2} = j\frac{X_d^{''} + X_q^{''}}{2} \qquad \text{ou} \qquad \overline{Z}_{int2} = j\sqrt{X_d^{''}X_q^{''}}.$$

Destaca-se não haver diferença sensível entre as duas definições, visto que os valores de $X_d^{''}$ e $X_q^{''}$ são muito próximos.

- Sequência zero: para a sequência zero é bastante usual assumir-se $\overline{Z}_{int0} = j0,4X_d^{''}$.

Na Tabela 5.2 apresentam-se valores médios dos parâmetros de alternadores que foram obtidos da literatura técnica.

Tabela 5.2 – Valores típicos de máquinas síncronas (em pu nas bases da máquina)

Natureza	Símbolo	Tipo de máquina			
		Turbogerador (rotor sólido)	Ger. hidráulico (amorteced.)	Condensador síncrono	Motor síncrono
Regime permanente	X_d	1,10	1,15	1,80	1,20
	X_q	1,08	0,75	1,15	0,90
Regime transitório	X_d'	0,23	0,37	0,40	0,35
	X_q'	0,023	0,75	1,15	0,90
Regime subtransit.	X_d''	0,15	0,24	0,25	0,30
	X_q''	0,15	0,34	0,30	0,40
Seq. inversa	X_2	0,13	0,29	0,27	0,35
Seq. zero	X_0	0,18	0,11	0,09	0,16

5.3.3 MOTORES SÍNCRONOS

Os motores síncronos não são utilizados diretamente na rede, mas podem estar presentes nas cargas supridas pela rede. Assim, deve-se pesquisar a existência de motores síncronos de grande porte nas cargas da rede e, quando existirem, deverão ser incluídos na simulação. Observa-se que os motores síncronos, quando estão operando em condições normais, absorvem energia da rede que é transformada em energia mecânica que será utilizada para o acionamento da carga.

Nos motores síncronos o campo magnético no estator é produzido pelas bobinas do rotor que são excitadas em corrente contínua; logo, quando de defeitos, cessa o suprimento de energia elétrica ao estator, mas o campo no interior da máquina é mantido graças à excitação, que, via de regra, é independente. Assim, quando ocorre um curto-circuito em seus terminais, ou próximo a eles, o motor passará a funcionar como gerador síncrono, às custas da energia cinética armazenada na carga e no rotor. Seu funcionamento é sustentado por alguns ciclos, isto é, sua rotação vai diminuindo até se anular quando toda a energia cinética foi absorvida. Assim, sua contribuição interessará tão somente aos primeiros ciclos do defeito.

Sua modelagem, em que pese a diferença nos valores de seus parâmetros, é idêntica à do gerador síncrono.

5.3.4 COMPENSADORES SÍNCRONOS

Os compensadores síncronos são motores síncronos operando sem carga mecânica em seu eixo, isto é, motores síncronos trabalhando em vazio. Através do ajuste conveniente de sua excitação, podem absorver ou injetar os reativos demandados pela rede. Na condição de curto-circuito em seus terminais, ou próximo a eles, atuam como no caso anterior. A energia cinética armazenada é tão somente a do rotor, logo, mantêm-se em rotação por um tempo muito menor que os motores síncronos.

5.3.5 MOTORES ASSÍNCRONOS

Os motores assíncronos, ou de indução, quando da ocorrência de um curto-circuito em seus terminais, ou próximo a eles, mantêm-se em rotação pela energia cinética armazenada em seu rotor e na carga mecânica. Diferentemente das máquinas síncronas, pelo fato de não contarem com excitação externa, ao cessar o suprimento de energia elétrica não irão funcionar como geradores, mas, dado que o fluxo em seu interior não pode anular-se instantaneamente, irão contribuir com corrente para o defeito.

A literatura técnica fornece para a constante de tempo do transitório de transferência da energia armazenada no campo girante para o defeito o valor:

$$\tau = \frac{X_e + X_r}{\omega R_r}$$

onde:

τ – constante de tempo (s);

X_e – reatância do estator (Ω);

X_r – reatância do rotor referida ao estator (Ω);

R_r – resistência do rotor referida ao estator (Ω);

ω – velocidade síncrona do motor (rd/s).

O valor médio da constante de tempo dos motores de indução é da ordem de grandeza de 12 ms, menor que o período da rede a 60 Hz, que é 17 ms. Nessas condições, observa-se que sua contribuição interessa tão somente à componente transitória.

5.3.6 CAPACITORES

A análise da influência dos bancos de capacitores na componente de regime permanente da corrente de curto-circuito será levada a efeito por meio da análise da rede da Figura 5.4, na qual se consideram duas linhas curtas, 1-2 e 2-3, com um banco de capacitores comissionado na barra intermediária (2) e um curto-circuito na barra 3.

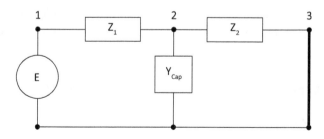

Figura 5.4 – Rede para análise da contribuição de bancos de capacitores

Sejam $\overline{z}_1 = \dfrac{1}{\overline{y}_1}$ e $\overline{z}_2 = \dfrac{1}{\overline{y}_2}$ as impedâncias equivalentes dos trechos de rede 1-2 e 2-3 e $\overline{y}_{cap}$ a admitância do banco de capacitores. Para a rede em tela a equação nodal é dada por:

$$
\begin{bmatrix} \dot{I}_g \\ 0 \\ \dot{I}_{cto} \end{bmatrix}
=
\begin{array}{c|c|c|c}
 & 1 & 2 & 3 \\ \hline
1 & \overline{y}_1 & -\overline{y}_1 & 0 \\ \hline
2 & -\overline{y}1 & \overline{y}_1 + \overline{y}_2 + \overline{y}_{cap} & -\overline{y}_2 \\ \hline
3 & 0 & -\overline{y}_2 & \overline{y}_2
\end{array}
\cdot
\begin{bmatrix} \dot{E}_g \\ \dot{E}_2 \\ 0 \end{bmatrix}
$$

ou seja:

$$
\dot{E}_2 = \frac{\overline{y}_1}{\overline{y}_1 + \overline{y}_2 + \overline{y}_{cap}} \dot{E}_g
$$

$$
\dot{I}_{cto} = -\overline{y}_2 \dot{E}_2 = -\frac{\overline{y}_1 \overline{y}_2}{\overline{y}_1 + \overline{y}_2 + \overline{y}_{cap}} \dot{E}_g
$$

(5.9)

Desprezando-se o banco de capacitores, a corrente de curto-circuito passará a ser:

$$
\dot{I}'_{cto} = -\frac{\overline{y}_1 \overline{y}_2}{\overline{y}_1 + \overline{y}_2} \dot{E}_g
$$

(5.10)

O erro porcentual que se comete desprezando-se o banco de capacitores é dado por:

$$
Erro = \frac{\left| \dot{I}'_{cto} - \dot{I}_{cto} \right|}{\left| \dot{I}_{cto} \right|} \cdot 100 = \frac{\left| \overline{y}_{cap} \right|}{\left| \overline{y}_1 + \overline{y}_2 \right|} \cdot 100
$$

(5.11)

5.3.7 COMPENSADORES ESTÁTICOS CONTROLADOS

Os compensadores estáticos controlados são representados por uma f.e.m. V, que pode ser positiva ou negativa conforme o modo de operação do compensador.

5.4 REPRESENTAÇÃO DOS COMPONENTES DA REDE

5.4.1 INTRODUÇÃO

É objeto desta seção a análise da representação dos componentes da rede com especial destaque aos modelos a serem utilizados em sua representação por componentes simétricas. Lembra-se que o estudo está dirigido para redes que, na condição de regime permanente, são trifásicas simétricas e equilibradas, mas, na condição de defeito, podem apresentar um desequilíbrio. Destacam-se redes com uma barra com curto-circuito fase a terra, dupla fase ou dupla fase a terra.

Nos itens subsequentes será analisada a modelagem de linhas de transmissão e transformadores.

5.4.2 LINHAS DE TRANSMISSÃO

O cálculo da componente transitória e a de regime em linhas de transmissão é sobremodo complexo, visto tratar-se de redes a parâmetros distribuídos que contam com resistência e indutância série, condutância e capacitância em derivação. Para ilustração, apresenta-se, na Figura 5.5, uma linha modelada por um conjunto de circuitos π nominais. Observa-se a complexidade da rede para o estudo do transitório de curto-circuito na linha. É evidente que a solução deve ser pesquisada no domínio da frequência por meio da transformada de Laplace. Por outro lado, lembrando que as linhas de transmissão são o elemento predominante da rede, conclui-se pela inviabilidade de realizar-se esse estudo, ante o esforço computacional que seria necessário.

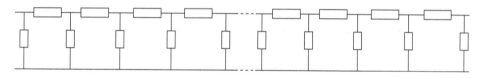

Figura 5.5 – Linha constituída por conjunto de circuitos π

Assim, é prática corrente determinar-se a corrente de curto-circuito de regime permanente e obter-se a transitória por meio de fatores numéricos obtidos de registros de ocorrências. Ainda é prática corrente excluir-se da rede de defeito as capacitâncias em derivação. A título de exemplo, seja o caso de um curto-circuito no fim de uma linha de transmissão que é alimentada por um barramento infinito, isto é, por uma fonte de tensão constante. Assume-se que a linha é de 440 kV e seus parâmetros são:

$$\overline{z}_{serie} = \frac{1}{\overline{y}_{serie}} = 0,0273 + j0,3073 \;\; \Omega/km$$

$$\overline{y}_{deriv} = 0 + j5,28 \cdot 10^{-5} \;\; S/km$$

Para o cálculo da corrente de curto-circuito, assume-se que a linha está representada por seu circuito π nominal, Figura 5.6(a), e a corrente de curto-circuito no fim da linha é dada por:

$$\dot{I}_{cto} = \frac{\dot{E}}{\ell \cdot \overline{z}_{serie}}$$

Observa-se que a capacitância no fim da linha, por estar curto-circuitada, não contribui para a corrente de curto. Em outras palavras, representar a linha por seu circuito π nominal, ou equivalente, equivale a não se considerar o efeito do ramo paralelo. Para melhor visualização do efeito da capacitância, proceder-se-á ao cálculo da corrente de curto-circuito considerando-se a linha dividida em três seções de comprimento l/3, Figura 5.6(b). Para o cálculo da corrente de curto-circuito, monta-se a matriz de admitâncias da rede:

$$\begin{vmatrix} \dot{I}_1 \\ \dot{I}_2 \\ \dot{I}_3 \\ \dot{I}_4 \end{vmatrix} = \begin{vmatrix} \overline{Y}_{serie} + \overline{Y}_{deriv} & -\overline{Y}_{serie} & 0 & 0 \\ -\overline{Y}_{serie} & 2\overline{Y}_{serie} + 2\overline{Y}_{deriv} & -\overline{Y}_{serie} & 0 \\ 0 & -\overline{Y}_{serie} & 2\overline{Y}_{serie} + 2\overline{Y}_{deriv} & -\overline{Y}_{serie} \\ 0 & 0 & -\overline{Y}_{serie} & \overline{Y}_{serie} + \overline{Y}_{deriv} \end{vmatrix} \cdot \begin{vmatrix} \dot{V}_1 \\ \dot{V}_2 \\ \dot{V}_3 \\ \dot{V}_4 \end{vmatrix}$$

onde:

$$\overline{Y}_{serie} = \frac{1}{\overline{z}_{Série} \cdot \ell/3} = \frac{\overline{y}_{serie}}{\ell/3}$$

$$\overline{Y}_{deriv} = \frac{\overline{y}_{deriv}}{2} \cdot \frac{\ell}{3}$$

$$\dot{I}_2 = \dot{I}_3 = 0 \quad e \quad \dot{I}_4 = \dot{I}_{cto}$$

$$\dot{V}_1 = \dot{E} \quad e \quad \dot{V}_4 = 0$$

Ou seja:

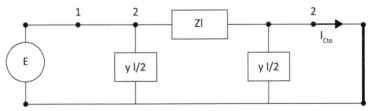

a. Linha em curto circuito representada pelo circuito equivalente

Figura 5.6 – Linha em curto-circuito suprida por fonte de tensão constante (continua)

b. Linha representada por três seções de comprimento l/3

Figura 5.6 – Linha em curto-circuito suprida por fonte de tensão constante (continuação)

$$\begin{vmatrix} \dot{I}_1 \\ 0 \\ 0 \\ -\dot{I}_{cto} \end{vmatrix} = \begin{vmatrix} \overline{Y}_{serie} + \overline{Y}_{deriv} & -\overline{Y}_{serie} & 0 & 0 \\ -\overline{Y}_{serie} & 2\overline{Y}_{serie} + 2\overline{Y}_{deriv} & -\overline{Y}_{serie} & 0 \\ 0 & -\overline{Y}_{serie} & 2\overline{Y}_{serie} + 2\overline{Y}_{deriv} & -\overline{Y}_{serie} \\ 0 & 0 & -\overline{Y}_{serie} & \overline{Y}_{serie} + \overline{Y}_{deriv} \end{vmatrix} \cdot \begin{vmatrix} \dot{V}_1 \\ \dot{V}_2 \\ \dot{V}_3 \\ 0 \end{vmatrix}$$

ou

$$\dot{V}_2 = \frac{\overline{Y}_{serie}\dot{E} + \overline{Y}_{serie}\dot{V}_3}{2\overline{Y}_{serie} + 2\overline{Y}_{deriv}}$$

$$\dot{V}_3 = \frac{\overline{Y}_{serie}\dot{V}_2}{2\overline{Y}_{serie} + 2\overline{Y}_{deriv}}$$

$$\dot{I}_{Cto} = \overline{Y}_{serie}\dot{V}_3$$

Resolve-se iterativamente esse sistema de equações obtendo-se, para comprimentos da linha variáveis de 150 a 900 km, com passo de 150 km, os valores da corrente de curto-circuito apresentados na Tabela 5.3(a) para linhas simuladas pelo modelo π nominal e na Tabela 5.3(b) para linhas simuladas pelo modelo π equivalente, em que, para efeito de comparação, apresentou-se a corrente de curto-circuito desprezando-se o efeito da capacitância da linha. O erro é calculado através da equação:

$$Erro = \frac{\left|\dot{I}_{3trechos}\right| - \left|\dot{I}_{1trecho}\right|}{\left|\dot{I}_{1trecho}\right|} \cdot 100$$

Tabela 5.3(a) – Correntes de defeitos em linhas – π nominal

Comp. total (km)	Módulo da corrente de curto-circuito (pu)		Erro (%)
	3 trechos	1 trecho	
150	4,2063	4,1835	0,54
300	2,1378	2,0918	2,15
450	1,4652	1,3945	4,82
600	1,1432	1,0459	8,51
750	0,9637	0,8367	13,17
900	0,8582	0,6973	18,75

Tabela 5.3(b) – Correntes de defeitos em linhas – π equivalente

Comp. total (km)	Módulo da corrente de curto-circuito (pu)		Erro (%)
	3 trechos	1 trecho	
150	4.2091	4.1864	0,54
300	2.1436	2.0974	2,20
450	1.4739	1.4030	5,05
600	1.1551	1.0573	9,25
750	0.9789	0.8510	15,03
900	0.8771	0.7145	22,75

Assim, é pratica corrente desprezar-se o efeito da capacitância das linhas nos estudos de curto-circuito.

Lembrando, conforme apresentado no Anexo I, que uma linha trifásica que conta com cabo guarda é representada pela matriz de impedâncias:

$$\begin{bmatrix} \Delta \dot{V}_A \\ \Delta \dot{V}_B \\ \Delta \dot{V}_C \\ \Delta \dot{V}_N \end{bmatrix} = \begin{bmatrix} \overline{Z}_{AA} & \overline{Z}_{AB} & \overline{Z}_{AC} & \overline{Z}_{AN} \\ \overline{Z}_{BA} & \overline{Z}_{BB} & \overline{Z}_{BC} & \overline{Z}_{BN} \\ \overline{Z}_{CA} & \overline{Z}_{CB} & \overline{Z}_{CC} & \overline{Z}_{CN} \\ \overline{Z}_{NA} & \overline{Z}_{NB} & \overline{Z}_{NC} & \overline{Z}_{NN} \end{bmatrix} \cdot \begin{bmatrix} \dot{I}_A \\ \dot{I}_B \\ \dot{I}_C \\ \dot{I}_N \end{bmatrix} \tag{5.12}$$

Lembra-se ainda que:

a) Quando o cabo guarda está isolado, a corrente que o percorre é nula, $\dot{I}_N = 0$, logo, não contribui para as quedas de tensão e a matriz 3x3 correspondente às impedâncias próprias e mútuas dos cabos de fase fica inalterada.

Estudo de curto-circuito

b) Quando o cabo guarda está aterrado nas duas extremidades ele é sede de circulação de corrente e sua queda de tensão, $\Delta\dot{V}_N = 0$, logo, obtém-se a matriz de impedância correspondente às fases procedendo-se à eliminação de Gauss.

A partir da matriz de impedância dos cabos de fase, obtém-se a de componentes simétricas pela transformação:

$$[Z_{012}] = [T]^{-1} \cdot \begin{vmatrix} \overline{Z}_{AA} & \overline{Z}_{AB} & \overline{Z}_{AC} \\ \overline{Z}_{BA} & \overline{Z}_{BB} & \overline{Z}_{BC} \\ \overline{Z}_{CA} & \overline{Z}_{CB} & \overline{Z}_{CC} \end{vmatrix} \cdot [T]$$

$$= \frac{1}{3} \cdot \begin{vmatrix} \overline{Z}_{AA} + \overline{Z}_{BB} + \overline{Z}_{CC} + 2(\overline{Z}_{AB} + \overline{Z}_{BC} + \overline{Z}_{CA}) & \overline{Z}_{AA} + \alpha^2\overline{Z}_{BB} + \alpha\overline{Z}_{CC} - \alpha\overline{Z}_{AB} - \overline{Z}_{BC} - \alpha^2\overline{Z}_{CA} & \overline{Z}_{AA} + \alpha\overline{Z}_{BB} + \alpha^2\overline{Z}_{CC} - \alpha^2\overline{Z}_{AB} - \overline{Z}_{BC} - \alpha\overline{Z}_{CA} \\ \overline{Z}_{AA} + \alpha\overline{Z}_{BB} + \alpha^2\overline{Z}_{CC} - \alpha^2\overline{Z}_{AB} - \overline{Z}_{BC} - \alpha\overline{Z}_{CA} & \overline{Z}_{AA} + \overline{Z}_{BB} + \overline{Z}_{CC} - \overline{Z}_{AB} - \overline{Z}_{BC} - \overline{Z}_{CA} & \overline{Z}_{AA} + \alpha^2\overline{Z}_{BB} + \alpha\overline{Z}_{CC} + 2(\alpha\overline{Z}_{AB} + \overline{Z}_{BC} + \alpha^2\overline{Z}_{CA}) \\ \overline{Z}_{AA} + \alpha^2\overline{Z}_{BB} + \alpha\overline{Z}_{CC} - \alpha\overline{Z}_{AB} - \overline{Z}_{BC} - \alpha^2\overline{Z}_{CA} & \overline{Z}_{AA} + \alpha^2\overline{Z}_{BB} + \alpha\overline{Z}_{CC} + 2(\alpha^2\overline{Z}_{AB} + \overline{Z}_{BC} + \alpha\overline{Z}_{CA}) & \overline{Z}_{AA} + \overline{Z}_{BB} + \overline{Z}_{CC} - \overline{Z}_{AB} - \overline{Z}_{BC} - \overline{Z}_{CA} \end{vmatrix}$$

Lembrando que estamos tratando redes trifásicas simétricas e equilibradas, logo:

$$\overline{Z}_P = \overline{Z}_{AA} = \overline{Z}_{BB} = \overline{Z}_{CC}$$
$$\overline{Z}_M = \overline{Z}_{AB} = \overline{Z}_{BC} = \overline{Z}_{CA}$$

e as impedâncias de sequência zero, $\overline{Z}_0$, direta, $\overline{Z}_1$, e inversa, $\overline{Z}_2$, são dadas por:

$$\overline{Z}_0 = \overline{Z}_P + 2\overline{Z}_m$$
$$\overline{Z}_1 = \overline{Z}_2 = \overline{Z}_P - \overline{Z}_m \tag{5.13}$$

5.4.3 TRANSFORMADORES

O detalhamento da representação de transformadores nas redes de sequência direta e inversa foi objeto da seção 2.4 do Capítulo 2. Para a determinação do modelo a ser utilizado na representação de sequência zero de transformador, o procedimento a ser adotado pode ser resumido nos passos a seguir:

- Determina-se a impedância vista pelo primário excitando-se esse enrolamento, com os terminais do enrolamento secundário curto circuitados, com três tensões de mesmo módulo e fase, $\dot{E}_0$.

- Determina-se a impedância vista pelo secundário excitando-se esse enrolamento, com os terminais do enrolamento primário curto circuitados, com três tensões de mesmo módulo e fase, $\dot{E}_0$.

Assim, seja o caso de um banco de três transformadores monofásicos ligados com o primário em triângulo e o secundário em estrela aterrada por impedância $\overline{Z}_{ater}$, Figura 5.7. Os dados nominais do banco são:

- Potência nominal: S_{nom}.
- Tensões nominais primária e secundária: V_{nomp} e V_{noms}.
- Impedâncias equivalentes primária e secundária: $\overline{z}_p$ e $\overline{z}_s$.

A potência de base é S_{base} e as tensões de base são as próprias tensões nominais. A impedância $\overline{z}_{ater}$ está em pu referida ao secundário.

Quando se alimenta o transformador com as três tensões $\dot{E}_0$ pelo primário não há circulação de corrente, visto que a tensão dos três pontos P_1, P_2 e P_3 são iguais. A impedância total do transformador, referida ao secundário, é dada por:

$$\overline{z}_{tot} = \left(\overline{z}_p \frac{V_{nomp}^2}{S_{nom}} + \overline{z}_s \frac{V_{noms}^2}{S_{nom}} \right) \frac{S_{Base}}{V_{noms}^2}$$

Excitando-se o secundário do transformador com três tensões $\dot{E}_0 = 1\underline{|0}$ pu, tem-se:

$$\dot{E}_o = (\overline{z}_{Tot} + 3\overline{z}_{ater})\dot{I}_0$$

Logo a impedância vista pelo secundário é dada por $\overline{z}_{tot} + 3\overline{z}_{ater}$ e o diagrama de sequência zero do transformador é o apresentado na Figura 5.8.

Evidentemente, tratando-se de transformador com centro estrela diretamente aterrado, é suficiente fazer-se $\overline{Z}_{ater} = 0$ e, tratando-se de transformador com centro estrela isolado, será $|\overline{Z}_{ater}| \to \infty$.

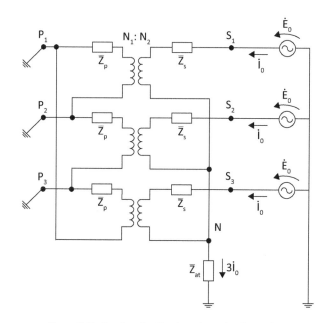

Figura 5.7 – Transformador triângulo-estrela suprido pelo secundário

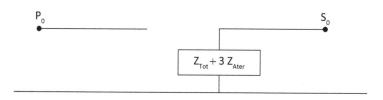

Figura 5.8 – Diagrama de sequência zero de transformador triângulo – estrela aterrada

Faz-se mister lembrar (cf. o Capítulo 2) a rotação de fase de 30° entre as tensões de linha do primário e secundário na ligação estrela/triângulo.

Para os demais tipos de ligação de transformadores de dois ou três enrolamentos, o procedimento para a determinação do diagrama de sequência zero é análogo e sua obtenção foge ao escopo deste livro. Na Figura 5.9, apresenta-se o diagrama de sequência zero de um transformador de três enrolamentos.

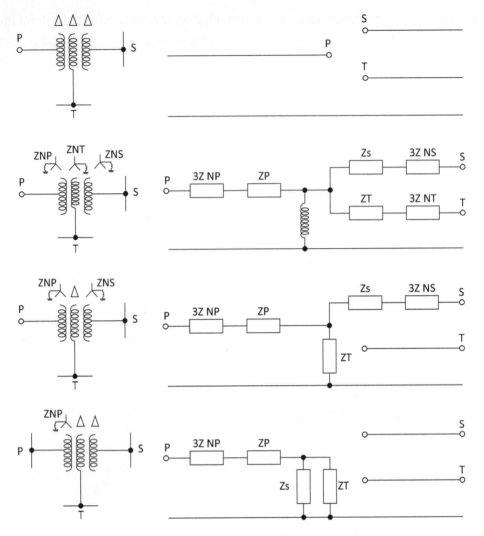

Figura 5.9 – Diagramas de sequência zero para transformador de três enrolamentos

5.5 ESTUDO DE REDES TRIFÁSICAS EM PRESENÇA DE CURTOS-CIRCUITOS

5.5.1 INTRODUÇÃO

O escopo desta seção é analisar a metodologia a ser utilizada na determinação do valor da corrente de curto-circuito de regime permanente que se estabelece na rede quando de um defeito numa barra da rede. A contribuição da componente transitória será estimada por meio de fator multiplicativo aplicado na componente permanente. Nesta seção a rede, antes do defeito, é sempre trifásica, simétrica e equilibrada, isto é, será sempre representada, em componentes simétricas, pela rede de sequência direta.

Inicialmente será analisada a obtenção da corrente de curto para defeitos trifásicos que não alteram as condições de simetria e equilíbrio da rede. Em subitens subsequentes, estender-se-á a determinação para os demais tipos de falhas, notadamente: fase a terra, com e sem impedância da aterramento, dupla fase e dupla fase a terra.

No caso geral de redes, a primeira ideia que ocorreria seria a de representar-se a rede a montante do ponto de defeito por meio de seu gerador equivalente de Thévenin, determinado no domínio do tempo. Destaca-se que tal procedimento é completamente errado no caso da determinação da corrente transitória, pois, ao se associarem em série/paralelo reatâncias e capacidades, perdem-se frequências e a solução alcançada está errada. A título de exemplo, seja o circuito da Figura 5.10, no qual está apresentada uma linha de transmissão representada por seu circuito T nominal e o circuito equivalente de Thévenin. Observa-se que: $\overline{Z} = j\frac{1}{2}\omega L$ e $\overline{Y} = j\omega C$, isto é, para efeito de raciocínio, desprezou-se a resistência ôhmica da linha de transmissão e considerou-se somente sua indutância L [H/km] e sua capacitância C [F/km].

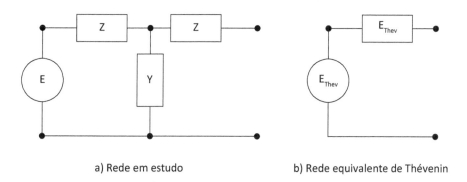

a) Rede em estudo   b) Rede equivalente de Thévenin

Figura 5.10 – Rede para análise

Os parâmetros do circuito equivalente de Thévenin são dados por:

$$\dot{E}_{th} = \frac{\dot{E}}{1+\overline{ZY}} \qquad \overline{Z}_{th} = \overline{Z} \cdot \frac{2+\overline{ZY}}{1+\overline{ZY}}$$

Observa-se que se transformou um circuito que contava com duas indutâncias e uma capacitância num circuito que conta com uma única indutância, o que inviabiliza a análise do transitório nesse modelo. A solução seria determinar-se o gerador equivalente de Thévenin no domínio da frequência, transformada de Laplace.

Por outro lado, destaca-se que não há restrição alguma na utilização do gerador equivalente de Thévenin, determinado no domínio do tempo, para o cálculo da componente de regime permanente. Assim, para a determinação da corrente total de defeito, determina-se a componente de regime permanente no domínio do tempo, à qual se adiciona a componente transitória que é estimada por meio de fatores multiplicativos que levem em conta redes típicas. Lembra--se que a corrente total de curto-circuito tem interesse restrito à análise da suportabilidade de equipamentos.

Na seção subsequente será apresentada a metodologia para o cálculo da corrente de defeito utilizando-se o teorema da superposição, isto é: *uma rede que conte com geradores de tensão e corrente constantes pode ser calculada somando-se os valores alcançados na rede em que os geradores de tensão foram curto-circuitados com aquela em que os geradores de corrente foram abertos.*

Após esse procedimento, elucidar-se-á como obter os parâmetros do gerador equivalente de Thévenin para a rede completa.

5.5.2 CÁLCULO DE DEFEITOS TRIFÁSICOS

Conforme já salientado, o cálculo do curto-circuito em redes de transmissão é levado a efeito nas duas etapas a seguir:

- Determina-se, utilizando-se o teorema da superposição, a componente permanente da corrente de defeito.

- Estima-se a componente transitória da corrente de defeito por meio de fatores específicos, relacionados, entre outros, com: relação X/R no ponto de defeito, localização do defeito, que são definidos nas normas técnicas.

Destaca-se que a componente transitória, por extinguir-se rapidamente, em alguns ciclos, não influi na suportabilidade da rede e no sistema de proteção. Apresenta interesse na especificação dos disjuntores e naqueles equipamentos que devem suportar a corrente instantânea de defeito.

O defeito na rede é simulado por um gerador de corrente constante que injeta na rede a corrente de defeito e, para a aplicação do método da superposição, assumem-se duas redes, Figura 5.11:

- A rede prévia ao defeito, "Rede 1", na qual as cargas são representadas por geradores de corrente constante. O gerador de corrente que simula o defeito é representado em aberto.

- A rede com defeito, "Rede 2", é simulada com a f.e.m. dos geradores de tensão constante das barras de geração em curto-circuito, restando entre a barra de geração e a referência a impedância interna do gerador, e os geradores de corrente constante das barras de carga estão em aberto. O gerador de corrente que representa o defeito está ativo.

Para o desenvolvimento do cálculo, procede-se como a seguir:

- Processa-se, na rede prévia ao defeito, "Rede 1", um fluxo de potência através do qual são determinadas as condições operativas dessa rede. Evidentemente, interessa ao estudo a tensão na barra terminal do gerador, logo, no estudo de fluxo de potência não se leva em consideração a existência da impedância interna do gerador.

- A rede de defeito, "Rede 2", que será superposta à prévia, é obtida curto-circuitando-se todas as f.e.m. dos geradores e abrindo-se os geradores de corrente que simulam as cargas. A corrente de defeito é simulada por meio de gerador de corrente constante impressa na barra de defeito.

Na Figura 5.11 apresenta-se a rede completa com o defeito, a "Rede 1", rede prévia ao defeito, e a "Rede 2", rede de defeito. As tensões e correntes da rede completa são representadas por $\dot{V}_i$ e $\dot{I}_i$, as da rede prévia por $\dot{V}_i'$ e $\dot{I}_i'$ e as da rede de defeito por $\dot{V}_i''$ e $\dot{I}_i''$. Evidentemente, tem-se:

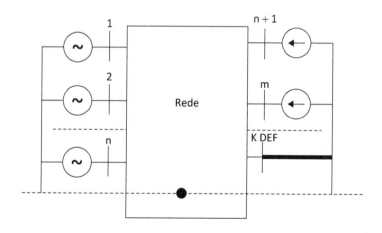

Figura 5.11 – Redes para aplicação do teorema da superposição (continua)

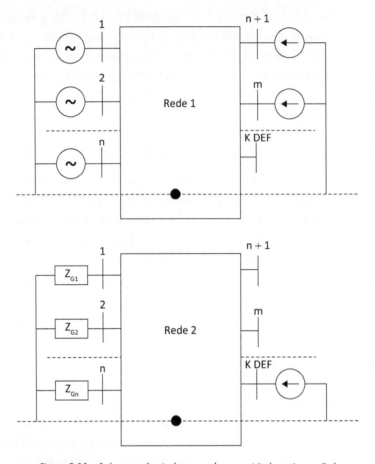

Figura 5.11 – Redes para aplicação do teorema da superposição (continuação)

$$\dot{V}_i = \dot{V}'_i + \dot{V}''_i$$
$$\dot{I}_i = \dot{I}'_i + \dot{I}''_i \qquad (5.14)$$

As tensões e correntes nodais da "Rede 1" são determinadas por meio de um estudo de fluxo de potência. Para a determinação das tensões e correntes nodais da "Rede 2", observa-se que as correntes impressas em todas as barras são nulas, exceto a da barra de defeito.

Assim, ter-se-á a matriz de admitâncias nodais da rede em que se inseriu no elemento da diagonal das barras de geração a admitância série do gerador, isto é, $\overline{Y}'_{11} = \overline{Y}_{11} + \dfrac{1}{\overline{z}_{ger}}$.

Estudo de curto-circuito

$$
\begin{array}{|c|}
\hline 0 \\\hline \cdots \\\hline 0 \\\hline \dot{I}_k'' \\\hline
\end{array}
=
\begin{array}{|c|c|c|c|}
\hline \overline{Y}_{11} & \cdots & \overline{Y}_{1m} & \overline{Y}_{1k} \\\hline \cdots & \cdots & \cdots & \cdots \\\hline \overline{Y}_{m1} & \cdots & \overline{Y}_{mm} & \overline{Y}_{mk} \\\hline \overline{Y}_{k1} & \cdots & \overline{Y}_{km} & \overline{Y}_{kk} \\\hline
\end{array}
\cdot
\begin{array}{|c|}
\hline \dot{V}_1'' \\\hline \cdots \\\hline \dot{V}_m'' \\\hline \dot{V}_k'' \\\hline
\end{array}
$$

Pré-multiplicando-se ambos os membros da equação acima pela inversa da matriz de admitâncias nodais, obtém-se a equação:

$$
\begin{array}{|c|}
\hline \dot{V}_1'' \\\hline \cdots \\\hline \dot{V}_m'' \\\hline \dot{V}_k'' \\\hline
\end{array}
=
\begin{array}{|c|c|c|c|}
\hline \overline{Z}_{11} & \cdots & \overline{Z}_{1m} & \overline{Z}_{1k} \\\hline \cdots & \cdots & \cdots & \cdots \\\hline \overline{Z}_{m1} & \cdots & \overline{Z}_{mm} & \overline{Z}_{mk} \\\hline \overline{Z}_{k1} & \cdots & \overline{Z}_{km} & \overline{Z}_{kk} \\\hline
\end{array}
\cdot
\begin{array}{|c|}
\hline 0 \\\hline \cdots \\\hline 0 \\\hline \dot{I}_k'' \\\hline
\end{array}
$$

Ou seja:

$$
\dot{V}_k'' = \overline{Z}_{kk}\,\dot{I}_k'' \tag{5.15}
$$

donde:

$$
\dot{V}_k = \dot{V}_k' + \dot{V}_k'' = \dot{V}_k' + \overline{Z}_{kk}\,\dot{I}_k'' = 0 \tag{5.16}
$$

logo

$$
\dot{I}_k'' = -\frac{\dot{V}_k'}{\overline{Z}_{kk}} \tag{5.17}
$$

Uma vez determinada a corrente de curto-circuito, $\dot{I}_k''$, determinam-se as tensões em todas as barras da rede de defeito e a seguir a da rede completa, isto é:

$$
\dot{V}_i = \dot{V}_i' + \overline{Z}_{ik}\,\dot{I}_k'' \tag{5.18}
$$

Destaca-se que não é necessário calcular a matriz inversa completa, sendo suficiente calcular-se a coluna da inversa correspondente à barra de curto--circuito (k).

No caso de curto-circuito trifásico com impedância de defeito, $\overline{Z}_{def}$, a Equação (5.16) torna-se:

$$
\dot{V}_k' + \overline{Z}_{kk}\,\dot{I}_k'' = -\dot{I}_k''\overline{Z}_{def} \tag{5.19}
$$

E a corrente de defeito será dada por:

$$\dot{I}_k'' = -\frac{\dot{V}_k'}{\overline{Z}_{kk} + \overline{Z}_{def}} \qquad (5.20)$$

Observa-se que o procedimento seguido é idêntico ao que seria alcançado utilizando-se o gerador equivalente de Thévenin, pois:

- a f.e.m. do gerador de Thévenin corresponde à tensão na barra de defeito para a "Rede 1", isto é: $\dot{E}_{th} = \dot{V}_k'$;
- a impedância equivalente do gerador de Thévenin corresponde à impedância de entrada da barra de defeito na "Rede 2", isto é: $\overline{Z}_{th} = \overline{Z}_{kk}$.

5.5.3 DEFEITOS FASE A TERRA

5.5.3.1 Introdução

Nesta seção será estudada a metodologia para a determinação da corrente que se estabelece quando de defeito fase a terra e das tensões que resultam nas fases sãs. Posteriormente proceder-se-á ao estudo parametrizado na relação entre as impedâncias de sequência direta e zero do comportamento das sobrecorrentes e sobretensões na rede.

5.5.3.2 Estudo de defeito fase a terra

Na Figura 5.12 tem-se a representação trifásica da rede com um defeito fase a terra na fase A da barra k. Para as três fases da barra k têm-se as seguintes tensões e correntes na rede completa:

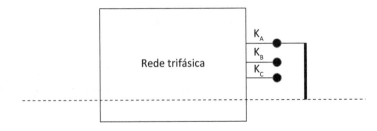

Figura 5.12 – Rede com defeito fase a terra na barra k

$$\dot{V}_{kA} = 0 \quad \text{e} \quad \dot{I}_{kB} = \dot{I}_{kC} = 0.$$

A tensão no nó k_A expressa por suas componentes simétricas é dada por:

$$\dot{V}_{kA} = \dot{V}_0 + \dot{V}_1 + \dot{V}_2 = 0 \qquad (5.21)$$

As componentes simétricas das correntes de defeito são dadas por:

$$\begin{array}{|c|} \hline \dot{I}_0 \\ \hline \dot{I}_1 \\ \hline \dot{I}_2 \\ \hline \end{array} = \frac{1}{3} \begin{array}{|c|c|c|} \hline 1 & 1 & 1 \\ \hline 1 & \alpha & \alpha^2 \\ \hline 1 & \alpha^2 & \alpha \\ \hline \end{array} \cdot \begin{array}{|c|} \hline \dot{I}_{kA} \\ \hline 0 \\ \hline 0 \\ \hline \end{array} \qquad (5.22)$$

$$\dot{I}_0 = \dot{I}_1 = \dot{I}_2 = \frac{\dot{I}_{kA}}{3}$$

Das Equações (5.21) e (5.22), observa-se que na barra de defeito as correntes de sequência zero, direta e inversa são iguais, logo, os três circuitos sequenciais estão em série e, além disso, os três circuitos em série devem estar ligados em curto-circuito, pois a soma de suas tensões é zero. Na Figura 5.13 apresenta-se o gerador de Thévenin equivalente à associação dos três circuitos. Destaca-se que a tensão $\dot{E}_1$ corresponde à tensão $\dot{V}'_{kA}$ na barra de defeito na Rede 1. As impedâncias $\overline{Z}_{kk1}$, $\overline{Z}_{kk2}$ e $\overline{Z}_{kk0}$, que correspondem às impedâncias de entrada da barra k nos diagramas de sequência direta, inversa e zero da Rede 2, serão representadas, por simplicidade de notação, por $\overline{Z}_1 = \overline{Z}_{kk1}$, $\overline{Z}_2 = \overline{Z}_{kk2}$ e $\overline{Z}_0 = \overline{Z}_{kk0}$.

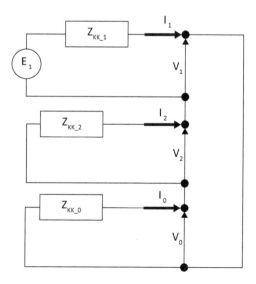

Figura 5.13 – Diagramas sequenciais

Em conclusão, o procedimento a ser adotado para o cálculo da corrente de defeito fase a terra é:

- Montam-se as matrizes de admitâncias nodais de sequência direta, inversa e zero da Rede 2.

- Determina-se a coluna k da matriz inversa, sendo k a barra de defeito, obtendo-se as impedâncias de entrada da barra k de sequência direta, inversa e zero.

- As impedâncias acima são as impedâncias internas dos geradores equivalentes de Thévenin das três sequências.

- A tensão de vazio na barra k, determinada na Rede 1, representa a f.e.m. do gerador equivalente de Thévenin de sequência direta. Evidentemente, as f.e.m. de sequência inversa e zero são nulas.

- As componentes simétricas da corrente de defeito são dadas por:

$$\dot{I}_0 = \dot{I}_1 = \dot{I}_2 = \frac{\dot{E}_1}{\overline{Z}_1 + \overline{Z}_2 + \overline{Z}_0} = \frac{\dot{V}'_{kA}}{\overline{Z}_1 + \overline{Z}_2 + \overline{Z}_0} \qquad (5.23)$$

- A corrente de defeito fase a terra é dada por:

$$\dot{I}_{\phi T} = \dot{I}_{kA} = \dot{I}_0 + \dot{I}_1 + \dot{I}_2 = \frac{3\dot{V}'_{kA}}{\overline{Z}_1 + \overline{Z}_2 + \overline{Z}_0} \qquad (5.24)$$

- As componentes simétricas da tensão na barra de defeito, k, são dadas por (lembrando que a corrente impressa nessa barra antes do defeito era nula):

$$\dot{V}_0 = \dot{V}'_0 + \dot{V}''_0 = \dot{V}'_0 - \dot{I}''_0 \overline{Z}_0 = \dot{V}'_0 - \left(\dot{I}_0 - \dot{I}'_0\right)\overline{Z}_0 = 0 - \left(\dot{I}_0 - 0\right)\overline{Z}_0 = -\dot{I}_0 \overline{Z}_0 = -\frac{\overline{Z}_0}{\overline{Z}_1 + \overline{Z}_2 + \overline{Z}_0}\dot{V}'_{kA}$$

$$\dot{V}_1 = \dot{V}'_1 + \dot{V}''_1 = \dot{V}'_1 - \dot{I}''_1 \overline{Z}_1 = \dot{V}'_1 - \left(\dot{I}_1 - \dot{I}'_1\right)\overline{Z}_1 = \dot{V}'_{kA} - \left(\dot{I}_1 - 0\right)\overline{Z}_1 = \dot{V}'_{kA} - \dot{I}_1 \overline{Z}_1 = \frac{\overline{Z}_0 + \overline{Z}_2}{\overline{Z}_1 + \overline{Z}_2 + \overline{Z}_0}\dot{V}'_{kA}$$

$$\dot{V}_2 = \dot{V}'_2 + \dot{V}''_2 = \dot{V}'_2 - \dot{I}''_2 \overline{Z}_2 = \dot{V}'_2 - \left(\dot{I}_2 - \dot{I}'_2\right)\overline{Z}_2 = 0 - \left(\dot{I}_2 - 0\right)\overline{Z}_2 = -\dot{I}_2 \overline{Z}_2 = -\frac{\overline{Z}_2}{\overline{Z}_1 + \overline{Z}_2 + \overline{Z}_0}\dot{V}'_{kA}$$

$$(5.25)$$

- As tensões de fase na barra de defeito são dadas por:

$$
\begin{bmatrix} \dot{V}_{kA} \\ \dot{V}_{kB} \\ \dot{V}_{kC} \end{bmatrix} = [T] \cdot \begin{bmatrix} \dot{V}_0 \\ \dot{V}_1 \\ \dot{V}_2 \end{bmatrix} = \begin{bmatrix} 1 & 1 & 1 \\ 1 & \alpha^2 & \alpha \\ 1 & \alpha & \alpha^2 \end{bmatrix} \cdot \begin{bmatrix} -\overline{Z}_0 \\ \overline{Z}_0 + \overline{Z}_2 \\ -\overline{Z}_2 \end{bmatrix} \frac{\dot{V}'_{kA}}{\overline{Z}_1 + \overline{Z}_2 + \overline{Z}_0}
$$

Estudo de curto-circuito **441**

Por simplicidade de notação, designar-se-á o denominador por $\overline{Z}_{tot} = \overline{Z}_1 + \overline{Z}_2 + \overline{Z}_0$. Assim, resultarão para os componentes de fase das tensões:

$$\dot{V}_{kA} = \left(-\overline{Z}_0 + \overline{Z}_0 + \overline{Z}_2 - \overline{Z}_2\right)\frac{\dot{V}'_{kA}}{\overline{Z}_{Tot}} = 0$$

$$\dot{V}_{kB} = \left(-\overline{Z}_0 + \alpha^2\overline{Z}_0 + \alpha^2\overline{Z}_2 - \alpha\overline{Z}_2\right)\frac{\dot{V}'_{kA}}{\overline{Z}_{Tot}}$$

$$= \alpha^2\left[\left(1-\alpha\right)\overline{Z}_0 + \left(1-\alpha^2\right)\overline{Z}_2\right]\frac{\dot{V}'_{kA}}{\overline{Z}_{Tot}}$$

$$= \frac{\sqrt{3}}{\overline{Z}_{Tot}}\left[\overline{Z}_0\underline{|-30°} + \overline{Z}_2\underline{|30°}\right]\alpha^2\dot{V}'_{kA} \qquad (5.26)$$

$$\dot{V}_{kC} = \left(-\overline{Z}_0 + \alpha\overline{Z}_0 + \alpha\overline{Z}_2 - \alpha^2\overline{Z}_2\right)\frac{\dot{V}'_{kA}}{\overline{Z}_{Tot}}$$

$$= \alpha\left[\left(1-\alpha^2\right)\overline{Z}_0 + \left(1-\alpha\right)\overline{Z}_2\right]\frac{\dot{V}'_{kA}}{\overline{Z}_{Tot}}$$

$$= \frac{\sqrt{3}}{\overline{Z}_{Tot}}\left[\overline{Z}_0\underline{|30°} + \overline{Z}_2\underline{|-30°}\right]\alpha\dot{V}'_{kA}$$

Para o caso de defeito fase a terra com impedância de aterramento, $\overline{Z}_{ater}$, ter-se-á:

$$\dot{V}_{kA} = \overline{Z}_{ater}\dot{I}_{kA}$$
$$\dot{I}_{kB} = \dot{I}_{kC} = 0 \qquad (5.27)$$

donde as relações:

$$\dot{I}_0 = \dot{I}_1 = \dot{I}_2 = \frac{\dot{I}_{kA}}{3} \quad \text{ou} \quad \dot{I}_{kA} = 3\dot{I}_0$$

$$\dot{V}_{kA} = \dot{V}_0 + \dot{V}_1 + \dot{V}_2 = \overline{Z}_{ater}\dot{I}_{kA} = 3\overline{Z}_{ater}\dot{I}_0 \qquad (5.28)$$

Das Equações (5.28) pode-se concluir que é suficiente acrescentar-se $3\overline{Z}_{ater}$ no fechamento dos circuitos sequenciais, ou, o que é equivalente, acrescentar--se à impedância de entrada de sequência zero da barra k o valor $3\overline{Z}_{ater}$.

5.5.3.3 Estudo de sobretensões e sobrecorrentes em defeito fase a terra

Assumindo-se, como é normal, $\overline{Z}_1 = \overline{Z}_2$ e lembrando a Equação (5.24), a corrente de fase será dada por:

$$\dot{I}_{\phi T} = \frac{3\dot{V}'_{kA}}{2\overline{Z}_1 + \overline{Z}_0} = \frac{3\overline{Z}_1}{2\overline{Z}_1 + \overline{Z}_0} \cdot \frac{\dot{V}'_{kA}}{\overline{Z}_1} = \frac{3\overline{Z}_1}{2\overline{Z}_1 + \overline{Z}_0}\dot{I}_{3\phi} \qquad (5.29)$$

Fazendo-se: $\bar{Z}_1 = Z_1\lfloor\varphi_1$ e $\bar{Z}_0 = Z_0\lfloor\varphi_0$ e tomando-se o módulo das correntes, resulta

$$|\dot{I}_{\phi T}| = \frac{3|\bar{Z}_1|\cdot|\dot{I}_{3\phi}|}{|2\bar{Z}_1 + \bar{Z}_0|} = 3\frac{Z_1\cdot|\dot{I}_{3\phi}|}{\sqrt{(2Z_1\cos\varphi_1 + Z_0\cos\varphi_0)^2 + (2Z_1\operatorname{sen}\varphi_1 + Z_0\operatorname{sen}\varphi_0)^2}}$$

Desenvolvendo-se o denominador, obtém-se:

$$(2Z_1\cos\varphi_1 + Z_0\cos\varphi_0)^2 + (2Z_1\operatorname{sen}\varphi_1 + Z_0\operatorname{sen}\varphi_0)^2 = 4Z_1^2 + Z_0^2 + 4Z_1 Z_0\cos(\varphi_1 - \varphi_0)$$

$$|\dot{I}_{\phi T}| = \frac{3}{2}\cdot\frac{Z_1\cdot|\dot{I}_{3\phi}|}{\sqrt{Z_1^2 + \dfrac{Z_0^2}{4} + Z_1 Z_0\cos(\varphi_1 - \varphi_0)}}$$

Define-se fator de sobrecorrente para defeito fase a terra pela relação entre os módulos das correntes de curto-circuito fase a terra e trifásico. Formalmente, tem-se:

$$f_{sc} = \frac{|\dot{I}_{\phi T}|}{|\dot{I}_{3\phi}|} = \frac{3}{2}\cdot\frac{Z_1}{\sqrt{Z_1^2 + \dfrac{Z_0^2}{4} + Z_1 Z_0\cos(\varphi_1 - \varphi_0)}} \tag{5.30}$$

Da Equação (5.30), observa-se que:

- quando a impedância de sequência zero tende a zero, o fator de sobrecorrente é dado por: 3/2;

- quando o módulo da impedância de sequência zero for igual ao módulo da impedância de sequência direta resulta:

$$f_{sc} = \frac{3}{\sqrt{4 + 1 + 4\cos(\varphi_1 - \varphi_0)}} = \frac{3}{\sqrt{5 + 4\cos(\varphi_1 - \varphi_0)}}$$

e, se for $\varphi_1 = \varphi_0$, o fator de sobrecorrente será unitário;

- quando a impedância de sequência zero tende ao infinito, o fator de sobrecorrente tende a zero.

Em conclusão, a faixa de variação do fator de sobrecorrente é de 0 a 1,5. Para melhor visualização da variação do fator de sobrecorrente, assumir-se-á que:

$$Z_0 = k_M Z_1 \quad \text{e} \quad k_F = \varphi_1 - \varphi_0$$

Com essas hipóteses, a Equação (5.30) torna-se:

$$f_{sc} = \frac{3}{\sqrt{4 + k_M^2 + 4k_M \cos k_F}} \tag{5.31}$$

Assim, pode-se analisar parametricamente a variação do fator de sobrecorrente em função dos parâmetros k_M e k_F. Observa-se que fator k_F tem influência muito pequena no fator de sobrecorrente, visto que o valor de $\cos k_F$ varia de 1 a 0,866 para k_F variando de 0 a 30°. Destaca-se que os ângulos de fase, φ_1 e φ_0, apresentam valores bastante próximos. Na Figura 5.14 apresenta-se a curva do fator de sobrecorrente em função de k_M e parametrizada em k_F com valores de 0°, 10° e 20°. Observa-se que as três curvas se sobrepõem.

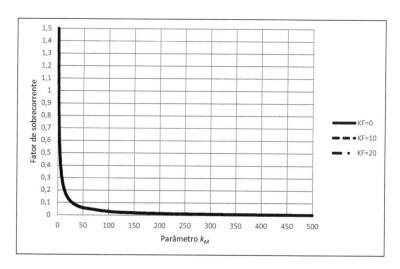

Figura 5.14 – Variação do fator de sobrecorrente em função de k_M e k_F

Para maior detalhamento, na Figura 5.15 reduziu-se o valor de k_M para a faixa de 0 a 10 e assumiu-se para k_F os valores 0°, 10° e 50°. Destaca-se que esse último valor não tem aplicação prática, visto que a diferença entre os ângulos de fase das impedâncias de sequência direta e zero é da ordem de grandeza de graus.

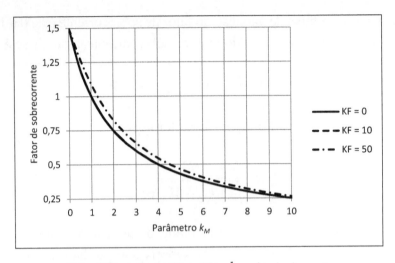

Figura 5.15 – Análise da influência do fator k_F no fator de sobrecorrente

Para analisar as sobretensões que ocorrem nas fases sãs, será utilizado o mesmo procedimento, isto é, serão utilizados como parâmetros os fatores k_M e k_F. Das Equações (5.26) tem-se:

$$\dot{V}_{kB} = \sqrt{3}\frac{\overline{Z}_0\underline{|-30°} + \overline{Z}_2\underline{|30°}}{\overline{Z}_1 + \overline{Z}_2 + \overline{Z}_0}\alpha^2\dot{V}'_k$$

$$\dot{V}_{kC} = \sqrt{3}\frac{\overline{Z}_0\underline{|30°} + \overline{Z}_2\underline{|-30°}}{\overline{Z}_1 + \overline{Z}_2 + \overline{Z}_0}\alpha^2\dot{V}'_k$$

Lembrando que $\overline{Z}_1 = \overline{Z}_2$ e fazendo $\overline{Z}_1 = Z_1\underline{|\varphi_1}$ e $\overline{Z}_0 = Z_0\underline{|\varphi_0}$, resulta

$$\dot{V}_{kB} = \sqrt{3}\frac{\overline{Z}_0\underline{|-30°} + \overline{Z}_1\underline{|30°}}{2\overline{Z}_1 + \overline{Z}_0}\alpha^2\dot{V}'_k = \sqrt{3}\frac{Z_0\underline{|\varphi_0 - 30°} + Z_1\underline{|\varphi_1 + 30°}}{2Z_1\underline{|\varphi_1} + Z_0\underline{|\varphi_0}}\alpha^2\dot{V}'_k$$

$$\dot{V}_{kC} = \sqrt{3}\frac{\overline{Z}_0\underline{|30°} + \overline{Z}_1\underline{|-30°}}{2\overline{Z}_1 + \overline{Z}_0}\alpha\dot{V}'_k = \sqrt{3}\frac{Z_0\underline{|\varphi_0 + 30°} + Z_1\underline{|\varphi_1 - 30°}}{2Z_1\underline{|\varphi_1} + Z_0\underline{|\varphi_0}}\alpha\dot{V}'_k$$

Os fatores de sobretensão para as fases sãs dados pela relação entre os módulos das tensões das fases sãs na condição de defeito e as correspondentes da rede de pré-*fault*, isto é:

$$f_{stB} = \left|\frac{\dot{V}_{kB}}{\alpha^2\dot{V}'_k}\right| = \sqrt{3}\frac{\left|Z_0\underline{|\varphi_0 - 30°} + Z_1\underline{|\varphi_1 + 30°}\right|}{\left|2Z_1\underline{|\varphi_1} + Z_0\underline{|\varphi_0}\right|}$$

$$f_{stC} = \left|\frac{\dot{V}_{kC}}{\alpha\dot{V}'_k}\right| = \sqrt{3}\frac{\left|Z_0\underline{|\varphi_0 + 30°} + Z_1\underline{|\varphi_1 - 30°}\right|}{\left|2Z_1\underline{|\varphi_1} + Z_0\underline{|\varphi_0}\right|}$$

(5.32)

Estudo de curto-circuito

Das Equações (5.32) observa-se que, quando o módulo de $\overline{Z}_0$ varia de zero a infinito, o fator de sobretensão das fases sãs varia na faixa de $\sqrt{3}/2 = 0{,}866$ a $\sqrt{3}$.

Como no caso do fator de sobrecorrente, buscar-se-á o equacionamento dos fatores de sobretensão parametrizados em $k_M = Z_0/Z_1$ e $k_F = \varphi_1 - \varphi_0$.

Para o denominador resulta:

$$\left|2Z_1\underline{|\varphi_1} + Z_0\underline{|\varphi_0}\right| = \left|2Z_1\cos\varphi_1 + Z_0\cos\varphi_0 + j\left(2Z_1\mathrm{sen}\varphi_1 + Z_0\mathrm{sen}\varphi_0\right)\right|$$

$$= \sqrt{\left(2Z_1\cos\varphi_1 + Z_0\cos\varphi_0\right)^2 + \left(2Z_1\mathrm{sen}\varphi_1 + Z_0\mathrm{sen}\varphi_0\right)^2}$$

$$= \sqrt{4Z_1^2 + Z_0^2 + 4Z_1Z_0\cos(\varphi_1 - \varphi_0)} = Z_1\sqrt{4 + k_M^2 + 4k_M\cos k_F}$$

Para o numerador do fator da fase B resulta:

$$Z_0\underline{|\varphi_0 - 30°} = Z_0\left[\cos\left(\varphi_0 - 30°\right) + j\mathrm{sen}\left(\varphi_0 - 30°\right)\right]$$

$$= Z_0\left(\cos\varphi_0\cos 30° + \mathrm{sen}\varphi_0\mathrm{sen}30°\right) + jZ_0\left(\mathrm{sen}\varphi_0\cos 30° - \cos\varphi_0\mathrm{sen}30°\right)$$

$$= \frac{Z_0}{2}\left(\sqrt{3}\cos\varphi_0 + \mathrm{sen}\varphi_0\right) + j\frac{Z_0}{2}\left(\sqrt{3}\mathrm{sen}\varphi_0 - \cos\varphi_0\right)$$

$$Z_1\underline{|\varphi_1 + 30°} = Z_1\left[\cos\left(\varphi_1 + 30°\right) + j\mathrm{sen}\left(\varphi_1 + 30°\right)\right]$$

$$= Z_1\left(\cos\varphi_1\cos 30° - \mathrm{sen}\varphi_1\mathrm{sen}30°\right) + jZ_1\left(\mathrm{sen}\varphi_1\cos 30° + \cos\varphi_1\mathrm{sen}30°\right)$$

$$= \frac{Z_1}{2}\left(\sqrt{3}\cos\varphi_1 - \mathrm{sen}\varphi_1\right) + j\frac{Z_1}{2}\left(\sqrt{3}\mathrm{sen}\varphi_1 + \cos\varphi_1\right)$$

ou seja:

$$\left|Z_0\underline{|\varphi_0 - 30°} + Z_1\underline{|\varphi_0 + 30°}\right|$$

$$= \left\{\left[\frac{Z_0}{2}\left(\sqrt{3}\cos\varphi_0 + \mathrm{sen}\varphi_0\right) + \frac{Z_1}{2}\left(\sqrt{3}\cos\varphi_1 - \mathrm{sen}\varphi_1\right)\right]^2 \right.$$
$$\left. + \left[\frac{Z_0}{2}\left(\sqrt{3}\mathrm{sen}\varphi_0 - \cos\varphi_0\right) + \frac{Z_1}{2}\left(\sqrt{3}\mathrm{sen}\varphi_1 + \cos\varphi_1\right)\right]^2\right\}^{0,5}$$

$$= \sqrt{Z_0^2 + Z_1^2 + Z_0Z_1\left[\cos(\varphi_1 - \varphi_0) - \sqrt{3}\mathrm{sen}(\varphi_1 - \varphi_0)\right]}$$

$$= Z_1\sqrt{k_M^2 + 1 + k_M\left[\cos k_F - \sqrt{3}\mathrm{sen}k_F\right]}$$

Finalmente:

$$f_{stB} = \left|\frac{\dot{V}_{kB}}{\alpha^2 \dot{V}'_k}\right| = \sqrt{3}\frac{\sqrt{k_M^2 + 1 + k_M\left(\cos k_F - \sqrt{3}\mathrm{sen}k_F\right)}}{\sqrt{4 + k_M^2 + 4k_M \cos k_F}}$$

$$f_{stC} = \left|\frac{\dot{V}_{kC}}{\alpha \dot{V}'_k}\right| = \sqrt{3}\frac{\sqrt{k_M^2 + 1 + k_M\left(\cos k_F + \sqrt{3}\mathrm{sen}k_F\right)}}{\sqrt{4 + k_M^2 + 4k_M \cos k_F}}$$

(5.33)

Nas Equações (5.33) observa-se que, quando a impedância de sequência zero tende a zero, os fatores de sobretensão para as fases B e C tendem a $\sqrt{3}/2 = 0{,}866$. Esse caso corresponde a um defeito no secundário de um transformador que conta com enrolamento ligado em estrela aterrada. Por outro lado, quando desse ponto se deriva uma linha de transmissão, e, à medida que o ponto de defeito se desloca ao longo da linha afastando-se do transformador, ter-se-á o aumento do parâmetro k_M. No limite, quando o parâmetro $k_M \to \infty$, ter-se-á os fatores de sobretensão, das fases B e C, tendendo para $\sqrt{3}$. Nas Figuras 5.16 e 5.17 apresenta-se a variação do fator de sobretensão em função dos parâmetros k_M e k_F. Destaca-se que, quando a relação dos módulos das impedâncias de sequência zero e direta é grande, a rotação de fase tem influência muito pequena na sobretensão. Além disso, quanto à fase das impedâncias de sequência direta e zero, destaca-se que sua diferença influi no fator de sobretensão e há a independência do fator de sobretensão do valor da impedância em si. A legenda apresentada corresponde a: fases B e C e valor de k_F igual a 0°, 10° e 20°.

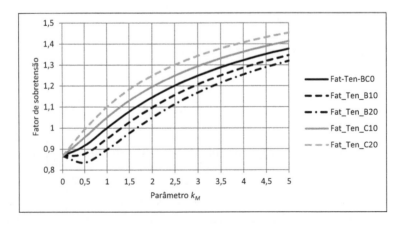

Figura 5.16 – Análise da variação dos fatores de sobretensão

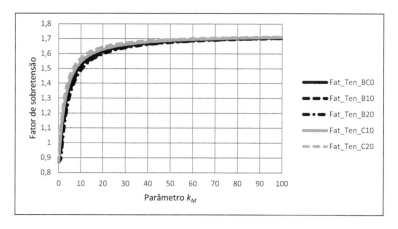

Figura 5.17 — Análise da variação dos fatores de sobretensão das fases B e C

O exemplo a seguir destina-se à visualização da variação da corrente de defeito à medida que ele ocorre em afastamento crescente do ponto de aterramento.

Exemplo 5.1

Para a rede da Figura 5.18 são dados:

a) Linha 1-2

   Tensão nominal: 500 kV.

   Comprimento: 100 km.

   Impedância série: $(0,04 + j0,10)$ Ω/km.

b) Transformador entre as barras 2 e 3

   Ligação: Triângulo/estrela aterrada.

   Tensão nominal: 500/345 kV.

   Potência nominal: 500 MVA.

   Impedância equivalente: sequência direta: $0,01 + j\,0,06$ pu; sequência zero: $j0,02$ pu.

c) Linha 3-4

   Tensão nominal: 345 kV.

   Impedância série:

   $$\bar{Z}_0 = (0,1803 + j0,7976)\ \Omega/\text{km} \quad \bar{Z}_1 = (0,0389 + j0,3657)\ \Omega/\text{km}.$$

d) Cargas

A rede está operando em vazio com tensão de 1 pu em todas as barras.

Pede-se determinar a corrente de curto-circuito trifásico, fase a terra, e os fatores de sobrecorrente e sobretensão em pontos da linha 3-4 distantes desde 10 km até 500 km da barra 3.

Figura 5.18 – Rede para o Exemplo 5.1

Resolução

a) Valores de base e parâmetros
- Potência de base: 1000 MVA.
- Tensão de base no trecho 1-2: 500 kV.
- Tensão de base no trecho 3-4: 345 kV.

Na Figura 5.19 estão apresentadas as redes de sequência direta, inversa e zero, com suas ligações para o cálculo do curto-circuito. Assim os parâmetros utilizados são:

- Trecho 1-3:

$$\overline{z}_{12\_1} = \overline{z}_{12\_2} = (0,04 + j0,10) \cdot 100 \cdot \frac{1000}{500^2} \text{ pu} = 0,016 + j0,040 \text{ pu}$$

- Trecho 2-3:

$$\overline{z}_{23\_1} = \overline{z}_{23\_2} = (0,01 + j0,06) \cdot \frac{1000}{500} \text{ pu} \; ; \; \overline{z}_{23\_0} = j0,02 \cdot \frac{1000}{500} = j0,04 \text{ pu}$$

- Trecho 3-4:

$$\overline{z}_{34\_1} = \overline{z}_{34\_2} = (0,0389 + j0,3657) \ell \cdot \frac{1000}{345^2} = (0,000327 + j0,003072)\ell \text{ pu}$$

$$\overline{z}_{34\_0} = (0,1803 + j0,7976)\ell \cdot \frac{1000}{345^2} = (0,001515 + j0,006701)\ell \text{ pu}$$

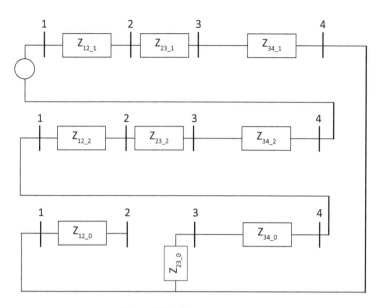

Figura 5.19 – Diagramas sequenciais

Impedâncias totais para defeito a 10 km da barra 3:

$$\overline{z}_1 = \overline{z}_2 = \overline{z}_{12\_1} + \overline{z}_{23\_1} + \overline{z}_{34\_1} = 0,016 + j0,040 + 0,02 + j0,12 + 0,00327 + j0,03072$$
$$= 0,03927 + j0,19072 = 0,1947 \underline{|78,37°} \text{ pu}$$
$$\overline{z}_0 = \overline{z}_{23\_0} + \overline{z}_{34\_0} = j0,04 + 0,01515 + j0,06701 = 0,01515 + j0,10701$$
$$= 0,1081 \underline{|81,94°} \text{ pu}$$

Utilizando-se a Equação (5.30), determina-se o fator de sobrecorrente para curto-circuito a 10 km da barra 3:

$$f_{sc} = \frac{3}{2} \cdot \frac{Z_1}{\sqrt{Z_1^2 + \frac{Z_0^2}{4} + Z_1 Z_0 \cos(\varphi_1 - \varphi_0)}}$$

$$= \frac{1,5 \times 0,1947}{\sqrt{0,1947^2 + \frac{0,1081^2}{4} + 0,1947 \times 0,1081 \times \cos(78,37° - 81,94°)}} = 1,1745$$

Analogamente, utilizando-se as Equações (5.33) e sendo:

$$k_M = \frac{Z_0}{Z_1} = \frac{0,1081}{0,1947} = 0,5552 \quad \text{e} \quad k_F = \varphi_1 - \varphi_0 = 78,37° - 81,94° = -3,57°$$

determinam-se os fatores de sobretensão:

$$f_{stB} = \sqrt{3}\frac{\sqrt{k_M^2+1+k_M\left(\cos k_F - \sqrt{3}\operatorname{sen}k_F\right)}}{\sqrt{4+k_M^2+4k_M\cos k_F}}$$

$$f_{stC} = \sqrt{3}\frac{\sqrt{k_M^2+1+k_M\left(\cos k_F + \sqrt{3}\operatorname{sen}k_F\right)}}{\sqrt{4+k_M^2+4k_M\cos k_F}}$$

$$f_{stB} = \sqrt{3}\frac{\sqrt{0,5552^2+1+0,5552\left(\cos 3,75° + \sqrt{3}\operatorname{sen}3,75°\right)}}{\sqrt{4+0,5552^2+4\times 0,5552\cos 3,75°}}$$

$$= \frac{\sqrt{3}\times 1,3875}{2,5543} = 0,9409$$

$$f_{stC} = \sqrt{3}\frac{\sqrt{0,5552^2+1+0,5552\left(\cos 3,75° - \sqrt{3}\operatorname{sen}3,75°\right)}}{\sqrt{4+0,5552^2+4\times 0,5552\cos 3,75°}}$$

$$= \frac{\sqrt{3}\times 1,3414}{2,5543} = 0,9096$$

Com procedimento análogo, poder-se-iam determinar os fatores de sobretensão e sobrecorrente para comprimentos da linha variáveis de 10 a 200 km, com passo de 10 km, e de 250 a 500 km, com passo de 50 km. Os resultados alcançados estão apresentados nas Figuras 5.20 e 5.21.

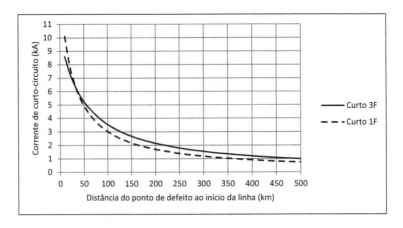

Figura 5.20 – Corrente de curto-circuito trifásico e fase à terra

Estudo de curto-circuito 451

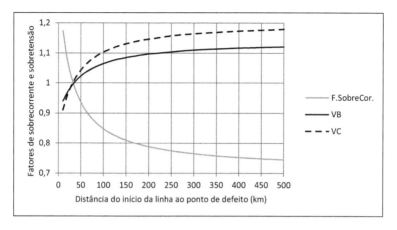

Figura 5.21 – Fatores de sobretensão e sobrecorrente

5.5.4 DEFEITOS DUPLA FASE E DUPLA FASE A TERRA

5.5.4.1 Introdução

Nesta seção serão estudados os defeitos que ocorrem entre as fases B e C de uma barra *k*, *defeito dupla fase*, e entre as fases B, C e terra de uma barra *k*, *defeito dupla fase a terra*. É ainda escopo desta seção a análise, para defeitos dupla fase a terra, das sobrecorrentes nas fases de defeito e a sobretensão na fase sã.

5.5.4.2 Defeito dupla fase

Na Figura 5.22 tem-se a representação trifásica da rede com um defeito dupla fase na barra *k*, isto é, entre as fases B e C da barra *k*. Para as três fases da barra *k* têm-se as seguintes tensões e correntes na rede completa:

$$\dot{V}_{kB} = \dot{V}_{kC}$$
$$\dot{I}_{kA} = 0 \qquad \dot{I}_{kB} = -\dot{I}_{kC} = \dot{I}_{2\phi} \qquad (5.34)$$

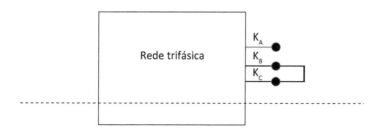

Figura 5.22 – Rede com defeito dupla fase na barra k

As componentes simétricas das correntes de defeito são dadas por:

$$
\begin{bmatrix} \dot{I}_0 \\ \dot{I}_1 \\ \dot{I}_2 \end{bmatrix} = \frac{1}{3} \cdot \begin{bmatrix} 1 & 1 & 1 \\ 1 & \alpha & \alpha^2 \\ 1 & \alpha^2 & \alpha \end{bmatrix} \cdot \begin{bmatrix} 0 \\ \dot{I}_{kB} \\ -\dot{I}_{kB} \end{bmatrix}
$$

$$
\dot{I}_0 = \frac{0 + \dot{I}_{kB} - \dot{I}_{kB}}{3} = 0
$$

$$
\dot{I}_1 = \frac{0 + \dot{I}_{kB}\,\alpha - \dot{I}_{kB}\alpha^2}{3} = \left(\alpha - \alpha^2\right)\frac{\dot{I}_{2\phi}}{3} \tag{5.35}
$$

$$
\dot{I}_2 = \frac{0 + \dot{I}_{kB}\,\alpha^2 - \dot{I}_{kB}\alpha}{3} = -\left(\alpha - \alpha^2\right)\frac{\dot{I}_{2\phi}}{3}
$$

$$
\dot{I}_1 = -\dot{I}_2
$$

Observa-se que, para os defeitos dupla fase, a rede de sequência zero não é percorrida por corrente e as redes de sequência direta e inversa são percorridas por correntes iguais e de sentidos contrários, isto é, a corrente sai da rede de sequência direta e entra na de inversa.

Quanto às tensões, têm-se:

$$
\begin{bmatrix} \dot{V}_0 \\ \dot{V}_1 \\ \dot{V}_2 \end{bmatrix} = \frac{1}{3} \cdot \begin{bmatrix} 1 & 1 & 1 \\ 1 & \alpha & \alpha^2 \\ 1 & \alpha^2 & \alpha \end{bmatrix} \cdot \begin{bmatrix} \dot{V}_{kA} \\ \dot{V}_{kB} \\ \dot{V}_{kB} \end{bmatrix}
$$

$$
\dot{V}_0 = \frac{\dot{V}_{kA} + 2\dot{V}_{kB}}{3}
$$

$$
\dot{V}_1 = \frac{\dot{V}_{kA} + \left(\alpha + \alpha^2\right)\dot{V}_{kB}}{3} = \frac{\dot{V}_{kA} - \dot{V}_{kB}}{3} \tag{5.36}
$$

$$
\dot{V}_2 = \frac{\dot{V}_{kA} + \left(\alpha + \alpha^2\right)\dot{V}_{kB}}{3} = \frac{\dot{V}_{kA} - \dot{V}_{kB}}{3}
$$

$$
\dot{V}_1 = \dot{V}_2
$$

Observa-se que as componentes simétricas de sequência direta e inversa das tensões são iguais. Dessas observações pode-se concluir que a rede de sequência zero é mantida em aberto e as de sequência direta e inversa são associadas em paralelo, Figura 5.23, onde a tensão $\dot{E}_1$ é a tensão de sequência direta na barra k antes da ocorrência do defeito.

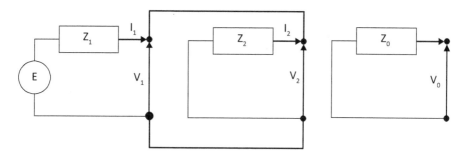

Figura 5.23 – Associação das redes de sequencias para defeito dupla fase

Assim, para o cálculo da corrente de defeito, lembra-se que as tensões nas barras são obtidas pela superposição das tensões das Redes 1 e 2, logo, a f.e.m. $\dot{E}_1$ da barra k na rede de sequência direta é igual à tensão de sequência direta da Rede 1. As componentes simétricas do defeito são dadas por:

$$\begin{aligned} \dot{I}_0 &= 0 \\ \dot{I}_1 &= -\dot{I}_2 = \frac{\dot{V}'_{kA}}{\overline{Z}_1 + \overline{Z}_2} \\ \dot{V}_0 &= 0 \\ \dot{V}_1 &= \dot{V}_2 = -\dot{I}_2 \overline{Z}_2 = \frac{\overline{Z}_2}{\overline{Z}_1 + \overline{Z}_2} \dot{V}'_{kA} \end{aligned} \tag{5.37}$$

As tensões e correntes de fase na barra k são dadas por:

$$\begin{aligned} \dot{I}_{kA} &= \dot{I}_0 + \dot{I}_1 + \dot{I}_2 = 0 \\ \dot{I}_{kB} &= \dot{I}_0 + \alpha^2 \dot{I}_1 + \alpha \dot{I}_2 = (\alpha^2 - \alpha)\dot{I}_1 = -j\sqrt{3}\frac{\dot{V}'_{kA}}{\overline{Z}_1 + \overline{Z}_2} \\ \dot{I}_{kC} &= \dot{I}_0 + \alpha \dot{I}_1 + \alpha^2 \dot{I}_2 = (\alpha - \alpha^2)\dot{I}_1 = j\sqrt{3}\frac{\dot{V}'_{kA}}{\overline{Z}_1 + \overline{Z}_2} \\ \dot{V}_{kA} &= \dot{V}_0 + \dot{V}_1 + \dot{V}_2 = 2\frac{\overline{Z}_2}{\overline{Z}_1 + \overline{Z}_2} \dot{V}'_{kA} \\ \dot{V}_{kB} &= \dot{V}_0 + \alpha^2 \dot{V}_1 + \alpha \dot{V}_2 = -\dot{V}_1 = -\frac{\overline{Z}_2}{\overline{Z}_1 + \overline{Z}_2} \dot{V}'_{kA} \\ \dot{V}_{kC} &= \dot{V}_0 + \alpha \dot{V}_1 + \alpha^2 \dot{V}_2 = -\dot{V}_1 = -\frac{\overline{Z}_2}{\overline{Z}_1 + \overline{Z}_2} \dot{V}'_{kA} \end{aligned} \tag{5.38}$$

Lembra-se que, no caso geral, as impedâncias de sequência direta e inversa são iguais, logo, sempre que essa hipótese se verifique, ter-se-á:

$$\dot{I}_{kB} = -j\sqrt{3}\frac{\dot{V}'_{kA}}{\overline{Z}_1 + \overline{Z}_1} = -j\frac{\sqrt{3}}{2} \cdot \frac{\dot{V}'_{kA}}{\overline{Z}_1}$$

$$\dot{I}_{kC} = j\sqrt{3}\frac{\dot{V}'_{kA}}{\overline{Z}_1 + \overline{Z}_1} = j\frac{\sqrt{3}}{2} \cdot \frac{\dot{V}'_{kA}}{\overline{Z}_1} \quad (5.39)$$

$$\dot{V}_{kA} = 2\frac{\overline{Z}_1}{\overline{Z}_1 + \overline{Z}_1}\dot{V}'_{kA} = \dot{V}'_{kA}$$

$$\dot{V}_{kB} = \dot{V}_{kC} = -\frac{\overline{Z}_1}{\overline{Z}_1 + \overline{Z}_1}\dot{V}'_{kA} = -\frac{\dot{V}'_{kA}}{2}$$

Por outro lado, lembrando que $\dot{V}'_{kA}/\overline{Z}_1$ representa a corrente de curto-circuito para defeitos trifásicos, conclui-se que a corrente de curto-circuito dupla fase, em módulo, é $\sqrt{3}/2 = 0{,}866$ da corrente de curto-circuito trifásico.

O procedimento geral para o cálculo completo da rede é análogo ao apresentado anteriormente.

5.5.4.3 Defeito dupla fase a terra

Na Figura 5.24 tem-se a representação trifásica da rede com um defeito dupla fase a terra na barra k, isto é, entre as fases B e C da barra k e terra. Para as três fases da barra k têm-se as seguintes tensões e correntes na rede completa:

$$\dot{V}_{kB} = \dot{V}_{kC} = 0$$
$$\dot{I}_{kA} = 0 \quad (5.40)$$

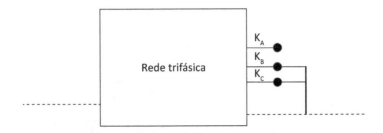

Figura 5.24 – Rede com defeito dupla fase a terra na barra k

Estudo de curto-circuito

Aplicando-se as condições de contorno expressas pelas Equações (5.40), determinam-se as relações entre as componentes simétricas da barra k:

$$\dot{I}_{kA} = \dot{I}_0 + \dot{I}_1 + \dot{I}_2 = 0$$
$$\dot{V}_0 = \dot{V}_1 = \dot{V}_2 = \frac{\dot{V}_{kA}}{3} \tag{5.41}$$

Das Equações (5.41) observa-se que as tensões das três redes sequenciais equivalentes são iguais e que a soma das correntes é zero, isto é, pode-se concluir que as três redes sequenciais estão ligadas em paralelo, Figura 5.25.

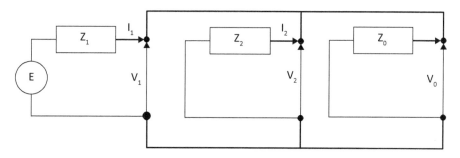

Figura 5.25 – Associação das redes de sequências para defeito dupla fase a terra

Analogamente aos casos precedentes, determinam-se as componentes simétricas do defeito através de:

$$\dot{I}_1 = \frac{\dot{V}'_{kA}}{\bar{Z}_1 + \frac{\bar{Z}_2 \bar{Z}_0}{\bar{Z}_2 + \bar{Z}_0}} = \frac{\bar{Z}_2 + \bar{Z}_0}{\bar{Z}_1(\bar{Z}_2 + \bar{Z}_0) + \bar{Z}_2 \bar{Z}_0} \dot{V}'_{kA} = \frac{\bar{Z}_2 + \bar{Z}_0}{\bar{D}} \dot{V}'_{kA} \tag{5.42}$$

Destaca-se que na Equação (5.42) fez-se $\bar{D} = \bar{Z}_1(\bar{Z}_2 + \bar{Z}_0) + \bar{Z}_2 \bar{Z}_0$. Por outro lado, como se pode observar da Figura 5.25, as tensões de sequência direta, inversa e zero são dadas pelo produto da corrente de sequência direta pela associação em paralelo das impedâncias $\bar{Z}_2$ e $\bar{Z}_0$ e as correntes de sequência inversa e zero são obtidas dividindo-se o negativo dessa tensão pela impedância sequencial correspondente, isto é:

$$\dot{V}_1 = \dot{V}_2 = \dot{V}_0 = \frac{\bar{Z}_2 \bar{Z}_0}{\bar{Z}_2 + \bar{Z}_0} \dot{I}_1 = \frac{\bar{Z}_2 \bar{Z}_0}{\bar{D}} \dot{V}'_{kA}$$
$$\dot{I}_2 = -\frac{\dot{V}_2}{\bar{Z}_2} = -\frac{\bar{Z}_0}{\bar{D}} \dot{V}'_{kA} \tag{5.43}$$
$$\dot{I}_0 = -\frac{\dot{V}_0}{\bar{Z}_0} = -\frac{\bar{Z}_2}{\bar{D}} \dot{V}'_{kA}$$

A partir das Equações (5.43) obtêm-se as tensões e correntes de defeito:

$$\dot{I}_{kA} = \dot{I}_0 + \dot{I}_1 + \dot{I}_2 = 0$$

$$\dot{I}_{kB} = \dot{I}_0 + \alpha^2 \dot{I}_1 + \alpha \dot{I}_2 = \left[-\overline{Z}_2 + \alpha^2 \left(\overline{Z}_2 + \overline{Z}_0 \right) - \alpha \overline{Z}_0 \right] \frac{\dot{V}'_{kA}}{\overline{D}}$$

$$\dot{I}_{kC} = \dot{I}_0 + \alpha \dot{I}_1 + \alpha^2 \dot{I}_2 = \left[-\overline{Z}_2 + \alpha \left(\overline{Z}_2 + \overline{Z}_0 \right) - \alpha^2 \overline{Z}_0 \right] \frac{\dot{V}'_{kA}}{\overline{D}}$$

$$\dot{I}_{kB} = \frac{\alpha^2 \sqrt{3}}{\overline{D}} \left(\overline{Z}_2 \lfloor -30° + \overline{Z}_0 \lfloor 30° \right) \dot{V}'_{kA} \qquad (5.44)$$

$$\dot{I}_{kC} = \frac{\alpha \sqrt{3}}{\overline{D}} \left(\overline{Z}_2 \lfloor 30° + \overline{Z}_0 \lfloor -30° \right) \dot{V}'_{kA}$$

$$\dot{V}_{kA} = \dot{V}_0 + \dot{V}_1 + \dot{V}_2 = 3 \frac{\overline{Z}_2 \overline{Z}_0}{\overline{D}} \dot{V}'_{kA}$$

$$\dot{V}_{kB} = \dot{V}_0 + \alpha^2 \dot{V}_1 + \alpha \dot{V}_2 = 0$$

$$\dot{V}_{kC} = \dot{V}_0 + \alpha \dot{V}_1 + \alpha^2 \dot{V}_2 = 0$$

5.5.4.4 Cálculo de defeito dupla fase a terra com impedância

Nos defeitos dupla fase a terra com impedância, distinguem-se os casos:

- As fases B e C da barra k estão em curto-circuito franco e esse ponto de defeito conecta-se com a terra através de uma impedância.

- Ambas as fases, B e C, da barra k estão em curto-circuito através de duas impedâncias iguais e o ponto comum se conecta à terra através de uma terceira impedância. Deixa-se a análise deste caso ao leitor.

Na Figura 5.26 tem-se a representação trifásica da rede com um defeito dupla fase a terra na barra k com impedância de aterramento, $\overline{Z}_{ater}$, isto é, as fases B e C da barra k são ligadas à terra através da impedância de aterramento. Para as três fases da barra k têm-se as tensões e as correntes a seguir:

$$\dot{I}_{kA} = 0$$

$$\dot{I}_0 = \frac{1}{3} \left(\dot{I}_{kA} + \dot{I}_{kB} + \dot{I}_{kC} \right) = \frac{1}{3} \left(\dot{I}_{kB} + \dot{I}_{kC} \right) \qquad (5.45)$$

$$\dot{V}_{kB} = \dot{V}_{kC} = \overline{Z}_{ater} \left(\dot{I}_{kB} + \dot{I}_{kC} \right) = 3 \dot{I}_0 \overline{Z}_{ater}$$

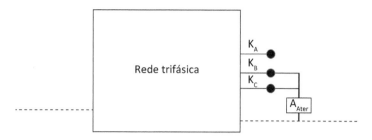

Figura 5.26 – Rede com defeito dupla fase a terra com impedância de aterramento na barra k

Aplicando-se às condições de contorno, expressas pelas Equações (5.45), as transformações de correntes e tensões de componentes de fase para componentes simétricas, resultam as relações para a barra k:

$$\dot{I}_{kA} = \dot{I}_0 + \dot{I}_1 + \dot{I}_2 = 0$$

$$\dot{V}_0 = \frac{\dot{V}_{kA} + 2\dot{V}_{kB}}{3} = \frac{\dot{V}_{kA}}{3} + 2\overline{Z}_{ater}\dot{I}_0$$

$$\dot{V}_1 = \frac{\dot{V}_{kA} - \dot{V}_{kB}}{3} = \frac{\dot{V}_{kA}}{3} - \overline{Z}_{ater}\dot{I}_0 \quad (5.46)$$

$$\dot{V}_2 = \frac{\dot{V}_{kA} - \dot{V}_{kB}}{3} = \frac{\dot{V}_{kA}}{3} - \overline{Z}_{ater}\dot{I}_0$$

$$\dot{V}_1 = \dot{V}_2 = \dot{V}_0 - 3\overline{Z}_{ater}\dot{I}_0$$

A rede equivalente apresentada na Figura 5.27 satisfaz às Equações (5.46).

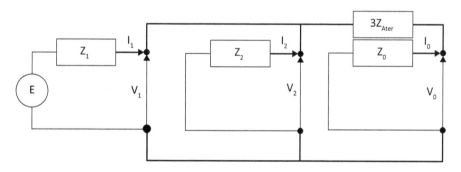

Figura 5.27 – Associação das redes de sequências para defeito dupla fase a terra por impedância

Com procedimento análogo ao dos casos precedentes, fazendo-se:

$$\overline{Z}'_0 = \overline{Z}_0 + 3\overline{Z}_{ater}$$
$$\overline{Z}_1 = \overline{Z}_2$$
$$\overline{D}' = \overline{Z}_1\left(\overline{Z}_1 + 2\overline{Z}'_0\right)$$

determinam-se as componentes de fase do defeito através de:

$$\dot{I}_{kA} = 0$$

$$\dot{I}_{kB} = \frac{\alpha^2 \sqrt{3}}{\overline{D}'} \left(\overline{Z}_1 \lfloor -30° + \overline{Z}'_0 \lfloor 30° \right) \dot{V}'_{kA}$$

$$\dot{I}_{kC} = \frac{\alpha \sqrt{3}}{\overline{D}'} \left(\overline{Z}_1 \lfloor 30° + \overline{Z}'_0 \lfloor -30° \right) \dot{V}'_{kA}$$

$$\dot{V}_{kA} = \frac{3\overline{Z}'_0}{\overline{Z}_1 + 2\overline{Z}'_0} \dot{V}'_{kA}$$

$$\dot{I}_0 = \frac{1}{3} \left(\dot{I}_{kB} + \dot{I}_{kC} \right) = -\frac{\overline{Z}_1}{\overline{D}'} \dot{V}'_{kA}$$

$$\dot{V}_{kB} = \dot{V}_{kC} = 3\overline{Z}_{ater} \dot{I}_0 = -\frac{3\overline{Z}_{ater}}{\overline{Z}_1 + 2\overline{Z}'_0} \dot{V}'_{kA}$$

(5.47)

5.5.4.5 Sobrecorrentes e sobretensão em defeitos dupla fase a terra

Lembra-se que, para as redes, pode-se assumir que as impedâncias equivalentes de sequência direta e inversa são iguais, isto é, $\overline{Z}_1 = \overline{Z}_2$, assim, as Equações (5.44) da seção 5.5.4.3, referentes à corrente nos defeitos dupla fase a terra, tornam-se:

$$\dot{I}_B = \frac{\sqrt{3}}{\overline{Z}_1 \left(\overline{Z}_1 + 2\overline{Z}_0 \right)} \left(\overline{Z}_1 \lfloor -30° + \overline{Z}_0 \lfloor 30° \right) \alpha^2 \dot{V}'_{kA}$$

$$\dot{I}_C = \frac{\sqrt{3}}{\overline{Z}_1 \left(\overline{Z}_1 + 2\overline{Z}_0 \right)} \left(\overline{Z}_1 \lfloor 30° + \overline{Z}_0 \lfloor -30° \right) \alpha \dot{V}'_{kA}$$

(5.48)

Introduzindo a corrente de defeito trifásico nas expressões acima, resulta:

$$\dot{I}_{2\phi TB} = \frac{\sqrt{3}\overline{Z}_1}{\overline{Z}_1 \left(\overline{Z}_1 + 2\overline{Z}_0 \right)} \left(\overline{Z}_1 \lfloor -30° + \overline{Z}_0 \lfloor 30° \right) \frac{\alpha^2 \dot{V}'_{kA}}{\overline{Z}_1}$$

$$\dot{I}_{2\phi TC} = \frac{\sqrt{3}\overline{Z}_1}{\overline{Z}_1 \left(\overline{Z}_1 + 2\overline{Z}_0 \right)} \left(\overline{Z}_1 \lfloor 30° + \overline{Z}_0 \lfloor -30° \right) \frac{\alpha \dot{V}'_{kA}}{\overline{Z}_1}$$

$$\dot{I}_{2\phi TB} = \frac{\sqrt{3}}{\overline{Z}_1 + 2\overline{Z}_0} \left(\overline{Z}_1 \lfloor -30° + \overline{Z}_0 \lfloor 30° \right) \dot{I}_{3\phi B}$$

$$\dot{I}_{2\phi TC} = \frac{\sqrt{3}}{\overline{Z}_1 + 2\overline{Z}_0} \left(\overline{Z}_1 \lfloor 30° + \overline{Z}_0 \lfloor -30° \right) \dot{I}_{3\phi C}$$

(5.49)

Estudo de curto-circuito

O fator de sobrecorrente para as fases B e C é dado pelo módulo da relação entre as correntes de defeito dupla fase a terra e trifásico:

$$f_{scB} = \left| \frac{\dot{I}_{2\phi TB}}{\dot{I}_{3\phi B}} \right| = \sqrt{3} \left| \frac{\overline{Z}_1 \lfloor -30° + \overline{Z}_0 \lfloor 30°}{\overline{Z}_1 + 2\overline{Z}_0} \right|$$

$$f_{scC} = \left| \frac{\dot{I}_{2\phi TC}}{\dot{I}_{3\phi C}} \right| = \sqrt{3} \left| \frac{\overline{Z}_1 \lfloor 30° + \overline{Z}_0 \lfloor -30°}{\overline{Z}_1 + 2\overline{Z}_0} \right|$$

(5.50)

Da Equação (5.50), observa-se que:

- Quando a impedância de sequência zero tende a zero, o fator de sobrecorrente tende $\sqrt{3}$:

$$f_{scB} = \left| \frac{\dot{I}_{2\phi TB}}{\dot{I}_{3\phi B}} \right| = \sqrt{3} \left| \frac{\overline{Z}_1 \lfloor -30° + \overline{Z}_0 \lfloor 30°}{\overline{Z}_1 + 2\overline{Z}_0} \right| = \sqrt{3} \left| \frac{1 \lfloor -30°}{1} \right| = \sqrt{3}$$

$$f_{scC} = \left| \frac{\dot{I}_{2\phi TC}}{\dot{I}_{3\phi C}} \right| = \sqrt{3} \left| \frac{\overline{Z}_1 \lfloor 30° + \overline{Z}_0 \lfloor -30°}{\overline{Z}_1 + 2\overline{Z}_0} \right| = \sqrt{3} \left| \frac{1 \lfloor 30°}{1} \right| = \sqrt{3}$$

- Quando as impedâncias de sequência direta e zero são iguais, o fator de sobrecorrente é unitário:

$$f_{scB} = \left| \frac{\dot{I}_{2\phi TB}}{\dot{I}_{3\phi B}} \right| = \sqrt{3} \left| \frac{\overline{Z}_1 \lfloor -30° + \overline{Z}_1 \lfloor 30°}{\overline{Z}_1 + 2\overline{Z}_1} \right| = \sqrt{3} \left| \frac{1 \lfloor -30° + 1 \lfloor 30°}{3} \right| = 1$$

$$f_{scC} = \left| \frac{\dot{I}_{2\phi TC}}{\dot{I}_{3\phi C}} \right| = \sqrt{3} \left| \frac{\overline{Z}_1 \lfloor 30° + \overline{Z}_1 \lfloor -30°}{\overline{Z}_1 + 2\overline{Z}_1} \right| = \sqrt{3} \left| \frac{1 \lfloor 30° + 1 \lfloor -30°}{3} \right| = 1$$

- Quando a impedância de sequência zero tende para o infinito, o fator de sobrecorrente tende a $\sqrt{3}/2 = 0,866$.

$$f_{scB} = \left| \frac{\dot{I}_{2\phi TB}}{\dot{I}_{3\phi B}} \right| = \sqrt{3} \left| \frac{\overline{Z}_1 \lfloor -30° + \overline{Z}_0 \lfloor 30°}{\overline{Z}_1 + 2\overline{Z}_0} \right| = \sqrt{3} \left| \frac{\dfrac{\overline{Z}_1}{\overline{Z}_0} \lfloor -30° + 1 \lfloor 30°}{\dfrac{\overline{Z}_1}{\overline{Z}_0} + 2} \right| = \frac{\sqrt{3}}{2}$$

$$f_{scC} = \left| \frac{\dot{I}_{2\phi TC}}{\dot{I}_{3\phi C}} \right| = \sqrt{3} \left| \frac{\overline{Z}_1 \lfloor 30° + \overline{Z}_0 \lfloor -30°}{\overline{Z}_1 + 2\overline{Z}_0} \right| = \sqrt{3} \left| \frac{\dfrac{\overline{Z}_1}{\overline{Z}_0} \lfloor 30° + 1 \lfloor -30°}{\dfrac{\overline{Z}_1}{\overline{Z}_0} + 2} \right| = \frac{\sqrt{3}}{2}$$

A partir da Equação (5.47) resulta para o fator de sobretensão na fase A o valor:

$$f_{st} = \left| \frac{\dot{V}_A}{\dot{V}'_A} \right| = 3 \left| \frac{\dot{Z}_0}{\dot{Z}_1 + 2\dot{Z}_0} \right| \tag{5.51}$$

Da Equação (5.51), observa-se que:

- Quando a impedância de sequência zero tende a zero, o fator de sobretensão tende a 0.

- Quando a impedância de sequência zero tende ao infinito, o fator de sobretensão tende a 1,5. De fato, dividindo-se ambos os membros da Equação (5.51) por $\overline{Z}_0$, resulta

$$f_{st} = 3 \left| \frac{\dfrac{\overline{Z}_0}{\overline{Z}_0}}{\dfrac{\overline{Z}_1}{\overline{Z}_0} + 2} \right| = 3 \left| \frac{1}{2} \right| = 1,5$$

Exemplo 5.2

Para a rede do Exemplo 5.1, calcular os fatores de sobrecorrente e sobretensão para defeitos no trecho 3-4 localizados de 10 a 200 km, com passo de 10 km, e de 250 a 500 km, com passo de 50 km.

Resolução

Para defeito a 10 km da barra 3 as impedâncias de sequência direta, inversa e zero são dadas por:

$$\overline{z}_1 = \overline{z}_2 = \overline{z}_{12\_1} + \overline{z}_{23\_1} + \overline{z}_{34\_1} = 0,016 + j0,040 + 0,02 + j0,12 + 0,00327 +$$

$$j0,03072 = 0,03927 + j0,19072 \text{ pu} = 0,1947 \underline{|78,37°} \text{ pu}$$

$$z_0 = \overline{z}_{23\_0} + \overline{z}_{34\_0} = j0,04 + 0,01515 + j0,06701 = 0,01515 + j0,10701 =$$

$$0,1081 \underline{|81,94°} \text{ pu}$$

Pelas Equações (5.50) e (5.51) resulta:

$$f_{scB} = \sqrt{3}\left|\frac{\overline{Z}_1\underline{|-30°} + \overline{Z}_0\underline{|30°}}{\overline{Z}_1 + 2\overline{Z}_0}\right| = \sqrt{3}\left|\frac{0,1947\underline{|48,37°} + 0,1081\underline{|111,94°}}{0,06956 + j0,40477}\right| = 1,1024$$

$$f_{scC} = \sqrt{3}\left|\frac{\overline{Z}_1\underline{|30°} + \overline{Z}_0\underline{|-30°}}{\overline{Z}_1 + 2\overline{Z}_0}\right| = \sqrt{3}\left|\frac{0,1947\underline{|108,37°} + 0,1081\underline{|51,94°}}{0,06956 + j0,40477}\right| = 1,1384$$

$$f_{st} = 3\left|\frac{\dot{Z}_0}{\dot{Z}_1 + 2\dot{Z}_0}\right| = 3\left|\frac{0,1081\underline{|81,94°}}{0,41070\underline{|80,25°}}\right| = 0,7896$$

Com procedimento análogo, poder-se-iam determinar os fatores de sobrecorrente, nas fases B e C, e de sobretensão, na fase A, para comprimentos da linha variáveis de 0 a 200 km, com passo de 10 km, e de 250 a 500 km, com passo de 50 km. Na Figura 5.28 apresentam-se as correntes de curto-circuito trifásico e fase a terra nas fases B e C. Na Figura 5.29 apresentam-se os fatores de sobrecorrente e de sobretensão.

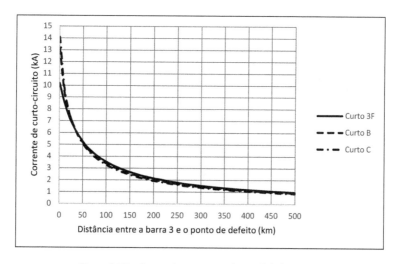

Figura 5.28 – Corrente de curto-circuito trifásico e dupla fase a terra

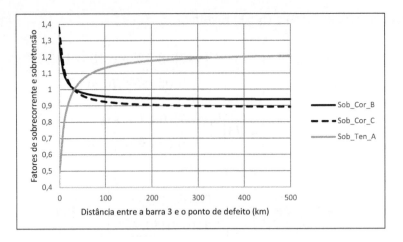

Figura 5.29 – Fatores de sobrecorrente e sobretensão para defeito dupla fase a terra

Com procedimento análogo ao da Seção 5.5.3.3, obtêm-se as equações dos fatores de sobrecorrente (Equação (5.52)) e de sobretensão (Equação (5.53)) parametrizadas em:

$$k_M = \frac{|\overline{Z}_0|}{|\overline{Z}_1|} = \frac{Z_0}{Z_1} \quad \text{e} \quad k_F = \varphi_1 - \varphi_0$$

Isto é:

$$f_{scB} = \left|\frac{\dot{I}_{2\phi TB}}{\dot{I}_{3\phi B}}\right| = \sqrt{3}\frac{\sqrt{k_M^2 + 1 + k_M\left(\cos k_F + \sqrt{3}\operatorname{sen} k_F\right)}}{\sqrt{1 + 4k_M^2 + 4k_M \cos k_F}}$$

$$f_{scC} = \left|\frac{\dot{I}_{2\phi TC}}{\dot{I}_{3\phi C}}\right| = \sqrt{3}\frac{\sqrt{k_M^2 + 1 + k_M\left(\cos k_F - \sqrt{3}\operatorname{sen} k_F\right)}}{\sqrt{1 + 4k_M^2 + 4k_M \cos k_F}}$$

(5.52)

$$f_{st} = 3\left|\frac{\dot{Z}_0}{\dot{Z}_1 + 2\dot{Z}_0}\right| = 3\frac{k_M}{\sqrt{1 + 4k_M^2 + 4k_M \cos k_F}}$$

(5.53)

Na Figura 5.30 apresenta-se a variação do fator de sobrecorrente para as fases B e C quando $k_F = 0$ (F0), quando $k_F = 10$, fase B (FB 10), fase C (FC 10), e quando $k_F = 20$, fase B (FB 20), fase C (FC 20). Na Figura 5.31 apresenta-se o fator de sobretensão para a fase A, quando $k_F = 0$ (FST_0), quando $k_F = 10$, (FST_10), e quando $k_F = 20$ (FST_20). Destaca-se que as curvas FST_0 e FST_10 confundem-se, visto que seus valores são muito próximos.

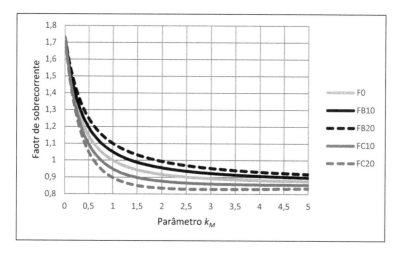

Figura 5.30 – Variação do fator de sobrecorrente nas fases B e C função de k_M e k_F

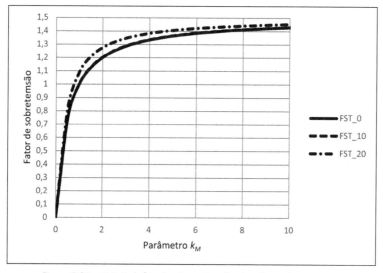

Figura 5.31 – Variação do fator de sobretensão na fase A em função de k_M e k_F

5.6 POTÊNCIA DE CURTO-CIRCUITO EM REDES TRIFÁSICAS

5.6.1 INTRODUÇÃO

Define-se para todos os tipos de defeito a potência aparente de curto-circuito, que é a potência aparente calculada com a corrente de defeito e a tensão nominal da barra em que ocorreu o defeito. Assim, tem-se para o defeito trifásico:

$$S_{3\phi} = \sqrt{3} V_{nom} I_{3\phi} \tag{5.54}$$

onde:

V_{nom} é a tensão nominal de linha da barra em que ocorreu o curto-circuito;

$I_{3\phi}$ é a corrente de curto trifásico.

Destaca-se que é uso corrente definir-se a tensão em kV e a corrente de curto-circuito em kA, donde a definição da potência de curto-circuito em MVA.

Analogamente, define-se a potência de curto-circuito fase a terra por:

$$S_{\phi T} = \sqrt{3} V_{nom} I_{\phi T} \tag{5.55}$$

onde:

V_{nom} é a tensão nominal de linha da barra em que ocorreu o curto-circuito;

$I_{\phi T}$ é a corrente de curto-circuito fase a terra.

5.6.2 A POTÊNCIA TRIFÁSICA DE CURTO-CIRCUITO: BARRAMENTO INFINITO

5.6.2.1 Definições gerais

A potência de curto-circuito trifásico pode ser definida no sistema por unidade (pu). De fato, supondo-se adotar para a rede em tela uma potência de base S_{base} e para a barra em estudo a tensão de base V_{base}, a corrente de base será definida a partir da relação: $S_{base} = \sqrt{3} V_{base} I_{base}$. Assim, dividindo-se ambos os membros da Equação (5.54) por S_{base} resulta:

$$\frac{S_{3\phi}}{S_{base}} = \frac{\sqrt{3} V_{nom} I_{3\phi}}{S_{base}} = \frac{\sqrt{3} V_{nom} I_{3\phi}}{\sqrt{3} V_{base} I_{base}} = \frac{V_{nom}}{V_{base}} \cdot \frac{I_{3\phi}}{I_{base}}$$

Além disso, sendo no caso geral a tensão de base igual à tensão nominal, resulta que a potência de curto-circuito trifásica, expressa em pu, $s_{3\phi}$, é igual à corrente de curto-circuito trifásica, expressa em pu, $i_{3\phi}$. Destaca-se ainda que, em pu, a corrente de curto-circuito é o inverso da impedância de entrada da barra de defeito, isto é:

$$s_{3\phi} = i_{3\phi} = \frac{1}{|\bar{z}_{kk}|} = \frac{1}{z_{kk}} \ . \tag{5.56}$$

Estudo de curto-circuito **465**

A Equação (5.56) mostra que a potência de curto-circuito trifásica é igual, em módulo, ao inverso da impedância de entrada da barra.

Pode-se, ainda, definir a potência de curto-circuito trifásica complexa, isto é:

$$\overline{s}_{3\phi} = \dot{v}\dot{i}_{3\phi}^{*} = 1\underline{|0}\,i_{3\phi}^{*} = i_{3\phi}^{*} = \frac{1}{\overline{z}_{kk}^{*}} \qquad (5.57)$$

5.6.2.2 Barramento infinito

Um barramento infinito é um ponto de uma rede em que sua tensão e frequência são fixas independentemente da carga que ele venha a suprir. Evidentemente, por barramento infinito entende-se aquela barra que é suprida por um gerador de tensão constante de impedância interna nula. Dessa definição resulta imediatamente que a potência de curto-circuito trifásica num barramento infinito é infinita.

Exemplo 5.3

Um transformador, cujos valores nominais são: 13,8 / 500 kV, 100 MVA impedância de 0,01+j0,05 pu, é suprido por um barramento infinito. Pede-se a potência de curto-circuito trifásico em seu secundário.

Resolução

Nas bases do transformador tem-se:

$$\overline{s}_{3\phi} = \dot{i}_{3\phi}^{*} = \left(\frac{1}{0,01+j0,05}\right)^{*} = \left(\frac{1}{0,051\underline{|78,69°}}\right)^{*} = 19{,}612\underline{|78,69°}\ \text{pu}$$

$$\overline{S}_{3\phi} = 1961{,}2\underline{|78,69°}\ \text{MVA}$$

5.6.2.3 Paralelo de potências de curto-circuito trifásico

Seja o caso de uma rede suprida por um barramento infinito com dois trechos de impedâncias $\overline{Z}_1$ e $\overline{Z}_2$, Figura 5.32, para o qual se quer determinar a potência de curto-circuito trifásico na barra final da rede.

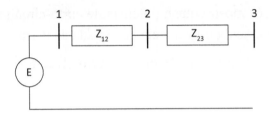

Figura 5.32 – Rede com dois trechos

Evidentemente, a potência de curto-circuito na barra 3 é dada por

$$\overline{S}_{3\phi-3} = \overline{i}_{3\phi}^* = \frac{1}{\overline{z}_{12}^* + \overline{z}_{23}^*} \qquad (5.58)$$

Por outro lado, alimentando-se sequencialmente as barras 1 e 2 por um barramento infinito as potências de curto-circuito nas barras 2 e 3 são dadas respectivamente por:

$$\overline{S}_{3\phi-2\infty} = \frac{1}{\overline{z}_{12}^*}$$

$$\overline{S}_{3\phi-3\infty} = \frac{1}{\overline{z}_{23}^*} \qquad (5.59)$$

Das Equações (5.59) obtêm-se:

$$\overline{z}_{12}^* = \frac{1}{\overline{S}_{3\phi-2\infty}}$$

$$\overline{z}_{23}^* = \frac{1}{\overline{S}_{3\phi-3\infty}} \qquad (5.60)$$

Substituindo-se os valores das impedâncias das Equações (5.60) na Equação (5.58) obtêm-se:

$$\overline{S}_{3\phi-3} = \frac{1}{\dfrac{1}{\overline{S}_{3\phi-2\infty}} + \dfrac{1}{\overline{S}_{3\phi-3\infty}}} = \frac{\overline{S}_{3\phi-2\infty} \cdot \overline{S}_{3\phi-3\infty}}{\overline{S}_{3\phi-2\infty} + \overline{S}_{3\phi-3\infty}} \qquad (5.61)$$

Da análise da Equação (5.61) conclui-se que: "A potência de curto-circuito ao fim do segundo trecho é obtida pela associação em paralelo das potências de curto-circuito dos trechos componentes quando supridos por um barramento infinito".

Fazendo-se:

$$\overline{S}_{3\phi-2\infty} = s_2 \underline{|\varphi_2}$$
$$\overline{S}_{3\phi-3\infty} = s_3 \underline{|\varphi_3} \tag{5.62}$$

a Equação (5.61) torna-se:

$$S_{3\phi-3} = \frac{s_2 s_3 \underline{|\varphi_2 + \varphi_3}}{s_2 \underline{|\varphi_2} + s_3 \underline{|\varphi_3}}$$

Por outro lado, a relação x/r de linhas de transmissão é suficientemente grande para que se possa desprezar a resistência e levar em conta tão somente a reatância indutiva dos componentes das redes, isto é:

$$\overline{S}_{3\phi-3} = j\frac{s_2 s_3}{s_2 + s_3} \tag{5.63}$$

Assim, desprezando-se as resistências, da Equação (5.63) conclui-se que o módulo da potência de curto-circuito da barra terminal é dado pela associação em paralelo dos módulos das potências de curto-circuito dos trechos a montante supridos por barramento infinito.

O paralelismo das potências de curto-circuito pode ser estendido a um conjunto de n trechos. Quando a primeira barra tem potência de curto-circuito finita, é suficiente assumir-se a existência de uma barra "0", anterior à barra 1, que é suprida por barramento infinito, e que a impedância que interliga essas duas barras é tal que a potência de curto-circuito na barra 1 seja a fornecida. Assim, a equação geral seria:

$$\frac{1}{\overline{S}_{3\phi\_n+1}} = \frac{1}{\overline{S}_{3\phi\_1\infty}} + \frac{1}{\overline{S}_{3\phi\_2\infty}} + \ ..... \ + \frac{1}{\overline{S}_{3\phi\_n\infty}} \tag{5.64}$$

Exemplo 5.4

Uma rede tem a configuração apresentada na Figura 5.33. São dadas as impedâncias dos trechos:

a) Trecho 1-2

Linha de transmissão de 300 km, tensão nominal 500 kV com $\overline{z} = (0,04 + j0,10)\,\Omega/km$

b) Trecho 2-3

Transformador de 500 MVA, 500/345 kV, $\bar{z} = (0,03 + j0,05)$ pu

c) Trecho 3-4

Linha de transmissão de 250 km, tensão nominal 345 kV, com $\bar{z} = (0,05 + j0,08)\,\Omega/\text{km}$

d) Trecho 4-5

Transformador de 250 MVA, 345/220 kV, $\bar{z} = (0,02 + j0,06)$ pu

e) Trecho 5-6

Linha de transmissão de 300 km, tensão nominal 220 kV, com $\bar{z} = (0,08 + j0,12)\,\Omega/\text{km}$

Pede-se determinar a potência de curto-circuito trifásico em todas as barras, sendo a potência de curto-circuito na barra 1 de 1000 MVA, 2500 MVA, 5000 MVA e infinita.

Figura 5.33 – Rede para Exemplo 5.4

Resolução

a) Valores de base

Assume-se para a potência de base o valor 1000 MVA.

Para as tensões de base, assumem-se os valores abaixo:

Trecho	Elemento	Tensão de base (kV)
1-2	Linha de transmissão	500
2-3	Transformador	500/345
3-4	Linha de transmissão	345
4-5	Transformador	345/220
5-6	Linha de transmissão	220

Estudo de curto-circuito **469**

b) Impedâncias dos trechos

$$\bar{z}_{12} = 300\left(0,04 + j0,10\right)\frac{1000}{500^2} = 0,048 + j0,120 = 0,129\underline{|68,20^\circ}\ \text{pu}$$

$$\bar{z}_{23} = \left(0,03 + j0,05\right)\frac{1000}{500} = 0,06 + j0,10 = 0,117\underline{|59,04^\circ}\ \text{pu}$$

$$\bar{z}_{34} = 250\left(0,05 + j0,08\right)\frac{1000}{345^2} = 0,105 + j0,168 = 0,198\underline{|57,99^\circ}\ \text{pu}$$

$$\bar{z}_{45} = \left(0,02 + j0,06\right)\frac{1000}{250} = 0,08 + j0,24 = 0,253\underline{|71,57^\circ}\ \text{pu}$$

$$\bar{z}_{56} = 300(0,08 + j0,12)\frac{1000}{220^2} = 0,495 + j0,744 = 0,894\underline{|56,36^\circ}\ \text{pu}$$

c) Potências de curto-circuito dos elementos alimentados por barramento infinito

Desprezando-se as resistências, têm-se:

$$\bar{S}_{2\infty} = j\frac{1}{0,120} = j8,333\ \text{pu} = j8333\ \text{MVA}$$

$$\bar{S}_{3\infty} = j\frac{1}{0,100} = j10,000\ \text{pu} = j10000\ \text{MVA}$$

$$\bar{S}_{4\infty} = j\frac{1}{0,168} = j5,952\ \text{pu} = j5952\ \text{MVA}$$

$$\bar{S}_{5\infty} = j\frac{1}{0,240} = j4,167\ \text{pu} = j4167\ \text{MVA}$$

$$\bar{S}_{6\infty} = j\frac{1}{0,744} = j1,344\ \text{pu} = j1344\ \text{MVA}$$

d) Potências de curto-circuito para potência de 5000 MVA na barra 1

$$\bar{S}_2 = j\frac{8,333\times5,000}{8,333+5,000} = j3,125\ \text{pu} = j3125\ \text{MVA}$$

$$\bar{S}_3 = j\frac{10,000\times3,125}{10,000+3,125} = j2,381\ \text{pu} = j2381\ \text{MVA}$$

$$\bar{S}_4 = j\frac{5,952\times2,381}{5,952+2,381} = j1,701\ \text{pu} = j1701\ \text{MVA}$$

$$\overline{s}_5 = j\frac{4,167 \times 1,701}{4,167 + 1,701} = j1,208 \text{ pu} = j1208 \text{ MVA}$$

$$\overline{s}_6 = j\frac{1,344 \times 1,208}{1,344 + 1,208} = j0,636 \text{ pu} = j636 \text{ MVA}$$

e) Potências de curto-circuito para os valores da potência de curto a barra 1

Na Tabela 5.4, apresentam-se os valores alcançados.

Tabela 5.4 – Potências de curto-circuito (MVA)

Barra	Potência de curto-circuito na barra 1 (MVA)			
	1000	2500	5000	∞
2	893	1.923	3.125	8.333
3	820	1.613	2.381	4.545
4	721	1.269	1.692	2.577
5	615	973	1.203	1.592
6	422	564	577	729

Observa-se que, à medida que o ponto de defeito se afasta do ponto de suprimento, o valor da potência de curto-circuito passa a depender menos do valor da potência no ponto de suprimento.

Calculando-se as potências de curto-circuito utilizando a equação normal, isto é:

$$\overline{s}_{3\phi-k} = \dot{i}^{*}_{3\phi-k} = \frac{1}{\displaystyle\sum_{i=1,k} \overline{z}^{*}_i}$$

obtêm-se os valores da Tabela 5.5.

Tabela 5.5 – Potências de curto-circuito (MVA)

Barra	Potência de curto-circuito na barra 1 (MVA)			
	1000	2500	5000	∞
2	885	1.883	3.008	7.265
3	811	1.567	2.260	3.950
4	708	1.212	1.578	2.220
5	601	928	1.128	1.426
6	399	514	566	629

Estudo de curto-circuito 471

5.7 SISTEMAS ATERRADOS E ISOLADOS

Conforme já definido, entende-se por sistema isolado aquele em que todos seus componentes ligados em estrela têm seu centro estrela isolado da terra. O potencial desses sistemas, como é evidente, está flutuando. Por outro lado, define-se sistema aterrado como aquele em que todos seus componentes ligados em estrela têm seu centro estrela aterrado, diretamente ou por impedância de aterramento. Nesse caso o potencial da rede está fixado em relação à terra. A definição de sistema aterrado e isolado poderia ser feita levando-se em conta a relação entre as impedâncias de sequência zero e a direta. Assim, num sistema isolado a impedância de sequência zero é infinita, logo, quando de defeitos fase a terra ou dupla fase a terra, ter-se-á:

- Sobretensões nas fases sãs que alcançam $\sqrt{3}$ e $3/2$ para defeitos fase a terra e dupla fase a terra, respectivamente.

- Sobrecorrentes nas fases de defeito que alcançam 0 e $\sqrt{3}/2$ para defeitos fase a terra e dupla fase a terra, respectivamente. Destaca-se que a corrente para defeito dupla fase a terra corresponde ao valor que resulta para os defeitos dupla fase.

Nos sistemas aterrados os resultados são análogos, porém, há que se ressaltar que, no ponto próximo ao aterramento, a impedância de sequência zero tem valor próximo a zero e, à medida que o ponto de defeito se afasta do ponto de aterramento, seu valor aumenta em proporção maior que a impedância de sequência direta e, em consequência, a relação entre essas impedâncias aumenta. Nas Figuras 5.34 e 5.35 apresentam-se as sobrecorrentes nas fases com defeito e as sobretensões nas fases sãs. Destaca-se que, quando a relação entre esses valores é 3, tem-se sobretensão da ordem de 30% e valores de sobretensão maiores não podem ser tolerados. Assim, é pratica corrente assumir-se que um sistema é aterrado até quando a relação entre as impedâncias de sequência zero e direta é não maior que 3. Quando se supera essa relação, é recomendável proceder-se a reforço no aterramento por meio de transformadores de aterramento.

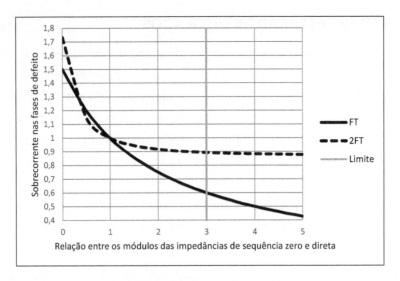

Figura 5.34 – Sobrecorrente nas fases com defeito

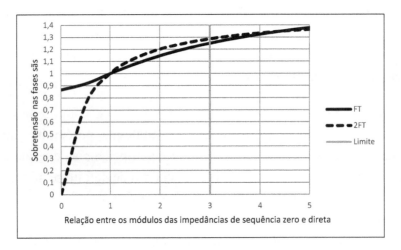

Figura 5.35 – Sobretensão nas fases sãs

5.8 DEFEITOS DE ALTA IMPEDÂNCIA

5.8.1 INTRODUÇÃO

Dentre os defeitos envolvendo a terra destacam-se aqueles em que a impedância de aterramento tem valor muito elevado, como o contato com o solo de um cabo de fase rompido. Nesse caso a resistência de contato com o solo é muito alta e a corrente assume valores tão baixos que são da ordem de grandeza da corrente de carga. Essa situação traz sérios problemas de segurança, pois a proteção não atuará e, em consequência, ter-se-á uma região próxima no solo num potencial elevado, colocando em sério risco pessoas e animais que passem pela área. Além disso, os consumidores terão problema de suprimento devido ao desequilíbrio das tensões de suprimento.

Destaca-se que esse tipo de falha ocorre principalmente em redes de distribuição em que a tensão nominal está na faixa de 13,8 a 35 kV. Já nas redes de transmissão, os cabos contam com alma de aço para reforço e usualmente em cada fase conta-se com um *bundle* de quatro condutores e, além disso, sua tensão está na faixa de 230 a 750 kV, o que ocasiona correntes suficientemente altas para sensibilizar os dispositivos de proteção.

Nas redes de distribuição, que sempre operam radialmente, há que se considerar os tipos de ruptura do cabo a seguir, Figura 5.36:

a) Ruptura no isolador de sustentação situado na parte da carga. Neste caso o condutor que cai ao solo está energizado pela fonte de montante com sua tensão nominal.

b) Ruptura no isolador de sustentação situado na parte do suprimento. Neste caso o condutor que cai ao solo está com tensão induzida pelas fases sãs, que é bem inferior à nominal.

c) Ruptura no meio do vão. Neste caso haverá dois condutores tocando o solo, um proveniente da fonte e o outro proveniente da carga.

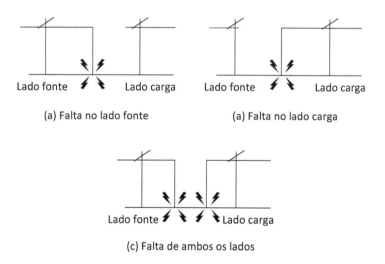

Figura 5.36 – Tipos de rupturas de cabos

Por outro lado, nos sistemas de transmissão, quando ocorre o rompimento de um dos cabos de uma torre de circuito duplo, a presença de mútuas entre as fases dos circuitos e entre circuitos pode levar à operação indevida da proteção. O estudo desse caso, por envolver a análise detalhada do sistema de proteção utilizado, foge ao escopo deste livro.

Assim, nas seções subsequentes, analisar-se-á sucintamente o comportamento dos defeitos de alta impedância por meio das características das correntes de defeito e os principais métodos disponíveis para sua detecção.

5.8.2 CARACTERÍSTICAS DAS CORRENTES DE DEFEITOS DE ALTA IMPEDÂNCIA

Nos últimos decênios, na literatura técnica referente aos sistemas de distribuição, com tensão da classe 15 kV, encontra-se um sem-número de trabalhos que visam estabelecer a natureza da corrente de defeito de alta impedância e os arranjos de proteção a serem adotados para conseguir interrompê-la. Destaca-se a pesquisa levada a efeito pela Texas A&M University (ROUSSELL, 1989), na qual observaram que, em cerca de duzentos defeitos, identificados em diferentes concessionárias e diferentes alimentadores, somente 35 foram isolados pelos dispositivos de proteção. Na literatura técnica os níveis de corrente encontrados para esses defeitos situam-se entre zero e o valor nominal dos dispositivos de proteção. No estudo citado as correntes ficaram restritas na faixa de 10 a 50 A e seu valor depende do tipo de solo onde o condutor cai. Na Tabela 5.6 estão apresentadas as correntes de defeito em função do tipo de solo.

Tabela 5.6 – Corrente de defeito em função do solo

Tipo de solo	Corrente (A)
Asfalto seco	0
Concreto sem ferragem	0
Areia seca	0
Areia molhada	15
Erva seca	20
Pasto seco	25
Erva molhada	40
Pasto molhado	50
Concreto armado	75

Fonte: Roussell (1989).

Quando do rompimento de um cabo, seu contato com o solo não é firme e o mecanismo de circulação de corrente é o descrito sucintamente a seguir.

Estudo de curto-circuito

À medida que o cabo se aproxima do solo, o ar que o separa do solo comporta-se como um isolante, até que, quando a distância for suficientemente pequena, ocorre o rompimento dielétrico e há passagem de corrente entre condutor e solo. Tal rompimento é ocasionado pela presença de elétrons livres que são acelerados pelo campo elétrico e, quando sua energia cinética for suficientemente alta, há a ionização do ar, ocorrendo, por colisão entre moléculas, a liberação de elétrons. Esse processo dá lugar a uma avalanche que permite a circulação de corrente, isto é, a formação do arco. As características do arco foram exaustivamente estudadas em laboratório por meio de uma cuba de descarga constituída por uma haste metálica móvel e uma cuba contendo os diferentes materiais do solo. Em conclusão, o processo pode ser resumido nos passos a seguir:

- A ignição do arco ocorre quando a tensão alcança o valor da tensão disruptiva do ar.

- Imediatamente a tensão cai ao valor da tensão de arco, que se mantém constante enquanto houver corrente circulando.

- Quando o valor instantâneo da tensão torna-se menor que a tensão de arco, há a interrupção da corrente e o arco se extingue.

- O processo será repetido no semiciclo subsequente.

Em conclusão, a corrente de arco é distorcida, não senoidal, que irrompe a cada semiciclo da tensão senoidal da rede.

5.8.3 DETECÇÃO DE DEFEITOS DE ALTA IMPEDÂNCIA EM REDES DE DISTRIBUIÇÃO

Desde longa data a detecção e a localização das faltas de alta impedância têm preocupado grupos de pesquisa do mundo inteiro. Dado o escopo deste livro e a complexidade do assunto, apresentar-se-á tão somente uma revisão bibliográfica dos principais métodos pesquisados. Assim:

- Monitoramento da intensidade e do ângulo de fase da corrente de terceira harmônica (ROUSSELL, 1989). Esta pesquisa foi levada a efeito pela Hughes Aircraft Company, sob o patrocínio do EPRI. Foi desenvolvido um detector, a ser utilizado em redes em estrela aterrada, da corrente de terceira harmônica das três fases e um desvio de uma dessas correntes em relação às outras duas que indicava o defeito. Em particular, a maior sensibilidade ao defeito era traduzida pela variação da fase de cerca de 15° com aumento da intensidade de corrente de 15 A. Projeto análogo foi desenvolvido pela Power Technology Inc., PTI. Nessa referência apresentam-se ainda outros métodos.

- Monitoramento acústico do rompimento de cabos (SENGER *et al.*, 2007). Neste trabalho é desenvolvido um sensor acústico que detecta o rompimento do cabo.

- Detecção de falhas de alta impedância utilizando lógica *fuzzy* (BARROS, 2009).

- Sistema baseado na análise da corrente de sequência zero (VIANNA; ARAUJO, 2016). O método baseia-se no estabelecimento de área diferencial, definida por dois pontos. Os valores medidos da corrente de sequência zero são enviados ao controle de operação, que detecta falhas de alta impedância.

5.9 ESTUDO DE DEFEITOS COM REPRESENTAÇÃO TRIFÁSICA DA REDE

Para o estudo de defeitos numa rede que não é representável pelo modelo monofásico, o procedimento adotado é análogo ao utilizado no Capítulo 4 ("Fluxo de potência").

Merece especial atenção a modelagem dos geradores. Assim, no estudo de fluxo de potência, interessava tão somente a tensão nos terminais das máquinas, logo, eram simulados por uma força eletromotriz constante sem que houvesse qualquer preocupação com a impedância interna da máquina. Já no caso de curto-circuito, deve-se calcular a f.e.m., lembrando-se que a impedância interna da máquina varia com suas condições operativas e deverá ser escolhida levando-se em conta o instante do defeito em que se quer analisar a corrente. Evidentemente, com esse procedimento está sendo determinada a componente de regime.

O defeito é modelado por uma carga de impedância constante, isto é, para um defeito trifásico franco, associam-se às barras de defeito três impedâncias nulas e, no caso de defeito trifásico, com impedância de defeito, associam-se àquelas barras três impedâncias com o valor desejado.

REFERÊNCIAS

ARRILLAGA, J.; ARNOLD, C. P. *Computer analysis of power systems*. New York: J. Wiley & Sons, 1990.

BARROS, A. C. *Detecção e classificação de faltas de alta impedância em sistemas elétricos de potência usando lógica fuzzy*. Dissertação (Mestrado) – Faculdade de Engenharia da Unesp, 2009.

OLIVEIRA, C. C. B. de *et al. Introdução a sistemas elétricos de potência – componentes simétricas*. 2. ed. São Paulo: Blucher, 2000.

ORSINI, L. Q.; CONSONNI, D. *Curso de circuitos elétricos*. 2. ed. São Paulo: Blucher, 2002.

ROUSSELL, B. D. *IEEE Tutorial Course – Detection of Down Load Conductors in Utility Systems*. [S.l.: s.n.], 1989.

RUSSEK, B. D.; AUCOIN, B. M.; TALLEY, T. J. Detection of Arcing Faults on Distribution Feeders. *EPRI Final Report*, EPRI EL-2757, Dec. 1982.

SENGER, E. C. *et al. Detecção do rompimento de cabos através de monitoramento acústico*. Campinas: Instituto Centro de Gestão de Tecnologia e Inovação (CGTI), 2007.

STAGG, G. W.; EL-ABIAD, A. H. *Computer Methods in Power System Analysis*. Tokyo: McGraw-Hill Kogakusha, 1968.

STEVENSON JR., W. D. *Elementos de análise de sistemas de potência*. 2. ed. São Paulo: McGraw-Hill, 1986.

VIANNA, J. T. A.; ARAUJO, L. R.; PENIDO, D. R. R. High Impedance Fault Area Location in Distribution Systems Based on Current Zero Sequence Component. *IEEE Latin American Transaction*, v. 14, n. 2, Feb. 2016.

ZELLAGUI, M.; HASSAN, H.; CHAGHI, A. Short-Circuit Calculations for a Transmission Line in the Algerian Power Network Compensated by Thyristor Controlled Voltage Regulator. *Journal of Electrical and Electronics Engineering*, v. 7, n. 2, p. 43-48, Oct. 2015.

ANEXO
PARÂMETROS ELÉTRICOS
DE REDES AÉREAS

A.1 INTRODUÇÃO

Neste anexo, serão analisados os procedimentos para a determinação dos parâmetros elétricos de linhas de transmissão aéreas, impedância série e admitância em derivação. Será analisada a determinação dos valores, por unidade de comprimento, das impedâncias série e mútuas das linhas de transmissão, bem como de suas capacitâncias em derivação.

Destaca-se que o detalhamento de linhas subterrâneas construídas com cabos isolados não será considerado.

Este anexo está dividido em duas partes: na primeira, enfoca-se o cálculo das impedâncias série, com revisão do conceito de indutância e, na segunda, o foco será no cálculo da capacitância em derivação.

Conforme será visto a seguir, os parâmetros elétricos dependem da distância dos cabos ao solo, sendo que a distância da linha ao solo varia de um máximo, em correspondência à sua fixação na torre, até um mínimo, em correspondência ao ponto em que se verifica a flecha máxima. Assim, é prática corrente definir-se para a altura do condutor um valor médio que é obtido subtraindo-se da altura na torre uma parcela variável de 66,66% a 75% do valor da flecha. Um valor médio satisfatório é reduzir-se a altura na torre de 70% da flecha.

Em tudo que se segue as constantes quilométricas serão calculadas para um comprimento da linha de 1 km, logo, ter-se-á a impedância série definida em ohms/km e as capacitâncias μF/km.

A.2 INDUTÂNCIA DE REDES

A.2.1 INDUTÂNCIA PRÓPRIA E MÚTUA

Seja um circuito monofásico suprido por uma tensão alternada, v, que é percorrido por uma corrente, i, que ocasiona o surgimento de um fluxo eletromagnético, ϕ_C, concatenado com o circuito. Define-se, em eletromagnetismo, a indutância própria do circuito, L, como a relação entre o fluxo magnético concatenado com o circuito, ϕ_C, e a corrente que o produziu, isto é:

$$L = \frac{\phi_C}{i} \tag{A.1}$$

Pela Lei de Faraday, a tensão aplicada ao circuito é igual à variação do fluxo concatenado, isto é:

$$v = \frac{d\phi_C}{dt} = L\frac{di}{dt}$$

Assim, pode-se, ainda, definir a indutância, L, em circuitos elétricos como a relação entre a tensão aplicada ao circuito e a variação no tempo da corrente que o percorre, di/dt, isto é:

$$L = \frac{v}{\dfrac{di}{dt}} \tag{A.2}$$

A unidade de medida da indutância é o Henry, H, que dimensionalmente corresponde a um Tesla por metro quadrado (unidade de medida do fluxo) por Ampère, isto é:

$$[H] = [T][m^2]/[A] = [V][s]/[A] = [\Omega][s]$$

No caso de dois circuitos, 1 e 2, percorridos por correntes, I_1 e I_2, situados próximos entre si, há uma interação entre o fluxo eletromagnético produzido por um dos circuitos, ϕ_1, no outro circuito e vice-versa. Sendo:

- ϕ_{M2} o fluxo concatenado com o circuito 2 devido à corrente I_1 que circula no circuito 1;

Anexo – Parâmetros elétricos de redes aéreas

- ϕ_{M1} o fluxo concatenado com o circuito 1 devido à corrente I_2 que circula no circuito 2;

- M_{12} a indutância mútua do circuito 1 com o circuito 2;

- M_{21} a indutância mútua do circuito 2 com o circuito 1,

define-se:

$$M_{12} = \frac{\phi_{M2}}{i_1} \quad \text{e} \quad M_{21} = \frac{\phi_{M1}}{i_2} \tag{A.3}$$

Pode-se demonstrar, em meios lineares, que as relações entre os fluxos concatenados e as correntes nos dois circuitos são iguais, logo $M_{12} = M_{21}$.

A.2.2 INDUTÂNCIA INTERNA DE UM CONDUTOR SÓLIDO

Seja um condutor circular, sólido, de diâmetro, em metros, $2r$ com comprimento de 1 m. Assume-se que o retorno da corrente está suficientemente afastado do condutor, de modo que não influi no campo magnético no interior do condutor. Nessas condições as linhas de fluxo magnético são circunferências concêntricas com o condutor, Figura A.1, e assumindo-se que a corrente está entrando no plano do condutor a intensidade de campo, H, está orientada no sentido horário. Da equação da força magnetomotriz tem-se:

$$\oint \vec{H}_x \cdot d\vec{s} = 2\pi x H_x = I_x \tag{A.4}$$

em que $I_x = \frac{\pi x^2}{\pi r^2} I$ é a corrente interna à circunferência de raio x. Portanto, sendo μ a permeabilidade magnética do condutor, resultarão para a densidade de fluxo, B_x, e para o fluxo no elemento dx, por unidade de comprimento, em correspondência ao raio x os valores:

$$B_x = \mu H_x = \mu \frac{x}{2\pi r^2} I$$

$$d\phi_x = \mu \frac{x}{2\pi r^2} I dx \tag{A.5}$$

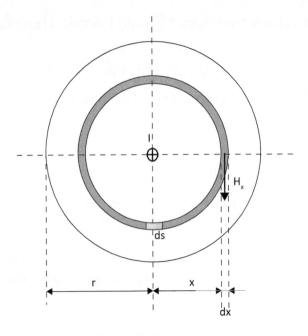

Figura A.1 – Corte no condutor

Para o fluxo concatenado com a corrente no raio x, ter-se-á:

$$d\psi_x = \frac{\pi x^2}{\pi r^2} d\phi_x = \mu \frac{x^3}{2\pi r^4} I dx \qquad (A.6)$$

Logo:

$$\psi_{int} = \int_0^r \mu \frac{x^3}{2\pi r^4} I dx = \frac{\mu}{8\pi} I \qquad (A.7)$$

Além disso, sendo $4\pi.10^{-7}$ henry/m o valor da permeabilidade no vácuo, resulta para a indutância da parte interna do condutor o valor:

$$L_{int} = \frac{\mu}{8\pi} = 0,5 \times 10^{-7} \, H/m = 0,5 \times 10^{-4} \, H/km \qquad (A.8)$$

A.2.3 INDUTÂNCIA DE UM CIRCUITO MONOFÁSICO COM CONDUTORES SÓLIDOS

Seja o caso de um circuito monofásico constituído de dois condutores sólidos, com diâmetro d_{cond}, situados num plano horizontal e afastados entre si de uma distância D, Figura A.2. Inicialmente será calculada a indutância de um dos condutores e, a seguir, determinar-se-á, por analogia, a do segundo condutor. Para o desenvolvimento do cálculo, somar-se-á a indutância da parte interna do condutor 1 com a correspondente à parte externa, isto é, será calculado o fluxo concatenado com o condutor 1 no espaço entre ele e o condutor 2.

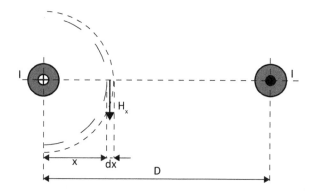

Figura A.2 – Circuito monofásico com cabo sólido

Para a determinação da contribuição do espaço entre os condutores na indutância, dever-se-á determinar o fluxo concatenado com a corrente I_1 referente ao condutor 1. Assim, à distância x tem-se:

$$H_x = \frac{I}{2\pi x} \quad , \quad B_x = \frac{\mu I}{2\pi x} \quad e \quad d\phi = \frac{\mu I}{2\pi x} dx \qquad (A.9)$$

O fluxo concatenado com a corrente I_1 é dado por:

$$\psi_1 = \int_{r_{cond}}^{D} \frac{\mu I}{2\pi x} dx = \frac{4\pi \times 10^{-7}}{2\pi} I \int_{r_{cond}}^{D} \frac{1}{x} dx = 2 \times 10^{-7} I \ln \frac{D}{r_{cond}}$$

$$L_{1,ext} = \frac{\psi_1}{I} = 2 \times 10^{-7} \ln \frac{D}{r_{cond}} \qquad (A.10)$$

Logo a indutância total será dada por:

$$L_1 = L_{int} + L_{1,ext} = \frac{2 \cdot 10^{-7}}{4} + 2 \cdot 10^{-7} \ln \frac{D}{r_{cond}} = 2 \cdot 10^{-7} \ln \frac{D}{r_{cond} e^{-1/4}} \qquad (A.11)$$

O raio corrigido, $r_{cond} e^{-1/4}$ é definido como *raio médio geométrico* – GMR do condutor. Destaca-se que a correção do raio do condutor, $e^{-1/4}$, é válida para um condutor sólido. Em seção subsequente será apresentada, sucintamente, a sistemática para o cálculo do fator de correção para o caso geral de cabos constituídos por n fios.

Evidentemente, a indutância total do circuito será dada pela soma das indutâncias L_1 e L_2. Tendo os dois condutores o mesmo diâmetro, resultará

$$L_{total} = L_1 + L_2 = 2 \cdot 10^{-7} \left[\ln \frac{D}{r_{cond1} e^{-1/4}} + \ln \frac{D}{r_{cond2} e^{-1/4}} \right] = 4 \cdot 10^{-7} \ln \frac{D}{GMR} \quad (A.12)$$

A.2.4 INDUTÂNCIA DE UM CIRCUITO MONOFÁSICO COM CONDUTORES ENCORDOADOS

Seja o caso de um circuito monofásico, Figura A.3, constituído por n fios sólidos na fase A e por m fios sólidos na fase B. A corrente total das duas fases é I e $-I$ e, por hipótese, os fios de cada fase são percorridos por corrente iguais a I/n, fase A, e I/m, fase B.

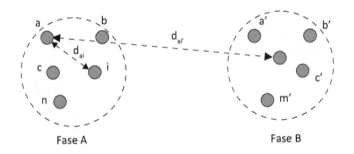

Figura A.3 – Circuito monofásico com condutores compostos

Para o cálculo da indutância própria do cabo da fase A, proceder-se-á à determinação do fluxo concatenado da corrente do fio a com os demais fios da fase A. Destaca-se que a distância do fio a para o fio genérico i é dada por d_{ai}. Para o fluxo externo serão consideradas as concatenações do fio a com os fios da fase B, distâncias $d_{ai'}$. Resulta:

$$\psi_a = 2 \cdot 10^{-7} \frac{I}{n} \left(\ln \frac{1}{GMR_a} + \ln \frac{1}{d_{ab}} + ... + \ln \frac{1}{d_{ai}} + ... + \ln \frac{1}{d_{an}} \right)$$
$$- 2 \cdot 10^{-7} \frac{I}{m} \left(\ln \frac{1}{d_{aa'}} + \ln \frac{1}{d_{ab'}} + ... + \ln \frac{1}{d_{ai'}} + ... + \ln \frac{1}{d_{am'}} \right) \quad (A.13)$$

Anexo – Parâmetros elétricos de redes aéreas

ou

$$\psi_a = 2 \cdot 10^{-7} I \ln \frac{\sqrt[m]{d_{aa'} d_{ab'} .... d_{ai'} .... d_{am'}}}{\sqrt[n]{GMR_a d_{ab} .... d_{ai} .... d_{an}}} \qquad (A.14)$$

A indutância do fio a é dada por:

$$L_a = \frac{\psi_a}{I/n} = 2n \cdot 10^{-7} \ln \frac{\sqrt[m]{d_{aa'} d_{ab'} .... d_{ai'} .... d_{am'}}}{\sqrt[n]{GMR_a d_{ab} .... d_{ai} .... d_{an}}} \qquad (A.15)$$

As indutâncias dos demais fios da fase A, L_b, L_c, ... L_i, ... L_n são obtidas substituindo-se na Equação (A.15) o índice a, respectivamente, por b, c, ... , i, ... n. A indutância média dos fios é dada por:

$$L_{media} = \frac{L_a + L_b + L_c + ... + L_i + ... + L_n}{n} \qquad (A.16)$$

Lembrando que todos os fios elementares estão em paralelo, a indutância da fase A será dada pela associação em paralelo de todos eles. Com boa aproximação pode-se assumir que os n fios têm indutância igual ao valor médio, logo, resulta

$$L_A = \frac{L_{media}}{n} = \frac{L_a + L_b + L_c + ... + L_i + ... + L_n}{n^2}$$

$$= 2 \cdot 10^{-7} \ln \frac{\sqrt[nm]{(d_{aa'} .... d_{am'})(d_{ba'} .... d_{bm'}) .... (d_{ma'} \;\; .... \;\; d_{mm'})}}{\sqrt[n^2]{(GMR_a d_{ab} ..... d_{an})(d_{ba} GMR_b .... d_{bn}) ..... (d_{na} d_{nb} ..... GMR_n)}} \qquad (A.17)$$

Assim, o GMR da fase A será dado por:

$$GMR_A = \sqrt[n^2]{(GMR_a d_{ab} .... d_{an})(d_{ba} GMR_b .... d_{bn}) .... (d_{na} d_{nb} .... GMR_n)} \qquad (A.18)$$

Exemplo A.1

Determinar o GMR de um cabo de alumínio 1/0 AWG, CA Poppy, com diâmetro nominal de 9,36 mm, que conta com sete fios de alumínio com diâmetro de 3,12 mm dispostos em duas camadas (um na primeira camada e seis na segunda camada)

O cabo está apresentado na Figura A.4 onde se destacam as distâncias:

$$d_{12} = d_{13} = d_{14} = d_{15} = d_{16} = d_{17} = d_{fio} = 3,12 \text{ mm}$$

$$d_{21} = d_{23} = d_{27} = d_{fio} = 3,12 \text{ mm}$$

$$d_{24} = d_{26} = 2d_{fio}\text{sen } 60° = 5,4040 \text{ mm}$$

$$d_{25} = 2d_{fio} = 6,24 \text{ mm}$$

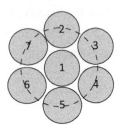

Figura A.4 – Cabo de alumínio

O GMR de cada fio é dado por: $GMR = re^{-1/4} = 1,56e^{-1/4} = 1,2149$ mm

Podem-se definir os valores dos produtos de cada fio como:

$$P(1) = GMR \cdot d_{12} \cdot d_{13} \cdot d_{14} \cdot d_{15} \cdot d_{16} \cdot d_{17} = GMR \cdot 3,12^6 = 1120,6721$$
$$P(2) = P(3) = P(4) = P(5) = P(6) = P(7) = d_{21} \cdot GMR \cdot d_{23} \cdot d_{24} \cdot d_{25} \cdot d_{26} \cdot d_{27}$$
$$= 3,12 \cdot GMR \cdot 3,12 \cdot 5,4040 \cdot 6,24 \cdot 5,4040 \cdot 3,12 = 6724,0360$$

Logo:

$$GMR = \sqrt[49]{1120,6721 \cdot 6724,0360^6} = 3,3957 \text{ mm}$$

A.2.5 IMPEDÂNCIA SÉRIE DE LINHAS DE TRANSMISSÃO

A.2.5.1 Introdução

A impedância série das linhas de transmissão conta com duas parcelas: uma referente à resistência ôhmica do condutor e a outra referente à sua indutância. Nas seções a seguir serão detalhados os métodos para o cálculo dessas duas parcelas.

A.2.5.2 Resistência ôhmica dos condutores

Para o cálculo da resistência ôhmica do condutor, destaca-se que se dispõe da resistência ôhmica, por unidade de comprimento, do condutor em corrente contínua para a temperatura de 20 °C. Assim, inicialmente deve-se corrigir a resistência para a temperatura de operação da linha. Por outro lado, para a conversão dessa resistência para corrente alternada, deve-se levar em conta o adensamento da corrente na parte externa do condutor, *efeito pelicular*, e a circulação de correntes parasitas devido aos campos magnéticos produzidos pelos cabos vizinhos no condutor, *efeito de proximidade*. O equacionamento das correções pode ser resumido nas equações:

a) Correção da temperatura

A temperatura do condutor é corrigida através da equação:

$$R_{cc,t} = R_{cc,20}\left[1 + \alpha_{20}\left(t - 20\right)\right] \qquad (A.19)$$

onde:

$R_{cc,t}$ – resistência ôhmica do condutor em corrente continua na temperatura t;

$R_{cc,20}$ – resistência do condutor em corrente continua a 20 °C;

α_{20} – coeficiente de variação da resistência com a temperatura a 20 °C;

t – temperatura de operação do condutor.

b) Resistência em corrente alternada

A resistência em corrente alternada, R_t, é determinada levando-se em conta o efeito pelicular, Y_s, e o de proximidade, Y_p, através da equação:

$$R_t = R_{cc,t}\left(1 + Y_s + Y_p\right) \qquad (A.20)$$

c) Efeito pelicular

A correção do efeito pelicular é determinada através de funções de Bessel, resultando para a correção a equação:

$$Y_s = \frac{X_s^4}{192 + 0,8X_s^4}$$

$$X_s^2 = \frac{8\pi f K_s 10^{-7}}{R_{cc,t}} \qquad (A.21)$$

onde:

X_s – fator obtido das funções de Bessel;

f – frequência da rede, em Hz;

K_s – fator que depende do tipo de cabo utilizado. Para cabos redondos com encordoamento normal ou compactado vale 1.

d) Efeito de proximidade

O equacionamento da correção devido ao efeito de proximidade depende da configuração da linha.

No caso de linhas monofásicas com dois cabos, tem-se:

$$Y_p = \frac{X_p^4}{192 + 0,8X_p^4}\left(\frac{d_c}{s}\right)^2$$

$$X_p^2 = \frac{8\pi f K_p 10^{-7}}{R_{cc,t}}$$

(A.22)

onde:

X_p – fator obtido das funções de Bessel;

f – frequência da rede, em Hz;

K_p – fator que depende do tipo de cabo utilizado. Para cabos redondos com encordoamento normal ou compactado vale 1;

d_c – diâmetro do condutor, em mm;

s – distância entre o eixo dos dois condutores, em mm.

No caso de linhas trifásicas com três cabos, têm-se:

$$Y_p = \frac{X_p^4}{192 + 0,8X_p^4}\left(\frac{d_c}{s}\right)^2 \cdot \left[0,312\left(\frac{d_c}{s}\right)^2 + \frac{1,18}{\dfrac{X_p^4}{192 + 0,8X_p^4} + 0,27}\right]$$

(A.23)

$$X_p^2 = \frac{8\pi f K_p 10^{-7}}{R_{cc,t}}$$

onde:

X_p – fator obtido das funções de Bessel;

f – frequência da rede, em Hz;

K_p – fator que depende do tipo de cabo utilizado. Para cabos redondos com encordoamento normal ou compactado vale 1;

d_c – diâmetro do condutor, em mm;

s – distância equivalente entre o eixo dos três condutores, em mm, calculada a partir da raiz cúbica do produto das três distâncias entre eixos, isto é: $s = \sqrt[3]{s_{ab} \cdot s_{bc} \cdot s_{ca}}$.

Destaca-se que, sendo a distância entre os cabos de fase da ordem de metros e o diâmetro dos cabos da ordem de milímetro, resulta para a relação entre o diâmetro e a distância um valor muito pequeno, logo, não se considera o efeito de proximidade.

A.2.5.3 Indutância própria e mútua dos condutores

A indutância própria dos condutores e a mútua entre condutores são calculadas pelo método das imagens, isto é, considera-se a rede constituída por seus condutores e suas imagens em relação ao plano do solo, Figura A.5, onde as imagens dos condutores 1, 2, 3, 4 e 5 são identificadas, respectivamente, por 1', 2', 3', 4' e 5'. Inicialmente considera-se o solo com condutividade infinita e a seguir, por meio das equações de Carson, procede-se às correções para levar em conta o fato de a condutividade do solo ser finita. Assim, resulta:

$$L_{ii'} = 2 \cdot 10^{-4} \ln \frac{d_{ii'}}{GMR_i} \quad \text{H/km}$$

$$M_{ik'} = L_{ik'} = 2 \cdot 10^{-4} \ln \frac{d_{ik'}}{d_{ik}} \quad \text{H/km} \tag{A.24}$$

em que d_{ik} indica a distância entre os condutores i e k, e $d_{ik'}$ indica a distância entre o condutor i e a imagem k'.

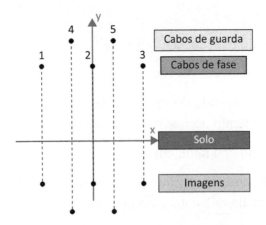

Figura A.5 – Método das imagens e sistema de coordenadas

A.2.5.4 Matriz de impedâncias dos elementos série: condutividade do solo infinita

O cálculo das impedâncias série é levado a efeito por meio dos passos:

- monta-se a matriz de impedâncias dos elementos serie;
- modifica-se a matriz utilizando-se as correções de Carson;
- modifica-se a matriz para levar em conta o efeito das transposições;
- eliminam-se os cabos guarda, se existirem;
- obtém-se a matriz de impedâncias série em termos de componentes simétricas.

Considerando-se a condutividade do solo infinita, determinam-se as impedâncias dos elementos da matriz de impedâncias série da linha por meio de:

$$\bar{Z}_{ii} = R_{ii} + j\omega L_{ii'} = R_i + j4\pi f 10^{-4} \ln \frac{d_{ii'}}{GMR_i} \quad \Omega/\text{km}$$

$$\bar{Z}_{ik} = 0 + j\omega L_{ik'} = 0 + j4\pi f 10^{-4} \ln \frac{d_{ik'}}{d_{.,}} \quad \Omega/\text{km}$$

(A.25)

com $i = 1, 2, ..., n$ cabos e com i e k variáveis de 1 ao número total de elementos e $i \neq k$, onde:

- $d_{ii'}$ é a distância entre o condutor i e sua imagem i';

Anexo – Parâmetros elétricos de redes aéreas

491

- d_{ik} é a distância entre o condutor i e o condutor k;

- $d_{ik'}$ é a distância entre o condutor i e a imagem k' do condutor k.

Usualmente, em linhas de transmissão, utilizam-se em cada fase n condutores em paralelo, constituindo o que é designado por *bundle*. Tratando-se de *bundle* com n cabos, de mesmo diâmetro, em paralelo por fase corrige-se o GMR do cabo, que passará a ser GMR_{eq}, por meio das equações:

$$GMR_{eq} = \sqrt[n]{GMR \cdot a_{12} \cdot a_{13}...a_{1n}}$$

onde GMR é o raio médio geométrico de cada subcondutor e a_{1k} representa a distância entre o subcondutor 1 e o subcondutor k ($k = 2, ..., n$). No caso particular de existir uma circunferência circunscrita a todos os subcondutores de raio r e sendo d a distância entre dois condutores adjacentes, será:

$$fat = \frac{d}{2\operatorname{sen}\dfrac{\pi}{n}}$$

$$GMR_{eq} = fat \cdot \sqrt[n]{\frac{n \cdot GMR}{fat}}$$

(A.26)

A.2.5.5 Matriz de impedâncias dos elementos série: condutividade do solo finita

Para levar em conta o fato de a condutividade do solo ser finita, pode-se corrigir as impedâncias adicionando-se parcelas, obtidas da série de Carson, dadas por:

- ΔR_{ii} e ΔX_{ii}, para as impedâncias dos elementos da diagonal da matriz de impedâncias, com $i = 1, 2,... n$;

- ΔR_{ik} e ΔX_{ik}, para os elementos fora da diagonal da matriz de impedâncias, com $i = 1, 2,... n$ e $k = 1, 2, ... n$; $k \neq i$.

Outra alternativa para corrigir o efeito da condutividade do solo seria deslocar o plano do solo de modo a aumentar a distância entre os condutores e o solo de Δh.

Optar-se-á pelo primeiro procedimento, isto é, considera-se a condutividade do solo finita corrigindo-se as impedâncias por meio dos termos corretivos obtidos pelas equações de Carson:

$$\bar{Z}_{ii} = R_{ii} + \Delta R_{ii} + j\left(4\pi f 10^{-4} \ln \frac{d_{ii'}}{GMR_i} + \Delta X_{ii} \right) \quad \Omega/\text{km}$$

$$\bar{Z}_{ik} = \Delta R_{ik} + j\left(4\pi f 10^{-4} \ln \frac{d_{ik'}}{d_{ik}} + \Delta X_{ik} \right) \quad \Omega/\text{km}$$

Para a frequência industrial, 60 Hz no Brasil e 50 Hz na Europa, é suficiente considerar-se tão somente os quatro primeiros termos da equação de Carson, que são expressos por:

$$\Delta R = 4\omega \cdot 10^{-4} \left\{ \begin{matrix} \dfrac{\pi}{8} - b_1 a \cos\varphi + b_2 a^2 \left[(c_2 - \ln a)\cos 2\varphi + \varphi\, \mathrm{sen}\, 2\varphi \right] \\[2mm] + b_3 a^3 \cos 3\varphi - e_4 a^4 \cos 4\varphi \end{matrix} \right\}$$

$$\Delta X = 4\omega 10^{-4} \left\{ \begin{matrix} \dfrac{1}{2}(0,6159315 - \ln a) + b_1 a \cos\varphi - e_2 a^2 \cos 2\varphi \\[2mm] + b_3 a^3 \cos 3\varphi - b_4 \left[(c_4 - \ln a)a^4 \cos 4\varphi + \varphi a^4 \mathrm{sen}\, 4\varphi \right] \end{matrix} \right\}$$

(A.27)

onde:

$$a = 4\pi\sqrt{5} \cdot 10^{-4} S \sqrt{\frac{f}{\rho}} \qquad b_i = b_{i-2} \frac{1}{i \cdot (i+2)} \qquad c_i = c_{i-2} + \frac{1}{i} + \frac{1}{i+2}$$

com:

$S = d_{ii'} = 2d_i$ para a correção da própria e $S = d_{ik'}$ para a correção da mútua;

$b_1 = \sqrt{2}/6$ para subscritos ímpares e $b_2 = 1/16$ para subscritos pares;

$c_2 = 1,3659315$;

$e_i = b_i \cdot \pi/4$;

$\varphi_{ii} = 0$ e $\varphi_{ik} = \arccos(y_i + y_k)/d_{ik'}$

resultando para os parâmetros b_i, c_i e e_i os valores:

Parâmetro	Índice do parâmetro			
	1	2	3	4
b	0,235702	0,062500	0,015713	0,002604
c	0	1,365931	0,533333	1,782598
e	0,185120	0,049087	0,012341	0,002045

A.2.5.6 Transposição da linha

Observa-se que a posição dos cabos de fase e dos cabos guarda da linha, no caso geral, não é simétrica, logo, resultam diferenças nas reatâncias próprias e mútuas. Assim, no caso da Figura A.5, ter-se-ia: $d_{12} = d_{23} \neq d_{13}$ e $d_{1'3} = d_{13'} \neq d_{2'3} = d_{2'1}$, logo as reatâncias próprias X_{11} e X_{33} são iguais, porém são diferentes de X_{22}. O mesmo ocorre com as mútuas X_{21} e X_{23}, que são iguais, porém são diferentes de X_{13}. Nessas condições não há simetria entre as fases. Essa situação é corrigida fazendo-se a "transposição da linha", isto é, ao longo do comprimento da linha os condutores de fase e os neutros vão ocupando posições sucessivas, de modo que, no total da linha, cada condutor ocupe todas as posições. É evidente que os comprimentos das transposições devem ser iguais, de modo a garantir a simetria da matriz de impedâncias. Na Figura A.6 apresentam-se as posições ocupadas pelos condutores em cada transposição.

No caso de transposição da rede, observa-se que os termos da matriz de impedâncias, $[Z]$, variam em cada trecho de transposição. Assim, tem-se:

$$[Z_{transp}] = \lambda_1 \cdot [Z_1] + ... + \lambda_n \cdot [Z_n]$$

onde:

λ_i representa o comprimento do trecho i de transposição (em p.u. do comprimento total);

$[Z_i]$ representa a matriz de impedância para o trecho i de transposição.

Destaca-se que os valores de λ_i são iguais entre si e sua soma deve ser unitária.

A.2.5.7 Matriz em componentes de fase

É prática usual proceder à montagem da matriz de impedâncias da rede ordenando os cabos como a seguir:

- Os cabos de fase dos circuitos são os primeiros elementos a serem inseridos na matriz, usualmente ordenados pelo número do circuito.

- Os cabos guarda aterrados nas duas extremidades, designados por cabos guarda aterrados, símbolo *gat*, quando existirem, seguem aos circuitos.
- Os cabos guarda aterrados numa extremidade, designados por isolados, símbolo *gis*, são os últimos a serem inseridos.

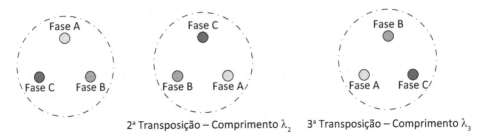

Figura A.6 – Transposição – Posição das fases

Assim, ao término da montagem, a matriz de impedâncias apresenta-se com a configuração:

$$\begin{bmatrix} V_{A1} \\ V_{B1} \\ V_{C1} \\ \cdots \\ V_{An} \\ V_{Bn} \\ V_{Cn} \\ V_{G1} \\ \cdots \\ V_{Gn} \end{bmatrix} = \begin{bmatrix} \text{Circuito 1} & \cdots & \text{Circuito n} & & \text{C.Guarda} \\ F.A \; F.B \; F.C & & F.A \; F.B \; F.C & 1 \; \cdots \; n \end{bmatrix} \cdot \begin{bmatrix} I_{A1} \\ I_{B1} \\ I_{C1} \\ \cdots \\ I_{An} \\ I_{Bn} \\ I_{Cn} \\ I_{G1} \\ \cdots \\ I_{Gn} \end{bmatrix}$$

Particionando-se a matriz ao fim de cada um dos tipos de elementos, resultam as submatrizes:

$$\begin{bmatrix} [V_{cabo}] \\ [V_{gat}] \\ [V_{gis}] \end{bmatrix} = \begin{bmatrix} [Z_{cabo,cabo}] & [Z_{cabo,gat}] & [Z_{cabo,gis}] \\ [Z_{gat,cabo}] & [Z_{gat,gat}] & [Z_{gat,gis}] \\ [Z_{gis,cabo}] & [Z_{gis,gat}] & [Z_{gis,gis}] \end{bmatrix} \cdot \begin{bmatrix} [I_{cabo}] \\ [I_{gat}] \\ [I_{gis}] \end{bmatrix}$$

A.2.5.8 Eliminação dos cabos guarda

A.2.5.8.1 Introdução

Os cabos guarda podem ser multiaterrados ou seccionados e aterrados somente numa extremidade. No primeiro caso sua tensão é nula, porém, são sede de circulação de corrente que dá lugar a perdas Joule, que, dependendo das condições, podem alcançar valor elevado. No segundo caso não há circulação de corrente, porém a tensão na extremidade isolada pode alcançar valor bastante alto.

A.2.5.8.2 Cabo guarda aterrado numa extremidade

Quando há cabos guarda aterrados somente numa extremidade, isto é, isolados, as correntes da submatriz $\left[I_{gis} \right]$ são nulas, logo ter-se-á:

$$\left[I_{gis} \right] = 0$$

Para a eliminação dos cabos guarda isolados, particiona-se a matriz de impedâncias segundo a linha e coluna correspondente ao último dos cabos condutores, de fase. Assim, resulta:

$$\frac{\left[V_{cabo} \right]}{\left[V_{gis} \right]} = \frac{\left[Z_{cabo,cabo} \right] \quad \left[Z_{cabo,gis} \right]}{\left[Z_{gis,cabo} \right] \quad \left[Z_{gis,gis} \right]} \cdot \frac{\left[I_{cabo} \right]}{\left[I_{gis} \right] = 0}$$

A matriz equivalente $\left[Z_{eq} \right]$ sem os cabos guarda isolados é dada por:

$$\left[Z_{eq} \right] = \left[Z_{cabo,cabo} \right]$$

A tensão nos cabos é dada por:

$$\left[V_{cabo} \right] = \left[Z_{cabo,cabo} \right] \cdot \left[I_{cabo} \right]$$

A tensão nos cabos guarda será dada por:

$$\left[V_{gis} \right] = \left[Z_{gis,cabo} \right] \cdot \left[I_{cabo} \right]$$

A.2.6.8.3 *Cabo guarda aterrado nas duas extremidades*

Quando há cabos guarda aterrados nas duas extremidades suas tensões são nulas, isto é:

$$\left[V_{gat}\right]=0$$

Particionando-se a matriz de impedâncias pela linha e coluna corresponden-te ao último cabo, ter-se-á:

$$
\begin{array}{|c|c|c|}
\hline
\left[V_{cabo}\right] & \left[Z_{cabo,cabo}\right] & \left[Z_{cabo,gat}\right] \\
\hline
\left[V_{gat}\right]=0 & \left[Z_{gat,cabo}\right] & \left[Z_{gat,gat}\right] \\
\hline
\end{array}
\cdot
\begin{array}{|c|}
\hline
\left[I_{cabo}\right] \\
\hline
\left[I_{gat}\right] \\
\hline
\end{array}
$$

Logo, resultam as equações:

$$\left[V_{cabo}\right]=\left[Z_{cabo,cabo}\right]\cdot\left[I_{cabo}\right]+\left[Z_{cabo,gat}\right]\cdot\left[I_{gat}\right]$$

$$\left[0\right]=\left[Z_{gat,cabo}\right]\cdot\left[I_{cabo}\right]+\left[Z_{gat,gat}\right]\cdot\left[I_{gat}\right]$$

ou

$$\left[I_{gat}\right]=-\left[Z_{gat,gat}\right]^{-1}\cdot\left[Z_{gat,cabo}\right]\cdot\left[I_{cabo}\right] \tag{A.28}$$

e

$$\left[V_{cabo}\right]=\left[Z_{cabo,cabo}\right]\cdot\left[I_{cabo}\right]-\left[Z_{cabo,gat}\right]\cdot\left[Z_{gat,gat}\right]^{-1}\cdot\left[Z_{gat,cabo}\right]\cdot\left[I_{cabo}\right]$$

$$=\left\{\left[Z_{cabo,cabo}\right]-\left[Z_{cabo,gat}\right]\cdot\left[Z_{gat,gat}\right]^{-1}\cdot\left[Z_{gat,cabo}\right]\right\}\cdot\left[I_{cabo}\right] \tag{A.29}$$

Assim, a matriz equivalente, $[Z_{eq}]$, sem os cabos guarda isolados, é dada por

$$\left[Z_{eq}\right]=\left[Z_{cabo,cabo}\right]-\left[Z_{cabo,gat}\right]\cdot\left[Z_{gat,gat}\right]^{-1}\cdot\left[Z_{gat,cabo}\right]$$

Anexo – Parâmetros elétricos de redes aéreas

Alternativamente, pode-se proceder por eliminação de Gauss. Assim, para uma linha trifásica com dois cabos guarda, podem-se escrever as equações:

$$\dot{V}_1 = \overline{Z}_{11}\dot{I}_1 + \overline{Z}_{12}\dot{I}_2 + \overline{Z}_{13}\dot{I}_3 + \overline{Z}_{14}\dot{I}_4 + \overline{Z}_{15}\dot{I}_5$$

$$\dot{V}_2 = \overline{Z}_{21}\dot{I}_1 + \overline{Z}_{22}\dot{I}_2 + \overline{Z}_{23}\dot{I}_3 + \overline{Z}_{24}\dot{I}_4 + \overline{Z}_{25}\dot{I}_5$$

$$\dot{V}_3 = \overline{Z}_{31}\dot{I}_1 + \overline{Z}_{32}\dot{I}_2 + \overline{Z}_{33}\dot{I}_3 + \overline{Z}_{34}\dot{I}_4 + \overline{Z}_{35}\dot{I}_5$$

$$\dot{V}_4 = \overline{Z}_{41}\dot{I}_1 + \overline{Z}_{42}\dot{I}_2 + \overline{Z}_{43}\dot{I}_3 + \overline{Z}_{44}\dot{I}_4 + \overline{Z}_{45}\dot{I}_5$$

$$\dot{V}_5 = \overline{Z}_{51}\dot{I}_1 + \overline{Z}_{52}\dot{I}_2 + \overline{Z}_{53}\dot{I}_3 + \overline{Z}_{54}\dot{I}_4 + \overline{Z}_{55}\dot{I}_5$$

A tensão no cabo guarda 5, $\dot{V}_5$, é nula, logo, pode-se escrever:

$$\dot{I}_5 = -\left(\frac{\overline{Z}_{51}}{\overline{Z}_{55}}\dot{I}_1 + \frac{\overline{Z}_{52}}{\overline{Z}_{55}}\dot{I}_2 + \frac{\overline{Z}_{53}}{\overline{Z}_{55}}\dot{I}_3 + \frac{\overline{Z}_{54}}{\overline{Z}_{55}}\dot{I}_4 \right)$$

Substituindo-se a corrente do cabo guarda da posição 5 em todas as equações resulta:

$$\dot{V}_1 = \left(\overline{Z}_{11} - \frac{\overline{Z}_{15}\overline{Z}_{51}}{\overline{Z}_{55}} \right)\dot{I}_1 + \left(\overline{Z}_{12} - \frac{\overline{Z}_{15}\overline{Z}_{52}}{\overline{Z}_{55}} \right)\dot{I}_2 + \left(\overline{Z}_{13} - \frac{\overline{Z}_{15}\overline{Z}_{53}}{\overline{Z}_{55}} \right)\dot{I}_3 + \left(\overline{Z}_{14} - \frac{\overline{Z}_{15}\overline{Z}_{54}}{\overline{Z}_{55}} \right)\dot{I}_4$$

$$\dot{V}_2 = \left(\overline{Z}_{21} - \frac{\overline{Z}_{25}\overline{Z}_{51}}{\overline{Z}_{55}} \right)\dot{I}_1 + \left(\overline{Z}_{22} - \frac{\overline{Z}_{25}\overline{Z}_{52}}{\overline{Z}_{55}} \right)\dot{I}_2 + \left(\overline{Z}_{23} - \frac{\overline{Z}_{25}\overline{Z}_{53}}{\overline{Z}_{55}} \right)\dot{I}_3 + \left(\overline{Z}_{24} - \frac{\overline{Z}_{25}\overline{Z}_{54}}{\overline{Z}_{55}} \right)\dot{I}_4$$

$$\dot{V}_3 = \left(\overline{Z}_{31} - \frac{\overline{Z}_{35}\overline{Z}_{51}}{\overline{Z}_{55}} \right)\dot{I}_1 + \left(\overline{Z}_{32} - \frac{\overline{Z}_{35}\overline{Z}_{52}}{\overline{Z}_{55}} \right)\dot{I}_2 + \left(\overline{Z}_{33} - \frac{\overline{Z}_{35}\overline{Z}_{53}}{\overline{Z}_{55}} \right)\dot{I}_3 + \left(\overline{Z}_{34} - \frac{\overline{Z}_{35}\overline{Z}_{54}}{\overline{Z}_{55}} \right)\dot{I}_4$$

$$\dot{V}_4 = \left(\overline{Z}_{41} - \frac{\overline{Z}_{45}\overline{Z}_{51}}{\overline{Z}_{55}} \right)\dot{I}_1 + \left(\overline{Z}_{42} - \frac{\overline{Z}_{45}\overline{Z}_{52}}{\overline{Z}_{55}} \right)\dot{I}_2 + \left(\overline{Z}_{43} - \frac{\overline{Z}_{45}\overline{Z}_{53}}{\overline{Z}_{55}} \right)\dot{I}_3 + \left(\overline{Z}_{44} - \frac{\overline{Z}_{45}\overline{Z}_{54}}{\overline{Z}_{55}} \right)\dot{I}_4$$

Com procedimento análogo elimina-se o cabo guarda da posição 4.

A.2.6 MATRIZ DE IMPEDÂNCIAS EM TERMOS DE COMPONENTES SIMÉTRICAS

A transformação da matriz de impedâncias de um circuito trifásico de componentes de fase para componentes simétricas é feita por meio da equação (cf. a Seção 2.3.4 do Capítulo 2):

$$
\begin{bmatrix}
\overline{Z}_{00} & \overline{Z}_{01} & \overline{Z}_{02} \\
\overline{Z}_{10} & \overline{Z}_{11} & \overline{Z}_{12} \\
\overline{Z}_{20} & \overline{Z}_{21} & \overline{Z}_{22}
\end{bmatrix}
= \frac{1}{3}
\begin{bmatrix}
1 & 1 & 1 \\
1 & \alpha & \alpha^2 \\
1 & \alpha^2 & \alpha
\end{bmatrix}
\cdot
\begin{bmatrix}
\overline{Z}_{aa} & \overline{Z}_{ab} & \overline{Z}_{ac} \\
\overline{Z}_{ba} & \overline{Z}_{bb} & \overline{Z}_{bb} \\
\overline{Z}_{ca} & \overline{Z}_{cb} & \overline{Z}_{cc}
\end{bmatrix}
\cdot
\begin{bmatrix}
1 & 1 & 1 \\
1 & \alpha^2 & \alpha \\
1 & \alpha & \alpha^2
\end{bmatrix}
$$

ou:

$$
[Z_{012}] = [T]^{-1} \cdot [Z_{abc}] \cdot [T]
$$

No caso de n circuitos trifásicos resulta:

$$
\begin{bmatrix}
Z_{11}^{012} & Z_{12}^{012} & \cdots & Z_{1n}^{012} \\
Z_{21}^{012} & Z_{22}^{012} & \cdots & Z_{2n}^{012} \\
\cdots & \cdots & \cdots & \cdots \\
Z_{n1}^{012} & Z_{n2}^{012} & \cdots & Z_{nn}^{012}
\end{bmatrix}
=
\begin{bmatrix}
T^{-1} & 0 & \cdots & 0 \\
0 & T^{-1} & \cdots & 0 \\
\cdots & \cdots & \cdots & \cdots \\
0 & 0 & \cdots & T^{-1}
\end{bmatrix}
\cdot
\begin{bmatrix}
Z_{11}^{abc} & Z_{12}^{abc} & \cdots & Z_{1n}^{abc} \\
Z_{21}^{abc} & Z_{22}^{abc} & \cdots & Z_{2n}^{abc} \\
\cdots & \cdots & \cdots & \cdots \\
Z_{n1}^{abc} & Z_{n2}^{abc} & \cdots & Z_{nn}^{abc}
\end{bmatrix}
\cdot
\begin{bmatrix}
T & 0 & \cdots & 0 \\
0 & T & \cdots & 0 \\
\cdots & \cdots & \cdots & \cdots \\
0 & 0 & \cdots & T
\end{bmatrix}
$$

Lembra-se que a transformação de componentes simétricas é definida tão somente para redes trifásicas a três fios, logo, aplica-se somente à matriz $\left[Z_{eq} \right]$.

Observa-se que quando uma linha está completamente transposta a matriz equivalente de impedâncias é simétrica e os termos da diagonal são dados por $\overline{Z}_{11}^{abc} = \overline{Z}_{22}^{abc} = \overline{Z}_{33}^{abc} = \overline{z}_p$ e $\overline{Z}_{12}^{abc} = \overline{Z}_{13}^{abc} = \overline{Z}_{23}^{abc} = \overline{z}_m$, e, nessas condições, tem-se:

$$
\overline{Z}_{dir} = \overline{Z}_{inv} = \overline{z}_p - \overline{z}_m \quad e \quad \overline{Z}_{zero} = \overline{z}_p + 2\overline{z}_m
$$

A.3 CAPACITÂNCIA DE REDES

A.3.1 CAPACITÂNCIA PRÓPRIA E MÚTUA

Considerando-se uma linha monofásica constituída por dois condutores cilíndricos situados num plano horizontal e afastados entre si de uma distância

Anexo – *Parâmetros elétricos de redes aéreas* **499**

constante, D, da física, define-se a capacitância entre os condutores, C, como a carga dos condutores, q, por unidade de diferença de potencial entre eles, v. Formalmente tem-se:

$$C = \frac{q}{v} \quad \text{F/km} \tag{A.30}$$

O estudo será levado a efeito lembrando que a matriz dos coeficientes de potencial de Maxwell representa a matriz inversa das capacitâncias. A determinação dos coeficientes de Maxwell será feita utilizando-se o método das imagens.

Assim, o cálculo das capacitâncias é levado a efeito por meio dos passos:

- monta-se a matriz dos coeficientes de potenciais de Maxwell;
- efetuam-se as transposições, se existirem;
- inverte-se a matriz dos coeficientes de potenciais de Maxwell obtendo-se a de admitâncias capacitivas;
- eliminam-se os cabos guarda, se existirem;
- para as redes trifásicas obtêm-se as capacitâncias em termos de componentes simétricas.

A.3.2 MATRIZ DOS COEFICIENTES DE POTENCIAL DE MAXWELL

Para a montagem da matriz dos coeficientes de potencial calculam-se as distâncias:

- $d_{ii'}$ entre os cabos, condutores e cabos guarda, e suas imagens ($i = 1, 2, ... , n$);
- d_{ik} entre os cabos i e k ($i = 1, 2, ... , n$ e $k = 1, 2, ... , n$ com $k \neq i$);
- $d_{ik'}$ entre o cabo i e a imagem k' do cabo k ($i = 1, 2, ... , n$ e $k' = 1, 2, ... , n$ com $k' \neq i$).

Obtêm-se:

$$P_{ii} = K \cdot \ln \frac{D_{ii'}}{r_i} \quad \text{e} \quad P_{ik} = K . \ln \frac{D_{ik'}}{D_{ik}} \tag{A.31}$$

onde, sendo c a velocidade da luz, $K = 2c^2 . 10^{-4}$. Assumindo-se para a velocidade da luz o valor aproximado de 300 km/s, resulta $K = 18 . 10^{-6}$ km/F ou

$K = 18$ km/µF (muitos autores definem a unidade de K em "*daraf/km*"). Utilizando-se o valor da velocidade da luz de $c = 299,863$ km/s, ter-se-á $K = 17,983$ km/µF.

A montagem da matriz dos coeficientes de potencial de Maxwell é feita tomando-se, numa ordem qualquer, os cabos referentes aos condutores de fase seguidos pelos cabos de guarda aterrados somente numa extremidade e, finalmente, os aterrados nas duas extremidades.

Destaca-se que, em se tratando de *bundle* com n cabos em paralelo por fase, corrige-se o raio do cabo, que passará a ser designado por R_{eqc}, por meio das equações:

$$R_{eqc} = \sqrt[n]{r \cdot a_{12} \cdot a_{13}....a_{1n}} \tag{A.32}$$

onde r é o raio de cada subcondutor e a_{1k} representa a distância entre o subcondutor 1 e o subcondutor k ($k = 2, ..., n$). No caso particular de existir uma circunferência circunscrita a todos os subcondutores de raio r e sendo d a distância entre dois condutores adjacentes, será:

$$fat = \frac{d}{2\operatorname{sen}\left(\dfrac{\pi}{n}\right)}$$
$$R_{eqc} = fat \cdot \sqrt[n]{\frac{n \cdot r_{cabo}}{fat}} \tag{A.33}$$

A.3.3 REDES COM TRANSPOSIÇÃO

Analogamente à matriz de impedâncias, lembra-se que os termos da matriz dos coeficientes de potencial, [P], que são definidos pela posição geométrica dos condutores e cabos guarda, e que havendo assimetrias de posição, resultará uma matriz não simétrica. Garante-se a obtenção de matriz simétrica procedendo-se à transposição da rede. Assim, tem-se:

$$\left[P_{transp}\right] = \lambda_1 \cdot \left[P_1\right] + ... + \lambda_n \cdot \left[P_n\right] \tag{A.34}$$

onde:

λ_i representa o comprimento do trecho i de transposição (em p.u. do comprimento total);

$\left[P_i\right]$ representa a matriz dos coeficientes de potencial para o trecho i de transposição.

Anexo – Parâmetros elétricos de redes aéreas

A.3.4 MATRIZ DAS CAPACITÂNCIAS

A matriz das capacitâncias, $[C]$, é obtida invertendo-se a dos coeficientes de potencial, isto é:

$$[C] = [P]^{-1}$$

(A.35)

ou seja:

	Circuito 1			......	Circuito n			C.Guarda		
	F.A	F.B	F.C		F.A	F.B	F.C	1	...	n
I_{A1}	$C_{1,1}$	$C_{1,2}$	$C_{1,3}$	...	$C_{1,...}$	$C_{1,...}$	$C_{1,...}$	$C_{1,...}$	...	$C_{1,...}$
I_{B1}	$C_{2,1}$	$C_{2,2}$	$C_{3,3}$	...	$C_{2,...}$	$C_{2,...}$	$C_{2,...}$	$C_{2,...}$	...	$C_{2,...}$
I_{C1}	$C_{3,1}$	$C_{3,2}$	$C_{3,3}$	...	$C_{3,...}$	$C_{3,...}$	$C_{3,...}$	$C_{3,...}$	...	$C_{3,...}$
....	...	...	...	...	...	...	...	...	...	...
I_{An}	$C_{...,1}$	$C_{...,2}$	$C_{...,3}$	...	C	C	C	C	...	C
I_{Bn}	$C_{...,1}$	$C_{...,2}$	$C_{...,3}$	...	C	C	C	C	...	C
I_{Cn}	$C_{...,1}$	$C_{...,2}$	$C_{...,3}$	...	C	C	C	C	...	C
I_{G1}	$C_{...,1}$	$C_{...,2}$	$C_{...,3}$	...	C	C	C	C	...	C
...	...	...	...	...	...	...	...	...	...	...
I_{Gn}	$C_{...,1}$	$C_{...,2}$	$C_{...,3}$	...	C	C	C	C	...	C

com $= j\omega$ e vetor $[V_{A1}, V_{B1}, V_{C1}, ..., V_{An}, V_{Bn}, V_{Cn}, V_{G1}, ..., V_{Gn}]$.

Particionando-se a matriz ao fim de cada um dos elementos resultam as submatrizes:

$$
\begin{bmatrix} [I_{cabo}] \\ [I_{gat}] \\ [I_{gis}] \end{bmatrix}
= j\omega
\begin{bmatrix} [C_{cabo,cabo}] & [C_{cabo,gat}] & [C_{cabo,gis}] \\ [C_{gat,cabo}] & [C_{gat,gat}] & [C_{gat,gis}] \\ [C_{gis,cabo}] & [C_{gis,gat}] & [C_{gis,gis}] \end{bmatrix}
\cdot
\begin{bmatrix} [V_{cabo}] \\ [V_{gat}] \\ [V_{gis}] \end{bmatrix}
$$

A.3.5 ELIMINAÇÃO DOS CABOS GUARDA

A.3.5.1 Introdução

Como no caso da impedância, os cabos guarda podem ser aterrados ou isolados. No primeiro caso, sua tensão é nula e, no segundo caso, não há circulação de corrente.

A.3.5.2 Cabo guarda aterrado

Quando há cabos guarda aterrados as tensões da submatriz $\left[V_{gat}\right]$ são nulas, logo, ter-se-á:

$$\left[V_{gat}\right]=0$$

A eliminação dos cabos guarda aterrados é feita eliminando-se as linhas e as colunas correspondentes, resultando a equação:

$$
\begin{bmatrix} \left[I_{cabo}\right] \\ \left[I_{gat}\right] \\ \left[I_{gis}\right] \end{bmatrix} = j\omega
\begin{bmatrix} \left[C_{cabo,cabo}\right] & \left[C_{cabo,gat}\right] & \left[C_{cabo,gis}\right] \\ \left[C_{gat,cabo}\right] & \left[C_{gat,gat}\right] & \left[C_{gat,gis}\right] \\ \left[C_{gis,cabo}\right] & \left[C_{gis,gat}\right] & \left[C_{gis,gis}\right] \end{bmatrix} \cdot
\begin{bmatrix} \left[V_{cabo}\right] \\ 0 \\ \left[V_{gis}\right] \end{bmatrix}
$$

A matriz equivalente $\left[Y_{eq}\right]$ sem os cabos guarda isolados é dada por:

$$
\left[Y_{eq}\right] = j\omega
\begin{bmatrix} \left[C_{cabo,cabo}\right] & \left[C_{cabo,gis}\right] \\ \left[C_{gis,cabo}\right] & \left[C_{gis,gis}\right] \end{bmatrix}
$$

A corrente nos cabos guarda aterrados nas duas extremidades será dada por:

$$\left[I_{gat}\right] = j\omega\left[C_{gat,cabo}\right]\cdot\left[V_{cabo}\right] + j\omega\left[C_{gat,gis}\right]\cdot\left[V_{gis}\right] \tag{A.36}$$

A.3.5.3 Cabos guarda isolados

Em existindo cabos guarda isolados, eles devem ser eliminados para a seguir tratarem-se os cabos guarda aterrados numa das extremidades. As correntes destes últimos são nulas, isto é:

$$\left[I_{gis}\right]=0$$

ou seja:

$$
\begin{bmatrix} \left[I_{cabo}\right] \\ 0 \end{bmatrix} = j\omega
\begin{bmatrix} \left[C_{cabo,cabo}\right] & \left[C_{cabo,gis}\right] \\ \left[C_{gis,cabo}\right] & \left[C_{gis,gis}\right] \end{bmatrix} \cdot
\begin{bmatrix} \left[V_{cabo}\right] \\ \left[V_{gis}\right] \end{bmatrix}
$$

Anexo – Parâmetros elétricos de redes aéreas

Logo, resultam as equações:

$$\left[I_{cabo}\right] = j\omega\left[C_{cabo,cabo}\right]\cdot\left[V_{cabo}\right] + j\omega\left[C_{cabo,gis}\right]\cdot\left[V_{gis}\right]$$

$$\left[0\right] = j\omega\left[C_{gis,cabo}\right]\cdot\left[V_{cabo}\right] + j\omega\left[C_{gis,gis}\right]\cdot\left[V_{gis}\right]$$

ou

$$\left[V_{gis}\right] = -\left[C_{gis,gis}\right]^{-1}\cdot\left[C_{gis,cabo}\right]\cdot\left[V_{cabo}\right] \tag{A.37}$$

e

$$\left[I_{cabo}\right] = j\omega\left[C_{cabo,cabo}\right]\cdot\left[V_{cabo}\right] - j\omega\left[C_{cabo,gis}\right]\cdot\left[C_{gis,gis}\right]^{-1}\cdot\left[C_{gis,cabo}\right]\cdot\left[V_{cabo}\right]$$

$$= j\omega\left\{\left[C_{cabo,cabo}\right] - \left[C_{cabo,gis}\right]\cdot\left[C_{gis,gis}\right]^{-1}\cdot\left[C_{gis,cabo}\right]\right\}\cdot\left[V_{cabo}\right] \tag{A.38}$$

Assim, a matriz equivalente, $\left[C_{eq}\right]$, sem os cabos guarda isolados, é dada por

$$\left[C_{eq}\right] = \left[C_{cabo,cabo}\right] - \left[C_{cabo,gis}\right]\cdot\left[C_{gis,gis}\right]^{-1}\cdot\left[C_{gis,cabo}\right]$$

Analogamente ao caso da impedância, a eliminação do cabo guarda pode ser feita por eliminação de Gauss.

A.3.6 MATRIZ DE CAPACITÂNCIAS EM TERMOS DE COMPONENTES SIMÉTRICAS

No caso de n circuitos trifásicos, analogamente ao caso das impedâncias, resulta:

C_{11}^{012}	C_{12}^{012}	....	C_{1n}^{012}		T^{-1}	0	...	0		C_{11}^{abc}	C_{12}^{abc}	....	C_{1n}^{abc}		T	0	...	0
C_{21}^{012}	C_{22}^{012}	....	C_{2n}^{012}	$=$	0	T^{-1}	...	0	$\cdot$	C_{21}^{abc}	C_{22}^{abc}	....	C_{2n}^{abc}	$\cdot$	0	T	...	0
....	....	....	....		...	...	...	...		....	....	....	....		...	...	...	...
C_{n1}^{012}	C_{n2}^{012}	....	C_{nn}^{012}		0	0	...	T^{-1}		C_{n1}^{abc}	C_{n2}^{abc}	....	C_{nn}^{abc}		0	0	...	T

Exemplo A.2

Determinar as constantes quilométricas de uma linha em 440 kV, montada em torre de circuito simples, que conta com dois cabos guarda e opera na frequência de 60 Hz. A resistividade do solo é de 100 Ω.m. A configuração da cabeça da torre está apresentada na Figura A.8. O circuito não está transposto e os dois cabos guarda estão aterrados nas duas extremidades.

Dados da rede

Os dados dos circuitos estão apresentados nas tabelas a seguir.

Dados dos cabos de fase	
Material condutor	Alumínio
Seção nominal (mm²)	322.260
Diâmetro externo (mm)	25,15
Número de condutores no *bundle*	4
Distância do *bundle* (mm)	400.000
Raio médio geométrico (mm)	10,2039
Resistência DC a 20 C (Ω/km)	0,0899
Temperatura de operação (°C)	70.000
Flecha (m)	14.500
Fator de ajuste da flecha ou altura equivalente (pu)	0.700

Dados dos cabos guarda		
Parâmetro	Cabo 1	Cabo 2
Cabo	Aço	Aço
Situação	Aterrado	Aterrado
Seção nominal (mm2)	66.590	66.590
Diâmetro externo (mm)	9.208	9.208
Raio médio geométrico (mm)	0.046	0.046
Resistência CC a 20 C (Ω/km)	5.2686	5.2686
Temperatura de operação (°C)	70.000	70.000
Flecha (m)	12.000	12.000
Fator de ajuste da flecha ou altura equivalente (pu)	0.700	0.700

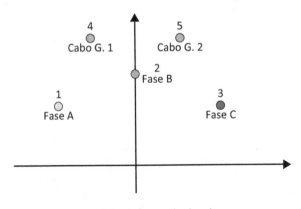

Figura A.7 – Configuração da cabeça da torre

Anexo – Parâmetros elétricos de redes aéreas

Coordenadas dos cabos de fase e cabos guarda					
Circuito	Fase	Cabeça da torre		Cabos (70% da flecha)	
		Abscissa (m)	Ordenada (m)	Abscissa (m)	Ordenada (m)
1	A (1)	-4.50	23.20	-4.50	13.05
	B (2)	0.00	33.20	0.00	23.05
	C (3)	4.50	23.20	4.50	13.05
Cabo guarda 1 (4)		-2.20	42.70	-2.20	34.30
Cabo guarda 2 (5)		2.20	42.70	2.20	34.30

1. Dimensões gerais

A parte comum ao cálculo das constantes quilométricas diz respeito às distâncias entre cabos e suas imagens, isto é:

$$d_{11'} = d_{33'} = 2 \cdot 13,05 = 26,10 \text{ m}$$

$$d_{22'} = 2 \cdot 23,05 = 46,10 \text{ m}$$

$$d_{44'} = d_{55'} = 2 \cdot 34,30 = 68,60 \text{ m}$$

$$d_{12} = d_{21} = \sqrt{(-4,5-0)^2 + (13,05-23,05)^2} = 10,9659 \text{ m}$$

$$d_{12'} = d_{21'} = \sqrt{(-4,5-0)^2 + (13,05+23,05)^2} = 36,3794 \text{ m}$$

$$d_{13} = d_{31} = \sqrt{(-4,5-4,5)^2 + (13,05-13,05)^2} = 9,0000 \text{ m}$$

$$d_{13'} = d_{31'} = \sqrt{(-4,5-4,5)^2 + (13,05+13,05)^2} = 27,6082 \text{ m}$$

$$d_{14} = d_{41} = \sqrt{(-4,5+2,2)^2 + (13,05-34,30)^2} = 21,3741 \text{ m}$$

$$d_{14'} = d_{41'} = \sqrt{(-4,5+2,2)^2 + (13,05+34,30)^2} = 47,4058 \text{ m}$$

$$d_{15} = d_{51} = \sqrt{(-4,5-2,2)^2 + (13,05-34,30)^2} = 22,2812 \text{ m}$$

$$d_{15'} = d_{51'} = \sqrt{(-4,5-2,2)^2 + (13,05+34,30)^2} = 47,8217 \text{ m}$$

$$d_{23} = d_{32} = \sqrt{(0-4,5)^2 + (23,05-13,05)^2} = 10,9659 \text{ m}$$

$$d_{23'} = d_{32'} = \sqrt{(0-4,5)^2 + (23,05+13,05)^2} = 36,3794 \text{ m}$$

$$d_{24} = d_{42} = \sqrt{(0-2,2)^2 + (34,30-23,05)^2} = 11,4631 \text{ m}$$

$$d_{24'} = d_{42'} = \sqrt{(0-2,2)^2 + (34,30+23,05)^2} = 57,3922 \text{ m}$$

$$d_{25} = d_{52} = \sqrt{(0-2,2)^2 + (34,30-23,05)^2} = 11,4631 \text{ m}$$

$$d_{25'} = d_{52'} = \sqrt{(0-2,2)^2 + (34,30+23,05)^2} = 57,3922 \text{ m}$$

$$d_{34} = d_{43} = \sqrt{(4,5+2,2)^2 + (13,05-34,30)^2} = 22,2812 \text{ m}$$

$$d_{34'} = d_{43'} = \sqrt{(4,5+2,2)^2 + (13,05+34,30)^2} = 47,8217 \text{ m}$$

$$d_{35} = d_{53} = \sqrt{(4,5-2,2)^2 + (13,05-34,30)^2} = 21,3741 \text{ m}$$

$$d_{35'} = d_{53'} = \sqrt{(4,5-2,2)^2 + (13,05+34,30)^2} = 47,4058 \text{ m}$$

$$d_{45} = d_{54} = \sqrt{(2,2+2,2)^2 + (34,30-34,30)^2} = 4,4000 \text{ m}$$

$$d_{45'} = d_{54'} = \sqrt{(2,2+2,2)^2 + (34,30+34,30)^2} = 68,7410 \text{ m}$$

2. *Resultados para o cálculo da impedância*

   a) *Cálculo do raio equivalente devido ao* bundle

   Os cabos estão situados sobre uma circunferência e espaçados de 400 mm, logo, pela Equação (A.26) resulta:

$$fat = \frac{d}{2 \operatorname{sen} \dfrac{\pi}{n}} = \frac{400}{2 \operatorname{sen} \dfrac{\pi}{4}} = \frac{400}{2 \cdot \dfrac{1}{\sqrt{2}}} = 282,8427$$

$$GMR_{eq} = fat \cdot \sqrt[n]{\frac{n \cdot GMR}{fat}} = 282,8427 \cdot \sqrt[4]{\frac{4 \cdot 10,2039}{282,8427}} = 174,3273 \text{ mm}$$

   b) *Cálculo das impedâncias com condutividade do solo infinita*

   b1)   Resistência dos condutores

   Procede-se ao cálculo da resistência de cada um dos condutores do *bundle* e, após a correção, faz-se o paralelo dos quatro condutores por fase. Da Equação (A.19), tratando-se cada cabo do *bundle* independentemente, resulta:

$$R_{cc20} = 0,0899 \text{ } \Omega/\text{km}$$

$$R_{cc70} = R_{cc20}\left[1 + \alpha_{20}(t-20)\right] = 0,0899 \cdot [1 + 0,00403 \cdot (70-20)] = 0,1080 \text{ } \Omega/\text{km}$$

   Com relação à correção devida ao efeito pelicular, é possível

Anexo – Parâmetros elétricos de redes aéreas

também obter o valor a partir de ábacos disponíveis na literatura. Assim, neste caso será utilizado o valor $Y_s = 0,01$ (STEVENSON, 1962). Quanto à correção do efeito de proximidade, da equação (A.23) resulta $Y_p \cong 0$. Logo,

$$R_{ca70} = 0,1080 \cdot (1+0,01+0) = 0,1091 \ \Omega/km$$

Finalmente, considerando-se que há quatro cabos em paralelo, resulta:

$$R'_{ca70} = \frac{R_{ca70}}{4} = 0,0273 \ \Omega/km$$

b2) Resistência do cabo guarda

Analogamente, para os cabos guarda tem-se:

$$R_{cc20} = 5,2686 \ \Omega/km$$

$$R_{cc70} = R_{cc20} \left[1 + \alpha_{20} (t-20) \right] =$$
$$5,2686 \cdot [1 + 0,00403 \cdot (70-20)] = 6,3302 \ \Omega/km$$

Neste caso, as correções devidas aos efeitos pelicular e de proximidade podem ser desprezadas $\left(Y_s = Y_p = 0 \right)$. Logo,

$$R_{ca70} = 6,3302 \cdot (1+0+0) = 6,3302 \ \Omega/km$$

b3) Cálculo das reatâncias

Tem-se:

$$x_{11} = 0,0012566 \cdot 60 \ln \frac{d_{11'}}{GMR} = 0,075398 \ln \frac{26,10}{0,174327} = 0,3776 \ \Omega/km$$

$$x_{12} = x_{21} = 0,075398 \ln \frac{d_{12'}}{d_{12}} = 0,075398 \ln \frac{36,379390}{10,965856} = 0,0904 \ \Omega/km$$

$$x_{13} = x_{31} = 0,075398 \ln \frac{d_{13'}}{d_{13}} = 0,075398 \ln \frac{27,608151}{21,374108} = 0,0845 \ \Omega/km$$

$$x_{14} = x_{41} = 0,075398 \ln \frac{d_{14'}}{d_{14}} = 0,075398 \ln \frac{47,405828}{9,000000} = 0,0601 \ \Omega/\text{km}$$

$$x_{15} = x_{51} = 0,075398 \ln \frac{d_{15'}}{d_{15}} = 0,075398 \ln \frac{47,821674}{22,281214} = 0,0576 \ \Omega/\text{km}$$

$$x_{22} = 0,075398 \ln \frac{d_{22'}}{GMR} = 0,075398 \ln \frac{46,10000}{0,174327} = 0,4205 \ \Omega/\text{km}$$

$$x_{23} = x_{32} = 0,075398 \ln \frac{d_{23'}}{d_{23}} = 0,075398 \ln \frac{36,379390}{10,965856} = 0,0904 \ \Omega/\text{km}$$

$$x_{24} = x_{42} = 0,075398 \ln \frac{d_{23'}}{d_{23}} = 0,075398 \ln \frac{57,392182}{11,463093} = 0,1214 \ \Omega/\text{km}$$

$$x_{25} = x_{52} = 0,075398 \ln \frac{d_{23'}}{d_{23}} = 0,075398 \ln \frac{57,392182}{11,463093} = 0,1214 \ \Omega/\text{km}$$

$$x_{33} = 0,075398 \ln \frac{d_{33'}}{GMR} = 0,075398 \ln \frac{23,100000}{0,174327} = 0,3776 \ \Omega/\text{km}$$

$$x_{34} = x_{43} = 0,075398 \ln \frac{d_{34'}}{d_{34}} = 0,075398 \ln \frac{47,821674}{22,281214} = 0,0576 \ \Omega/\text{km}$$

$$x_{35} = x_{53} = 0,075398 \ln \frac{d_{35'}}{d_{35}} = 0,075398 \ln \frac{47,405828}{21,374108} = 0,0601 \ \Omega/\text{km}$$

$$x_{44} = 0,075398 \ln \frac{d_{44'}}{GMR} = 0,075398 \ln \frac{68,600000}{0,000046} = 1,0718 \ \Omega/\text{km}$$

$$x_{45} = x_{54} = 0,075398 \ln \frac{d_{45'}}{d_{45}} = 0,075398 \ln \frac{68,741000}{4,400000} = 0,2072 \ \Omega/\text{km}$$

$$x_{55} = 0,075398 \ln \frac{d_{55'}}{GMR} = 0,075398 \ln \frac{68,600000}{0,000046} = 1,0718 \ \Omega/\text{km}$$

c) *Cálculo das correções das impedâncias com condutividade do solo finita*

c1) Resistência dos condutores

Para as correções da resistência dos elementos da diagonal, a_{ii}, e fora da diagonal, a_{ik}, resulta:

$$a_{ii} = 4\pi\sqrt{5} \cdot 10^{-4} S \sqrt{\frac{f}{\rho}} = 4\pi\sqrt{5} \cdot 10^{-4} \cdot d_{ii'} \sqrt{\frac{60}{100}} = 0,00217656 d_{ii'}$$

Anexo – Parâmetros elétricos de redes aéreas

$$a_{ik} = 4\pi\sqrt{5}\cdot 10^{-4}\, S\sqrt{\frac{f}{\rho}} = 4\pi\sqrt{5}\cdot 10^{-4}\, d_{ik'}\sqrt{\frac{60}{100}} = 0,00217656 d_{ik'}$$

$$\varphi_{ii} = 0 \quad \text{e} \quad \varphi_{ik} = arc\cos\frac{y_i + y_k}{d_{ik'}}$$

Assim, para a correção da resistência do elemento da diagonal, ΔR_{11}, resulta:

$$a = a_{11} = 0,00217656\cdot d_{11'} = 0,00217656\cdot 26,10 = 0,05680820$$
$$a^2 = 0,00322712$$
$$a^3 = 0,00018333$$
$$a^4 = 0,00001041$$
$$b_1 = 0,235702$$
$$b_2 = 0,062500$$
$$b_3 = 0,015713$$
$$c_2 = 1,365931$$
$$e_4 = 0,002045$$
$$\varphi = \varphi_{11} = 0$$
$$\cos\varphi = \cos 2\varphi = \cos 3\varphi = \cos 4\varphi = 1$$
$$\text{sen}\,\varphi = \text{sen}\,2\varphi = \text{sen}\,3\varphi = \text{sen}\,4\varphi = 0$$

Logo:

$$\Delta R_{11} = 4\omega\cdot 10^{-4}\left\{\begin{array}{l}\dfrac{\pi}{8} - b_1 a\cos\varphi + b_2 a^2\left[(c_2 - \ln a)\cos 2\varphi + \varphi\,\text{sen}\,2\varphi\right]\\[2mm]+b_3 a^3\cos 3\varphi - e_4 a^4\cos 4\varphi\end{array}\right\}$$

$$= 0,150796\cdot\left\{\begin{array}{l}\dfrac{\pi}{8} - 0,235702\cdot 0,05680820\\[2mm]+0,062500\cdot 0,00322712\cdot\left[(1,365931 - \ln 0,0568082)\right]\\[2mm]+0,015713\cdot 0,00018333\\[2mm]-0,002045\cdot 0,00001041\end{array}\right\}$$

$$= 0,0573\ \Omega/\text{km}$$

Com procedimento análogo determina-se:

$$\Delta R_{22} = 0,0560 \ \Omega/\text{km}$$
$$\Delta R_{33} = 0,0573 \ \Omega/\text{km}$$
$$\Delta R_{44} = 0,0546 \ \Omega/\text{km}$$
$$\Delta R_{55} = 0,0546 \ \Omega/\text{km}$$

Para os elementos fora da diagonal resulta:

$a = a_{12} = 0,00217656 d_{12'} = 0,0021765 \cdot 36,3794 = 0,07918192$

$a^2 = 0,00626978$

$a^3 = 0,00049645$

$a^4 = 0,00003931$

$b_1 = 0,235702$

$b_2 = 0,062500$

$b_3 = 0,015713$

$c_2 = 1,365931$

$e_4 = 0,002045$

$\varphi = \varphi_{12} = arc\cos\dfrac{y_1 + y_2}{d_{12'}} = arc\cos\dfrac{13,05 + 23,05}{36,3794} = 7,105611°$

$\cos\varphi = 0,992320$

$\cos 2\varphi = 0,969397$

$\cos 3\varphi = 0,931584$

$\cos 4\varphi = 0,879462$

$\text{sen}\varphi = 0,123699$

$\text{sen}2\varphi = 0,245497$

$\text{sen}3\varphi = 0,363525$

$\text{sen}4\varphi = 0,475969$

Logo:

$$\Delta R_{12} = 4\omega \cdot 10^{-4} \left\{ \begin{array}{l} \dfrac{\pi}{8} - b_1 a \cos\varphi + b_2 a^2 \left[(c_2 - \ln a)\cos 2\varphi + \varphi \text{sen}2\varphi\right] \\ + b_3 a^3 \cos 3\varphi - e_4 a^4 \cos 4\varphi \end{array} \right\}$$

$$= 0,150796 \cdot \left\{ \begin{array}{l} \dfrac{\pi}{8} - 0,235702 \cdot 0,07918192 \cdot 0,992320 \\[2ex] +0,0062500 \cdot 0,0626978 \cdot \left[\begin{array}{l} (1,365931 - \ln 0,07918192) \cdot 0,969397 \\[1ex] + \dfrac{7,105611}{180/\pi} \cdot 0,245497 \end{array} \right] \\[3ex] +0,015713 \cdot 0,00049645 \cdot 0,931584 \\[1ex] -0,002045 \cdot 0,00003931 \cdot 0,879462 \end{array} \right\}$$

$$= 0,0567 \ \Omega/\text{km}$$

Analogamente, obtém-se:

$$\Delta R_{13} = \Delta R_{13} = 0,0573 \ \Omega/\text{km}$$
$$\Delta R_{14} = \Delta R_{41} = 0,0559 \ \Omega/\text{km}$$
$$\Delta R_{15} = \Delta R_{51} = 0,0559 \ \Omega/\text{km}$$
$$\Delta R_{23} = \Delta R_{32} = 0,0567 \ \Omega/\text{km}$$
$$\Delta R_{24} = \Delta R_{42} = 0,0553 \ \Omega/\text{km}$$
$$\Delta R_{25} = \Delta R_{52} = 0,0553 \ \Omega/\text{km}$$
$$\Delta R_{34} = \Delta R_{43} = 0,0559 \ \Omega/\text{km}$$
$$\Delta R_{35} = \Delta R_{53} = 0,0559 \ \Omega/\text{km}$$
$$\Delta R_{45} = \Delta R_{54} = 0,0546 \ \Omega/\text{km}$$

c2) Reatância dos condutores

Para as correções da reatância dos elementos da diagonal, a_{ii}, e fora da diagonal, a_{ik}, resulta, como no item precedente:

$$a_{ii} = 4\pi\sqrt{5} \cdot 10^{-4} S \sqrt{\frac{f}{\rho}} = 4\pi\sqrt{5} \cdot 10^{-4} \cdot d_{ii'} \sqrt{\frac{60}{100}} = 0,00217656 d_{ii'}$$

$$a_{ik} = 4\pi\sqrt{5} \cdot 10^{-4} S \sqrt{\frac{f}{\rho}} = 4\pi\sqrt{5} \cdot 10^{-4} d_{ik'} \sqrt{\frac{60}{100}} = 0,00217656 d_{ik'}$$

$$\varphi_{ii} = 0 \quad \text{e} \quad \varphi_{ik} = arc \cos \frac{y_i + y_k}{d_{ik'}}$$

Assim, para a correção da resistência do elemento da diagonal, ΔX_{11}, resulta:

$$a = a_{11} = 0,00217656 d_{11'} = 0,00217656 \cdot 26,10 = 0,05680820$$

$$a^2 = 0,00322712$$

$$a^3 = 0,00018333$$

$$a^4 = 0,00001041$$

$$b_1 = 0,235702$$

$$b_3 = 0,015713$$

$$b_4 = 0,002604$$

$$c_4 = 1,782598$$

$$e_2 = 0,049087$$

$$\varphi = \varphi_{11} = 0$$

$$\cos\varphi = \cos 2\varphi = \cos 3\varphi = \cos 4\varphi = 1$$

$$\text{sen}\,\varphi = \text{sen}2\,\varphi = \text{sen}3\,\varphi = \text{sen}4\,\varphi = 0$$

Logo:

$$\Delta X_{11} = 4\omega 10^{-4} \left\{ \begin{array}{l} \dfrac{1}{2}(0,6159315 - \ln a) + b_1 a \cos\varphi - e_2 a^2 \cos 2\varphi + b_3 a^3 \cos 3\varphi \\[2mm] -b_4 \left[(c_4 - \ln a)a^4 \cos 4\varphi + \varphi a^4 \text{sen}4\varphi \right] \end{array} \right\}$$

$$= 0,150796 \cdot \left\{ \begin{array}{l} \dfrac{1}{2}(0,6159315 - \ln 0,05680820) \\[2mm] +0,235702 \cdot 0,0568082 \\[2mm] -0,049087 \cdot 0,0032271 \\[2mm] +0,015713 \cdot 0,0001833 \\[2mm] -0,002604 \cdot \left[(1,782598 - \ln 0,05680820) \cdot 0,00001041 \right] \end{array} \right\}$$

$$= 0,2647 \; \Omega/\text{km}$$

Anexo – *Parâmetros elétricos de redes aéreas*

Analogamente, tem-se:

$$\Delta X_{22} = 0,2233 \ \Omega/\text{km}$$
$$\Delta X_{33} = 0,2647 \ \Omega/\text{km}$$
$$\Delta X_{44} = 0,1950 \ \Omega/\text{km}$$
$$\Delta X_{55} = 0,1950 \ \Omega/\text{km}$$

Para os elementos fora da diagonal resulta:

$$a = a_{12} = 0,00217656 d_{12'} = 0,0021765 \cdot 36,3794 = 0,07918192$$
$$a^2 = 0,00626978$$
$$a^3 = 0,00049645$$
$$a^4 = 0,00003931$$
$$b_1 = 0,235702$$
$$b_3 = 0,015713$$
$$b_4 = 0,002604$$
$$c_4 = 1,782598$$
$$e_2 = 0,049087$$
$$\varphi = \varphi_{12} = arc \cos \frac{y_1 + y_2}{d_{12'}} = arc \cos \frac{13,05 + 23,05}{36,3794} = 7,105611°$$
$$\cos \varphi = 0,992320$$
$$\cos 2\varphi = 0,969397$$
$$\cos 3\varphi = 0,931584$$
$$\cos 4\varphi = 0,879462$$
$$sen \varphi = 0,123699$$
$$sen 2\varphi = 0,245497$$
$$sen 3\varphi = 0,363525$$
$$sen 4\varphi = 0,475969$$

Logo:

$$\Delta X_{12} = 4\omega 10^{-4} \cdot \left\{ \begin{array}{l} \dfrac{1}{2}(0,6159315 - \ln a) + b_1 a \cos \varphi - e_2 a^2 \cos 2\varphi + b_3 a^3 \cos 3\varphi \\ -b_4 \left[(c_4 - \ln a) a^4 \cos 4\varphi + \varphi a^4 sen 4\varphi \right] \end{array} \right\}$$

$$= 0,150796 \cdot \left\{ \begin{array}{l} \dfrac{1}{2}(0,6159315 - \ln 0,07918192) \\[2mm] +0,235702 \cdot 0,07918192 \cdot 0,992320 \\[2mm] -0,049087 \cdot 0,00626978 \cdot 0,969397 \\[2mm] +0,015713 \cdot 0,00049645 \cdot 0,931584 \\[2mm] -0,002604 \cdot \left[\begin{array}{l} (1,782598 - \ln 0,07918192) \cdot 0,00003931 \cdot 0,879462 \\[2mm] + \dfrac{7,105611}{180/\pi} \cdot 0,00003931 \cdot 0,475969 \end{array} \right] \end{array} \right\}$$

$$= 0,2404 \ \Omega/\text{km}$$

Analogamente:

$$\Delta X_{13} = \Delta X_{13} = 0,2604 \ \Omega/\text{km}$$
$$\Delta X_{14} = \Delta X_{41} = 0,2212 \ \Omega/\text{km}$$
$$\Delta X_{15} = \Delta X_{51} = 0,2206 \ \Omega/\text{km}$$
$$\Delta X_{23} = \Delta X_{32} = 0,2404 \ \Omega/\text{km}$$
$$\Delta X_{24} = \Delta X_{42} = 0,2076 \ \Omega/\text{km}$$
$$\Delta X_{25} = \Delta X_{52} = 0,2076 \ \Omega/\text{km}$$
$$\Delta X_{34} = \Delta X_{43} = 0,2206 \ \Omega/\text{km}$$
$$\Delta X_{35} = \Delta X_{53} = 0,2212 \ \Omega/\text{km}$$
$$\Delta X_{45} = \Delta X_{54} = 0,1948 \ \Omega/\text{km}$$

3. *Matriz de impedâncias da rede*

Somando-se as impedâncias dos itens precedentes resulta a matriz completa de impedâncias da rede (valores em Ω/km):

	Circuito 1			Cabo guarda 1	Cabo guarda 2
	Fase A	Fase B	Fase C		
	1	2	3	4	5
1	0,0846 +0,6423j	0,0567 +0,3308j	0,0573 +0,3449j	0,0559 +0,2813j	0,0559 +0,2782j
2	0,0567 +0,3308j	0,0833 +0,6438j	0,0567 +0,3308j	0,0553 +0,3290j	0,0553 +0,3290j
3	0,0573 +0,3449j	0,0567 +0,3308j	0,0846 +0,6423j	0,0559 +0,2782j	0,0559 +0,2813j

(*continua*)

Anexo – Parâmetros elétricos de redes aéreas

(*continuação*)

	Circuito 1			Cabo guarda 1	Cabo guarda 2
	Fase A	Fase B	Fase C		
	1	2	3	4	5
4	0,0559 +0,2813j	0,0553 +0,3290j	0,0559 +0,2782j	6,3848 +1,2668j	0,0546 +0,4020j
5	0,0559 +0,2782j	0,0553 +0,3290j	0,0559 +0,2813j	0,0546 +0,4020j	6,3848 +1,2668j

Observa-se que os cabos correspondentes às fases A e C estão em posição simétrica em relação ao cabo da fase B e apresentam as mesmas impedâncias próprias e suas mútuas com a fase B são iguais.

4. Eliminação dos cabos guarda

Os dois cabos guarda estão aterrados nas duas extremidades, logo tem-se:

$$
\begin{bmatrix} V_1 \\ V_2 \\ V_3 \\ 0 \\ 0 \end{bmatrix} =
$$

		Circuito 1			C.G. 1	C.G. 2
		Fase A	Fase B	Fase C		
		1	2	3	4	5
	1	0,0846 +0,6423j	0,0567 +0,3308j	0,0573 +0,3449j	0,0559 +0,2813j	0,0559 +0,2782j
	2	0,0567 +0,3308j	0,0833 +0,6438j	0,0567 +0,3308j	0,0553 +0,3290j	0,0553 +0,3290j
	3	0,0573 +0,3449j	0,0567 +0,3308j	0,0846 +0,6423j	0,0559 +0,2782j	0,0559 +0,2813j
	4	0,0559 +0,2813j	0,0553 +0,3290j	0,0559 +0,2782j	6,3848 +1,2668j	0,0546 +0,4020j
	5	0,0559 +0,2782j	0,0553 +0,3290j	0,0559 +0,2813j	0,0546 +0,4020j	6,3848 +1,2668j

$$
\cdot \begin{bmatrix} I_1 \\ I_2 \\ I_3 \\ I_4 \\ I_5 \end{bmatrix}
$$

A matriz resultante após a eliminação dos cabos guarda é (valores em Ω/km):

	1	2	3
1	0,104109 + 0,627530j	0,080033 + 0,314236j	0,076808 + 0,330130j
2	0,080033 + 0,314236j	0,111168 + 0,625276j	0,080033 + 0,314236j
3	0,076808 + 0,330130j	0,080033 + 0,314236j	0,104109 + 0,627530j

Assim como na rede completa, a impedância própria dos cabos das fases A e C, que estão num plano paralelo ao do solo, são iguais. O mesmo ocorre com suas mútuas em relação ao cabo da fase B.

5. Matriz de componentes simétricas

Efetuando-se a transformação de componentes simétricas, alcança-se a matriz (valores em Ω/km):

	Seq. zero	Seq. direta	Seq. inversa
Seq. zero	$0{,}264378 + 1{,}265848j$	$-0{,}006953 + 0{,}000056j$	$0{,}003525 + 0{,}005993j$
Seq. direta	$0{,}003525 + 0{,}005993j$	$0{,}027504 + 0{,}307245j$	$0{,}008425 - 0{,}005098j$
Seq. inversa	$-0{,}006953 + 0{,}000056j$	$-0{,}008627 - 0{,}004747j$	$0{,}027504 + 0{,}307245j$

Destaca-se que, no caso em tela de linha não transposta, a matriz de componentes simétricas apresenta mútuas entre sequências de valores diferentes.

6. Resultados para o cálculo da capacitância

a) Cálculo do raio equivalente devido ao *bundle*

Os cabos estão situados sobre uma circunferência e espaçados em 400 mm, logo, pela Equação (A.24), resulta:

$$fat = \frac{d}{2\,\text{sen}\,\dfrac{\pi}{n}} = \frac{400}{2\,\text{sen}\,\dfrac{\pi}{4}} = \frac{400}{2\,\dfrac{1}{\sqrt{2}}} = 282{,}8427$$

$$R_{eqc} = fat \cdot \sqrt[n]{\frac{nr}{fat}} = 282{,}842712 \cdot \sqrt[4]{\frac{4 \cdot 25{,}15/2}{282{,}842712}} = 183{,}6752 \text{ mm}$$

b) Cálculo dos coeficientes de potencial de Maxwell

Fazendo-se $K = 17{,}98361$ km/μF, resulta:

$$P_{11} = K \ln \frac{d_{11'}}{R_{eqc}} = K \ln \frac{26{,}1000}{0{,}1837} = 89{,}1337 \text{ km/}\mu\text{F}$$

$$P_{12} = P_{21} = K \ln \frac{d_{12'}}{d_{12}} = K \ln \frac{36,3794}{10,6082} = 21,5661 \text{ km/}\mu\text{F}$$

$$P_{13} = P_{31} = K \ln \frac{d_{13'}}{d_{13}} = K \ln \frac{27,6082}{9,0000} = 20,1576 \text{ km/}\mu\text{F}$$

$$P_{14} = P_{41} = K \ln \frac{d_{14'}}{d_{14}} = K \ln \frac{47,4058}{21,3741} = 14,3251 \text{ km/}\mu\text{F}$$

$$P_{15} = P_{51} = K \ln \frac{d_{15'}}{d_{15}} = K \ln \frac{47,8217}{22,2812} = 13,7347 \text{ km/}\mu\text{F}$$

$$P_{22} = K \ln \frac{d_{22'}}{d_{eqc}} = K \ln \frac{46,1000}{0,1837} = 99,3642 \text{ km/}\mu\text{F}$$

$$P_{23} = P_{32} = K \ln \frac{d_{23'}}{d_{23}} = K \ln \frac{36,3794}{10,9659} = 21,5662 \text{ km/}\mu\text{F}$$

$$P_{24} = P_{42} = K \ln \frac{d_{24'}}{d_{24}} = K \ln \frac{57,3922}{11,4631} = 28,9676 \text{ km/}\mu\text{F}$$

$$P_{25} = P_{52} = K \ln \frac{d_{25'}}{d_{25}} = K \ln \frac{57,3922}{11,4631} = 28,9676 \text{ km/}\mu\text{F}$$

$$P_{33} = K \ln \frac{d_{33'}}{R_{eqc}} = K \ln \frac{26,1000}{0,1837} = 89,1337 \text{ km/}\mu\text{F}$$

$$P_{34} = P_{43} = K \ln \frac{d_{34'}}{d_{34}} = K \ln \frac{47,8217}{22,2812} = 13,7347 \text{ km/}\mu\text{F}$$

$$P_{35} = P_{53} = K \ln \frac{d_{35'}}{d_{35}} = K \ln \frac{47,4058}{21,3741} = 14,3251 \text{ km/}\mu\text{F}$$

$$P_{44} = K \ln \frac{d_{44'}}{GMR} = K \ln \frac{68,6000}{0,000046} = 255,6399 \text{ km/}\mu\text{F}$$

$$P_{45} = P_{54} = K \ln \frac{d_{45'}}{d_{45}} = K \ln \frac{68,7410}{4,4000} = 49,4323 \text{ km/}\mu\text{F}$$

$$P_{55} = K \ln \frac{d_{55'}}{GMR} = K \ln \frac{68,6000}{0,000046} = 255,6399 \text{ km/}\mu\text{F}$$

A matriz completa dos coeficientes de potencial de Maxwell é dada por (valores em km/μF):

$[P] =$

		Circuito 1			Cabo guarda 1	Cabo guarda 2
		Fase A	Fase B	Fase C		
		1	2	3	4	5
	1	89,1337	21,5661	20,1576	14,3251	13,7347
	2	21,5661	99,3642	21,5662	28,9676	28,9676
	3	20,1576	21,5662	89,1337	13,7347	14,3251
	4	14,3251	28,9676	13,7347	255,6399	49,4323
	5	13,7347	28,9676	14,3251	49,4323	255,6399

c) Matriz das capacitâncias

Invertendo-se a matriz $[P]$, obtém-se a matriz das capacitâncias, $[C]$, em μF/km:

$[C] =$

		Circuito 1			Cabo guarda 1	Cabo guarda 2
		Fase A	Fase B	Fase C		
		1	2	3	4	5
	1	0,012295	-0,002032	-0,002204	-0,000292	-0,000250
	2	-0,002032	0,011472	-0,002032	-0,000902	-0,000902
	3	-0,002204	-0,002032	0,012295	-0,000250	-0,000292
	4	-0,000292	-0,000902	-0,000250	0,004174	-0,000675
	5	-0,000250	-0,000902	-0,000292	-0,000675	0,004174

d) Matriz das capacitâncias após a eliminação dos cabos guarda

Os cabos guarda estão aterrados, logo suas tensões são nulas e a matriz das capacitâncias é obtida eliminando-se as linhas e as colunas correspondentes aos cabos guarda.

$[C] =$

		Circuito 1		
		Fase A	Fase B	Fase C
		1	2	3
	1	0,012295	-0,002032	-0,002204
	2	-0,002032	0,011472	-0,002032
	3	-0,002204	-0,002032	0,012295

Anexo – Parâmetros elétricos de redes aéreas

e) Matriz das capacitâncias em componente simétricas

A matriz das capacitâncias em termos de componentes simétricas é (valores em µF/km):

	Seq. zero	Seq. direta	Seq. inversa
Seq. zero	0,007951 +0j	0,000136 +0,000235j	0,000136 -0,000235j
Seq. direta	0,000136 -0,000235j	0,014055 +0j	0,000140 +0,000242j
Seq. inversa	0,000136 +0,000235j	0,000140 -0,000242j	0,014055 +0j

Exemplo A.3

Determinar as constantes quilométricas da linha do Exemplo A.2 quando a linha é completamente transposta.

Entende-se por linha completamente transposta aquela que conta com pelo menos três transposições em que os comprimentos são iguais: $\ell_1 = \ell_2 = \ell_3$. Nessas condições, cada cabo de fase ocupa uma posição, logo ter-se-á:

$$\overline{Z}_{propria\_A} = \frac{\ell_1 \overline{Z}_{11} + \ell_2 \overline{Z}_{22} + \ell_3 \overline{Z}_{33}}{\ell_1 + \ell_2 + \ell_3} = \frac{\overline{Z}_{11} + \overline{Z}_{22} + \overline{Z}_{33}}{3}$$

Assim, ter-se-á:

$$\overline{Z}_{11} = \overline{Z}_{22} = \overline{Z}_{33}$$
$$= \frac{0,0846 + 0,6423j + 0,0833 + 0,6438j + 0,0846 + 0,6423j}{3}$$
$$= 0,084167 + 0,642800j \quad \Omega/\text{km}$$

$$\overline{Z}_{12} = \overline{Z}_{13} = \overline{Z}_{23} = \overline{Z}_{21} = \overline{Z}_{31} = \overline{Z}_{32}$$
$$= \frac{0,0567 + 0,3308j + 0,0573 + 0,3449j + 0,0567 + 0,3308j}{3}$$
$$= 0,056900 + 0,335500j \quad \Omega/\text{km}$$

$$\overline{Z}_{14} = \overline{Z}_{24} = \overline{Z}_{34} = \overline{Z}_{41} = \overline{Z}_{42} = \overline{Z}_{43}$$

$$= \frac{0,0559 + 0,2813\,j + 0,0553 + 0,3290\,j + 0,0559 + 0,2782\,j}{3}$$

$$= 0,055700 + 0,296167\,j \quad \Omega/\text{km}$$

$$\overline{Z}_{15} = \overline{Z}_{25} = \overline{Z}_{35} = \overline{Z}_{51} = \overline{Z}_{52} = \overline{Z}_{53}$$

$$= \frac{0,0559 + 0,2782\,j + 0,0553 + 0,3290\,j + 0,0559 + 0,2813\,j}{3}$$

$$= 0,055700 + 0,296167\,j \quad \Omega/\text{km}$$

Resultando a matriz [Z] a seguir (valores em Ω/km):

		Circuito 1			C. guarda 1	C. guarda 2
		1	2	3	4	5
	1	0,084167 + 0,642800j	0,056900 + 0,335500j	0,056900 + 0,335500j	0,055700 + 0,296167j	0,055700 + 0,296167j
	2	0,056900 + 0,335500j	0,084167 + 0,642800j	0,056900 + 0,335500j	0,055700 + 0,296167j	0,055700 + 0,296167j
Z =	3	0,056900 + 0,335500j	0,056900 + 0,335500j	0,084167 + 0,642800j	0,055700 + 0,296167j	0,055700 + 0,296167j
	4	0,055700 + 0,296167j	0,055700 + 0,296167j	0,055700 + 0,296167j	6.3848 + 1.2668j	0.0546 + 0.4020j
	5	0,055700 + 0,296167j	0,055700 + 0,296167j	0,055700 + 0,296167j	0.0546 + 0.4020j	6.3848 + 1.2668j

Eliminando-se os cabos guarda, obtém-se (valores em Ω/km):

		1	2	3
	1	0,106304 + 0,626816j	0,079037 + 0,319516j	0,079037 + 0,319516j
Z^{abc} =	2	0,079037 + 0,319516j	0,106304 + 0,626816j	0,079037 + 0,319516j
	3	0,079037 + 0,319516j	0,079037 + 0,319516j	0,106304 + 0,626816j

Anexo – Parâmetros elétricos de redes aéreas

Finalmente, a matriz de componentes simétricas é dada por (valores em Ω/km):

		Seq. zero	Seq. direta	Seq. inversa
	Seq. zero	$0,264379 + 1,265847j$	$0 + 0j$	$0 + 0j$
Z^{012} =	Seq. direta	$0 + 0j$	$0,027267 + 0,307300j$	$0 + 0j$
	Seq. inversa	$0 + 0j$	$0 + 0j$	$0,027267 + 0,307300j$

Observa-se que, sendo a linha completamente transposta, a matriz de componentes simétricas não apresenta mútuas entre sequências. Além disso:

$$\overline{Z}_{CS\_00} = \overline{Z}_{11} + 2\overline{Z}_{12} = 0,106304 + 0,626816j + 2 \cdot (0,079037 + 0,319516j)$$
$$= 0,264378 + 1,265848j$$
$$\overline{Z}_{CS\_11} = \overline{Z}_{CS\_22} = \overline{Z}_{11} - \overline{Z}_{12} = 0,106304 + 0,626816j - (0,079037 + 0,319516j)$$
$$= 0,027267 + 0,307300j$$

Para as capacitâncias resultam as matrizes:

a) *Matriz dos coeficientes de potencial de Maxwell* (km/μF)

	Circuito 1			C. guarda 1	C. guarda 2
	1	2	3	4	5
1	92,5439	22,0966	22,0966	19.0091	19.0091
2	22,0966	92,5439	22,0966	19.0091	19.0091
3	22,0966	22,0966	92,5439	19.0091	19.0091
4	19.0091	19.0091	19.0091	255,6399	49,4323
5	19.0091	19.0091	19.0091	49,4323	255,6399

b) *Matriz das capacitâncias* (μF/km)

	Circuito 1			C. guarda 1	C. guarda 2
	1	2	3	4	5
1	0,012035	-0,002160	-0,002160	-0,000481	-0,000481
2	-0,002160	0,012035	-0,002160	-0,000481	-0,000481
3	-0,002160	-0,002160	0,012035	-0,000481	-0,000481
4	-0,000481	-0,000481	-0,000481	0.004154	-0,000696
5	-0,000481	-0,000481	-0,000481	-0,000696	0,004154

c) *Matriz das capacitâncias após eliminação dos cabos guarda* (μF/km)

	Circuito 1		
	1	**2**	**3**
1	0,012035	-0,002160	-0,002160
2	-0,002160	0,012035	-0,002160
3	-0,002160	-0,002160	0,012035

d) *Matriz das capacitâncias em componentes simétricas* (μF/km)

	Seq. zero	Seq. direta	Seq. inversa
Seq. zero	$0,007715 + 0j$	$0 + 0j$	$0 + 0j$
Seq. direta	$0 + 0j$	$0,014195 + 0j$	$0 + 0j$
Seq. inversa	$0 + 0j$	$0 + 0j$	$0,014195 + 0j$

REFERÊNCIAS

AMETANI, A. A general formulation of impedance and admittance of cables. *IEEE Transactions on Power Apparatus and Systems*, v. PAS-99, n. 3, p. 902-910, 1980.

JARDINI, J. A. *Aplicação de computadores digitais para cálculo de parâmetros elétricos de linhas de transmissão*. 1970. Dissertação (Mestrado) – Escola Politécnica da Universidade de São Paulo, São Paulo, 1970.

KAGAN, N.; OLIVEIRA, C. C. B. de; ROBBA, E. J. *Introdução aos sistemas de distribuição de energia elétrica*. São Paulo: Blucher, 2005.

LEWIS, W. A.; TUTTLE, P. D. The resistance and reactance of aluminum conductors, steel reinforced. *AIEE Transactions*, p. 1189-1215, Feb. 1959.

STEVENSON Jr., W. D. *Elements of power system analysis*. 2. ed. New York: McGraw-Hill, 1962.